PEARL RIVER PIANO
珠江钢琴
Kayserburg
恺撒堡
带您到更高的音乐境界
珠江·恺撒堡钢琴
Made in China
珠江钢琴官微

Kayserburg
PEARL RIVER
PIANO
珠江钢琴
Kayserburg
恺撒堡

东西物语

系列乐器

作为上海民族乐器制作技艺的传承者，也是乐器文化的弘扬者，上海民族乐器一厂有限公司携手中西博物馆双IP，与纽约大都会艺术博物馆和上海博物馆开启了一场跨界合作，推出系列联名款乐器。

联名款“东西物语”系列乐器以大都会艺术博物馆馆藏的《鸢尾》为主基调，采撷印象派大师梵高笔下一束繁茂的春天，和谐柔美之中，心绪尽情绽放。上海博物馆馆藏王羲之的《草书上虞帖卷》，提取了“书圣”作品中的文字。看似不经意的书写，实则蕴藏法度，在飘逸中不失规矩，达到了心手合一的艺术境界。

“上海品牌”认证　中国非物质文化遗产　中华老字号 China Time-honored Brand

敦煌牌
上海民族樂器一廠有限公司
Shanghai No.1 National Musical Instrument Co.,Ltd.
上海民族乐器一厂有限公司坚持“传承经典，引领时尚”“世界眼光，全球坐标”“持续创新，勇于突破”的行动指南，从文化视角研发产品，从产品角度挖掘文化，积极探索对非遗文化工艺的嫁接，以平均每年50余款的新品研发速度引领行业发展。推出融合了青花瓷、竹刻留青、木雕、贝雕、景泰蓝、古典文学、名人书画等工艺和元素的民族乐器，不仅体现了中华声音之美，更展示了中华工艺之美。
敦煌国乐网
敦煌牌民族乐器
联系地址:上海市闵行区七宝镇联明路400号
服务热线: 400-1518-400
敦煌国乐网: http://www.dunhuangguoyue .com

第五届“敦煌杯”中国二胡演奏比赛

大赛评委

日本赛区评审现场

2022年8月，由中国乐器协会、上海民族乐器一厂有限公司主办，北京华夏璇音艺术传播中心承办，中国二胡学界齐力支持的第五届“敦煌杯”中国二胡演奏比赛暨“敦煌弦声·2022”中国二胡峰会线上专题活动取得圆满成功！

本届大赛是“敦煌杯”系列民族器乐比赛的第十三届、二胡单项的第五届赛事。大赛由宋飞、王建民、邓建栋、朱昌耀、周维、胡志平等近七十位来自国内高等音乐院校、艺术院团的一线二胡演奏家、作曲家、教育家担任评委，从初赛到决赛，共计120人次认真参与分组评审，评委规模再创历史新高！

比赛现场

比赛现场

在第四届比赛开拓日本、新加坡海外赛区基础上，本届“敦煌杯”新增设北美赛区，真正使得中国大陆居民之外的海外二胡学习者、爱好者能够在其本土参与中国器乐比赛。十多年的积淀，让“敦煌杯”逐步为万千学子搭建更加专业、多元且迅捷的学习成长平台，实现受众层面的更广泛覆盖，让各界看到中国二胡艺术的整体发展情况。如果说，中国的传统民乐文化是一段独具魅力的旋律，那么“敦煌杯”系列民族器乐比赛的持续举办，就是希望能够延续和发扬这段旋律，并且不断地发现和挖掘新的民乐之声，让传统的民乐艺术在传承过程中碰撞出新的火花，谱写一段国乐新篇章。

長江
Yangtze River
“柴可夫斯基国际音乐比赛”指定用琴
第16届柴可夫斯基国际音乐比赛：
THE XVI INTERNATIONAL TCHAIKOVSKY COMPETITION
ПРАВИТЕЛЬСТВО РОССИЙСКОЙ ФЕДЕРАЦИИ
РОСКОНЦЕРТ
『因出众品质 入选世界名赛
以理想表现 助力全球琴英
为中国制造 赢得国际喝彩
在世界舞台 奏响辉煌之声』
柏斯音乐官方微信
长江钢琴官方微信

GROTRIAN
SEIT 1835
Because
we love music
因为我们热爱音乐
柏斯音乐官方微信
高天钢琴官方微信
www.grotrian.cn
柏斯音樂
PARSONS MUSIC
35周年
Music is life
旗下品牌

中央音乐学院 CENTRAL CONSERVATORY OF MUSIC 继续教育学院

海伦 智能钢琴实验课室 HAILUN SMART PIANOEXPERIMENTAL CLASS

HAILUN

HAILUN

中国·海伦钢琴

股票代码300329

JINBAO
JBAS-700

JINBAO
JBAS-700

38年，精诚所至

斤那些我很冒险的梦

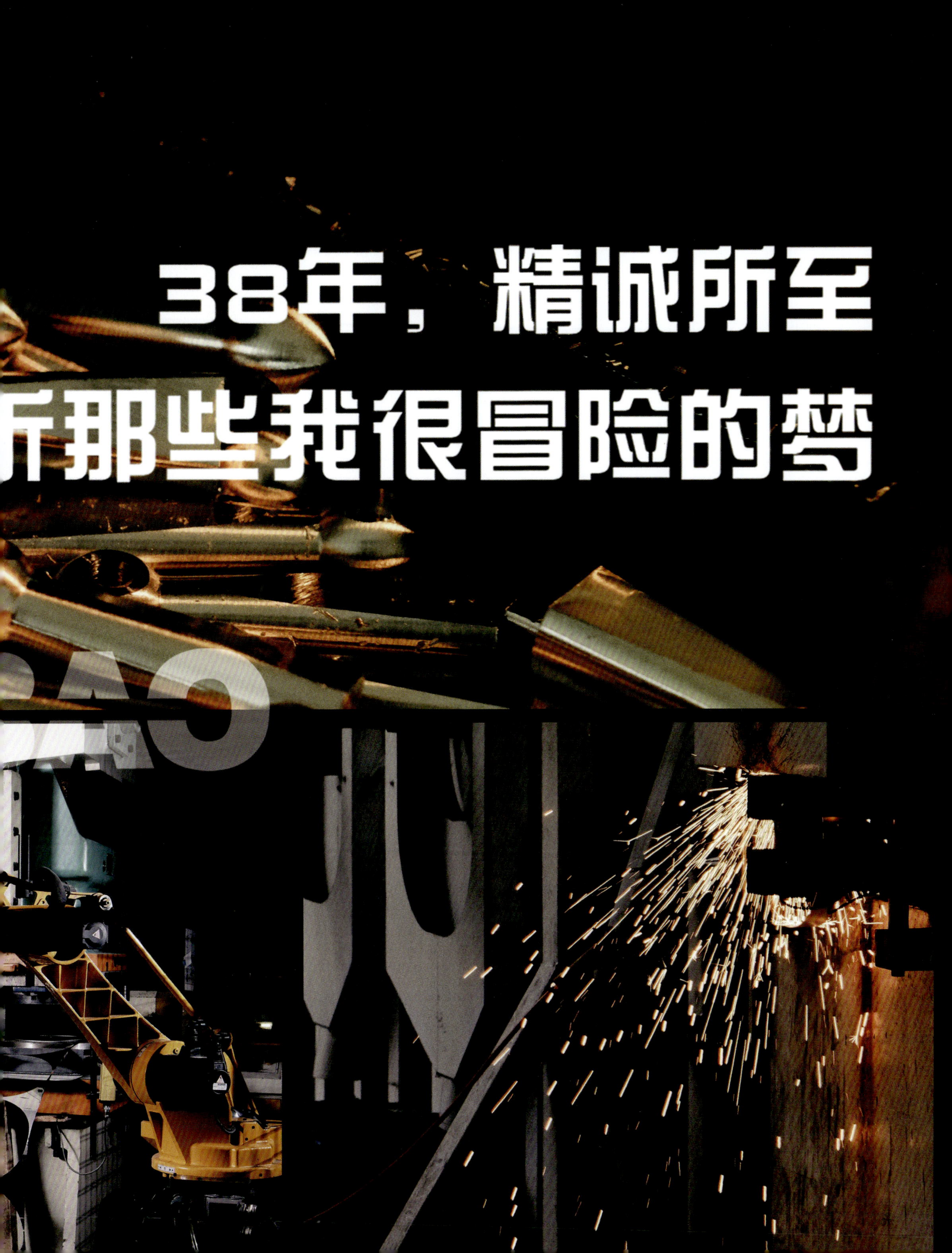

凤灵
FineLegend
吉他
VENEER
GUITAR
我不要成为最好
只想让自己做得更好
I DO NOT WANT TO BE THE BEST
JUST WANT TO MAKE MYSELF BETTER
A LOW-KEY ARTWORK
天生
艺术家
BORN ARTIST

FineLegend
凤灵
凤灵提琴
提琴世界
超凡音质
随心所欲
凤灵乐器★音质感动世界
凤灵乐器·官网
江苏省泰兴市黄桥镇通站路888号
0523-87203322
www.feng-ling.com.cn

乐海乐器
THE OCEAN OF MUSIC
海铭蓝
乐海良工研其影
海：庞大宽广；铭：表达情怀；蓝：宁静、纯净。『海铭蓝』以宽广胸怀兼具美丽、祥和的特质，铭记为大众服务的理念，坚持产、学、研、用一体化，和演奏界名家勠力同心研发高品质、高性价比民族乐器精品，让国乐走进千家万户。
名家以鉴海铭蓝
乐海签约艺术家 杨靖
乐海签约艺术家 周望
乐海签约艺术家 王玉珏
乐海
乐海艺文空间
乐海E播
网址：www.hbyhyq.com
联系电话：0317-7990088
地址：河北省肃宁县肃尚路西侧、星海路北侧

JINY

M

JINYIN MUS

河北金

金音集团创始于1989年，

借中国改革开放的春风，秉承

迅速发展成为中国乐器产业中

品种的西洋乐器；从乐器制造

乐器箱包类产品年产量超过1

天津鹦鹉乐器有限公司

Tianjin Yingwu Musical Instrument Co., Ltd

“鹦鹉YINGWU”是原天津乐器厂创建的品牌。1952年9月，天津市乐器厂建立于天津。为研制开发手风琴，技术攻关小组的工作人员齐心协力、昼夜奋战、攻坚克难，第一台由中国工人自己设计、研制的手风琴终于成功面世，并命名为“鹦鹉YINGWU”牌。

2004年，天津市二轻局为了确保“鹦鹉”牌手风琴这个民族品牌的传承与发展，经研究决定，对天津市乐器厂实行体制改革。经天津市政府批准，由天津华韵乐器有限公司与天津市乐器厂完成资产重组，转制为天津鹦鹉乐器有限公司。

2006年9月，天津鹦鹉乐器有限公司被国家商务部认定为“中华老字号”企业。

2011年11月，“鹦鹉YINGWU”手风琴、提琴商标被国家商标总局认定为“中国驰名商标”。

2010年5月、2011年3月、2018年4月，天津鹦鹉乐器有限公司被中国乐器协会评为“乐器行业50强”。

2010年12月，天津鹦鹉乐器有限公司被天津市委宣传部、天津市文化广播影视局命名为“天津市文化产业示范基地”。

2014年3月，天津鹦鹉乐器有限公司被中国产品质量协会评估为“企业质量信用等级AAA”。

2016年4月—2021年4月，天津鹦鹉乐器有限公司担任天津市乐器制造商会副会长单位。

2016年9月，天津鹦鹉乐器有限公司的“鹦鹉YINGWU”乐器品牌被中国演艺设备行业评为“最具价值品牌”。

2016年10月，天津鹦鹉乐器有限公司的“鹦鹉YINGWU”乐器品牌荣获“2016中国乐器十大品牌”称号。

2016年12月—2019年12月，天津华韵乐器有限公司荣获“高新技术企业证书”。

2017年—2020年，天津鹦鹉乐器有限公司生产的“鹦鹉YINGWU”牌手风琴荣获“天津市名牌产品”称号。

2018年3月，成功收购意大利布格里手风琴和07品牌手风琴，成为国内乐器界首个成功收购国外企业案例。

2019年9月，天津鹦鹉乐器有限公司荣获2019年第十六届中国中华老字号精品博览会“创新品牌奖”。

2019年，天津鹦鹉乐器有限公司与意大利bugari品牌共同研发的合资品牌“罗尼Ronnie”手风琴正式上市。同年，鹦鹉手风琴致力于电子手风琴发展，并成功研制出72贝斯电子手风琴。

2020年，为满足广大鹦鹉手风琴爱好者的需求，在原鹦鹉手风琴的基础上进行改造升级，提升了音质和手感的“世纪鹦鹉”品牌手风琴正式上市。

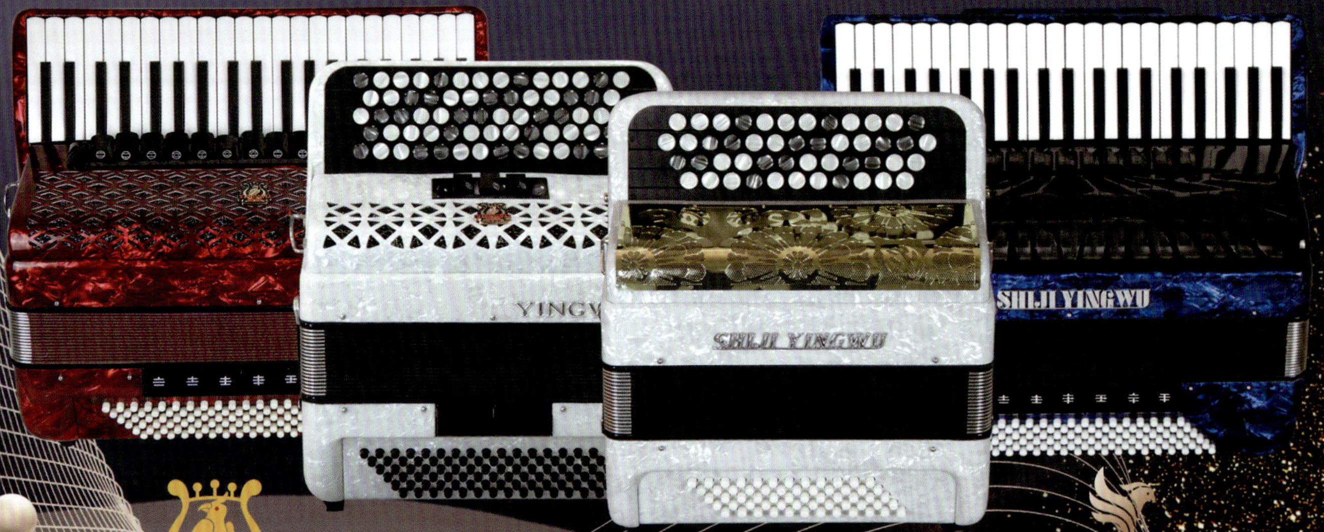

YW9968	41键120贝斯	SJY2006	48键60贝斯
YW663	69键96贝斯	SJP1002	41键120贝斯

中华老字号
China Time-honored Brand
中国·天津·鹦鹉乐器
CHINA·TIANJIN·YINGWU
BUGARI ARMANDO
Ronnie
zero sette
SHIJIYINGWU
世纪鹦鹉
指尖的殿堂
There is a voice that resonates with the world
有一种声音 与世界共鸣
Ronnie
JUBILATE 120
41键120贝斯
zero sette
ACCORDION FACTORY
MAYORA
41键120贝斯
BUGARI ARMANDO
508 XOANA
87键120贝斯

huasheng
SINCE 1970

ORIGINALITY
艺不从古 匠心独运
时代 锤炼匠心　匠心 塑造时代
匠心
用品质铸就未来！

高雅品质 气质出众
型号 GR6 孔雀女王
钢琴专家·嘉德威
电话：0571-81991098 81991085
网址：www.goodwaypiano.com
邮箱：goodwaypiano@sina.com
嘉德威钢琴官微

KINGSBURG

KS122

KS系列 非凡品质演绎经典名琴

KS系列钢琴外观简洁大方，外壳采用韩国进口油漆，
意大利进口设备加工，彰显华美高贵。
抗张力复合音板、音源、键盘、击弦机等全流程设计、生产、质量控制，性能稳定可靠。

KH系列 欧洲风格汇聚动人音符

KH系列钢琴在带来全新外观的同时提供了更高的演奏舒适性；
音源采用了强振式悬浮音板的专利设计，使音质更加浑厚有力；
具备德国基准的KH系列，每一台都融入了造琴师对“有色彩的音色”的毕生追求。

KH123

KF133

KF系列 传承德国立式钢琴典范

持续保证细节上的高品质并追求钢琴本质的卓越性能，
采用了世界著名设计、制造大师克劳斯.芬纳先生经典设计和工艺，
集德国技艺与现代精工于一身，让您享受轻盈灵敏流畅的触键与操控，
感受音色的通透清澈，演绎丰富而深厚的优美音色，传承着欧洲风格。

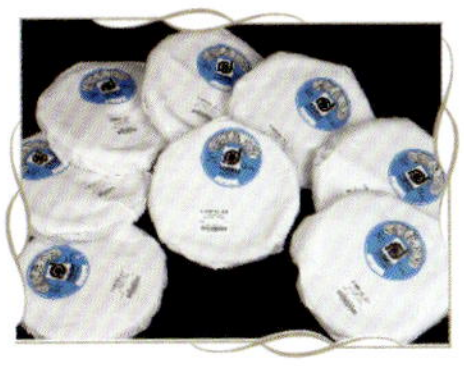
德国“RÖSLAU”钢丝弦韧度强，回弹率灵活，发音精准。弹奏时共振性能好，音色更优美，表现力更丰富。

采用西加实木云杉材料和乌木黑键，提升了黑键与白键的手感均衡性，让您无论是弹奏强拍或是弱拍都能随心所欲，使演奏更具表现力及吸引力。

整音工艺提升，多年来金斯波格不断提升制造水平，本次新品上市期间充分运用施坦威的整音工艺，让您在演奏中更加明显地体会到多种力度的丰富变化。

进口德国FFW“A级”“AA级”的“ABEL”红木榔头，采用欧洲经典工艺，对榔头进行音色的预处理以及二次处理，使音色更优美、层次更清晰、表现力更丰富。

弦轴板采用进口德国19层32mm厚度高密度榉木交错拼接而成的世界著名“dehonit”品牌的高强度弦轴板，它保证了音准的长久稳定性，使调律顺手轻松而无杂音。

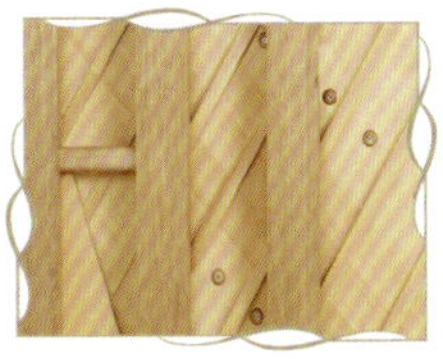
精选优质欧洲云杉制作的肋木与不等厚音板，较鱼鳞松音板纹理更加细腻，提高了钢琴的音质与声音的振动效果，共鸣性能更加卓越，确保钢琴完美的声学品质。

烟 台 金 斯 波 格 钢 琴 有 限 责 任 公 司

烟台开发区长白山路5-6号

中国管弦网签约艺术家团队与奥维斯乐器强强联手

打造真正属于中国人的民族西洋乐器品牌

调性：Bb调
活塞：三立键加一侧立键
管径：15~16.8mm
喇叭口：310mm（全新卷边工艺）
外观处理：喷漆和镀银可选择
音程补偿系统：8521G带有音程补偿系统，确保使用第四活塞的低音音程关系的准确。
主调音管扳机：8521G特有的主调音管扳机，可以随时修正上低音号普遍偏高的音准。

Key: Bb
Valves: 4 compensating valves (3+1) in stainless steel
Bore: 15-16.8mm
Bell: 310mm
Color Choose: Clear lacquer finish & Silver-plated finish
Compensating System
Main tuning slide trigger

HEP-8521G
上低音号
EUPHONIUM

活塞设计：专门设计的轻量化按键，手感舒适，回弹反馈灵敏，新的活塞静音系统与静音弹簧设计，确保使用过程中活塞的安静。
声音振动导向贴片：经过多次试验及声音反馈，声音振动导向贴片可以更快地传递振动点，从而提高声音反馈的灵敏度，尤其是泛音的反馈非常灵敏。
第四活塞加重下盖：8521G特有的第四活塞加重下盖可以提高声音的稳定性，加深声音的穿透性。

Valves design: Specially designed lightweight key, comfortable feeling, sensitive response feedback, the new valves and spings silent system, to guaranteed the quietness when playing.

Sound vibration guided patch: After many tests and sound feedback, the sound vibration guided patch can transmit vibration faster, so as to improve the sensitivity of sound feedback, especially when play flexibilities.

Fourth valve heavy caps: The unique fourth valve heavy cap increase the sound stability and giving more penetration of instrument.

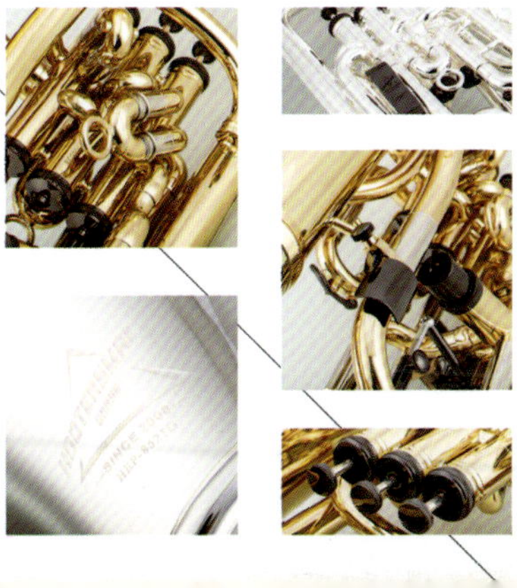

HEP-7521G
上低音号
EUPHONIUM

调性：Bb调
活塞：三立键加一侧立键
管径：15~16.8mm
喇叭口：300mm（全新卷边工艺）
外观处理：喷漆和镀银可选择
音程补偿系统：7521G带有音程补偿系统，确保使用第四活塞的低音音程关系的准确。

Key: Bb
Valves: 4 compensating valves (3+1) in stainless steel
Bore: 15-16.8mm
Bell: 300mm
Color Choose: Clear lacquer finish & Silver-plated finish
Compensating System

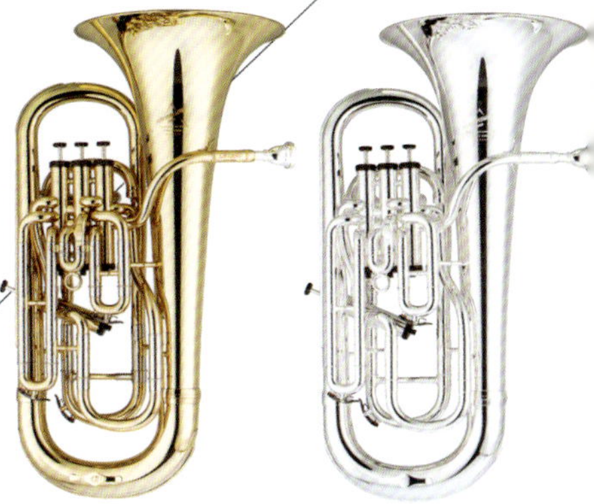

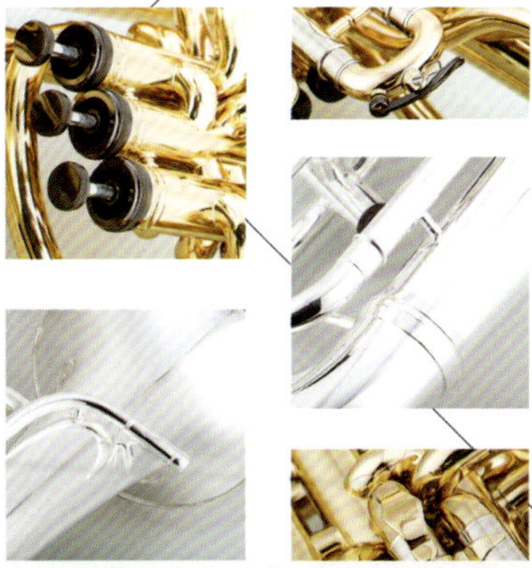

活塞设计：专门设计的轻量化按键，手感舒适，回弹反馈灵敏，新的活塞静音系统与静音弹簧设计，确保使用过程中活塞的安静。
声音振动导向贴片：经过多次试验及声音反馈，声音振动导向贴片可以更快地传递振动点，从而提高声音反馈的灵敏度，尤其是泛音的反馈非常灵敏。

Valves design: Specially designed lightweight key, comfortable feeling, sensitive response feedback, the new valves and spings silent system, to guaranteed the quietness when playing.

Sound vibration guided patch: After many tests and sound feedback, the sound vibration guided patch can transmit vibration faster, so as to improve the sensitivity of sound feedback, especially when play flexibilities.

德国博兰斯勒PH梦幻钢琴“Penthouse”专属定制
入驻美国纽约曼哈顿售价11亿的96层顶楼豪宅

德国博兰斯勒钢琴
您也可以拥有的皇室御用钢琴
Blüthner
GROUP
Blüthner
Blüthner

中国乐器

年鉴

2022

中国乐器协会　编

CHINA MUSICAL
INSTRUMENT YEARBOOK

中国轻工业出版社

中国乐器年鉴（2022）

CHINA MUSICAL INSTRUMENT YEARBOOK

主办单位：中国乐器协会

协办单位：广州珠江钢琴集团股份有限公司

支持单位：上海民族乐器一厂有限公司
海伦钢琴股份有限公司
江苏凤灵乐器集团
河北金音乐器集团有限公司
天津华韵乐器有限公司
河北华声乐器制造有限公司
烟台金斯伯格钢琴制造有限公司
赛乐尔三益乐器（上海）有限公司
柏斯音乐集团
天津市津宝乐器有限公司
乐海乐器有限公司
北京罗兰盛世音乐教育科技有限公司
江苏天鹅乐器有限公司
杭州嘉德威钢琴有限公司
天津奥维斯乐器有限公司
德国博兰斯勒钢琴（中国）有限公司

地　　址：北京市丰台区顺三条 21 号嘉业大厦二期 1 号楼 706 室
电　　话：010-67665718
传　　真：010-67666220
邮　　编：100079
网　　址：www.cmia.com.cn
电子邮箱：zgyq@vip.sina.com

《中国乐器年鉴》编辑委员会

编 辑 说 明

一、《中国乐器年鉴》是由中国乐器协会主办，中国乐器协会信息部编撰的综合性、公报性年刊，每年出版1卷。本书以汇总乐器行业年度经济运行主要指标数据、发展特点、大事记及趋势预测为主，囊括当年全行业管理、生产、经营、进出口等主要方面发展的基本情况，国内各省市乐器制造业及市场信息、国外乐器发展动态等重要内容，翔实、全面、系统地反映上年度我国乐器行业的发展脉络，是一本为乐器行业及社会相关部门和单位提供最新资讯服务的大型权威性行业工具书。

《中国乐器年鉴》（2022）接续《中国乐器年鉴》（2021），为第十六次出版发行。年鉴编辑部以乐器行业发展为主线，按时间顺序，力求客观真实记载展现年度乐器行业发展脉络和特点，配合方便查阅的分类设置，尽可能用详尽的数据图表展示，希望能在编辑的内容和形式上有所突破，突出特色，编出新意，以更好地满足读者不断提升的要求。

二、《中国乐器年鉴》（2022）在内容框架方面不断完善，设有“行业篇”“指标数据篇”“协会工作篇”“科技创新篇”“职业技能篇”“音乐教育篇”“海外资讯篇”7个栏目，各篇框架体系逐步充实。

三、2021年我国乐器行业以“党建工作”为统领，以“高质量发展”为主题，以《中国乐器行业“十四五”发展规划》为指导，按照“科技创新年”工作整体安排，引导全行业实施“两翼发力、六轮驱动”，全力推进“四个一工程”。全行业攻坚克难，在轻工行业率先止损企稳，实现了“十四五”平稳开局，彰显了乐器产业的中国力量。综观2022年宏观形势，全球市场受到地缘局势和增长前景不明的双重夹击，中国乐器协会按照“人才技能化、项目产业化、融合体系化、服务多元化”工作总基调，并从国家战略、人才建设、科教融合、强化服务、表彰激励五个维度统筹布局“人才建设年”。后疫情时期，全球经济处于供给冲击滞涨局面，王世成理事长用七句话勉励行业同人抗压前行：挑战呼吁担当，信心即是黄金；坚守稳中求进，用足政策红利；加大科研投入，专注核心竞争力；品牌支撑发展，人才决定兴衰；控成本保现金流，精益管理增效益；做好数字化加减法，市场博弈智者胜；把握规则变化，巩固行业共同体。

四、在年鉴编辑工作中，鉴于时间仓促、能力所限，将乐器行业年度重要新闻事件和相关资讯收录本集确有难度。今后，我们将持续加强信息汇集工作，不断提高年鉴编辑质量和水平。我们真诚希望社会各界同人继续关心和支持年鉴的编辑出版工作，针对内容编撰的不足之处，敬请提出批评和修订意见，使之日臻完善。

五、《中国乐器年鉴》（2022）在组稿、编辑、出版过程中得到乐器生产企业、经营单位、音乐艺术教育单位以及我国台湾、香港、澳门地区的同人、朋友们的大力支持和帮助，在此谨表示衷心感谢！

《中国乐器年鉴》编辑部

2022年8月

目录

行业篇

指标数据篇

协会工作篇

工作要点

协会活动

分支机构

国际交流

会员名录

科技创新篇

科技工作报告

科技创新年

乐器检测

行业工匠

新产品

Contents

Industry

Tasks of Association

Work Minutes

Activities of CMIA

CMIA branch

Science &Technology

Musical Instrument Standards

Patents

Professional and Technical Ability Appraisal

Music Education

National Music Education Conference

Music Education Market

Overseas Information

2022 Global Report

中国乐器
年鉴
2022

CHINA MUSICAL
INSTRUMENT YEARBOOK

新闻综述

2021年中国乐器行业二十大要闻

1．开局科创年，《中国乐器行业十四五规划》发布

1月，《中国乐器行业十四五规划》（下称《规划》）正式发布。《规划》指出：进入“十四五”，以5G网络、人工智能等为主的新型基础设施建设，或将促进消费新业态、新模式、新场景的普及应用，由此激发新消费需求。乐器行业“十四五”重点任务为深化供给侧结构性改革，优化产业结构，提升集群水平，实施人才战略，健全科技创新激励制度，强化知识产权保护监管，推动乐器行业“十四五”科技创新发展；力争实现5年上台阶、10年大跨越，将中高端产品比重提高50%；加快形成“双循环”新发展格局，推动乐器制造大国向强国有序迈进。

2．行业维稳重启，《中国乐器行业2020经济运行报告》发布

3月，中国乐器协会发布《中国乐器行业2020经济运行报告》。报告显示，面对严峻复杂的国内外环境，特别是新冠肺炎疫情的严重冲击，我国乐器行业经济运行稳定恢复，情况好于预期，可谓是“重启”的一年，又见彩虹。全行业规上企业累计完成营业收入221.54亿元，实现利润14.07亿元，营业收入利润率达6.35%；全年出口交货值达39.67亿元。

3．务实商研会员诉求，打通产业发展痛点、堵点

3月至5月，乐器行业下行压力加大、不确定因素增多，协会加大调研力度，先后赴北京、上海、天津、河北、江苏、山东郿部、福建、浙江、广东、贵州正安等20多个地区展开实地调研，与当地政府探讨后疫情时期乐器产业发展思路，务实商研行业建议诉求，并商请中国轻工业联合会就行业发展亟待解决的热点问题认真分析研究，分别向工信部、发改委、海关总署、商务部、中财办、国务院研究室等部委办提交专题报告和专项请示，内容涵盖加快实施进口旧钢琴税号管理，尽快恢复越南蟒蛇皮进口审批，严控哄抬芯片、集成电路进口价格情况，区别对待校外学科类和非学科类培训，促进校外美育教育可持续性发展等建议诉求，并相继取得阶段性成果。

4．美育务虚座谈，跨界推动乐器“三进”工程

为贯彻落实中共中央办公厅、国务院办公厅印发的《关于全面加强和改进新时代学校美育工作的意见》，将乐器行业的美育工作做细做实，中国乐器协会召集有关教育界专家、在京企业代表等于3月29日在京召开“新时代美育工作务虚会”。专家们一致认为，两办联合下发的关于美育教育的文件，是有史以来政府主导的力度最大的一次政策导向文件，必将载入我国音乐教育史册。王世成理事长表示，本次座谈会是跨界融合的一次思想碰撞，各位专家的建议很有针对性，期待在“两办”文件的引领下，在乐器行业助力美育教育的实践基础上，进一步加大推动乐器进校园的工作力度。

5．学党史，办实事，行业服务工作求实效

4月，根据《中共中央关于在全党开展党史学习教育的通知》《关于印发〈国资委党委关于在行业协会开展党史学习教育的实施方案〉的通知》和中国轻工业联合会、总社党委部署安排，中国乐器协会党支部把组织参观平津战役纪念馆等党建活动和学习习近平总书记“七一”讲话、“十一”讲话精神结合起来，通过网站开设专栏，在全行业形成互动，引导全行业掀起学党史的热潮。同时，按中央要求，党支部和工会联合起来扎扎实实为职工着想，注重为职工为企业办实事，从细微处做起。初步统计，中国乐器协会党支部和工会全年为企业办实事数十件。通过系列学习活动，引导广大党员增强“四个意识”、坚定“四个自信”、做到“两个维护”，不断提高政治判断力、政治领悟力、政治执行力，守正创新抓住机遇，锐意进取，开辟新局，为全面建设社会主义现代化国家、实现中华民族伟大复兴而奋斗。

6．新标填补行业空白，扎实推进乐器标准化建设工作

4月12日至13日，全国乐器标准化技术委员会在江苏常州召开。会议组织审核了国家标准《乐器产品中多环芳烃的测试方法》的送审稿，以及GB/T 28489—2012《乐器有害物质限量》的配套标准，两套标准在标委会年终标准审定会通过，填补了国内标准的空白。截止到2020年，乐器标准化技术委员会已完成标准发布115项，其中基础通用标准占28%，产品标准占68%，方法标准占4%，已发布的现行标准涉及技术评价、产品质量、绿色、节能、回收利用、安全等多个领域。标委会主任孙瑞勇表示，2021年初，乐器协会团体标准工作委员会已经成立，与中轻联团标管理架构并行。中国乐器协会将与乐标委一起，根据行业技术进步和中高端产品研发需要，组织专家与企业联动，加快团体标准工作的全面推进。2022年，力争制修订标准24个以上，确保制修订国标6个以上、行标13个以上，5个在研团标项目顺利完成。

7．规范职业资质认证，中乐协入选首批轻工业职业能力评价总站

4月20日，轻工业职业能力评价工作会议在浙江杭州举行。中国轻工业联合会会长张崇和、党委副书记王世成、徐祥楠出席会议并为首批轻工业职业能力评估总站、基地授牌。首批轻工业职业能力评价总站共有27家，中国乐器协会位列其中。会议布置了2021年职业能力评价具体工作，召开了总站、基地负责人座谈会，并对参会总站、基地负责人及督导员近600余人进行了培训与考核。自2002年始，协会受国家人力资源和社会保障部委托，建立乐器行业职业技能鉴定站，《国家职业分类大典》中已包括乐器行业9个职业工种，有9074人取得人社部钢琴调律师职业资格证书，132人取得人社部提琴制作师职业资格证书。

8．“三位一体”高效联动，分支机构、产业集群、地方协会协同发展

4月26日，分支机构、产业集群、地方行业协会工作交流会在京成功举办。会议发表2020年度分支机构和产业集群工作报告，分支机构、产业集群、地方行业协会代表分别就行业发展、基层组织建设专题进行座谈交流，总结年度行业工作共建成果。此次会议致力于打造分支机构、产业集群、地方行业协会“三位一体”的工作新模式，系统梳理基层行业组织的未来工作方向。

9．谋篇布局科技创新，理事（扩大）会议践行发展新理念

4月27日，中国乐器协会八届二次理事（扩大）会议在京隆重召开。大会审议通过2020年度理事会工作报告、会费收支报告及调整和增补理事会成员的提案，表彰2020年度“品牌年”活动先进单位，诚邀经济学家、院校教授、骨干企业代表就新格局下的乐器科技创新展开论坛对话交流。面对新冠疫情抑制乐器经济发展的现状，王世成理事长从认知形势、借力政策、把握重点、协同推进4个维度剖析乐器行业形势、国家经济政策导向，谋篇布局产业科技创新发展。王世成建议企业家善借政策窗口期创新机遇，践行发展新理念，努力于变局中开新局，强势提振乐器产业高质量发展信心。

10．百城致敬红色经典，“6·21国际乐器演奏日”献礼建党百年华诞

6月，第六届“6·21国际乐器演奏日”展演活动在我国180座城市成功举办。有近800家组织单位创意策划2500场专题会演，30多万爱乐民众各显身手，致敬红色经典旋律，奏响迎庆建党百年华彩乐章。在国家推动美育发展政策背景下，通过“6·21国际乐器演奏日”普及音乐文化，扩大音乐消费人口，已然成为落实国家美育政策、提高国民音乐文化素养的重要途径和手段。王世成理事长强调，“让乐器成为家庭的标配，让音乐成为生活的刚需”是中国乐器协会一直以来倡导的理念，通过举办“6·21”全民乐器演奏活动，可以对提高百姓的幸福指数、助力全面建成小康社会产生积极促进作用。

11．筑牢初心使命，百年特展重温建党伟大征程

6月11日，中国乐器协会党支部组织全体党员至首都博物馆集体参观学习《伟大征程——庆祝中国共产党成立100周年特展》。全体党员以中国共产党的诞生、土地革命、抗日战争、新中国成立四个历史时期为时间线索，从史料和文物还原重温重大历史事件，以点带面，回顾了中国共产党从建党到建立新中国的革命历程。在展厅党旗前，全体党员干部面向党旗，重温入党誓词，向党许下庄严承诺。孙瑞勇副理事长强调，希望全体党员同志坚定理想信念，筑牢初心使命，主动担当作为，涵养清廉本色，再次明晰工作、学习与生活的基本标准。以建党100周年为契机，用党的历史照亮新征程，书写新时代的奋斗新篇章，在各自工作岗位上，为党的事业、为民族的复兴而努力奋斗。

12．拓展职业技能鉴定，上海乐器鉴定所德清洛舍挂牌

6月16日，上海乐器鉴定所（德清）鉴定站挂牌仪式在德清县洛舍镇举行。上海市乐器行业协会会长王国振向上海施特劳斯钢琴有限公司生产基地——浙江乐韵钢琴有限公司进行了授牌。据悉，自2014年中国轻工业联合会和中国乐器协会授予洛舍镇“中国钢琴之乡”荣誉称号至今，洛舍已有钢琴销售及制造企业65家、配件企业49家，钢琴产业年总产值突破5亿元，从业人员达4000人左右，年产钢琴超过5万架，占全国总产量的1/7，成为长三角地区最大钢琴生产基地。

上海市乐器行业协会上海市乐器职业技能鉴定所作为中国乐器协会所属国内三大鉴定站之一，主要功能是为钢琴调律从业者提供职业技能培训与鉴定。此次（德清）鉴定站的设立，正是响应长三角一体化发展大格局的实践举措，为中国乐器协会后续“请进来”“走出去”的发展战略奠定了基础。

13．“老字号”谋转型，沪上乐器品牌启航新征程

6月28日，上海民族乐器一厂有限公司揭牌成立庆典大会在沪隆重举行，这标志着上海民族乐器一厂进入公司治理新阶段，企业开启发展新征程。同年，上海施特劳斯钢琴文化展示中心正式对外开放，再度展示沪浙两地商家联手振兴老字号品牌的最新成果。据悉，两家沪上“老字号”品牌相继施行上海红双喜（集团）有限公司控股改制举措，推动沪上“老字号”品牌深度转型，成为深化上海市国资委系统集资集企改革、推动城镇集体经济和集体企业发展的有益探索，标志着老字号转型升级又向前迈进一步。

14．培育师资队伍，推动乡村音教事业创新发展

7月15日，由中国乐器协会、天津市合作交流办、天津市教委、天津市关工委、华夏未来文化艺术基金会共同主办，华夏未来城市中心承办的中国乐器协会职业培训中心（天津）公益培训班在华夏未来城市中心举行开班仪式。中国轻工业联合会党委副书记、中国乐器协会理事长王世成，天津市原副市长、华夏未来文化艺术基金会顾问张俊芳等出席活动。来自新疆和田、西藏昌都、青海省黄南州、甘肃省、河北省承德市等省、市、自治区的50个县、近80名音乐教师参加培训。本次培训旨在帮助音乐教师尤其是乡村音乐教师塑造教育理念、培养专业理论、提升技能水平，促进音乐教师队伍整体素质的提升，为少儿音乐教育改革与发展的人才基础培土施肥，助力“老少边穷”地区乡村教师健康成长。

15．会展融合助势，国民音教大会奏响“新时代美育交响”

7月16日至18日，“2021国民音乐教育大会暨国际音乐生活展”在天津举办，该项目被列入天津市“20项民心工程”。此届“国民音乐教育大会”与“国际音乐生活展”互动相随、融合助势，展览汇集近百家品牌企业，集中展示各类高端品牌乐器、智能音乐教学设备、音乐培训课程、乐器进校园综合解决方案，为广大乐器生产、教育装备、智能教学设备、音乐培训等企业机构提供了与教育渠道对接、合作、学习、交流的一站式服务平台，开拓了乐器进校园、进社区、进家庭的广阔市场。3天会期，吸引了国内160位顶级音乐教育专家、近百家国内知名乐器厂商以及1000多位来自全国各地的一线音乐教育工作者齐聚津门，聚焦新时代美育工作，献礼建党百年华诞，为盛夏的津门呈现一场音乐艺术的饕餮盛宴。

16．科创喜结硕果，乐器行业喜获轻工“十三五”评比多项殊荣

9月25日，全国轻工业科技创新与产业发展大会在京召开。珠江钢琴、吟飞科技、海伦钢琴3家企业被授予“十三五”轻工行业科技创新先进集体，并被认定为中国轻工业工程技术研究中心。张光中、肖巍、范廷国被授予“十三五”轻工行业科技创新先进个人荣誉称号。浙江洛舍、江苏黄桥分别被授予轻工业先进产业集群和产业集群先进管理服务单位荣誉称号，江苏扬州再次被复评为中国琴筝产业之都，河北肃宁、贵州正安被认定为新共建轻工业产业集群。

17．产业集群培育，促进区域特色乐器经济健康发展

9月，在中国轻工业联合会的指导下，通过各方共同培育，乐器行业新增河北省肃宁县“中国北方乐器产业之都”、贵州省正安县“中国吉他之都”两个共建产业集群；同时，江苏省扬州市“中国琴筝产业之都”、浙江省德清县洛舍镇“中国钢琴之乡”通过了复评，至此中国乐器行业已共建培育10个产业集群，基本涵盖乐器制造业的各个范畴。对提升区域经济、推动产业转型升级、扩大品牌影响力起到了积极的推动作用。

18．开拓电商服务平台，中乐协入驻京东“直通车”

11月12日，为进一步推动中国乐器行业的信息化发展，方便会员企业入驻电商平台，中国乐器协会与京东在此前合作的基础上，推出“中乐协入驻直通车”。入驻京东平台的中国乐器协会会员企业将享受到由京东定制的专人专线一对一入驻指导、快速入驻审核绿色通道、降低质保金、减免6个月平台使用费、商家培训、供销平台拓展以及全渠道扶持等优惠政策。自2018年中国乐器协会与京东签订“战略合作备忘录”以来，双方在企业入驻、音乐教育及乐器维修服务、线上线下营销等方面进行了有益的尝试，并取得了良好的效果。

19．年度科创成果展示，助力行业中高端战略转型

2021年是开启“十四五”规划新起点、全面推进乐器行业高质量发展的关键之年，协会率先落实科技创新工作的统筹布局，将2021年确定为“科技创新年”，在全行业广泛发动并开展各项活动。在科技创新方向上按照“两翼发力、六轮驱动”整体思路推进，在科创年具体工作方面明确全行业“搭建一套科技创新工作体系、共建一批技术研发平台、集中推动和评价一批优秀科技项目、组织一场科技创新成果展示活动”的“四个一工程”目标，全年行业科技创新工作卓有成效。12月，在年度科技大会召开前夕，经过企业申报、专家评价等环节，选择了48项科技创新成果（产品）进行展示，旨在推动行业科研技术交流，助力行业中高端转型升级战略发展。

20．科创融合发展，科技大会推动乐器产业迈向新征程

12月16日，2021年乐器行业科技大会在江苏常州成功召开。大会主题聚焦“科技·融合·创新·发展”，与会代表围绕国家科技体制改革、音教美育、产业链拓展延伸多维视角展开研讨，并对行业年度科技创新先进个人、优秀集体、科研立项进行隆重表彰。王世成理事长指出，新冠肺炎疫情助长逆全球化和贸易保护主义抬头，党的十九届六中全会“历史决议”明确强调，健全科技人才政策，释放科研人员创新潜能，成为我国跻身创新型国家和建设世界科技强国的重要战略支点。

年度报告

2021年中国乐器行业年度报告

综述篇

2021年，适逢建党百年华诞，乐器行业进入“十四五”规划开局之年。在新冠疫情引发全球制造业产业链重构，5G、人工智能创新科技构建消费新业态的形势下，国家推动美育教育发展，文化消费潜力得以释放，行业重心转向优化产业结构，深化供给侧结构性改革。按照中央部署、国资委和中国轻工业联合会党委要求，中国乐器协会以党建工作为统领，以高质量发展为主题，以《中国乐器行业“十四五”发展规划》为指导，引导全行业实施“两翼发力、六轮驱动”，全力推进“四个一工程”，强化基础能力建设和质量效益持续提升，“科技创新年”各项工作成效显著，实现了“十四五”平稳开局。

一、2021年度乐器产业运行数据分析

国家统计局数据显示，受新冠疫情对经济的影响，全行业206家规上企业累计实现营业收入同比增长13.30%；工业增加值增速为13.41%，高于同期轻工行业11.1%的平均水平；实现利润率6.74%，高于同期全国轻工行业6.30%的平均水平；行业资产同比增长3.46%。透视细分行业运行质量，西乐器年度利润率为5.75%，基本持平。中乐器累计主营业务收入利润率为15.01%，同比增长3.79个百分点。但相较于2019年以及两年平均增速，中西乐器利润率仍为负增长。2021年，政策红利带动高新技术企业高速增长，电子乐器累计利润总额同比增长2.35%。中乐器和电子乐器较2019年疫情前及两年平均增速率先转负为正，制造业发展的创新驱动力在进一步增强。

据海关统计数据显示，2021年，乐器规上企业累计完成出口交货值57.59亿元，累计完成出口额23.40亿美元，同比增长24.26%。受发达经济体产能恢复接近尾声、新兴经济体“带疫适应能力”增强影响，2021年我国乐器出口份额缓降，出口增速高位趋降，外贸主体活力减弱，但仍显韧劲，全行业累计完成进出口总额29.12亿美元，同比2019年疫情前增长28.44%，两年平均增长13.33%。值得一提的是，在全球疫情仍未得到有效控制的前提下，《区域全面经济伙伴关系协定》（RCEP）其他14个成员国对华签署贸易协定，我国与“一带一路”沿线国家、亚太经合组织、欧盟贸易往来日益密切，为乐器外贸注入新的动力。

2021年，我国乐器企业累计完成进口额5.71亿美元，较2019年增长8.20%，两年平均增长4.01%。日本仍为我乐器最大进口来源国，2021年，日本累计完成进口额1.88亿美元（占33.03%），同比增长22.22%，较2019年增长10.77%；意大利进口额增速最快，累计完成进口额885.49万美元，同比增长72.82%，其次为法国、美国和印度尼西亚。

行业直报系统数据显示，82家骨干企业累计完成营业收入130.72亿元（占规上乐器企业的49.20%），同比增长15.33%；骨干企业实现利润11.84亿元，同比增长31.58%；骨干企业实现利润率10.45%，高于同期规上乐器企业及全国轻工行业平均水平。

总体而言，2021年是骨干企业发挥行业引领作用，带动产业链上下游中小微企业复工达产，实现产业链上下游各要素环节共同发展、合作共赢的一年，更是全行业跨界融合创新，创新文化营销方式，推动行业高质量可持续发展的科技创新年。

二、2021年度乐器产业经济运行特点

（一）市场企稳，科创赋能，助推产业转型升级

1．市场止损企稳，数字经济重构产业链布局

2021年，奥密克戎疫情多点散发，原料价格、

人工成本攀升，外贸渠道不畅，市场需求乏力。全行业攻坚克难，抱团发展，乐器行业在轻工领域率先止损企稳，呈现“四增、一降、一升、两带动”的特点。“四增”即增加值同比增长13.40%，营收增长13.30%；利润增长21.70%，主营利润率6.74%，四项经济指标均高于轻工业平均水平。“一降”表现在利润总额同比2019年疫情前及两年平均分别下降6.26%和3.18%。“一升”特指规上企业经营成本同比增长12.76%。“两带动”即出口带动明显，增长24.26%，高于全国工业21.20%的平均水平；骨干企业带动明显，直报的82家骨干企业营收增长15.33%，利润增长37.60%。

后疫情时期，数字技术促进行业发展模式发生变革，呈现自动化、无接触、远程化、智能化叠加趋势，人机协作重塑业务模式加速乐器行业自动化转型。同时，数字化、智能化技术与供应链日益深度融合，智能供应链网络布局与优化、智能生产、智能物流、智能风险防控等水平不断提高，全球供应链的组织形式正在逐步从由跨国公司主导向由大型数字平台主导转化，引发全球产业组织和资源配置方式的重构。

2．务实商研会员诉求，打通产业发展堵点

2021年，针对经济下行压力加大、不确定因素和企业困难增多等问题，协会加大调研力度，先后赴20多个地区展开实地调研，与当地政府探讨后疫情时期乐器产业发展思路，务实商研行业建议诉求，并商请中国轻工业联合会就行业发展亟待解决的热点问题认真分析研究，分别向工信部、发改委、海关总署、商务部、中财办、国务院研究室等部委办提交专题报告和专项请示，内容涵盖加快实施进口旧钢琴税号管理，尽快恢复越南蟒蛇皮进口审批，严控哄抬芯片、集成电路进口价格现象，区别对待校外学科类和非学科类培训，促进校外美育教育可持续性发展等建议诉求，并相继取得阶段性成果。

3．完善基层组织建设，助推产业转型升级

2021年，中国乐器协会召开八届二次理事（扩大）会议审议通过2020年度理事会工作报告，表彰2020年度“品牌年”活动先进单位，诚邀经济学家、高等院校教授、骨干企业代表就新格局下的乐器科技创新展开论坛对话交流。年终乐器行业科技大会主题聚焦“科技・融合・创新・发展”，与会代表围绕国家科技体制改革、音教美育、产业链拓展延伸等多维视角展开研讨，并对行业年度科技创新先进个人、优秀集体、科研立项进行隆重表彰，旨在激发行业科技创新活力。

同年，协会分支机构全部完成换届工作，新一届领导班子开始发挥作用。分支机构、产业集群、地方协会工作坚持以服务为宗旨，紧紧围绕“提供服务、反映诉求、规范行为”的基本功能，务实搭建平台、创新服务载体、积极建言献策、维护合法权益，不断强化了主动意识和融合思路，促进了行业的高质量发展。同年，协会通过组织专家进行评估，增加“古琴”和“未来音乐科技”两个专委会。会员企业借势惠企政策，践行发展新理念，释放科研人员创新潜能，强势提振乐器产业高质量发展信心。

4．集群培育促进区域乐器经济健康发展

2021年，在2021年度全国轻工业科技创新大会上，江苏黄桥、浙江洛舍分别被授予轻工业先进产业集群和产业集群先进管理服务单位。同年，协会完成江苏省扬州市“中国琴筝产业之都”和浙江德清县洛舍镇“中国钢琴之乡”的复评工作。在中国轻工业联合会指导下，通过行业与地方政府共同培育，共建河北省肃宁县“中国北方乐器之都”、贵州省正安县“中国吉他之都”2个新产业集群。目前，乐器行业共有10个产业集群，基本涵盖乐器制造业的各个范畴，对提升区域经济、推动产业转型升级、扩大品牌影响力起到了积极的推动作用。

（二）创建科技创新联络机制，构建三级科技项目体系

1．科技创新成果显著，彰显示范引领作用

2021年，中国乐器协会以科技创新为主题，在建立健全科技创新体制机制、搭建科技创新行业大平台、完善标准化技术体系、务实推进人才队伍建设等方面成效显著。全年18家乐器骨干企业累计完成技术创新总投入5.84亿元，占主营业务收入的6.5%，高于2020年全国轻工行业科技百强企业2.8%的平均水平。全年累计发布专利1301项，征集三级科技项目53个，9项优秀科技项目分获“中国轻工业科学技术奖”一、二、三等奖；10个产品获评工信部“第八批轻工业升级和创新消费品”；3家企业荣获轻工业“十三五”科技创新先进集体。目前，乐器行业获得“专精特新小巨人企业”称号的有吟飞科技、长沙幻音、江苏奇美等7家企业，获得“专精特新企业”称号的有罗兰数字、乐界乐、库克音乐，乐海、威柏、铭仕、吟飞、泰山、四海等26家企业。

2．完善工作体系，夯实平台基础

2021年是“科技创新年”，协会从规划落实、平台服务和助推成果等方面加大工作力度，逐步形成了由协会和分支机构组织协调、专家委专项指导、企业落地推动的科技创新“三级联动”工作体系。在这一年，共建成47个技术研发平台，3家企业获得“中国轻工业工业设计中心”奖项。在全球业界新品首发活动中，有69家企业申报104件兼具创新性、实用性和时代感的新品，年底“科技创新成果展示”活动共征集48项科创成果。在全行业共同努力下，规划的5项重点任务、10个重点工程均取得阶段性进展，如骨干企业的“声学品质共鸣盘”“数字音源生产线”“乐器声学评价系统”“碳纤维乐器产品”“高灵敏度簧片”“芯片研究”“多功能效果器技术”，信息化技术、智能化体系导入等技术成功投入使用并逐步量产，增强了后疫情时代行业的发展后劲。

3．标准工作卓有成效，专利成果平稳增长

2021年，全行业累计完成制修订标准18项，其中国家标准3项，行业标准8项，团体标准6项，国际外文版1项；同时完成2020年结转的20项标准的完善、审批、发布工作。国家标准中，GB/T 40968—2021《乐器产品中多环芳烃的测试方法》和GB/T 28489—2012《乐器有害物质限量》两项标准填补了国际空白。《乐器有害物质限量》外文版已经立项研发。另外，2021年度乐器行业累计授权专利1301项，与2020年持平。新标准的实施和专利成果的获得，保证了质量监督部门有据可依、消费者有据可查、承担了采购、招投标等质量验收的工作与责任，起到了标准应有的作用。

4．激活人才培训机制，强化职业能力评价

2021年，一批技术研发能力较强、自主创新效果较好的企业和个人受到表彰。广州珠江钢琴集团“挑战者QC小组”和“工匠人QC小组”获评全国轻工业优秀质量管理小组。珠江钢琴、上海民乐器一厂有限公司、吟飞（江苏）科技有限公司被中国轻工联授予“‘十三五’轻工业科技创新先进集体”称号；珠江钢琴肖巍、吟飞（江苏）科技范廷国、得理（上海）张光中被授予“‘十三五’轻工业科技创新先进个人”称号。经行业专家委员会评议，35位行业科技人才获评2021年度乐器行业“科技之星”。同年，第三届钢琴调律师职业大赛3名选手获得“全国技术能手”称号，12名选手获得“全国轻工行业技术能手”称号，10名选手获得“乐器行业技术能手”称号。

为推动职业能力评价工作，在《国家职业分类大典》（2015版）中已列入的乐器行业9个职业基础上，协会2021年向“国家人社部”申报了“斫琴师”和“乐器设计师”2个新职业。此外，协会对“9+2”职业标准、教材和题库编写工作做了全面对接细化安排，务实推进行业人才培养和职业技能培训工作。全行业初步形成专家委、科技之星、能工巧匠相互映衬的科技创新人才新格局。

（三）美育教育赋能，推进乐器“三进”工程

1．国民音教大会奏响“美育交响”，“6.21”百城致敬红色经典

2021年，在认真研究国家“美育工作”和“双减”政策与文件基础上，协会持续推动“三进”工程，激活、拓展乐器消费市场。以“新时代美育交响”为主题的国民音乐教育大会与“国际音乐生活展”互动相随、融合助势，展览汇集近百家品牌企业，迎庆建党百年华诞。在国家推动美育政策发展背景下，协会通过国民音乐教育大会、“6・21国际乐器演奏日”普及音乐文化，扩大音乐消费人口，已然成为落实国家美育政策、提高国民音乐文化素养的重要途径和手段。

2. 美育务虚座谈，跨界推动乐器“三进”工程

为贯彻落实中共中央办公厅、国务院办公厅印发的《关于全面加强和改进新时代学校美育工作的意见》，将乐器行业的美育工作做细做实，中国乐器协会召集有关教育界专家、在京企业代表等，于2021年3月29日在京召开“新时代美育工作务虚会”。专家们一致认为，两办联合下发的关于美育教育的文件，是有史以来由政府主导的力度最大的一次政策导向文件，必将载入我国音乐教育史册。

3. 加强社会音乐教师培训，推动乐器进校园进课堂

为贯彻落实国家美育教育工作精神，跨界培养音乐教育人才，协会依托行业专家委员会、音教大会专家团队，全年开展民乐、钢琴、打击乐、吉他、古琴等专业培训12班次，累计通过考核343人；与天津市人民政府合作交流办公室、天津市华夏未来文化艺术基金会共同举办了公益培训班，来自新疆和田、西藏昌都、青海省黄南州、甘肃省、河北省承德市共50个县的80名基层音乐教师参加本次培训。

为推进乐器“三进”工程，协会与企业和地方共振效果显著。如浙江中泰竹笛、福建宁德口琴、江苏黄桥小提琴、广东惠阳吉他、广西小钟琴、河南新乡箜篌等，如珠江、得理、吟飞的电钢琴，敦煌、乐海的民族乐器，金杯、鹦鹉的手风琴，津宝、金音的管乐器打击乐器，柏斯、海伦、星海、海韵教育项目等，各企业携手协会在大中小学和幼儿园广泛开展了器乐教学活动，各项落地音教项目，有力推进乐器“三进”工程。

三、2022年乐器产业展望

展望2022，新冠肺炎疫情助长逆全球化和贸易保护主义抬头步伐仍未止步，党的十九届六中全会“历史决议”明确强调，健全科技人才政策，释放科研人员创新潜能，成为我国跻身创新型国家和建设世界科技强国的重要战略支点。2022年，乐器行业迈进“人才建设年”，全行业需认真贯彻十九届六中全会和中央经济工作会议精神，围绕行业“十四五”规划总体目标，以“两翼发力、六轮驱动”为抓手，持续构建行业“产、学、研、用”融合发展新格局。为努力实现由乐器制造大国成为乐器强国宏伟目标而共同奋斗，以实际行动迎接党的二十大胜利召开！

钢琴篇

2021年是“十四五”规划开局之年，也是国际政治经济形势错综复杂，中美贸易摩擦加剧，全球工业生产和贸易疲软，国际金融市场持续波动，国内经济进入新常态的一年。在钢琴制造成本不断攀升、国际强势品牌加剧竞争，以及进口二手钢琴冲击国际国内钢琴消费市场的形势下，骨干企业与中央各项决策部署保持高度一致，准确研判形势，精心谋划部署。历经“科技创新年”的深耕细作，行业科研创新喜结硕果，“四个一”工程有序落实，标准、专利各项工作卓有成效，人才机制、专家智库逐步完善，行业驶入科技创新高质量发展快车道。

一、2021年我国钢琴行业运行数据分析

据我国轻工业经济运行及预测预警系统显示，2021年，全球钢琴产销量为49.6万架，中国钢琴产销量为37.36万架，在全球钢琴市场的占有率为75.3%。我国依旧为全球钢琴制造大国和国际钢琴消费主要市场。

综观2021全年经济运行数据，受新冠疫情影响，全行业206家规上企业累计实现营业收入同比增长13.30%；利润率为6.74%，高于全国轻工行业6.30%的同期平均水平。从子行业看，西乐器累计实现主营业务收入同比增长17.06%；累计实现利润同比增长26.61%；利润率为5.75%，营业成本同比增长16.10%。

2021年，我国乐器企业累计完成出口额23.40亿美元，同比增长25.13%，较2019年疫情前增长34.59%。2021年我国钢琴出口24731架，同比增长50.95%；累计完成出口额6010.55万美元，同比增长43.13%，较2019年疫情前增长26.33%。

2021年，我国乐器企业累计完成进口额5.71亿美

元，同比增长28.82%，较2019年增长8.20%。其中，钢琴进口额占比接近一半，累计进口钢琴188142架，同比增长15.43%；累计完成进口额2.71亿美元（占47.53%），同比增长20.55%。2021年，日本仍为我乐器最大进口来源国，累计完成进口额1.88亿美元（占33.03%），同比增长22.22%，较2019年增长10.77%。

综观钢琴产业发展，我国钢琴产能保持在30万架以上高位运行已近19年。2021年，钢琴制造业发展的重中之重是：（一）新冠疫情给世界经济造成重大影响，钢琴行业亟待加大政策执行力度，提出行业长效发展的政策建议和行动计划，激发行业发展活力；（二）有效运用数控、高频、电子、网络高新技术，开展关键技术研发、关键零部件攻关、高端专用设备技术改造，不断提升生产效率，实现高端突破和行业高质量转型发展；（三）继续跟进规范二手钢琴市场，促进乐器招标采购公平公正，参与钢琴品牌打假维权，增强企业知识产权保护意识，强化电商经营监管，保护创新者合法权益；（四）加强技术标准化建设，落实人才发展战略，强化校企、科研院所专业技术人才培训体系，为钢琴产业发展提供高层次、创新性、复合型人才，切实提升行业发展的核心软实力。

二、2021年度钢琴产业经济运行特点

（一）务实商研会员诉求，集群建设提质升级

2021年，钢琴行业会员企业在党和政府、中国乐器协会的关心支持下，坚持以创新为驱动，推动供给侧结构性改革，转变经营策略，积极拓展市场，扩容提质钢琴及音乐教育市场，调整产品结构，创新产业格局，钢琴行业总体保持稳中向好态势，产业运行质量、创新能力、协同效果明显提质，有效地促进了钢琴行业的健康发展。

海关总署数据显示，2021年我国累计进口钢琴188142架，同比增长15.43%（其中二手钢琴为14万架以上），来自日本的有70%为二手钢琴，来自韩国的有95%为二手钢琴。针对二手钢琴冲击国内钢琴市场秩序、影响消费者利益等问题，需严控进口旧钢琴低价冲击市场，损害我国消费者和钢琴生产企业权益的现象。同时，建议对钢琴出口企业施行金融普惠政策，提高乐器出口退税率，加大钢琴出口扶持力度。

2021年，在推进产业集群共建工作中，浙江洛舍“中国钢琴之乡”通过复评审，并在2021年度全国轻工业科技创新大会上被授予轻工业先进产业集群和产业集群先进管理服务单位称号，乐器产业集群不断发展壮大，为科技创新孵化、应用、资源整合与创新驱动提供了广阔发展空间。同年，柏斯音乐集团在武汉投资建设的长江音乐文化产业园破土动工，项目集“国际乐器制造研学旅游基地”和“教育园区”于一体，为中国钢琴制造发展注入新的动力。可以说，科技创新全要素正在不断赋能产业集群建设，夯实产业发展基础，推动产业集群提质升级，助力乐器强国建设。

（二）品牌运营提质增效，民族品牌彰显市场活力

改革开放40多年来，我国钢琴制造业的产业模型从劳动密集型产业、资本密集型产业向知识技术密集型产业逐步过渡，推动经济发展从要素驱动转向创新驱动。会员企业高度重视品牌建设，以企业自主设计为主，海内外并购或合作为辅，自主品牌占有率明显提升，中高端产品比重逐步增大，协会八届二次理事（扩大）会议在京隆重表彰2020年度“品牌年”活动先进单位。

2021年，珠江钢琴集团以“红色工匠”党建品牌为引导，以“提质、增效、降耗”为工作重点，深化企业改革创新，统筹疫情防控和生产经营，集团先后荣获“2021—2022国家文化出口重点企业”、“2021中国轻工业乐器行业十强企业”“‘十三五’轻工行业科技创新先进集体” 等多个荣誉奖项。在2021中国品牌价值评价中，珠江钢琴品牌强度为917，品牌价值达55.90亿元。海伦钢琴立足自主品牌建设，与百年捷克钢琴品牌“佩卓夫”“罗瑟”等国际品牌展开合作。在传统钢琴制造基础上，海伦钢琴搭载智能硬件、静音系统、专用App，研发新一代“海伦智能钢琴教室” 项目，延伸布局社会音乐教育市场。柏斯音乐集团获评国家五部委联合认定的“2021—2022年度国家文化出口重点企业”。柏斯琴行（中国）有限公司获评“2021年度乐器行业科技十强企业”“2021年中国轻工业联合会科学技术奖”；

旗下宜昌金宝乐器制造有限公司荣获2021年“全国五一劳动奖状”。长江钢琴在“第16届亚瑟·鲁宾斯坦国际钢琴大师赛”舞台展现中国钢琴风姿，入选“第十三届中国音乐金钟奖”比赛用琴，民族钢琴在专业消费市场创得佳绩。

不仅如此，北京星海钢琴集团有限公司2021年度再次获评“全国市场质量信用A等（用户满意）企业”；上海施特劳斯钢琴依托上海红双喜（集团）有限公司控股改制举措，推动沪上“老字号”品牌深度转型；博斯纳钢琴深化品牌文化建设，特制博斯纳150周年纪念典藏产品；嘉德威钢琴打破传统钢琴销售模式，依托抖音、小红书、B站等新媒体助推钢琴音乐文化普及；门德尔松定制版“中国馆”和“皇冠”艺术钢琴亮相于上海世博会达州钢琴博物馆；德国博兰斯勒家族水晶定制钢琴助阵北京冬奥会开幕倒计时一周年庆典；金斯波格典藏版K280亮相沈阳国展保时捷中心，以跨界融合思维重塑“有色彩的音色”的品牌形象。综观行业全年品牌文化建设成果，会员企业善借政策窗口期创新机遇，践行发展新理念，强势提振钢琴产业高质量发展信心。

（三）科技创新助推产业升级，钢琴迈向“智造”新征程

2021年，协会按照“两翼发力、六轮驱动”的整体思路，注重发挥科研基地、骨干企业作用，积极与专业院校、业界专家合作，推进钢琴关键技术攻关项目，取得突破性成果。据协会抽样统计，18家乐器骨干企业实现科技研发投入3.62亿元，实现技术改造投入2.22亿元，累计技术创新总投入达到5.84亿元，占主营业务收入的6.5%，高于2020年全国轻工行业科技百强企业2.8%的平均水平。

为推动“科技创新年”工作，会员企业加大科研力度和专利申请力度，加强乐器声学品质技术测评，声学材料的选择、加工及新材料替代，乐器表面喷涂工艺的升级及新涂料的研发及应用，有效地促进了钢琴新产品的开发与推广。为适应日渐成熟的市场需求，钢琴行业采取自主研发与引进相结合，推广智能化专业设备与技术，发挥乐器行业“三级科技合作项目”平台作用，行业、企业与专家结合，组织联合攻关和项目对接，智能钢琴作为智能化新产品，成为拉动企业销售增长的重要力量。

2021年，面对复杂多变的国内外经济形势，珠江钢琴推动钢琴、数码乐器、音乐文化教育以及创意文化产业各板块同频共振。在加大自主研发资金投入基础上，珠江钢琴改造升级超50个自动化、数控项目。集团旗下公司艾茉森数码钢琴自主键盘达到进口FATAR普及品水准，PR2.0高端弦槌广泛应用于恺撒堡、里特米勒等高端钢琴系列，打通钢琴高端零部件主要依赖外国厂商的供应链瓶颈，新材料、新工艺改进，推动珠江三角钢琴产量再创新高。

在设备引进上，烟台金斯伯格公司配备全套键盘、击弦机、音源数控加工设备，半成品生产过程采用恒温恒湿设备，企业成功申报实用新型专利6项、外观设计专利2项；嘉德威钢琴采用全球先进的专业化数控全自动设备，有效提升键盘、击弦机数据控制精度；金斯波格钢琴积极开展新型击弦机碳纤维轴衬的实验研究及钢琴装配定位模具研制，有序推进成果转化落地；施特劳斯发挥创新思维与科研能力，成功研制6款新型电钢，积极拓展产业广度、深度；赛乐尔三益乐器研发多款新品钢琴，演奏性能、琴键触感、工艺选材舒适考究。

综观行业全年科技创新成果，会员企业持续推进精益化生产和个性化定制，推动互联网、大数据、人工智能与乐器制造深度融合，国内钢琴行业产品品种持续增加，品质逐步提升，品牌形象不断优化。

（四）强化企业工艺标准，推动人才队伍建设

2021年，钢琴分会的会长、副会长单位带头，积极建设企业技术研发中心、工程中心，多渠道培养中高级科技人才和技术骨干，持续开展技术培训和专业考核，重视技术标准制修订工作，积极参与乐器标准化体系建设。针对进口二手旧钢琴的冲击，研究修订《钢琴》国家标准，积极参与团体标准《智能键盘乐器通用技术条件》《绿色设计产品评价技术规范》等的制定工作，得到行业和地方主管部门的肯定和支持。

2021年，全行业已建立各级科技研发平台47个，其中珠江技术中心被国家发改委、科技部联合命名为“国家级企业技术中心”；珠江钢琴、海伦钢琴被授予“十三五”轻工行业科技创新先进集体，并被认定为中国轻工业工程技术研究中心。肖巍被授予“十三五”轻工行业科技创新先进个人，浙江洛舍被授予轻工业先进产业集群和产业集群先进管理服务单位。另外，珠江“挑战者QC小组”和“工匠人QC小组”被评为“全国轻工业优秀质量小组”。近3年，中国乐器协会的乐器行业“科技之星”评选活动，累计评选出92名“科技之星”，其中超过半数“科技之星”来自钢琴分会。到目前乐器行业已拥有大国工匠2名，行业工匠27名，行业科技之星127名，涌现出了一批科技创新行家里手。

自2002年始，协会受国家人力资源和社会保障部委托，建立乐器行业职业技能鉴定站。6月16日，上海乐器鉴定所（德清）鉴定站正式挂牌，有效拓展长三角区域行业职业技能鉴定工作。迄今，《国家职业分类大典》中已包括乐器行业9个职业工种，有9074人取得人社部钢琴调律师职业资格证书。另外，中国乐器协会与中国轻工业联合会、中国就业培训技术指导中心和中国财贸轻纺烟草工会全国委员会联合举办的全国钢琴调律职业技能竞赛，是钢琴调律行业规格最高、范围最广、最具权威和最具影响力的全国二类职业技能竞赛，获得决赛前3名的选手授予“全国技术能手”称号，目前该竞赛已成功举办了3届，参赛选手累计超过1100人，共有9名选手荣获“全国技术能手”光荣称号。全行业科技创新人才形成专家委、科技之星、能工巧匠并驾齐驱的新格局。

（五）多渠道品牌推广，文化创新助力品牌建设

2021年，传统制造业逐步向智能化转型，钢琴企业跨界融合互联网思维进行制造业的创新探索，探索互联网时代的智能营销、智能制造。以珠江、长江、海伦、星海等为代表的一批骨干企业借势国家文化产业发展政策，主动创意布局内地钢琴文化市场，依托杯赛、大师班、艺术节、各类钢琴文化创意活动，推动钢琴音乐教育逐步向规模化、标准化、数字化、网络化、连锁品牌化发展，不断提升自主品牌的辨识度和文化影响力。

面对复杂的市场环境，珠江钢琴持续推进“电商”策略，线上线下联动促销，持续深化国内外市场双循环。为持续拓展品牌文化影响力，珠江钢琴集团成功举办“珠江 · 恺撒堡钢琴杯”广州市职工合唱大赛、《乐龄颂党恩》“珠江钢琴杯”首届羊城乐龄合唱节、“2021年中国音乐家协会高校音乐联盟工作会议”“第二届中国音乐艺术教育发展论坛”“琴心向党音乐党课”“恺撒堡奖学金”“名师公开课”等活动，引进“广州市文化艺术名家叶小钢工作室”落户珠江钢琴创梦园，在培育人才、提高艺术文化素养素质的同时，擦亮了珠江钢琴文化品牌。

2021年，海伦钢琴顺应时代潮流，通过抖音、天猫等平台进行常态化直播，海伦钢琴官方抖音号粉丝量突破17万，海伦钢琴微信视频号粉丝量突破3万。同时，海伦钢琴连续主办四届音才奖国际钢琴邀请赛，四届大赛参赛选手累计达15万人次。2021年“建党百年海伦三十五载”音乐会大师班巡演累计举办37场，覆盖全国数十个主要城市，为国内音乐文化事业做出了积极的贡献。

2021年，柏斯音乐集团顺应市场变局，以“智”能制造为契机，在乐器制造、音乐市场培育、音乐人才培育、音乐文化推广领域不断创造佳绩，柏斯音乐门店数量再创新高，丰富多元的高品质乐器满足市场需求。为助力国内钢琴音乐教育，柏斯音乐基金会特别设立“长江钢琴音乐奖学金”，已持续在全国近百所高等艺术院校师生间组织比赛、颁发音乐奖学金，累计资助优秀音乐人才数千人。百场“长江钢琴非凡音乐课堂”贯彻全年，累计惠及学子百万余人次，激励学子奋发进取，让古典音乐芬芳全国。

不仅如此，施坦威钢琴与中央音乐学院钢琴系展开钢琴调律与修复专业合作教学，星海钢琴、赛乐尔三益乐器皆成功举办全国青少年钢琴大赛。施特劳斯钢琴助力惠州市“吉他与流行钢琴”音乐会、2021中国大运河国际钢琴艺术节项目，并入驻保利上海城市剧院。会员企业的文化创意举措，为爱乐者打造了多元化的音乐学习交流平台，强化了企业、学校、音乐培训机构等各界优势资源的跨界融合，为推动“乐器+教育”业务板块协同发展、达成产业新生态的有机融合、实现未来产业延伸与转型升级等打下了坚实的基础。

三、展望2022

回望2021，适逢建党百年华诞，《中国乐器行业十四五规划》正式发布，国家加强美育教育发展，行业重心转向优化产业结构，深化供给侧结构性改革，行业品牌文化建设蓬勃发展。提升集群水平，完善科研创新机制，开启乐器行业“十四五”创新发展引擎。5G、人工智能创新科技构建消费新业态，文化消费潜力得以释放，促成乐器行业逆势前行。

展望2022，行业迈进“人才建设年”，健全科技人才政策，释放科研人员创新潜能，成为钢琴行业高质量转型升级的重要战略支点。当前，我国乐器经济发展仍面临需求收缩、供给冲击、预期转弱三重压力，外部环境更趋复杂严峻和不确定。行业总体工作要以高端人才培训赋能科技创新，激发企业主体意识，完善行业科技创新体系，跨界整合社会科创资源，持续提升行业效益。全体行业同仁要正确认识和把握行业发展新机遇、新要求，勠力同心，共同推动乐器全产业链迈向“智造”新征程。

民族乐器篇

2021年12月14日，习近平总书记在中国文联十一大、中国作协十大开幕式上的讲话为中国文化艺术的未来发展指明了方向，守正创新是新时代对每一个文化艺术工作者的要求。今天，中国民族管弦乐以全新的表演形式和辉煌激昂的音响效果生动讴歌了改革创新的火热实践，与此相辅相成的民族乐器产业为民族乐器的繁荣发展起到锦上添花的作用。2021年，民族乐器产业继续克服了疫情的影响和市场低迷的现状，艰难前行。民族乐器产业作为整个民族音乐事业的重要组成部分，2021年，其基本状况表现在以下几方面。

一、主要经济指标保持在合理区间，民乐市场喜忧参半

据国家统计局公布的2021年乐器行业规模以上生产企业主要经济指标完成情况，乐器行业规模以上企业共计206家，民族乐器行业规模以上企业25家，占12.13%。2021年民族乐器产业主营业务收入同比增长12.4%，民族乐器主营收入占全乐器行业的8.68%，实现利润同比增长50.42%，领跑其他乐器行业，平均增速率由负转正，利润值占全乐器行业的19.31%，营业收入利润率为15.01%，同比增长3.79%。2021年民族乐器行业经营成本增速率达到11.72%，出口交货值同比增长22.25%。占全部出口额的0.17%。

这些数据表明，2021年民族乐器产业在疫情散点多发、原材料价格居高不下、人工成本攀升、市场低迷的困难中，基本上保持了正常生产，各项经济指标基本稳定。

2021年，在国内疫情防控常态化的统筹推进下，全社会都在高质量发展推动经济。2021年，民乐市场逐步回暖，但是传统暑期并没有出现销售旺季，一反过去下半年好于上半年的规律，上半年明显好于下半年；另外，整个民乐市场出现几个趋势，即向高端产品发展，向高文化附加值产品发展，向数字乐器发展，向社会音乐教育、家庭乐器市场发展。但是由于国际贸易保护主义抬头和中美摩擦，未来民族乐器出口将迎来新的挑战。总体而言，民乐市场还是比较值得看好的，这基于中国国际地位的不断提高，中国人口结构更新以及中等收入群体增长等，这些原因都将对民族乐器市场需求的增长，具有推动作用，目前消费者对乐器品质、服务质量要求越来越高，民族乐器生产企业越来越注重文化营销、品牌建设。这使得这些企业不断开展有影响力的活动，加大研发投入。

近两年来民族乐器行业两大原材料——木材和蟒皮进口受到一定制约，同时蟒皮乐器出口也受到一定的限制，这些对民族乐器的未来发展产生了一定的影响，对此，应当早作准备，进行新材料研发，寻求一些替代品，这将是未来的研究方向。总之，民族乐器行业未来的发展最终要用高品质产品来创品牌，以赢得更多的消费者认同，这才是整个民族乐器行业未来核心发展理念。

二、4项传统技艺入选非遗，社会广泛参与民族乐器创新

2021年6月11日，国务院公布了第五批国家级非物质文化遗产代表性名录185项和扩展项目140项，其中3项民族乐器制作传统技艺在列，分别是北京西

城区申报的民族乐器制作技艺（京胡制作技艺）；湖南省衡阳市耒阳市申报的民族乐器制作技艺（坛下乡铜锣传统制作技艺）；湖北省随州市曾都区申报的青铜器制作技艺（青铜编钟制作技艺）。从2006年第一批国家级非物质文化遗产代表性名录发布以来，共18项民族乐器制作技艺受到国家非遗保护。

2021年国家知识产权局发布了民族乐器74项发明专利，405项实用新型专利，378项外观设计专利，共计857项。虽然专利总数同比下降10.5%，但是仍然居于很高的水平，相较于10年前，专利总数增长了4倍，民族乐器专利呈持续增长的总体趋势。

2021年民族乐器专利排名前五的乐器依次是：古筝295项、二胡117项、古琴86项、琵琶56项、箫48项。发明专利、实用新型专利、外观设计专利均远远高于10年前水平。其中，发明专利74项，是10年前的9.6倍；实用新型专利405项，是10年前的3.7倍；外观设计专利378项，是10年前的8.9倍。

10年来，民族乐器专利共发布4965项，其中，发明专利708项、实用新型专利2064项、外观设计专利2193项。而实用新型专利不仅总量增加，在专利中的比重也有所提升。2021年民族乐器专利中，发明专利、外观设计专利分别同比下降48.97%、9.57%，实用新型专利同比增长2.5%，占全部专利的47.26%。实用新型专利比重提升是好现象，说明民族乐器创新与市场结合更加紧密，体现乐器作为商品的价值。河北省涿州市赵家笙乐器科技有限公司的实用新型专利“一种气囊式乐器笙的保护袋”，便于安装使用，能够全方位对笙进行防摔保护，还可以吸收笙吹嘴内的水分，市场应用前景广。此外，民族乐器制造科技含量不断提升，引进了不少新型信息技术，包括新材料、新工艺、新科技。比如，天津市精艺笙乐器有限公司的实用新型专利“一种钛合金笙苗组件及笙”，扩音管由钛合金制成，靠近苗管侧设有贴合面，质轻、耐磨，既实现了音量的增大，又不改变笙本来的音色，保证了笙本身应有的柔和、沉静的韵味特点。

10年来，共有2664个企业、个人等参与民族乐器专利的申请工作，其中包括企业914家、个人1209人、院校等单位541家。过去，专利申请人类型基本都是企业，现在个人的积极性很高。越来越多的民族乐器爱好者加入到乐器创新行列，将其他行业的技术、经验应用于民族乐器创新。在上海民族乐器一厂有限公司、河乐海乐器有限公司、苏州民族乐器一厂有限公司等规模企业，专利申请与保护已经形成常态化管理，是企业技术工作的重要组成部分。

民族乐器标准发布工作，2021年全国乐器标委会按照工信部2018年第五批和2019年第一批的要求，完成了对《民族弦鸣乐器通用技术条件》《琵琶》《筝》《阮》《三弦》《月琴》《京胡》《二胡》《柳琴》《扬琴》《古琴》的修订工作。以上标准由上海民族乐器一厂有限公司、北京乐器研究所、苏州民族乐器一厂有限公司、乐海乐器有限公司、扬州金韵乐器御工坊有限公司、扬州天韵琴筝有限公司、河南中州民族乐器有限公司、上海敦煌乐器有限公司共同修订。全国乐器标委会于2021年2月完成了报批工作，2022年4月1日由工信部批准发布。

三、中国民族音乐市场展生机勃勃

2020年，中国民族音乐市场受新冠肺炎暴发的影响遭到严重冲击；2021年，在经过一年的摸索以后，民族音乐市场逐渐恢复，人们开始在疫情的夹缝中尝试各种形式多样的音乐文化活动。

2021年，中国乐器协会在认真研究国家“美育工作”和“双减”相关政策与文件基础上，召开“新时代美育工作研讨会”、启动中国“6·21”国际乐器演奏日活动，举办“国民音乐教育大会”。民乐方面，浙江中泰竹笛、河南新乡箜篌，敦煌、乐海的民族乐器都植入了器乐教学内容，北京外国语大学将民族乐器作为选修课纳入课程体系，受到广大学生的追捧。

2021年10月16日，由中国文学艺术界联合会、中国音乐家协会主办，成都市人民政府承办的“第十三届中国音乐金钟奖”在成都隆重开幕。此届金钟奖以“百年华诞·盛世金钟”为主题，期间呈现了44场专业赛事和8场高水准音乐会，266名参赛选手经过8天的比赛，决出了钢琴、声乐（美声）、声乐（民族）、古筝4个项目的前5名。中国音乐学院曹照照，中央音乐学院李寒，中央音乐学院王钰，中央音乐学院张佳康获得古筝组前4名。

中国民族管弦乐学会在2021年召开了第七次全国会员代表大会并选举产生了新一届领导机构，圆满完成《华乐大典》系列丛书第二批出版工程，成功举办“国韵悠长——2022中国民族管弦乐新年音乐会”、青少年题材民族管弦乐新作品征集展演活动，完成了文旅部委托的中国民族乐器产业状况调研任务，中国民族管弦乐学会乐器改革制作专业委员会举办了第三届“中国好二胡”全国二胡制作交流展示大会。

北京乐器学会用音乐向党的100年生日献礼，用举办活动、公益演出、拍摄MV等形式，一起庆祝中国共产党百年华诞，还组织了8场公益性庆祝演出活动。学会自2019年成功获批科技试点评价机构后，2021年，开展“高校在校生学习乐器成果专业评价”项目，共举办了5期全国古筝、二胡、古琴、琵琶、陶笛等专业评价工作与能力提升研修班；继续抓好乐器普及工作，推进高校美育工作发展，获得北京文化艺术基金2020年度项目资助；推进人才培养项目，为43名古琴指导师进行专业水平提升培训。

此外，2021年11月15日，中国音乐学院举办了“一带一路国际筝乐学术交流会”，向世界展示了中国筝乐理论研究的丰硕成果，展现中国筝乐文化的无比魅力。

2021年，河南新乡久鼎文化产业发展有限责任公司突出文化企业特色建设，初步呈现出了集箜篌非遗寻查、收集、保护、图绘、复原、仿制、活化、创新、创意、生产、租赁、销售、教育、演绎、陈列、展览、研究、推广、传播、普及、研学21位于一体的体系化运营新模式。建成了世界箜篌非遗影像库，完成了世界箜篌非遗文物影像218件的复原仿制，还对自东周以来20余个朝代的失传箜篌进行了衔接式研究开发与制作，同时完善和发明现代箜篌多款形制，箜篌乐器产销规模和箜篌师资队伍培训规模均占全国同行业的70%以上。此外，中国箜篌博物馆一期工程和箜篌文化艺术创意产业园区初期项目已经完成。获得中宣部文旅部首长和省、市、区领导的高度关注，先后入选了国家发改委大运河“三带”项目典型案例，获国家文旅部专家组亲临调研，被丝绸之路城市联盟授予“丝绸之路优秀文化机构”，被河南省文旅厅分别授予“文化产业示范基地”和“非物质文化遗产研究基地”，被河南省总工会授予“基层工会规范化建设示范点”，被新乡市委市政府纳入“十四五”发展规划。2021年久鼎公司销售大中小各类箜篌1200余架，销售收入约2000万元。

四、民乐企业活动稳中进取，创新成果显著

上海民族乐器一厂在2021年顺利地完成公司制改革，成立了上海民族乐器一厂有限公司，以全新的面貌开启了发展新征程。上海民族乐器一厂有限公司进一步强化和实践以“打造文化产品”为定位的新产品研发工作，推出了建党百年系列、奥运精神系列、礼遇东西系列、敦煌新意系列、国风文化系列以及“乐鸣敦煌”仿古乐器系列，共计100余款。其中，礼遇东西系列是与纽约大都会艺术博物馆和上海博物馆合作的联名款乐器，以IP赋能产品创新，精彩亮相第四届中国国际进口博览会；乐鸣敦煌系列是在敦煌乐舞研究专家高德祥主导下制作的仿古版乐器，共仿制敦煌壁画乐器51款，涵盖了吹拉弹打四个大类。

2021年，上海民族乐器一厂有限公司继续加强与民乐名家、科研机构等的合作，改良提升乐器的声学品质。其中，新研发的奚琴在谭盾先生执棒的二胡协奏曲《火祭》中亮相，该奚琴系谭盾先生的委托定制款乐器，依据敦煌壁画上的三弦奚琴复制而成，音色沧桑遒劲，得到谭盾先生的认可。

2021年，上海民族乐器一厂有限公司注重直播引流，积极与天猫国潮合作，深度参与“潮起东方-乐无界”活动，微博话题累计1.7亿次阅读，1.7万次讨论。敦煌&天猫国潮&永乐宫联名古筝“东方乐界”上线即售空。2021年，企业在线上开展了“敦煌·乐无界”双十一专场新品发布会和“敦煌·星动之夜”全系列新品发布盛典，观看人次突破了12万。企业拍摄的微电影《奋斗的民乐人》《忘不了的爱》分别荣获第七届上海公益微电影“最佳公益创意奖”“优秀公益作品”。

乐海乐器有限公司在2021年获批《第二批国家级消费品标准化试点项目》，并开展了多场扬琴、阮、古筝等民乐产品声学品质研讨会、优秀民乐作

品展演以及百人乐器制作技能竞赛等；获得9项专利授权，其中实用新型7项；申报专利7项，其中发明专利申报3项。

扬州金韵乐器御工坊有限公司，在扬州因疫情停摆一个多月的情况下，苦练内功，在严抓疫情防护的同时，紧紧围绕“目标不减、任务不降、标准不变”的总体思路。通过线上、线下协同营销，确保业务拓展工作不间断。复工复产后，公司上下更是迅速振奋精神，果断逆势而上，追回因疫情耽搁的业务，确保各项工作持续稳步发展。2021年，多次捐资助学，支持教育、福利事业。2021年，金韵乐器不断加大科技创新投入，电筝可背式装置、半挖面钢丝筝、古琴防滑垫等技术创新先后获得国家专利。金韵乐器本年度共申请专利12项，其中获批9项，3项尚在审批中；9项省级著作权、4项国家级著作权获批。

2021年，在古琴培训方面，北京钧天坊古琴文化艺术传播有限公司举办了古琴生活美学体验班、名师班、单曲班、古琴文化暑期班等，累计培养近百名学员，并开设了线上直播课；在文化交流方面，参加首都博物馆古琴展览，举办论坛交流活动并举办雅集，主持斫琴论坛，参加全国古琴名家音乐会演出，活动全程通过央视频直播，累计播放量达10万次；每月举办钧天琴院学员与琴友古琴雅集和面向全社会的公益演出，并在抖音App与淘宝App上进行了同步直播等。

扬州民族乐器研制厂有限公司2021年4月在武夷山举行经销商文化之旅创新交流活动，会上龙凤创新专利产品二十五弦古瑟公开亮相；在北京乐展上龙凤乐器三大品牌齐亮相，总经理田泉作为主讲嘉宾出席展会同期举办的古筝重奏排练指导暨教学研讨会；龙凤古筝成为奥林匹克青少年展演活动用筝品牌；2021年龙凤乐器被评为“扬州老字号”，成为扬州地区乐器类唯一上榜品牌。

2021年是中国乐器科技创新年，扬州龙凤乐器科技创新硕果显著，在实用新型专利和发明专利申报方面，“一种古琴斫琴试音器”“一种古筝制作试音器”等已研制成功并申报15项实用新型专利和12项发明专利，已有部分拿到专利证书。

五、2022民族乐器行业展望

在世界经济形势依旧复杂严峻，全球疫情反复加剧的形势下，围绕乐器生产的供应链风险越发显著。同时，随着乐器市场的复苏与发展，民族乐器行业竞争日益激烈，市场饱和度提高。2022年，民族乐器产业将继续加速产品结构调整，以提升综合能力、扩大中高端比重、聚焦产业链、营建生态圈为重点，继续以创新驱动促发展，在持续增强科技创新能力的前提下，加大民族乐器音质、音色、材料声学和乐器外观形制的综合创新步伐；同时，依托互联网、大数据、人工智能与乐器制造深度融合，提高精细化生产布局。

2022年，我国民族乐器行业必将在危机中育新机、于变局中开新局，展现中华民族音乐的风采，让世界听见中国民族乐器的好声音。

电鸣乐器篇

近年来，在国家大力发展文化产业的政策引导下，乐器行业作为文化产业的一个重要组成部分，得到了诸多政策支持，正在高速发展。随着中国经济的发展和居民水平的提高，极具时尚感的电声乐器成为年轻人的消费新宠；依托人工智能实现线上教育的消费市场的兴起，意味着智能化将成为乐器产业未来发展趋势。

2021年是电鸣乐器行业发展过程中非常艰辛的一年。面对国内外新冠疫情、国际政治经济局势变化、进出口货柜紧缺、集成电路缺货和人力资源成本上升等因素影响，企业采取加大科技创新投入、完善供应链质量、创新优化工艺制程等措施，顶住压力，逆势前行。

一、2021年电鸣乐器行业运行数据

根据中国乐器行业经济运行报告显示，2021年电鸣乐器完成累计主营业务同比增长10.39%，同比2019年增长46.90%，两年平均增长21.20%，行业创新驱动力在进一步增强；电鸣乐器完成累计利润同比增长2.35%，较2019年疫情前及两年平均增速率先

转负为正；电鸣乐器利润率为6.69%，下降0.5个百分点，盈利质量有所下降，成本费用上升挤压利润空间的现象在电鸣乐器行业尤为明显；经营成本方面，受原材料价格上涨影响，电鸣乐器每百元营业收入的营业成本最高，为83.05元；出口方面，电鸣乐器出口额稳步增长，完成累计出口交货值28.38亿元，同比增长4.69%；累计完成出口额9.17亿美元，同比增长19.42%。

总体来看，面对国内外种种压力，企业核心竞争力不断提升，企业品牌建设优势显现。各企业要继续响应“双碳”发展战略，对标国际先进产业水平，探索新思路、开发新产品，共同推动全行业向高质量发展迈进。

二、2021年电鸣乐器行业运行特征

（一）创新推动，迈向产业价值链高端

2021年，电鸣企业科技创新能力持续增强，创新成果不断涌现，科研投入不断加大，为行业高质量发展提供了强大引擎。

2021年，在中国轻工业联合会党委领导下，中国乐器协会积极组织和推荐会员企业申报中国轻工业“十三五”科技创新先进集体、2021年度“升级和创新消费品”、中国轻工业工业设计中心等评选活动。电鸣乐器行业在本次评选中获得多项荣誉：吟飞科技被中国轻工业联合会授予“‘十三五’轻工业科技创新先进集体”；吟飞科技的范廷国、得理电子的张光中被授予“‘十三五’轻工业科技创新先进个人”；吟飞科技（江苏）有限公司设计中心被认定为“中国轻工业工业设计中心”；在全国轻工行业“升级与创新消费品”评选中，长沙幻音、蔚科电子、吟飞科技各有1件产品入选创新消费品；吟飞科技、蔚科电子、珠江艾茉森、长沙幻音入选2021年中国轻工业联合会科学技术奖科学技术进步类项目。

2021年中国乐器协会在科技创新方向上按照“两翼发力、六轮驱动”整体思路推进，一年来行业科技创新工作卓有成效。电鸣乐器行业中，5家企业荣获2021年度中国乐器行业科技创新活动组织奖、11人荣获2021年度乐器行业“科技之星”称号、4家企业获评2021年度乐器行业“科技十强企业”、7家企业获选“2021年度乐器行业50强企业”。

2021年，在5G、人工智能、文化数字融合发展的时代背景下，为更好地借助科技的力量，促进乐器产业的科技创新发展，探索乐器行业可持续发展的新路径，中国乐器协会同意成立“未来音乐科技专业委员会”。希望在具体工作中明确推动产业发展的基本目标和方向，规范管理，全面配合协会“提高乐器中高端产品比重”和“扩大音乐人口”等重点工作，突出科技文化引领和市场需求导向，通过乐器与音乐、演艺等相关领域的融合，有效运作，积极开展各种相关活动，共同为中国音乐文化产业的繁荣发展贡献力量。

（二）大力推进标准化工作，促进行业整体发展

全国乐器标准化委员会自2008年成立以来，在国标委和中国轻工业联合会的指导下，围绕乐器标准体系建设、乐器产品以及相关技术国标、行标制修订、标准专业知识培训与辅导、标准宣贯与推广等方面做出了大量细致的工作，取得了丰硕的成果。

2021年4月12日至13日，全国乐器标准化技术委员会在江苏常州召开会议，组织审核了国家标准GB/T 40968—2021《乐器产品中多环芳烃的测试方法》的送审稿；2021年9月13日至15日，全国乐器标准化技术委员会在浙江杭州召开了乐器行业标准复审及审定会议。会议就《电鸣乐器用效果器通用技术条件》行业标准的执行现状进行了分析并确定了修订意见，明确了工作任务。同时，会议还审定了《电子钢琴》标准的修订稿；2021年12月15日，全国乐器标准化技术委员会在江苏常州召开了《乐器有害物质限量》强制性国家标准审定会议。

全行业对标准化工作的重视度不断提高，主动服务和乐于奉献的精神不断加强。为满足新修订的《电子钢琴》标准检测条件，得理乐器公司专门开发了“复音数测量方法”软件系统，并无偿提供给企业和检测机构使用，受到与会人员的一致好评。在国家标准《乐器有害物质限量》《乐器产品中多环芳烃的测试方法》的制修订任务下达后，乐标委员会秘书处会同多家企业与机构参与了编制。在此过程中，电鸣企业根据工作内容的不同参与了该项标准的部分编制工作，做出了积极贡献，扎实推进了乐

器标准化建设工作。

（三）科技创新，助力企业转型升级

2021年，中国乐器协会在科创年具体工作方面明确了全行业“搭建一套科技创新工作体系、共建一批技术研发平台、集中推动和评价一批优秀科技项目、组织一场科技创新成果展示活动”的“四个一工程”目标，一年来行业科技创新工作卓有成效。经过企业申报、专家评价等环节，共有48项科技创新成果（产品）面向行业展示，有效推动了行业科研技术交流，助力行业中高端转型升级战略发展。电鸣乐器行业有多项创新成果入选。

吟飞科技（江苏）有限公司探索音源核心技术多年，积累了雄厚经验。此次入选的科技创新成功项目中，RS系列电子管风琴和GDP系列专业级三角数码钢琴，突破固有框架，将艺术与科技更好地结合起来，使用自研新一代声音引擎技术和音源，产品全面升华的音质带来了更加灵动的演奏体验；EFNOTE系列电子鼓则兼顾传统原声鼓音色，将超现代化设计与优美声音完美融合，产品实现了更为自由的设计和突破常规的创意。

科技创新的关键在于核心技术研发，得理乐器（珠海）有限公司入选的科技创新成果美得理Hydrasynth合成器，其核心技术已获得多项国家发明专利或实用新型专利授权，其中《琴键组件》还在美国和德国获得专利授权，填补了国产高档数字合成器的市场空白。产品问世后，入选专业音乐门户网站MusicRadar2020年度全球十佳合成器榜单，同时获评MusicTech2020年最具创新奖，并被收录进2021新版《PUSHTURNMOVE》，国产数字合成器在世界数字乐器领域站稳脚跟；美得理A2000专业编曲键盘同样获得数项国家专利授权，通过工程改进和新器件引入，有效地解决功耗和散热方面问题，并在2020MusicChina全球业界新品首发中获得“最佳新品”荣誉称号。

随着国内音乐数字设备、电子乐器设备的不断升级，企业产品需根据市场和产品需求不断提升革新。NUX纽克斯DM-7电子鼓系蔚科电子全新研发的高科技电子鼓，于2019年12月获得“中国设计红星奖”，在底鼓、架子鼓、音源器方面获得3项外观专利、1项软件著作权。不仅如此，经过长达3年的研究与实验，NUX纽克斯品牌成功推出与REMO公司联合出品的全新网面复合材料，并应用到高端旗舰产品DM-7军鼓上，实现了产品的全面升级；机械式电子节拍器作为最新一代节拍器行业的代表，将拉动其他音乐设备、乐器设备的市场需求，小天使机械式电子节拍器WSM-290作为蔚科电子精心研发的一款电子节拍器，融入现代数字信号处理技术，一经上市即获得市场好评与消费者青睐，先后获得2项实用新型专利。

长沙幻音电子科技有限公司的幻音AMPERO Ⅱ Stomp综合效果器是其团队在数字建模算法领域深耕十几年的技术结晶，产品结合了业界主流的“白盒建模技术”和“黑盒建模技术”的优点并加以创新，采用全新设计的三核心数字平台和多种新技术，为演奏者带来更富有动态、临场感、音乐性和真实感的音色；幻音JOGG吉他用落地式USB音频接口秉承“简单、紧凑、高性能”的理念，具备研发人员为其设计的一套低能耗、高性能的数字平台，有着优秀的声音品质和信噪比表现。

（四）专研自主核心技术，突破技术壁垒

2021年，乐器企业面临的问题和挑战可以用“涨价”和“紧缺”两个关键词来概括。原材料的大幅度涨价，供货周期的滞缓使电鸣乐器企业再度站在发展十字路口，电鸣乐器行业生产运营受到严重影响。

面对种种不利因素，专研自主核心技术、突破行业壁垒是电鸣企业必须要走的路。2021年，得理乐器一方面继续加强基础研究，并在核心集成电路方面加大投入，研发推出新一代核心集成电路；另一方面，在高端键盘和电子鼓领域研发和推出一批新产品，拓展市场需求。另外，该公司持续推进精益生产改造，进一步完善供应链质量，优化产品质量水平，提升自有品牌的全球影响力。该公司拥有自主知识产权的核心集成电路，这为品牌建设与产品开发打下扎实基础。该公司有效梳理科研攻关方向，加快研发步伐、着力进行软实力建设、创新文化营销方式，培育挖掘乐器潜在市场，大大降低疫情造成的负面影响。

吟飞科技在2021年继续加大研发投入，对产品芯片等核心部件进行持续创新研发，将科技充分融入音乐之中，研发新一代音源电路，目前与国际一线品牌达到同等质量水平和声音表现能力。面对市场流通渠道变局和消费群体需求多元化的现状，在市场层面，吟飞科技以消费需求和购买行为为导向，一方面，从产品入手，继续推进“三品”战略，提升品质，拓展多元化品类；另一方面，公司借机“美育”教育和“双减”政策的利好，拓展电子乐器产业与音乐文化、音乐教育的深度融合，举办多场音乐会，还牵手高校专业教师举办各类讲座，积极推动我国音乐教育事业的发展。

在复杂多变的形势下，2021年蔚科科技成功推出搭载自主技术的第二代数字效果器。产品一经问世，引发国内和海外吉他手的热烈讨论；在企业品牌建设方面，蔚科科技依靠技术提高品牌附加值，拥有自主知识产权的吉他效果器销售成绩优异，这些技术创新驱动的市场成果不断推动蔚科科技的品牌文化建设向前迈进；在活动创建方面，蔚科科技持续对idrummer中国鼓手大赛、第四届全国原声吉他大赛、吉他中国木吉他大赛等活动给予支持，让参赛选手们有机会使用到中国自主研发的乐器。

2021年，艾立卡落实乐器行业技术路线图，组织采购和研发人员寻找芯片替代材料进行再加工以及寻找声学木材的替代品等，对关键材料和零部件进行技术攻关，在产品工艺提升、新材料应用上取得了显著成效。在营销创新方面，艾立卡积极与艺术高校开展“产、学、研、育”合作，将公司旗下的培训学校作为湖北省大学生的实习基地，不断加强艾立卡品牌在用户心中的认知感；在科研创新层面，企业新增专利申请11项，获得计算机软件著作权8项，公司持有专利总数达到89项；在新品研发方面，艾立卡紧跟市场需求，2021年，企业新产品研发数量达到76个，其中有10余个产品获得客户高度认可，已大批量投产销售。

2021年，在5G、AI、MIDI数字音频科技跨界融合发展背景下，电鸣企业立足数字音频科技，围绕主营业务进行战略布局，加速产品结构调整。在持续增强科技创新能力的前提下，加快在乐器音质、音色、材料声学和乐器外观形制方面的综合创新步伐。依托互联网、大数据、人工智能与乐器制造深度融合，以智能制造为发展方向，大力提升标准化、数字化、智能化水平，推动乐器生产流水线技术改造，提高精细化生产布局。借鉴国际先进经验，依靠自主科技创新，提高生产能力与生产效率，降低能耗与原材料损耗率，提升产品性能与质量稳定性，提高市场竞争力与占有率。努力在危机中育新机、于变局中开新局，推动企业高质量发展的步伐。

（五）以人才强企战略，构筑企业逆势增长的新引擎

人才是创新的来源，是未来竞争的核心要素，也是产业走向国际化的关键。电鸣乐器行业发展迅速，2021年，各企业整合优质资源，培养专业人才，以战略思维、前瞻眼光谋划改革开放创新和人才培养工作，最大限度为高质量发展赋能增力。

在生产领域，吟飞科技号召员工“开动脑筋，自主动手研制”。一线员工凭借技能操作经验和多年的工作实践成果，动手改造各类自动/半自动工装制具，大大提升生产效率，改善工序操作和产品品质。工艺部不断创新优化工艺制程，节省成本。该企业全年制成各类工装制具近1100个，优化提案近300个。

在研发投入与人才梯队建设范畴，蔚科科技全年研发投入占主营业务收入比重的6%以上。随着产品线不断丰富，蔚科科技不断地网罗创新人才，全力扩大研发队伍，有序提高自主研发的深度、广度。坚持梯队化培养，鼓励研发人员创新、发明、学习，除吸纳“金字塔尖”高精技术人才外，拓展艺术、生产、管理各环节人才梯队的建设与储备，并向“塔尖”不断输送人才，做到专业人做专业事，并为创新人才提供丰厚薪资保障体系，人才稳定性得到有效保障。

艾立卡积极推动中高端人才队伍建设步伐，与行业协会及政府主管部门沟通协调，推动企业构建以国内大循环为主体、国内国际双循环相互促进的新格局，完成职工技能培训23次。目前，公司20人取得初级职称，28人取得中级职称，15人取得高级职称，有力推进企业技能人才队伍建设，增强技能人才的职业荣誉感、自豪感。

三、行业展望

2021年，疫情反复的情况下，制造业遇到了各种困难。从宏观层面看，在百年未有之大变局加速演变的情况下，全球产业链面临重构，中国制造业发展也会呈现出新格局。构建中国制造业发展新格局，核心是科技创新。目前的困境也在倒逼制造业加大研发投入，促进产品升级，研发具有前瞻性、专业性和聚焦性的产品。

2022年挑战与机遇并存，电鸣乐器行业要以改革创新、奋发有为的精神，继续加强关键工艺、核心技术攻关，推动数码乐器、文化产业协同发展，为中国乐器行业持续、健康、稳定的发展做出更大的贡献，让世界看到中国民族企业崛起的力量！

西管、打击乐器篇

2021年，新冠疫情导致我国外贸乐器企业物流运输压力加大，运费高、货柜短缺，造成乐器出口物流成本攀升。乐器制造铜材价格涨幅30%，乐器木材价格涨幅20%，物流成本涨幅20%～30%。西管打击乐器生产材料、劳动成本大幅提高，外销利润空间受到挤压。国家施行普惠金融政策，为企业创新发展提供技术后劲。鉴于经济运行双向压力加大，企业技术升级，推动关键零部件攻关、高端专用设备技术改造，推进工业互联网与乐器行业的对接融合，成为西管打击乐器行业转型智能制造、绿色制造的现实路径。

一、2021年西管打击乐器行业运行数据

2021年，全乐器行业呈现恢复性增长，规模以上114家西乐器企业营业收入同比增长17.06%，利润总额同比增长26.61%，利润率同比增长5.75%。

据海关总署数据显示，2021年我国西乐器完成累计出口交货值22.99亿元，同比增长13.73%。铜管乐器出口持续攀升，打击乐器与其他管乐器出口呈现一增一降的市场局势。其中，铜管乐器出口量为760937只，同比增长8.17%，出口总额为7715万美元，同比增长5.16%；其他管乐器出口量为5285359只，同比下降16.39%，出口总额为5750万美元，同比增长2.51%；打击乐器出口量为9543382只，同比增长23.04%，出口总额为1.64亿美元，同比增长35.33%。海关数据显示，后疫情时期西管打击乐器出口逐步企稳回暖，其他管乐器出口总量呈现适度收缩态势。

2021年，我国西管打击乐器进口市场铜管乐器进口增幅显著，全年乐器进口数量为8632只，增幅为85.87%，进口总额为502万美元，增幅23.15%；其他管乐器进口量为44.35万只，增幅34.29%，进口总额为2501万美元，增幅为56.07%；打击乐器进口量为1663260只，同比增长36.24%，进口额为1720万美元，同比增长52.39%。

二、2021年西管打击乐器产业运行特征

（一）2021西管打击乐器行业运行概览

2021年，西管打击乐器骨干企业积极响应国家和当地政府号召，努力复工达产，积极捐资捐物，肩负起企业的社会责任。打击乐器、管乐分会领导着眼行业大局，分支机构换届工作圆满完成，有力推动行业科技创新、音乐教育普及、产业集群建设。一年来，骨干企业与高校院团专家跨界融合，有力推动西管打击乐器全产业链紧密合作，促进了行业的健康持续发展。天津津宝乐器有限公司、河北金音乐器集团有限公司、天津奥维斯乐器有限公司、河北华声乐器制造有限公司获评“2021年度中国乐器行业50强”，会员企业积极参与“上海国际管乐艺术节”“青岛管乐高峰论坛及展演”“6.21国际乐器演奏日”等规模化管乐普及文化建设活动，圣迪、奥维斯、华声和龙口企业积极开展特色产业基地共建，彰显出西管打击乐器行业的创新发展活力。

盘点西管打击乐器全年经济运行特点，存在的发展问题有以下三点：第一，经过多年的技术改造和产品更新，西管打击乐器企业已完成两至三轮技术改造，产品和零部件标准化程度得到有序提升。但涉及材料处理、产品设计、专业加工、声学品质和表面处理等跨学科技术难点时，企业仍需主动与国际先进水平对标对表，加强精益化管理，切实提升专业化水平和品牌效应，让品牌打造成为全员共同诉求和行动纲领；第二，骨干企业亟待确定产学

研用联合攻关项目，发挥制造业与院团专家的联合优势，形成产学研用开发聚合力，提升民族西管打击乐器的质量和品牌影响力；第三，西管打击乐器行业亟待在行业大国工匠培育、科技之星评选、职业技能培训、职业技能鉴定、高层次人才研修等方面加大推动力度，探索校企资源跨界融合发展新思路、新方法、新途径，为乐器其他行业提供融合发展的成功经验。

（二）品牌创新，重塑民族国货之光

受新冠疫情以及环保、材料、人工成本上涨等多重因素影响，乐器企业生产运营压力递增明显，倒逼企业运营思维转型。2021年，津宝乐器签约旅德国际打击乐音乐家林喆，旨在打造民族品牌，重塑国货之光。同年，为践行企业社会公益精神，津宝乐器向国家图书馆、习仲勋红军小学、姜昆公益基金等学校及社会团体捐赠价值88万元的乐器，向河南受灾地区援助20万元，向对口帮扶的贫困户捐款3万元，多项善举旨在向员工家庭和社会民众传播津宝品牌文化价值和爱心温度。后疫情时期，国货品牌“金音”“JY”开辟电商直播营销新模式，促成国内乐器零售市场在线销量明显增长。金音集团利用直播带货，建立消费者创新对话渠道，通过多个社交媒体App进行品牌引流，有效实现流量变现。

2021年，华声乐器通过世界知识产权——马德里国际商标认证，“华声”牌成为河北华声乐器制造有限公司的唯一权威性标识，企业获评河北省高新技术企业称号、纳税信用A级企业，并通过河北省B级研发机构认证。“华声”牌铜管乐器、木管乐器、行进乐器、儿童乐器四大系列百余品种及各种配件远销北美、欧洲、非洲、东南亚等国际市场，品牌外溢效应显著提升。面对内销市场，华声乐器与本土乐器培训机构“联姻”，使“华声”牌乐器进课堂、进休闲广场，获得了较好的经济和社会效益。天津奥维斯乐器有限公司、天津圣迪乐器有限公司作为天津市静海区西管乐器的龙头企业，充分利用蔡公庄镇乐器产业的优势，在制造业基地的基础上向乐器文化、创意研发、艺术培训、国际贸易、文化旅游等方面多元化发展，助力“乐器文化创意产业基地”项目建设，逐步形成以乐器产业为主体、文化与创意产业同步发展的格局，同样取得了较好的社会效益和经济效益。

（三）设备升级，强化工业信息化建设

进入“十四五”，推动企业设备更新改造，加强关键核心技术攻关，强化工业信息化建设，成为现代制造业的发展主流。

津宝乐器表示，尽管疫情肆虐，但企业全体员工勠力同心、攻坚克难，实现2021年销售总额4.53亿元，较2020年增长35%，企业全年创造税收2485.33万元。2021年，津宝乐器已通过“国家级企业设计中心项目”评审，入选“国家单项冠军产品培育企业”，年度新增专利申请36项，获得专利授权17项，公司持有专利总数达到379项。企业年度智能制造设备投入1606万元，环保专项治理资金投入700余万元。企业信息化网络建设、ERP管理软件有序升级，重点制造设备构筑企业升级动力引擎。为构建基层党建文化阵地，强化党建引领企业创新发展，津宝乐器党支部全年组织共建文化交流活动18次，有效完成员工入职、安全生产、岗位技能、法规基础各项培训工作，企业各项福利支出达223.73万元。

在环境加速变化与疫情催生危机意识的特殊时期，金音乐器拥抱新技术、新渠道、新模式、新业态，依靠技术进步促进产业升级。在现有数控机床基础上，金音集团大批进购新型CNC数控设备，并配套升级环保设备，整体工艺水平、技术标准同步提升，产业素质与效率显著提高。通过生产要素的优化组合，金音乐器的产业结构趋向中高端产品，“创新、提质、增效、降耗”环保理念有效贯彻执行，集团实现企业数字化转型，有效提升企业核心竞争力。

2021年，面对疫情对生产运营、产品销售的影响，华声乐器时刻注意提高创新意识，企业陆续进购先进数控设备10余台，投入技改资金300多万元，充实硬件力量，使企业原有的定型成品标准化、规范化、统一化。基于设备更新、工艺升级，企业技术研发部、生产部的骨干人员定期交流研讨，及时捕捉市场动向，及时回应市场，针对不同客户特殊要求，企业特事特办，灵活安排生产，努力做到人性化，受到海内外客户的青睐与好评。

（四）校企联动，推动乐器“三进”工程

2021年，在认真研究国家“美育工作”和“双减”相关政策与文件基础上，西管打击乐器行业从产业链延伸、产业空间拓展出发，结合已有音乐教育服务平台，通过有效组织音教融合活动，持续推动“三进”工程，进一步激活、拓展乐器消费市场。

为拓展延伸乐器产业链，培育管乐消费人口，津宝乐器依托互联网成功举办“第六届津宝音乐节暨第五届行进大赛”“第二届DCA亚洲行进鼓乐联盟锦标赛”，策划实施“渠阳号角”美育实践课堂管乐展演活动，积极参与中国乐器协会、国民音教大会、教育装备协会、中国演艺设备与技术协会等行业会议、展览活动，多项品牌文化创建成果可圈可点。天津奥维斯乐器联袂中国管弦网创办首届国际音乐节、第二届管乐大奖赛和第八届国际低音铜管艺术节，并助力推动天津静海蔡公庄镇“乐器文化创意产业基地”项目签约，彰显骨干企业带动作用，有效推动区域产业要素聚合和价值提升。2021年，华宜乐器举办的“酷练鼓2020青少年爵士鼓线上挑战赛”、美得理电子（深圳）有限公司举办的“友鼓杯”智能电鼓大赛，有力助推音乐教育普及，扩大企业的乐器销售。

2021年，为了贯彻落实国家美育教育工作精神，乐器协会社会音乐教育专业委员会采用联合培训方式，举办铜管乐、打击乐等专业音乐教师培训班，累计考评发证2000多人次；金音集团依托衡水市教育资源，主动布局音教产业，创建国内首家乐器企业独资的民办中学——衡水街关中学，在校内开展特色器乐教育培训和素质教育，全力打造乐器进校园特色项目试点。社会音乐教育人才工程为西管打击乐器行业“十四五”高质量发展夯实了基础。目前，国内校园管乐队蓬勃发展，全国有6000多支管乐队，其中北京有近600支乐队、上海有300支乐队，管乐制造与管乐展演的有机联动，推动了管乐消费市场健康蓬勃发展。

三、2022年西管打击乐器行业展望

展望2022，全球经济贸易增速放缓，原材料、人工、物流、国际贸易成本压力尚存，各类矛盾交织关联，外部不稳定、不确定因素增加，我国经济周期性问题与结构性矛盾叠加，经济运行风险挑战不容小视。西管打击乐器行业或将趋向结构优化、跨界融合发展特质，乐器生产标准化、专业化、精细化水平持续提升，乐器生产趋向智能化、自动化、集成化。面向未来，加强西管打击乐器制造企业与信息技术企业合作，深化工业互联网、工业软件新技术应用，创建以龙头企业为主体的基础技术产品供给平台，解决关键共性技术问题，推动产业链上中下游、大中小企业融通创新，成为西管打击乐器行业高质量发展的现实路径。乐器协会将继续发挥好桥梁纽带作用，以“人才建设年”工作为抓手，系统规划和推动全行业人才建设工作，赋能行业科技创新和规模效益持续提升，持续推动西管打击乐器全产业链迈向新征程。

材料配件篇

随着人民生活水平的提高，用户对于乐器产品的需求在上涨，为乐器行业市场提供了经济基础。一方面，乐器行业产业链中原料和供应商进一步推动，有利于产业源端的重组升级、优化产业流程；另一方面，材料配件的技术、品质、品种的更新迭代，有利于乐器产品的不断革新和质量改进，从而进一步满足用户的新需求。

2021年是乐器材料配件行业发展过程中非常关键的一年，面对国内新冠疫情多点散发、国际政治经济格局剧烈变化、人力资源成本上升等不利因素，企业灵活布局经济增长方式，严格执行绿色节能减排，在技术工艺升级、出口市场拓展等方面攻坚克难，团结协作，发扬求实创新的企业精神，从传统材料配件企业向着现代乐器制造企业有序转型。

一、2021年材料配件行业运行数据

中国乐器行业经济运行报告显示，2021年，其他乐器及零配件行业主营业务收入同比上升5.9%。其他乐器及零件制造实现累计利润总额同比增长21.32%。从主营业务收入和利润总额的数据来看，反映出材料配件行业结构调整以及中高端转型成效

显著。2021年，其他乐器及零件累计出口交货值6.13亿元，同比增长30.92%，行业增速回升。透过出口数据，反映出外部市场乐器材料配件需求继续稳步增长。总体来看，面对国内外种种压力，行业整体向中高端转型发展势在必行。企业要积极响应“双碳”发展战略，加大创新研发投入，对标国际先进产业水平，探索新思路、应用新设备、开发新产品，在专注于乐器产品制作业务外，也要注重品牌文化的发展打造，共同推动全行业向高质量发展迈进。

二、2021年材料配件行业运行特征

（一）创新推动，迈向产业价值链高端

2021年，在中国轻工业联合会党委领导下，中国乐器协会积极组织和推荐会员企业申报中国轻工业“十三五”科技创新先进集体、2021年度“升级和创新消费品”、中国轻工业工业设计中心等评选活动。在材料配件行业中，宁波北仑乐器配件公司的“一种自动缠线机”入选2021年中国轻工业联合会科学技术奖“科学技术进步类”项目。

中国乐器协会以科技创新为主题，将2021年确定为乐器行业的“科技创新年”。年底时，协会对2021年度在“科技创新年”组织、专利成果和乐器行业科技十强评选等方面取得优异成绩的单位给予了表彰。材料配件行业中，宁波四海琴业有限公司、森鹤乐器股份有限公司分获“2021年专利成果奖”二、三等奖。

总体而言，材料配件行业在2021年科技创新能力持续增强，创新成果不断涌现、科研投入不断加大，取得了优异成绩。但企业仍需抓住工业互联网、5G、云计算、大数据、人工智能等发展机遇，进一步加强自身建设，提升工艺水平，提高产品质量，推动制造业加快数字化转型，迈向产业链中高端。

（二）强化标准，提升乐器产品质量

乐器产业从规模化向高质量发展，标准化工作成为行业重要基础性工程。2021年行业累计完成制修订标准18项，其中国家标准3项，行业标准8项，团体标准6项，国际外文版1项；同时还完成了2020年结转的20项标准的完善、审批、发布工作。其中，《乐器有害物质限量》标准填补了国际空白。《乐器有害物质限量》强制性国家标准（计划编号：20190060—Q—339）是国家标准化管理委员会2019年4月下达的44项强制性国家标准制修订计划其中的一项（国标委发〔2019〕14号），任务下达后，乐标委会秘书处会同多家企业与机构参与编制。在此过程中，材料配件企业根据工作内容的不同参与了该项标准的部分编制工作，做出了积极贡献，扎实推进了乐器标准化建设工作。

（三）科技创新，助力行业中高端发展

2021年，经过企业申报、专家评价等环节，全行业共有48项科技创新成果（产品）面向行业展示，有效推动了行业内科研技术交流，助力行业中高端转型升级战略发展。材料配件行业有2项创新成果入选。

面对国内木材供需缺口逐渐增大，制作乐器的木材市场供需矛盾日益突出的现状，北京理工大学提出了创新科技成果——声学复合材料项目。针对天然木质乐器对新材料的应用需求，该项目提出采用多材料协同的复合材料制造乐器，对乐器材料升级和保护生态环境具有重要意义。该项目的创新设计和研究内容有利于优化产业结构，构建智能化、绿色化的新型轻工业制造体系，为新型材料乐器的战略定位和规划奠定基础。

威海光威复合材料股份有限公司的创新科技成果——“大碳胡”是一种由环保、复合新材料组合而成的中国民族低音拉弦乐器，采用仿蟒蛇皮纹路的人造皮，发音元件采用新型先进复合材料制作完成，外观具有民族传统乐器特点，为民族乐器的发展做出了积极的贡献。

（四）积极探索，新材料新工艺新应用

2021年，材料配件企业攻坚克难，在产品性能提升、绿色制造、产业升级、集成创新等方面进行重点突破，调整产业结构，完善自主创新体系，促进乐器材料配件的绿色、高端、智能化发展及产业可持续发展。

川雅木业有限公司在2021年着力“资源保障”“明星产品”“品牌文化”工作，成功顶住了经营压力，实现了经济增长。面对供应链压力增加影响，公司布

局全球资源保障战略，大力实施原木保鲜储存技术，狠抓木材科学利用、严控加工成本；为顺应钢琴、吉他高端化发展的需求，公司推出“明星产品计划”，着力发展高档实木音板产品、钢琴高端弦轴板、弦码三大明星产品。依托“全国声学木材研发基地”与有关院校合作，进而对钢琴共鸣体系的每一个零部件进行声学品质性能剖析和专项研究，完成了一系列专业化设备技改投资和生产环境技术改造。

为降低能源消耗，扩大生产规模，促进生产长周期运行，凤灵乐器坚持技改不停步，运用新技术、新设备、新材料、新工艺分别对提琴多个生产工序进行技术改造。全公司内部实施ERP、MES系统管理，引进机械臂、机械人等项目，既降低了能耗，又达到了增产和环保的目的。公司成立的“徐小峰高级琴室”，以纯手工制作高档提琴和提升提琴制作技艺为目标，不断优化产品技术标准，提高材料利用率，获得市场的广泛认可。

面对芯片及木材供应不足现状，武汉艾立卡电子有限公司落实乐器行业技术路线图，有效梳理科研攻关方向，组织采购和研发人员寻找芯片替代材料，进行再加工以及寻找声学木材的替代品，对关键材料和零部件进行技术攻关，在产品工艺提升、新材料应用上取得了显著成效。

三、2022年材料配件行业展望

聚焦2022年世界前沿科技现状及未来发展态势，新一轮技术革命以数字信息技术为先导，将深刻影响全球产业竞争格局。新材料技术是电子信息、新能源、生物等高技术发展的先导，是科技创新的突破口，将引领各行各业的颠覆性技术的发展。用音乐科技满足用户需求，将是传统乐器企业和现代乐器企业共同面对的未来课题。乐器企业应继续强化科技创新意识带动企业转型升级，开展跨界音乐教育联合，创新驱动长久发展，扎扎实实工作，以创造优势发展未来。

手风琴篇

2021年是中国共产党成立100周年，是“十四五”计划的开局之年，更是国内外形势错综复杂的一年。面对世界地缘政治、经济格局的变化，新冠疫情带来的种种困难，手风琴行业紧紧围绕“双循环”这个中心，坚定不移地走改革创新之路，在困难中奋力前行，取得了来之不易的成果，稳定了基本面，保持了良好的发展势头。

一、2021年度手风琴行业运行概况

2021年，中国乐器协会手风琴分会所属手风琴制造企业，共生产8贝斯规格以上手风琴5.6万台，年销售额10478.95万元人民币，出口额529.1万美元，出口额占整个销售额的32.82%。

与2020年相比，主要骨干企业江阴金杯安琪乐器有限公司、天津市华韵乐器有限公司、天津佰笛乐器有限公司销售额持平或略有增长，其他企业略有下降。

二、2021年度手风琴行业运行特征

2021年度，国际国内政治形势错综复杂，加上新冠疫情的影响，国内手风琴生产企业面临重重困难，外贸订单数量下降，出口通道不畅，原辅材料、能源价格上涨，人工工资提升，社保资金调高，开工达产不足，员工不稳定，物流不畅等，都严重制约企业的正常运行，降低了企业的盈利能力。

（一）主要企业运营基本正常

2021年手风琴行业各主要企业运营基本正常，产销量与2020年同期相比基本持平。江阴金杯安琪乐器有限公司、天津市华韵乐器有限公司、天津佰笛乐器有限公司等骨干企业产销量略有增长。香河天音乐器有限公司、沧州金狮乐器有限公司等企业产销量有所下降。手风琴出口订单数与2020年相比略有减少。

（二）企业盈利能力下降

2021年手风琴生产所需的主要原材料，如木材、铝材、皮革等的价格都有较大幅度的增长，能源、原辅材料、运输、仓储、人工工资、疫情防控费用、

安全环保投入、社保支出等都出现不同程度的上涨现象。相反，手风琴的销售价格却没有提升，甚至还出现降价现象。降价的主要原因是受到了朝鲜产手风琴进口猛增的冲击。朝鲜产手风琴因劳动力成本远低于国内，因而售价较低；另一个原因是在我国的河北、天津等地区，有不少生产手风琴的地下作坊，无工商登记，无产品商标，职工不纳入社保，利用旧厂房、民房生产劣质手风琴，产品通过网络或地下交易渠道进行销售。因其生产成本低廉，售价远低于正规产品的价格，影响到了正规厂家的市场销售，致使骨干企业盈利能力下降。

（三）劳动生产率难以提高，成为手风琴制造企业发展瓶颈

手风琴从发音原理上来讲是起源于中国，但是现代意义上的手风琴确实是一件舶来品。从现代手风琴诞生的200年时间来看，其创新发展可谓极其缓慢，不说其原理，单就其生产方式、生产过程而言，几乎没有多大变化，到目前为止，仍然以手工制作为主。在自动化、数字化浪潮席卷制造业的当下，手风琴制造仍然处在劳动密集型企业的方阵中，劳动生产率长期以来难以提高。

（四）品牌创新有突破

2021年手风琴制造行业加大企业科研创新投入，据不完全统计，2021年投入研发经费351.9万元，占整个行业销售总额的3.36%，较2020年提升0.6个百分点。

这一年，推向市场的手风琴新品有江阴金杯安琪乐器有限公司的GH5396宽音域手风琴、GHZ-5060自由低音手风琴；天津市佰笛乐器有限公司的佰笛博奥系列手风琴；天津华韵乐器有限公司的鹦鹉牌32贝斯儿童巴扬手风琴、世纪鹦鹉96贝斯巴扬琴、罗尼96贝斯键盘高档演奏琴；天音乐器有限公司的合奏琴等。这些新品丰富了手风琴的品种，给消费者提供了更多的选择，同时为企业增加了盈利点，达到了企业和消费者的双赢。

（五）科研成果取得重大突破

2021年，国内手风琴主要企业加大科研经费的投入，探索产学研结合的道路，推动企业科研水平的提升。江阴金杯安琪乐器有限公司联合南京艺术学院成立金杯乐器研究所，天津华韵乐器有限公司联合天津音乐学院成立手风琴簧片研究所，天津市佰笛乐器有限公司联合中国音乐学院成立手风琴研究所等举措，有力地推动了各企业科研水平的提升。2021年各主要生产企业共获各项国家专利45件。天津市华韵乐器有限公司、天津市佰笛乐器有限公司、江阴金杯安琪乐器有限公司均获“2021年度中国乐器行业科技创新活动组织奖”。天津市华韵乐器有限公司罗金琦获“2021年度中国乐器行业科技之星”称号。天津市佰笛乐器有限公司、天津市华韵乐器有限公司获“中国乐器协会2021年专利成果奖”。中国乐器协会手风琴分会被评为中国乐器协会2021年度先进分会。江阴市江阴金杯安琪乐器有限公司C-11自由低音手风琴获中国轻工业联合会2021年推荐产品奖。

2021年度由江阴金杯安琪乐器公司主持、国内手风琴主要骨干企业共同参与起草的《手风琴规格划分及命名方法》《手风琴零部件名称》两项行业标准已由工信部颁发并实施，《手风琴通用技术条件》行业标准修订工作已由国家标准化技术委员会批准立项，修订工作正在进行中。

三、手风琴文化建设结硕果

1. 2021年6月21日，国际手风琴联盟副主席李聪，手风琴分会会长、金杯安琪乐器总经理时建明等一行6人，赴新疆伊犁、塔城考察手风琴文化工作。为了支持我国手风琴事业的发展，金杯乐器精心研制9个月，为新疆伊宁政府研发了巨型手风琴——金杯之星。

2. 2021年6月23日李聪、时建明一行到新疆塔城地区调研考察。手风琴分会与塔城市文化旅游局就共建塔城手风琴博物馆手风琴制作体验中心项目达成合作意向。

3. 金杯手风琴品质提升及普及版手风琴教材编辑研讨会在江阴金杯安琪乐器有限公司举行。

4. 开展了首届金杯-草原之夜、中国沽源东方之声手风琴艺术节、天津华韵第七届鹦鹉杯全国手风琴大赛、全国佰笛手风琴2021年线上音乐会、天津佰笛手风琴乐坛天塔快闪活动等手风琴文化建设活动。

5. 天津市华韵乐器有限公司向天津静海老年大学赠送手风琴。

6. 江阴金杯安琪乐器有限公司向河南灾区捐赠手风琴，向江阴老年大学捐赠手风琴40台，并无偿安排手风琴教师帮助老年大学开设手风琴教学班。

四、手风琴行业发展面临的困难及对策

当前，国内手风琴行业面临着职工老龄化、招工困难、原材料等价格上涨导致的成本居高不下、经济发展环境不确定等发展挑战。面对困难，必须积极应对，尝试新的工作方式，突破困难。

1. 与职高、技校合作办学。企业全部或部分出资，定向合作培养手风琴修造专业学生，毕业后到企业工作。

2. 筛选优质稳定的供应商，长期合作，控制交易成本。提升公司的管理能力，优化内控制度，降低生产过程中的不必要的成本消耗。

3. 研发适合国内市场的新产品，加速内循环。

4. 坚持以文化科技带动制造发展的战略。坚持文化发展，坚持科研助力，坚持转型发展。探索互联网等新业务，利用新拓展的行业领域反哺手风琴工业制造。

专　题

“产学研用”跨界合作　统筹推进“人才建设年”

编者按：为贯彻十九届六中全会和中央经济工作会议精神，摸排后疫情时期行业发展的新情况、新要求，统筹推进“人才建设年”各项工作，中国乐器协会秘书处对近期行业科技创新、人才建设状况展开问卷调研。调研采用网络问卷方式，问卷内容从企业基本情况、乐器营销、科技创新、人才建设、政策诉求五个方面入手，旨在了解行业生产运营总体形势，征集企业政策关切与发展诉求，激发企业主体创新意识，提振产业发展信心，促进后疫情时期行业结构转型与高质量发展。

一、全球工业劳力短缺　“两化融合”促产业转型

回顾全球工业化发展历史，随着以机械化为特征的第一次工业革命，以电气化为特征的第二次工业革命和以自动化为特征的第三次工业革命的演进，全球制造业先后进行了4次大规模迁移，形成了以西欧、东欧、北美、日本及亚洲东部沿海为核心的五大工业区。当前，新一代信息技术加速创新、快速迭代、群体突破，第四次工业革命席卷而来，全球主要工业区日益受到能源、劳动力、产业结构等因素限制，纷纷遇到发展困境，主要表现为：

一是人口结构趋向老龄化，加剧劳动力短缺；二是制造业经济全球化，疫情催生逆全球化潮流，但“合则两利，闭则各退”的现实，促成经济全球化不可逆转；三是全球发达经济体GDP低迷，经济下行压力加大，短期难见改善迹象；四是制造业产能过剩，市场竞争激烈，企业利润走低，发展压力加大。我国政府高度重视数字经济与实体经济融合，工信部出台“两化融合‘十四五’规划”“制造业数字化转型行动计划”，制定我国制造业数字化转型路线图，产业结构再度面临优化升级。

二、人工、材料成本增长 外贸营销市场竞争加剧

2021年，乐器行业进入“十四五”科技创新年，行业工作重心转向优化产业结构，深化供给侧结构性改革。回顾一年来的行业发展，国内疫情多点散发，影响乐器生产销售，但会员企业凝心聚力，全年主要经济指标止跌回暖。调研显示：（一）行业全年总体运营水平企稳恢复，企业营收持续回暖，外贸出口创汇总体态势没有改变；（二）行业“产学研用”跨界合作，会员企业持续加大科技创新投入，积极与科研院所开展技术合作，协会秘书处推动的“科技创新年”工作见到实效；（三）企业维权意识普遍增强，会员企业持续加大品牌注册和宣传力度，企业品牌意识和市场抗风险能力显著增强，行业“品牌建设”工作取得阶段性成果。

2022年，受全球奥密克戎疫情及俄乌冲突局势影响，国内疫情多点散发，国际市场需求疲软。全球化工、重金属等大宗原材料成本上涨，天然气、电力能源成本以及钢、铜、镍等乐器主要原料成本综合涨幅超过10%。乐器原辅料产品出现供应不畅情况，人工成本急剧升高，直接挤压产品利润空间。由于会员企业产能不足，导致销售下降幅度达10%～13%，行业一季度总体生产经营状况低于预期。同时，受欧美通胀高企、集成电路缺货等不利因素影响，乐器外贸下行压力加大。鉴于海运费用居高不下，货柜紧缺导致出货困难，外销市场竞争加剧，企业国际市场议价空间被压缩。企业一季度外贸出口总体降幅预计达15%，市场不确定性预期增大。

总体而言，在国际国内局势云谲波诡、压力巨大的情况下，会员企业锐意进取、苦练内功，变压力为动力，解放思想，科学地算好“加法”和“减法”，着力提升产品质量与档次，整体局面稳中求进，不断向好。

三、打通产业发展痛点、堵点 夯实人才竞争软实力

2022年，是我国乐器行业迈进“十四五”规划的第二个年头，更是协会秘书处统筹推进“人才建设年”工作、提升行业核心竞争力的关键之年。为此，协会秘书处主动作为，加大行业调研力度，摸排行业生产运营实情，征集企业建议与发展诉求。为会员企业办实事，谋实招，重实效。调研数据显示：从企业年营业收入看，会员企业年度盈利水平都有不同程度的提升，当前行业盈利点主要集中在钢琴、民族乐器、电鸣乐器、吉他、乐器销售和培训领域。

从制造成本影响因素看，主辅料和人工成本增长是企业制造成本增长的主要因素。减少污染物排放，有序向“双碳”模式转型成为企业关切。

从产品流通渠道看，随着国家出口转内销促进“双循环”系列政策出台后，为化解外贸压力，国内企业正在逐步调整内外销铺货比例；其次，疫情影响线下乐器销售，直播带货迎来市场风口，乐器电商使乐器网络销售出现阶段性的升温现象。鉴于疫情制约了线下实体琴行销售，乐器零售业务下降，导致企业成品库存费用有不同程度增长。

从科技创新角度看，“产学研用”跨平台合作加速了企业科技创新步伐，市场竞争加剧企业间知识产权纠纷，企业加大钢琴制造新材料的研发力度，利用可再生资源替换不可再生资源，致力于提升材料稳定性，乐器声学、装备制造、能源环保依旧是企业技术创新的瓶颈。

从人才队伍建设看，随着市场竞争持续升温，会员企业都表现出提升产品声学品质、升级产品结构、提高品牌附加值的迫切要求，受访企业皆认为有必要创立乐器行业修造学院和技术培训基地。

总体而言，疫情引发乐器制造成本增长，乐器销售业务下滑，乐器全产业链现金流压力非同以往。征求减税降负、信贷融资普惠政策，成为乐器企业的普遍诉求。缺资金、缺人才，乐器工业的标准化建设，职业人才培育体系的创新，仍是行业亟待解决的发展短板。为创新行业金融服务，推动行业技术攻关，推进人才队伍建设，协会秘书处拟采取如下举措：

1. 将产业集群尽快融入数字新经济，依托数字金融贴息贷款拓宽融资渠道，增强区域乐器经济造血机能；同时，鼓励规上企业积极申报国家创意文化产业项目，用好政策扶持资金，助力企业品牌文化建设。

2. 推进建设上海国际乐器展商贸服务平台，构建企业与投融资机构对话合作机制，重点解决中小型企业融资难题，释放中小型企业现金流压力。

3. 推进乐器职业人才考评与鉴定工作，完善乐器制作工艺标准制修订，以及教材、题库编制工作。加强校企合作定向人才培育，创立乐器行业修造学院和技术培训基地，推动行业人才队伍建设再上新台阶。

4. 由中国乐器协会牵头，推动人社部网络营销员职业能力评价与认证工作，组织乐器网络营销员高端培训班，引导乐器电商市场规范发展。

5. 鉴于企业间维权案例增加，在全行业倡议推行《中国乐器行业知识产权自律公约》，引导企业强化行业自律，保障行业科技创新成果。

6. 构建协会科技大会平台，邀请科研院所专家学者、精英人才，策划组织科技讲座、互动论坛，推动行业科技成果转化及企业技术升级转型。

7. 政府加快“双减”政策的推行和实施速度，区别对待校内校外艺术教育政策实施，减少琴行在营业和开发业务上的顾虑；其次，建议政府严格审查上市教育产品资质，严打虚假宣传，严防不良校外上市机构卷款跑路，破坏社会音乐教育行业的公信力，严重挫伤社会家庭音乐艺术教育消费的信心。

四、推动产业结构优化升级 走“国货”自强发展之路

2021年，是党和国家历史上具有里程碑意义的一年，也是面对复杂严峻形势和诸多风险挑战的一年。2022年，我国乐器经济发展仍面临需求收缩、供给冲击、预期转弱三重压力；实施人才战略，推动“产学研用”跨平台合作，增强企业主体抗市场风险能力，推动乐器全产业链向中高端转型势在必行。

为此，协会秘书处号召广大会员企业认真学习两会政府工作报告精神。第一，捕捉国家振兴实体

经济的政策窗口期，积极响应制造业“双碳”发展战略，用好减税降费资金，加大科技研发投入，提高中高端产品比重，有效提升品牌附加价值。

第二，倡导会员企业强化自主品牌建设，从OEM代加工向自有品牌培育有序转型，精准对接大众音乐文化消费需求，提升自主品牌市场话语权和议价权，走国货自立自强发展道路。

第三，强化科研院所项目合作，加大对专家、高科技人才、资本运作、商业管理人才的引进力度，引导企业改变“等、靠、要”的惯性思维，在企业内部培育想干事、能干事、干成事的过硬技术团队，以核心项目为依托，开展技术攻关，打通行业转型升级的痛点和堵点。激励真正具有创新能力的企业，淘汰行业落后产能，有序推进乐器产业结构优化升级。

新的一年，机遇与压力交织并存，产业发展仍需爬坡过坎。王世成理事长号召全体乐器同仁，攻坚克难，砥砺奋进，深化“产学研用”结合，促进产业优化升级，打通科技创新堵点，加强知识产权保护，创新科技金融服务，依靠科技创新推动行业高质量发展，以实际行动迎接党的二十大的胜利召开，为建设自主创新、自立自强的现代化乐器强国不懈奋斗！

5G、AI赋能数字音频科技
MIDI数字音乐产业前景展望

2021年，在5G、AI、MIDI数字音频科技跨界融合发展背景下，如何立足数字音频科技，依托移动互联多媒体应用平台，促进新科技、新媒体资源共享、融合创新，提高乐器中高端产品比重，扩大音乐消费人口，成为数字音频产业发展的宏观趋向。习近平总书记在2020年全国科技创新大会上指出：“在我国发展新的起点上，科技是国之利器，国家赖之以强，企业赖之以赢，人民生活赖之以好。”数字音乐作为数字新经济中的重要组成，再度站在产业发展的历史风口。

一、国际视野——“元宇宙”催生新一轮资本布局

2021年底，随着Facebook的创始人马克·扎克伯格宣布将公司更名为Meta，基于文本和图片的沉浸式互联网进化版以及将虚拟现实办公和虚拟化身集于一体的远程协作被奉为硅谷的下一个大事件。“元宇宙”概念再次掀起全球5G、AI、AR/VR以及区块链的新一轮的资本角逐与布局。

首先，在线创作游戏产业中，拥有2亿月活用户的Roblox在11月8日公布季度业绩，人们从中窥见“元宇宙”概念的潜力。数据显示，随着“元宇宙”概念的问世，Roblox在线游戏日活用户数量同比增长31%，达到4730万，推动收入升至5.09亿美元。Roblox联合创始人兼CEO大卫·巴斯佐兹基（David Baszucki）表示，2020年Roblox未上市时估值40亿美元，如今市值达到680亿美元，很大原因是其股价在过去短短一个月内涨幅超过60%。市场研究公司New Zoo称，2020年消费者在电子游戏上的支出为1780亿美元，许多玩家愿意通过游戏与远方朋友保持联系，而且乐意在虚拟财产上花钱。New Zoo估计电子游戏产业约有75%的收入来自可出售虚拟商品（比如玩家虚拟化身的装备或服装）的游戏。风险投资家马修鲍尔表示，Roblox、《魔兽世界》等在线游戏证明沉浸式虚拟世界可以风靡全球，电子游戏公司有可能先科技巨头一步攻占元宇宙城池。

无独有偶，来自欧洲经济学人杂志报道显示，继英特尔2019年收购以色列AI创业公司Habana Labs后，电商巨头亚马逊旗下云计算部门AWS很快让客户用上了Habana的Gaudi加速器，老牌芯片制造商AMD作为英伟达在游戏市场的主要竞争对手，如今正在敲定350亿美元收购Xilinx高端芯片的计划，旨在制造另一种名为可编程阵列（FPGA）的加速芯片。2021年4月，英伟达公布首款基于安谋架构的高端芯

片数据中心CPU——代号Grace，其目的是在AI设备中进行“边缘计算”，应用在无人驾驶汽车、工厂机器人和其他远离数据中心的场景。经纪公司盛博估计，未来5到10年，随着AI的应用越来越普遍，在每年花在服务器上的800亿至900亿美元中，可能又有一半资金将流向加速芯片，包括数据中心和边缘计算在内的全球加速计算市场规模每年将超过1000亿美元。

2021年，“元宇宙”概念不仅激活了全球的游戏产业、工业信息化服务产业，在全球社交媒体竞争激烈的环境下，5G、AI、AR/VR技术催生的在线短视频业务也在深刻影响着数字音频产业的发展格局。音乐财经杂志2021年数字音乐产业发展报告显示，当前，全球人口共78.3亿，其中移动手机用户52.2亿，占总人口的66.6%；互联网用户46.6亿，占总人口的59.5%；活跃社交媒体用户数进一步增长到42亿，占到了总人口的53.6%。国家税务总局发布的税收数据显示，作为数字经济中的重要组成部分，数字音乐在2020年市场整体收入达700亿元，为中国文化产业的崛起做出了重要贡献。

二、政策宏观——中国数字化进程方兴未艾

进入“十四五”时期，我国推进以5G网络、人工智能为主的新型基础设施建设，促进消费新业态、新模式、新场景的普及应用，激发新消费需求。在政策红利上，国家对数字经济发展的重视为制造业新格局的形成带来了机遇。在国家“十四五”规划纲要中，数字经济部分被单独列为一篇，并在主要目标中提出：2025年数字经济核心产业增加值占GDP比重提升至10%。纲要指出，要发展数字经济，推进数字产业化和产业数字化，推动数字经济和实体经济深度融合。据中国信息通信研究院估计，到2030年，5G直接贡献的总产值、经济增加值和就业机会将分别达到6.3万亿元、2.9万亿元和800万个。

2021年，工信部发布的《“十四五”大数据产业发展规划》提出，到2025年，大数据产业测算规模突破3万亿元，年均复合增长率保持在25%左右，创新力强、附加值高、自主可控的现代化大数据产业体系基本形成。该规划提出，加快构建全国一体化大数据中心体系，推进国家工业互联网大数据中心建设，强化算力统筹智能调度，建设若干国家枢纽节点和大数据中心集群；建设高性能计算集群，合理部署超级计算中心；重点提升数据生成、采集、存储、加工、分析、安全与隐私保护等通用技术水平，推动大数据与人工智能、区块链、边缘计算等新一代信息技术集成创新。

结合国家发展宏观背景，内需成为未来中国经济发展的最大机遇。作为世界公认的数字化大国，中国数字化进程方兴未艾，云计算、大数据和人工智能等深入发展不断重塑行业格局，数字经济将是中国经济发展的核心载体。结合我国发展所处的新时期来看，音乐提供的健康快乐与精神消费更是人民群众美好生活愿望中的基础且重要的需求，具有极大的增长潜力和社会服务价值。

三、用户体验——“玩+看+社交”文化消费跨界融合

近年来，随着5G、AI、VR/AR、区块链等新技术与产品的不断涌现，技术和产业加速融合，重塑数字音乐消费产业格局。随着5G技术推广，从前受限于带宽速度和时延的技术有机会在音乐产业落地，数字音乐消费场景也从手机或PC终端延伸到物联网泛终端的全场景。在元宇宙的世界里，数字音乐只是其中的一个细分市场，虚拟世界里的演艺经济待释放的潜力已经展现出极高的吸引力，尤其体现在人才、资本、产业政策等方面。近年来，国内云演艺基于5G+8K技术，实现“艺人 & 舞台”、“现实 & 虚拟”的充分融合，“看+玩+社交”的多维度云上交互场景对用户的吸引力日益增长。

在数字音乐娱乐产业，区块链、NFT在全球同样掀起一股热潮。2021年，腾讯于8月1日正式上线NFT交易软件“幻核”，宣布将联合张楚、莫西子诗、张尕怂等音乐人和艺术家推出“TME数字藏品”。11月9日，腾讯音乐娱乐集团（TME）发布第三季度财报，平台三季度总营收78.1亿元，其中在线音乐服务收入同比增长24.3%，在线音乐订阅收入同比增长30.2%至人民币19.0亿元，在线音乐付费用户达7120万人，付费率破11%。可以说，在区块链的应用场景

中，对于音乐创作者来说，互联网巨头入局NFT带来新的机遇，也让数字音乐版权归属与收入分配的透明度达到一个新台阶。

音乐财经评论人小鹿表示，驱动腾讯在线音乐付费用户数持续增长的核心原因主要为以下两点：第一，内容侧的深化运营，包括“创制”+“宣发”；第二，用户回归理性消费后，优质内容将更多免费用户吸引并转换为付费用户。可以说，在移动互联网发展逐渐过渡到“元宇宙”的进程中，无论是“音乐+社交”，还是“音乐+游戏+社交”，数字音乐产业都蕴含着音乐新消费的无数可能性。

四、产业现状——MIDI 2.0驱动数字音频进驻快车道

新冠疫情改变全球经济形势，也对企业的运营模式及业务拓展造成冲击。2021年，线下活动音乐演艺业务波动异常，“宅经济”促成数字音频软件和相关设备购买量出现增长，音频应用的数字化转型促进数字音频制造商的业务出现新增量，催生数字音频技术的创新应用图景。聚焦新形势下国内MIDI 2.0数字音频技术的应用场景，MIDI技术创新发展，促进MIDI产业、产品与国际MIDI新潮流深度融合。随着计算机算力和软件开发水平的不断提高，人工智能和机器学习已经渗透到音频、图片和视频处理领域并进展卓越。据国内专业数字音频社区MIDI FAN报道，当前，数字音频制作应用市场已出现由人工智能驱动的具有真正磁带质感的Baby Audio TAIP模拟插件；基于AI的Sonible smart——EQ 3均衡器插件，正以惊人的音色平衡校正技术清除刺耳的音频共振和掩蔽；更有启用全新Synapse AI母带引擎技术提供的云端在线母带处理服务，借助复杂AI和机器学习技术，用户在几分钟内即可获得清晰、专业、可供直接发布的音乐文件。

在数字音频科技快速发展的带动下，2020年，我国电子乐器率先在后疫情时期驶入快车道，国内21家电子乐器企业全年累计完成营业收入55.65亿元，同比增长7.9%。尽管受到疫情影响，但电子乐器仍实现利润总额4.31亿元，同比降低12.47%，利润率7.74%，但电子乐器营业收入和利润增速均高于乐器行业平均水平。在外部消费市场，世界各国相继采取封城隔离举措，大部分专业音乐人和玩家选择居家办公，促成家庭音乐制作高端MIDI控制器和合成器需求大幅增长，海外市场订单上升，电子乐器2020年累计出口交货值14.72亿元，同比增长10.75%，堪称在疫情枷锁中逆风翻盘。

北京中音中音公司董事长赵易天表示，当前，国内电鸣乐器行业更多地还在进行电钢琴、电子鼓、电子琴等基础电鸣乐器的研发制造，关于中高端蓝牙MIDI设备的研发制造进度发展滞缓。如何推动电鸣乐器产业中高端发展，促进不同数字乐器产品的组网交互，成为电鸣乐器产业发展过程中有待解决的问题。他希望艺术院校的教师、院团的演奏家要将MIDI技术应用的诉求传达给制造商，通过校企联合推动MIDI技术的纵深发展。可喜的是，国内高校陆续开设MIDI音乐制作、电子音乐创作以及人工智能技术的音乐科技专业，多学科的跨界融合必将推动国内音乐人工智能技术和MIDI技术的跨界合作与纵深发展。

据悉，在发达经济体，数字化乐器的市场占有规模至少超过50%，其影响力和对行业的贡献有目共睹。发挥中国民族音乐文化特色，将传统乐器文化加持在数字乐器中，或将构成行业未来巨大的增长空间。如同现代汽车开始趋向依托云端技术的自动驾驶，新的市场增量空间的出现对于传统汽车制造企业构成了生存危机。云端技术的一些应用的案例已将国内制造行业推向一个完全颠覆的行业。

五、5G+云服务 民族乐器开启数字化创新引擎

目前，5G、云服务和人工智能的快速普及，促使音乐内容进入数字化制作、传播和消费阶段。音乐艺术已变成大众化、艺术化、社会化、国际化的跨界融合的艺术表现形式，不同艺术元素之间相互融合，在不同应用场景中为爱乐人群创造沉浸式的逼真的音乐消费体验，形成以情感、人性为终极目标的音乐创作新生态。

2005年，素有音乐鬼才之称的国家一级作曲家、演奏家、著名音乐人卞留念先生与MIDI音乐之父Roland数字音频设备创始人梯育太郎先生共同研制

Roland电声二胡。Roland电声二胡搭载世界首款二胡效果器EH-10A——这也是世界上第一款专为中国民乐开发的电子音乐设备，打破了传统二胡的音域限制，内置效果器涵盖马头琴、中胡音色，颠覆了人们对传统二胡音色的认知。Roland祥云电子二胡在2008年北京奥运会闭幕式上精彩亮相，向世界展现了我国民族音乐文化精髓，也成功将传统二胡数字化、电声化推向了新的发展高度。

卞留念表示，将传统弓弦、打击、弹拨、吹奏乐推向数字化发展方向，通过创新科技跨界融合艺术教育、演艺、娱乐多元化要素，数字音频科技、云端录音技术或将助推民族乐器立体多元化创新发展。民族音乐传承发展需要创新，“民乐+科技”是民族音乐传承发展的必经之路。“保护民族音乐，不是因循守旧，不是循规蹈矩，更不是一成不变地继承老祖宗的遗产，民族音乐改革创新势在必行。”卞留念认为，根据现代社会音乐不同的应用场景，当代音乐工作者需要依托数字音乐创新科技，推进民族音乐走进大众新的音乐消费视野，依托移动互联网、数字音乐云端创新技术，在新的音乐应用场景中找到民族音乐应有的立足之地。民乐专家可在现有的基础上，秉持“古为今用”“洋为中用”的发展理念，坚持创造性地转化与创新性发展方针，寻找与民族音乐相契合的音乐元素，通过科技改造，创新音乐传播模式，为民族音乐插上科技的“翅膀”。民族乐器的电声化是起步，随着各种电子设备的介入、计算机音乐软件的研发和应用，以及乐器的改良与革新，以前不能实现甚至不可想象的音乐效果纷纷呈现，带给世人前所未有的视听空间。高科技已经渗透到音乐的每个细节，并对音乐制作过程产生不可替代的作用，成为音乐制作中不可或缺的要素。民族乐器的数字化、云技术创新发展，成为民族乐器未来发展的新方向。

赵易天表示，MIDI新标准、“区块链+AI”新技术指引着未来音乐市场的发展走向。MIDI新标准将建立起智能化乐器互联，云服务建立起无地域限制的双向连接，区块链实现节点间的价值传递。他希望MIDI的发展在国内能相互融合促进，形成从艺术创意端到研究端再到产业界研发制造销售的紧密合作链条，真正把音乐家的创意完整呈现和应用出来。显然，每一轮技术变革都会改变音乐作品的载体和商业模式。当下我们所处的时代正是一个技术进化的时代，数字音乐还将会演化出怎样的载体形式和变现模式？这些都值得深挖。

六、前景展望 构建数字音乐创新生态链

据调研，MIDI 1.0技术规范发布于1983年。2020年，MIDI 2.0技术规范历经20年的打磨后终于成功发布，MIDI技术的应用场景更加广泛，不同设备之间的数据交互更加快速。MIDI 2.0数据传输要求带宽更小，传输速率更高，音乐制作人在音频工作站中即可完成音频编曲与制作。当前，全球MIDI音色已超过200万种，MIDI控制器超过32000种，MIDI数据传输也从有线传输演变为蓝牙无线传输技术。时至今日，用户在智能手机和平板电脑上即可完成MIDI的编曲与制作，MIDI的技术应用前景可期。

中国音乐学院教授李子晋教授认为，从20世纪的声学乐器到20世纪20年代的电子乐器，再到50年代应用了合成数字技术的乐器，乐器与技术的发展息息相关。在人工智能和信息技术高度发展的今天，技术发展为整个音乐产业链和社会的音乐文化消费带来深远的影响，音乐的创作、演艺甚至音乐教育行业都将产生新的变局。

近年来，随着AI技术的发展，很多技术开发致力于应用AI技术构建乐器，并通过机器学习大大降低人机交互的技术门槛。乐器的创新需要不断的迭代，这是历史发展的必然。历史昭示我们，乐器的演奏不仅表现在乐器表演的本身，还拓展到艺术表达的方式，预见乐器未来的最好方式就是创造未来。

谈及无线蓝牙MIDI技术的应用前景，赵易天同样表示，MIDI技术标准已经过40多年的发展，有线MIDI数据主要依靠电脑DAW音序器软件完成数据的控制与交互。在苹果公司提出无线蓝牙MIDI技术标准后，MIDI技术标准进入2.0时代。无线蓝牙MIDI技术打破了设备的移动和距离的提升导致的信号衰减等物理技术瓶颈。同时，新的MIDI技术标准兼容的设备范围更加广泛，且不同设备间的数据双向交互性更为显著，数据传输的延迟时间已经降低到3毫

秒的标准，即便是具备专业人士的听觉也几乎感觉不到。进入蓝牙MIDI 2.0时代，以电脑为数据中心的交互模式逐步转向以蓝牙芯片为数据中心载体的新时代，未来会有更多的设备具备蓝牙MIDI的交互功能，MIDI 2.0标准的应用前景会更加广阔。

“科技创新的最终目的不是创造数字化的乐器产品，而是透过乐器载体将更优秀的音乐作品传递给听众，只有这样，数字音频产业的业绩市场才会迅速拓展。”赵易天表示，优秀音乐作品的数字化意味着传播和应用层面的创新路径，如同民乐数字化利用云端技术，快速地将民乐数据传送到云端，通过智能化、数字化技术形成创新作品，衍生功能如作品的自动搜索、处理和群发均可轻易实现，所有音乐消费群体都可依托云端参与音乐的二度创作，由此衍生的云端演艺、教学培训、录音制作等数字音乐创新生态将成为新时代数字音乐产业发展的宏观趋向。

2021年，在5G、人工智能、文化数字融合发展的时代背景下，为了更好地借助科技的力量促进乐器产业的科技创新发展，通过广泛的技术交流合作推动乐器产业高质量发展和乐器强国的打造进程，探索乐器行业可持续发展的新路径，引领推动未来乐器产业的发展，中国乐器协会同意成立“未来音乐科技专业委员会”（下称专委会）。王世成理事长期望专委会全体成员在赵易天、卞留念等专家带领下，在具体工作中明确推动产业发展的基本目标和方向，规范管理，全面配合协会“提高乐器中高端产品比重”和“扩大音乐人口”等重点工作，突出科技文化引领和市场需求导向，通过乐器与音乐、演艺等相关领域的融合，有效运作，积极开展各种相关活动，共同为中国音乐文化产业的繁荣发展贡献力量，取得历史性的成绩。

流光七十载　中国民族乐器改革历史回顾与展望

2021年，我国乐器行业全面贯彻党的十九届六中全会精神，按照《轻工业“十四五”高质量发展指导意见》，统筹布局乐器行业科技创新年发展战略规划。时近年关，在全行业梳理供给侧结构性改革、两化融合发展成果的关键节点，在乐器行业科技大会召开前期，特邀资深行业专家梳理民族乐器改革发展的历史脉络，从民族乐器改革的历史中汲取创业智慧，透视我国乐器科技创新的前进坐标与发展趋向。

从河南省舞阳县贾湖新石器时代遗址出土骨笛算起，中国民族乐器至今已有8000年历史。民族乐器的改革贯穿于整个民族乐器历史中，新中国成立以后，民族乐器改革事业规模之大、涉及范围之广、参与人之多都达到前所未有的高度，推动着中华民族5000年文明史走向世界。

中国几千年的历史是一部封建、半殖民地半封建的历史，生产力低下造成意识形态的半封闭状态，民族乐器一直发展迟缓，大部分乐器音域处于中高声部，存在缺少低音、半音不全、难于转调、音色偏尖窄等缺陷。新中国成立以后，时代发生深刻变化，音乐作为通过人的听觉器官引起人情绪反应和情感体验的社会意识形态，其内容和功能也发生了深刻的变化。时代需要有激情的、有气势的音乐为广大人民服务，以往的民族乐器难以适应时代的需要。

新中国成立初期，中国的音乐工作者大量学习外国音乐，许多音乐工作者迫切希望能够将西方交响化的演奏形式引进到中国民族乐器当中，使中国民族乐器能够以较大阵势、宏大音量来反映新中国刚刚成立时热火朝天的社会主义建设形势。

20世纪50年代，国家政府对乐改十分重视。政府曾经主持召开乐改座谈会，明确提出：“改革乐器必须结合演出和创作的需要，保存和发扬民族的特点，接受外来先进的经验，通过实际的制造和试奏来改进我们的民族乐器。”针对民族乐器的改革问题，国家明确、系统、具体地强调了民族乐器的交响化性能，这成为这一时期具有重要指导意义的官方声音。

一、初创启程 民乐改革标准筑基

新中国成立，民族乐器改革从中央音乐学院管弦系国乐组启程，1954年3月27日，中央音乐学院音乐研究所在天津成立。不久，音乐研究所从中央音乐学院分离出去，搬到北京，归属于中国艺术研究院领导。从此，中国艺术研究院音乐研究所承担起领导当时乐器改革工作的职能，一直到1966年“文化大革命”开始。

音乐研究所所长李元庆同志为民族乐器改革作出了十分重要的贡献，他明确了乐器改革工作的重要性、必要性和深远意义；加强了乐改工作组织领导，成立乐改组，建立乐改陈列室，收集、展出新中国成立后的乐改成果；定期组织召开会议，推广成果。1954年10月，中国音乐家协会民族音乐委员会与中国艺术研究院音乐研究所联合召开了第一次全国性乐器改良工作座谈会。会议期间介绍了70余种改良乐器，当时的文化部副部长出席会议，并作指示；明确了乐改标准，即六点原则和五点认识。1956年轻工业部科学研究院成立北京乐器研究所，成为民族乐器改革的一支重要力量。

当时，国内主要的两个直接从事乐器改革的表演团体，一个是中央广播民族乐团，另一个是济南前卫军区歌舞团民族乐队。主要的乐改人物有彭修文、杨竟明、张子锐、王仲丙等。参与改革的乐器生产企业主要有北京民族乐器厂、上海民族乐器一厂、苏州民族乐器一厂、天津民族乐器厂、广州民族乐器厂、徐州乐器厂等单位。

20世纪50年代到60年代初的民族乐器改革事业是有领导、有组织、有计划、有目标、自上而下的全面改革，取得了丰硕的成果，它奠定了新中国民族乐器改革事业的基础。改革的成果主要体现在以下三个方面：

一是初步建立了中国民族管弦乐队建制，形成了拉弦乐、弹拨乐、吹管乐、打击乐4个声部。

二是将中国民族音乐调式融入西方十二平均律调式。单件乐器向扩展音域、增加半音、便于转调发展。

三是民族乐器从无序发展向着标准化、规范化发展。随着专业音乐学院的成立，一些重点民族乐器（如扬琴、二胡、琵琶、三弦、笙、笛子等）开始形成专业教学的民族器乐教学模式。

二、历史传承 民乐改革发动基层力量

在“文化大革命”时期，鉴于当时特殊的文艺环境，文艺舞台上仅有8个现代京剧在演出。围绕着为现代京剧服务的主题，由当时文化部艺术局和轻工业部主管乐器的部门联合组建“琴瑟筝改革小组”。主要承担乐器改革任务的演奏单位是中国歌剧舞剧院，乐器生产企业是北京民族乐器厂、上海民族乐器一厂、苏州民族乐器一厂等。“琴瑟筝改革小组”成员在古琴、古筝、巴乌、胡琴系列和拉阮系列方面取得不少成果。叶剑英非常关心“琴筝瑟改革小组”的工作和所取得的各项改革成果，亲自听取了小组的汇报，观看了小组的演出。

另外，那一时期，一些专业文艺团体演奏员被下放到工厂、农村，比如，海政文工团的笙演奏员张之良复员到北京民族乐器厂当工人，他在当工人期间，与孙汝桂技师共同改革了扩音笙，大大提高了笙的音量。

前卫歌舞团民族乐队的倪志珊、王惠然、苏安国、刘汉林，空政文工团的陈宝田等都扎在北京民族乐器厂、徐州乐器厂进行乐器改革，当时，加键唢呐、加键笙、52音排笙、四弦京胡、四弦二胡、转调筝、四弦柳琴的改革都取得了一定成果。此外，上海民族乐器一厂徐振高成功改革S型山口21弦古筝，实现了古筝标准化。周恩来总理十分关心民族低音拉弦乐器的改革，1964年，他对民族低音拉弦乐器在乐队中的作用作出了明确的指示：“要搞出自己民族的低音乐器来，不但造型要美，要有民族特色，而且要有自己的演奏方法。”杨雨森创制、上海民族乐器一厂生产的“板皮协振式革胡”应运而生。

三、改革开放 民乐改革跨界多元

进入改革开放初期，文化部教育科技司全面负责乐器改革工作，林儒忠同志为此付出大量的心血。当时成立的乐器改革小组中，彭修文任组长，陈自明任副组长，组员有王湘、赵硕臣等；同时设立有文化

部科技进步奖中的乐器改革项目，以及为评奖而组建的乐器改革奖励评审组，赵砚臣任组长，几年时间里有135项成果获得了不同等级的奖励。其中，四川音乐学院陈泽教授的高胡、二胡音质音量研究获“国家科技进步二等奖”，另外获奖的还有“曾侯乙墓出土战国编钟音律的探讨”，蝶式筝、单排弦凤首箜篌及高音、中音改革胡琴，多千斤板胡，改革加键巴乌，401型快速升降音扬琴，移马式踏板转调筝等。这期间多次召开民族乐改会议。1977年4月，轻工业部在苏州召开了全国重点地区低音民族乐器改革工作座谈会。1980年6月，民族乐器改良座谈会在北京香山召开，与会者探讨和交流了筝、笛、箜篌等乐器的改革方案。1981年9月20日至26日，中国音乐家协会民族音乐委员会、文化部科技局、北京乐器学会联合举办的全国民族管乐器改革座谈会在苏州召开。1993年3月，文化部教科司在北京中央音乐学院召开乐改座谈会。

21世纪初20年，乐器改革逐渐从政府指导向民间市场化过渡，从以企业为主力军向广大社会民众兴趣爱好者转移。其间，2011年11月13日，中共中央政治局常委李长春同志在视察广州交响乐团排练后专门对中国民族管弦乐现状发表了一段讲话，这是新中国成立以来国家高层领导首次对民族管弦乐发展作出评价。

中国民族管弦乐学会于2007年成立下属乐器改革制作专业委员会，于2012年10月和12月连续2次在上海和北京召开乐改专题会议，会议形成乐改上海共识和北京六项课题，明确今后一个时期民族乐器改革的主攻方向。2013年文化部教科司专门下达了“科技提升计划项目——民族低音拉弦乐器的改良”改革任务，由中国音乐学院与中国民管会乐改委等单位负责，历时三年完成。

新时期民族乐器改革表现形式有以下三点特征：一是民族乐器改革呈现出全社会共同参与的形式。民族乐器专利数量与年俱增，仅2018年民族乐器专利发布共计731项，同比增长73.63%；二是民族乐器改革呈现全方位、多元化、跨领域扩展态势，中国香港中乐团、中央民族乐团、上海民族乐器一厂以及湖南文正球、重庆何夕瑞（已故）、河北赵宏亮等人作出十分重要的贡献；三是民族乐器改革是长期、复杂、波浪式前进，时起时伏。

四、讴歌新时代 民乐开启高质量发展引擎

进入新时代，我国民族乐器产能实现跨越式增长。中国民族管弦乐学会乐器改革制作专业委员会发布的2020年部分民族乐器产量数据显示，我国民族乐器行业部分民族乐器生产企业累计生产各种民族乐器2556.7万件（含拉弦乐器90.4万件，弹拨乐器108.2万件，吹管乐器1799.8万件，打击乐器558.3万件），其中，吹管乐器产量占比70.5%，打击乐器占比21.8%，拉弦乐器占比3.5%，弹拨乐器占比4.2%。1983年《中国轻工业年鉴》记载：民族管弦乐器产量98.61万件，鼓乐器38.83万件，响铜乐器578吨，折合产能195.24万件（响铜乐器折合为57.8万件）。同比37年前（1983年）产能，民族乐器产量增长了12倍。

另外，随着民族乐器产能的不断上升，民族乐器产品结构金字塔效应逐步显现，强势品牌与地区和企业挂钩，涌现出上海敦煌古筝、河北肃宁乐海扬琴、江苏无锡二胡、北京满氏琵琶、浙江余杭竹笛、河北肃宁广宁三弦、河北涿州及天津笙、北京宏音斋及黑龙江从氏唢呐、浙江嘉兴风雅陶笛、湖北武汉海平中国锣、河北饶阳好望角民族鼓等优秀民族乐器品牌，显示出新时期民族乐器改革带动产业发展的旺盛生命力，驱动民族乐器产业由量向质有序过渡。目前，我国民族乐器生产企业已覆盖15个省40个城市，15个产业园区。其中，上海，江苏苏州、扬州、徐州，天津静海，山东郯城，贵州玉屏民族器乐文化底蕴深厚，河南兰考、浙江余杭以当地泡桐、毛竹原料闻名，江苏无锡，河北肃宁、饶阳在当地政府政策扶持下集群效应凸显。

无论是行业还是企业，“量”和“质”成为见证行业创新发展的两大要素，量决定了行业和企业的规模、效益，质决定了行业与企业主导产品的品质以及在市场的占有率。近年来，乐器行业在国民经济发展中的地位不断提升，民族乐器制作者不断顺应市场发展需求，有序调整民族乐器改革的发展坐标，促成民族乐器由一般文体产品发展为文化产业相关产品、音乐教学器材。音乐给人民生活带来更多的享受，民族乐器已经全面进入社会，成为百姓的“刚需”、家庭的“标配”。

可以想象，未来随着中国民族乐器市场需求量

的不断上升，依托新的民族乐器创新科技，中国民族乐器将会逐步改变传统的生产方式，向着高质量、标准化、规模化、现代化方向发展，科技创新能力不断增强，逐步形成庞大的现代化产业链。民族乐器将会在弘扬中华民族传统优秀文化、繁荣民族音乐的发展进程中发挥出更大的作用。

民族乐器改革是一项伟大、光荣、壮丽的事业，是中华民族优秀文化传承的重要组成部分。无数行业先贤为了实现民族器乐文化梦想，献出了自己的全部精力、财产，甚至是生命。历史将永远铭记他们的行业情怀和奉献精神，我们将沿着这条道路一直走下去，去实现中华民族伟大复兴的“中国梦”。

“双减”政策落地　校外音乐培训重归理性轨道

编者按：2021年7月，中办、国办联合出台“双减”政策，引发A股、港股、美股市场教育股高频振荡，K12头部教育机构由此启动裁员潮，K12教育资本或将转场素质教育培训市场，国内近2万家琴行及旗下音乐培训机构再度站在发展转型的市场风口。面对“双减”政策的多米诺骨牌效应，校外音乐培训机构应如何应对新一轮市场变局？本刊特向业内校外音乐培训机构和资深行业人士展开调研，以探求未来校外音乐培训市场发展趋向。

“双减”政策的出台，校内校外一刀切，可谓“冰冻三尺非一日之寒”。据Frost & Sullivan早前预测，2023年中小学线上线下培训的市场规模将达到上万亿元，腾讯、阿里、百度以及30余家国内外顶级投资机构集中布局猿辅导、作业帮等K12头部教育机构，对全社会展开“地毯式”式营销，各种贩卖焦虑的过度宣传违背了教育的公益属性。经营不善的培训机构“退费难”“卷钱跑路”问题频发，破坏了教育的正常生态。针对这些突出问题，“双减”意见明确提出五方面举措：一是坚持从严审批机构，二是严禁资本化运作，三是建立培训内容备案与监督制度，四是严控学科类培训机构开班时间，五是学科类收费纳入政府指导价。国家鼓励非学科类校外培训机构正大光明进入学校联合教育，素质教育的重视程度进一步提高。无论是学科培训还是非学科培训，都将接受教育主管部门以及教育品类所属上级主管部门的定期监督。总体要求一年有效减轻，三年成效显著，留给校内外各教育机构的时间已不多了。

一、资本叫停，校外音乐培训回归理性

面对“双减”政策叫停资本和规范校外培训市场的现状，中国乐器协会琴行分会会长、四川盛音乐器有限公司总经理黄茂强表示，在“双减”政策落地前，不让孩子输在学习的起跑线上，校外教学培训机构的焦虑贩卖和家长的教育内卷，促成校外学科教育培训市场的畸形发展以及社会阶层的分化。当前，国家已将“双减”政策定性为民生重点工程，“双减”政策叫停资本，再度让校外音乐培训回归理性轨道。中国乐器协会领导对校外艺术教育产业发展早有预判，鲜明提出乐器“进校园、进社区、进家庭”的三进工程。打造全国社会音乐教育服务联盟合作平台，创办琴行商学院成为规范社会音乐教育市场发展的当务之急。

琴行管理学院创办人李仙星表示，当前，校外音乐培训机构的倒闭、转让现象日益增多，原因有三：第一，整体经济不景气，普通家长在缩减“非刚性需求”的开支；第二，受新冠疫情反复影响，不能组织线下培训，很多校外音乐培训机构无法承担高额的房租、人工成本；第三，校外同类机构不断增加，自身无法适应市场竞争。截至目前，“双减”政策没有对“校外音乐培训机构”产生任何利差的影响。

“双减”政策利好于素质教育，孩子们选择音乐教育的机会变大，但并不意味着音乐素质教育可以高枕无忧。上海知音音乐文化股份有限公司（下称“知音”）总经理黄路阳表示，随着学科类培训机构被倒逼转向素质教育转型，行业竞争或将会加剧，新老培训机构的比拼可能会催生抢生源、价格战、

人才荒等问题。在这场变革中，企业自身如何树立行业标准，稳中提速，避免无序扩张，是每一个从业者该去思考的。越是在这种环境下，优质教育内容越容易脱颖而出。因此，音乐教育机构更要秉持初心，良心办学，避免恶性竞争。畸形竞争方式并非长久之计，终将在大浪淘沙下被迫出局。

二、资本转场，是否再度引发行业内卷

面对K12教育机构转战素质教育和成人教育培训，是否会再度引发社会音乐教育行业内卷、拉高行业准入门槛的疑问，黄茂强表示，当前，K12教育机构转向校外素质教育培训市场，首先面对的是师资队伍的重组问题，各区域品牌琴行由于旗下配备成熟的软硬件营商体系，成为K12教育机构并购或合作的首选。

吉他中国网站、魔菇音乐教育联盟创始人、中国乐器协会现代音乐教育研究会会长姜伟表示，为了抢占校外素质教育市场，内卷或将不可避免，市场的扩张会吸引更多人加入，人才的增多势必会提升音乐艺术教育市场的准入门槛。“部分K12教育机构转战艺术教育，若如同之前学科教育一样制造焦虑营销，刺激内卷，那等待着素质教育的就可能是和学科教育一样的监管。”上海知音琴行有限公司总经理黄路阳表示，面对可能的行业内卷，老牌艺术教育培训机构的优势鲜明，多年的行业沉淀并非能轻易被模仿和超越。即使有大量竞争对手涌现，对于整个行业来说，更趋向于公平、纯粹，挑战与机遇并存。

李仙星表示，K12教育机构的转型，既不会推动社会音乐教育的繁荣，更不会造成乱象。首先，艺术培训并非刚需，消费者就在那里，不增也不减，没有需求的家长不会因K12教育机构的进入而变得有需求，有需求的家长也不会因K12教育机构的进入而变得没有需求，市场总需求量没有变；其次，与K12教育机构相比，校外音乐培训机构中或有名师，或是优秀老师的个人工作室与规模化的音乐培训机构，各有所长，当前出现内卷和冲突概率并不高，但未来发展情况如何，尚有待观望。

三、管控升级，“双减”政策落地利弊说

当前，“双减”政策明确提出，非学科类培训必须取得办学许可证。对于校外音乐培训准入制度升级的情况，黄茂强表示，首先，国家当前鼓励非学科类校外培训机构与学校开展联合教育，校外培训机构进驻校内，其办学资质门槛必然水涨船高。从未来发展看，国家推动文化产业发展，校外音乐培训市场发展前景是光明的。

其次，“双减”政策出台后，规定周一至周五不能进行校外培训。目前，有大批学生将音乐培训课转移至周末，造成学生正常上课期间教学琴房空置浪费、周末教学环境拥挤的两极化倾向。如此看来，政策落地与国家的初步设想尚有差距，还需要按照现实教学需求进行良性疏导。黄路阳表示，为引导素质教育行业和非学科行业的健康发展，国家必然会对机构证件、师资、资金监管、价格等情况开始进行规范化管理，这对很多小机构来说也是一个巨大的挑战。

在本刊记者访谈中，有一位特殊的访谈对象——成都艺轩鼓房的创办人张爨輻老师。多年来，张老师并未从商业视角考虑如何运营鼓教室，而是潜心于一对一的专业教学。面对校外音乐培训市场和艺考教师乱收费给家庭造成经济负担的情况，张老师深感痛心。他表示，器乐教育有其特殊性，教学与商业应当有清晰的界限划分，当教师开始将过多精力付诸商业运作的时候，教学品质必当是打折扣的。“双减”政策从本质意义上是使艺术教育回归本位。师者从教要有职业良心，为了经济利益而误人子弟，那是对教育本质最大的戕害。

四、应对变局，校外音乐培训未来进行时

近年来，国内应试教育模式促成学生德育和文化自信的缺失，国家从素质教育着手，推出“双减”政策是正确和及时的。黄茂强表示，校外音乐培训机构准入门槛的提升，或将催生社区碎片化器乐教学发展。教师招收20～40名生源，教学规模不大，亟需与地方品牌琴行进行合作，依托区域社会音乐教育平台进行师资认证、教学水平提升，以及协同

琴行组织器乐赛事和文艺汇演。社区个体教学与区域琴行的结盟，对于具有音乐教育服务平台的琴行而言，提供了未来发展的潜在机遇。

目前，素质教育市场的规模远不及之前学科型培训赛道，随着政策推动，人们对素质教育的认知将进一步深化，并且随着用户收入不断提高，素质教育未来有较高的增长空间。黄路阳表示，身处行业变局，“知音”有三变一不变。变化的是：（一）“知音”投入大量研发费用对教材和设备进行不断革新，开发适应市场需求的课程，研发好的内容给消费者，量化教学成果，提升行业标准；（二）锻造学习型精英师资团队，建立内部培训和晋升系统，多方位培养师资综合能力，教学追踪细化到每一个学生，充分了解学生的需求；（三）传递品牌价值。“知音”深信，品牌是客户选择和使用产品的重要决定因素，品牌存在的根本意义，是为顾客全方位传递并提供更高的价值和体验。未来，“知音”会着重打造品牌之路，在这场变革中，“知音”会用品牌和品质为消费者保驾护航，树立信心。不变的是，“知音”专注于打磨自身的匠人精神，敬畏教育市场，以及保持稳健发展的态度。

Analysys易观发布的《中国艺术教育行业市场分析2020》数据显示，2019年，中国艺术培训市场规模为2149.6亿元，预计2022年将达到2989.4亿元，三年的年均复合增长率为11.6%。2022年我国音乐教育市场规模约1136.7亿元，预计未来三年增速将保持在6%～8%。总体而言，“双减”政策发布让音乐专业的就业前景更加广阔，而其职位主要集中在音乐教育领域。

展望未来校外素质教育市场，有行业人士表示，技术创新为音乐培训机构带来新的发展契机，也进一步提高了人们学习音乐的效率和渗透率，在少儿艺术培训市场，美术、音乐和舞蹈或将三足鼎立。在“双减”政策的渗透下，期望越来越多的家长告别教育内卷，重视孩子的艺术教育，让校外社会音乐教育真正重归理性、健康发展的轨道。

全球开启抢“芯”大战　电鸣乐器产业运营风险预警
——2021电鸣乐器产业芯片进口暨材料价格波动调研报告

2021年，鉴于美国对华芯片出口的遏制与管控，导致华为手机麒麟9000芯片进口渠道骤然告急。同时，在全球新冠疫情、制造业减产停工以及中美大国博弈三重要素叠加影响下，面对智能产品覆盖应用场景的逐年拓展，全球芯片价格波动剧烈，供货周期滞缓紧张。央视财经评论称，受疫情多重要素影响，全球芯片制造所用晶圆材料短缺状态或将持续两年左右。以进口集成电路和芯片进行OEM代工的电鸣乐器行业，也处于全球抢“芯”大战的旋涡之中。

一、国际视野

2021年6月17日消息，美国参议院罕见地通过两党支持的新立法，即向芯片制造和研究领域投入520亿美元。其中，有20亿美元被预留用于生产旧工艺芯片，这些芯片被汽车制造商、军方和其他行业使用；105亿美元将为国家半导体技术中心提供资金，该中心将配备先进工具，初创企业可以使用这些工具来测试和制作新芯片技术的原型。同时，该项提案授权美国商务部在五年内为国家科学基金会额外拨款

810亿美元，用于技术创新，以加快人工智能（AI）、机器人和先进计算等领域的技术商业化。全球芯片大战呈现逐级升温态势，各国向制造商提供大量补贴，或将导致全球芯片产能过剩。

作为全球制造中心，我国2020年进口芯片金额创下历史新高，超过3500亿美元（约为2.26万亿元），占到全球半导体销售额的79.7%，中国已成全球最大单一芯片市场。2020年，中国大陆共制造价值227亿美元的集成电路，中国本土企业制造市值为83亿美元，这个数值仅占中国芯片市场的5.9%，其他产值由中外合资或中国代工厂帮国外企业生产；第二，我国芯片自用比例为35%。我国虽进口3500亿美元的芯片，但其中仅有35%用于中国市场，另外65%在中国被加工成其他产品回流至海外市场。当前，全球80%以上的手机、90%以上的电视都是中国生产，我国要实现70%的芯片自给率任重而道远。

二、产业体量

据调研，全球手机移动通信设备芯片线宽标准多为5纳米，美国苹果公司研发最新M1芯片处于全球芯片性能评测最前沿，我国由台积电生产的华为麒麟9000芯片也处于移动通信芯片顶级行列，但鉴于美国打出光刻机专利技术壁垒，华为麒麟9000芯片或将面临停产。当前，国产芯片只有清华紫光虎贲T7510型号处于中端行列，国产芯片技术研发水平落后于欧美发达经济体。

纵观我国芯片进口数据，国内电子消费品相关制造行业仍处于全球产业链微笑曲线底端，产业盈利模式仍以OEM代工粗放经营为主导。电鸣乐器核心芯片材料同样以进口为主导，以OEM代工组装为主要盈利渠道。面对全球抢“芯”大战，电鸣乐器企业再度站在发展十字路口。

深圳市蔚科电子科技开发有限公司信息反馈，全球汽车工业和手机通信行业的高速发展，促成了芯片在汽车主控系统以及手机通信移动终端4G/5G数据传输模块中的大规模应用，促成了全球性晶圆材料的供应紧张，是导致全球芯片产业供应不畅的核心要素。我国数码乐器集成电路和芯片的应用标准为56纳米，数码乐器芯片材料的应用精度与通讯电子设备5纳米的技术标准存在差距。当前，电鸣乐器行业产品结构主要涵盖数码钢琴、电子鼓、电子管风琴、MIDI音序器及周边配套产品，产品覆盖普及中端至高端不同应用消费市场。

2020年，我国乐器行业规模以上企业212家，累计完成营业收入221.54亿元，同比下降16.16%。电子乐器21家，产业体量占比9.91%，累计完成主营业务收入55.65亿元，同比增长7.9%；实现利润总额4.31亿元，同比降低12.47%，利润率为7.74%。总览乐器各分支行业运行质量，电鸣乐器行业营业收入和利润增速均高于乐器行业的平均水平，反映产业科技和市场创新活力。但根据业内人士评估，国内数码钢琴芯片年消耗市值为115万台×90元/台=1.035亿元，大小玩具电子琴还有200万台×25元/台=0.5亿元，效果器类有25万件×125元/台=0.313亿元。总体合计大约1.85亿元人民币。此数据根据2019年芯片价格未涨价前为评估计算标准。2020年，全球芯片大幅度涨价，电鸣乐器芯片进口市值暂无法统计。目前，初步评估电鸣乐器行业芯片年消耗市值预计为2亿元人民币。2亿元人民币兑换美元为3104万美元，与我国3500亿美元的进口芯片年消耗体量相比，占比体量微小。

三、成本增压

受新冠疫情影响，2020年，电鸣乐器营业成本同比增长11.26%，行业三费增速同比增长3.52%。鉴于海外各国对进口商品的疫情管控，促成电鸣乐器企业产成品存货金额达2.61亿元，占13.36%，同比增长49.93%。尽管如此，电鸣乐器行业全年累计完成出口交货值14.72亿元，同比增长10.75%。

据调研，在我国电鸣乐器行业21家规上企业中，只有深圳美得理和常州吟飞科技具备自主芯片软件开发设计能力，其他电鸣乐器企业所用集成电路和芯片主要依托进口。当前，我国电鸣乐器生产涉及的MCU（微控制单元）、DSP（数字处理器）、IC（集成电路）、SOC（基于算法物理建模处理器）的进口渠道主要源于意大利、法国、美国、日本、韩国以及中国台湾地区。随着美国对华芯片的技术壁垒与出口管控，以及全球芯片市场晶圆材料供货不畅，我国电鸣乐器所用集成电路和芯片进口价格出现10%～200%的非正常涨幅，涨幅最高的型号为中国台湾的华邦IC集成电路，价格涨幅高至231%，反映市场出现商家的投机性价格炒作行为。并且，电鸣乐器半导体配件进口市场出现有价无市，材料供货从6～8周的正常供货周期拖延至52周的非正常供货期，对2021年下半年电鸣乐器行业生产运营构成严重影响。面对半导体配件价格的非正常波动，以及配件供货周期的非正常延长，有业内人士表示，此局面或将造成电鸣乐器企业产品制造成本超常规增长，市场利润空间严重被压缩，进口集成电路和芯片断供。电鸣乐器行业未来或将出现通缩性减产、停产情况，有行业洗牌和产业结构性重组的风险隐患。

珠江艾茉森数码乐器股份有限公司信息反馈，当前，不仅电鸣乐器进口芯片价格出现波动，电鸣乐器组装元器件价格全系同步上涨，范围波及乐器用钢材、铜材、木材、铝材、包装材料以及电子元器件。其中，乐器制造铜材价格涨幅为30%，乐器木材价格涨幅为20%，物流成本涨幅为20%～30%。总体而言，电鸣乐器整机成本最低涨幅至少为15%。

深圳美得理电子反馈，当前，我国制造业出现大面积集成电路和芯片延迟供货现象，集成电路价格涨幅达20倍。以蓝牙芯片为例，最初价格为3.8美元，目前现货增至38美元，配件价格涨幅达10倍，已超出正常市场价格运行规律。同时，受集成电路和芯片进口影响，国内电鸣乐器企业无法按时完成订单，产能降低，未来会有停产或减产的风险。美得理电子预估，2021年下半年全行业10%～20%的市场订单或将无法完成，且此影响或将波及全行业的生产运营。若美国对华芯片禁止出口效应出现蔓延，或将造成国内大部分电鸣乐器企业集成电路和芯片断供，导致中小电鸣乐器企业出现洗牌和产业结构重组风险。

四、出口止损

常州吟飞科技信息反馈，当前，不仅国内电鸣乐器芯片处于缺货状态，乐器出口集装箱订购也同样处于紧缺状态，海运出口运费涨幅明显，对电鸣乐器出口造成不利影响。美得理电子同样表示，受疫情影响，电鸣乐器出口成本涨幅为10%，出口产品面临海运成本上涨、集装箱货柜一柜难求等瓶颈问题。乐器作为文化产业有机组成要素，建议国家继续对文化出口企业施行普惠金融政策，在出口汇率上提供相应政策扶持，助力企业渡过疫情难关。

深圳市蔚科电子科技开发有限公司信息反馈，目前企业消耗的MCU（微控制单元）芯片预计年消耗量为350多万片，电钢琴、电鼓、效果器、音响涉及高端芯片年消耗量超过20万片。鉴于企业秉持自主品牌研发运营路线，面对外部市场和国内芯片制造企业的材料供应不畅的情况，企业处于局部减产止损的运营状态。

武汉艾立卡电子反馈，当前企业主营产品涵盖吉他、贝斯效果器，每年芯片的消耗体量达到200万件。由于中国台湾的芯片企业供货周期延长，美国对华芯片出口管控抑制，企业生产运营和订单受到影响，无法向外商保证产品的交货期。同时，由于资本对芯片的炒作造成的泡沫，严重影响了企业的效益，对企业长远的发展不利。

珠江艾茉森数码乐器表示，当前，面对原料价格上涨和芯片供货困难的情况，电鸣乐器外贸出口价格却不能上涨。海外进口商表示，疫情期间提高产品售价，无疑是对已经冷清的线下店面销售雪上加霜。当前，外商不接受产品提价，局部电鸣乐器企业外贸出口出现亏损现象，或将导致企业后期考虑采取止损行为：一是或通过降低成本，以维持产品市场销售；二是选择个别型号退出市场，停止亏损运营。从行业发展长远考量，产品消费降级，以及外部市场空间的萎缩，与乐器产业中高端转型升级，推动高质量发展，提高民族品牌附加值，增强自主品牌国际市场竞争力的总体战略背道而驰。

五、应对举措

当前，国内电鸣乐器企业的应对举措只能是被动加紧备货备料，部分企业芯片储备资金已超过千万元。面对日韩芯片价格上涨，国内电鸣乐器企业正在考虑逐步排除西门子、三星、意法半导体等企业旗下的芯片，寻找国产芯片替代方案，从长远角度考量，以保证企业生产运营稳健与通畅。

艾茉森数码乐器表示，电鸣乐器所用MCU芯片市场价格涨幅超过10倍，主要原因是芯片制造原材料晶圆供应不足。从2021年初，艾茉森数码乐器着手推进国产芯片替代方案，有关芯片软件设计也处于加急开发状态，预计需要一个月时间，替代方案才能进入正常轨道。艾茉森数码乐器表示，由于企业前期音源芯片配件储备充足，可保证2022年上半年的生产。初步预测，至少2022年年底全球芯片供货才能恢复正常，这导致部分企业出现恐慌和超常规备货现象。

当前，美得理自主研发技术的集成电路芯片受影响相对较小，全部依赖国外企业的OEM企业受影响程度较大。目前，电声行业体量相对较小，没有很好的应对举措。随着国外芯片断供，电鸣乐器企业转向国产芯片替代应用势在必行。

吟飞科技表示，鉴于国内目前芯片制造加工水平不稳定，吟飞科技自主芯片选择在中国台湾企业代工，企业自主研发的集成电路和芯片主要应用在数码钢琴、电子鼓、电子管风琴、MIDI编曲设备，全年芯片需求体量在50万～60万件。随着美国对华采取芯片卡脖子策略，国内芯片价格出现浮动。吟飞科技面对中国台湾企业芯片供应紧缺问题，考虑国内集成电路配件替代方案，但鉴于国内芯片价格出现浮动，替代配件同样出现翻倍涨幅，导致企业材料成本同步提升，迫使企业只能另寻发展策略。同时，中国大陆半导体设计制造芯片的品控和良品率与中国台湾芯片企业保有差距，选择与国内半导体企业合作，前期的底层技术开发和应用还需不断地磨合与完善。

六、建议诉求

当前，芯片问题上升到国家战略层面，国内关于芯片的软件设计人才储备不存在问题，主要问题集中在国内芯片生产企业的生产力和生产技术工艺水平、晶圆等原材料供应问题，我国芯片行业急需光刻设备，以及芯片相关制造设备。

当前，美得理电子自主核心芯片的年消耗量为120万件，其他附带芯片配件消耗预计在2000万以内。面对全球的抢“芯”大战，建议国家层面加大对集成电路的投入，加大对芯片制造设施、集成电路设计的政策扶持力度；建议国家从产业发展的宏观战略层面进行统筹规划和科学管理，避免盲目投资和重复建设，重点扶持百亿规模以上的企业，加紧国内芯片产业的发展，摆脱严重依赖海外芯片进口的产业格局。目前，我国芯片软件架构体系中，音频软件研发人才还是具备的，电鸣乐器产业要充分挖掘好人才资源潜力与优势。

当前，国内电鸣乐器行业骨干企业中，除美得理、吟飞科技具有电鸣乐器芯片自主研发设计能力外，多数中小企业的电路芯片依托法国、意大利和中国台湾芯片企业。相对于通讯和汽车产品，电鸣乐器芯片的应用体量相对较低，且电鸣乐器的芯片制作水平较手机和汽车芯片技术水平尚存差距，骨干企业的芯片研发也是尽量在价格、性能、技术水平寻求平衡点。

当前，电鸣乐器芯片的线宽多为56纳米，属于相对技术成熟的产品，品质较为稳定。但鉴于美国对华芯片的“卡脖子”抑制策略，从产业长远发展计，不走自主研发设计之路，专注音源专用集成电路研发设计，一旦海外第三方芯片企业采取同样抑制策略，同样会对电鸣乐器行业产生不利影响。鉴于芯片进口之痛，建议国家无论是对通讯、汽车先进行业，还是对民用芯片应用行业，都要从制造产业发展大计着眼，采取普惠金融产业扶持政策，推动国内芯片自主研发设计、创新发展，提高我国制造业的创新驱动和自主研发设计水平，从本质上突破欧美对华制造企业的科技抑制不利要素。

聚焦“新时代美育交响”百家献礼建党百年华诞——“2021国民音乐教育大会暨国际音乐生活展（天津）”巡礼

2021年7月16日至18日，由天津市委宣传部、市教委、中国乐器协会、中央音乐学院、华夏未来文化艺术基金会、上海国展展览中心有限公司、全国音乐教育服务联盟合作平台联合主办的“2021国民音乐教育大会暨国际音乐生活展”在天津大礼堂隆重收官。本次大会主题聚焦“新时代美育交响”，形式内容围绕美育教育有机展开，国内近160位音乐教育专家、近百家知名乐器厂商以及1000多位一线音乐教育工作者齐聚津门。在为期3天的会期里，举办了名家论坛、大师工作坊、现场互动教学、品牌乐器展示、手工乐器现场制作、京津冀三地艺术家联袂奉献交响音乐会、“万叶杯”音乐教育论文颁奖典礼等百场音乐教育专题活动，集中献礼建党百年华诞。

一、领导关怀，践行新发展理念

中国轻工业联合会党委书记、会长张崇和，中国轻工业联合会党委副书记、中国乐器协会理事长王世成；天津市人大常委会党组副书记、副主任陈浙闽，副市长曹小红；老同志邢元敏、刘长喜、张俊芳、杨福刚出席开幕式。中国轻工业联合会党委书记、会长张崇和宣布大会隆重启幕。首先，中国轻工业联合会会长、党委书记张崇和致开幕词，并代表中国轻工业联合会，对本次活动的隆重举办表示热烈的祝贺，向为乐器行业发展作出积极贡献的企业家和广大从业者，致以崇高敬意，对一直以来关心、支持乐器行业发展的政府部门和社会各界人士，表示衷心感谢。

张崇和会长强调，乐器行业的快速发展，为我国人民美好生活和音乐教育事业贡献了积极的力量。作为国内规格最高、规模最大、影响最广的综合性音乐教育盛会，国民音乐教育大会必将为我国音乐教育、乐器行业发展注入新的动力，必将为举世闻名的滨海城市——天津增添缤纷绚丽的音乐艺术色彩。

值此国民音乐教育大会暨国际音乐生活展开幕之际，张崇和会长提出几点希望。

一是希望大会能够引导人民欣赏天籁之音，陶冶艺术情操，追求器乐之美，享受思想洗礼。

二是希望大会能够引导人民重视音乐教育，让音乐教育进校园、进社区、进生活，成为伟大复兴中国梦的奋进曲。

三是希望大会能够引导乐器行业，以需求为导向，以品种为重心，以音质为核心，深入贯彻新发展理念，努力构建中国乐器行业国内国际双循环的高质量新发展格局。

大会开幕式由中国轻工业联合会党委副书记、中国乐器协会理事长王世成主持，王世成理事长表示，本届大会以“新时代美育交响”为年度主题，美育的重点、焦点是音乐，音乐的重要载体是乐器，更好地服务喜爱音乐的音乐人口是大会不变的初心与责任。举办国民音乐教育大会，就是要联合各方力量、整合社会资源，共同推动音乐教育事业发展，扩大音乐人口，引导乐器消费，助力全面小康，共同谱写“音乐让生活更美好”的时代主题曲。

天津市人大常委会党组副书记、副主任陈浙闽致辞表示，天津文化底蕴深厚，诞生了李光曦、施光南、关牧村、于淑珍、蒋大为、郑绪岚、刘欢等音乐名家，他（她）们创作的《没有共产党就没有新中国》《歌唱祖国》等红色经典旋律广为传唱。同时，天津工商业和轻工业发达，创造了“近代中国看天津”的社会业绩。第四届国民音乐教育大会在天津举办，是对天津精神文明建设的莫大荣誉和认可，必将对促进天津音乐教育事业和音乐产业发展提供难得的契机。

进入新时代，国家层面对于美育教育的重视程度达到了一个空前的高度，要求“把美育纳入各级各类学校人才培养全过程，贯穿学校教育各学段”。中央音乐学院党委书记赵旻致辞表示，美育将成为国民教育的必修课。作为“双一流”专业艺术院校，加强学校美育教育工作，推广社会美育教育是中央音乐学院义不容辞的责任和使命，预祝本次大会取得圆满成功。致辞环节，美国国际音乐制品协会（NAMM）总裁兼首席执行官Joe Lamond隔空发来致辞视频。

启幕仪式后，与会领导、嘉宾对珠江、上民一厂、柏斯、津宝、凤灵、乐海、鹦鹉、九拍、英昌、雅马哈、中央音乐学院出版社等知名参展企业进行了集中走访调研。张崇和会长对展位展出的各类高端品牌乐器、智能音乐教学设备、音乐培训课程、乐器进校园综合解决方案表示赞赏与肯定，鼓励参展企业提供与教育渠道对接、合作、学习、交流的一站式服务平台，开拓乐器进校园、进社区、进家庭的广阔市场。

二、三地联手，打造音教盛宴

据悉，本届国民音乐教育大会采用“1+2X”的结构模式，即1天全体大会加2天分会场。首日开幕式暨全体大会，以主旨发言、主题论坛等形式为主，演讲嘉宾汇聚国内外音乐教育界著名专家学者。

在主旨发言环节，天津市华夏未来文化艺术基金会理事、天津市教育委员会原主任靳润成的主题发言“为了华夏的未来”，一语双关，通过华夏未来文化艺术基金会28年来少年儿童艺术教育的历史经验，阐述青少年学习乐器、学习音乐的作用和意义。著名音乐教育家李妲娜教授以“我们为什么要学习器乐（新解）”为题，从艺术教育与神经科学、中国民族器乐的深厚历史文化这两个方面，阐述了人类为何要学习器乐。由音乐教育家吴斌、中央音乐学院教授周海宏、首都师范大学教授郑莉三人共同带来的“音教三人行”是本次大会全新推出的亮点内容。3位专家围绕着“音乐中考”“视谱教学”等音乐教育热点话题展开讨论，妙趣横生，金句不断。

大会首日下午举行了“万叶杯”音乐教育论文教案评选颁奖典礼，活动由国民音乐教育大会组委会和《中国音乐教育》杂志社共同主办。据悉，本次评选活动吸引了31个省、自治区、直辖市1800余人次的热情参与，从发出通知到截止申报短短的50天内，共收到论文845篇、教案925篇，总计1770篇，数量上再创新纪录。最终，韩若晨、盛聪、陈怡然等7位教师获得高校教师与研究者组一等奖；李小举、甄天娇、张煜琰等13人获得高校在读学生组一等奖；王墨涵、朱凯璐、吴立等42位教师获得中小学教师组一等奖；赵驩、焦海蕾、王晨等46位教师获得教案组一等奖。

在开幕下午专家主旨发言环节，中央音乐学院周海宏教授以“美育有什么用”为题，鲜活阐释美育对人的成长所起到的重要作用。新任天津音乐学院副院长、著名男高音歌唱家王宏伟的专题发言立足高等艺术院校如何为社会服务，强调了艺术教育的社会化功能，非常契合当下党和国家有关美育教育的定位和政策导向。华中师范大学音乐学院教师赵洪啸精通多种乐器演奏，同时也是一位创意乐器发明家，在他手中，世间万物都可以成为乐器。在“万物皆乐器”的互动教学环节中，赵洪啸除了展示各种创意乐器的制作和演奏，在现场教授观众自制并演奏吸管膜笛乐器，全场1000多人同时演奏DIY乐器，台上台下互动，气氛热烈。

由人民音乐出版社总编辑杜永寿主持的论坛“我们该怎样培养音乐教师”，更加注重问题导向，集中讨论了音乐教师培养过程中的问题、方法和途径。到场嘉宾包括星海音乐学院音乐教育学院院长辛笛、长江师范学院音乐学院院长隆强、山西师范大学音乐学院院长刘明星、中华文化促进会少年宫文化工作委员会副会长王振民、天津市耀华中学校长侯立瑛和天津市教育科学研究院课程中心音乐室主任王秀会等。嘉宾们从不同角度、不同层面阐述到底该如何培养音乐教师。

三、创新视野，塑造音教风向标

如果说大会启幕当日内容策划“高”中透着实，大会后两天分会场的内容则更加接地气。各分会场内容涵盖基础音乐教育、高校音乐教育、幼儿音乐教育、校外音乐教育（少年宫）、社会艺陪机构、钢琴、民乐、合唱、美育融合、论文宣讲等不同版块特色专场主题活动，各版块在讲座嘉宾的选择上坚持高水准、高规格的原则，邀请嘉宾均为各个领域的知名专家和领军人物。

在学校音乐教育分会场，首都师范大学教授郑莉、华东师范大学体态律动专家李茉、沈阳师范大学音乐学院副教授铁梅等专论艺术教育综合改革和乐器进音乐课堂创新教法；在幼儿音乐教育分会场，著名音乐家李妲娜、中央音乐学院博士后张力元、幼教专家王丹等聚焦学前艺术教育，探研学前儿童教育心理学和体态律动学的教学目标与方法；在乐器进校园专场，与会嘉宾围绕快速、高质地推进乐器进校园教育工程，诚邀人民音乐出版社、国内高校和社会培训机构同仁展开跨界交流，探研拓展音乐消费人口创新举措；在特色乐器主题专场，琵琶制琴名师曹卫东、中国音乐学院琵琶教授杨靖，中央音乐学院民乐系副教授兰维薇、杨雪、江洋，中国首位古筝博士程皓如、中国音乐学院教授魏薇、天津音乐学院教授刘慧、青年手风琴演奏家仲凯、星海音乐学院音乐教育学院院长辛笛，天津音乐学院钢琴系教授冯键、中央音乐学院副教授王天阳，古琴演奏家郭怀瑾、张子盛等轮番登场，与到场观众展开乐与器的文化对话。同时，为庆祝中国共产党成立100周年，2021年的国际音乐生活展通过线上平台广泛征集“献礼建党百年”红色经典曲目器乐演奏作品，致敬红色经典旋律，共贺建党百年。

四、“会”“展”结合，共建美育大平台

2021年，为贯彻落实全国“两会精神”与《中国乐器行业“十四五”发展规划》部署，统筹推动乐器产业高质量发展，“国民音乐教育大会”与“国际音乐生活展”互动相随、融合助势，会场内是专家讲座和教学工作坊、会场外是内容丰富的乐器展览展示。

本次展览汇集了近百家品牌企业，如珠江、上民一厂、柏斯、津宝、凤灵、乐海、鹦鹉、九拍、英昌、雅马哈、中央音乐学院出版社等知名品牌，集中展示了各类高端品牌乐器、智能音乐教学设备、音乐培训课程、乐器进校园综合解决方案，为广大乐器生产、教育装备、智能教学设备、音乐培训等企业机构提供了与教育渠道对接、合作、学习、交流的一站式服务平台，开拓乐器进校园、进社区、进家庭的广阔市场。学习交流的同期，与会观众可以逛展、体验，相信无论对于大会参会者还是广大天津市民来说，这都是一次难得的机会。

上海国展展览中心有限公司副总经理王蕾表示，为进一步拓宽乐器进校园的核心渠道，更好地配合落实《天津市学生艺术团提升计划》，助力基层学校引进更多优质优价的品牌乐器，展会现场特别策划音乐教育装备采购对接会，邀请31支学生乐团和对天津市学校艺术教育具有示范引领作用的天津音乐学院附属中等音乐学校、天津市河西区天音附属华夏未来艺术小学、天津华夏未来少儿艺术团的代表与国内知名乐器品牌企业一对一直面洽谈、深入沟通。

值得一提的是，为创意打造国民音乐教育大会“津”味元素，“2021天津国际少年儿童艺术节”也在会议期间同期隆重举办，京津冀三地少年交响乐团奏响夏季音乐交响。同时，本次大会还邀请了多位天津当地的优秀音乐教育专家参与各个分会场的活动，天津市教委选派天津优秀的基层音乐教师和教研员在大会上进行音乐教育课题的展示交流，并组织观摩。

此外，由中国乐器协会、天津市人民政府合作交流办公室、天津市华夏未来文化艺术基金会共同主办的中国乐器协会职业培训中心（天津）首期公益培训班也在大会期间举办。来自新疆和田、西藏昌都、青海黄南州、甘肃、河北承德等地区50个县的近80位基层音乐教师在天津接受了为期4天的教师技能培训，彰显大会社会责任担当和文化公益精神。创意天津元素的加入，让2021年的国民音乐教育大会更加“津津有味”，异彩纷呈。流火7月，国民音乐教育大会圆满收官，聚焦新时代美育工作，爱乐人共同奏响京津冀协同发展时代华章。

百城致敬红色经典　献礼建党百年华诞
——2021“6·21国际乐器演奏日”巡礼综述

夏至时节，是充满活力与希望的浪漫时节，更是全球音乐爱好者轻歌曼舞的律动时节。伴随流火夏日，120多个国家，上千座城市，爱乐者以器乐之名聚首，“6·21国际乐器演奏日”曼妙旋律纷至沓来。2021年，恰逢建党百年华诞，炎黄儿女举国同庆，万家灯火流光溢彩。在“6·21国际乐器演奏日”走进中国第6个年头，在华夏180座城市的公园街角，800家组织单位创意策划2500场专题会演，30多万爱乐民众各显身手，讴歌伟大的党，讴歌伟大祖国，致敬经典红色旋律，奏响迎庆建党百年华彩乐章。

2021年，恰逢中国共产党建党100周年，广大音乐爱好者热情融入“6·21国际乐器演奏日”活动，全国各参与单位积极组织社会民众普及乐器演奏活动，讴歌时代，抒发爱国情怀。中国乐器协会理事长王世成在《写在2021年“6·21国际乐器演奏日”启动之际的祝语》中表示，2021年是国家推动和发展美育教育深入之年，通过举办“6·21国际乐器演奏日”活动，推广和普及音乐文化，提高乐器普及率，扩大音乐人口，已然成为落实国家相关美育政策、提高国民音乐文化素养的重要途径和手段。5年来，“6·21国际乐器演奏日”活动规模快速扩张，组委会充分发挥互联网和新媒体联动效应，参演城市逐年拓展，线上观众点击量空前增多，仅抖音点击量就达1.08亿人次；前5年累计演出活动达到1.05万场次，直接参与演出的70万人次，线下观众905万人次，线上观众超过1.2亿人次。尽管新冠疫情影响尚未完全退去，但全国音乐爱好者依然在积极防疫前提下，尽情发挥自己的创意，昂扬音乐温暖人心、提振士气，凝聚华夏儿女爱国热忱。

一、致敬红色经典旋律 践行老区奋斗精神

6月21日，2021年中国“6·21国际乐器演奏日”在“中国提琴产业之都”——黄桥主会场启动，中国乐器协会副理事长、“6·21国际乐器演奏日”（中国）组委会副主席孙瑞勇，国际提琴制作大师、中国乐器协会提琴制作师分会名誉会长、中央音乐学院教授郑荃，泰州市旅游协会会长高纪明，泰兴市委书记张坤，泰兴市委常委、黄桥镇党委书记顾刚等出席活动。郑荃教授为“6·21国际乐器演奏日”中国主会场授旗，与会嘉宾们共同为开幕式启动电子感应触摸屏。主会场方阵齐奏《唱支山歌给党听》《我和我的祖国》，乐曲响彻云霄。活动参演团队达到100支，参演人数近6200人，参与观众超过6.5万人。中国当代著名青年爵士钢琴家、作曲家罗宁与旅澳小提琴演奏家廖昊月联袂参加了主会场演奏活动。

中国乐器协会副理事长、“6·21国际乐器演奏日”（中国）组委会副主席孙瑞勇在启动仪式上表示，作为2021年“6·21国际乐器演奏日”中国主会场，活动着重体现3个特点，一是围绕一个核心，热烈庆祝中国共产党成立100周年，主会场启动仪式上以党旗为标志组成的弦乐队方阵，不仅气势磅礴，而且能激发起人们热爱祖国的激情；二是突出一个主题，充分展现乐器行业推动音乐教育“进学校、进社区、进家庭”取得的成就；三是以普及乐器演奏教育来践行国家全面推进新时代学校美育教育的指示精神。

中国乐器协会主办的“6·21国际乐器演奏日”“国民音乐教育大会”和各种音乐艺术类论坛、讲座等活动，在全社会掀起了学音乐、玩乐器的热潮，为扩大全社会的音乐人群发挥了很大的作用，也为“让每一个国民一生学会一件乐器，让每一个家庭一年听一次音乐会”的愿景目标奠定了坚实的基础。相信这样的音乐节日，必将为推动“琴韵小镇”的建设、提高百姓的幸福指数、助力全面建成小康社会产生积极的促进作用。

为致敬红色经典，践行老区奋斗精神。在“6·21国际乐器演奏日”期间，音舌鼓走进甘肃兰州，奏响东方红，祝愿伟大祖国繁荣昌盛，活动正式启动。

活动以“传承、普及、共融”为主题，全方位推广音舌鼓文化的广泛应用，体现音乐带来快乐的主题。同时，有“太行山红色轻骑兵”之称的山西省陵川县盲人曲艺宣传队也走进太行革命老区重点村义汉村新修善完工的“晋冀鲁豫军工十厂”纪念馆，在鲜艳党旗前，奏响“上党八音会”，向为建立新中国而付出艰辛劳动的兵工们致敬。据悉，2021年是陵川盲人曲艺宣传队第4年在山西省陵川县分会场主办“6・21国际乐器演奏日”，此项活动的快速发展壮大，为老区民众音乐素养的提升、音乐人口的扩大做出了积极贡献。

二、培育拓展音乐人口 推进乐器“三进工程”

2021年是国家推动和发展美育教育深入之年，更是中国乐器行业推动音乐教育“进学校、进社区、进家庭”，全面推进新时代学校美育教育关键之年。

6月21日，江苏阜宁创意策划“音乐让生活更美好 万人同奏献给党”乐器演奏日活动，全县万名学生走出校园，走进广场、社区，3个主会场，52个分会场，万人同奏，献歌给党。据悉，阜宁县教育局于2016年出台《推进器乐教学特色教育三年规划》。五年来，阜宁县乐器教学从“人手一件乐器”到“乐器进课堂”，实现了打造精品、提升格调的转变，全县创市级艺术教育特色校2所、县级特色校12所，全县中小学成立古筝、腰鼓、口琴、竖笛、吉他、萨克斯、非洲鼓等社团组织120多个，古筝、琵琶、手风琴、小提琴、中阮、二胡、竹笛、葫芦丝、唢呐等各类乐器特色班19个。“我县地处苏北腹地，是革命老区，我们将继续驰而不息、持之以恒、扎实有效地抓好音乐教育，让孩子们在成长过程中有丝竹相伴，使身心得到愉悦，智力得到开发，养成健康生活习惯，陶冶高雅生活情趣!”阜宁县教育局副局长羊昌军表示。

从苏北到南疆，红色经典旋律继续传唱。在国际乐器演奏日启幕前期，海口市琼山第二小学举行了献礼建党百年暨国际乐器演奏日民乐专场音乐会。通过二胡、琵琶、扬琴等中国民族管弦乐器，演奏者依次演奏《黎家娃娃心花开》《七色光》《红星照我去战斗》《我和我的祖国》等经典曲目，将中国经典乐曲表现得淋漓尽致。琼山区教育局局长陈育胜表示，积极推进民族音乐的健康发展，有利于弘扬我国的优秀文化，增进学生对祖国文化精髓的理解，希望学校继续办好特色教育，培养更多的民族音乐人才。

6月23日晚，“6・21国际乐器演奏日”从中小学走进高校，“永远跟党走”2021器乐普及教育成果汇报演出在北京外国语大学举办。为推进国乐进驻高校，传播传统音乐文化，北京外国语大学与北京乐器学会携手合作，协同育人。课程开设两年以来，音乐普及课程共涉及10余种民族器乐，培育学生数千名。项目负责人表示，北京外国语大学作为“共和国外交官的摇篮”，希望同学们在充分了解民族文化、自省文化之美的基础上，学会“艺术的外交”思维，构建“外交的艺术”体系，用中国智慧树立中国形象，传播本民族优秀传统文化。

三、名企名琴献礼百年庆典 磅礴旋律谱写红色乐章

秉承大型社会公益和全民互动参与文化精神，承载“音乐让生活更美好”鲜明主题，倡导“每个国民一生学会一件乐器，每个家庭一年听一场音乐会”，已成为“6・21国际乐器演奏日”培育国民音乐审美素养的文化坐标。2021年“6・21国际乐器演奏日”活动，珠江钢琴、上海民族乐器一厂、海伦钢琴、柏斯音乐集团、吟飞科技、奇美乐器、天鹅乐器等行业骨干企业积极作为，创意策划迎庆建党百年华诞民众普及乐器演奏活动，拉近品牌与民众消费距离，有序培育民众器乐文化精神。

6月20日，“6・21国际乐器演奏日”（中国）组委会、北京珠江钢琴制造有限公司联合主办的“百年潮，中国梦”主题演奏会在北京珠江钢琴制造有限公司举行活动，特邀百名钢琴演奏者携百架德洛伊钢琴，共同演奏歌曲《没有共产党就没有新中国》。百名琴童、百架钢琴献礼建党100周年，旨在用琴声奏响爱国、爱党、爱社会主义的深情。

夏至时节，万物复苏，海伦音乐中心创意策划“当孩子遇上舒曼——6・21国际乐器演奏日爱・音乐公益音乐会”，学员们来到音乐舞台，用音乐展现自己的情感，分享成长中的美妙旋律。为嘉奖小

朋友们在海伦音乐中心第四届“6・21国际乐器演奏日”音乐会上的优异表现，“6・21国际乐器演奏日”（中国）组委会特授予每位表演的小嘉宾“优秀表演”证书。

为庆祝中国共产党百年华诞，奇美公司联合浙江省丽水市音乐家协会口琴专业委员会、甘肃省兰州五泉口琴知音艺术团、内蒙古包头市夕阳红口琴艺术团、青海万达多彩口琴艺术团、浙江杭州声韵乐团、江苏省泰兴市蒋华小学等单位和乐团，共同开展“6・21国际乐器演奏日”活动，让大家感受音乐带来的快乐，同时感谢祖国，感谢党的正确领导，带领大家享受美好幸福生活。“6・21国际乐器演奏日”当天，奇美公司还在阜宁分会场向阜宁教育系统捐赠竖笛和口风琴，用于推进阜宁县乐器进校园活动以及器乐推广活动。

同时，为充分展示推动音乐教育“三进”工程成果，天鹅公司组织12个口琴乐队在公司广场、音乐厅及多个车间举行口琴演出联谊活动。作为联合主办单位，天鹅乐器联合紫丁香天鹅口琴社、嘉兴市嘉善县青少年宫、嘉兴琴艺口琴培训中心、南京强国口琴艺术团、山东德州大众口琴乐团、大同市御河九号口琴队、兰州市城关区东岗小学、云南知青口琴乐团、青岛口琴大联盟、东台市老来乐艺术团等单位共同开展“6・21国际乐器演奏日”活动，体现音乐带来的快乐，给人注入实实在在的活力和动力。2021年的“6・21国际乐器演奏日”活动，天鹅公司和联合举办的单位共同参与演出的团队有26个，参加演出人员达700人，惠及观众8000多人，得到了社会各界的广泛关注。

四、音乐名城唱响红色旋律 以乐之名点燃爱国热情

“6・21国际乐器演奏日”作为一个国际化、公益化、大众化的音乐文化节日，自1982年在法国创办以来，其不限年龄、场所和规模，与路人、朋友、家人一起分享快乐音乐的理念得到普遍认可，特别是在我国音乐名城的影响力迅速扩大。

青岛被称作“音乐之岛”，享有盛誉。中国青岛“一带一路”施坦威国际艺术节“6・21国际乐器演奏日”活动于6月21日在青岛市南区云南路街道、市南区郭沫若书房隆重举行。音乐会以传统民乐为主，百名志愿者、百年胡琴奏响百年华音，贺赞中国共产党百年华诞，表达了青岛人民对党的无限热爱和对祖国母亲的深深祝福。演奏日和展览、快闪等活动，营造了浓厚的传统音乐文化氛围，青岛已成为文化底蕴深厚并且开放、和谐、现代的多元文化汇集之城，青岛人民以优秀的建设成果共庆中国共产党建党100周年！

在蓉城成都，2021融享城南“6・21国际乐器演奏日”大型音乐艺术公益展演，由四川音乐学院钢琴艺术研究院副院长、施坦威艺术家吴驰教授引领百名琴童奏响《黄河颂》激昂旋律。烽烟已成岁月，落后已成历史，碧血染绿神州，春光永驻华夏。由成都尔闻艺术指导的大型百人管弦乐团为大家带来一首声势浩大的《我和我的祖国》，抒写蓉城人民与祖国心手相依的爱国情怀。中国乐器协会琴行分会会长黄茂强表示，木笛（竖笛）作为巴洛克时期的重要木管乐器，它优美而柔和的声音与其他弦乐、管乐完美地融合在一起。中华文化上下五千年，如今能过上这样富足的幸福生活，离不开祖国的支持，作为华夏子孙我们要不忘初心，对祖国永远报以赤忱之心，同时我们也要牢记中国的传统文化，时刻传承并弘扬。

不仅在青岛、成都，“6・21国际乐器演奏日”的红色主旋律还在华夏爱乐之城继续传唱。在春城昆明，昆明易云展览服务有限公司联合协会共同举办了“6・21国际乐器演奏日”活动，参加活动人数超过400人，云南昆明电吹管协会王运生会长致词，现场奏响《我和我的祖国》；在古城洛阳，古筝与钢琴的红歌联奏《我爱你中国》中拉开序幕，民族乐器与西洋乐器的碰撞，带领现场音乐爱好者们进入天籁般的音乐世界。现场的观众陶醉在器乐、声乐和舞蹈的艺术魅力中，情不自禁地跟随着音乐旋律不停鼓掌、打拍，将整场演出推向了高潮；在广东佛山，小钟琴艺术研究院倡议全国小钟琴学习单位，积极响应、积极参与“为庆祝中国共产党成立100周年暨‘6・21国际乐器演奏日’・小钟琴专场活动”。全国有18个省、自治区，68个城市，200余个表演单位，超3.5万人次师生参与，参与的观众超过7万人。

在津门曲艺之城，“6・21国际乐器演奏日”特别活动暨《中国乐器总动员》新书分享会成功举办，

百花文艺出版社作为中国“6·21国际乐器演奏日”的联合主办单位，积极助力这一活动，切实让音乐走入人们的日常生活。“2021国民音乐教育大会暨国际音乐生活展（天津）”于7月16日在天津大礼堂盛装启幕。国内160位顶端音乐教育专家、近百家国内知名乐器厂商以及1000多位来自全国各地的一线音乐教育工作者齐聚津门。7月，在津门，爱乐人共同奏响新时代的美育交响。

科技·融合·创新·发展
——2021年乐器行业科技大会综述

适逢党的十九届六中全会隆重召开，“十四五”良好开局促进国内制造业长足发展，全党全国各族人民深入贯彻中央经济工作会议重要精神的关键历史节点，12月16日，中国乐器协会2021年乐器行业科技大会在江苏常州成功召开。中国乐器协会理事长王世成，副理事长孙瑞勇、陈晋武以及近100位会员代表参会并交流。大会全程做好防疫保障，科学部署，会议期间安排全员核酸检测，确保了与会嘉宾的安全，保障大会顺利举行。

大会主题聚焦“科技·融合·创新·发展”，诚邀科技部国家科技评估中心、国务院发展研究中心专家以及资深行业人士展开头脑风暴，大会围绕国家科技体制改革、世界前沿科技现状与发展、未来音乐科技创新、音教美育发展、产业链拓展延伸等多维度行业视角展开交流探讨，集中展示、分享乐器行业科技创新成果，并对2021年度科技创新领域的先进个人和优秀集体、科研项目进行了隆重表彰。可以说，本届大会突出全产业链，受邀嘉宾涵盖产业链上下游各领域，注重方向引领与研发协同，突出科技创新为行业发展的本源动力，交流话题务实前沿，五大版块各具风采，内容策划突出高端化、权威化和引领性，活动饱满充实，参会代表不虚此行。

一、统筹推进——完善科创平台建设 激活人才培育机制

2021年仍是不平凡的一年，新冠疫情仍呈现散点状不定期地出现，国际政治经济格局剧烈变化，原材料、物流、人工成本持续上涨，乐器产品出口受阻。面对一系列的重大挑战与困难，我国乐器行业与中央各项决策部署保持高度一致，保持政治站位，准确研判形势，精心谋划部署。乐器行业同仁凝心聚力，砥砺前行，取得了一定的成绩，科研创新喜结硕果，乐器行业驶入以科技创新高质量发展为支撑的快车道。

会上，中国乐器协会理事长王世成以《持续推动乐器行业全产业链科技创新迈向新征程》为题做了讲话。他指出，本次大会正值中央经济工作会议胜利闭幕，七大政策组合拳、五个“正确认识和把握”总体要求和强化企业创新主体地位、深化产学研结合、完善优化科技创新生态等重点工作的强力推进将引领我国经济建设、科技发展稳中有进、高质量运行。此次科技大会认真回顾2021年行业经济运行的总体情况，系统总结“科技创新年”的工作成效，客观分析行业发展的宏观形势，科学谋划2022年行业科技发展的目标举措，持续推动乐器行业全产业链科技创新工作迈向新征程。

对于当前乐器行业整体运行和科技创新工作，王世成理事长表示，当前我国乐器行业经济运行总体平稳，主要经济指标处于合理区间，消费需求继续回升，对外贸易好于预期，全行业经济运行呈持续恢复态势。过去一年来，面对行业经济运行下行压力加大、不确定因素增多的现状，乐器协会积极向工信部、发改委、海关总署、商务部、中财办、国务院研究室等部委办反映行业诉求，借势普惠政策赋能产业发展活力。2021年，历经“科技创新年”的深耕细作，行业科技创新工作不断深化，“四个一”工程有序落实，科技投入持续增长，标准、专利各

项工作卓有成效，人才机制逐步完善，专家智库开启行业发展核心引擎。经过全行业的共同努力，乐器行业“科技创新年”的各项工作值得肯定，取得可喜可贺的成绩。

目前，乐器经济发展仍面临需求收缩、供给冲击、预期转弱三重压力。在疫情影响下，外部环境更趋复杂严峻和不确定。经研究确定，2022年为乐器行业“人才建设年”，对乐器行业2022年的科技创新工作，王世成理事长强调：首先，行业要以“人才建设年”工作为统领，系统探讨、规划和推动全行业人才建设工作，以高端人才培训计划赋能行业科技创新和规模效益持续提升；其次，紧跟国家政策导向，积极响应“双碳”战略，主动配合能源“双控”统筹各项工作，有序调控成本增加效益；最后，完善深化行业科技创新体系，促进产业链融合发展，以科技创新平台为支撑，以企业为主体，跨界整合社会优质科创资源，深度融合音乐教育产业，延伸拓展乐器全产业链，在“双减”政策框架下研究市场发展的新空间；第四，完善和强化协会服务职能，充分发挥专家委员会、分支机构的行业导向作用，多措并举激发企业主体意识，促成创新企业成为引领行业高质量发展的主力军。

二、政策前瞻——专家把脉科研创新趋向 推动产业拥抱数字新经济

进入21世纪，全球科技创新进入空前密集活跃的时期，新一轮科技革命和产业变革正在重构全球创新版图、重塑全球经济结构。党的十八大以来，以习近平同志为核心的党中央高度重视科技创新，对我国科技事业进行了战略性、全局性谋划，部署了一系列奠基之举、长远之策，提出了创新是引领发展的第一动力、把科技自立自强作为国家发展战略支撑等一系列重要论述，构建了从理念战略到行动的完整体系，成为科技工作的根本遵循和行动指南。

综观当前国家科技体制改革总体进展情况，科技部国家科技评估中心政策与改革部部长、研究员田德录表示，新冠肺炎疫情助长逆全球化和贸易保护主义抬头，我国发展的外部环境更加复杂。党的十九届六中全会通过的《中共中央关于党的百年奋斗重大成就和历史经验的决议》明确强调，健全科技人才政策，释放科研人员创新潜能，优化科研生态，深化科技奖励制度改革，打造北京、上海、粤港澳大湾区3个具有全球影响力的科技创新中心，成为我国跻身创新型国家和建设世界科技强国的重要战略支点。2020年，我国全社会研发支出2.44万亿元，比2015年增长了72%，科技进步贡献率达到59.5%。在世界知识产权组织发布的全球创新指数排名从2015年的第29位上升到2020年的第14位，成为唯一跻身前15位的发展中国家。2019年，企业享受研发费用加计扣除政策优惠共减税3500多亿元，全国研发费用加计扣除减免税额以每年超30%的速度增长，2019年享受高新技术企业优惠政策减免企业所得税2200多亿元。与西方发达经济体相比，我国要跻身创新型国家前列，建设世界科技强国和现代化强国，推动科技创新加速交叉融合，科研范式深刻变革势在必行。

聚焦2021年世界前沿科技现状及未来发展态势，新一轮技术革命以数字信息技术为先导，在生物与生命科学、新能源、新材料等领域呈现群体迸发态势，人工智能技术成为新一轮产业革命的引擎，将深刻影响全球产业竞争格局。国务院发展研究中心国际技术经济研究所战略室主任侯晓轩表示，新一代通信技术是数字时代的新型基础设施，是各行各业实现数字化的关键。新材料技术是电子信息、新能源、生物等高技术发展的先导，是系列科技创新的突破口，将引领各行各业的颠覆性技术的发展。用音乐科技满足用户需求，或将是传统乐器企业和现代乐器企业共同面对的未来课题。

在5G、人工智能、数字技术融合发展的时代背景下，北京中音中音科技有限公司董事长赵易天以《未来音乐对乐器产业科技创新的引领作用》为题做大会主题发言，翔实讲述了未来音乐科技的概念及其对传统乐器的意义。赵易天表示，中国乐器协会已同意成立“未来音乐科技专业委员会”，此举旨在借助科技的力量，促进乐器产业的科技创新发展，通过广泛的技术交流合作，探索乐器行业可持续发展的新路径，引领推动未来乐器产业的发展。我国数字化进程方兴未艾，云计算、大数据和人工智能

等技术的深入发展不断重塑行业格局，MIDI新标准、“区块链+AI” 等新技术或将建立起智能化乐器互联网，云服务或将建立起无地域限制的双向连接，区块链可以实现节点间的价值传递。结合我国新时期民众的文化需求，音乐提供的健康快乐与精神消费更加激发人民群众美好生活愿望中的基础且重要的需求，具有极大的增长潜力和社会服务价值。

三、产研聚焦——瞄准前沿科技趋向 强化乐器科技成果转化

2021年，我国乐器行业历经复杂多变的经济形势，科技创新在行业发展中的重要性与日俱增，成为乐器行业健康发展的有效保障。吟飞科技（江苏）有限公司董事长赵平在致辞中讲道：“王世成理事长的重要讲话以跳出行业看行业、跳出矛盾讲矛盾的战略思维，指导行业践行高质量发展理念，推动产学研用创新融合。近年来，常州秉承发展先进制造产业，着力改善营商环境的理念，经济社会发展一直处在我国区域经济的前沿。吟飞科技自创立以来，以科技创新为企业发展基石，始终走自主知识产权之路，以自主研发数字音乐芯片的高端乐器为突破口，核心技术持续迭代升级，不断推出高质量的先进电子乐器产品。近年来，吟飞科技在创新研发、科技投入、成果转化、标准工作、人才建设、持续发展等方面都取得了很好的成效。吟飞双排键电子管风琴填补了国内电鸣乐器行业空白，助力国内音乐教育事业的健康发展。遵循音乐教育、合作共赢的发展理念，吟飞科技积极推动电鸣乐器产业有序发展。”

为进一步增强乐器行业科技创新能力，提升科创核心竞争能力，大会特别策划4家企业做年度科技成果交流，展示企业在科技创新领域的创新产品。吟飞艺术中心经理华那晨携中心艺术教师演示了吟飞智能数字乐器，展示了吟飞智能科技与音乐艺术的跨界融合成果；上海民族乐器一厂有限公司旗下敦煌艺术学校常务副校长宋蕾将敦煌·罗兰智能交互古筝学堂带到大会现场，展示了民族乐器搭载数字音频科技的创新成果；得理乐器（珠海）有限公司总经理顾冰峰结合时下热议的芯片话题，讲述中国电声乐器核心集成电路设计面临的挑战；广州珠江钢琴集团有限公司副董事长、总经理肖巍分享了珠江钢琴科技创新的实践经验。顾冰峰表示：“2021年是所有电鸣企业难忘的一年，新冠疫情、中美贸易战以及美方对华高科技企业的技术壁垒，造成半导体行业集成电路的严重缺货，集成电路价格大幅上涨，企业订单无法正常交付，市场利润空间严重被压缩。”据悉，在2006年中国集成电路进口金额已超过2000亿美元，2021年集成电路进口金额突破3500亿美元。目前，中国集成电路市场缺口巨大，走自主知识产权集成电路的研发设计之路势在必行，电鸣乐器行业任重道远。

改革开放40多年来，我国制造业的产业模型从劳动密集型产业、资本密集型产业、知识技术密集型产业逐步过渡，推动经济发展从要素驱动向创新驱动的转变。肖巍表示，珠江钢琴创新技术来源于自主研发+成果转化+知识产权收购，以激励奖励制度促进科技成果转化，以加强合作交流推进产学研协同创新。创新的实现不是在原有逻辑模型里的内容伸展，而是变革为新的逻辑模型，推动产业转型升级和高质量发展，根本出路在于创新，关键要靠科技力量。

科技创新的驱动力不仅局限于乐器制造行业，在“双减”政策下，音乐教育作为乐器产业链的延伸与拓展，校外艺术教育同样搭载移动互联科技，进驻音乐美育转型升级的快车道。在此背景下，大会特别策划“音乐美育在形势下得发展探索”圆桌论坛，特邀常州市第五中学书记吴栋、卡西欧（中国）贸易有限公司电子乐器营业推进统括部副部长王帅、中国音协高校音乐联盟副秘书长徐轩、吟飞艺术中心高级讲师潘晓燕、尚典教育科技（唐山）有限公司总经理乔建津，围绕校园美育、音乐进中考、中老年乐器教育等话题，在产学研用层面展开头脑风暴。与会论坛嘉宾表示，随着新冠疫情常态化，欧美经济回暖乏力，教育部强力推动美育教育新政，促成校外艺培机构面临新一轮升级转型。在中国乐器协会的引领下，2021国民音乐教育大会的成功举办，引发行业共振效应。乐器行业持续推动乐器进校园，扩大乐器消费人口，提升在校学生美育素养。疫情虽然改变了社会生产、生活方式，但

移动互联远程教学模式的蓬勃发展，突破了疫情壁垒，有效地拓展了教师的教育创新视野。后疫情时期，国家要求2022年美育中考要完成大、中、小学校教学体系的构建，校外艺术培训尚处于双减政策、美育中考各类信息交汇、政策落地执行的过渡期，音乐教育与科技高频互动、跨界融合，推动校内、校外艺术教育纵深发展已成宏观大势。

四、荣誉表彰——见证行业科创成果 激发人才创新活力

过去一年来，中国乐器协会在中国轻工业联合会党委领导下，积极推荐会员企业参加工信部、中国轻工联组织的各类科技创新项目评审活动，获得多项荣誉。会上，由中国乐器协会副理事长陈晋武宣读《关于"科技创新年" 工作的表彰决定》，大会上午各项议程由中国乐器协会副理事长孙瑞勇主持。

大会上，多家企业和个人荣获中国轻工业"十三五"科技创新先进集体、先进个人；全国乐器标准化技术委员会被评为"十三五" 全国轻工业标准化工作先进集体；全国轻工行业"升级与创新消费品"评选，珠江艾茉森、乐海乐器、吟飞科技、星海钢琴等9家企业产品入选；在2021年中国轻工业联合会科学技术奖入选项目名单中，15家企业入选科学技术进步类，4家入选技术发明类。3家企业设计中心入选中国轻工业工业设计中心，珠江钢琴的两个小组被评为全国轻工业优秀质量管理小组。

2021年中国乐器协会在科技创新方向上按照"两翼发力、六轮驱动" 整体思路推进，一年来行业科技创新工作卓有成效。会上，现场颁发了2021年度中国乐器行业科技创新活动组织奖、2021年度乐器行业"科技之星"、2021年度"专利成果奖" 以及2021年度乐器行业"科技十强企业"。大会同期还举办了科技创新图片展，遴选了48项科技创新成果（产品）进行展示，旨在推动行业科研技术交流，助力行业中高端转型升级战略发展。

综观本届大会，尽管受新冠疫情的影响，大会各项防疫安全保障措施有效执行，有来自11个省市15个行业的近百名代表到会交流，包括分支机构和产业集群的代表，充分彰显乐器行业的凝聚力与团结力。大会主题突出，内容充实，话题集中融合，鼓舞行业士气，大会报告系统全面，聚焦中央会议工作精神，紧密结合产业发展诉求，极具产业引领和导向作用。对2022年的人才建设年的工作前瞻布局目标清晰，路径清楚。专家报告从国家战略高度开拓了与会代表的视野，拓展了行业发展思路，为音乐科技在传统乐器产业的跨界融合提供了有益的探研与铺垫。音乐美育论坛让在座企业家触碰到校外艺术培训市场的跳动脉搏。在吟飞科技周到的服务下，在全体代表的共同努力下，本届大会各项议程圆满完成。

科技兴则国兴，科技强则国强。《中国乐器行业"十四五" 发展规划》和2035年远景目标建议明确提出科技创新在我国现代化建设全局中占据核心地位，强调"科技自立自强"。面对复杂变化的发展环境，让我们在以习近平同志为核心的党中央领导下，以习近平新时代中国特色社会主义思想为指导，正确认识和把握行业发展新要求，不断适应和满足日益增长的音乐文化消费市场需求，持续推动乐器全产业链科技创新迈向新征程，为实现乐器制造大国成为乐器强国宏伟目标而共同奋斗。

名企对话

党建引领　提质增效　推动集团主业高质量发展

李建宁

（中国乐器协会副理事长、钢琴分会会长、
广州珠江钢琴集团股份有限公司党委书记、董事长）

2021年，是中国共产党成立100周年，是实现党的百年奋斗目标，开启向第二个百年奋斗目标进军新征程的一年。同时，这一年也面临着新冠疫情的冲击，外部环境更趋复杂和不确定。珠江钢琴集团坚持以习近平新时代中国特色社会主义思想为指导，坚持创新驱动发展战略，在低迷的经济环境中逆流而上、难中求稳、稳中求进。以“红色工匠”党建品牌为引导，以“提质、增效、降耗”为工作重点，深化企业改革创新，统筹疫情防控和生产经营，集团三大主业板块实现高质量发展，主要经济指标高于行业平均水平，总体呈现持续向上的新局面，较好地完成了各项工作任务。珠江钢琴集团先后荣获“2021—2022国家文化出口重点企业”（连续14年荣获）、“2021中国轻工业乐器行业十强企业”第一名（2001年起保持至今）、“十三五”轻工行业科技创新先进集体等荣誉奖项，在2021中国品牌价值评价中，珠江钢琴品牌强度为917，品牌价值为55.90亿元。

2021年，面对复杂多变的国内外经济形势，珠江钢琴保持了战略定力，把工作着力点牢固地放在实体经济上，推动钢琴、数码乐器、音乐文化教育以及创意文化产业各板块同频共振，实现集团高质量发展。这一年，珠江钢琴始终坚持创新驱动发展战略，技术创新屡创佳绩。在加大自主研发资金投入基础上，珠江钢琴改造升级超50个自动化、数控项目，组建多个QC小组，加速了企业核心技术研发应用，推动了新材料、新工艺改进，三角钢琴产量创新高。

2021年，珠江钢琴获推荐全国质量信得过班组1个，全国轻工优秀QC小组1个，广东省、广东省轻工、广州市优秀QC小组各2个，广州市质量信得过班组1个。集团旗下公司艾茉森生产的数码钢琴实现了自主键盘达到进口FATAR普及品水准，逐步实现自主核心部件自制化，为艾茉森成为“中国第一数码乐器品牌”的发展目标打下坚实的基础。强化突破性成果应用，将PR2.0高端弦槌广泛应用于恺撒堡、里特米勒等高端钢琴系列，极大降低了集团对国外高档弦槌进口的依赖，打通钢琴高端零部件主要依赖外国厂商的供应链瓶颈，大大降低了钢琴生产成本，进一步增强了公司产业链、供应链的自主可控能力，产业链条稳步延伸。

面对复杂的市场环境，珠江钢琴主动调整市场经营策略，稳步推进集团持续发展。通过提升线下专卖店的数量和质量，大力拓展市场，同时开展样品巡回维护工作，帮助经销商做好钢琴品控，保障用户到店体验。在拓展线下流通渠道的举措下，珠江钢琴持续推进“电商”策略，线上线下联动促销，做好国内市场培育。持续深化国内外市场双循环，加大国际市场开拓力度，优化海外市场产品投放结构，推动外贸收入创新高。为进一步丰富乐器生产品类，集团创新推出“珠江提琴”、吉他等关联新产品，推动乐器产品多样化发展。珠江钢琴集团依托线上线下同步开展品牌活动，成功举办“珠江·恺撒堡钢琴杯”广州市职工合唱大赛、《乐龄颂党恩》“珠江钢琴杯”首届羊城乐龄合唱节、“2021年中国音乐家协会高校音乐联盟工作会议”“第二届中国音乐艺术教育发展论坛”“琴心向党音乐党课”“恺撒堡奖学金”“名师公开课”等活动，引进“广州市文化艺术名家叶小钢工作室”落户珠江钢琴创梦园，在培育人才、提高艺术文化素养素质的同时，擦亮了珠江钢琴文化品牌。

2021年，珠江钢琴以“红色工匠”党建品牌为引领，传承工匠精神，培育优秀人才。通过创办珠江钢琴技能培训中心，搭建售后技术人才培养平台，切实提高产品服务品质。高技能人才培育卓有成效。“2021年广东省职工职业技能大赛钢琴调修工种总决赛”中，珠江钢琴选手包揽第一、三、四名，且前16名选手中有11名为珠江钢琴人。公司总经理肖巍获“十三五轻工行业科技创新先进个人”荣誉称号、陈玉华获“广东省五一劳动奖章”荣誉称号，卢洁、黄朝苑、卢毅明、林利平当选2021年度中国乐器行业“科技之星”。

2022年，珠江钢琴牢记初心使命，坚持党建引领，通过聚焦主业、自主创新、转型升级，做强“一个基地”，做优“一个园区”，实现钢琴、数码乐器、文化产业三大主业高质量发展，力争企业经营业绩再上新台阶！

聚焦产业链　营建生态圈
创新驱动敦煌品牌文化战略

王国振

（中国乐器协会副理事长、民族乐器分会会长、上海民族乐器一厂有限公司总经理）

2021年是“十四五”开局之年，也是企业的改革改制之年。在喜迎中国共产党百年华诞之际，上海民族乐器一厂在上海市国资委改革处、上海新集体经济合作联社等的关心指导下，顺利完成公司制改革，成立了上海民族乐器一厂有限公司，以全新的面貌开启了发展新征程。

一、注重“敦煌”系列文化活动在细分领域的延伸

2021年，企业继续加强与民乐名家、名团、专业机构的合作，开展“敦煌”系列文化活动，包括“敦煌国乐·春天计划”中国民乐教师重奏教学培训、“敦煌奖”中国民族室内乐新作品展评，第二届“敦煌杯”中国民族室内乐、重奏比赛，“敦煌杯”第六届北京国际民族器乐大赛、“敦煌国乐”湖北省2021楚天筝星系列展演、“敦煌国乐”古筝艺术传播与推广计划（湖南站）等全国性、省级活动，除常规的音乐会、演奏赛事之外，将品牌影响力延伸到师资教学培训、民乐曲目创作、室内乐赛事等专业化、细分化领域。

二、积极利用大型文化展示平台提高品牌影响力

企业紧抓机遇，积极参加由政府、地方协会等组织搭建的品牌推广平台，并在重要的时间节点策划开展具有企业特色的文化活动。2021年1月至7月，企业受邀进驻上海大世界，亮相“大世界海派IP品牌展”，彰显老字号的创新精神。在“五五购物节”期间，企业参加由上海中华老字号企业协会主办的“爱上海品生活”老字号品牌直播专场活动，并参展2021闵行购物节，入选“闵行好物”TOP10。5月18日国际博物馆日，企业组织开展了畅游民族乐器陈列馆暨敦煌粉丝见面会活动，反响热烈；在文化和自然遗产日期间，企业参加由文化和旅游部、上海市人民政府共同主办的“百年百艺·薪火相传”中国传统工艺邀请展，并获“乐游上海”官微的专题报道。

三、继续推进敦煌国乐进校园项目，丰富内容

2021年，企业在上海市文旅局、上海市教委的政策指导下，积极推进“敦煌国乐”进校园项目，

以开设特色艺术课程、配送民乐专场艺术活动、开发寓教于乐的“观听”“探究”课程等方式，增强青少年对中国民乐文化的认识与传承。企业被认定为“金山区青少年研学实践基地”“闵行区青少年研学实践基地”，2021年开展青少年研学活动共计11场，覆盖学生人数近700人。

四、注重媒体宣传推广，提高品牌声量

2021年，企业独家冠名CCTV15《风华国乐》《民歌中国》两档栏目，提高品牌知名度，并注重自媒体建设，开通了视频号，成为继微博、微信、抖音、B站等自媒体发布渠道后的又一项重要补充，单篇动态最高浏览量突破33万次，最高分享次数6714次。同时，企业注重内容创新，上线了20余个民乐文化视频，其中微电影《奋斗的民乐人》《忘不了的爱》分别荣获第七届上海公益微电影“最佳公益创意奖”“优秀公益作品”。

五、运用直播技术，为官方网店引流创效

2021年，企业积极与天猫国潮合作，深度参与“潮起东方——乐无界”活动，微博、抖音、天猫、微信四平台联合造势，微博“杭州蹦迪夜店惊现敦煌古筝”话题1.7亿人阅读量，1.7万人参与讨论。敦煌、天猫国潮、永乐宫联名古筝“东方乐界”上线即售空。企业于线上直播的两场新品发布会——敦煌·乐无界“双十一”新品发布会、敦煌·星动之夜全系列新品发布盛典，观看人次突破12万。

六、推出新品乐器，庆祝中国共产党百年诞辰

2021年，企业进一步强化和实践以“打造文化产品”为定位的新产品研发工作，拓宽新品开发的主题视角和工艺合作范围，推出了建党百年系列、奥运精神系列、礼遇东西系列、敦煌新意系列、国风文化系列以及“乐鸣敦煌”仿古乐器系列，共计100余款。其中，建党百年系列是与多位工艺大师、美术大师联合推出的纪念版乐器，庆祝中国共产党百年诞辰；礼遇东西系列是与纽约大都会艺术博物馆和上海博物馆合作的联名款乐器，以IP赋能产品创新，精彩亮相第四届中国国际进口博览会；乐鸣敦煌系列是在敦煌乐舞研究专家高德祥主导下制作的仿古版乐器，涵盖了吹拉弹打四个大类。

七、提升乐器声学品质，增强市场竞争力

2021年，企业继续加强与民乐名家、科研机构等的合作，改良提升乐器的声学品质。其中，与上海大学音乐学院张晓东老师进行多次研讨，通过调整中阮共鸣箱的厚度、弧度、体积等，使中阮振动更加充分，有效提高了音量。10月24日，新研发的奚琴亮相作曲家谭盾执棒的二胡协奏曲《火祭》，该奚琴系谭盾的委托定制款乐器，依据敦煌壁画上的三弦奚琴复制而成，音色沧桑遒劲，得到谭盾的认可。

2022年，企业将进一步完善对技能人才的培养机制，提升员工队伍的综合素质。一方面，以问题为导向、以项目为依托，以考核为抓手，充分发挥工作室、首席技师、工匠队伍在提质增效、攻克技术难关、培养传承梯队等领域的带头作用；另一方面，继续邀请民乐界顶尖艺术家来厂开设“敦煌名家讲堂”、担纲“敦煌杯”制作比赛的评委，以提升员工的乐器制作水平。此外，为技能人员提供职业技能及综合素质提升的通道，继续推进技能等级培训工作和乐器制作专项技能培训工作。总之，2022年，敦煌乐器人要守初心、担使命，以提升综合能力、聚焦产业链、营建生态圈为重点，继续以创新驱动促发展。

中国琴　中国心
奏响钢琴“智造”新时代乐章

陈海伦

（中国乐器协会副理事长、钢琴分会副会长、海伦钢琴股份有限公司董事长）

经历2020年新冠疫情冲击后，乐器制造业在2021年逐步恢复，但是行业增速明显放缓。调研显示，受新冠疫情影响，终端消费需求趋向保守。后疫情时代，海伦钢琴的生产、销售以及艺术教育培训业务，仍面临一定程度的挑战。2021年，我国局部地区仍然受到新冠疫情的影响，各地政府积极配合做好新冠疫情的防控工作，在企业不断调整与运营下，海伦钢琴以及其他钢琴制造业的龙头企业逐步恢复到2019年的经营状态。

一、立足自有品牌，创新智能发展

品牌是企业的灵魂，是长远发展的硬实力。“海伦钢琴”用创始人的名字命名，体现了民族制造的底气，也是发展自主钢琴品牌的决心。公司不仅立足自有品牌“海伦”“文德隆”，还与百年捷克钢琴品牌“佩卓夫”“罗瑟”品牌，德国钢琴制造商贝希斯坦旗下“齐默曼”品牌以及“弗尔里希”优质钢琴品牌展开合作，谋求共赢。

海伦钢琴始终注重自主品牌的内核，不断提升产品质量，不断改进产品性能，着力开发新产品，夯实内实力。2021年，海伦推出臻品NU、尚品KU、名典CT、典藏X系列产品，以适应多元化市场消费需求。另外，在传统钢琴制造的基础上，继续拓展海伦智能钢琴项目，引入现代计算机和互联网技术，搭载智能硬件、静音系统、专用App，发展形成全新一代智能化钢琴。由智能钢琴延伸发展了“海伦智能钢琴教室”项目，旨在“让更多的孩子喜欢上乐器，让更多的孩子学得起乐器”，以智能化教育模式、多样化教学方法、趣味化教材搭建互动钢琴艺术教学平台，重视琴童音乐素养的培养，也为艺术教育培训提供了创新教学平台，受到市场青睐。

二、以钢琴为主线，多元辅助并行

公司立足传统制琴工艺，在产品结构拓宽延展上，结合中西方经典文化元素，推出了多款海伦品牌手工木吉他。同时，海伦品牌尤克里里、电爵士鼓产品也已成功推向市场，吸引大批年轻音乐爱好者的关注。

在钢琴制造与销售的基础上，海伦钢琴应用资源和人才优势，延伸发展艺术教育项目，两者相辅相成。艺术教育的发展得益于全民艺术氛围的培养与烘托，随着人民生活文化水平的提高，对于艺术素养和艺术文化的追求也会逐步提升。2021年，艺术教育行业虽然受到疫情和双减政策下带来的双重影响，但综合社会普遍对艺术文化的需求，经过短暂的调整，相信后续的行业发展仍将厚积薄发。

三、以“人”为本，优化人才政策

人才是推动企业发展的原动力，海伦总部所在的宁波市是人才外向型城市，除常规的企业人才激励机制与政策，企业在2021年将“住有所居”列入企业人才机制的范畴，极大地优化了人才政策。通过与政府的沟通协商，企业购得75套人才公寓，主要用于后续的人才安置政策，旨在更好地引进人才、留住人才、激励人才。

四、多渠道品牌推广，文化创新助力品牌建设发展

随着近年来电商平台的快速发展，钢琴等大件传统产品逐步顺应时代潮流，进驻天猫、京东、抖音、微信公众号等平台进行推广与销售。2021年，海伦官方抖音号粉丝量突破17万，全年发布视频作

品超过100个，活跃度进一步提升；海伦微信视频号立足业内人群，集中爆发增长，粉丝量已经突破3万；通过抖音、天猫等平台实现直播常态化。

同时，海伦钢琴每年都会通过钢琴大赛、音乐会、大师班等活动推动全国各地的音乐文化活动，探步钢琴等艺术文化的需求与发展。海伦钢琴已经连续主办四届音才奖国际钢琴邀请赛，赛事覆盖范围广，规模大，规格高，四届大赛累计有近15万人次选手参赛；2021年“建党百年海伦三十五载”音乐会大师班巡演累计37场，覆盖全国数十个主要城市；参与各地的音乐会等活动更是数不胜数。公司愿意继续为音乐文化事业做出积极的贡献，这也是每个钢琴企业应有的社会担当。

2022年，海伦钢琴将以“中国琴、中国心”为口号，以“成为全球一流的钢琴制造企业”为愿景，践行乐器行业高质量发展理念，进一步提升自身影响力，加强品牌辐射效应，推动钢琴行业健康持续发展。公司力求逐渐形成“传统钢琴生产与销售”“智能钢琴研发”“其他乐器类开发”“艺术教育”等多头并进的发展方向，将“制造”与“智造”有机结合，传统工艺与新兴技术的碰撞，必将奏响新时代乐章。未来的海伦钢琴，更会以匠人精神为引领，再创辉煌。让更多的中国人了解中国制造，让中国乐器走进千家万户。

科创增效　节能降耗　推动提琴制造环保升级

李　书

（中国乐器协会副理事长、江苏凤灵乐器集团董事长）

2021年，我们经历了新冠疫情的影响，经历了节能减排限电等不利因素，但我们全体员工在各级政府、协会的支持下，在公司各级领导的带领下，上下一心，团结协作，顽强进取，大力倡导“精、细、实、高、新”的管理理念，发扬求实创新的企业精神，真抓实干，顺利地完成了全年各项工作任务，提琴销售较2020年上浮11%，产量较2020年上涨15%。

一、坚持技改不停步，扩大生产创效益

为了降低能源消耗，扩大生产规模，促进生产长周期运行，公司坚持技改不停步，向技改要效益。2021年，公司前后投资500余万元，运用新技术、新设备、新材料、新工艺分别对提琴多个生产工序进行技术改造，全公司内部实施ERP、MES系统管理，引进机械臂、机械人等项目，既降低了能耗，又达到了增产和环保的目的。

2021年，公司共申请发明专利5项，实用新型专利10项，已授权实用专利5项，获得协会颁发的“2021年度中国乐器行业科技创新活动组织奖”“2021年度乐器行业科技十强企业”等称号，李晓晨总经理被评为2021年度乐器行业科技之星，科技创新成果显著。

二、节能减耗降成本，狠抓质量上台阶

2021年，全省倡导节能减排、限电限气，为克服困难，顺利完成全年生产任务，公司着力于节能减耗降成本，寻求新的经济增长点，从节约一方气、一度电、一滴水做起，加大现场管理的监督力度，严格管理，精心操作。同时，严格按照ISO质量管理体系要求，紧紧围绕“质量是企业的生命”这一主题，坚持每天对产品质量进行抽查，绝不让不合格产品流入市场，确保检验合格率100%。

三、注重企业文化建设，推动“三个文明”健康发展

企业的文化建设是企业发展的催化剂，更是企业健康发展的基础。2021年，公司将企业文化建设定格在增强企业的凝聚力和感召力上，把企业精神

作为员工完成生产经营目标任务的引领，继续深入、持久地在全公司范围内广泛开展了争创文明职工、文明班组等活动，广泛开展了多种形式的竞赛活动和创先争优活动。对外树立了良好的企业形象，对内极大地增强了企业凝聚力，鼓舞了员工的积极性、主动性和创造性，形成心齐、气顺、劲足的良好氛围。经过全公司上下一心齐努力，公司继续保持了江苏省、泰州市“文明单位”称号，公司质检部门获得泰兴市“文明班组”荣誉称号，1人获得泰兴市“文明员工”称号。

四、着眼未来，注重员工综合素质提高

2021年是行业“人才建设年”，在新经济背景下，企业要在市场竞争中生存和发展，必须拥有学习能力，建立学习型和创新型的员工队伍是企业人力资源开发的重要途径。2021年，公司根据年初制订的培训计划和各部门工作实际情况，认真组织开展了各项基础和素质培训，内容涉及生产管理、提琴制作工艺、质量和测量体系、企业文化建设等多个方面。通过培训，既提高了公司员工的综合素质，又实现了企业人力资源的不断增值。公司成立的“徐小峰高级琴室”，以纯手工制作高档提琴和提升提琴制作技艺为目标，不断优化产品技术标准，提高材料利用率，提升提琴音质和品质，获得市场的广泛认可。

五、狠抓安全不放松，重视环保求发展

安全生产和对环境的保护是公司得以生存发展的基础。在全年的工作中，我们始终牢记“安全责任重于泰山”，做到人员落实、制度落实、机构落实、责任落实、经费落实。坚持加强现场安全管理，及时发现、消除隐患；坚持加强员工安全、消防知识培训，开展安全生产月和事故应急救援预案演习，提高员工们的安全意识；坚持定期开展安全大检查以及日常巡查工作，及时整改区安全隐患，全年未发生一起安全事故。同时，加大了环保投入，购买环保设备，确保绿色生产。

风劲潮涌，自当扬帆起航；任重道远，更需策马扬鞭。2022年，我们将不断进行产业优化升级，以“提质增效”“科研创新”为目标，不断延伸拓展产业链，争取更上一个台阶！

深耕乐器制造　拓宽音乐市场
让音乐艺术芬芳华夏

吴天延

（中国乐器协会副理事长、钢琴分会副会长、柏斯音乐集团总裁）

2021年，柏斯音乐集团喜迎发展的第35年。这一年，柏斯音乐集团积极响应国家“中国制造2025”战略要求，以“智”能制造为契机，在乐器制造、音乐市场培育、音乐人才培育、音乐文化推广等领域，有付出，有奉献，也有收获。

一、深耕乐器制造，科技创新赋能高质量发展

2021年，柏斯音乐集团在武汉投资建设长江音乐文化产业园破土动工，项目集“国际乐器制造研学旅游基地”和“教育园区”于一体，为中国钢琴制造发展注入新的动力。同年3月，长江钢琴登上“第16届亚瑟·鲁宾斯坦国际钢琴大师赛”的舞台，又一次在国际赛场展现中国钢琴风姿。同年10月，长江钢琴被“第十三届中国音乐金钟奖”选为比赛用琴，留韵中国音乐艺术领域最高奖的赛场，民族品牌长江钢琴再创辉煌。

二、拓宽音乐市场，用高品质乐器满足市场需求

这一年，柏斯音乐集团顺应市场变局，做大做强钢琴产业，以产品创新赋能“双循环”，努力开辟内需与海外市场，助力行业加速恢复。2021年，柏斯音乐门店数量再创新高，中国香港、中国内地拥有近120家门店，完善的经销网络让柏斯音乐成为繁荣乐器市场的重要力量；这一年，柏斯音乐各大门店进一步丰富乐器品牌和品类，钢琴、管乐、弦乐、电声，长江、GROTRIAN高天、KAWAI、Wilh・Steinberg、Orange、Markbass，柏斯音乐集团用高品质乐器满足市场需求。

三、推广音乐文化，让古典音乐芬芳全国

2021年，在柏斯音乐集团35周年之际，更是参与举办众多文化项目和音乐活动，为繁荣音乐文化贡献了一己之力。与保利剧院合作的“柏斯音乐35周年——长江、高天钢琴艺术家保利院线巡演”，在全国15个城市拉开序幕；“漫步经典”金钟奖钢琴家沈璐独奏音乐会，在全国10座城市呈现古典艺术精品；2021年，柏斯音乐联袂长江钢琴艺术家徐洪、齐欢、沈璐、安天旭、白岩峰、吴羽翀、徐乾一、陈子希等，在多个城市举办演出，让古典音乐芬芳全国。

四、培育音乐人才，为学子成才搭桥竖梯

2021年，百场“长江钢琴非凡音乐课堂”贯彻全年，累计惠及学子百万余人次；柏斯音乐携手国内外名师举办“长江钢琴大师讲堂”，为音乐学子传达授业；“长江钢琴音乐奖学金”走进武汉音乐学院、四川音乐学院等全国几十所高等音乐院校，激励学子奋发进取；柏斯音乐参与举办“第三届李斯特国际青少年钢琴大赛”“白玉兰国际音乐节钢琴比赛”，为爱乐人士搭建展示舞台……2021年，柏斯音乐不忘初心，与爱乐者一路同行。

五、赢得行业赞誉，柏斯音乐在磨砺中收获

2021年，柏斯音乐集团栉风沐雨，在磨砺中收获。柏斯音乐集团旗下宜昌金宝乐器制造有限公司被中华全国总工会授予“全国五一劳动奖状”，被商务部、中央宣传部、财政部、文化和旅游部、国家广电总局五部委联合评选认定为“2021—2022年度国家文化出口重点企业”；柏斯琴行（中国）有限公司被中国乐器协会授予“2021年度乐器行业科技十强企业”“2021年中国轻工业联合会科学技术奖——科学技术进步奖”“2021年度中国乐器行业科技创新活动组织奖”等奖项。2021年，柏斯音乐集团因在践行企业社会责任方面的突出贡献，蝉联中国香港《镜报》“第九届杰出企业社会责任奖”，荣获中国香港社会企业研究院“社会关爱企业奖”。

展望2022年，柏斯音乐集团有更多期待与梦想！2022年，柏斯音乐集团将继续努力奋斗、继往开来，为实现所有美好而远大的目标不遗余力！让我们一起携手，一起向未来！

智能智造　环保节能　带动区域经济建设发展

刘运斌

（中国乐器协会副理事长、打击乐器专业委员会会长、天津津宝乐器有限公司总经理）

2021年不是寻常的一年，国内外疫情的阴霾仍没有消散，海运费一度上涨十倍以上、大宗原材料也上涨近两位数，进一步抬高了制造成本，对乐器制造业带来了巨大的压力。但是不惧困苦、迎难而上是乐器匠人的品质，穷且益坚、精益求精是乐器匠人的灵魂。2021年，津宝乐器公司在党和国家宏观经济政策

引领下，与中国乐器产业一道迎难而上，积极推动公司转型发展，1800名员工上下一心、共克时艰，在不平衡的一年仍取得了令人鼓舞的成绩。

2021年，公司总销售额4.53亿元，对比2020年销售增长了35%，缴纳税金2485.33万元，趋势整体向好。同时，公司通过了“国家级企业设计中心项目”评审，被工信部认定为“拟被认定的第五批国家级企业工业设计中心”，这是津宝获得的又一国家级荣誉。此外，公司还入选了“国家单项冠军产品培育企业”行列。

津宝人不是小富即安者、不是因循守旧者、不是畏首畏尾者，我们积极响应国家创新驱动发展的号召，时刻坚守着敢破敢立、敢闯敢试的创新精神。中国乐器制造产业发展的新一轮机遇，是建立在产品技术突破基础上的品牌创新与服务升级，这是激活市场的根本。

2021年，津宝在工艺改进和产品研发方面共投入1800余万元，主要用于高端装备的开发应用、信息化网络建设和ERP管理软件升级等智能制造重点项目；这一年，公司还完成了5款打击乐、9款铜管乐、两款木管乐等新产品的研发工作，获得了专利授权17项。在品牌建设方面，公司于2021年下半年与央视“品牌故事”栏目组合作拍摄了“津宝专题片”；津宝鼓教室、津宝打击乐俱乐部在全国逐步推进；津宝主办的“第六届津宝音乐节暨第五届行进大赛”“渠阳号角”美育实践课堂管乐展演等活动有序开展。

我们深知，津宝的快速发展离不开国家的发展大势、离不开音乐爱好者的支持，不辜负党和政府信任、回报社会是我们筑牢根基、持续发展的必然要求。2021年，公司投入安全生产和“水气声渣”等环境治理专项资金700余万元，绿色制造得到持续有效的贯彻与落实。向学校、社会团体、河南年中的洪涝受灾地区、贫困户等共捐款100余万元，员工福利支出200余万元，持续向社会传播津宝温度。

目标指引方向，目标凝聚力量。新的一年，我们仍要继续发扬不等不靠、创新拼搏的精神，同时间赛跑、与困难较量，争取完成总销售5.5亿元。2022年，我们将立足当前，围绕主营业务发展谋篇布局。一是以工艺提效为驱动，持续推进工装、模具、卡具升级改进工作以及专业人才引进；二是产品研发与升级持续发力，并加强新品的市场保护；三是积极参与行业共建，发挥乐器行业引领作用，充分借助乐器博览会、中国教育装备展等行业展会平台的影响力，做好津宝品牌的发布与宣传活动；四是落实安全生产和环境保护的责任担当，贯彻法规要求，按计划实施隐患排查及整改，营造良好的安全与环境管理的氛围；五是持续开展社会公益，坚持慈善投入，改善职工福利、丰富员工的文化生活，以津宝音乐节为载体，推动以乐器为主题的国内外文化交流，带动区域经济建设；六是加快启动津宝新工厂一期建设项目，建设目标瞄准世界乐器产业技术高点，以智能、科技、创新为规划主旨，以环保、节能、安全为实施理念，倾力打造国际领先的乐器制造产业基地。

2022年是“十四五”规划关键之年，是第二个百年目标开局之年，也是后疫情时代重回正轨、国际上弯道超车的重要一年，津宝乐器愿与乐器行业的同仁一起在挑战中发掘机遇，为国家发展进献绵薄之力。

数字转型　结构升级　打造高效智能供应链

陈学孔

（中国乐器协会副理事长、河北金音乐器集团、全国音乐教育服务联盟武强基地）

2020年初，新冠肺炎疫情肆虐，危及各国人民生命安全和身体健康，严重冲击世界经济。2021年，全球进入后疫情时代，疫情时起时伏，多点散发，且蔓延较长时间，对各方面产生深远影响。

一、国内消费持续向上

2021年，全球疫情形势严峻，后疫情余震不断，但国内疫情在点状反复中整体趋于平稳。内外要素的双重作用下，构建以国内大循环为主体、国内国际双循环相互促进的新发展格局，扩大内需，充分挖掘国内市场潜力，持续加大国内销售发展力度，成为河北金音乐器集团有限公司的必要举措和重要动力。后疫情时期，高涨的消费热情成为2021年我国乐器类产品零售快速增长的重要原因之一。

在新冠疫情的影响下，我国电子商务快速发展。电商直播、各大电商平台的营销新模式，促成国内乐器零售市场在线销量呈现明显增长趋势。随着年轻一代消费能力的崛起与消费观念的转变，“质价比”已逐渐取代“性价比”，成为消费决策的主导因素，而对乐器个性化独一无二的“排他性”需求，则正是品质消费观的一个代表。通过专属LOGO设计，金音集团将受众的个性化需求变为现实。整体来说，2021年我司乐器零售额大幅上涨，主要来自消费者后疫情时期高涨的消费热情的释放，带来的乐器领域“他经济”的新蓝海。

二、模式与技术的迭代速度加快

在环境加速变化与疫情催生危机意识的特殊时期，河北金音乐器集团有限公司走出舒适区，拥抱新技术、新渠道、新模式、新业态，谋求新的市场增长点，展现出更强的抗风险能力。

2021年，金音集团实现企业数字化转型，企业运营成本降低，企业运营效率提高，有效提升企业核心竞争力。同时，依靠技术进步促进产业升级，产业结构得到改善，产业素质与效率显著提高。在2020年现有数控机床的基础上，集团在2021年又大批进购新的CNC数控设备，并配套升级环保设备。产业结构由早前的普及入门型产品为主导，升级换代为中高端产品。整体工艺水平得到提高，技术把控标准同步提升，为消费者提供更优质的产品。通过生产要素的优化组合、技术水平和管理水平以及产品质量的提高，“创新、提质、增效、降耗”环保理念深入每一名金音人心中。

三、顺应高效、敏捷、智能的供应链

众所周知，全球供应链随着全球分工的逐步发展，跨国制造业企业在全球范围内优化资源配置，以大数据、人工智能、物联网等新技术融合发展为代表，为全球供应链的发展提供了新的动力。中国企业的供应链发展同样顺应时代，借助数字化和智能化技术，加速产业链、供应链的智能化转型。金音集团作为全球乐器品牌的生产基地，积极加大力度适应新时期的发展。

2022年，后疫情时代，旅游、社交以及自我素养提升或将成为消费的主旋律。据悉，已有国内民众开始规划新年的出游计划。无论是“诗和远方”，还是近郊绿地的野炊，与家人朋友的欢聚时间想必都将安排进中国人2022年的新年计划里，他们中的大多数人还表示将通过聚会、娱乐活动重新融入社区活动。金音集团所在地政府依据武强乐器之乡与年画之乡的特色，在2012年围绕金音集团所在周边，打造了周窝音乐小镇旅游特色区，在2022年或将迎来大批游客，带动当地文化产业发展。

2022年，生活方式的改变将继续影响后疫情时期零售市场，金音集团将利用各种互联网营销渠道，利用海外社交媒体，通过直播带货，建立直面消费者的渠道。通过账号矩阵，多个社交媒体App一起运营，每个平台多个账号进行品牌引流，沉淀用户，从而实现流量变现。同时，现在很多海外社媒平台与国内电商平台或者独立站平台有合作，金音集团会持续关注这方面的政策，选择最适合自己的新营销模式。

2022年，国货品牌“金音”“JY”会继续走到线下进入实体店面，“元宇宙”概念的融入将成为乐器行业新的发展趋势。在科技快速发展的今天，头部科技企业纷纷入局“元宇宙”，拉开了第三代互联网的序幕。在政策引领与新一代互联网原住民的助推之下，虚拟科技必将延展商业发展新空间，创造商业新机遇。这也对线下商业的运营管理提出了新的能力要求，金音集团会积极参与其中。

创新求变　精益生产　推动电声乐器行业新发展

顾冰峰

（中国乐器协会副理事长、电鸣分会会长、得理乐器（珠海）有限公司总经理）

2021年对于电声乐器行业来说是非常艰辛、喜忧参半的一年。得益于中国良好的疫情控制效果，电声乐器行业在国内销售方面，大部分企业的销售额都有较大幅度的增长，涨幅超过20%。海外销售方面，2021年第一季度延续2020年下半年订单暴增的趋势，第二季度开始回归疫情前的正常水平，但是受到货柜紧缺和集成电路缺货的影响，很多出口订单无法生产出货。

2021年，乐器企业面临的问题和挑战可以用“涨价”和“紧缺”两个关键词来概括。原材料大幅度涨价，钢材、铜、铝合金等金属材料上涨超过25%，硅胶原料、焊锡、磁性材料、PVC原料等的涨幅超过了100%。集成电路涨幅少则15%，多则翻了几番，涨价的同时还缺货，很多企业无法正常生产和出货。为了应对集成电路缺货，不少企业投入了大量研发资源更改设计，改用国产或其他品牌芯片。这些原材料和芯片价格的大幅度上涨，大大压缩了企业的经营利润。为了应对原材料价格的大幅上涨，很多企业被迫调整出货价和零售价来应对，或者与客户协商调整定价，共同承担涨价带来的压力。海外销售除了需要面对原材料价格上涨的压力，还受到海运价格大幅度上涨、人民币升值、通货膨胀、货柜紧缺等压力，增长乏力。

作为电声乐器行业龙头单位，得理集团2021年销售额同比增长近10%，其中国内销售额增长超过25%，基本达到疫情前的水平，海外销售增长趋于平稳。因原材料价格大幅涨价，整体利润反而略有下降。得益于得理拥有自主知识产权的核心集成电路，受集成电路缺货影响相对较小，同时还研发成功一款性价比超高的音源集成电路。2021年，得理高端电子琴、高端电钢琴、高端电子鼓、合成器销量大幅增长，市场价格水平已接近YAMAHA等知名品牌，这也体现出得理在研发创新和品牌建设方面的大手笔投入，已逐渐展现其创新价值。

展望2022年，疫情仍在肆虐，奥克密戎很可能还不是故事的终局，病毒可能还会继续更新迭代。由于欧美等国家的价值理念，疫情难以在短期内得到有效控制，经济一时难以恢复。全球性的通货膨胀是大概率事件，叠加疫情失控导致的失业率攀升，海外市场居民的消费能力和购买力普遍下降。国内市场，在党和政府的有力领导及全国人民的共同努力下，疫情会得到有效控制，这将继续给中国企业带来强大的竞争优势，从而获得大量的海外订单。

2021年，互联网突发裁员、房地产风声鹤唳、双减政策、创业者变卖资产、公务员薪资调整、普通人节衣缩食。经历过2021年的大调整，国家在2022年将会追求大盘的稳定，出台对中小企业有利的降税减费政策，在银行层面会有更多的支持措施，激活小微企业的活力。由于外贸对宏观经济的重大贡献，国家对外贸的支持将会继续加码，特别是对能通过提升技术将品牌打造为品类龙头的公司。在政府的干预下，原材料上涨趋势将得到抑制，价格逐渐趋于稳定。集成电路缺货状态依然会持续整年，但会逐渐得到缓解。教育行业的双减政策将持续发酵，理论上对乐器行业是利好消息。

综合各种因素，我们预测2022年国内电声乐器市场稳中有升，而海外欧美市场需求会有一定幅度下降，但不排除某些品类需求会上升，特别是创新产品。针对全球经济和政治环境的不确定性，乐器企业需要根据企业自身情况，提前做好布局。得理集团将在以下几个方面持续发力。

（1）创新求变：一方面，我们继续加强基础研究，并在核心集成电路方面加大投入，研发推出新一代核心集成电路。另一方面，在高端键盘和电子鼓领域研发和推出一批新产品，拓展市场需求。

（2）持续推进精益生产改造，进一步完善供应链质量，提升产品质量水平，为品牌建设打下扎实基础。

（3）品牌建设：我们将在新媒体方面加大投入，提升自有品牌的全球影响力。

2022年注定是不平凡的一年，大浪淘沙，我们相信经过行业同仁的共同努力，中国电声乐器行业必将会更上一层楼。

推动研发　优化布局　持续推进品牌建设

时建明

（中国乐器协会副理事长、手风琴专业委员会会长、江阴金杯安琪乐器有限公司董事长）

2021年是非常不平凡的一年，　它既是我国“十四五”的开局之年，又是全民抗击新冠肺炎经济发展取得举世瞩目成就的一年，也是江阴金杯安琪乐器有限公司化危为机，逆势而上，各项工作取得丰硕成果的一年。

过去的2020年，江阴金杯安琪乐器有限公司积极开展新工艺、新产品的研发，紧盯市场需求采用“抓两头，带中间”的经营策略，大力推动入门级别手风琴和高端手风琴的研发生产，优化市场布局和生产布局。生产、销售同比增长9.5%，利润同比增长10.6%，呈现良好发展趋势。

2021年年初，在地方政府的统一部署下，公司严格按照防疫工作的要求，做好疫情常态化防控工作，为公司新产品的研发、创新管理、正常生产提供了基础保障。

创新是企业发展不竭的源头动力。江阴金杯安琪乐器有限公司是我国手风琴行业的领军企业，一直以来致力于手风琴产品的创新与技术的研发。2021年公司紧盯市场需求，研发出多款适应市场需求的手风琴新品，C11-60自由低音手风琴，GH-1863巴扬琴、CH-5396贝斯穿键回声琴、CH-120贝斯穿键回声琴、C11-72贝斯自由低音手风琴、GH-5060烤漆系列手风琴等系列新品，深受到市场欢迎。作为江苏省援疆工程之一，2020年金杯乐器精心策划研制9个月，为新疆伊宁政府研发了“金杯之星”巨型手风琴。“金杯之星”巨型手风琴外观由黑、白、红、黄四色组成，其中风箱为红色，加以白色点缀，键钮为白色，7个黄色的变音器呈竖直排列。它在风箱闭合状态下，包含座高达3.06米，长2.4米，宽1.15米。打开时长度增加至2.8米。闭合状态下，琴高2.68米，长2.2米，宽1.15米。这架巨型手风琴在形制、结构上将普通传统手风琴放大了十几倍，可供数人同时进行表演，演奏者需要借助工具站在高处进行弹奏，其演奏功能与音响性能较传统手风琴并无区别，但巨大的键盘、贝斯、风箱、共鸣箱、变音器等结构更加清晰明了，人们能够更加直观地看到并了解手风琴的构造，增强了观赏性、可玩性。这台手风琴，它的设计与生产技术达到了手风琴行业前所未有的一个高度，增加了手风琴的艺术含量，合力打造出了具有影响力的文化新产品，形成了手风琴的实用性与艺术审美的完美统一。

2021年格兰德C11-72自由低音手风琴入选中国轻工联合会《升级和创新消费品指南》并由中国乐器协会推荐参加中国轻工业联合会“科技进步奖”，金杯安琪乐器有限公司获“2021年度中国乐器行业科技创新活动组织奖”，公司2021年共申报并获批国家专利16项。标准化建设进一步加强。继2020年由江阴金杯安琪乐器有限公司主持起草的《手风琴规格划分及命名方法》《手风琴零部件名称》两项行业标准由工信部颁布并开始实施后，2021年《手风琴通用技术条件》行业标准修订工作正在进行中，《自由低音手风琴》国家标准的申报已通过全国标准化技术委员会论证。

校企合作培养技术技能型人才工作结出硕果。继2017年江阴金杯安琪乐器有限公司与江苏省连云港艺术学校合作培养的首批“乐器修造（手风琴）方向专业”学生于2020年进入金杯乐器公司工作后，2021年公司与南京艺术学院强强联合，创立江阴市金杯乐器研究所，依托南京艺术学院的科研力量，校企合作加强手风琴研发，为我国由乐器生产大国向乐器生产强国的转变作出应有的贡献。

2022年，江阴金杯安琪乐器有限公司将继续坚持创新驱动的发展战略，在“两个大循环”的经济运行模式下，持续推进品牌建设，多出精品，不断满足广大人民群众对高品质文化生活的需求。

跨界融合　合作共赢　推进乐器“三进”工程

黄茂强

（中国乐器协会副理事长、琴行分会会长、四川盛音乐器有限公司董事长）

2021年，面对百年变局和后疫情时代的复杂局面，琴行业也迎来了极其严峻的考验。这一年，在中国乐器协会的正确领导和亲切关怀下，琴行业同仁统筹做好后疫情时代的行业发展工作，全面贯彻党的文化强国战略，为中国乐器行业交上了一份合格的“答卷”。

面对后疫情时代的不可控预期，以及国家“双减”政策的出台，中国琴行业可以说经历了炼狱般的考验和淬火，进入了成熟期，主要体现在：（1）琴行业主流近年来快速发展，中国乐器协会的行业导向性、发展规划及远景目标得到行业认同，并且越来越多的年轻从业者愿意参与其中，多数琴行从业者能和主流乐器制造厂家休戚与共；（2）琴行并非单纯销售乐器，而是与社会音乐教育跨界融合发展的观念成为主流。琴行间从早前“老死不相往来”的状况，逐步演变为“合作共存”“你中有我、我中有你”；（3）在严峻形势下，全国较具规模和有一定影响力的琴行通过各种措施得以存活并有一定发展，有专业音乐教育背景的青年琴行经理人通过实践洗礼逐渐成长起来。

2021年，作为中国乐器协会琴行分会一员，四川盛音乐器迎来创业的37周岁。面对疫情的反复、双减政策的影响，盛音乐器依托已有的经验和预判，采取如下举措：

（1）树立信心，凝聚团队，确立目标。针对客流量减少，主流客户群变化的情况，琴行加大新媒体推广力度和宣传密度，依托年轻员工对新事物的敏锐性，营销政策向他们倾斜，辅以精细化和人性化的店堂管理，由此充分调动年轻员工的积极性，促成引流而至的客户成交率提升，取得事半功倍的效果。

（2）重点提高音乐活动的频次，一手抓音乐比赛、艺术考级，一手抓各种形式的音乐会、大师课、音乐赏析课，有效提高客户与琴行的黏性。2021年，盛音乐器旗下4个音乐厅，全年组织中小型师生音乐会近百场，有2万多名琴童参与。国内、国际钢琴艺术家独奏音乐会、多钢琴音乐会、大师课10余场，如“以色列当代钢琴音乐会”“纪念李斯特诞生210周年音乐会”等。盛音乐器承办的“第12届肖邦青少年国际钢琴比赛”四川赛区报名参赛选手达上千人，“第十届施坦威国际青少年钢琴比赛”西南赛区报名选手达3000多人，关注人数达到25万。琴行组织的中国音乐学院社会艺术水平考级、四川音乐学院社会艺术水平考级，达到3000余人。

（3）坚持音乐、乐器进学校、进社区。2021年，盛音乐器与成都地区的教育部门、各类学校合作开展多项活动。如：2月底协办“四川省第16届中小学生优秀艺术人才大赛”；5月参加成都市各区义务段音乐教师乐器大赛评审工作；3月、9月分2期为中小学音乐教师及社会音乐教师举办中国乐器协会社会音乐教师培训并颁证，同时为社会音乐老师和艺培机构做英皇师资培训。在乐器进校园项目拓展中，盛音乐器成功协办“四川音乐学院庆祝建党100周年木笛专场音乐会”“四川音协木笛专场音乐会”和“管弦乐音乐会”，还在成都城市音乐厅举办了“童心向党”等系列少儿交响乐活动，先后为成都市各区中小学音乐教师进行了木笛专项教师培训，并与学校合作，开展了多场艺术夏令营，举办了百人交响乐演出，盛音乐器进驻的中小学管乐团和木笛团在省、市大赛中，多次获得一等奖的好成绩，有的还包揽了赛事前3名。

值得一提的是，2021年，盛音乐器同成都高新区石羊街道办、金房集团共同打造3000余平方米的高新区城南艺术街区落成。艺术街区集钢琴博览馆、西洋乐器博览馆、民族管弦乐器馆为一体，成为开放式的艺术综合场馆。街区功能涵盖乐器销售、艺术培训、音乐赏析、音乐演出、艺术博览、文化交流等，旨在尝试打造区域性的社会音乐教育平台。同年，盛音乐器还承办了成都高新区政府“蓉享城南”大型音乐艺术公益展演，天府新区兴隆湖儿童艺术中心开馆仪式，以及城南乐器街区新年音乐会，这些活动无疑有效提升了盛音乐器的品牌文化植入效果，扩大了盛音乐器的影响力，使企业从业人员深深感受到“乐器进社区、进学校、进家庭”的长远目标和深远意义。总体来说，2021年，四川盛音乐器累计举办各类音乐活动100多场，参与及关注人数逾40万。暖人的爱心旋律，或多或少给疫情中的成都人民带来信心和精神希望，帮助我们渡过难关，促成盛音乐器2021年销售收入同比增长30%的难得佳绩。

创新变革　服务升级　提升品牌口碑度、美誉度

朱文玉

（中国乐器协会副理事长、琴行分会副会长、
上海知音音乐文化股份有限公司董事长）

回首2021年，“后疫情时代”与“双减”是年度重要关键词，并将持续影响未来社会发展的方方面面。新冠疫情并没有离我们远去，防疫成常态，不确定性依然存在。前所未有的教育改革“双减”政策落地，我们共同见证了学科教育培训行业的迅速崛起与彻底陨落，但快速且复杂的市场变化对音乐教育乃至整个音乐产业链提出了更高的要求，对于知音文化来说是机遇，亦是挑战。

自1997年成立以来，始终在音乐行业深耕的知音文化即将迈入第25个年头，如何在保持品牌影响力、专业度与口碑美誉度的前提下探寻音乐市场增量？经历了一系列的探索，知音文化又一次超越自我。

一、加强人才建设，完善培训制度

市场变幻莫测、发展飞速，对人的适应变化以及时刻保持学习状态的要求越来越高，企业的发展离不开人才队伍建设。2021年，知音文化进一步完善培训制度，希望建立一套能够激发员工活力的培训机制。通过定期举办不同主题、形式、内容的培训，帮助员工快速成长，知音文化通过灌输“诚信坚韧、沟通担当、自驱高效、创新共赢”的企业价值观，增强员工对知音文化的认同感，激励工作积极性，提升员工凝聚力和团队协作力，希望每一个阶段的员工都能通过培训得到更好的发展。

二、绩效创新改革，管理撬动潜能

绩效是杠杆，是抓手，是指挥棒。绩效管理是战略，是趋势，更是发展导向。绩效的目的不是考核，而且组织绩效的改进和提高。2021年，知音文化进行了一系列的绩效改革，在现有的人员基础上，用绩效改革撬动潜能，激发新的活力。

通过更加科学的数据化管理与分析确定公司战

略，以绩效考核的方式让员工更加明确组织战略、工作方向、工作目标与工作重点，坚持以客户为中心，提高服务水平与质量，挖掘客户潜在需求，提高工作效率，撬动员工工作积极性，帮助员工成就事业、享受工作。

三、通过数据运营，推动企业发展

随着互联网、新媒体、大数据的迅速发展，过去的粗放式运营已难以适应当下市场。2021年，知音文化通过数据化运营、精细化管理，对目标客户群体进行追踪和画像，挖掘客户需求，差异化服务客户，优化服务体验，深挖客户潜力，最终实现数据驱动业务增长。

四、加强师资培训，提高教学能力

“双减”政策的颁布，令广大学生摆脱了过去单一的知识学习方式，学生有了更加充裕自由的学习成长空间，美育和艺术教育社会被赋予了更多的希望，通过美育补齐综合素质教育的短板，通过美育塑造适应国家发展、社会进步的时代新人。这对音乐教育者提出了更高的要求。学习音乐不仅仅是获得一门技能，还要在其间通过理念创新、课程创新等方式的拓展满足学习者的需求，提高学习者的综合素质。

知音文化拥有一支优秀的教师团队，团队坚持每周教学培训，定期考核老师的教学成果、演奏能力、沟通能力等，希望通过提高教学质量，让每一位学员都能热爱音乐，推动学习音乐的兴趣。

五、科技赋能教育，音乐记录人生

2021年，知音文化自主研发的辅助教学系统上线，配合卡通教学课件、示范演奏线上回课、教师点评辅导等功能的上线，极大提高了学员的练琴效率。科技赋能教育，如何通过互联网技术辅助教学，建立学员音乐学习兴趣，提升综合音乐素养，知音文化未来也将持续探索。

六、课程进校园，普及音乐文化

2021年，上海市教委通过搭建素质教育优质课程资源平台，甄选最优质的素质教育课程，为上海市义务教育阶段学校（含公民办小学、初中、九年一贯制学校）提供强有力的优质资源保障。历时两个月，经过专家评审团三轮筛选，知音艺校2门课程从702个机构（单位）申报的4821门教育课程中脱颖而出，成为首批上海市素质教育优质课程。

知音文化的课程能够得到市教委专家的认可，倍感荣幸。知音文化继续全力关注艺术素质教育的普及，协助义务教育阶段优质艺术素质教育资源的发展，提高少年儿童的音乐人文教育水平。

七、坚持音乐推广，提升品牌美誉

为了给客户提供更好的客户服务体验与学习空间，2021年，知音文化在上海、江苏地区先后拓展5家新门店。至此，知音文化在上海、江苏地区共拥有10座音乐厅，可用于举办各类音乐会、大师班、音乐沙龙、比赛等。

“扩大音乐人口，让音乐走进每个家庭”是知音文化一直以来所坚持的理念，知音文化希望每位音乐学习者都能通过舞台展现自我，获得掌声的同时更加热爱音乐。2021年，知音文化共计举办300余场不同形式的音乐活动，涉及人群包括幼儿、青少年、青年、中老年人，帮助上万个音乐学习者及家庭享受了音乐舞台的快乐。未来，知音文化也将举办更多样的音乐活动，为音乐学习者打造逐梦的舞台。通过音乐推广，知音文化的知名度、美誉度、口碑都在提升。

无论时代如何发展，面对市场的激烈竞争，只有不断提升自我，通过变革创新，提升核心竞争力，坚持为客户提供优质的服务、产品，不断适应和满足日益增长的音乐文化消费市场需求，坚持提升品牌口碑度、美誉度，才能在沉沉浮浮的市场变化中站稳脚跟，不断发展。

履践致远，逆势而上 为“双高”目标奋楫笃行

孙 强

（中国乐器协会副理事长、钢琴分会副会长、烟台博斯纳钢琴制造有限公司总裁）

充满挑战的2021年已经成为过往，满怀希望的2022年新春佳节即将来临。在这新年伊始、万象更新之际，烟台博斯纳钢琴制造有限公司衷心感谢长期以来关心、帮助博斯纳的中国乐器协会各位领导；衷心感谢国内外著名钢琴家、广大同仁、广大用户等社会各界对博斯纳的厚爱、支持，并致以崇高的敬意和新春的祝福！

过去的一年，是博斯纳上下同心、奋力拼搏的一年。面对着动荡不安的国际局势和新冠疫情的双重严重影响，面对着日益激烈的国内外市场竞争，在困难重重、压力巨大的情况下，烟台博斯纳钢琴制造有限公司勠力同心、履践致远，逆势而上。钢琴产量与销量稳步增加，钢琴质量稳步提高，公司发展稳中有进，持续向好。

2021年，迎来了中国共产党的百年华诞，我们礼赞党的伟大光荣，高歌党的丰功伟绩。

2021年，在迎来博斯纳钢琴问世150周年纪念庆典之际，公司特制了博斯纳钢琴问世150周年纪念典藏产品，其卓越出众的声学品质，灵敏舒适的键盘触感，大气高雅的外观造型，非凡的性价比，获得了国内外专家和广大用户的高度评价与认可。

烟台博斯纳凭借先进设计、精良技术制造的博斯纳钢琴，音质音色圆润厚重、优美动听、延音绵长，中低音浑厚雄壮、激昂有力，高音清澈悦耳、穿透力强；键盘触感舒适，操纵自如、得心应手；乐曲表现力层次丰富、风格多样，既能演奏古典音乐，又能表达爵士乐等现代音乐，受到了国内外众多钢琴演奏家、音乐教育家和广大钢琴爱好者的高度赞扬与青睐。

其中，博斯纳自主设计研发、精心制造的GBT217型演奏级大型三角钢琴，获得了国内外众多著名钢琴家的高度赞扬与喜爱，荣获“中国轻工业联合会科学技术进步奖”。

2021年，在疫情防控、环保消防、安全生产等各项工作中，博斯纳公司严格地执行国家规定，不断强化内部管理，加大投入改造，确保达标、规范。

烟台博斯纳始终坚持疫情防控常态化，筑牢防线不放松。不仅成立了新冠肺炎疫情防控领导小组，依法依规、完善机制、强化防控，而且责任到人、工作到岗，履职必严、失职必究。牢固树立环保、消防、安全第一的观念。公司继续强化、完善风险分级管控和隐患排查治理的双体系建设，狠抓特殊工种持证上岗工作，加强安全生产教育，加强职工对操作规程的学习和执行，强化和巩固职工的安全意识。定期检查厂区各车间的生产环境、防护用品使用，排查安全隐患，及时发现，及时整改，有效地防止和遏制了重特大安全生产事故的发生。

2021年，烟台博斯纳钢琴制造有限公司多次参与、助力社会各界的音乐公益活动，致力于音乐艺术的教育和推广，积极推动钢琴文化艺术事业的发展。

2021年，烟台博斯纳钢琴制造有限公司作为“中国乐器协会副理事长单位”，多名职工荣获中国乐器协会颁发的“中国乐器行业科技之星”，烟台市总工会颁发的“烟台市女职工建功立业标兵”等荣誉称号。

2022年，站在新的起点上，烟台博斯纳钢琴制造有限公司必将上下同心、务实笃行，继续秉持源自德国博斯纳钢琴的“独特的技术、优秀的品质、钜惠的价格”三大经久制胜法宝，持续增强技术基础，持续提升产品质量，以工匠之心精益求精，制造出更多更好的品质卓越、性价比高的博斯纳钢琴。为实现公司既定的“创建世界钢琴王国里的高端企业，制造世界钢琴行业里的高端产品”的“双高”目标而奋楫笃行，履践致远！

新技术 新工艺 推动乐器声学科技创新发展

张华君

（中国乐器协会常务理事、材料配件专业委员会副会长、川雅木业有限公司总裁）

2021年全球疫情依然肆虐，供应链脱节，物流成本持续攀升，原料价格不断上涨。在如此艰难的环境下，公司侧重抓了“资源保障”“明星产品”“品牌文化”工作，成功顶住了经营压力，实现了经济增长。

伴随全球木材资源日益减少，供应链压力显著增加，乐器行业越来越缺乏资源安全感，公司从2018年就开始布局全球资源保障战略；疫情的暴发必然会加剧资源紧张局面，于是我们提前做好了采购、储备应对安排，不仅顺利完成了2021年保供任务，还为2022年打好了库存基础。作为全球乐器优质资源供应源头，川雅扬州工厂大力实施原木保鲜储存技术，狠抓木材科学利用、严控加工成本，做到划好每一条线、锯好每一根原木、刨好每一块木皮，全年加工高等级原木近15000立方米，优级木皮300000平方米。在过去的日子里，川雅木业作为行业骨干木材资源和配件企业，在保证全行业用户获得持续、优质的材料和配件保障方面做出了难能可贵的贡献！

为顺应钢琴、吉他高端化发展需求，2021年，公司推出“明星产品计划”，着力发展高档实木音板产品，以及钢琴高端弦轴板、弦码三大明星产品；完成了一系列专业化设备技改投资和生产环境技术改造，有力推升公司的产品技术和性能全面达到甚至超过全球顶尖水平，真正能够用于制造顶级的先进钢琴。2021年，公司完成实木音板产量突破15000套，弦轴板、弦码达到5000台套。

“好声音才是好钢琴”，川雅木业牢记资源初心、音质使命，以“工匠之心”对待每一块木材、每一道工序、每一次检证。在对传统产品——钢琴音板产品的材料学和声学研究基础上，依托“全国声学木材研发基地”与有关院校合作，进而对钢琴共鸣体系（即码克/Stringback）的每一个零部件进行声学品质性能剖析和专项研究。在研究进程中，川雅木业越来越认识到钢琴的声学品质并不是由某一个单一部件所决定的，每一个部件不仅仅拥有自己独特的声学、力学、美学功用，以及与之相应的材料科学、工艺科学、环境科学等支撑；还需要和其他配件、构造、体系完美协同融合。

总之，完成一架钢琴必须做到设计完美、材料完美、工艺完美、零配件完美、总装结构集成完美等各方面的完美，最终才可能有完美声音。过去的几年，我们不断探索新技术、新工艺，做法上力求精益求精、止于至善，以每一个细节的进步来激励我们不断前行；面对未来，我们仍将一如既往地探索共鸣体的声学科技，只为造出“完美动听的共鸣体”。

在新的一年里，勤劳的川雅人将依旧不畏高难、继往开来，稳定木材供应，做好全行业的木材保供，并将“创新”工作作为新年的重点工作，探索新思路、应用新设备、开发新产品。在专注于乐器产品制作业务外，我们将更倾注于品牌文化的发展。2022年，“川雅博物馆”新馆将在园区内落成，新的“川雅博物馆”集收藏、展示、演艺、教育培训于一体，推广和弘扬音乐文化、建筑艺术、企业文化、品牌文化，促使其成为成都市“三城三都”建设的地标性建筑，乐器行业的品牌文化符号。

2022年已经到来，疫情还在肆虐，市场依然严峻，行业又将迎来新一轮的挑战与机遇，川雅木业将与行业的同仁们风雨与共，携手并进，砥砺前行！

乐动华夏　海纳百川　新时代工匠精神照亮未来

宋从甲

（中国乐器协会副理事长、民族乐器分会副会长、乐海乐器有限公司董事长）

2021年对乐海乐器来说是继往开来的一年。这一年乐海乐器完成了搬迁到新厂区后的产业升级，自动化加工中心、自动化喷涂车间、恒温恒湿库房、智能装配车间相继投入使用，传承匠艺和自动化设备互补将民族乐器制造推向了一个新的高度。乐海乐器成为我国北方最大的民族乐器产业基地。作为当地的民族乐器制造龙头企业，乐海肩负起企业的社会责任，在2021年肃宁县被评为“北方乐器之都”中发挥了中流砥柱的作用！

2021年乐海乐器内外发力，培育行业技术骨干，开发专用设备，传统和科技结合，以标准化、自动化、数据化贯穿产品生产制造全过程。公司在2021年投资建立了民族乐器行业首家专业“声学测试实验室”。同时通过持续举办扬琴、古筝、琵琶、阮、二胡等制作技能比赛及声学品质研讨会，吸收国内音乐学院、演奏团体教育、演奏专家需求和建议，内外结合，持续提升公司各类产品声学品质，推出符合市场需求的云和古筝、海铭蓝扬琴、海铭蓝琵琶、海之尊柳琴、板胡等几十款新品。2021年企业被授予第二批国家级消费品标准化试点项目，为肃宁县首家；中国乐器行业的“科技十强企业”“专利成果三等奖”“科技创新活动组织奖”；2021年度河北省“知名文化企业30强”；公司多名科技骨干也获得中国乐器行业“科技之星”等荣誉称号。科技创新是我们的使命！

面对疫情，百业维艰，乐海乐器以兼济天下的精神组织了广州、莫干山乐海论道会议，向全国经销商推出乐海琴坊、国乐进校园等项目支持及大力度产品回馈，全方位支持合作伙伴共克时艰，风雨中携手开启新征程，成效卓著，2021年产销逆势取得全面增长。

乐海乐器作为传统文化的传播者与弘扬者，一直致力于弘扬国家传统文化。双减政策下，国乐进校园再进一步，捐赠了很多民族乐器，全力支持中国民族管弦乐学会举办“扬帆五月”民乐系列活动；5月31日“乐海乐器/中国扬琴网——全国扬琴基础教育扶持计划”——湖南醴陵孙家湾镇龙虎中心小学项目启动仪式；6月，乐海“国乐进校园”肃宁县师资培训开班；捐助大凉山昭觉县艺术教育送基层。2021年12月17日，河南师范大学的“乐海奖学金”在河南师范大学盛大举行。

金戈铁马闻征鼓，只争朝夕启新程。展望2022，我们任重道远。2022年，让我们认认真真履行自己的职责，踏踏实实办好自己的事情，实实在在创造自己的业绩，实施好公司战略，在新的发展起点上阔步前进！乐海人将一如既往和乐器界朋友携手并进，朝着新的目标开启新的征程，乐海琴坊、乐海维修中心、乐海租赁中心、国乐进校园、乐海E播等项目共同发力，推动多元化突破。乐动华夏，海纳百川，誓做行业领军者，用新时代的工匠精神照亮未来，传承和弘扬民族文化，为促进我国文化事业的繁荣和发展发挥更大的力量。

攻关强“芯” 完善企管 谋求产业链新突破

范廷国

［中国乐器协会副理事长、电鸣乐器分会副会长、吟飞科技（江苏）有限公司总经理］

2021年，对吟飞科技来说，是充满压力与挑战、成长与收获的一年。面对国际、国内持续多点散发的新冠疫情态势，“防控”仍是全年的重点任务。

在疫情冲击和全球经济复苏缓慢进程中，原材料成本上涨、人工成本增加、物流贸易成本攀升，乐器产业发展下行压力依然严峻。作为行业骨干企业，以制造为主的吟飞科技如何攻克难关，逆势而为？这是2021年开局摆在眼前的困难。

为此，吟飞科技梳理自身发展实况，借机政策利好和行业导向，决定以科技创新为主导，以提质增效为目标，不断调整优化内部各部门的运作和产业发展升级，提升生产运营绩率和产品品质；持续推进国内国际双循环相互促进的发展格局，抓牢国际贸易产业发展机遇；以行业优势和成熟的核心技术沉淀寻求产业链延伸拓展和价值链跃升的突破点。

在“科创”的发展主导思维下，公司着眼研发、设计、生产等多环节，层层展开工作。对电鸣乐器产业来说，芯片是核心和灵魂，面对芯片短缺的大环境，公司继续加大研发投入，对产品芯片等核心部件进行持续创新研发，将科技充分融入音乐之中，研发新一代音源电路，目前与国际一线品牌达到同等水准的质量水平和声音表现能力。

在生产领域，号召员工“开动脑筋，自主动手研制”。一线员工凭借技能操作经验和多年的工作实践成果，动手改造各类自动/半自动工装制具，大大提升生产效率，改善工序操作和产品品质。工艺部不断创新优化工艺制程，节省成本。全年制成各类工装制具近1100个，优化提案近300个。

围绕提质增效的主导目标，公司不断完善管理制度，创新优化工作体系，继续高标准执行6S管理方针，清晰管理流程，以完备的工作体系牢抓品质，丰富品类，并根据市场消费端需求和节能降耗的政策号召，灵活调整生产计划和市场策略。根据生产现状制定了规避浪费的策略标准，并落实到生产环节各部门，改善和规整生产面貌与生产动作，并利用互联网思维策略精细作为，节省资源的同时实现了可持续的发展。

面对市场流通渠道变局和消费体多元化需求的现状，在市场层面，公司以消费需求和购买行为为导向，一方面，从产品入手，继续推进“三品”战略，提升品质，拓展多元化品类；另一方面，继续新品的开发投入和品质升级。让产品成为品牌文化和音乐文化的口碑。目前已完成新一代电子鼓品牌EFNOTE的多次产品升级，持续推出了EFNOTE3X、EFNOTE5X、EFNOTE7等电子鼓的型号；完善电钢琴的升级，并推出了中高端电钢琴PA-30等型号；进一步完善了音乐创编品类，推出PWM音乐数字模拟合成器。

在寻求产业链的延伸和价值链的突破上，公司借着“美育”教育和“双减”政策的利好，推进电子乐器产业与音乐文化、音乐教育的深度融合，继续着手品牌文化和器乐文化的创建，打通线上线下的推广宣传渠道，以吟飞赛事、线下/云端音乐会、专场演奏、发布会、师资培训等方式直观呈现器乐演奏，传播音乐文化，浸润品牌文化。持续推进线上各大自媒体平台和短视频平台在专业演奏、产品展示等方面的推广宣传，树立良好的品牌形象和企业形象。

2020年吟飞第七届国际电子管风琴大赛总决赛虽因疫情阻隔无缘线下举办，但吟飞伙伴们以线上的形式继续开展赛事，给予了参赛选手们一个圆满的答卷。由上海音乐学院管风琴与电子管风琴教授、吟飞艺术总监朱磊主导策划的“2021吟飞新年音乐会”，以高水准的演奏获得业界一致好评。“飞乐吧！童年”作为特色栏目面向广大音乐爱好者定期展开，历经一年的努力，栏目深入人心。“吟飞电子乐器新品发布会”更是抵抗疫情散发的困境，顺利开展。

公司以电子乐器为载体，在传播音乐文化的同时深耕音乐教育领域，聚合优质资源，融合发展。除专业演奏层面的活动，公司还牵手高校专业教师举办各类讲座。2021年上线的《ZhuLeiMusicAPP》汇集朱磊教授30多年的学术成果和教学成果，以“百科全书”式的内容为中国电子管风琴教育提供了全方位的基础建设与专业学术资源。

同时，公司系统地推出了《音乐家之友吟飞音乐教室》，涉及电子管风琴音乐教室、电子鼓音乐教室、智能电钢琴音乐教室多种类型，为B端客户深入音乐教育发展创造了良好的契机。

面对新一年的到来，行业提出“人才建设年”的发展规划。公司将秉承行业发展愿景，落实中高端技能人才的培育。内部继续加强选、育、用、留的人才选拔、培养标准，外部以全国电子管风琴师资培训为主导，分层级进行教师队伍的建设和专业人才的培育，继续寻求与各大高校的合作发展。

展望2022年，疫情总有云开雾散的一天，困难终究会被战胜。历经2021年的磨炼与突围，2022年的吟飞将会以更成熟、稳健的步伐前行！

强化芯片攻关　广纳科研贤才
推动自主品牌建设

赵　哲

（中国乐器协会副理事长、电鸣乐器分会副会长、蔚科电子科技有限公司董事长）

2021年，新冠疫情在国内时而反复，海外各国疫情也不断暴发，全球芯片供应链不畅、集成电路短缺等一系列因素导致电鸣乐器生产、研发、销售各环节都受到不同程度的影响。作为数字乐器设备研发制造商、销售商的蔚科科技，在复杂多变的形势下，坚持研发先行、持续推新，让技术、创新驱动品牌前行，深耕后疫情时代全球市场需求。2021年，公司年度营收同比超过20%。

面对芯片危机，我们深知，自主品牌的稳健前行，亟须用研发能力定义品牌高度，用自主技术支撑品牌未来。2021年，芯片危机爆发后，蔚科科技依然成功推出搭载自主TS/AC-HD白盒建模技术的第二代数字效果器NUXMG-30。产品一经问世，引发国内和海外吉他手的热烈讨论。真实的手感反馈，小巧的外观，高运算力芯片和高精度的ADDA转换器，使得NUXMG-30二代效果器拥有动态更佳、更清晰的声音。在YouTube、Bilibili等国内及海外视频平台，很多吉他用户都自发制作视频讨论和演示这款产品的优秀音色。同时，搭载TS/AC-HD技术的贝斯音箱MIHGTYBASS50BT也同样问世。

2021年，面对物料、人工、物流成本的增长，只有不断创新和提升产品的核心技术，创造客单价更高的产品，才能化解激增的成本。MG-30和2020年的MG-300效果器以及无线立体声吉他音箱MIGHTYAIR，都印证了蔚科科技品牌创新理念。拥有自主知识产权，单台零售价格在1000元和2000元级的吉他效果器和在全球范围每个型号几万台的销售佳绩，皆是技术创新驱动的市场成果，依靠技术提高品牌附加值，不断驱动蔚科科技的品牌文化建设向前迈进。不仅如此，无线耳返收发设备、胸麦、内置DSP算法的声卡等产品也将预备上市。继DM-7X全网面电子鼓之后，触感更真实、音色更清晰的旗舰级产品——DM-8全网面电子鼓也将于2022年全新亮相。

在研发投入与人才梯队建设范畴，蔚科全年研发投入占主营业务收入比重超过6%。随着产品线不断丰富，蔚科科技不断地网罗创新人才，全力扩大研发队伍，有序提升自主研发的深度、广度。在人才培育机制的构建方面，蔚科科技坚持梯队化培养，不断鼓励研发人员创新、发明、学习，除吸纳“金字塔尖”高精技术人才外，不断拓展艺术、生产、管理各环节人才梯队的建设与储备，并向“塔尖”不断输送人才，做到专业人做专业事，并为创新人才提供丰厚薪资保障体系，人才稳定性得到有效保障。品牌创建成果与市场销售佳绩反向激发人才梯队的从业成就感。

在品牌文化建设范畴，蔚科科技产品的应用场景从现场演出向着音频、录音制作等更专业的领域不断进阶。在艺人代言方面，除一直以来为旗下品牌代言的中国知名吉他手陈磊，鼓手张佳曦，鼓手陈曼青（中国台湾），音乐人潘高峰等以外，新增中国台湾的音乐制作人、F. I. R. 乐团键盘手陈建宁，SONY音乐旗下制作人、歌手光泽，以此向新的领域持续衍生蔚科旗下品牌文化和产品。

在活动创建方面，蔚科科技持续对idrummer中国鼓手大赛、第四届全国原声吉他大赛、吉他中国木吉他大赛等活动给予支持，在创造蔚科自主品牌市场热点的同时，也让参赛选手们有机会能使用到中国自主的乐器。

在海外营销渠道拓展范畴，蔚科更注重于有针对性行的品牌建设，要因地制宜，因人制宜，才能在不同国家收到不错的营销效果。例如，2021年初，印度尼西亚总代理希望在品牌宣传上得到公司扶持，蔚科在返利政策上和宣传经费上提供激励举措。印度尼西亚代理商将扶持经费全部投入当地的视频、平面等广告，最终年底蔚科旗下产品在印尼市场迎来数倍的涨幅。

2021年，疫情、芯片、国际局势给行业同仁留下些许遗憾，面对机遇与挑战，蔚科更加坚定走自主研发之路，努力突破技术壁垒不退缩。2021年，蔚科科技心怀感恩，感谢为了中国自主品牌能在世界的舞台上发声而努力的同行们，只有扬起自主技术之帆，才能真正在世界品牌大海里远航！愿2022年所有中国自主品牌越走越好，广大行业同仁团结一心，扬帆起航！

跨界联动　科创赋能　优化产业战略布局

张　琳

（中国乐器协会副理事长、电鸣分会副会长、武汉艾立卡电子有限公司总经理）

2021年，受新冠疫情影响，全球乐器经济跌宕起伏，以美国为首的经济体继续抑制中国外贸经济发展，促使国际经济环境明显趋紧，国内经济下行压力加大，进一步传导到供应链、产业链、创新链，使制造业压力持续加大。面对这种不利情况，艾立卡有效梳理科研攻关方向，加快研发步伐、着力进行软实力建设、创新文化营销方式，培育挖掘乐器潜在市场，有效降低疫情造成的负面影响。

首先，公司落实乐器行业技术路线图，组织采购和研发人员寻找芯片替代材料，进行再加工以及寻找声学木材的替代品等，对关键材料和零部件进行技术攻关，在产品工艺提升、新材料应用上取得了显著成效。

其次，落实产学研要素跨界联动。艾立卡积极与行业协会及政府主管部门沟通协调，推动企业构建以国内大循环为主体、国内国际双循环相互促进的新格局。积极推动中高端人才队伍建设步伐，完成职工技能培训23次。目前，公司20人取得初级职称，28人取得中级职称，15人取得高级职称。有力推进企业技能人才队伍建设，增强技能人才的职业荣誉感、自豪感。

在营销创新方面，艾立卡积极与艺术高校开展产、学、研、育合作，助力学校美育教育，同时将公司旗下培训学校作为湖北省大学生的实习基地，不断加强艾立卡品牌在用户心中的认知，为我国的音乐教育事业发展助一臂之力。

再次，以科技创新提升企业发展内动力。在科研创新层面，企业新增专利申请11项，获得计算机软件著作权8项，公司持有专利总数达到89项。在新品研发方面，艾立卡紧跟市场需求，加大爆款产品乐器生产与文化创意的深度融合，不断提高乐器产品的附加值，为公司增添了新的发展动能。2021年，企业新产品研发数量达到76个，其中有10余个产品获得客户高度认可，已大批量投产销售，市场反响良好。

在业内，公司积极参与产品标准的制修订工作，组织交流学习活动，对接行业技术发展路线图，强化科研项目体系建设。同时，艾立卡与教育产业紧密结合，组织师资培训、文化展演等，推动区域产业集群建设，助力乐器行业高质量转型升级。

2021年，艾立卡进行品牌创新，努力打造优秀乐器品牌，助力乐器制造业及相关产业的品牌培育，尤其是名牌的扩展效应。以“标配”“刚需”的目标定位，推动“乐器进校园、进家庭、进社区”的“三进”步伐。作为行业骨干企业，艾立卡积极参与工信部、商务部的“双品网购节”，加大在淘宝、1688、ebay、抖音等电商平台的销售力度。近几年，乐器电商为企业转型迎来全新的历史机遇。高端客户、大订单客户比例增加，国内区域市场一步一步拓展，新增订单量同比实现明显增长。

2022年，艾立卡将继续围绕主营业务做战略布局，乐器产业将继续加速产品结构调整，提高中高端产品的比重，在持续增强科技创新能力的前提下，加大艾立卡乐器音质、音色、材料声学和乐器外观形制的综合创新步伐。同时，将依托互联网、大数据、人工智能与乐器制造深度融合，以智能制造为发展方向，大力提升标准化、数字化、智能化水平，推动乐器生产流水线技术改造，提高精细化生产布局，努力在危机中育新机、于变局中开新局，推动企业高质量发展的步伐，让世界听见中国乐器的好声音！

科技互联　在线教育　深挖吉他消费市场

黄志康

（中国乐器协会副理事长、吉他专业委员会副会长、广东声凯乐器有限公司总经理）

在过去的2021年，国内外新冠疫情的持续散发，由内到外，从原料、生产、人工、物流到贸易，都给乐器行业带来了较大的发展阻碍。而与此同时，“双减”政策的发布，给教育行业带来了极大的冲击，但对于音乐教育却是一个新的契机。对于乐器行业的经营者而言，如何在困局中突破以及抓住机遇，是一个重大的难题。

这一年，广东声凯乐器有限公司以深度融合“乐器+教育+互联网技术”的创新模式，通过音乐窝App赋能音乐教育，拓展了乐器产业生态，创造了更高的价值。

在2021年5月，音乐窝通过已布局的互联网科技平台——音乐窝App，发布了全新的3.0版本，致力于打造全新的课后练习平台，亦是音乐学员的“良师益友”。音乐窝App在功能上结合音乐的特性，研发了全新的多人直播及在线1V1陪练的学习方式，为琴行老师提供了更有趣、更便捷的课堂形式及课堂互动方式；其次，全面打通了音乐窝App和微信小程序，连接线上线下，优化课前、课中、课后全场景的音乐“教”&“学”体验，用户可以通过手机及平板端在App或微信小程序进行学习练习，将有趣的精彩课程内容分享给好友；除此以外，还升级了全新的门店管理系统，将音乐窝App、教学端App及微信小程序连接，将循序渐进教学、轻松备课、高效授课、趣味互动、拓展学习各个环节相融合，形成立体循环教学生态，以蜂窝式的布局管理及服务，帮助门店更清晰地了解店铺运营情况及每个学员的学习情况。

在音乐教学内容上，音乐窝对教学内容进行了2.0版本的全新优化，根据不同阶段目标优化教学内容及标准化的教学课件，针对不同学员采用个性化的教学方式，更精细地构建从趣味启蒙到专业系统化渐进式的“教”+“学”体系，让音乐教学更专业化、系统化、标准化，让课堂教学场景化。结合教学内容及教材配套制作丰富有趣的教辅工具，通过老师课堂教学指导及游戏互动，全面启发学员的想象力、激发兴趣及创作力；进一步将电声乐队教程与其他课程体系相融合，通过组合演奏实践，提高学员的音乐学习兴趣、团队协作及表演能力。此外，音乐窝联合毕赫宸、梁剑飞、孙浩家、兰海鹏等优秀音乐人及教研团队，创作了从入门基本功到大师级演出技巧的丰富课程内容及丰富的曲谱库内容，通过高质量的示范讲解跟练视频、伴奏音频及乐谱，跟着老师一起练，沉浸式地学习体验，让音乐学习不枯燥。

在品牌发展上，基于音乐窝与长城乐器良好的战略合作关系，双方结合乐器及教学共同制作了《电吉他初级教学》课程；音乐窝与Positive Grid也达成了合作，联合出品了《布鲁斯吉他入门攻略》，共同赋予乐器更高的价值，同时给乐器消费者带来更全面的服务及消费体验。此外，音乐窝入选为广东省首批产教融合型企业，将产业与教育深度合作，为院校提高人才培养质量，为企业定向精准培养人才、储备优秀就业人才，同时向线下连锁体验中心及乐器教育同行输送优秀专业人才。

这一年，音乐窝持续开拓了更多连锁式的体验中心，为音乐爱好者提供优质的音乐教学体验及舒适、轻松的音乐学习环境及氛围。音乐窝基于“普及音乐、启发思维、培养审美”的核心理念，致力于逐步将音乐教育生活化、普及化，传递正确的理念，培养孩子的感性思维、兴趣及创作力、审美，构建全民音乐生活。

此外，音乐窝联合各大品牌合作方举办了第二届江建民经典翻弹大赛，受到了20多万乐器弹奏爱好者们的热情关注及参与。在疫情之下，该活动仍能为音乐爱好者们提供才艺展示的平台，同时也提供了极佳的情绪舒展出口。

2022年，广东声凯乐器有限公司旗下音乐窝将开启全新的产品战略模式，进一步精细化打磨教学产品，联合外联平台共同融合，从师资、校企与技术层面进行多方融合，深化科技结合，拓展更多融合乐器及教育融合的产品线，全面健全体系，与平台形成良好的闭环，为乐器产业树立良好的产教融合的典范。

内降库存　外拓渠道　用行动力创造品牌力

秦　川

（中国乐器协会常务理事、琴行分会副会长、河北秦川文体乐器有限公司董事长）

国际争端、疫情反复及政策调整，“黑天鹅”羽翼一经挥动，飞扬而起的不仅是时代变革的新尘，还有落在每一个行业、组织和个人身上的焦虑。对抗焦虑最好的办法，就是用具体的行动拨清迷雾。2021年，面对纷繁复杂的市场形势，秦川乐器积极突围，坚定走好每一步，用行动力创造品牌力。

在乐器销售版块，实施“内降库存，外拓渠道”策略。2021年秦川乐器通过制订有效的营销计划，全力降存回现，通过点对点专项降低库存，最大限度地降低经营风险，使公司资源配置更具合理性、持续性。同时，积极拓展外部渠道。在巩固河北省投标销售的同时也辐射西北与华东，并达成与5家客户的合作开发。

在艺术教育版块，优化教学产品和教学模式。完成四个专业五个阶段标准化课程研发。同时部署线极履行社会职责，义务进行学员安置，累计安置学员超2000人，协助课消240万。

在文化传播版块，积极践行社会公益，推广音乐文化。在“6·21国际乐器演奏日”“中国共产党建党一百周年”“国庆72周年”等主题背景下组织多场社区和商圈演出，丰富市民精神文化生活的同时，进一步繁荣了河北省的音乐文化事业，助力音教行业的高质量发展。

由时代的不确定性可知，2022年依然是机遇与挑战并存的一年。但我们坚信，有业界同人的守望相助，有广大爱乐人的支持和信赖，我们一定能够在动荡变化的环境中，找到解决方案，开创佳绩。踔厉奋发赴新程、笃行不怠向未来！

科技赋能　移动互联　谱写数字音乐教育新篇章

程建铜

（中国乐器协会副理事长、罗兰数字音乐教育集团董事长）

回望硕果累累的2021年，罗兰数字音乐教育凭借自身过硬的科技创新力量和强大的品牌实力，收获了许多荣誉和认可，开启了广泛的跨行业合作。为普及数字音乐教育，提高全国音乐教师综合教学水平，加强素质教育技能人才队伍建设，罗兰数字音乐教育与国家开放大学培训中心正式达成了战略合作，开启“数字音乐教育”职业技能师资培训项目。第一期培训已于10月份圆满落幕，内容涉及乐器演奏与授课技能、基本乐科培训（音乐基础知识）、儿童教育心理学等相关内容。学员通过线上直播及软件交互的创新型培训方式进行学习，体验到了先进的数字音乐教学模式，努力提升个人专业素养、拓宽职业发展道路。未来，双方还将通过深层次、全方位的战略合作，为国家培养更多高素质数字音乐教育技术技能型人才，为经济社会的发展作出更大贡献，共同谱写我国数字音乐教育产业新篇章。

除此之外，罗兰数字音乐教育凭借在数字音乐教育领域的技术创新实力和知识产权战略保护意识，被认定为“北京市知识产权试点单位”，并获得北京市知识产权局颁发的知识产权试点单位证书。同时，罗兰数字音乐教育还成为了中国教育装备行业协会会员单位。特别值得一提的是，罗兰数字音乐教育凭借在数字音乐教育领域的持续创新能力和高市场认可度，成功入选北京市“专精特新”企业。“专精特新”是国家为鼓励企业实现专业化运营、精细化产出、特色化工艺和新颖化产品4项发展而专门设立的荣誉奖项。该奖项从企业经营收入、营业利润、研发投入、创新能力、市场占用率、知识产权等维度，对企业进行全方位评估和专业审查。此项荣誉，是权威部门对罗兰数字音乐教育专业化、精细化、特色化、新颖化的认可，也是对罗兰教育长期在乐器、音乐教育领域不断探索和创新能力的又一次肯定。

回顾充满变数的2021年，疫情常态化下的乐器教育行业迎来了新一轮发展机遇。伴随着数字化教育的普及与深入，罗兰数字音乐教育在音乐教育智能化领域持续深耕，针对疫情防控期间教育业面临的再次停摆难题，着力打造科技赋能的全新产品。由于乐器演奏动态范围大、音频频率分布较广，传统的直播平台无法将音乐与乐器声音完美还原，罗兰数字音乐教育以疫情防控期间的“实战”摸索经验为基础，结合罗兰教育先进的自主研发技术，攻克了一个个难题，研发出“VIP音乐教练”智能音乐教育云平台。罗兰数字音乐教育“VIP音乐教练”智能音乐教育云平台，线上直播授课教学，以稳定、高质量的线上课堂直播系统和大数据评测系统为支撑，还原给学员们一个熟悉的学习环境，教学质量不打折，全面帮助学员学习音乐、日常练习，让宝贝在家上课更安心，让家长对宝贝的音乐学习之路更放心。在AI技术的辅助下，在线直播音乐课可支持多人的小班，不仅能够实时判断音准、节奏等问题，课后的大数据分析还能帮助老师指导后续的练习过程，让孩子能够更为高效地学、练。同时，VIP音乐教练还完美解决了疫情防控期间琴行、音乐培训机构线下停课的难题，在帮助节能降耗、提质增效等方面提供很大支持。

点滴星光，汇聚星河。2022年的钟声已经敲响，新的一年，罗兰数字音乐教育将信心满怀，激情奋斗，全力开启2022年的美好新征程。

商学互动　以赏兴业　全力做好乐器服务保障

刘为明

（中国乐器协会琴行分会副会长兼秘书长、钢琴调律师分会副会长、浙江天目琴行有限公司董事长）

2020年，风华变成追忆。2021年，在新冠肺炎疫情的反复影响下，全球一直陷于前所未见的巨大危机。从2020年至2021年，在这不平凡的时光里，天目琴行一直坚持迎难而上、主动作为，全力以赴稳增长、谋发展。

2021年，凭借优秀的品牌影响力，天目琴行荣获“中国乐器协会钢琴调律师分会副会长单位”“杭州市音乐家协会副主席单位”“浙江省音乐家协会钢琴调律分会会长单位”“浙江省二胡专业委员会副会长单位”“杭州市书法家协会副秘书长单位”“最具人气琴行网络评选大赛”和2021年大众评选网金口碑榜等荣誉称号。

这两年来，疫情一直在反复，天目琴行充分履行社会责任，发挥优势，服务大局，积极防疫防控，全力做好乐器售前售后服务保障。为保障广大客户利益，积极提供定期维保、期限延长服务；与厂家联合共同开展“合作共赢、共创精彩”活动，为音乐爱好人士提供好服务工作；继续为艺考生们免费提供录制场地及原装进口三角钢琴，暖心助力“疫”考。

时至今日，即将步入30岁的天目琴行始终秉承“以商养学、以学促商、以赏兴业”的经营理念，不遗余力地促进杭城音乐教育事业的发展。2021年，天目琴行推出长期音乐公益场地免费项目，引进多种方式活动，备受广大音乐爱好者好评。2021年，在特殊的疫情防控情况下，天目琴行也一直致力于音乐文化事业的推广，积极开展普及各类音乐艺术活动，引入国学经典讲座，弘扬中华传统文化教育。

2021年，企业成功召开线上“浙江省音乐家协会钢琴调律分会理事扩大会议”，线下召开“浙江省音乐家协会二胡专业委员会会员代表大会”；举办了“孙韵博士钢琴研修课”，为广大的音乐学员们带来了独家宝贵的教学理念，赋予学员们对钢琴艺术深入的理解与感悟，践行自我的艺术人生；承办“王玉玲老师从艺60周年，从教40周年学生音乐会”，感谢老师的无私奉献，师生情满人间；主办了“梦泉音画琴汇——致敬李叔同”活动，达到音乐与绘画的完美融合。同时，天目琴行积坚持音乐走入社区，培养社区居民审美情趣，助推社区精神文明建设发展。组建的校室内乐团积极参加各类弦乐交流活动及比赛，进一步促进了中外音乐文化事业的交流与传播。

2021年是我们党的百年华诞，而2022年是谋篇布局向未来的一年，任务会非常艰巨。但是“在危机中育新机、于变局中开新局”，这就是我们要去做的。前方也许是很坎坷，但为了未来的旅程，为了目标，要不懈努力！

强化设备升级　捕捉市场动脉　拓展延伸产业链

张立根

（中国乐器协会西管乐器专业委员会副会长、全国乐器标准化技术委员会委员、河北华声乐器制造有限公司总经理）

2021年，华声乐器困难并欣慰着。国际商业大环境和国内疫情多点散发的现状，对华声的生产运营、产品销售确实产生了一定程度的制约作用。好在全国上下一盘棋，勠力同心，勇战疫情，大向稳定，民心得以安定，充分体现出共产党领导下的制度优势给人民带来的福祉。

发展是常态，不发展就被历史淘汰。问渠那得清如许，为有源头活水来。华声乐器制造有限公司作为建厂50多年的乐器生产企业，与时俱进，时刻注意提高创新意识，加大产业化升级的广度和力度。只有这样，才能永葆活力，为社会生产出更多更好的产品。

2021年，华声乐器陆续购进先进数控设备10余台，投入技改资金300多万元，加强充实硬件力量，为提质增效作好基础保证，使企业原有的定型成品标准化、规范化、统一化。同时，针对不同客户的特殊要求，企业特事特办，灵活安排生产，努力做到人性化，为此，也受到广大海内外客户的青睐与好评。

基于老设备的更新、旧工艺的升级改进，企业技术研发部、生产部的骨干人员定期碰头交流研讨，及时发现问题，及时捕捉市场动脉，迅速做出反应，使研发瞄准市场，生产紧跟研发，及时对市场做出回应，快速形成生产力，得以使产品最快投入市场。

要生存，要发展，就必须打响自己的品牌。最近，华声乐器通过了世界知识产权——马德里国际商标认证，“华声”牌成为河北华声乐器制造有限公司的唯一权威性标识；华声乐器是中国乐器协会常务理事单位；被评为乐器行业50强企业，并通过河北省B级研发机构认证；同时又被评为河北省高新技术企业称号，河北省纳税信用A级企业。众所周知，在底蕴和实力的支持下，品牌的外溢效应是巨大和深远的。

根深才能叶茂。作为“华声”牌乐器的专业生产厂家，主要生产铜管乐器、木管乐器、行进乐器、儿童乐器四大系列，百余品种及各种配件，产品远销北美、欧洲、非洲、东南亚等国际市场。推进对外贸易的同时，我们持续加大力度，深耕国内市场，与本土乐器培训机构“联姻”，借力遍布全国的销售网络，进一步拓展产业链，使“华声”牌乐器进课堂，进休闲广场。在2021年疫情多点散发的严峻形势下，获得了比较好的经济增长和社会效益，为我们的文化产业尽了应有的责任和义务。

展望2022年，在全体员工的积极努力下，坚守文化自信，奋力开拓进取，引进和培养高素质人才，培育新的增长点，紧抓质量这个“牛鼻子”，兼顾内外双循环，打造出我们乐器产业灿烂辉煌的明天！

工匠铸魂　传承非遗　走在民族乐器制作前沿

张礼东

（中国乐器协会民族乐器分会副会长、苏州民族乐器一厂有限公司总经理）

2021年在疫情影响没有完全消除的情况下，我们依然满怀信心，不懈怠，不畏惧，迎难而上，不断调整产品结构和优化人员结构，大胆走出去拓展市场，先后参加了广州乐器展和北京乐器展等线下展览，宣传企业品牌，结交新老客户，加强拓展市场力度，扩大品牌影响力，始终保持企业昂扬向上的奋斗精神。实现了产销增长30%的目标。

苏州民族乐器制作有着悠久的历史，其技艺之精湛，蜚声中外。要保持这一传统优势的唯一做法，就是要始终不忘做好技艺传承，不断培养乐器制作工匠，我们的口号是“用培养艺术家的方式，培养乐器制作人”，努力使他们成为未来的乐器制作工匠。

充分利用现有资源，扩大品牌影响力，积极做好弘扬中华传统文化，传承非遗技艺。对此，我司先后参加了文旅部非遗司和上海文旅局组织举办的“百年百艺，薪火相传”中国传统工艺展，中国工艺美术协会与苏州工艺美术协会联合举办的“苏艺”杯工艺美术精品展。国家非遗传承人封明君及其弟子的作品（二胡、琵琶、箜篌）参加了展出，展现苏州民族乐器制作技艺的成果。

2021年，我司积极参与政府推进的文化工程。比如在西安秦腔博物馆建设中，我司提供了53件乐器；为助力扬州大运河博物馆建设，我司提供了58件乐器。企业自己的民族乐器博物馆也继续做好对公众开放的工作，全年接待访客5万余人次。并以此为依托，与社区合作开展民族乐器传习工作，充分利用企业资源，为辖区中小学生、社区居民举办各类民族音乐欣赏会、音乐讲座，普及音乐知识，收到了很好的效果。

在新品研发方面，企业在已建立产品研发、制作中心的基础上，积极开展产品创新、技艺提升工作。2021年，我司产品研发制作中心还荣获了由苏州市工信局和文旅局颁发的“苏工苏作品牌企业（工作室）”匾牌。开展的各项工作获得了政府的认可，并得到了政府的大力支持。

2021年我司提交了专利申请10余项，这为企业创新发展提供了有力的保障。

2022年，苏州民族乐器一厂有限公司还将继续不断提升自我创新能力，不断拓展市场，继续培养乐器研发制作人才，让企业始终走在中国民族乐器制作的前沿。

产品升级　拓展电商　让世界聆听奇美好声音

张　敏

（中国乐器协会口琴专业委员会副会长、江苏奇美乐器有限公司总经理）

2021年，国内疫情形势明显好转，在疫情防控常态化管理下，各行各业都慢慢恢复到正常状态，企业也迎来了勃勃生机。2021年，恰逢建党百年华诞，奇美公司在中国乐器协会的指导下，在靖江市党委和政府的大力支持下，企业持续高质量发展，走稳走好每一步，2021年圆满地实现了销售破亿、同比大幅增长的新成绩。

2021年，奇美注重新产品的创新与开发，加强品牌联袂合作，推陈出新，以产品创新、质量创新、管理创新、品牌创新为出发点，加快自动化设备改造升级。其中，2021年技改投入较2020年增长15%以上，促使公司产品创新步伐大幅提升，大大提高了产品质量、产量，打造了多款竖笛、口风琴、口琴新品，成为江苏省消费者点赞的乐器产品，增强了产品在国内外市场的竞争力。

同时，奇美公司响应泰州市政府标准国际化创新型城市建设的号召，积极推动专利融合标准创新，获评泰州市专利标准融合创新企业，提升奇美的核心竞争力。公司强化品牌意识，提升质量效益，做精做细主导产品，做强做优特色产业，奇美牌口风琴通过市监局和第三方认证，获评2021年度“泰州品质”认证评价项目产品。

奇美公司始终坚持以“专精特新”为方向，专注于产品细分市场、强化创新，把竖笛、口琴、口风琴打造成口琴行业“单打冠军”，使得奇美公司成为管理精细、专业化强、市场占有率高、掌握关键核心技术的科技企业排头兵，获评2021年度泰州市科技小巨人企业。目前，奇美正在积极申报江苏省专精特新产品和小巨人计划，以科技创新引领企业发展。

2021年，在电子商务快速发展的同时，与实体经济紧密结合，成为奇美销售途径的一道重要保障。公司加大了电子商务的推广力度，除与原有淘宝、天猫、京东、拼多多等网络销售平台合作，同时拓宽与多元化、潮流化的抖音、快手、今日头条等直播平台合作，进行直播带货，促使品牌传播速度更快，销售途径更广。奇美联合上海国光口琴厂以及社会人士，在网络平台举办公益性的口琴培训比赛和云端演奏，推广宣传了品牌，又为防疫做出了自己的一点贡献。

2021年是奇美公司疫情恢复后的第一年，却是收获满满的一年，奇美公司被江苏省文化和旅游厅复核评定为“江苏省文化产业示范基地”，基地的“乐器出口设备和模具自动化升级改造项目”获评“国家文化出口重点项目”，这也是奇美公司重点打造的科技文化类结合项目。除此之外，奇美公司荣获江苏省守合同重信用企业、江苏省优秀劳动关系和谐企业、泰州市十佳劳动关系和谐企业等多项荣誉，同时依旧保持了在竖笛、口琴、口风琴行业开票销售第一的佳绩。

展望2022年，公司将紧紧围绕高质量发展为中心，依托技改投入、智能制造、数字化升级改造、校企合作、人才引进等，提升员工幸福感和归属感。以精耕细作提升产品品质，携手共赢，梦想起航。让我们牢记使命，不忘初心，跟随党和政府的脚步，让世界聆听奇美好声音！

激发动能　以人为本　推动产品结构转换升级

张绪斌

（中国乐器协会理事、烟台金斯波格钢琴有限公司总经理）

回顾2021年，新冠疫情持续在全球蔓延，打乱了人们的正常生活，企业生产经营受阻。在中国乐器协会的引导及合作伙伴的共同努力下，抗击疫情，稳定生产，以强化管理、技术创新、加强质量控制等举措化解原料、人工、物流成本增长等困难。企业通过品牌推广、拓展市场、调整产品结构、节能降耗等措施，应对当前整体经济低迷等复杂多变的市场环境，取得了可喜的佳绩。

过去的一年对于金斯波格钢琴来说是极具挑战的一年。在企业管理上，我们提出向管理要效益，开展节能降耗、清洁生产等活动，顺利完成公司新旧动能的转换；在人才培养上，我们始终秉承“以人为本”的企业文化理念，招纳高水平人员，不断加强人才的培养；在设备引进上，公司的除尘系统和环保处理系统完全符合最新的安全环保要求，配备全套键盘、击弦机、音源数控加工设备，半成品生产过程采用恒温恒湿设备，有效地保证了产品的精确性和高质量的产品品质，年内获实用新型专利6项、外观设计专利2项。

为实现企业产品结构的转型升级，我公司将产品进行合理分级，创新推出KS、KH、KW系列产品，丰富产品结构，以K系列精品钢琴为制造目标，采用数控化、自动化的最新设备，结合传统的德国工艺，传承德国钢琴设计大师的设计精髓，有效提高产品制造工艺精度，学习施坦威百年钢琴制造经验，保留高技能人才手工工艺技术，如手工弦槌整音、击弦机零件手工组装、传统自然干燥的色木陈木选材工艺等；同时生产高档系列钢琴，满足各阶层的学习、演奏需要，丰富产品品种。

2021年对于金斯波格来说也是钢琴质量、品牌飞跃发展的一年。在科技创新上，金斯波格进一步对新型击弦机碳纤维轴衬进行的实验研究及钢琴装配定位模具研制，推进成果转化的落地举措与成功经验分享，使产品质量较以往有更大提升。在品牌宣传方面，金斯波格2021年邀请钢琴家在全国多个城市组织师资培训，扩大品牌的知名度和影响力。

同时我们积极与国内外多所知名院校合作，举办音乐会、艺术沙龙等形式的宣传活动，拓展乐器消费群体和潜在需求。

2022年正值协会在行业中提出以“人才建设年”工作为统领的创新年，公司将在人才培养上扎实推进，培养中高端技能人才，在员工中树立工匠精神，提升企业核心竞争力，为企业可持续发展夯实基础。

当前，新冠肺炎疫情防控工作又进入关键时期，金斯波格致力在继续做好科学防控的同时，有序做好企业经营生产工作。让我们携起手来，积极进取，金斯波格继续秉承“质量求生存、诚信待客户”的经营理念，以更加饱满的热情、更加科学的理念、更加务实的态度，继续谱写金斯波格发展的新篇章，继续创新当代金斯波格“有色彩的音色”钢琴品牌。

精细营销　创意时尚
构建“三位一体”品牌战略

陈莲琴

（中国乐器协会常务理事、杭州嘉德威钢琴有限公司总经理）

回望2021年，全球仍然受到新冠疫情的影响，原料、人工、物流成本不断增长，节能降耗、提质增效已然成为各个企业刻不容缓的议题。而嘉德威钢琴早在多年以前就已经全新布局整个产业链，除了发挥嘉德威钢琴传统优势，继续研发高端标杆产品以外，着重加强了品牌宣传与营销策略。除了传统的门户网站、百度推广等，更是增加了多个赛道的推广，如抖音、小红书、B站等年轻人关注的新媒体平台。在品牌文化输出方面，嘉德威钢琴一直秉持“用温情陪伴孩子成长”的理念。2021年，嘉德威钢琴共举办了大大小小音乐会20多场，当然也少不了每年的重头戏——新品发布会，以及再次成功举办了全国网络钢琴大赛。同时，为避免疫情带来的不利影响，嘉德威也将各类活动搬到了线上，网络绘画比赛、网络写作比赛、网络才艺大赛等活动层出不穷。在营销策略方面，嘉德威钢琴精准细分化市场格局，从而开辟出更多的市场空间，整合众多跨界资源，打破了钢琴销售的传统模式，也为钢琴市场带来了更多的可能性。

过去的一年里，嘉德威钢琴在研发创新方面又有新的突破，同时嘉德威钢琴品牌也越来越成熟，凭借一流的时尚设计与领先的创意，成为引领业内潮流的风向标。众所周知，嘉德威作为致力于向世界高端钢琴进军的品牌，所设计的每一款钢琴都蕴含着丰富的情感以及浓厚的品牌印记。在嘉德威钢琴新款GF系列中，音乐之声钢琴用极简诠释最纯粹的音乐，充满艺术感的几何线条，高贵而不失典雅；未来之星钢琴将童真完美演绎在钢琴之上，每一个孩童都该拥有属于自己的嘉德威钢琴；更有世界名画系列钢琴日出印象、睡莲，以及小天使经典复刻钢琴等满满创意之作，还有海德堡钢琴伊丽莎白钢琴、孔雀女王钢琴、天鹅之恋钢琴、国泰郁金香钢琴等，每一架钢琴都凝聚着嘉德威多年来的文化沉淀与情感。

在生产研发方面，嘉德威钢琴一直高度重视产品的材料、设计、加工等环节，在制作工艺与技术上堪称一流。采用了德国原装Abel击弦槌，德国原装Roslau琴弦，搭配俄罗斯进口鱼鳞松等厚音板，每个细微之处都经过了精致的处理。确保了音色的饱满纯美，共鸣效果的震撼以及难以超越的弹奏舒适感，这也是嘉德威钢琴得到众多音乐爱好者、钢琴大师、专家教授共同认可的原因。

凭借着前瞻性与大局观，嘉德威钢琴公司在特殊时期业绩依旧保持着稳步增长，跑赢了市场，也为整个钢琴行业带来了更多信心，未来嘉德威钢琴还将继续寻找更多新的突破口。

嘉德威钢琴作为“有理想的、有人文情怀的、有温度的、有品位的、精致的、创新的”钢琴品牌，秉持着“诚实正直、求实创新”的核心价值观，使得嘉德威钢琴始终围绕用户需求为导向，针对广大的消费者群体，嘉德威钢琴一直倡导人文情怀，为消费者提供舒适美好、高品质的购琴体验。在收获成功的同时不忘初心，为消费者们提供更优质的服务。在如今数字化经济的大背景下，更是利用智能化大数据等方式分析客户需求，不断完善钢琴的技术与品质，将嘉德威的专注与温情带给每一位热爱音乐的人。

目前，嘉德威钢琴已通过ISO 9001国际质量管理体系认证以及ISO 14000环境体系认证。嘉德威钢琴是《钢琴》《钢琴弦轴板》国家标准制定单位，同时也是NAMM国际音乐制品协会会员，中国乐器协会常务理事。作为一家专业制造高端钢琴的现代化钢琴企业，嘉德威钢琴采用全世界先进的专业化数控全自动设备，打造的钢琴不仅拥有卓越的音效表现，灵敏的键盘数据控制及高度严谨的击弦机技术，加上长年的演奏测试，早已使嘉德威成为钢琴中的经典代表。在国际市场上，嘉德威钢琴也是遥遥领先，打造的产品远销美国、德国、英国、冰岛、西班牙等60余个国家。公司围绕全球化品牌发展战略，整合上下游资源，建立了一条以钢琴为核心的产业价值链，销售网络遍布世界每一个角落。

2022年，嘉德威钢琴将以崭新的姿态迎接新的挑战和机遇，掌握核心竞争力，建立战略思维、业务思维和用户思维三位一体的品牌战略发展观，打造全新变革下的嘉德威钢琴品牌形象，以领先技术、完美质量和优质服务，不断满足广大消费者对美好音乐的向往。

老字号复兴　构建长三角一体化品牌战略

金文英

（上海施特劳斯钢琴有限公司董事长）

2021年对于施特劳斯来说，是挑战与希望并存的一年，也是公司茁壮成长、品牌焕发新生的一年。面对不容乐观的市场环境，我们依然取得了可喜的成绩，线下经销商新增52%，线上销售渠道不断拓展，实现了2021年销量大幅提升，销售额同比2020年增长51.5%，净利润亦同比增长。这是全体施特劳斯人共同努力的成果。回顾2021年，施特劳斯在品牌文化建设、产业延伸拓展、产品科研创新、人才建设培育等方面硕果累累。

2021年施特劳斯加强品牌文化建设，大力传播中国钢琴文化，展示百年品牌历史；用心打造音乐艺术金名片，服务百姓文化生活。施特劳斯长达126年的品牌发展历程与民族钢琴工业历史密不可分。5月，施特劳斯钢琴文化展示中心启动开放，从此为公众提供了一个充分展示中国钢琴制造文化和民族钢琴品牌历史的平台，展示中心自启动以来，前来参观的游客络绎不绝。不仅如此，我们在展示中心举办了多次钢琴文化体验活动，以多样的形式，新颖的创意、丰富的趣味，向公众展示了中国人自主研发制造钢琴的历史和成就，给大众带来积极的、正面的、深远的影响。

2021年，施特劳斯全力以赴支持全国各地的音乐艺术场馆和活动，先后助力惠州市“吉他与流行钢琴”音乐会、2021中国大运河国际钢琴艺术节、金山滨海嘉年华、复星艺术中心公共教育项目等，并入驻保利上海城市剧院。施特劳斯用最赤诚的心意让热爱音乐的人们感受到了音乐艺术带给生活的正能量，为满足人民群众日益增长的文化需求贡献着自己的力量。

在新时代产业转型升级的大背景下，2021年施特劳斯积极推动产业拓展，在深耕传统钢琴产品领域的基础上，拓展现有产业的深度和广度，并且就前瞻性着眼于未来，为布局产业延伸奠定基础。

2021年，施特劳斯发挥创新思维与科研能力，加大科技投入和技术研发力度。通过科研创新，施特劳斯研发生产中心研制出6款新型电钢，将于2022年全面上市。新款电钢为施特劳斯拓展了产品品类，更广泛地覆盖了市场的不同需求面，标志着施特劳斯积极拓展产业的广度和深度，开始进入更细分的领域。

2021年，施特劳斯致力于普及音乐艺术教育，并在音乐教育领域中崭露头角、蓄势待发。一年之内，施特劳斯向全国各地院校大量输出高品质的教学用琴，施特劳斯教学琴使用区域已覆盖整个长三角地区；倾力支持了各大音乐教育活动，例如金鸽平“钢琴名师训练班”、西岸美术馆“未来·传统”音乐新媒体大师班等。施特劳斯的这一系列举措在音乐教育界获得了高度的认可与好评，更是强化了企业、学校、音乐培训机构等各界的优势资源跨界融合，为推动“乐器+教育”业务板块协同发展、达成产业新生态的有机融合、实现未来产业延伸与转型升级等打下了坚实的基础。

2021年，施特劳斯在“人才建设”方面也是用心经营、孜孜不倦。为发扬施特劳斯老字号工匠精神，保障并提高售后服务质量，提升企业核心竞争力，2021年，施特劳斯建立了“特约售后服务技师认证”体系，从此每年举行一次调律师培训与考核，源源不断地培育专业的售后服务技师人才，不断规范和提高售后服务技术人员素质。6月，施特劳斯钢琴“2021年特约售后服务技师认证”圆满举行；8月，上海乐器鉴定所（上钢）鉴定站隆重成立；10月，“2021年度第二批钢琴调律师职业等级考核”工作顺利进行。

2021年是全新的施特劳斯公司成立的第二年，也是沪浙两地依托国家长三角一体化战略建立品牌合作的第二年，施特劳斯全面实现了长三角优势资源整合，成为跨区域联动、跨市场联合、跨品牌“联姻”，实现“1+1>2”赶超发展的鲜活案例。施特劳斯在长三角一体化发展跨区域合作实践中获取了成功经验，成为“老字号复兴”的典范，在社会各界引起了热烈的反响，各大主流媒体纷纷聚焦施特劳斯。解放日报、文汇报、新民晚报、上海市人民政府官方网站、中国新闻网、新华网、人民网、东方网、浙江日报、中国乐器杂志、上海人民广播电台FM 89.9《长三角热线》等节目争相报道施特劳斯近况。今后，施特劳斯也将不负众望，沪浙两地团队将继续各司其职，各尽其责，积极探索两地更高质量的一体化发展道路。

未来之路任重而道远，施特劳斯将不忘初心、牢记使命，以资源整合、产品创新、市场拓展、管理提升为抓手，砥砺前行、继往开来，为创造“中国风格、中国气派、中国特色”的民族品牌——施特劳斯钢琴而奋斗，为民族钢琴业的发展贡献自己最大的力量！

传承与颠覆　探索永不设限
创建线上+线下一体化运营体系

方　阳

（德国博兰斯勒集团中国区总裁）

2021年是大环境受疫情影响的第二年，许多地区、城市相继受到疫情的冲击，但相比2020年，博兰斯勒集团包括线下经销商们对大环境中各种突发状况的应对经验愈发成熟。早在6年前，我曾做过“展望中国钢琴行业未来的预测猜想”，许多预测也在逐步“兑现”，尤其是关于什么样的钢琴公司可以生存等问题的解答已照进现实。在疫情对经济大环境的影响之下，大部分客户对非刚需产品的消费必然会更加趋于理性。在过去的2021年中，博兰斯勒钢琴的年销售量继续稳步增长，其中集团的顶级品牌——博兰斯勒原装钢琴的销售量更是逆流而上，有大幅度的飞升。由此看出，品牌、品质和服务始终是企业得以立足且长盛不衰的根本。

在企业文化与品牌文化方面，博兰斯勒集团内部不断突出强调“传承与颠覆——探索永不设限”及“合作共赢”的价值观。这其实也是169年以来博兰斯勒一直秉承的信念，更是在这个大环境之下，我们想给所有员工、经销商传递的。

作为一个拥有169年历史的大品牌的一员，我们有幸能站在“巨人”的肩膀上，看得更多、更远一些。也正是因为看得更远，我们清楚地知道，只有不满足于现状、脚踏实地、不断坚持探索、在传承的基础上不断地打破常规、寻求颠覆，才能屹立长久！

在这样的价值观的驱动下，集团的所有相关团队都将“探索”“创新”贯彻在各方面。譬如在产品研发方面，集团的技术团队在过去一年取得了多项制造专利，同时河北分公司获得了河北省高新技术企业的嘉奖。一直以来，技术创新都是博兰斯勒的企业核心价值观，用优质的产品和精湛的技术为客户提供更加细致的服务，同时助推行业的发展。在品牌的文化推广方面，2021年我们成功举办了两个大赛——第二届德国隆尼施国际钢琴大赛和第七届德国欧米勒（青岛）国际钢琴公开赛。第二届德国隆尼施（衡水）国际钢琴大赛总决赛也是疫情之后在中国举行的首个选手于线下演奏、全国际评委进行评分的专业赛事。本次比赛首开先河地为比赛开通了国际评审团专属直播间，在现场准备了5G网络和专业收音、摄影设备，对选手们的演奏进行专业的收音及直播，所有收音设备和摄影机位都以固定位置、相同标准呈现，让位于波兰、美国、英国、意大利、日本的五大赛事评委会主席、本次的专业组评委成员们可以通过这个有着非常高质量音效和画面的专业评审直播间对选手的现场演奏进行打分，并通过交互会议软件进行评委会商讨沟通。而在7月举行的第七届德国欧米勒（青岛）国际钢琴公开赛总决赛中，除了在人数上继续领跑，集团更是以六大亮点开创先河，包括使用专门设计的电子打分计分系统取代传统手工打分与统分、对所有赛场在多平台同时进行了全程专业直播、运用高科技技术助力闭幕盛典等。

作为家族品牌的成员，这个传承两个世纪的家族企业的荣誉感、责任感和品牌文化也时刻在影响着我们、乃至整个经销商团队。譬如在品牌的区域维护方面，在公司的倡导和品牌荣誉感、责任感、品牌文化的影响之下，博兰斯勒经销商团队的氛围更像一个团结友爱的大家庭，大家不仅仅热衷于彼此之间的交流与分享，更能携手共进、一同致力于维护一个健康、有序的市场。在我们的内网中，常可以看到各地经销商自动将其他区域的客户推荐给相应地区的经销商。大家都努力地成为“让时光见证伟大”这一博兰斯勒传奇的见证者、创造者！

2021年，我们的线上销售模块也在不断地尝试与完善之中。当然钢琴作为一个具有个性化体验性质的产品，在目前的发展阶段，线下的实体体验依然是非常重要的。集团对线上渠道的定位更多为产品的推广、对线下销售的辅助。因此，集团制定了一系列的针对性策略，目前来看已经初见成效，众多经销商都是其中的受益者。在经销制度方面，集团根据企业发展阶段进行了创新性的调整。新的一年，博兰斯勒集团将基于对市场、客户的分析，构建一个多样化的“线上+线下”的一体化运营体系，创新商业模式，全方位地满足用户的购买和体验需求。

产品创新　杯赛造势　有序提升品牌美誉度

李炯国

（赛乐尔三益乐器（上海）有限公司董事长）

过去的2021年，是极其不平凡的一年，也是团结奋进、极具挑战的一年——新冠疫情不间断地突袭而至和多地暴发聚集性感染的严峻形势，对乐器行业乃至全球经济的发展都造成了极大的影响。面对一系列的新情况、新变化、新挑战，赛乐尔三益乐器始终与各地经销商、合作伙伴、老师以及社会各界朋友们一起同甘共苦、不畏艰难、勇于开辟创新地一路前行。

2021年，赛乐尔三益乐器研发了多款新品钢琴：在赛乐尔（SEILER）钢琴原有系列产品的基础上，为了更好地满足专业人士的音乐需求，赛乐尔三益乐器综合演奏性能、琴键触感、工艺选材等方面的综合考虑，推出了多款新品，赛乐尔、三益、普拉姆伯格、伯恩斯坦等在2022年都有新型号上市。

在品牌宣传方面，举办了一系列线上、线下的活动：积极与国内多所知名院校、经销商、老师、机构等合作，成功举办了第四届“言子杯”赛乐尔·三益青少年钢琴大赛全国各地分赛选拔；携手钢琴名家与优秀的钢琴老师组织了各项专题讲座课堂；在全国各地举办了多场钢琴音乐会，也助阵了各地经销商2022新年音乐会并多次参与社会各界的音乐公益活动，与多所院校签订奖学金项目，为在校学习音乐的学生实现梦想。

2022年，赛乐尔三益乐器还将迎来第四届“言子杯”赛乐尔·三益青少年钢琴大赛总决赛的巅峰对决、赛乐尔三益明星老师（艺术家）招募、师资培训、巡回音乐会、大师讲座等形式的线下音乐系列活动；也将举办更多的线上活动，为爱好音乐的朋友们打造出更多的音乐学习交流平台，积极推广音乐文化事业，不断挖掘和培育优秀音乐人才，为中国乃至世界音乐文化的传承与发展贡献更多的力量。

在即将到来的2022年里，赛乐尔三益乐器将继续秉承“品质第一，客户至上”的经营理念，也将更加注重门店、品牌、服务、创新及技术开发，积极拓宽发展领域，为广大客户提供更优质的产品，提供更舒心的服务；还将根据市场需求、行业发展方向和趋势，举办更多的线上、线下活动以及更加注重网络平台的推广力度，来扩大品牌在当地乃至全球的影响力，以便更好地扩大市场占有率、提高品牌知名度和提升品牌美誉度。

着眼未来　前瞻布局　打造“腔调”艺术殿堂

位　炜

（施坦威钢琴亚太区副总裁及中国区总裁）

2021年是施坦威继续深耕中国市场的一年。3月21日，“施坦威浦东旗舰店”在上海陆家嘴隆重启幕，标志着世界顶级钢琴制造商施坦威（Steinway & Sons）推动中国钢琴艺术发展的不变初心，迈出拓展华东市场版图的关键一步。

“施坦威浦东旗舰店”坐落于上海市浦东新区即墨路11号，地处陆家嘴滨江金融城，兼具优雅和摩登的风格意蕴与视觉呈现，打造富有“腔调”的艺术殿堂；旨在服务于浦东新区的同时，辐射上海乃至华东地区的钢琴艺术市场。

“施坦威浦东旗舰店”的建筑设计别具匠心，尽显施坦威品牌魅力。这别具艺术气韵的一隅占地近450平方米，分上下两层，透过明亮的临街落地窗可一探典雅的艺术世界。一楼为钢琴展示和销售区域，步入店内便能看到施坦威及其家族系列钢琴，包括波士顿钢琴、郎朗钢琴、艾塞克斯钢琴。SPIRIO专区还展出了施坦威百年来最重要的产品创新——SPIRIO r新悦钢琴演奏及录音版，能够精确捕捉现场演奏的每一个细节，并进行高解析度录制及回放，以前所未有的精准度重现艺术家的现场演奏效果。

施坦威着眼于未来，注重的是前瞻性的布局。因为品牌建设并非一朝一夕之功，需要持之以恒的打造，也需要长期的品牌推广、宣传和体验。因此，“施坦威浦东旗舰店”的成立，也彰显了施坦威持续耕耘中国市场、开拓华东业务版图的决心和信心。

此外，施坦威在产品方面也不断创新，2021年推出“施坦威焕彩系列”，在经典施坦威钢琴中，加入了一抹明亮的色彩。梦幻的粉色、深邃的蓝色、绚烂的红色，一经上市便受到市场追捧，而这一表现在中国市场尤为突出。

为庆祝上海交响乐团成立140周年，推出“施坦威-上海交响”限量版钢琴。钢琴的主体部分由珍贵的桑托斯红木制成，顶盖一侧是典雅内敛的黑色乌金桑托斯红木，背面一侧则另有乾坤，以上交“音乐点亮城市”的主视觉为设计灵感，桑托斯红木原有的深褐色木材呈现出光线照射时的渐变效果，从顶盖中心宝石般的深褐逐步过渡到周边的寂静黑色，营造了钢琴在舞台聚光灯下的高光时刻，同时寓意140年前，上交在历史聚光灯下诞生的那一刻。键盘盖右下角上海交响乐团的金色Logo彰显出此款钢琴的独一无二。钢琴的镂空谱架勾勒出了上交音乐厅建筑的轮廓线，钢琴内壳还装有一枚标示着“施坦威——庆祝上海交响乐团成立140周年限量版钢琴”的铜质铭牌，于细节处体现全球限量款钢琴的非凡品质。

年度评选

中乐协〔2021〕58号

关于“科技创新年”工作的表彰决定

2021年，在中国轻工业联合会党委领导下，中国乐器协会积极组织和推荐会员企业申报中国轻工业“十三五”科技创新先进集体、2021年度《升级和创新消费品指南》、中国轻工业工业设计中心等评选活动。部分会员企业荣获了相关奖项，协会予以通报表彰。同时，协会对2021年度在“科技创新年”组织、专利成果和乐器行业科技十强评选等方面取得优异成绩的单位给予表彰（名单详见附件）。

希望受表彰的单位和个人，再接再厉、再创佳绩，并希望各会员企业和广大科技工作者认真学习先进经验，锐意进取、开拓创新，为实现乐器行业高质量发展做出更大贡献。

附件

1. 中国轻工业“十三五”科技创新先进集体等相关表彰名单
2. 2021年度中国乐器行业科技十强企业等相关表彰名单

中国乐器协会

2021年11月10日

附件1

中国轻工业“十三五”科技创新先进集体等相关表彰名单

一、中国轻工业“十三五”科技创新先进集体

广州珠江钢琴集团股份有限公司
吟飞科技（江苏）有限公司
上海民族乐器一厂有限公司

二、中国轻工业“十三五”科技创新先进个人

肖　巍　广州珠江钢琴集团股份有限公司
范廷国　吟飞科技（江苏）有限公司
张光中　得理电子（上海）有限公司

三、中国轻工业工业设计中心

广州珠江钢琴集团股份有限公司设计中心
吟飞科技（江苏）有限公司设计中心
上海民族乐器一厂有限公司设计中心

四、“十三五”全国轻工业标准化工作先进集体

全国乐器标准化技术委员会

五、2021年度《升级和创新消费品指南 轻工（第八批）》入选产品

（一）升级消费品

均和二胡　乐海乐器有限公司
24孔单孔单音口琴　江苏天鹅乐器有限公司
V03数码钢琴　广州珠江艾茉森数码乐器股份有限公司
IQ-200数码钢琴　广州珠江艾茉森数码乐器股份有限公司

（二）创新消费品

AMPERO系列产品效果器　长沙幻音电子科技有限公司

Mighty Air便携蓝牙吉他音箱　深圳市蔚科电子科技开发有限公司
格兰德GHZ-5072自由低音手风琴　江阴金杯安琪乐器有限公司
智能电子管风琴　吟飞科技（江苏）有限公司
音卓尔乐伴智能陪练机（TS系列）　北京乐界乐科技有限公司
未来之星C-1型立式钢琴　北京星海钢琴集团有限公司

六、2021年中国轻工业联合会科学技术奖入选项目

（一）科学技术进步类

沉浸式音乐体感技术　吟飞科技（江苏）有限公司
基于物理建模技术的数字合成效果器　深圳市蔚科电子科技开发有限公司
恺撒堡KX系列钢琴的开发　广州珠江恺撒堡钢琴有限公司
民族低音拉弦乐器研制与开发　上海民族乐器一厂有限公司
“70周年献礼系列”钢琴的研制　北京星海钢琴集团有限公司
智能教学钢琴及钢琴教学方法　广州珠江艾茉森数码乐器股份有限公司
一种无需分弦永不偏弦的弦枕筋　海伦钢琴股份有限公司
一种使用CD光碟在自动演奏钢琴上进行演奏的方法　宜昌金宝乐器制造有限公司
音卓尔乐器健康全产业链智能化服务平台　北京乐界乐科技有限公司
AI古筝教辅系统　扬州金韵乐器御工坊有限公司
格兰德GHZ-5072自由低音手风琴　江阴金杯安琪乐器有限公司
一种24孔单排单音口琴　江苏天鹅乐器有限公司
一种自动缠线机　宁波北仑乐器配件公司
SWT智慧钢琴教室　重庆斯威特钢琴有限公司
基于复合动态电路建模技术的低延迟数字音频处理技术　长沙幻音电子科技有限公司

（二）技术发明类

新型复合材料在手风琴的应用　天津华韵乐器有限公司
一种钢琴音源构建的制造方法　福州和声钢琴有限公司
立式钢琴外壳多色图案的加工工艺　海伦钢琴股份有限公司
一种铜管乐器活塞及其制造方法　河北金音乐器集团有限公司

七、全国轻工业优秀质量管理小组

广州珠江钢琴集团股份有限公司“挑战者QC小组”和“工匠人QC小组”

附件2

2021年度中国乐器行业科技十强企业等相关表彰名单

一、2021年度乐器行业科技十强企业

广州珠江钢琴集团股份有限公司
柏斯琴行（中国）有限公司
吟飞科技（江苏）有限公司
海伦钢琴股份有限公司
北京星海钢琴集团有限公司
乐海乐器有限公司
深圳市蔚科电子科技开发有限公司
广州珠江艾茉森数码乐器股份有限公司
得理乐器（珠海）有限公司
天津市津宝乐器有限公司
江苏凤灵乐器集团
上海民族乐器一厂有限公司

二、2021年专利成果奖

一等奖
上海民族乐器一厂有限公司
广州珠江钢琴集团股份有限公司
天津市佰笛乐器有限公司
二等奖
北京星海钢琴集团有限公司
宁波四海琴业有限公司
江苏凤灵乐器集团
三等奖
广州欧米勒钢琴有限公司
湖州华谱钢琴制造股份有限公司
乐海乐器有限公司
天津市津宝乐器有限公司
浙江乐韵钢琴有限公司
扬州民族乐器研制厂有限公司
天津华韵乐器有限公司
重庆斯威特钢琴有限公司
江苏天鹅乐器有限公司
森鹤乐器股份有限公司

三、2021年度中国乐器行业科技创新活动组织奖

吟飞科技（江苏）有限公司
广州珠江钢琴集团股份有限公司
广州珠江艾茉森数码乐器股份有限公司
上海民族乐器一厂有限公司
海伦钢琴股份有限公司
北京星海钢琴集团有限公司
柏斯琴行（中国）有限公司
江阴金杯安琪乐器有限公司
江苏天鹅乐器有限公司
深圳市蔚科电子科技开发有限公司
长沙幻音电子科技有限公司
乐海乐器有限公司
河北金音乐器集团有限公司
天津华韵乐器有限公司
重庆斯威特钢琴有限公司
天津市津宝乐器有限公司
江苏凤灵乐器集团
扬州金韵乐器御工坊有限公司
武强嘉华乐器有限公司
得理乐器（珠海）有限公司

中乐协〔2022〕13号

关于表彰2021年度中国乐器行业50强及先进集体的决定

2020—2021年，中国乐器行业克服各种不利因素，在科技创新和音教融合发展中砥砺前行，实现“十四五”稳定发展的良好开局。协会按照“中国乐器行业50强和先进集体”评选办法，根据指标测评和广泛征求意见，决定：授予广州珠江钢琴集团股份有限公司等50家单位“2021年度中国乐器行业50强”称号，授予中国乐器协会手风琴分会等4家单位“2021年度中国乐器行业先进集体”称号。

希望受表彰的单位再接再厉，再创佳绩。希望各单位以先进为榜样，锐意进取，不断创新发展，为实现我国乐器行业高质量发展共同奋斗。

附件

1. 2021年度中国乐器行业50强名单
2. 2021年度中国乐器行业先进集体名单

中国乐器协会

2022年3月28日

附件1

2021年度中国乐器行业50强名单

类别	公司名称
钢琴	广州珠江钢琴集团股份有限公司
	柏斯琴行（中国）有限公司
	海伦钢琴股份有限公司
	北京星海钢琴集团有限公司
	烟台金斯波格钢琴有限责任公司
	门德尔松钢琴（上海）有限公司
	烟台博斯纳钢琴制造有限公司
	浙江乐韵钢琴有限公司
民族乐器	上海民族乐器一厂有限公司
	乐海乐器有限公司
	饶阳北方民族乐器制造有限责任公司
	苏州民族乐器一厂有限公司
	河南中州民族乐器有限公司
	扬州金韵乐器御工坊有限公司
	扬州民族乐器研制厂有限公司
管乐	河北金音乐器集团有限公司
	天津奥维斯乐器有限公司
	河北华声乐器制造有限公司
提琴	江苏凤灵乐器集团
	泰兴斯坦特乐器有限公司
	北京华东乐器有限公司
吉他	广州市威柏乐器制造有限公司
	遵义神曲乐器制造有限责任公司
	遵义市马氏吉他制造有限公司
	昌乐县雅特乐器股份有限公司

类别	公司名称
电鸣	得理乐器（珠海）有限公司
	吟飞科技（江苏）有限公司
	深圳市蔚科电子科技开发有限公司
	杭州爱尔科乐器有限公司
	武汉艾立卡电子有限公司
	广州珠江艾茉森数码乐器股份有限公司
	长沙幻音电子科技有限公司
打击	天津市津宝乐器有限公司
口琴	江苏奇美乐器有限公司
	江苏天鹅乐器有限公司
手风琴	江阴金杯安琪乐器有限公司
	天津华韵乐器有限公司
材料配件	森鹤乐器股份有限公司
	宁波市北仑乐器配件制造有限公司
	广州市罗曼士乐器制造有限公司
	宁波四海琴业有限公司
	成都川雅木业有限公司
琴行及培训机构	上海知音音乐文化股份有限公司
	四川盛音乐器有限公司
	浙江天目琴行有限公司
	河北秦川文体乐器有限公司
	大连福音乐器有限公司
	南京新辉琴行有限公司
综合	赛乐尔三益乐器（上海）有限公司
	北京罗兰盛世音乐教育科技有限公司

附件2

2021年度中国乐器行业先进集体名单

中国乐器协会手风琴分会

中国乐器协会音乐教育专业委员会

北京乐器学会

深圳市乐器行业协会

乐器展览

关于2021中国（上海）国际乐器展览会延期举办的通知

尊敬的参展商、观众及合作单位：

为积极响应政府关于当前疫情防控工作的要求，降低疫情传播风险，保障展览会所有参与者的健康和安全，在充分听取各方意见后，主办方经慎重考虑并与多方沟通协调，决定将原定于2021年10月13—16日在上海新国际博览中心举办的第二十届“2021中国（上海）国际乐器展览会”，延期至2022年1月14—17日举办，展会地点不变，依然在上海新国际博览中心（龙阳路2345号）。

因展会延期带来的诸多不便，我们深表歉意！我们将积极协助参展企业及已经预约注册的观众，安排好后续相关工作。中国（上海）国际乐器展览会与所有乐器行业同仁风雨同舟，在竭诚做好展会延期各项工作的同时，仍将积极完善线上展览平台的各项功能，为所有参展商及观众提供更多的增值服务。我们坚信在各方的共同努力和支持下，中国（上海）国际乐器展览会一定能一如既往地为行业商贸活动、音乐教育普及、文化交流演艺提供优质的平台，为所有音乐爱好者奉献一场精彩的年度音乐盛会！

中国（上海）国际乐器展览会组委会

2021年9月15日

关于2021/2022中国（上海）国际乐器展览会合并举办的通知

尊敬的参展商、采购商、观众及合作单位：

为积极响应当前的疫情防控工作要求，降低疫情传播风险，保障各位参展商、观众及所有参与者健康和安全，在认真调研、充分听取各方意见基础上，主办方经反复讨论、慎重考虑并决定，将原定延期至2022年1月14—17日举办的第二十届“2021中国（上海）国际乐器展览会”，与“2022中国（上海）国际乐器展览会”合并至2022年10月26—29日举办，展会地点不变，依然在上海新国际博览中心（龙阳路2345号）。一年一度的新品首发颁奖典礼亦同步举行。2021年已申报新品首发产品明年继续有效。

非常感谢各位参展商、采购商、广大观众以及合作单位一直以来对上海国际乐器展的大力支持与关注。长期以来，主办方一直将保障展商、观众及合作伙伴的身体健康置于重中之重。对于展会时间调整给您带来的不便，深表歉意！我们将与您保持密切沟通，妥善处理后续相关工作。中国（上海）国际乐器展览会与所有乐器行业同仁风雨同舟，我们将积极完善线上展览平台的各项功能，为所有参展商及观众继续提供增值服务，同时陆续展开2022年展会的各项筹备工作。

我们坚信在各方的共同努力和支持下，中国（上海）国际乐器展览会一定能一如既往地为行业商贸活动、音乐教育普及、文化交流及演艺提供优质的平台，为展商最大化参展效果，为所有音乐爱好者奉献一场精彩的年度音乐盛会！

中国（上海）国际乐器展览会组委会

2021年11月23日

2021年国内乐器展览会概述

2021年是中国实施“十四五”规划和2035年远景目标的开局之年，中国作为乐器行业全球最大的生产与消费国家，拥有巨大的市场发展空间。企业通过行业展会与观众的互动交流，更加了解市场及客户需求，为未来提供新的方向和动力。但新冠疫情反复，传统展会面临众多新情况和新变化，各展方积极创新服务模式、提升沟通成效，推进线下线上融合互补、协同创新和多元化发展，克服不利影响奋力前行。

中国（上海）国际乐器展览会

2021年10月，受新冠疫情影响，在认真调研、充分听取各方意见基础上，经中国（上海）国际乐器展览会组委会慎重考虑并决定，将第二十届“2021中国（上海）国际乐器展览会”与“2022中国（上海）国际乐器展览会”合并至2022年10月26—29日举办，展会地点不变，依然在上海新国际博览中心（龙阳路2345号）。一年一度的新品首发颁奖典礼，亦将同步举行。2021年已申报新品首发产品2022年继续有效。

2021国民音乐教育大会暨国际音乐生活展

7月16日，由天津市委宣传部、市教委、中国乐器协会、中央音乐学院、华夏未来文化艺术基金会、上海国展展览中心有限公司、全国音乐教育服务合作平台联合主办的“2021国民音乐教育大会暨国际音乐生活展”在天津大礼堂开幕。

本次展览汇集了近百家品牌企业，如珠江钢琴、上海民族乐器一厂有限公司、柏斯音乐集团、津宝、凤灵、乐海、鹦鹉、九拍、英昌、雅马哈、中央音乐学院出版社等知名品牌，集中展示了各类高端品牌乐器、智能音乐教学设备、音乐培训课程、乐器进校园综合解决方案，为广大乐器生产、教育装备、智能教学设备、音乐培训等企业机构提供与教育渠道对接、合作、学习、交流的一站式服务平台，开拓乐器进校园、进社区、进家庭的广阔市场。

2021第二十九届中国国际专业音响·灯光·乐器及技术展览会

6月3日，由中国演艺设备技术协会主办的第二十九届中国国际乐器展览会（北京）在中国国际展览中心正式开幕。本届展会展览面积达3万平方米，汇聚了器乐生产、代理机构、音乐教育机构、音乐服务机构等近600家参展企业，展品涵盖乐器全品类，三天半的展期迎来了3万多名专业观众。

展会期间举办多项活动，涵盖专题讲座、高峰论坛、师资研修、营销课堂、名家演出等，带给广大观众更多思考与灵感，让大家对行业有更全面的认知。

2021广州国际专业灯光、音响展览会

2021广州国际专业灯光、音响展览会于5月16日在中国进出口商品交易会展馆A、B区隆重开幕，此次展会由广东国际科技贸易展览公司和法兰克福展览集团主办，共有1386家参展企业参展。本届展会展览面积达15万平方米，共设有15个主题展厅。

展会共有58场同期活动精彩上演，以前瞻性视角，多维度、多角度地探讨行业的发展趋势、热点议题，包括5G+数字音频、电竞转播、游戏音乐、车载声学降噪、线上音乐会、公共广播技术、舞美灯光及活动制作培训等。

随着各地新冠肺炎疫情防控工作社会面动态清零，各行业陆续复工复产。政策焦点逐步从防控疫情转向稳增长，中央与地方密集出台的各项扶持政策为企业加快复工复产进度、激发市场活力和吸引力创造了良好条件。疫情后，被压抑的市场需求被逐步释放，市场亟须更多的新品和亮眼产品来引领。作为经济发展的助推器，行业展会带来的新产品正

是市场的强心剂。疫情后参展将有助于企业以低成本、高收效、最直接的营销方式迅速打开市场、抢占行业制高点。国内乐器展也将加快恢复和发展，重振行业信心，为加速乐器行业的全面复苏做出重要贡献。

2021年世界乐器展览会概况

2021年，新冠疫情肆虐全球，出行受限，国外展会业务基本停摆，世界主要国家年度乐器、灯光音响展览会取消或延期举办。各国主办方立足本国、本地区实际，根据疫情形势的变化做出灵活调整。

原定于4月下旬举办的2021年度德国法兰克福灯光音响展宣布延期；印度乐器展主办方在展前数月发布公告，鉴于印度新冠感染者增加，为确保参展商和观众安全，原计划于2021年5月下旬举办的印度孟买乐器、灯光音响展延期一年举办。

美国力求通过网络化团结凝聚行业。美国国际音乐制品协会（NAMM）宣布，受全球多国疫情影响，2021年度NAMM线下展暂停举办，通过网络形式继续举办“相信音乐”在线网络展示活动。此次线上展示活动有187个国家和地区1227家企业在线参加，线上内容展示时长611小时，直播时长36小时，网上参观人员94653人，其中参展的中国品牌企业网页浏览量近7000次。

年中，随着美国疫情逐步放缓，2021年7月15日至17日，NAMM夏季展在纳什维尔举办。展会日期缩短为3天，同期举办“全美百强经销商评选”“最佳产品奖”“最佳设计奖”等系列表彰活动，以此鼓励行业走出低谷，恢复信心，进一步挖掘行业发展潜力。

上海国际乐器展览会是世界最重要的乐器展会之一，展会主办方因地制宜研判疫情形势，为确保考虑展商观众的安全健康做出展会延期决定。2021年10月，为响应疫情防控要求，降低疫情传播风险，在充分调研，认真听取各方意见基础上，上海乐器展主办方慎重考虑并决定，第二十届2021上海国际乐器展将与2022上海国际乐器展合并，将于2022年10月26—29日举办，为所有参展商和观众继续提供增值服务，做好各项筹备工作。

名牌产品

乐器产品获中国驰名商标，国家、省（市）级名牌产品、著名商标、老字号品牌名录

中国驰名商标

品牌（商标）名称	商标注册人	认定商品或服务项目
珠江	广州珠江钢琴集团股份有限公司	钢琴
星海XINGHAI及图形	北京星海钢琴集团有限公司	钢琴
津宝及图形	天津津宝乐器有限公司	爵士鼓、军鼓、萨克斯
Taishan	山东泰山管乐器有限公司	管乐器
嘉德威	杭州嘉德威钢琴有限公司	钢琴
卡西欧CASIO	日商・樫尾计算机株式会社	计算器、手表、电子音乐仪器等
润韵	扬州天韵琴筝有限公司	筝、乐器、弦乐器、七弦琴、弹拨乐器、木琴、电子乐器、乐器键盘、乐器弦轴、乐器盒
金杯及图形	江阴市金杯安琪乐器有限公司	手风琴、簧（管）乐器等
凤灵fitness及图形	泰兴凤灵乐器有限公司	小提琴、中提琴等
Orient	宁波森隆乐器股份有限公司	钢琴部件
YAMAHA及图形	雅马哈株式会社	钢琴
奇美	江苏奇美乐器有限公司	竖笛、口风琴、口琴
鹦鹉YINGWU及图形	天津鹦鹉乐器有限公司	手风琴、提琴
吟飞Ringway	吟飞科技（江苏）有限公司	乐器
乐海 The Ocean of Music及图形	河北乐海乐器有限责任公司	扬琴、琵琶
天鹅及图形	江苏天鹅乐器有限公司	口琴、口风琴
爱迪Aidi及图形	香河天音乐器有限公司	西乐器
HAILUN及图形	海伦钢琴股份有限公司	钢琴
芳鸥及图形	武汉市海平乐器制造有限公司	铜锣等

省（市）名牌产品

省（市）地区	品牌（商标）名称	商标注册人	认定商品或服务项目
北京市	星海XINGHAI及图形	北京星海钢琴集团有限公司	钢琴

续表

省（市）地区	品牌（商标）名称	商标注册人	认定商品或服务项目
上海市	施特劳斯	上海钢琴有限公司	钢琴
	敦煌牌	上海民族乐器一厂	民族乐器（古筝、二胡、琵琶）
	海曼	上海中雅钢琴有限公司	钢琴
	华星	上海华新电子电器总厂	电子琴
天津市	津宝	天津津宝乐器有限公司	爵士鼓、西管乐器
	Singer's day	天津圣迪乐器有限公司	萨克斯、小号
	鹦鹉YINGWU（图形）	天津华韵乐器有限公司	手风琴
江苏省	润韵、天籁	扬州天韵琴筝有限公司	古筝
	碧泉	扬州市正声民族乐器厂	古筝
	凤灵	泰兴凤灵乐器有限公司	吉他、提琴系列产品
	奇美	江苏奇美乐器有限公司	竖笛、口风琴、口琴
	摩德利	南京摩德利钢琴有限公司	钢琴
	天鹅	江苏天鹅乐器有限公司	琴笛
	雅韵、凤韵	扬州龙凤琴筝有限公司	古筝
	大风	江苏大风乐器有限公司	古筝
	Easttop、蜜蜂	江苏东方乐器有限公司	口琴
	英杰	扬中市华联手风琴有限公司	手风琴
	虎丘	苏州民族乐器一厂有限公司	二胡
	吟飞	吟飞科技（江苏）有限公司	电子乐器
广东省	珠江	广州珠江钢琴集团股份有限公司	钢琴
	AMASON艾茉森	广州珠江钢琴集团股份有限公司	数码钢琴
	恺撒堡	广州珠江钢琴集团股份有限公司	钢琴
	里特米勒	广州珠江钢琴集团股份有限公司	钢琴
	吉声	广州吉声琴业有限公司	电吉他
	Blue Diamond	广州保嘉乐器制造厂有限公司	鼓乐
	星臣starsun	四会市华声乐器有限公司	吉他
	红棉、Kapok、红棉花（图形）	广州红棉吉他有限公司	提琴
	Ayalea	揭阳市长城乐器有限公司	吉他
	杜鹃花	揭阳市长城乐器有限公司	吉他
	美得理	得理电子（珠海）有限公司	数码钢琴、电子琴、电子管风琴、电子鼓音箱
	魔鲨（MUZA）	得理乐器（珠海）有限公司	鼓乐
	图形	宇声乐器（惠州）有限公司	吉他
	Alice	广州市罗曼士乐器制造有限公司	琴弦
	ZIKO	惠州市德尚乐器有限公司	琴弦

续表

省（市）地区	品牌（商标）名称	商标注册人	认定商品或服务项目
河北省	JY	河北金音乐器制造集团有限公司	西管乐器
	乐海	乐海乐器有限责任公司	民族乐器
	月坛	饶阳北方民族乐器制造有限公司	二胡
	成乐	饶阳成乐民族乐器有限责任公司	扬琴
山东省	金斯波格	烟台金斯波格钢琴有限公司	钢琴
	SEJUNG（世正）	青岛世正乐器有限公司	钢琴
	仙乐	百灵乐器公司	电吉他
	飞灵	潍坊惠好乐器有限公司	电吉他
湖北省	TOYAMA（托雅玛）/ Yangtze River牌钢琴	宜昌金宝乐器制造有限公司	钢琴
	艾立卡	武汉艾立卡电子有限公司	乐器音箱、电吉他配套音箱
福建省	HARMONY（哈曼尼）	福州和声钢琴有限公司	立式钢琴
河南省	中州	开封中原民族乐器有限公司	古筝

省（市）著名商标

省（市）地区	品牌（商标）名称	商标注册人	认定商品或服务项目
上海市	施特劳斯	上海钢琴有限公司	钢琴
	海曼	上海中雅钢琴有限公司	钢琴
	敦煌	上海民族乐器一厂	民族乐器
天津市	津宝	天津津宝乐器有限公司	军鼓、爵士鼓、萨克斯
	鹦鹉	天津鹦鹉乐器有限公司	手风琴、提琴
	雅乐	天津市雅乐尔乐器有限公司	风琴
	佰笛及图形	天津市佰笛乐器有限公司	手风琴
	WSMAN及图形	天津市欧斯曼乐器有限公司	钢琴
	singer'sday	天津圣迪乐器有限公司	号（乐器）、乐器
	森雀	天津市静海区盛兴乐器厂	中乐器、笛子、笙、箫
	奥维斯	天津奥维斯乐器有限公司	乐器、笛、号（乐器）
江苏省	摩德利	南京摩德利钢琴有限公司	钢琴等
	天鹅及图形	江苏天鹅乐器有限公司	口琴、口风琴、竖笛等
	凤灵及图形	江苏凤灵乐器文化产业有限公司	小提琴、吉他、大提琴等
	奇美	江苏奇美乐器有限公司	手风琴、钢琴、口琴等
	雅韵及图形	扬州龙凤琴筝有限公司	打击乐器、胡琴、筝等
	虎丘及图形	苏州民族乐器一厂有限公司	二胡
	碧泉BIQUAN及图形	扬州市正声民族乐器厂	筝

续表

省（市）地区	品牌（商标）名称	商标注册人	认定商品或服务项目
江苏省	和声及图形	江苏省和声琴行有限公司	钢琴
	金韵及图形	扬州开发区金韵乐器厂	筝
	GOLDENCUP及图形	江阴市金杯乐器有限公司	手风琴
	润韵	扬州天韵琴筝有限公司	筝
	吟飞及图形	吟飞科技（江苏）有限公司	电子键盘
	玉振YUZHEN	扬州市金声古筝有限公司	乐器、琵琶等
广东省	kayserburg	广州珠江钢琴集团股份有限公司	乐器（钢琴）
	珠江	广州珠江钢琴集团股份有限公司	长笛、小号、萨克斯
	Ritmiiller	广州珠江钢琴集团股份有限公司	中西乐器（钢琴）
	吉声	广州吉声琴业有限公司	吉他
	Martin	广州吉声琴业有限公司	吉他
	红棉	广州红棉吉他有限公司	中乐器，西乐器
	ALICE	广州市罗曼士乐器制造有限公司	乐器弦
	永美	揭西县美声电子电器厂	电子琴
	美得理	得理乐器（珠海）有限公司	乐器（电子琴，数码钢琴）
河北省	JY	河北金音乐器制造集团有限公司	钢琴
	成乐	饶阳成乐民族乐器有限责任公司	扬琴
	月坛	北方民族乐器制造有限公司	二胡
	秦川	河北秦川文体乐器有限公司	琴行
	乐海	乐海乐器有限责任公司	民族乐器
	秦川乐器	河北秦川文体乐器有限公司	乐器经营
山东省	KINGSBURG及图形	烟台金斯波格钢琴有限公司	钢琴
	仙乐及图形	昌乐百灵乐器有限公司	吉他
	博斯纳及图形	烟台博斯纳钢琴制造有限公司	钢琴
	MERCURY	龙口锦盛乐器有限公司	簧（管）乐器
	图形	龙口市博奥乐器制造有限公司	簧（管）乐器
	FAREST及图形	龙口金鸣乐器有限公司	笛
浙江省	HAILUN及图形	宁波海伦乐器制品有限公司	钢琴
	嘉德威	杭州嘉德威钢琴有限公司	钢琴
	拉奥特	浙江乐韵钢琴有限公司	钢琴
	LUODELAISI	湖州华谱钢琴有限公司	钢琴
湖北省	芳鸥	武汉市海平乐器制造有限公司	铜锣
	银可可	武汉银可可琴行有限责任公司	乐器经营
	皇玛HUANGMA	湖北华都钢琴制造有限公司	钢琴、电子琴、乐器键盘
	TOYAMA托雅玛	宜昌金宝乐器制造有限公司	钢琴
	长江	宜昌金宝乐器制造有限公司	钢琴

续表

省（市）地区	品牌（商标）名称	商标注册人	认定商品或服务项目
福建省	HARMONY（哈曼尼）	福州和声钢琴有限公司	钢琴
河南省	中州	开封中原民族乐器有限公司	古筝、琵琶
	鸣韵	鸣韵兰考县鸣韵乐器有限公司	吉他、乐器、琵琶、七弦琴

老字号品牌

分类		注册商标	企业名称
中华老字号		敦煌	上海民族乐器一厂
		STRAUSS	上海钢琴有限公司
		星海	北京星海钢琴集团有限公司
		鹦鹉	天津鹦鹉乐器有限公司
		老天华	福州台江老天华乐器行
地方老字号	北京市	星海	北京星海钢琴集团有限公司
	天津市	鹦鹉乐器	天津鹦鹉乐器有限公司
	广东省	珠江	广州珠江钢琴股份有限公司
		张长合	汕头市龙湖区张长合乐器店
	湖北省	高洪太	武汉高洪太铜响乐器有限公司
	福建省	老天华	福州台江老天华乐器行

注：① 中国名牌战略推进委员会2008年第3号公告，2005、2006、2007年公布的中国名牌产品，有效期满后不再继续使用。

② 我国新商标法认定“驰名商标”并非荣誉称号，从2014年5月1日起，“驰名商标”禁止出现在商品包装上，也不能用于广告宣传、展览。

③ 以上发布的品牌信息来源于商务部，国家工商行政管理总局，各省市工商行政管理总局，国家质量监督检验检疫总局，各省市地区质量检验局网站的公告信息，如有遗漏，请相关企业与我协会取得联系，进行信息补充和更正。

中国乐器

年鉴

—— 2022 ——

CHINA MUSICAL
INSTRUMENT YEARBOOK

坚持创新驱动发展　于变局中稳开新局
——2021年中国乐器行业经济运行报告

2021年，乐器行业面临疫情散点多发、原材料价格居高不下、外贸渠道不畅、人工成本攀升、市场低迷等困难，相对而言，下半年更明显。但伴随减税降费直达企业、提高研发费用加计扣除比例、延续小微企业贷款、延期还本付息、培育“专、精、特、新”企业和制造业单项冠军企业等政策措施出台，激励了企业创新，促进了产业升级，进一步推动了乐器行业高质量发展。全行业攻坚克难，抱团发展，多措并举疏通堵点，保证了乐器行业在轻工领域率先止损企稳，各项指标普遍好于预期。主要指标处于合理区间，质量效益稳步提升，消费需求继续回升，对外贸易好于预期，全行业实现恢复性增长，呈现出“四增、一降、一升、两带动”的发展特点，“十四五”实现平稳开局。

一、全行业呈现恢复性增长

（一）规上企业经济运行

——规模企业数：规模以上企业206家（调整后）；

——工业增加值：工业增加值增速为13%，高于同期轻工行业11.1%的平均水平；

——营业收入：同比增长13%，总体走势趋于平稳；

——利润：同比增长21%，月度走势宽幅波动；

——利润率：利润率为6%，高于同期全国轻工行业6.30%的平均水平；

——出口交货值：同比增长10%。

（二）海关进出口贸易

——海关进出口：实现进出口贸易总额29.12亿美元，同比增长25.13%；

——海关出口：累计出口额23.40亿美元，同比增长24.26%，增速放缓，仍显韧性；

——海关进口：累计进口额5.71亿美元，同比增长28.82%，钢琴进口占比接近一半。

（三）行业直报系统

——营业收入：82家骨干企业累计完成营业收入130.72亿元（占规上乐器企业49.20%），同比增长15.33%，活力十足；

——利润：骨干企业实现利润11.84亿元，同比增长31.58%；

——利润率：骨干企业实现利润率10.45%，高于同期规上乐器企业及全国轻工行业的平均水平。

二、经济增速放缓，发展质量提升

（一）中轻景气指数处于稳定区间

据中国轻工业信息中心发布的“2021年中轻乐器景气指数”，从月度指数走势看，乐器指数2020年处于过冷区间。从2021年初开始，进入过热区间，5月后逐渐回落，9月之后趋于稳定，12月为99.95，处于“稳定”区间内（图1、图2）。

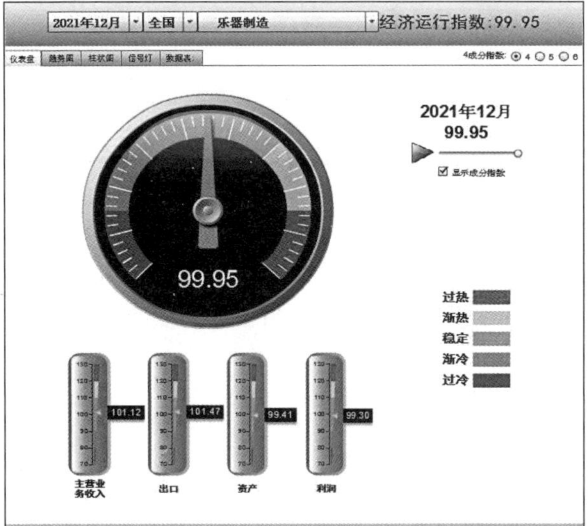

图1　2021年中轻乐器景气指数

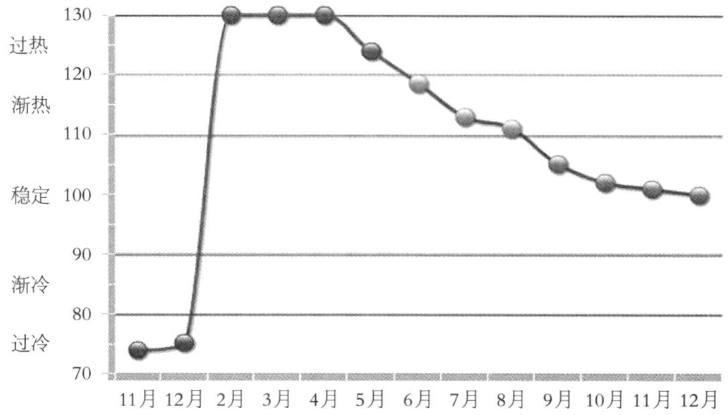

图2 2021年乐器行业中轻指数走势

从分指标看，营业收入指数（101.12）和利润指数（99.30）的运行走势与中轻指数相似，资产指数（99.41）相对稳定，但出口指数（101.47）波动较大（图3、图4、图5、图6）。

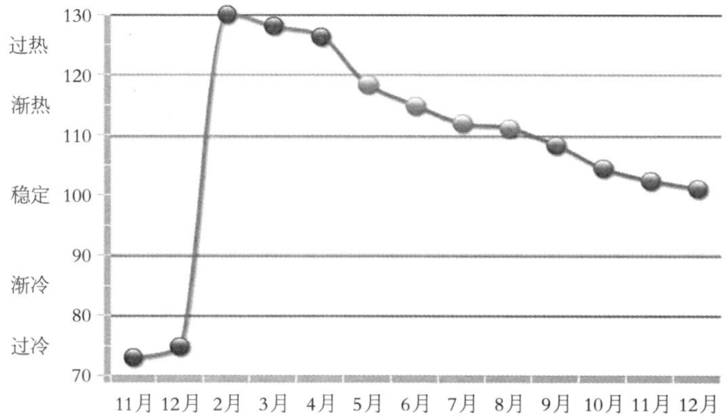

图3 2021年乐器规上企业营收指数走势

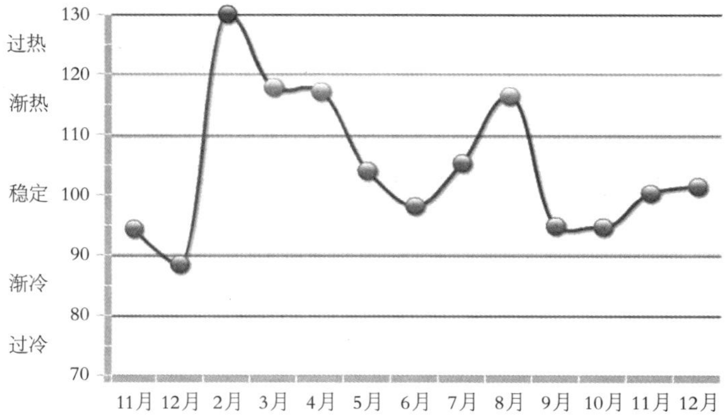

图4 2021年乐器规上企业出口指数走势

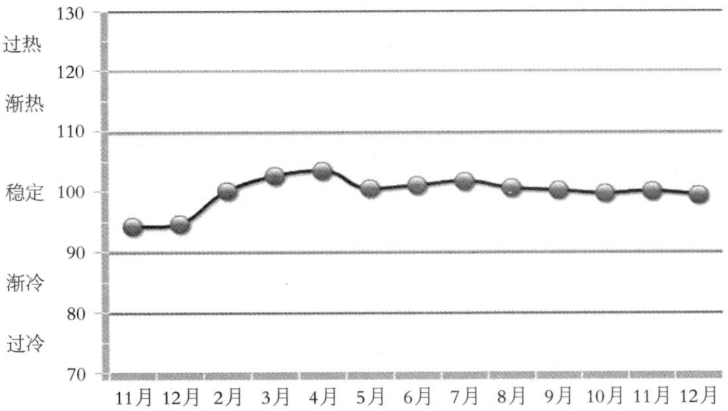

图5 2021年乐器规上企业资产指数走势

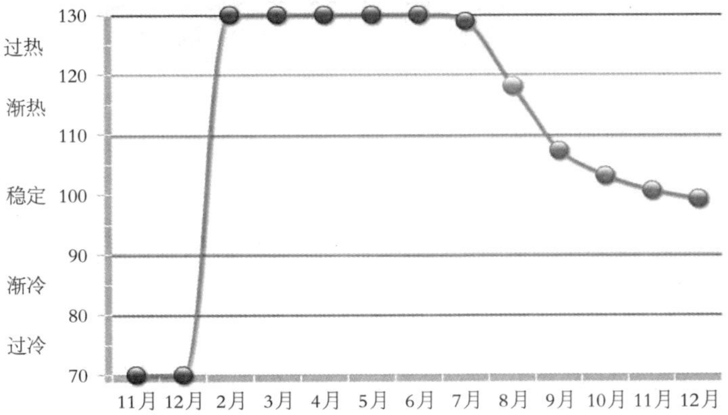

图6 2021年乐器规上企业利润指数走势

（二）制造业发展的创新驱动力继续增强

2021年，规上企业累计完成营业收入同比增长13%，较2019年疫情前增长0.55%，两年平均增长0.27%。

从过去三年的走势对比可以看出，营业收入变化具备一定的周期性。2021年的营业收入走势与正常年份相比，振幅偏大，时间也有所提前。

从子行业看，西乐器完成主营业务收入同比增长17%；中乐器同比增长12%；相较于2019年以及两年平均增速，中西乐器仍为负增长。政策红利带来的高新技术生产保持高速增长，2021年，电子乐器完成主营业务收入同比增长10%，同比2019年增长46%，两年平均增长21%，制造业发展的创新驱动力在进一步增强。

（三）利润走势宽幅波动

2021年，规上企业实现利润同比增长21%，同比2019年下降6%，两年平均下降3%，利润仍处于较低水平。上半年增幅较大，下半年一度出现负增长，全年走势宽幅波动。

各子行业中，中乐器盈利能力持续领先，累计利润总额同比增长50%；西乐器增长26%；电子乐器增长2%。中乐器和电子乐器表现复盘，较2019年疫情前及两年平均增速率先转负为正。

三、外贸主体活力减弱，仍显韧劲

2021年，受发达经济体产能恢复接近尾声、新兴经济体“带疫适应能力”增强的影响，相较于2020年外贸的强劲拉动，2021年我国乐器出口份额缓降，出口增速高位趋降，外贸主体活力减弱，但仍显韧劲，全行业累计完成进出口总额29.12亿美元，同比增长25.13%，同比2019年疫情前增长28.44%，两年平均增长13.33%。由于全球疫情仍未得到有效控制，叠加海外环境多方位变化，进出口方面的不确定性仍非常明显，后续进出口贸易份额将逐渐走低并回归常态。

（一）出口情况分析

1．对亚洲出口占比第一

2021年，乐器行业累计完成出口额23.40亿美元，同比增长24.26%，同比2019年疫情前增长34.59%，两年平均增长16.01%。其中：北美洲累计完成出口额7.32亿美元，同比增长27.28%；欧洲累计完成出口额6.72亿美元，同比增长19.06%；亚洲累计完成出口额6.65亿美元，同比增长21.18%（图7，表1）。

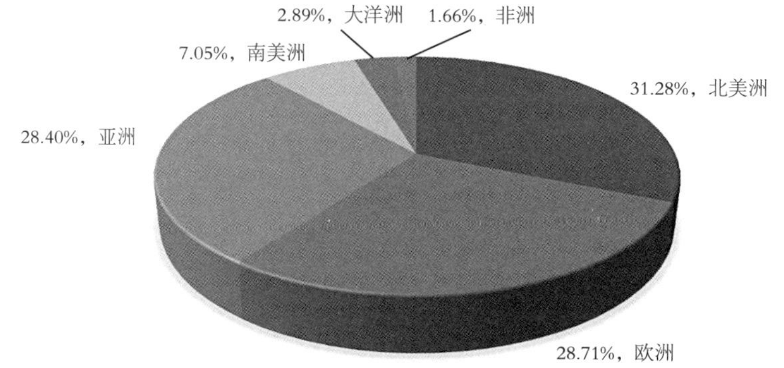

图7 2021年乐器行业出口额各大洲占比

表1 2021年乐器行业出口额各大洲统计（单位：亿美元）

洲别	2021年	2020年	同比（%）	占比（%）
北美洲	7.32	5.75	27.28	31.28
欧洲	6.72	5.65	19.06	28.71
亚洲	6.65	5.49	21.18	28.40
南美洲	1.65	1.18	39.82	7.05
大洋洲	0.68	0.51	32.15	2.89
非洲	0.39	0.26	51.61	1.66

2．RCEP的签署为中国外贸发展注入新动力

2021年，我国乐器行业对《区域全面经济伙伴关系协定》（RCEP）其他14个成员国出口额为5.69亿元，同比增长24.02%，占我国外贸总值的24.32%，RCEP的签署为中国外贸发展注入新动力。同时，我国与“一带一路”沿线国家贸易往来日趋紧密，累计完成出口额4.30亿美元（占18.40%），同比增长15.66%；对亚太经合组织累计完成出口额14.60亿美元（占62.38%），同比增长27.35%；对欧盟累计完成出口额5.10亿美元（占21.81%），同比增长27.35%（表2）。

表2 2021年乐器行业出口额主要贸易组织同比情况（单位：美元）

组织和地区	2021年	2020年	同比（%）	占比（%）
亚太经合组织	1460177561	1146554382	27.35	62.38
RCEP	569209686	458955957	24.02	24.32
欧盟	510458604	400821726	27.35	21.81
“一带一路”沿线国家	430745353	372424204	15.66	18.40
东盟	241791068	201109847	20.23	10.33
金砖国家	172822722	136965847	26.18	7.38
中国香港、中国澳门	35327721	24502660	44.18	1.51

3. 电子乐器、钢琴出口大幅提升

从22类出口子行业情况来看，出口额同比全部转正，相较于2019年疫情前，铜管乐器、键盘管风琴、钢琴零配件等6类仍为负增长。钢琴、弦乐器、电子乐器、打击乐器大幅提升，其中，钢琴出口24731架，同比增长50.95%，较2019年下降3.89%，累计完成出口额6010.55万美元，同比增长43.13%，较2019年增长26.33%；电子乐器累计完成出口额9.17亿美元，同比增长19.42%；弦乐器累计完成出口额6.18亿美元，同比增长26.63%；打击乐器增长35.33%（图8，表3）。

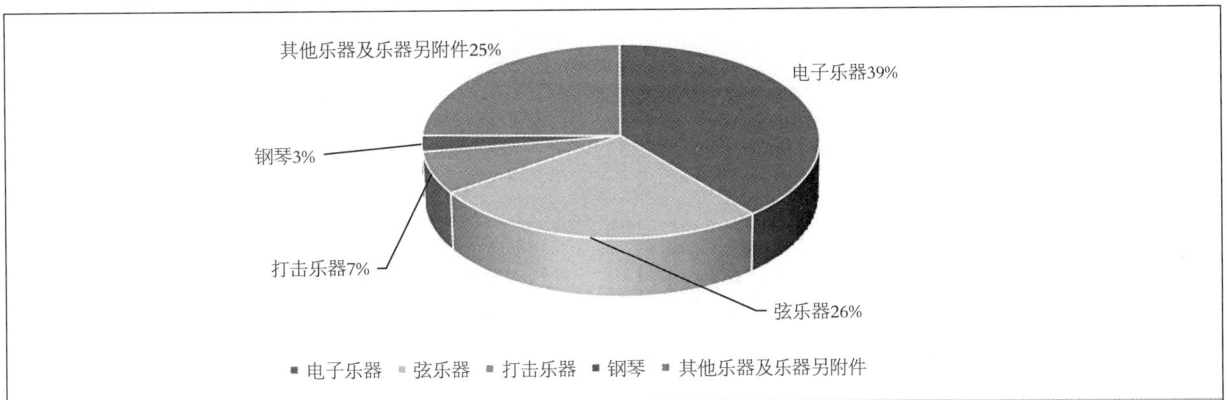

图8　2021年乐器行业出口额子行业占比

表3　2021年乐器行业出口额主要子行业同比增长情况（单位：美元）

乐器种类	2021年	2020年	同比（%）	占比（%）
电子乐器	917683081	768439971	19.42	45.67
弦乐器	618063389	488102857	26.63	46.60
打击乐器	163816817	121053576	35.33	28.69
钢琴	60105579	41992951	43.13	26.33

4. 出口国家和地区表现分化

2021年，我国乐器出口国家和地区表现分化，对美国出口占比仍居首位，累计完成出口额6.82亿美元（占29.15%），同比增长28.01%；其次为德国、日本；英国、越南等明显下滑（图9、表4、表5）。

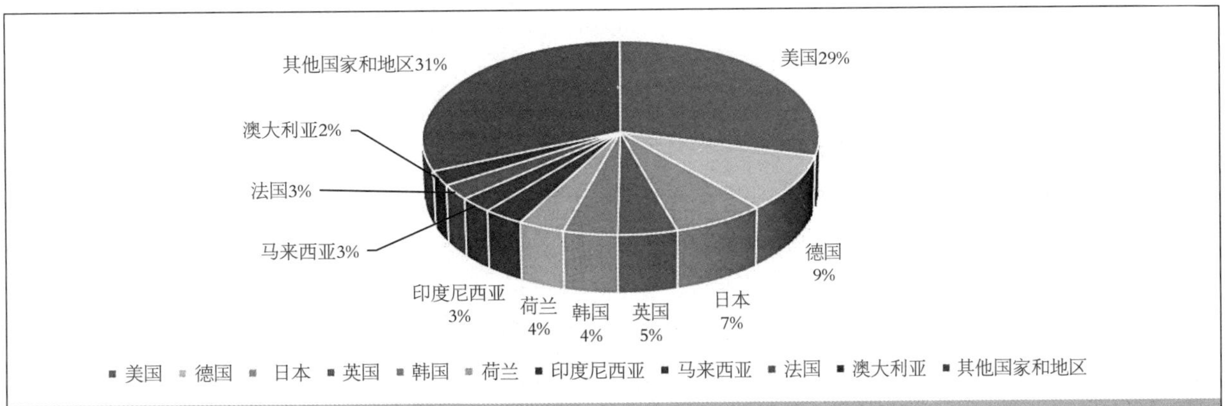

图9　2021年乐器行业出口额贸易国家和地区占比

表4 2021年乐器行业出口额主要贸易国统计（单位：美元）

国别	2021年	2020年	同比（%）
美国	682564343	533219295	28.01
德国	222297303	183874312	20.90
日本	164350117	140599574	16.89
英国	107356452	118697879	−9.55
韩国	97384064	67234928	44.84
荷兰	84119224	53545957	57.10
印度尼西亚	73364277	50915964	44.09
马来西亚	60804183	37197190	63.46
法国	60290306	46452370	29.79
澳大利亚	58114173	44683789	30.06

表5 2021年乐器行业出口额贸易方式同比增长情况（单位：美元）

贸易方式	2021年	2020年	同比（%）	占比（%）
一般贸易	1446716811	1144288030	26.43	61.80
进料加工贸易	555508824	467885836	18.73	23.73
其他	161769940	111042305	45.68	6.91
海关特殊监管区域物流货物	132707510	112601307	17.86	5.67
保税监管场所进出境货物	31148065	35863463	−13.15	1.33
边境小额贸易	7667369	8819496	−13.06	0.33
来料加工贸易	4430676	3165237	39.98	0.19
国家间、国际组织无偿援助和赠送的物资	434398	7	6205585.71	0.02
寄售、代销贸易	70530	12048	485.41	—
出料加工贸易	38320	120849	−68.29	—
对外承包工程出口货物	22553	261	8541.00	—

（二）进口情况分析

2021年，我国乐器企业累计完成进口额5.71亿美元，同比增长28.82%，较2019年增长8.20%，两年平均增长4.01%。

从主要乐器产品的进口情况来看，2021年钢琴进口额占比接近一半，累计完成进口额2.71亿美元（占47.53%），同比增长20.55%，累计进口钢琴188142架，同比增长15.43%，同比2019年下降5.17%；电子乐器累计完成进口额9461.68万美元，同比增长23.44%；弦乐器累计完成进口额3190.63万美元，同比增长60.14%；打击乐器累计完成进口额1720.13万美元，同比增长52.39%（图10）。

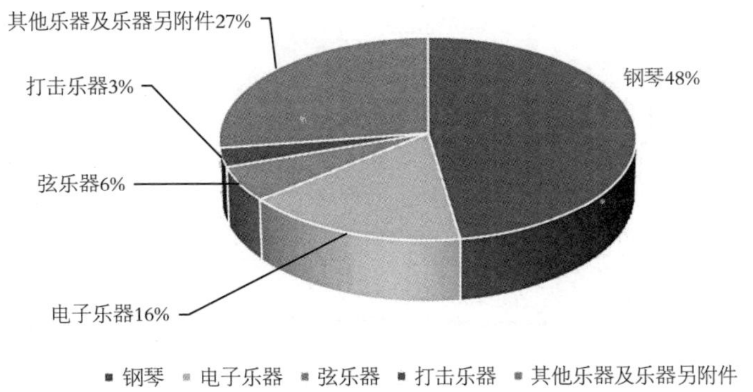

图10 2021年乐器行业进口额子行业占比

日本仍为我乐器最大进口来源国，2021年，日本累计完成进口额1.88亿美元（占33.03%），同比增长22.22%，较2019年增长10.77%；意大利进口额增速最快，累计完成进口额885.49万美元，同比增长72.82%，其次为法国、美国和印度尼西亚，分别增长59.45%、51.85%和45.02%（表6、图11）。

表6 2021年乐器行业进口额主要贸易国家与地区统计（单位：美元）

国家与地区	2021年	2020年	同比（%）
日本	188825823	154497482	22.22
印度尼西亚	134408644	92685025	45.02
德国	78447176	65582307	19.62
美国	34601074	22786808	51.85
韩国	30906782	25962249	19.05
中国台湾	20350413	15394170	32.20
马来西亚	19499349	20712936	−5.86
法国	17034873	10683647	59.45
意大利	8854955	5123710	72.82
墨西哥	6522907	4948749	31.81

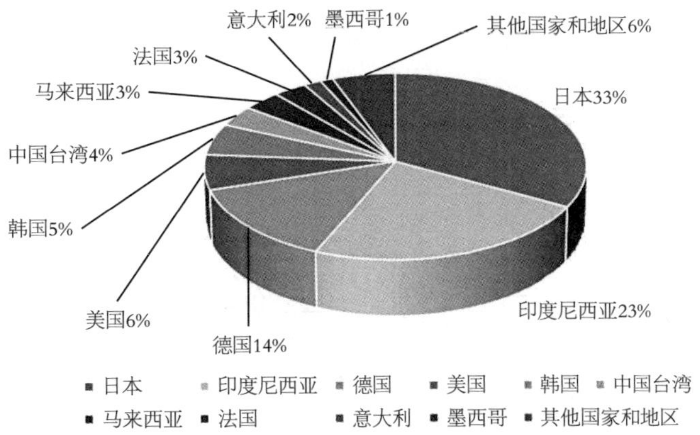

图11 2021年乐器行业进口额贸易国家和地区占比情况

四、骨干企业在变局中开新局

2021年是迎难而上、创新发展的一年，全行业努力克服重重困难，实施科技创新，坚持融合发展路径，拓展线上平台，创新文化营销方式，培育挖掘潜在市场，不断推动行业高质量可持续发展。尤其是骨干企业，充分发挥国内产业链优势，积极带动产业链上下游中小微企业复工达产，更好地实现共同发展，合作共赢，在变局中开新局。

中国乐器协会行业直报数据显示，82家骨干企业2021年累计完成主营业务收入130.72亿元（占规上乐器企业49.20%），同比增长15.33%，较2019年疫情前增长3.85%，两年平均增长1.90%，84%的骨干企业同比转正，近一半的企业同比2019年疫情前实现转正。

效益方面改善明显，82家骨干企业全年实现利润11.84亿元，同比增长31.58%，同比2019年下降13.36%，两年平均下降6.92%，69%的骨干企业实现同比正增长，39%的企业实现同比疫情前利润转正，但总体来说降幅逐月收窄。骨干企业实现利润率10.45%，高于规上企业及轻工平均水平，骨干企业发展韧劲与活力十足（表7）。

表7　2021年骨干企业主要经济指标概况（单位：亿元）

产品类别	营业收入	利润总额
2021年	130.72	11.84
2020年	113.35	8.99
同比2020年（%）	15.33	31.58
同比2019年（%）	3.85	−13.36
两年平均增速（%）	1.90	−6.92

五、新格局加速形成，2022乐器行业稳健前行

2022年初，国内疫情出现多点散发，企业正常生产时间普遍有所压缩，生产水平尚未恢复正常。同时，在俄乌冲突、中美博弈等因素作用下，全球化工、重金属等大宗原材料成本上涨，乐器原辅料供应不畅，人工成本急剧升高，成本上升，不断挤压利润空间，全行业下行压力明显加大。国家统计局最近发布的数据显示，2022年1月至2月，乐器行业202家规上企业累计完成营业收入35.2亿元，同比下降0.10%；利润总额1.9亿元，同比下降23.10%；营业收入利润率5.3%，较2021年同期低1.8个百分点，高于同期全国制造业1.1个百分点。中国乐器协会数据直报数据显示，2022年1月至2月，乐器行业骨干企业营业收入同比下降0.17%；利润同比下降33.24%；营业收入利润率8.00%，较2021年同期低3.96个百分点。

进出口外贸方面，由于全球疫情反复和年终消费旺季已过，外需和价格因素出现边际回落，但对我国乐器出口仍有一定支撑。海关进出口数据显示，2022年1月至2月，累计出口额3.35亿美元，同比增长1.34%，增速回落；进口额7560.07万美元，同比2021年增长25.31%。初步预测2022年后3个季度的外需仍值得期待。但随着新兴国家生产逐步恢复以及我国出口份额的逐渐下降，对我国出口韧性也提出了考验。

总的来说，2022年我国外部环境更趋复杂严峻和不确定，国内发展面临多年未见的需求收缩、供给冲击、预期转弱三重压力，乐器行业的整体发展尚处于中低端水平，推动乐器全产业链向中高端转型势在必行。乐器企业要积极响应“双碳”发展战略，加大创新研发投入，推进数字化转型，对标国际先进产业水平，提升产品质量，促进内外销产业链和供应链的高效运转，共同推动全行业向高质量发展迈进。

新格局加速形成，2022乐器行业稳健前行。

六、政策建议

就2021年我国乐器行业经济运行中亟待解决的问题，中国乐器协会分别向有关部委进行了综合反

映（有关专项建议另案），提出了8条具体政策建议：

（1）建议持续完善退税减税优惠政策直达企业的快享机制，加强最后一公里监控，跟踪实施效果，确保新的组合式税费普惠政策务实落地，确保在各级地方执行中不走样、不打折扣，切实让企业得到实惠，有效激发乐器企业提振信心、加快恢复增长。

（2）鉴于叠加困难带来的下行压力增大问题，建议进一步加大推进稳增长政策力度，采用分业指导、分类施策的做法，可由行业组织、针对性配合政府部门列出优质企业名录，给予更精准的减税降费，并降低投融资门槛和直接融资比重。建议降低工业用电成本，地方政府应科学引导企业降耗达产，减少拉闸限电次数，严格按下发通知执行“限电”，避免影响企业的生产调度。建议对积极参与乐器进校园的优秀民族品牌企业给予降低或减免相关税收的政策支持，如降低企业增值税率，由目前的13%降为9%，或减半征收企业所得税，鼓励企业为学校美育教育作贡献。

（3）建议继续加大对关键商品及原材料价格波动的监测调节力度，严控哄抬芯片、集成电路进口价格，打击投机行为。建议部分省市出台针对高端集成电路芯片的扶持政策，应统筹考量如乐器行业等文化和科技融合的领域，对特色产业的创新和攻关项目给予政策倾斜。

（4）建议全面督促检查，真正落实好乐器作为音乐文化制品享受国家和各省市区多项文化产业普惠政策的资格问题。调研显示，各地出现较大的不平衡。

（5）加强出口商品原产地签证，指导中小企业做好RCEP协定和普惠制的出口实施工作，帮助乐器产品海外享受关税减免。积极推进检验检疫电子证书国际合作，提升贸易便利化水平。

（6）建议通过政策引导和专项补贴，加快推动乐器企业提高自动化、智能化水平和数字化转型，提高全要素生产效率，不断缓解人工成本增长压力。同时，针对性搭建制造业与投融资机构的合作平台，施以财税政策扶持，聚焦产业有序转移、产业链完善和企业国际竞争能力水平的进一步提高。

（7）建议重点检查稳定劳动力市场和相关补贴的政策落地效果，继续给予中小企业稳岗就业补贴，将直接从事企业研发的中高端技术人才的培训费用纳入研发费用加计扣除范围，进一步酌情降低社会保险费的缴费比例和缴费基数，增强解决劳动就业的积极性与社会责任。

（8）建议加快构建校外音乐艺术教育新格局，充分调动琴行等校外艺术教育机构的积极性，在政策引导、规范管理、重点扶持上多措并举，发挥行业协会的协调促进作用。同时，严格审查上市教育产品资质，严打虚假宣传，整合培训机构和教育资源，严防不良校外机构卷款跑路，挫伤社会家庭音乐艺术教育消费的信心。

2021年中国乐器海关出口量值

商品名称	单位	数量					金额（美元）				
		2021年	2020年	2019年	同比（%）（2020年）	同比（%）（2019年）	2021年	2020年	2019年	同比（%）（2020年）	同比（%）（2019年）
竖式钢琴（包括自动钢琴）	台	19639	12933	17000	51.85	15.52	32091075	19947380	25583443	60.88	25.44
大钢琴（包括自动钢琴）	台	5092	3451	8731	47.55	−41.68	28014504	22045571	21996209	27.08	27.36
拨弦古钢琴及其他键盘弦乐器	台	78274	62422	58393	25.39	34.05	3091228	3049774	2122749	1.36	45.62
弓弦乐器	只	1375686	1198908	1540632	14.74	−10.71	76723688	61202936	77840621	25.36	−1.43
其他弦乐器（如：吉他、小提琴、竖琴）	只	14160678	12313350	11954134	15.00	18.46	541339701	426899921	343756335	26.81	57.48
铜管乐器	只	760937	703480	792425	8.17	−3.97	77145556	73357324	93492407	5.16	−17.48
键盘管风琴；簧风琴及类似的游离金属簧片键盘乐器	只	613816	1205071	1493129	−49.06	−58.89	6063897	7785620	10002435	−22.11	−39.38
手风琴及类似乐器	只	281276	201069	270476	39.89	3.99	12647898	10445632	10626036	21.08	19.03
口琴	只	4161786	3572968	5037976	16.48	−17.39	10843190	9403690	10222542	15.31	6.07
其他管乐器，但游艺场风琴及手摇风琴除外	只	5285359	6321153	9031665	−16.39	−41.48	57502208	56091613	71602138	2.51	−19.69
打击乐器（如鼓、木琴、响板、响葫芦）	只	9543382	7756536	9198990	23.04	3.74	163816817	121053576	127294343	35.33	28.69
通过电产生或扩大声音的键盘乐器	只	8893540	7786958	6850234	14.21	29.83	633185214	545210195	456041252	16.14	38.84
其他通过电产生或扩大声音的乐器如：电吉他）	个	4092489	3098956	2569986	32.06	59.24	284497867	223229776	173917896	27.45	63.58
百音盒	个	13763175	11702251	17563332	17.61	−21.64	63883274	47556004	48047120	34.33	32.96
未列名的其他乐器	个	62315302	82586471	76855375	−24.55	−18.92	36085037	23062897	20149519	56.46	79.09

续表

商品名称	单位	数量					金额（美元）				
		2021年	2020年	2019年	同比（%）（2020年）	同比（%）（2019年）	2021年	2020年	2019年	同比（%）（2020年）	同比（%）（2019年）
乐器用弦	千克	436398	417218	379801	4.60	14.90	12001499	8581080	6066143	39.86	97.84
钢琴的零件、附件	千克	6005241	4149236	8540952	44.73	−29.69	42211966	30159530	49719080	39.96	−15.10
弓弦乐器的零件、附件	千克	6837326	5646147	4875631	21.10	40.23	80948829	57764282	46555818	40.14	73.87
电子乐器的零件、附件	千克	8800672	7445471	6780578	18.20	29.79	79316367	55367043	55402250	43.26	43.16
节拍器、音叉及定音管	千克	124199	119275	130049	4.13	−4.50	3281301	2499601	3229792	31.27	1.59
百音盒的机械装置	千克	194492	209835	369343	−7.31	−47.34	2861577	3023660	4339075	−5.36	−34.05
未列名乐器的零件、附件	千克	12293135	10632210	11723641	15.62	4.86	93225561	76061734	81134002	22.57	14.90
合计							2340778254	1883798839	1739141205	24.26	34.59

（数据来源：海关总署 中国轻工业信息中心 中国乐器协会信息部）

2021年中国乐器出口世界各大洲概况

洲别	占比（%）	数量（万件）					金额（亿美元）				
		2021年	2020年	2019年	同比（%）（2020年）	同比（%）（2019年）	2021年	2020年	2019年	同比（%）（2020年）	同比（%）（2019年）
北美洲	31.28	3478.61	3152.89	3454.71	10.33	0.69	7.32	5.75	5.41	27.28	35.29
欧洲	28.71	4058.21	2980.54	3594.67	36.16	12.90	6.72	5.65	4.83	19.06	39.18
亚洲	28.40	6127.39	8322.95	7488.46	−26.38	−18.18	6.65	5.49	5.01	21.18	32.84
南美洲	7.05	1034.49	919.20	1558.70	12.54	−33.63	1.65	1.18	1.38	39.82	19.27
大洋洲	2.89	310.69	231.48	219.18	34.22	41.75	0.68	0.51	0.42	32.15	59.55
非洲	1.66	994.79	1100.55	1218.17	−9.61	−18.34	0.39	0.26	0.31	51.61	26.09
合计							23.41	18.83	17.36	24.29	34.82

2021年中国乐器出口贸易组织概况

组织和地区	占比（%）	金额（美元）		
		2021年	2020年	同比（%）
亚太经合组织	62.38	1460177561	1146554382	27.35
RCEP	24.32	569209686	458955957	24.02
欧盟	21.81	510458604	400821726	27.35
“一带一路”沿线国家	18.40	430745353	372424204	15.66
东盟	10.33	241791068	201109847	20.23
金砖国家	7.38	172822722	136965847	26.18
中国香港和澳门	1.51	35327721	24502660	44.18

2021年中国乐器出口贸易方式

贸易方式	占比（%）	金额（美元）		
		2021年	2020年	同比（%）
一般贸易	61.80	1446716811	1144288030	26.43
进料加工贸易	23.73	555508824	467885836	18.73
其他	6.91	161769940	111042305	45.68
海关特殊监管区域物流货物	5.67	132707510	112601307	17.86
保税监管场所进出境货物	1.33	31148065	35863463	−13.15
边境小额贸易	0.33	7667369	8819496	−13.06
来料加工贸易	0.19	4430676	3165237	39.98
国家间、国际组织无偿援助和赠送的物资	0.02	434398	7	6205585.71
寄售、代销贸易	0.00	70530	12048	485.41
出料加工贸易	0.00	38320	120849	−68.29
对外承包工程出口货物	0.00	22553	261	8541.00

2021年中国乐器出口国家和地区

排名	国家和地区	数量（件）					金额（美元）				
		2021年	2020年	2019年	同比（%）（2020年）	同比（%）（2019年）	2021年	2020年	2019年	同比（%）（2020年）	同比（%）（2019年）
1	美国	32543719	28976434	31671751	12.31	2.75	682564343	533219295	505132467	28.01	35.13
2	德国	16297550	8476311	8616655	92.27	89.14	222297303	183874312	169713291	20.90	30.98
3	日本	7941886	8691768	9542536	−8.63	−16.77	164350117	140599574	108390959	16.89	51.63
4	英国	6215973	5879692	5683346	5.72	9.37	107356452	118697879	87860569	−9.55	22.19
5	韩国	6145257	4536894	4358723	35.45	40.99	97384064	67234928	59049780	44.84	64.92
6	荷兰	3287753	2414466	2757029	36.17	19.25	84119224	53545957	47801401	57.10	75.98
7	印度尼西亚	12824701	7429622	10259987	72.62	25.00	73364277	50915964	68352971	44.09	7.33
8	马来西亚	3045697	2215950	1999653	37.44	52.31	60804183	37197190	33190155	63.46	83.20
9	法国	2401622	1794201	1968822	33.85	21.98	60290306	46452370	46882036	29.79	28.60
10	澳大利亚	2677308	2011929	1835851	33.07	45.83	58114173	44683789	36624809	30.06	58.67
11	巴西	2628673	2437595	2982306	7.84	−11.86	53444172	45987566	50004847	16.21	6.88
12	加拿大	2242423	2552515	2875388	−12.15	−22.01	49694391	42087278	36128311	18.07	37.55
13	印度	6447560	4755908	10618352	35.57	−39.28	45082563	33951120	35458795	32.79	27.14
14	俄罗斯联邦	2252057	1934066	1985653	16.44	13.42	40205274	36121831	24268847	11.30	65.67
15	泰国	1516160	1303647	1320706	16.30	14.80	37588247	37372820	21163949	0.58	77.61
16	中国香港	975331	822971	2144327	18.51	−54.52	34850426	23885404	27483183	45.91	26.81
17	意大利	1752213	1168980	2870378	49.89	−38.96	34104333	22413270	18444632	52.16	84.90
18	菲律宾	2077415	1756218	3284891	18.29	−36.76	31537746	22397700	19762375	40.81	59.58
19	墨西哥	2303665	1831269	4554624	25.80	−49.42	28773861	19899009	24981273	44.60	15.18
20	智利	1753430	889022	1718265	97.23	2.05	25759079	10812269	15763170	138.24	63.41

续表

排名	国家和地区	数量（件）					金额（美元）				
		2021年	2020年	2019年	同比（%）（2020年）	同比（%）（2019年）	2021年	2020年	2019年	同比（%）（2020年）	同比（%）（2019年）
21	西班牙	1926820	1208953	2868382	59.38	−32.83	23812147	19534261	16829047	21.90	41.49
22	比利时	902978	1321394	2586501	−31.66	−65.09	22218690	22549536	16321231	−1.47	36.13
23	阿联酋	970785	741522	1221056	30.92	−20.50	20354433	16781759	19958046	21.29	1.99
24	新加坡	531998	1298728	816565	−59.04	−34.85	18328247	29643319	34626487	−38.17	−47.07
25	越南	1501031	1660710	1529036	−9.62	−1.83	17912350	21650965	14125290	−17.27	26.81
26	中国台湾	516799	596295	1053670	−13.33	−50.95	16505336	14240592	15281499	15.90	8.01
27	波兰	847186	1292912	1082857	−34.47	−21.76	16162618	14221478	9500414	13.65	70.13
28	土耳其	2306348	3484471	2837158	−33.81	−18.71	14082434	16540583	13560857	−14.86	3.85
29	秘鲁	673472	712464	1196065	−5.47	−43.69	13830762	8377176	9807054	65.10	41.03
30	尼日利亚	2297023	4230655	4166911	−45.71	−44.87	12875884	8697141	9843829	48.05	30.80
31	瑞典	372797	369197	402794	0.98	−7.45	11085375	8947434	8879356	23.89	24.84
32	捷克	667305	637192	954863	4.73	−30.12	9381015	8063119	8814716	16.34	6.42
33	哥伦比亚	795493	974598	1414638	−18.38	−43.77	9152469	6881984	7094807	32.99	29.00
34	阿根廷	514057	570231	891565	−9.85	−42.34	8446472	8384487	6946841	0.74	21.59
35	以色列	616451	464246	713899	32.79	−13.65	8240927	7544923	5721499	9.22	44.03
36	新西兰	319795	206696	248200	54.72	28.85	7570264	5327819	4715075	42.09	60.55
37	南非	783158	634640	1420033	23.40	−44.85	5808999	3940486	6617340	47.42	−12.22
38	巴拿马	190348	238135	406296	−20.07	−53.15	5604075	4119933	5311545	36.02	5.51
39	乌克兰	308115	191278	303532	61.08	1.51	5530825	2794702	1658331	97.90	233.52
40	希腊	433095	434625	659368	−0.35	−34.32	5512431	3472701	3888166	58.74	41.77
41	危地马拉	314479	245577	572826	28.06	−45.10	4977342	3215978	5296427	54.77	−6.02
42	加纳	468755	811791	1199214	−42.26	−60.91	4167530	2367777	2840092	76.01	46.74

续表

排名	国家和地区	数量（件）					金额（美元）				
		2021年	2020年	2019年	同比（%）（2020年）	同比（%）（2019年）	2021年	2020年	2019年	同比（%）（2020年）	同比（%）（2019年）
43	白俄罗斯	349522	297968	351066	17.30	−0.44	3496043	2520110	1536372	38.73	127.55
44	沙特阿拉伯	328511	1286264	652849	−74.46	−49.68	3439004	8215507	3589157	−58.14	−4.18
45	斯里兰卡	249308	286878	415862	−13.10	−40.05	3437390	4004815	3439859	−14.17	−0.07
46	厄瓜多尔	218677	243035	433905	−10.02	−49.60	3386356	2289923	4042570	47.88	−16.23
47	埃及	601572	574464	1084600	4.72	−44.54	3372501	2657660	3050898	26.90	10.54
48	乌拉圭	156174	110870	266296	40.86	−41.35	3266008	2886719	1901504	13.14	71.76
49	斯洛文尼亚	197105	218301	277244	−9.71	−28.91	3086020	2267252	1846178	36.11	67.16
50	哈萨克斯坦	181665	348011	178391	−47.80	1.84	2894721	3372480	2528447	−14.17	14.49
51	爱尔兰	101927	81539	129517	25.00	−21.30	2616836	1952152	2056280	34.05	27.26
52	丹麦	295016	264178	437568	11.67	−32.58	2562374	2860649	1973578	−10.43	29.83
53	巴基斯坦	10224984	37051957	17476613	−72.40	−41.49	2331491	1115866	541497	108.94	330.56
54	肯尼亚	877268	436653	469985	100.91	86.66	2089493	826013	1580127	152.96	32.24
55	瑞士	932486	467969	267135	99.26	249.07	1797652	1786326	2020985	0.63	−11.05
56	芬兰	92186	55345	81075	66.57	13.70	1727696	1343417	1230551	28.60	40.40
57	伊拉克	356836	506439	552351	−29.54	−35.40	1689899	2445883	1866585	−30.91	−9.47
58	葡萄牙	104597	288663	271272	−63.77	−61.44	1668728	2057422	1897520	−18.89	−12.06
59	罗马尼亚	135713	111810	212886	21.38	−36.25	1654477	1071746	1245298	54.37	32.86
60	缅甸	63993	17520	27093	265.26	136.20	1594756	383972	550134	315.33	189.89
61	匈牙利	199464	356490	425416	−44.05	−53.11	1541804	910028	941614	69.42	63.74
62	洪都拉斯	89667	71674	121433	25.10	−26.16	1516379	556461	1220884	172.50	24.20
63	斯洛伐克	41428	42154	67631	−1.72	−38.74	1482353	1100294	1232906	34.72	20.23

续表

排名	国家和地区	数量（件）					金额（美元）				
		2021年	2020年	2019年	同比（%）（2020年）	同比（%）（2019年）	2021年	2020年	2019年	同比（%）（2020年）	同比（%）（2019年）
64	坦桑尼亚	810242	996323	547042	−18.68	48.11	1412372	662760	716512	113.10	97.12
65	奥地利	44875	39433	95748	13.80	−53.13	1406167	1076143	1112879	30.67	26.35
66	多民族玻利维亚国	54173	24256		123.34		1269673	771412		64.59	
67	萨尔瓦多	110612	188714	189319	−41.39	−41.57	1261526	473502	1612392	166.42	−21.76
68	挪威	81957	85852	75241	−4.54	8.93	1210221	569591	543153	112.47	122.81
69	孟加拉国	1212243	2640191	439343	−54.09	175.92	1194391	1060762	1095417	12.60	9.04
70	伊朗	516190	613742	1103953	−15.89	−53.24	1155938	746198	1541351	54.91	−25.00
71	波多黎各	220762	228117	238666	−3.22	−7.50	1138397	801973	1266963	41.95	−10.15
72	阿尔及利亚	244937	186321	226325	31.46	8.22	1062763	887942	1056421	19.69	0.60
73	拉脱维亚	39912	80753	60198	−50.58	−33.70	1046587	965779	798401	8.37	31.09
74	尼泊尔联邦民主共和国	29923	28791	149506	3.93	−79.99	1016612	552826	962426	83.89	5.63
75	摩洛哥	183967	221926	232290	−17.10	−20.80	1012369	908613	807710	11.42	25.34
76	科威特	63651	40009	61488	59.09	3.52	983929	585215	695810	68.13	41.41
77	巴布亚新几内亚	68433	60815	62308	12.53	9.83	933542	760987	660427	22.68	41.35
78	哥斯达黎加	81823	187657	143577	−56.40	−43.01	930059	874119	783955	6.40	18.64
79	塞尔维亚	27481	24840	18804	10.63	46.14	832888	567405	307616	24.79	170.76
80	吉布提	418619	553130	396318	−24.32	5.63	821639	582387	336871	41.08	143.90
81	马达加斯加	328255	41046	228973	699.72	43.36	769740	259882	410587	196.19	87.47
82	安哥拉	326338	152866	287094	113.48	13.67	722917	354465	393359	103.95	83.78
83	马耳他	10066	1987	6348	406.59	58.57	708472	161672	133678	338.22	429.98
84	莫桑比克	111313	119134	106109	−6.56	4.90	684730	221998	282320	208.44	142.54
85	克罗地亚	45566	75074	85519	−39.31	−46.72	662377	716544	526022	−7.56	25.92

续表

排名	国家和地区	数量（件）					金额（美元）				
		2021年	2020年	2019年	同比（%）（2020年）	同比（%）（2019年）	2021年	2020年	2019年	同比（%）（2020年）	同比（%）（2019年）
86	约旦	151510	198170	245651	−23.55	−38.32	654237	1039039	833976	−37.03	−21.55
87	阿塞拜疆	27311	1888	14470	1346.56	88.74	652106	241840	383769	169.64	69.92
88	突尼斯	68520	132789	117530	−48.40	−41.70	645760	760215	573782	−15.06	12.54
89	吉尔吉斯斯坦	21214	823	53733	2477.64	−60.52	634713	171712	96413	269.64	558.33
90	尼加拉瓜	45253	38941	32738	16.21	38.23	634224	681171	309057	−6.89	105.21
91	格鲁吉亚	25044	52947	54044	−52.70	−53.66	620529	424802	290543	46.07	113.58
92	多米尼加共和国	72938	97057	178474	−24.85	−59.13	600341	359525	675496	66.98	−11.13
93	科特迪瓦	197722	161859	204251	22.16	−3.20	589074	421166	356037	39.87	65.45
94	斐济	16780	10408	25543	61.22	−34.31	587132	60961	181034	863.13	224.32
95	立陶宛	41553	79235	95749	−47.56	−56.60	568481	582933	1232145	−2.48	−53.86
96	巴拉圭	23731	25688	92303	−7.62	−74.29	531864	221128	703688	140.52	−24.42
97	柬埔寨	71608	79093	96253	−9.46	−25.60	520207	1412683	183265	−63.18	183.86
98	中国澳门	7544	12792		−41.03		477295	617256		−22.67	
99	保加利亚	69690	26384	105512	164.14	−33.95	426782	300779	393255	41.89	8.53
100	喀麦隆	520822	421560	252306	23.55	106.42	395185	285703	125275	38.32	215.45
101	卡塔尔	26054	41984	48586	−37.94	−46.38	382562	550233	417200	−30.47	−8.30
102	苏丹	247125	234881	169504	5.21	45.79	380984	118984	219809	220.20	73.33
103	乌兹别克斯坦	116449					332675				
104	黎巴嫩	16635	24507	192607	−32.12	−91.36	321386	148779	1062876	116.02	−69.76
105	刚果（金）	178411	245140		−27.22		294143	166847		76.30	
106	利比亚	66733	63602	123856	4.92	−46.12	289672	206186	259568	40.49	11.60
107	塞内加尔	584476	213075	300718	174.31	94.36	269696	210114	151871	28.36	77.58

续表

排名	国家和地区	数量（件）					金额（美元）				
		2021年	2020年	2019年	同比（%）（2020年）	同比（%）（2019年）	2021年	2020年	2019年	同比（%）（2020年）	同比（%）（2019年）
108	阿曼	15722	17857	26082	−11.96	−39.72	249005	462446	253436	−46.15	−1.75
109	也门	130023	131008	128221	−0.75	1.41	243497	243240	163102	0.11	49.29
110	毛里求斯	24875	26935	53375	−7.65	−53.40	238318	186401	323596	27.85	−26.35
111	塞浦路斯	8901	15821	18948	−43.74	−53.02	237393	309070	335850	−23.19	−29.32
112	蒙古	13133	13722	990	−4.29	1226.57	210719	202818	101619	3.90	107.36
113	多哥	110329	73086	169322	50.96	−34.84	210159	169688	168422	23.85	24.78
114	特立尼达和多巴哥	27626	6776	44080	307.70	−37.33	137233	45620	153446	200.82	−10.57
115	几内亚	119714	133107	51030	−10.06	134.60	123609	83635	39877	47.80	209.98
116	文莱	6453	8298	8257	−22.23	−21.85	106879	126473	83449	−15.49	28.08
117	加蓬	15300	12462	7018	22.77	118.01	103438	88777	73300	16.51	41.12
118	新喀里多尼亚	4045	2956	4203	36.84	−3.76	100577	69664	41432	44.37	142.75
119	东帝汶	21819	4445	2858	390.87	663.44	99849	63387	31845	57.52	213.55
120	牙买加	8097	12736	23489	−36.42	−65.53	97843	133985	132089	−26.97	−25.93
121	亚美尼亚	3621	723	2532	400.83	43.01	95408	14163	63786	573.64	49.58
122	巴林	9571	9018	24535	6.13	−60.99	93194	201979	140102	−53.86	−33.48
123	法属波利尼西亚	3520	3275	1786	7.48	97.09	87588	70145	37703	24.87	132.31
124	乌干达	11612	2006	53	478.86	21809.43	80392	10260	796	683.55	9999.50
125	塔吉克斯坦	923	90	23168	925.56	−96.02	79267	3400	43500	2231.38	82.22
126	爱沙尼亚	5670	1969	13813	187.96	−58.95	75974	44267	75036	71.63	1.25
127	刚果（布）	42789	9073	21200	371.61	101.83	71130	31828	16322	123.48	335.79
128	圭亚那	10010	6006	30194	66.67	−66.85	60917	13112	92851	364.59	−34.39
129	阿尔巴尼亚	37909	20909	37877	81.30	0.08	59311	139544	139305	−57.50	−57.42

续表

排名	国家和地区	数量（件）					金额（美元）				
		2021年	2020年	2019年	同比（%）（2020年）	同比（%）（2019年）	2021年	2020年	2019年	同比（%）（2020年）	同比（%）（2019年）
130	所罗门群岛	1933	1947	2319	−0.72	−16.65	54455	48906	36215	11.35	50.37
131	朝鲜	7	5073	524511	−99.86	−100.00	52600	358830	3225701	−85.34	−98.37
132	大洋洲其他国家（地区）	5798	2386	620	143.00	835.16	52186	31997	15403	63.10	238.80
133	委内瑞拉	19866	628	13049	3063.38	52.24	49668	4967	57765	899.96	−14.02
134	汤加	4047	1453	2006	178.53	101.74	44852	4326	7733	936.80	480.01
135	马提尼克	447	584	169	−23.46	164.50	43440	756	793	5646.03	5377.93
136	利比里亚	14503	5940	10503	144.16	38.08	41724	25146	47827	65.93	−12.76
137	贝宁	7594	24733	99174	−69.30	−92.34	39958	48223	62663	−17.14	−36.23
138	巴哈马	5308	560	1746	847.86	204.01	38561	18160	29720	112.34	29.75
139	留尼汪	4085	2697	5535	51.46	−26.20	38102	9366	40140	306.81	−5.08
140	马里	7142	1260	704	466.83	914.49	35114	96	20214	36477.08	73.71
141	津巴布韦	8721	3286	1060	165.40	722.74	34987	19037	11120	83.78	214.63
142	老挝	465	297	3927	56.57	−88.16	34176	8761	5642	290.09	505.74
143	佛得角	2334	2642	4868	−11.66	−52.05	33373	4140	12848	706.11	159.75
144	埃塞俄比亚	2358	12550	71431	−81.21	−96.70	25219	82630	108154	−69.48	−76.68
145	萨摩亚	2229	7193	2576	−69.01	−13.47	22315	71237	8631	−68.67	158.54
146	塞舌尔	1331	13	255	10138.46	421.96	21511	455	5301	4627.69	305.79
147	索马里	42445	38574	15960	10.04	165.95	20835	13018	6895	60.05	202.18
148	塞拉利昂	42046	45141	12091	−6.86	247.75	20774	23706	2624	−12.37	691.69
149	纳米比亚	26163	4615	13703	466.91	90.93	20720	113830	39505	−81.80	−47.55
150	毛里塔尼亚	33232	44719	15430	−25.69	115.37	18964	17869	11270	6.13	68.27
151	黑山	588	541	2359	8.69	−75.07	18671	697	1937	2578.77	863.91

续表

排名	国家和地区	数量（件）					金额（美元）				
		2021年	2020年	2019年	同比（%）（2020年）	同比（%）（2019年）	2021年	2020年	2019年	同比（%）（2020年）	同比（%）（2019年）
152	冰岛	1097	64	134	1614.06	718.66	18027	7601	8034	137.17	124.38
153	土库曼斯坦	1554		90		1626.67	17065		1871		812.08
154	英属维尔京群岛	1					16800				
155	瑙鲁	938	30		3026.67		14231	1380		931.23	
156	冈比亚	50001	15836	15010	215.74	233.12	13252	27091	7028	−51.08	88.56
157	瓦努阿图	1307	5017	5912	−73.95	−77.89	11365	17763	42265	−36.02	−73.11
158	马拉维	61297	96614	33685	−36.55	81.97	10900	18600	18403	−41.40	−40.77
159	博茨瓦纳	1176	6131	10943	−80.82	−89.25	10621	11611	44653	−8.53	−76.21
160	赞比亚	1544	2143	33710	−27.95	−95.42	9642	109108	96944	−91.16	−90.05
161	厄立特里亚	5	19		−73.68		9208	9500		−3.07	
162	海地	16323	20185	19706	−19.13	−17.17	9110	13331	12833	−31.66	−29.01
163	古巴	827	6998	6763	−88.18	−87.77	7628	159779	118230	−95.23	−93.55
164	北马其顿共和国	1186	15		7806.67		5588	196		2751.02	
165	社会群岛	357	393		−9.16		4888	2529		93.28	
166	摩尔多瓦	72	117	304	−38.46	−76.32	4710	20793	25130	−77.35	−81.26
167	叙利亚	1452	69070	712474	−97.90	−99.80	4215	235912	590041	−98.21	−99.29
168	卢旺达	925	70	2156	1221.43	−57.10	4205	73	70415	5660.27	−94.03
169	圣卢西亚	6577	16819	3623	−60.90	81.53	4135	3286	6454	25.84	−35.93
170	法属圭亚那	236	4	827	5800.00	−71.46	3580	1809	1157	97.90	209.42
171	不丹	166					3003				
172	瓜德罗普	1174	19	2590	6078.95	−54.67	2827	1133	1520	149.51	85.99
173	波黑	3500	841		316.17		2750	15605		−82.38	

续表

排名	国家和地区	数量（件）					金额（美元）				
		2021年	2020年	2019年	同比（%）（2020年）	同比（%）（2019年）	2021年	2020年	2019年	同比（%）（2020年）	同比（%）（2019年）
174	卢森堡	135	4107	17017	−96.71	−99.21	2641	27141	29384	−90.27	−91.01
175	乍得	4	1	160	300.00	−97.50	2476	15152	1181	−83.66	109.65
176	马尔代夫	512	247	2017	107.29	−74.62	2412	3411	7577	−29.29	−68.17
177	巴巴多斯	403	777		−48.13		2385	1752		36.13	
178	安提瓜和巴布达	345	273	3069	26.37	−88.76	1980	2148	8997	−7.82	−77.99
179	库克群岛	30		380		−92.11	1778		464		283.19
180	巴勒斯坦	295	3927	10685	−92.49	−97.24	1656	22454	3882	−92.62	−57.34
181	格林纳达	120		289		−58.48	1628		2152		−24.35
182	阿富汗	7150	14507	3005	−50.71	137.94	1460	31911	7580	−95.42	−80.74
183	密克罗尼西亚联邦	180	108	42	66.67	328.57	1413	640	210	120.78	572.86
184	马绍尔群岛	75	95	1	−21.05	7400.00	975	2861	67	−65.92	1355.22
185	布基纳法索	900	2401		−62.52		741	4630		−84.00	
186	多米尼克	57	108		−47.22		687	924		−25.65	
187	科摩罗	167		4		4075.00	378		40		845.00
188	基里巴斯	136	62	30	119.35	353.33	193	1305	76	−85.21	153.95
189	圣多美和普林西比	95	133	242	−28.57	−60.74	156	1056	2096	−85.23	−92.56
190	圣马丁岛	9	167		−94.61		65	1183		−94.51	
191	圣文森特和格林纳丁斯	12	420		−97.14		60	524		−88.55	
192	中非	5	7500		−99.93		10	465		−97.85	
193	苏里南	4	4080	4158	−99.90	−99.90	8	9824	8215	−99.92	−99.90

2021年立式钢琴出口国家和地区

（按出口金额排序）

排名	国家和地区	数量（台）					金额（美元）				
		2021年	2020年	2019年	同比（%）（2020年）	同比（%）（2019年）	2021年	2020年	2019年	同比（%）（2020年）	同比（%）（2019年）
1	美国	3401	2025	2623	67.95	29.66	6004033	3346275	4454117	79.42	34.80
2	德国	2380	1643	1634	44.86	45.65	3837168	2258981	2354432	69.86	62.98
3	中国香港	1058	746	565	41.82	87.26	2671922	1819369	1193224	46.86	123.92
4	新加坡	908					1897402				
5	荷兰	1060	620	847	70.97	25.15	1844769	1012144	1418572	82.26	30.04
6	澳大利亚	1154	562	797	105.34	44.79	1593945	804511	1705133	98.13	−6.52
7	法国	1055	501	435	110.58	142.53	1489037	615690	588821	141.85	152.88
8	捷克	731	179	236	308.38	209.75	1315540	300761	365699	337.40	259.73
9	比利时	739	592	681	24.83	8.52	1281810	709045	936403	80.78	36.89
10	波兰	862	553	865	55.88	−0.35	1021195	644902	955003	58.35	6.93
11	加拿大	648	210	191	208.57	239.27	1016070	325337	282907	212.31	259.15
12	日本	413	272	482	51.84	−14.32	864461	473011	786520	82.76	9.91
13	英国	539	399	577	35.09	−6.59	782305	547311	366116	42.94	113.68
14	马来西亚	860	368	331	133.70	159.82	581336	374017	409169	55.43	42.08
15	意大利	399	316	496	26.27	−19.56	576940	404881	463523	42.50	24.47
16	俄罗斯联邦	332	654	339	−49.24	−2.06	511993	950295	514450	−46.12	−0.48
17	韩国	173	272	409	−36.40	−57.70	365971	573705	828253	−36.21	−55.81
18	越南	121	143	125	−15.38	−3.20	353937	247504	237121	43.00	49.26
19	中国台湾	67	115		−41.74		322040	219334		46.83	

续表

排名	国家和地区	数量（台）					金额（美元）				
		2021年	2020年	2019年	同比（%）（2020年）	同比（%）（2019年）	2021年	2020年	2019年	同比（%）（2020年）	同比（%）（2019年）
20	新西兰	106	123	97	−13.82	9.28	300730	347741	243933	−13.52	23.28
21	土耳其	278	176	285	57.95	−2.46	296069	214654	316603	37.93	−6.49
22	以色列	208	118	101	76.27	105.94	286606	170404	139672	68.19	105.20
23	巴西	359	170	318	111.18	12.89	283880	136949	228701	107.29	24.13
24	奥地利	168	125	173	34.40	−2.89	280218	183528	256947	52.68	9.06
25	阿联酋	181	127		42.52		266477	172753		54.25	
26	印度	145	69	148	110.14	−2.03	237537	209521	235345	13.37	0.93
27	中国澳门	164	162		1.23		236787	237152		−0.15	
28	泰国	130	63	116	106.35	12.07	186009	129943	171229	43.15	8.63
29	爱尔兰	148	105	116	40.95	27.59	184270	118610	107096	55.36	72.06
30	阿塞拜疆	94	41	72	129.27	30.56	139882	40496	85809	245.42	63.02
31	墨西哥	76	26	19	192.31	300.00	95161	49277	22535	93.11	322.28
32	印度尼西亚	37	28	270	32.14	−86.30	92432	66683	428801	38.61	−78.44
33	突尼斯	68		34		100.00	77384		40385		91.62
34	塞浦路斯	47	73	71	−35.62	−33.80	69379	102949	106899	−32.61	−35.10
35	菲律宾	46	127	42	−63.78	9.52	66318	89404	60424	−25.82	9.75
36	伊朗	36	90	42	−60.00	−14.29	60516	157678	69887	−61.62	−13.41
37	厄瓜多尔	41		50		−18.00	55367		66433		−16.66
38	立陶宛	17		13		30.77	40950		22751		79.99
39	文莱	16	8	12	100.00	33.33	33932	16038	28010	111.57	21.14
40	智利	18	13		38.46		32953	19844		66.06	
41	哈萨克斯坦	24	20	66	20.00	−63.64	31518	32923	90851	−4.27	−65.31

续表

排名	国家和地区	数量（台）					金额（美元）				
		2021年	2020年	2019年	同比（%）（2020年）	同比（%）（2019年）	2021年	2020年	2019年	同比（%）（2020年）	同比（%）（2019年）
42	秘鲁	24	46	41	−47.83	−41.46	30496	47969	49976	−36.43	−38.98
43	西班牙	15	38	60	−60.53	−75.00	27292	67967	84280	−59.85	−67.62
44	尼日利亚	17		21		−19.05	24048		9374		156.54
45	马耳他	14	46	28	−69.57	−50.00	23060	72752	42381	−68.30	−45.59
46	希腊	12	14	58	−14.29	−79.31	22708	24302	82702	−6.56	−72.54
47	摩洛哥	13		14		−7.14	21651		17524		23.55
48	巴拉圭	17					21190				
49	南非	12	11	1	9.09	1100.00	19313	16126	680	19.76	2740.15
50	多民族玻利维亚国	15	8		87.50		18350	11280		62.68	
51	莫桑比克	4					18296				
52	巴拿马	14	2	17	600.00	−17.65	16287	1891	18843	761.29	−13.56
53	丹麦	10	8	32	25.00	−68.75	14700	11710	46110	25.53	−68.12
54	波多黎各	10	10	10	0.00	0.00	12568	11086	13645	13.37	−7.89
55	伊拉克	11		29		−62.07	11730		33975		−65.47
56	蒙古	15	6		150.00		11595	589		1868.59	
57	乌克兰	8					10975				
58	阿根廷	9	31	248	−70.97	−96.37	10935	50546	303638	−78.37	−96.40
59	斯洛伐克	7	8	16	−12.50	−56.25	10461	16800	21204	−37.73	−50.66
60	土库曼斯坦	20					9000				
61	沙特阿拉伯	31		1		3000.00	8190		250		3176.00
62	罗马尼亚	6	16		−62.50		7905	21520		−63.27	
63	约旦	7		3		133.33	7890		3300		139.09

续表

排名	国家和地区	数量（台）					金额（美元）				
		2021年	2020年	2019年	同比（%）（2020年）	同比（%）（2019年）	2021年	2020年	2019年	同比（%）（2020年）	同比（%）（2019年）
64	格鲁吉亚	13		24		−45.83	7277		28200		−74.20
65	哥伦比亚	5	10	61	−50.00	−91.80	7228	13412	80811	−46.11	−91.06
66	加纳	4	10		−60.00		6071	12927		−53.04	
67	巴林	4	2	4	100.00	0.00	5000	2466	5603	102.76	−10.76
68	萨尔瓦多	3		2		50.00	4200		2845		47.63
69	肯尼亚	2		39		−94.87	2965		79842		−96.29
70	朝鲜	1	157	1200	−99.36	−99.92	2800	211400	1874210	−98.68	−99.85
71	坦桑尼亚	1	5		−80.00		2770	7888		−64.88	
72	吉布提	3		5		−40.00	2389		7697		−68.96
73	刚果（金）	1					1886				
74	科威特	1					1680				
75	牙买加	1	15	5	−93.33	−80.00	1425	20772	4000	−93.14	−64.38
76	多哥	1					385				
77	孟加拉国	1	4	6	−75.00	−83.33	110	4652	8535	−97.64	−98.71

2021年三角钢琴出口国家和地区

（按出口金额排序）

排名	国家或地区	数量（台）					金额（美元）				
		2021年	2020年	2019年	同比（%）（2020年）	同比（%）（2019年）	2021年	2020年	2019年	同比（%）（2020年）	同比（%）（2019年）
1	美国	2335	1216	1588	70.47	47.04	8858571	4633448	5839600	91.19	51.70
2	中国香港	84	68	1898	0.84	−95.57	2919022	2199543	466615	32.71	525.57
3	澳大利亚	166	143	194	11.86	−14.43	1713092	1938775	1221862	−11.64	40.20
4	德国	274	162	405	27.65	−32.35	1667002	789338	1325940	111.19	25.72
5	中国台湾	37	26	419	2.63	−91.17	1398627	1029095	1087655	35.91	28.59
6	新加坡	154	41	189	59.79	−18.52	1357013	1550888	2220097	−12.50	−38.88
7	捷克	213	363	328	−45.73	−35.06	1108733	1824635	1343636	−39.24	−17.48
8	荷兰	191	80	169	65.68	13.02	953527	477420	453167	99.72	110.41
9	英国	158	151	376	1.86	−57.98	692971	628070	526339	10.33	31.66
10	马来西亚	50	43	202	3.47	−75.25	585588	455142	524905	28.66	11.56
11	加拿大	139	64	283	26.50	−50.88	552195	649675	272484	−15.00	102.65
12	日本	76	71	245	2.04	−68.98	468611	1306800	452374	−64.14	3.59
13	俄罗斯联邦	81	78	427	0.70	−81.03	414374	371646	297490	11.50	39.29
14	韩国	77	54	218	10.55	−64.68	388155	307219	1166383	26.34	−66.72
15	巴西	117	82	115	30.43	1.74	386737	256275	337722	45.24	14.51
16	印度	22	38	22	−72.73	0.00	382578	78877	109255	385.03	250.17
17	新西兰	29	25	22	18.18	31.82	357016	386435	355660	−7.61	0.38
18	法国	69	7	151	41.06	−54.30	324837	38766	228162	737.94	42.37
19	泰国	48	48	67	0.00	−28.36	321121	653888	552089	−50.89	−41.84

续表

排名	国家或地区	数量（台）					金额（美元）				
		2021年	2020年	2019年	同比（%）（2020年）	同比（%）（2019年）	2021年	2020年	2019年	同比（%）（2020年）	同比（%）（2019年）
20	阿联酋	71					282978				
21	比利时	41	230	86	−219.77	−52.33	232687	358283	391230	−35.05	−40.52
22	意大利	60	20	173	23.12	−65.32	227378	75407	158468	201.53	43.49
23	波兰	42	39	65	4.62	−35.38	224955	167841	237207	34.03	−5.17
24	爱尔兰	68	60	61	13.11	11.48	183630	157820	174511	16.35	5.23
25	印度尼西亚	15	1	27	51.85	−44.44	174955	7665	96655	2182.52	81.01
26	以色列	47	10	26	142.31	80.77	164775	36199	63354	355.19	160.09
27	格鲁吉亚	72	2				162217	6570		2369.06	
28	越南	11	28	25	−68.00	−56.00	144077	488950	389014	−70.53	−62.96
29	奥地利	25	27	49	−4.08	−48.98	131977	124218	171086	6.25	−22.86
30	阿塞拜疆	32	20	33	36.36	−3.03	119421	67766	119222	76.23	0.17
31	土耳其	35	23	33	36.36	6.06	117685	78795	99354	49.36	18.45
32	加纳	34	3				109368	10517		939.92	
33	菲律宾	12	8	224	1.79	−94.64	82113	27043	102093	203.64	−19.57
34	白俄罗斯	15					72800				
35	摩洛哥	11		1	1100.00	1000.00	64812		3176		1940.68
36	尼日利亚	14	1	2	650.00	600.00	57046	2735	8902	1985.78	540.82
37	墨西哥	16	11	70	7.14	−77.14	56487	39507	23769	42.98	137.65
38	丹麦	11	21	24	−41.67	−54.17	45324	94114	57121	−51.84	−20.65
39	南非	8	4	1	400.00	700.00	41147	16510	4939	149.22	733.10
40	塞浦路斯	9	6	9	33.33	0.00	38740	30609	35277	26.56	9.82
41	希腊	5	3	5	40.00	0.00	33611	11216	22448	199.67	49.73

续表

排名	国家或地区	数量（台）					金额（美元）				
		2021年	2020年	2019年	同比（%）（2020年）	同比（%）（2019年）	2021年	2020年	2019年	同比（%）（2020年）	同比（%）（2019年）
42	中国澳门	12	7	5	100.00	140.00	30824	31067	27063	−0.78	13.90
43	委内瑞拉	2					29360				
44	伊朗	5	11	5	−120.00	0.00	28798	42102	22334	−31.60	28.94
45	阿根廷	6	24	2	−900.00	200.00	24960	87899	7818	−71.60	219.26
46	约旦	4		7	57.14	−42.86	22190		22793		−2.65
47	智利	4	1	21	14.29	−80.95	18735	3460	32097	441.47	−41.63
48	伊拉克	12	5				18640	11370		63.94	
49	乌克兰	5		1	500.00	400.00	17745		4705		277.15
50	厄瓜多尔	4		7	57.14	−42.86	16600		25364		−34.55
51	瑞士	2		5	40.00	−60.00	14740		24661		−40.23
52	巴拉圭	4		1	400.00	300.00	14180		7000		102.57
53	马耳他	3	8	4	−125.00	−25.00	13898	30353	16791	−54.21	−17.23
54	哥伦比亚	1	5	15	−26.67	−93.33	13513	16932	53039	−20.19	−74.52
55	贝宁	1					13489				
56	巴拿马	3	1	2	100.00	50.00	12850	5580	14368	130.29	−10.57
57	波多黎各	3	5	6	−33.33	−50.00	11160	21590	16904	−48.31	−33.98
58	安哥拉	2					10946				
59	塞尔维亚	1					10500				
60	牙买加	2	3	1	−100.00	100.00	10460	9690	5230	7.95	100.00
61	卡塔尔	2		6	33.33	−66.67	10280		35590		−71.12
62	哈萨克斯坦	2	10	10	−80.00	−80.00	10000	35708	38995	−72.00	−74.36
63	科威特	1					9697				

续表

排名	国家或地区	数量（台）					金额（美元）				
		2021年	2020年	2019年	同比（%）（2020年）	同比（%）（2019年）	2021年	2020年	2019年	同比（%）（2020年）	同比（%）（2019年）
64	罗马尼亚	2	1	2	50.00	0.00	6820	3260	3158	109.20	115.96
65	古巴	1					6505				
66	沙特阿拉伯	1	1	29	0.00	−96.55	4150	3300	23777	25.76	−82.55
67	巴林	1	3	1	−200.00	0.00	3900	30190	26173	−87.08	−85.10
68	乌兹别克斯坦	24		16	150.00	50.00	3780		123734		−96.95
69	黑山	1					3637				
70	西班牙	3	5	137	−1.46	−97.81	2129	43350	1014	−95.09	109.96
71	巴基斯坦	1		1	100.00	0.00	1000		4999		−80.00
72	纳米比亚	1					680				
73	坦桑尼亚	1					200				
74	黎巴嫩	1	1	3	0.00	−66.67	185	11316	13620	−98.37	−98.64

2021年中国乐器海关进口量值

商品名称	单位	数量					金额（美元）				
		2021年	2020年	2019年	同比（%）（2020年）	同比（%）（2019年）	2021年	2020年	2019年	同比（%）（2020年）	同比（%）（2019年）
竖式钢琴（包括自动钢琴）	台	178334	149872	189515	18.99	−5.90	170053688	137127940	182475895	24.01	−6.81
大钢琴（包括自动钢琴）	台	9808	7656	8874	28.11	10.53	101682053	79447866	85883133	27.99	18.40
拨弦古钢琴及其他键盘弦乐器	台	287	697	433	−58.82	−33.72	704064	1313457	1118468	−46.40	−37.05
弓弦乐器	只	4333	1755	1203	146.89	260.18	1908340	769047	1404385	148.14	35.88
其他弦乐器（如：吉他、小提琴、竖琴）	只	264258	169152	216958	56.23	21.80	29998026	18152815	20187856	65.25	48.59
铜管乐器	只	8632	4644	8305	85.87	3.94	5015287	4072342	8195135	23.15	−38.80
键盘管风琴；簧风琴及类似的游离金属簧片键盘乐器	只	169	275	417	−38.55	−59.47	1383357	1506817	862020	−8.19	60.48
手风琴及类似乐器	只	2651	884	3213	199.89	−17.49	1681802	691673	1073629	143.15	56.65
口琴	只	124107	89613	71248	38.49	74.19	3424308	2443539	1810983	40.14	89.09
其他管乐器，但游艺场风琴及手摇风琴除外	只	443495	330240	384311	34.29	15.40	25013256	16026911	13743126	56.07	82.01
打击乐器（如鼓、木琴、响板、响葫芦）	只	1663260	1220873	1845437	36.24	−9.87	17201381	11288101	20812347	52.39	−17.35
通过电产生或扩大声音的键盘乐器	只	227958	133860	114498	70.30	99.09	62905792	54175481	57889044	16.11	8.67
其他通过电产生或扩大声音的乐器（如：电吉他）	个	91787	68561	77797	33.88	17.98	31711043	22070480	20470901	43.68	54.91
百音盒	个	32487	22946	22622	41.58	43.61	1020384	941408	760447	8.39	34.18
未列名的其他乐器	个	713412	467581	508968	52.58	40.17	1286025	586302	902070	119.35	42.56
乐器用弦	千克	545069	547901	397678	−0.52	37.06	14473069	11405530	10688443	26.90	35.41
钢琴的零件、附件	千克	5879700	4866645	6891965	20.82	−14.69	29689474	25357236	31027317	17.08	−4.31
弓弦乐器的零件、附件	千克	365706	487779	309909	−25.03	18.00	9250330	7443820	7226202	24.27	28.01

续表

商品名称	单位	数量					金额（美元）				
		2021年	2020年	2019年	同比（%）（2020年）	同比（%）（2019年）	2021年	2020年	2019年	同比（%）（2020年）	同比（%）（2019年）
电子乐器的零件、附件	千克	2479235	1719109	2160598	44.22	14.75	33413870	23536127	24201445	41.97	38.07
节拍器、音叉及定音管	千克	46373	47904	43514	−3.20	6.57	2077102	2009484	1839659	3.36	12.91
百音盒的机械装置	千克	972	16194	88656	−94.00	−98.90	20243	75724	340888	−73.27	−94.06
未列名乐器的零件、附件	千克	828122	703004	1149899	17.80	−27.98	27723536	23291321	35417760	19.03	−21.72
合计							571636430	443733421	528331153	28.82	8.20

（数据来源：海关总署 中国轻工业信息中心 中国乐器协会信息部）

2021年中国乐器进口国家和地区

排名	国家和地区	数量（件）					金额（美元）				
		2021年	2020年	2019年	同比（%）（2020年）	同比（%）（2019年）	2021年	2020年	2019年	同比（%）（2020年）	同比（%）（2019年）
1	日本	6531889	5312743	7226483	22.95	−9.61	188825823	154497482	170470280	22.22	10.77
2	印度尼西亚	3249348	2096331	3140104	55.00	3.48	134408644	92585025	138990811	45.02	−3.30
3	德国	694910	653609	678231	6.32	2.46	78447176	65582307	64261691	19.62	22.07
4	美国	239664	408612	276369	−41.35	−13.28	34601074	22786808	25573468	51.85	35.30
5	韩国	371074	286737	299812	29.41	23.77	30906782	25962249	35083990	19.05	−11.91
6	中国台湾	933251	778910	1486751	19.81	−37.23	20350413	15394170	22934565	32.20	−11.27
7	马来西亚	525455	486550	521569	8.00	0.75	19499349	20712936	18488408	−5.86	5.47
8	法国	37554	24461	27582	53.53	36.15	17034873	10683647	9973967	59.45	70.79
9	意大利	298625	182139	93791	63.95	218.39	8854955	5123710	5574669	72.82	58.84
10	墨西哥	21412	16559	29880	29.31	−28.34	6522907	4948749	6999519	31.81	−6.81
11	中国内地	165886	139188	193760	19.18	−14.39	6195698	5056751	6589920	22.52	−5.98
12	捷克	3857	3391	4193	13.74	−8.01	4788105	4177544	6139562	14.62	−22.01
13	奥地利	2284	8956	5123	−74.50	−55.42	2610060	2943284	2098953	−11.32	24.35
14	印度	122531	265663	25571	−53.88	379.18	2448961	1578333	241880	55.16	912.47
15	泰国	71198	64378	74358	10.59	−4.25	2301906	1785543	2222976	28.92	3.55
16	加拿大	90984	154392	159549	−41.07	−42.97	2131607	1580704	2155107	34.85	−1.09
17	荷兰	3625	2593	3190	39.80	13.64	1973969	1501328	2224148	31.48	−11.25
18	越南	42499	2904	3521	1363.46	1107.02	1468455	377067	371080	289.44	295.72
19	英国	42497	32242	79708	31.81	−46.68	1225075	711268	948631	72.24	29.14
20	尼泊尔联邦民主共和国	367274	53625	29222	584.89	1156.84	1009020	169401	76150	495.64	1225.04

续表

排名	国家和地区	数量（件）					金额（美元）				
		2021年	2020年	2019年	同比（%）（2020年）	同比（%）（2019年）	2021年	2020年	2019年	同比（%）（2020年）	同比（%）（2019年）
21	波兰	206	379	4214	−45.65	−95.11	1004322	2128849	2249462	−52.82	−55.35
22	瑞典	5148	3591	5820	43.36	−11.55	952040	745155	925264	27.76	2.89
23	丹麦	927	604	678	53.48	36.73	875807	636386	598082	37.62	46.44
24	西班牙	60561	56314	68369	7.54	−11.42	598646	419180	508568	42.81	17.71
25	朝鲜	1373	310	2455	342.90	−44.07	441369	152233	160160	189.93	175.58
26	土耳其	4087	3409	6060	19.89	−32.56	408920	296828	476490	37.76	−14.18
27	罗马尼亚	1938	1032	748	87.79	159.09	362808	119181	72326	204.42	401.63
28	爱沙尼亚	10		10		0.00	235855		204128		15.54
29	俄罗斯联邦	641	36	413	1680.56	55.21	177146	52457	116163	237.70	52.50
30	瑞士	747	1141	2757	−34.53	−72.91	109515	318894	560450	−65.66	−80.46
31	巴西	2507	585	357	328.55	602.24	99665	54758	43069	82.01	131.41
32	菲律宾	606	640	843	−5.31	−28.11	93295	94423	70134	−1.19	33.02
33	匈牙利	559	315	260	77.46	115.00	84729	50278	55405	68.52	52.93
34	阿根廷	1109	1463	1076	−24.20	3.07	82643	61126	82339	35.20	0.37
35	保加利亚	2359	1404	2445	68.02	−3.52	74542	51014	79408	46.12	−6.13
36	斯洛文尼亚	186	79	47	135.44	295.74	57602	12206	9147	371.92	529.74
37	中国香港	75	1832	1168	−95.91	−93.58	49889	26458	87163	88.56	−42.76
38	格鲁吉亚	51		22		131.82	47620		33833		40.75
39	埃及	500	189	501	164.55	−0.20	44377	12085	9288	267.21	377.79
40	澳大利亚	247	72	603	243.06	−59.04	39198	24234	92522	61.75	−57.63
41	几内亚	1614	663	2643	143.44	−38.93	26595	14840	22319	79.21	19.16
42	比利时	139	47	71	195.74	95.77	25456	5014	14380	407.70	77.02

续表

排名	国家和地区	数量（件）					金额（美元）				
		2021年	2020年	2019年	同比（%）（2020年）	同比（%）（2019年）	2021年	2020年	2019年	同比（%）（2020年）	同比（%）（2019年）
43	葡萄牙	57	17	47	235.29	21.28	21015	6976	19424	201.25	8.19
44	斯洛伐克	1018	3	14	33833.33	7171.43	11734	3418	12025	243.30	−2.42
45	爱尔兰	909	5713	9741	−84.09	−90.67	10327	32465	12962	−68.19	−20.33
46	哥伦比亚	6	83	38	−92.77	−84.21	10308	7853	12676	31.26	−18.68
47	新加坡	314	140	129	124.29	143.41	9027	17688	7930	−48.97	13.83
48	乌克兰	641	133	368	381.95	74.18	8190	2384	10393	243.54	−21.20
49	芬兰	112	83	45	34.94	148.89	8053	33139	2507	−75.70	221.22
50	新西兰	108		68		58.82	7696		6137		25.40
51	以色列	49	195	115	−74.87	−57.39	7585	14761	9314	−48.61	−18.56
52	巴基斯坦	84	209	442	−59.81	−81.00	6692	8253	32273	−18.91	−79.26
53	智利	2285	250	1666	814.00	37.15	6061	844	5840	618.13	3.78
54	蒙古	61	710		−91.41		5860	6441		−9.02	
55	加纳	1680		2936		−42.78	3978		15329		−74.05
56	哈萨克斯坦	71	59		20.34		3965	1097		261.44	
57	南非	97	10	32	870.00	203.13	3843	1565	6570	145.56	−41.51
58	秘鲁	630	40	11937	1475.00	−94.72	2114	180	11224	1074.44	−81.17
59	克罗地亚	2					2087				
60	马里	493		2980		−83.46	2057		13548		−84.82
61	乌拉圭	1		6		−83.33	1900		720		163.89
62	伊朗	36	121	8	−70.25	350.00	1872	7314	1283	−74.41	45.91
63	白俄罗斯	39	26		50.00		1247	5956		−79.06	
64	科特迪瓦	9		785		−98.85	1045		15741		−93.36

续表

排名	国家和地区	数量（件）					金额（美元）				
		2021年	2020年	2019年	同比（%）（2020年）	同比（%）（2019年）	2021年	2020年	2019年	同比（%）（2020年）	同比（%）（2019年）
65	孟加拉国	1					500				
66	非洲其他国家（地区）	4					371				
67	希腊	1					361				
68	突尼斯	1	154		−99.35		354	8055		−95.61	
69	立陶宛	1	227		−99.56		301	18227		−98.35	
70	乌兹别克斯坦	2					255				
71	埃塞俄比亚	10	1		900.00		200	61		227.87	
72	摩洛哥	2					129				
73	伊拉克	1					112				
74	阿富汗	2					106				
75	贝宁	10		1		900.00	92		100		−8.00
76	挪威	8	2		300.00		47	1850		−97.46	
77	尼日利亚	2	2		0.00		35	35		0.00	
78	柬埔寨	1	2		−50.00		20	110		−81.82	

2021年立式钢琴进口国家和地区

（按进口金额排序）

排名	国家和地区	数量（台）					金额（美元）				
		2021年	2020年	2019年	同比（%）（2020年）	同比（%）（2019年）	2021年	2020年	2019年	同比（%）（2020年）	同比（%）（2019年）
1	日本	76375	69152	81771	10.45	−6.60	95895222	82019782	91580235	16.92	4.71
2	印度尼西亚	18975	12194	24188	55.61	−21.55	40744613	25116991	49296464	62.22	−17.35
3	韩国	80042	66114	80294	21.07	−0.31	21323303	18856048	28137417	13.08	−24.22
4	德国	680	635	728	7.09	−6.59	6965714	6241138	7379915	11.61	−5.61
5	捷克	795	674	878	17.95	−9.45	3195540	2569081	3575032	24.38	−10.62
6	波兰	97	266	241	−63.53	−59.75	678944	1663619	1419172	−59.19	−52.16
7	中国台湾	512	275	615	86.18	−16.75	384132	188981	406483	103.26	−5.50
8	中国内地	519	296	367	75.34	41.42	321132	164783	182859	94.88	75.62
9	奥地利	10	1	15	900.00	−33.33	133726	38565	54723	246.75	144.37
10	法国	73	23	31	217.39	135.48	119752	24091	24007	397.08	398.82
11	英国	69	61	76	13.11	−9.21	92313	46149	90253	100.03	2.28
12	美国	71	37	61	91.89	16.39	73842	27396	166541	169.54	−55.66
13	格鲁吉亚	51		16		218.75	47620		29000		64.21
14	荷兰	5	9	10	−44.44	−50.00	35517	16736	14711	112.22	141.43
15	马来西亚	22	77	112	−71.43	−80.36	11350	86328	101270	−86.85	−88.79
16	丹麦	10	2	2	400.00	400.00	11017	1996	400	451.95	2654.25
17	意大利	8	5	4	60.00	100.00	5383	6468	3225	−16.77	66.91
18	加拿大	8	29	29	−72.41	−72.41	4422	29422	36803	−84.97	−87.98
19	俄罗斯联邦	3	5	13	−40.00	−76.92	2125	2931	2575	−27.50	−17.48

续表

排名	国家和地区	数量（台）					金额（美元）				
		2021年	2020年	2019年	同比（%）（2020年）	同比（%）（2019年）	2021年	2020年	2019年	同比（%）（2020年）	同比（%）（2019年）
20	比利时	1		7		−85.71	1609		7222		−77.72
21	瑞典	2					1499				
22	澳大利亚	1	1		0.00		1430	2249		−36.42	
23	中国香港	1					1000				
24	印度	1		1		0.00	881		638		38.09
25	南非	1					601				
26	芬兰	1	3		−66.67		501	4332		−88.43	
27	孟加拉国	1					500				

2021年三角钢琴进口国家和地区

（按进口金额排序）

排名	国家和地区	数量（台）					金额（美元）				
		2021年	2020年	2019年	同比（%）（2020）	同比（%）（2019）	2021年	2020年	2019年	同比（%）（2020）	同比（%）（2019）
1	德国	891	716	628	24.44	41.88	49614080	39448167	36830091	25.77	34.71
2	日本	6417	5186	5383	23.74	19.21	35878244	28968460	29887617	23.85	20.04
3	印度尼西亚	1962	1376	2241	42.59	−12.45	10427135	7162025	11300605	45.59	−7.73
4	意大利	23	10	16	130.00	43.75	2164658	763154	902607	183.65	139.82
5	捷克	75	92	117	−18.48	−35.90	1140609	1259744	1699454	−9.46	−32.88
6	奥地利	15	10	15	50.00	0.00	653029	535239	1054488	22.01	−38.07
7	美国	98	65	120	50.77	−18.33	583238	509202	2488230	14.54	−76.56
8	波兰	19	27	49	−29.63	−61.22	314471	461218	812730	−31.82	−61.31
9	爱沙尼亚	10		10		0.00	235855		204128		15.54
10	韩国	237	115	222	106.09	6.76	197190	108660	191274	81.47	3.09
11	泰国	1					145290				
12	英国	26	12	18	116.67	44.44	112067	70225	193978	59.58	−42.23
13	丹麦	4	1	1	300.00	300.00	98267	2689	281	3554.41	34870.46
14	法国	15	3	10	400.00	50.00	68541	23120	58386	196.46	17.39
15	荷兰	1					26863				
16	中国内地	11	17	18	−35.29	−38.89	15258	82344	102052	−81.47	−85.05
17	澳大利亚	1		1		0.00	5722		50686		−88.71
18	俄罗斯联邦	1	21	14	−95.24	−92.86	1150	24647	33770	−95.33	−96.59
19	马来西亚	1		1		0.00	386		1204		−67.94

中国乐器

年鉴

2022

CHINA MUSICAL INSTRUMENT YEARBOOK

工作要点

中国乐器协会2021年工作总结

2021年是“十四五”规划开局之年。协会在中国轻工联党委领导下，认真落实中央部署和上级党委要求，以党建工作为统领，围绕“让乐器成为家庭标配，让音乐成为生活刚需”远景目标，以“扩大乐器中高端产品比重”和“扩大音乐人口”为工作重点，不断加强自身服务能力和制度建设，夯实三个基础，完善六大平台；按照“科技创新年”工作整体规划，引导全行业实施“六轮驱动、两翼发力”，全力推进“四个一工程”，从供需双向发力，促进乐器行业高质量发展。

一、提高政治站位，引领产业融入国家发展大局

（一）强化学习，不断提高综合素质

通过国资委的“国资e学”等平台，全面参与“学习贯彻党的十九届五中全会精神网络培训班”“党史学习教育专题网络培训班”和“学习贯彻党的十九届六中全会精神网络培训班”的系统学习，安排专人参加中国轻工业联合会组织召开的“中国轻工联、总社党委党史学习教育现场推进会”和“学习贯彻党的十九届六中全会精神培训班”。每次学习活动协会党支部都推荐相关同志进行宣讲，结合协会工作交流学习体会。通过学习交流，协会全体党员和员工都能做到时刻牢记初心使命，不断增强“四个意识”，坚定“四个自信”，做到“两个维护”。

（二）联系实际，为行业献计策谋发展

一是针对下行压力加大、不确定因素增多、企业经营困难等问题，协会加大调研力度，增加沟通频次。协会先后赴北京、上海、天津、河北（肃宁、武强）、江苏（泰兴、靖江、常州、扬州）、山东郿部、福建（漳州、厦门）、浙江（杭州、宁波、洛舍）、广东（广州、深圳、惠州）、贵州正安等20多个地区的乐器企业实地调研，详细了解企业和地方乐器生产形势，与当地政府积极沟通和探讨后疫情时期乐器产业发展思路，寻找解决困难的出路。二是在深入调研的同时，务实商研诉求建议，争取政策支持助推产业。协会在9—10月份商请中国轻工业联合会就行业发展中亟待解决的问题认真分析研究，分别向工信部、发改委、海关总署、商务部、中财办、国务院研究室等部委办提交了专题报告和专项请示，并相继得到阶段性成果。包括建议加快实施进口旧钢琴税号管理，严控进口旧钢琴低价冲击市场，损害我国消费者权益和钢琴生产企业；在2021年上半年国家林草局已恢复进口证明书的基础上，尽快恢复越南蟒蛇皮进口审批，同时强化民族乐器材料进口监管与支持力度；严控哄抬芯片、集成电路进口价格，促进芯片科技国际化合作交流，强化数字音频建模和算法技术人才培育；就10个类别的乐器出口企业施行金融政策，提高乐器出口退税率，加大乐器出口扶持力度；建议教育主管部门对校外学科类和非学科类培训区别对待，分类指导，增强政策实施的灵活性，促进校外美育教育可持续性发展；“拉闸限电”现象一出现，协会快速反应，对重点地区的会员企业情况进行跟踪了解，并向工信部、发改委等部门提出了运行问题的诉求建议；由工信部消费品工业司主导编制的《全国轻工业现代产业体系建设指导意见》征求意见稿中，协会在科技研发、技术改造、标准体系、智能化等14处涉乐内容提出修改意见，并对各地政府提高对产业集群的基础设施投入和专项政策扶持、修订单项冠军和专精特新小巨人评选标准等提出相关建议等。

（三）学党史，办实事，求实效

协会党支部把组织参观平津战役纪念馆、观摩学习《伟大征程——庆祝中国共产党成立100周年

特展》等党建活动和学习习近平总书记“七一”讲话、“十一”讲话精神结合起来，在网站开设专栏，并在全行业形成互动，引导全行业掀起学党史的热潮。同时，按中央要求，注重为职工为企业办实事。2021年，党支部和工会联合起来，扎扎实实为职工着想，从细微处做起为大家办实事。为了适应工作需要和营造温馨办公环境，重新装修了办公场所；参与民政部牵头的为职工购买补充医疗保险活动；为职工购买口罩等防疫物资，在2021年协会收入减少的情况下，职工人均收入增长率为11.5%，激发了团队爱岗敬业、全心全意为行业服务的热情。初步统计，全年为企业办实事数十件。

（四）坚持“三重一大”制度

对行业和协会重点工作进行认真研究、科学决策。累计召开理事长办公会33次，党支部组织生活会、民主生活会、小组学习等共12次。同时协会还接待相关单位来访座谈10余次，及时了解行业企业动态情况。

二、布局科技创新，推动行业高质量发展

（一）“四个一工程”有序落实，行业科技创新成绩突出

以行业专家委为支撑，40多家骨干企业推荐了各自科技负责人和联络人，形成了协会和分支机构组织协调、专家委针对性指导、企业落地推动的科技创新“三级联动”工作体系；共建了47个技术研发平台，其中省部级25个，协会命名的研发基地4个，地方（县、市）命名的平台6个，企业与有关科研院所共建企业级平台11家；集中推动和评价了一批优秀科技项目，其中，中国轻工业科学技术奖推荐19个项目，工信部和中轻联共同评选的“升级和创新消费品（轻工）第八批”推荐20个产品，中国轻工业工业设计中心推荐4家，中国轻工业重点实验室推荐1家，中国轻工业工程技术研究中心推荐3家，推荐专利奖3个，行业征集的三级科技项目53个；组织了一场“科技创新成果展示”活动。

（二）科技投入持续增量，助力行业升级发展

协会以“扩大乐器中高端产品比重”为抓手，激励全产业链科技创新，并注重多元产业融合，鼓励引导企业加大科技创新投入力度与强度。一年来，全行业企业科技投入持续增长，据协会抽样统计，18家乐器骨干企业完成科技研发投入3.62亿元、完成技术改造投入2.22亿元，累计技术创新总投入5.84亿元，占主营业务收入的6.5%，比2019年的4.69%上升1.81个百分点，也高于2020年全国轻工行业科技百强企业2.8%的平均水平。投入带来收获，2021年9个项目分获中国轻工业科学技术一、二、三等奖；3家企业荣获轻工业“十三五”科技创新先进集体，3名行业科技精英荣获先进个人；另外，珠江“挑战者QC小组”和“工匠人QC小组”被评为全国轻工业优秀质量小组。2021年69家企业申报了104件兼具创新性、实用性和时代感的新品，参加全球业界新品首发活动，较2020年申报产品数增长了近20%。

（三）标准工作卓有成效，专利成果平稳增长

2021年度累计完成制修订标准18项，其中国家标准3项，行业标准8项，团体标准6项（超过前三年之和），国际外文版标准1项；同时还完成了2020年结转的20项标准的完善、审批、发布工作，其中行业标准14项、国际外文版6项；在2021年的国家标准中《乐器产品中多环芳烃的测试方法》和《乐器有害物质限量》两项标准填补了国际空白，《乐器有害物质限量》外文版已经立项研发；由于工作出色，被中轻联评为“十三五”轻工标准化工作先进集体。另外，从国家知识产权局发布的专利成果统计，2021年度乐器行业累计授权专利1301项，与2020年持平。

（四）科技大会圆满召开，展示了成果，提振了信心

2021年底，协会上下团结一心，克服重重困难，保证了科技大会的成功召开。各行业企业负责人对大会都给予了高度评价，大家普遍认为大会内容丰富、务实，特别是王会长的主题报告和两位专家的讲座具有很强的指导意义。会后，行业许多企业组织学习会议精神，重温报告精髓，回味论坛见解。研究发展对策，为2022年工作谋划打下了一个良好的思想基础。

三、融合产学研用，不断提升产业链价值

协会认真研究落实国家推进美育教育政策与要求，从延伸乐器产业链、拓展产业空间出发，精心组织与音乐艺术相关联的各项活动，在扩大音乐人口、融合产学研用协同发展上迈出了坚实的步伐。

（一）研讨政策，厘清思路定目标

围绕“双减”政策对艺培机构的影响与促进，2021年3月专题召开了“新时代美育工作务虚会”，邀请音乐教育专家吴斌、中央音乐学院教授周海宏、海淀区音乐学科带头人陈文雯、中国教育装备行业协会技术标准部主任李守国、罗兰数字音乐教育集团董事长程建铜、北京星海钢琴集团总经理孟宇等专家代表与协会领导班子一起认真研究政策内涵，客观研判艺培市场，并就推动乐器进校园的有效路径和方法展开探讨。8月下旬，协会有计划、分类别地对全国100多家艺培机构开展问卷调查。在收回的100份有效问卷中，有74.32%的艺培机构的报班数量变化不大，20.27%的艺培机构有小幅增加，仅有5.41%的艺培机构享受到政策红利，机构的学员报班率明显增加。

（二）围绕“三进工程”，扩大“6·21”活动影响

尽管受到疫情影响，但2021年中国“6·21国际乐器演奏日”活动联合主办单位共92家，比2020年增加了12家；参加演出的城市数量达到180个左右，总参与单位超过800家，演出总场次2500场左右，直接参与人数达到30万人。各地围绕建党百年的音乐活动，主题突出、内容丰富。

（三）以“新时代美育交响”为主题的国民音乐教育大会成功举办

在天津市委市政府的大力支持下，协会与天津市委宣传部、市教委等相关单位联合举办2021年国民音乐教育大会，取得了很好的效果：建党百年100场大师课内容丰富、演讲精彩，课程中美育教育和融合创新成为主题，理念创新、课程创新、方法创新、产品创新贯穿了大会全过程；从全国各地来到现场听课的体制内外的喜爱音乐、热爱玩乐器的朋友们超过5000人次，李妲娜、吴斌、周海宏、王宏伟、郑莉等音教大家的课程场场爆棚，也为培育乐器消费的潜在群体夯实基础；京津冀联合乐团举办的三场音乐会和华夏未来音乐节奉献了一场场艺术大餐。音乐生活展参展企业新品展示占据主导地位，超过展品的60%以上。最直接惠及厂家的举措是乐器留购，天津市教委、市关工委联合发文，为全市的优秀学生乐团采购乐器，采购金额达400万元左右，联系学校（乐团）34个，涉及11家企业的20多个品种，在对接会上有关专家对课堂专用乐器的创新提出建议，而且后续还有多家学校向相关乐器企业追加了订单，乐器留购成为国民音乐教育大会一种新的服务模式。

（四）社会音教师资培训走出新路子

由中国乐器协会、天津市人民政府合作交流办公室、天津市华夏未来文化艺术基金会共同主办的中国乐器协会职业培训中心（天津）首期公益培训在天津举行。共有来自新疆和田、西藏昌都、青海省黄南州、甘肃省、河北省承德市的50个县的80名基层音乐教师参加了此次培训。参加培训的学员都表示收获很大，并表示要将在培训中学到的东西用到教学实践中去，把家乡的孩子们教出来，让音乐艺术启迪心灵、增长智慧。虽然2021年受到疫情影响，全年的社会音教师资培训数量有所下降，但仍然有343人取得证书，专业涉及民乐、钢琴、打击乐、吉他、古琴等专业。目前共有近3000人取得培训证书。

四、信息服务前移，数据研判助推良性发展

协会的信息服务调整思路，以市场为导向，充分发挥信息助推行业发展的作用；致力于信息服务前移，紧贴产业基层，通过“刊网联动”等形式服务行业发展。

（一）及时宣贯国家方针政策

协会在认真学习、深刻领会、潜心研究国家相关政策的基础上，及时宣传和贯彻并结合行业实际做好政策解读；对工信部、中轻联和乐器行业重大会议精神通过协会网站、微信平台、专业杂志全方位宣传；特别是每一期杂志的卷首语、政策提要栏目成为了行

业政策的主阵地，2021年共发布行业政策信息101篇。

（二）全方位宣传行业动态信息

协会先后发表新年企业专访、行业大事记回顾总结、乐器行业年度报告、全年经济运行分析等重点文章；同步开启2021“科技创新年”工作系列专题报道；策划大国品牌、大国工匠栏目；设立骨干企业品牌文化专刊；深入全面对理事会、“6·21国际乐器演奏日”、音教大会、科技大会、分支机构会议等活动进行报道；编辑完成《中国乐器年鉴2021》，并由中国轻工业出版社正式出版发行。

（三）数据采集和深度分析

对国家统计局、国家海关、国家知识产权局以及行业数据直报系统和行业调研有关数据进行科学分类分析，撰写行业年度报告及经济运行分析，并通过分析企业成长能力、产销存平衡等问题，为相关部门及企业反映行业整体经营现状及存在问题。

（四）拓展行业信息发布平台

5月初，中国乐器协会网“行业党建”栏目正式上线，已经发布党建信息27条；新增了5个广告位，更好服务于企业的品牌宣传与建设；年中，中国乐器协会视频号开通，进一步完善新媒体信息平台；截止到2021年12月20日，官微一共推送195组552篇文章（其中自有稿件196篇、政策行业信息101篇、音乐文化相关信息69篇、企业信息186篇）。官微与官网同步更新。全年公众号访问总量超过20万人次，文章阅读总量超过30万次。

五、完善工作机制，推动各方协同发力

（一）人才机制逐步完善，职业评鉴正在发力

2021年协会组织向人社部申报了“斫琴师”和“乐器设计师”两个新职业，专家评审已经通过等待发布。当前“9+2”的职业分布，基本涵盖了乐器的专业门类，为培养一线的能工巧匠队伍提供了保障。2021年，协会完成了第三届钢琴调律师职业大赛后续工作，3名选手获得全国技术能手称号，10名选手获得乐器行业技术能手称号。全行业科技创新人才形成专家委、科技之星、能工巧匠并驾齐驱的新格局，为全产业链科技创新和“十四五”高质量发展夯实了基础。

（二）分支机构建设日趋完善

2021年，协会全部分支机构顺利完成了换届工作，新一届领导班子开始发挥作用。同时，协会在已有的15个分支机构基础上，充分尊重专家建议，广泛征求行业意见，拟新组建“古琴专委会”“未来音乐科技专委会”，前期筹备工作已经完成。11月，协会音乐教育专业委员会成立“电吹管艺术研究会”，该研究会是由电吹管演奏家、教师和爱好者组成的专业研究、交流工作平台，不属于分支机构，在协会音乐教育专委会指导下开展工作和引导相关活动的组织与开展。研究会成立后组建了顾问委员会，还在全国24个省市设立了首批电吹管实践活动基地，主要组织当地的“管友”开展电吹管的艺术学习交流活动。6月，协会音教专委会授予北师大任丘附属学校作为“中国乐器协会音教专委会乐器进校园示范校”；12月，授予蜂窝音乐教育机构“中国乐器协会音教专委会艺术培训示范基地”称号。通过对音乐教育开展较好的学校、社区、培训机构等进行授牌、支持、推进“乐器三进”工程的落地与实施。2021年协会音教专委会参与联合主办、授权，支持了多项专项音教活动，包括支持华宜乐器举办的“酷练鼓2020青少年爵士鼓线上挑战赛”；支持银河普乐文化有限公司举办的“普乐奖”青少年民族器乐展演；支持美得理电子（深圳）有限公司举办的“友鼓杯”智能电鼓大赛；支持大同夺目兆兴文化传媒有限公司举办的“云岗杯”民族器乐展演；支持世音百纳（北京）文化发展有限公司举办的“乐府良匠”民族音乐节等活动。协会通过支持上述活动，扩大协会影响力，推动音乐教育普及，继而扩大音乐人口和乐器销售。

（三）产业集群培育，促进了区域经济健康发展

乐器产业集群从2005年起步共建，已从单纯乐器制造业集聚化向文化产业、音乐科技、艺术教育和特色小镇方向不断延伸，不仅为乐器行业的快速发展奠定了基础，也对提升区域经济、推动产业转型升级、扩大品牌影响力起到了积极的推动作用。在中国轻

工业联合会的指导下，通过各方共同培育，2021年乐器行业又共建了河北省肃宁县“中国北方乐器产业之都”、贵州省正安县“中国吉他之都”两个新的产业集群；同时，江苏省扬州市“中国琴筝产业之都”、浙江省德清县洛舍镇“中国钢琴之乡”也通过了复评；至此中国乐器行业已共建培育了9个产业集群，其中包括4个“都”、2个“基地”、3个“乡”，加上协会单独命名的山东省昌乐县鄌郚镇“中国电声乐器产业基地”（已向协会和中国轻工业联合会提出共建申请），已经基本涵盖乐器制造业的各个范畴。

六、夯实基础建设，促进服务能力提升

一年来，协会秘书处加大自身建设力度，服务能力与服务水平显著提升。

（一）进一步加强制度建设

在协会管理制度体系的基础上，协会秘书处针对新的形势和新的工作要求，对分支机构相关管理制度、绩效考核制度以及日常工作所涉及的请假、报销、考勤、交通管理等进行了制修订，进一步规范了协会的运营服务管理，提高了工作效率。

（二）规范工作流程

从10月份开始，协会秘书处对下设四个部门提出了制定工作流程的工作要求，按总体计划，各部门要在2021年制订好流程目录和计划，并在2022年完成计划，进一步规范细化工作流程，保证项目和工作的持续性。

（三）在实践中不断学习成长

除按照中国轻工业联合会党委要求组织的党建理论、国家政策导向学习之外，协会秘书处组织员工从实操角度开展学习活动，进一步提高全体员工的理论水平和业务能力。实操学习2次（职场礼仪、电子商务）；现场观摩学习3次（京珠、华夏未来、吟飞）。

（四）工作概况

为保障工作方向的正确性，协会领导班子按照“三重一大”等管理制度，及时了解行业企业情况，对行业和协会重点工作进行认真研究、科学决策。累计召开理事长办公会33次，组织党支部组织生活会、民主生活会、小组学习等共12次。同时协会还接待相关单位来访座谈10余次。

（五）国际交流

2021年受疫情影响，国际交流时以线上为主，注重外引内联，与国外乐器行业组织保持常态化联络，双向互动。一是主动宣传介绍中国乐器行业取得的成就。2021年1月，中国乐器行业积极参与美国国际音乐制品协会NAMM《相信音乐》在线网络活动周。协会应NAMM邀请，推荐相关乐器企业线上参加，并发送下留念等中国知名乐器演奏家器乐演奏视频等，协会理事长录制了视频，在国际在线乐器舞台主动展示中国乐器风采；向美国国际音乐制品协会供稿，向国际乐器同行业宣介年度中国行业发展和抗击疫情取得的新成效；与国际“6・21国际乐器演奏日”组委会保持“6・21”活动信息沟通交流，向中国“6・21国际乐器演奏日”组委会发送中国主场活动的视频及图片，线上展示活动成效，受到海外乐器同行关注。二是积极邀请国外乐器行业协会参与中国乐器主场活动。2021年7月，协会与NAMM保持密切沟通，邀请NAMM总裁兼首席执行官拉蒙德参与国民音乐教育大会线上演讲；协会还与美国国际音乐制品协会、法兰克福展览公司、上海国展展览公司召开线上四方视频会议，就市场发展和展会合作进行了线上交流沟通；邀请美国MIDI协会主席、欧洲音乐产业联盟克劳迪亚担任上海乐器展新品首发嘉宾，就上海乐器20周年庆典向协会表达良好祝愿。三是密切关注国际乐器展会动向，及时发布美国NAMM展、德国法兰克福国际乐器展等的调整消息。四是发挥协会桥梁作用，推荐会员企业对外交流合作。因疫情影响无法参加乐器展览会，协会帮助会员企业沟通行业信息，向国外乐器厂商推荐骨干乐器企业等中方合作伙伴。应爱沙尼亚钢琴公司和爱沙尼亚大使馆邀请，协会参与爱沙尼亚大使馆钢琴音乐会。与相关在华国际乐器企业保持交流，在疫情安全防控的前提下参与线下活动。

2021年，协会与广大会员单位一起，认真落实

中央五中全会、中央经济工作会议、两会精神，克服因疫情和国际大环境带来的困难，取得了稳中有升的成绩。协会全体员工凝心聚力，互相配合，完成了全年工作任务。

践行新发展理念　努力于变局中开新局

——中国乐器协会理事长王世成在中国乐器协会八届二次理事（扩大）会议上的讲话

（2021年4月27日）

各位代表、各位同事：

大家下午好！

一天半的会议紧张充实、安排周密。完全同意孙瑞勇同志所做的理事会工作报告；李义平教授的专题报告理论底蕴深厚、引发思考；品牌年活动的总结表彰激励前行；企业家的交流分享与创新论坛生动再现过去一年团结合作、齐心抗疫、致力创新、共同发展的奋斗场景，给出了创新是乐器制造业和音教行业升级发展、提高核心竞争力永恒主题的深切体会和结论认识，用同志们的话说，效果不错、收获很大，信心增强。

具体工作孙瑞勇同志已代表协会做出安排。下面我从四个方面谈些观点，力求从大势上、大局上、行业全局上来探讨和把握行业发展问题，与大家商榷。

一、认知形势

（一）从世情看有5个明显特征值得关注，即全球经济保持低速增长，近期温和复苏预期加大；中美经贸冲突、新冠疫情影响两大因素作用，加速全球价值链调整，当前全球供应链将朝着更加自主可控、多元化、伙伴化的方向发展；大国关系面临新的调整，互动复杂博弈加剧，中美“双引擎”拉动世界经济的作用更加显著；新科技革命蓄势待发，数字鸿沟继续扩大，大国间科技竞争更加激烈，各国将加紧科技创新战略布局，科技竞争将成为地缘政治和经济竞争的先导力量；各类贸易协定竞相形成，影响着世界经济格局的深刻变化。

（二）从国情看：复苏势头强劲，中国经济韧性强、活力足，赢得世界普遍看好，2021年呈整体平稳向好态势，经济主要指标将持续恢复，一季度GDP增长18.3%，PPI增长2.1%；绿色转型加速，新的环保理念和高质量发展的要求将倒逼传统产业绿色转型；创新动力空前，科技自立自强成为国家发展的战略支撑，创新引领将为经济带来越来越强的原动力；产业提质升级，中国产业结构升级趋势将更明显，制造业投资将恢复增长，消费将提振升级，预计2021年社会消费品零售额会反弹到12%左右；开放步履坚定，随着RCEP签订、中欧投资协定谈判完成，中国与东南亚、与欧洲将实现更高水平的区域经济一体化。同时，中国经济恢复快于全球主要经济体，将有利于吸引更多国际资本等要素流入。

（三）从行情和会情看恢复增势明显，1—2月份，乐器行业营业收入同比增长54.33%，利润增长310.27%，营业收入利润率7.1%，分别高于轻工业11.93，217.87和0.45个百分点（全国工业营收增长45.5%，利润增长178.9%，利润率为6.6%），但对恢复性特征要有清醒认识；企业状态良好，近段协会到多家企业调研，深切地感受到创新的内生动力在增强，市场的开拓力度在增大，发展的路径在增宽，体现了践行“三新”（新发展阶段、新发展理念、新发展格局）的良好状态；规划务实启动，全行业正在全面实施“十四五发展规划”，推动消费供给同升级、传承创新双驱动、质量服务高标准、跨界融合扩市场、绿色环保稳发展、以人为本提高素质，努力践行国家战略，致力行业高质量发展；集聚智慧力量，协会积极探索和实践分支机构、产业集群、地方协会三位一体的模式，紧紧围绕“提供服务、反映诉求、规范行为”的基本功能，务实搭建平台、创新服务载体、进一步强化了融合思路和共振效果；彰显协会文化，协会注重彰显和谐活力文化，团队建设注重内外融合，用真情真意服务会员企业，全身心打造“会员之家”，持续着力联谊和整合一切有利于协会和行业发展的专业机构和乐界精英，共同践行文化自信和制造强国，为国家战略发力助势。

二、借力政策

当前正值重要的政策窗口期，中央和国家出台了一系列经济政策，助推实体经济尤其是中小企业的发展。这些政策集中在科技、金融、财税、经济管理等方面，对制造业“精准滴灌”，确保政策不急转弯，做到保就业保民生、保市场主体政策力度不减，体现“扶上马、送一程”的政策效果。结合行情归纳5个主要的政策惠及点，提请注意借力借势：

一是激励研发创新，持续针对性地实施好结构性减税，延续执行企业研发费用加计扣除75%政策，将制造业企业加计扣除比例提高至100%，对先进制造业企业按月全额退还增值税增量留抵税额。

二是强化稳岗就业，对不裁员、少裁员的企业，继续给予必要的财税、金融政策支持，继续降低失业和工伤保险费率，扩大失业保险返还等阶段性稳岗政策惠及范围。

三是优化营商环境，所有的行政许可事项将被纳入清单管理。明确压缩环节、减少所需材料并缩短涉企审批时限。28部委发布《加快培育新型消费实施方案》，支持“双品网购节”、线上线下深度融合的促销活动，有序发展在线教育等24项政策措施。

四是提升开放水平，加强对中小外贸企业信贷支持，扩大出口信用保险覆盖面、优化承包和理赔条件，深化贸易外汇收支便利化试点。推动国际物流畅通，清理规范口岸收费，不断提升通关便利化水平。

五是重视人才培养，明确提出坚持职业教育与普通教育不同类型、同等重要的战略定位，以标准、培训、认证、补贴等举措，助力多层次高质量的技术技能人才支撑，推动政府部门与行业协会、企业、院校、互联网平台等多元协同。的确，行业企业需要多方面的政策创新来支持市场主体活力绽放，然而，也要主动求变求新，立足于变局中开新局。

三、把握重点

按照本届理事会五年工作重点和《中国乐器行业“十四五”发展规划》的工作总思路，真诚地期待各位行业同仁，常念常思“1236”协奏曲，即立足一个目标，让“乐器成为家庭标配，音乐成为生活刚需”；突出2个重点，扩大乐器中高端产品比重，扩大音乐人口；夯实3个基础，分支机构建设、质量标准化工作，人才培养和职业技能培训；完善六大平台，即科技创新、信息服务、市场商贸、音乐教育、产业集群、国际交流。咬定青山不放松，年年强化阶段任务，不干出模样不罢休。

（一）关于目标问题

这个标配刚需目标之所以能在业内外形成广泛共识，我认为首先它契合了以国家内循环为主体的扩大内需战略；其次顺应小康社会软实力建设、提高全民文化艺术素养的客观要求；其三符合文化消费的内生需求；其四服务企业拓展市场，扩大消费空间，提高乐器市场占有率的终极诉求。我们要保持定力、共同发力，以25架件对标对表，争取不断缩小差距（目前城镇百户居民拥有钢琴和千元以上中高档大件乐器近15架件），向着既定目标持续跃升。

（二）关于重点问题

两个“扩大”体现两手抓，扩大中高端比重，扩大音乐人口，全行业要努力实现两手硬。我们持续推动的乐器进殿堂、入大赛和扩大中高端比重践行了中央制造强国质量强国的总要求。在会员企业的共同努力下，取得明显成效，国内重大庆典活动、主场外交文艺晚会上，民族品牌乐器闪烁星光，被列为国际国内大赛指定产品的消息不断传来，令人振奋和欣慰。全球乐器新品首发平台与第三届进博会的活动项目高度吻合，努力将它打造成品牌活动，获奖产品咨询订货明显增多，给企业带来信誉和实惠。接下来我们要多项举措持续增强乐器科技创新能力，协同攻关，进一步加大音质音色、材料声学和产品美学的研发力度。大力提升标准化、系列化、数字化、智能化水平，加速技术装备和产品更新换代，提高精益化生产、绿色环保和个性化定制能力，增加品牌技术和文化附加值，努力实现企业核心竞争力和中高端产品市场占有率的新突破。我们提出的助力学校美育教育、加快乐器进校园与2020年10月中旬中办国办印发《关于全面加强和改进新时代学校美育工作的意见》的精神接轨，已经和正在完善顶层设计，加快与教育部门链接。前不久协会召开了专题座谈会，邀请产教研专家进一步研究实现路径，并与教育装备机构衔接标准与产品，努力为乐器进校园搭建服务平台。同时，创新举办好国民音教大会、“6·21国际乐器演奏日”，建立社会音乐教师培训体系，务实推进乐器“三进”，努力为扩大音乐人口、培育和挖掘潜在乐器消费者作出不懈努力。

（三）关于基础问题

所谓基础问题，即分支机构建设、质量标准化工作，人才培养和职业技能培训。协会始终注意夯实三个基础，助力行业健康稳定发展。本次15个分支机构换届伴随协会换届同步推进（仅口琴分会延到“五一节”后），各分支机构领导着眼行业发展大局、着眼培养年轻力量、着力精心精细运作，实现了新老有序的有效交接，促进了行业的健康持续发展，并使好传统好做法得到进一步彰显。4月26日，我在分支机构、产业集群、地方协会工作座谈会上给予了充分肯定，提出了下一步要把握好的三个关键性工作，再次向高风亮节展情怀、主动助选育新人的盛子斐、郑荃、冯高昆、陈学孔等原会长的辛勤付出和热情奉献表示由衷的敬意和诚挚的感谢，并已作考虑，换一个角度多发挥他们的智慧和作用。质量标准化工作，被视为行业企业和协会工作永恒的主题，通过全行业持续发力，开展“品牌年”系列活动、加大民族品牌的宣传、强化乐器标准化工作、成立协会团标工作委员会，致力打造优秀品牌、讲好品牌故事、扩大品牌影响力，使乐器产品质量和品牌意识不断增强，技术标准、技术专利进展可喜，尤其是发明专利已占到30%以上。下一步，我们将加大标准化工作的推进力度。关于人才培养和职业技能培训工作，协会在中国轻工业联合会指导下，加强技能培训，弘扬工匠精神，多种形式和渠道助力企业人才队伍建设，并积极组织各类职业技能比赛活动。接下来将抓紧提出2015版职业大典修订意见，5月10日前经中国轻工业联合会统一上报人社部。在钢琴调律师规模化培训升级的基础上，逐步开展提琴制作师、钢琴制作工、电鸣乐器制作工、民族弹拨拉弦乐器制作工、提琴吉他制作工、西管乐器制作工、乐器维修工等专业技能人员的培训鉴定工作，策划组织好相关职业技能评价工作，将召开专题会议，将新授牌的乐器总站工作做细做实。

（四）关于平台问题

注意持续完善六大平台，不断为科技创新、信息服务、市场商贸、音乐教育、产业集群、国际交流增添新的内容，努力深化，如开展科技创新年“四个一工程”，落实“六轮驱动”工作要求，加大“三级科技项目”的推进力度，组织科研成果鉴定，精心组织申报工信部和中国轻工业联合会等各项选优评奖活动，将新品首发平台做成品牌活动；强化行业信息综合服务，在乐器用玫瑰木问题得到妥善解决的基础上，跟进二手钢琴和蟒蛇皮进口许可、有关企业个性问题等诉求的政策及监管措施的协调落实情况，积极应对RCEP带来的机遇与挑战（原材料采购成本会下降，国内市场国际化竞争将加大，钢琴进口关税将在第11个年头归零）；创新办好“三会两展”，特别要加大产销衔接力度，用心、用情、用力将第20届上海国际乐器展系列活动搞出特色，稳固国际品牌展的重要地位，向着未来20年扬鞭再出发；要融合创新，将国民音教大会打造成颇具影响力和公信力的全国重要平台；推动产业集群“一平台六中心”的建设；扎实推进国际交流合作、发挥民间外交作用、注意彰显大国责任、积极整合资源、促进行业高质量发展。

四、协同推进

为更好地落实各项工作任务，推动乐器界践行新发展理念，努力于变局中开新局，在此提出5句话的希望和要求，与大家共勉：

一是把握发展关键。科技创新是行企可持续发展的关键，要坚持项目体系、多元协同、专家引领、人才支撑和企业发力，全方位推动，持续有所建树。

二是把握竞争之本。产品质量和品牌是企业竞争之本。要整合力量、凝聚智慧，发力中高端，铸就品牌价值，满足美好生活需要，实现高质量发展。

三是把握产业全链。打通乐器制造业和文化产业融合发展全链条，创新模式，服务和推动音乐教育，针对性挖掘潜在客户群，主动开拓引导倍增市场。

四是把握人才强基。多项举措补企业人才短板，要推进产教融合、校企共建、国际合作、多管齐下，持续提高企业专业化职业化技术水平和综合素质。

五是把握求真务实。协会和分支机构、产业集群、地方协会的工作务必求真务实、群策群力，和谐共振，有效服务和推动行企凝心聚智加快发展。

同志们、朋友们，胸怀千秋伟业、恰是百年风华，铭记初心使命、乐器强国可期。预祝各会员企业和业界同人为行业“十四五”开好局，于变局中开新局，不断取得新业绩，赢得新发展，以优异成绩向中国共产党百年华诞献礼！

协同推进分支机构　产业集群　地方协会工作再上新台阶

——中国乐器协会理事长王世成在乐器协会分支机构产业集群地方协会工作会议上的讲话

（2021年4月26日）

各位常务理事、有关集群政府领导、各位同事：

大家下午好！

本次会议是协会工作三位一体的模式探索，其目的在于加强沟通、促进联动、有效互补、融合推动协会和行业各项工作。会前，协会秘书处做了精心的安排，各分支机构、产业集群、地方行业协会积极响应，做了充分的准备。总体看，会议内容是务实具体的、座谈交流是坦率真诚的，提气鼓劲效果不错。下面我就协同推进分支机构、产业集群、地方行业协会工作再上新台阶讲3点意见。

一、成效可赞，彰显功能

多年来，大家为推动分支机构、产业集群、地方行业协会建设做了大量有效的工作。刚才，陈晋武同志通报了分支机构的换届和工作情况，孙瑞勇同志总结了产业集群的共建成果，大家进行了务实的交流。在此，我代表协会为各位同事的精彩发言、成果分享与工作成绩表示祝贺和诚挚谢意！

总结3个层面的工作情况，我认为有4个特点：

（一）突出了服务宗旨

分支机构、产业集群、地方协会工作坚持以服务为宗旨，服务行业、服务会员、服务政府、服务社会，充分发挥桥梁纽带作用，紧紧围绕“提供服务、反映诉求、规范行为”的基本功能，务实搭建平台、创新服务载体、积极建言献策、维护合法权益，不断强化了主动意识和融合思路，促进了行业的高质量发展。

（二）突出了基础建设

目前乐器协会有582家团体会员，812名个人会员；15个分支机构中，覆盖10个产品类分会、3个产业链类分会（琴行、音乐教育、器乐文化）、2个技术类个人会员分会（钢琴调律师、提琴制作师）。以黄桥提琴、扬州琴筝为代表的8个产业集群，分布在京津冀苏浙鲁等区域，集群内现有乐器企业1200多家，从业人数超过10万人，销售收入89.83亿元，在行业发展中占有重要位置。乐器行业现有国家级企业技术中心1个，轻工工程技术研究中心3个，乐器行业科研基地4个，各省（市）级工程技术研究中心和企业技术中心14个。协会有地方行业协会团体会员10家，覆盖5省区、2个直辖市等乐器生产集聚地，各地方行业组织积极打造区域乐器文化名片，对提高乐器制造水平、扩大音乐消费人口起到积极作用。总体看，“十三五”以来，在原来好的基础上，乐器协会的分支机构、产业集群和地方协会组织，结构不断得到充实完善，产业链条特征清晰，工作基础持续得到夯实。

（三）突出了科技引领

近年来特别是2020年以来，协会及分支机构和地方行业组织、产业集群非常重视创新工作，年会和日常活动中突出了科技引领。积极推荐会员企业参加工信部、中国轻工业联合会组织的各类科技创新项目评审活动，工信部“十四五”重大技改工程入库项目有5个；轻工业科学技术奖5项获奖；轻工业升级创新消费品入选6项；三级科技项目进展顺利，目前已达51项；全行业申报专利7504项，五年累计发明专利达2350个，占比专利总量为31.3%；累计完成制修订标准39项，其中国家标准9项，行业标准29项，团体标准1项；轻工业大国工匠2位、行业工匠27位、科技之星92位，引领效果不断显现。

（四）突出了协同发展

分支机构、产业集群、地方协会注意联动与合作，协同发展的形式和方法不断得到探索和提升。如协同区域乐器企业完善产业链、构建价值链；协同集群企业做好制造与音教的融合文章；协同会员企业研究和解决共性问题，推动行业健康有序发展。如钢琴分会团结协作、骨干带头作用明显，认真策划组织每年年会，实行骨干企业轮流主办、友情交接，营造了行业团结协作的良好氛围，专题研讨活动促成比学赶帮、互促共进；电鸣乐器分会领导班子勤奋务实，注重产业链建设，重视技术标准工作，坚持行业自律，拓宽行业发展的国际化视野；琴行分会加大各地音乐联盟组建力度，推进琴行商学院和“社会音乐教师专业技能培训”项目等，会议提供的交流材料亮点不少，务请大家学习互鉴。

二、明确任务，务实服务

协会要努力形成协同、会同，聚力、合力，强化对会员企业的服务，有效推动乐器行业的高质量发展。

本次分支机构换届伴随协会换届工作同步推进，钢琴、民族乐器、电鸣乐器、打击乐器、管乐等15个分支机构均认真筹备，除口琴分会延至“五一”节后，都圆满地完成了换届工作。在此，我谨代表中国乐器协会对盛子斐、郑荃、冯高昆、陈学孔等分支机构原会长的辛勤付出和热情奉献表示由衷的敬意和诚挚的感谢，接下来换一个角度多发挥他们的智慧和作用。本次换届，各分支机构领导着眼行业大局，着眼培养年轻力量，着力精心精细运作，实现了新老有序有效地交接，促进了行业健康持续发展，并使分支机构的好传统好做法得到进一步彰显。

（一）分支机构

分支机构是协会的内设机构，是协会工作的基础和重要组成部分，要在全局中找准定位，要按照协会整体安排，配合做好发动和组织工作，为行业的科技创新、高质量发展发挥积极作用。希望大家群策群力，在协会大家庭中相互支持、密切配合，找准分支机构的工作定位，共同为“会员之家”尽职履责，在传承中坚守、在创新中前行。开展工作要坚持问题导向和需求导向，持续把握3个关键点：一是全方位积极配合协会的综合业务，特别是“三会两展”，即行业科技大会、国民音乐教育大会、“6·21”国际乐器演奏日活动和上海国际乐器展、北京音乐生活展，并在这些平台上策划唱好本专业的折子戏。二是要全力打造一些具有自身专业特色的服务平台，紧紧围绕科技创新、项目协同、致力推动“三品”提升；紧紧围绕市场趋势分析、消费升级取向、研究抱团发展的经营策略；紧紧围绕热点难点问题、汇集政策诉求、准确及时反映并持续跟踪；紧紧围绕国家扩大开放节拍、加强国际交流合作、整合全球资源为我所用、让“跟跑、并跑、领跑”加快转换。三是要明确时代使命和肩上的责任，针对各专业不同的特点和规律，认真研究方式方法，高质量开展活动，夯实基础历练基本功，扎扎实实做好协会分支机构的工作。要求各分支机构一年起码搞两个以上活动，活动可统分结合、形式多样、注重实效。协会秘书处要加强汇总、指导和督促，针对性提供相应服务。

（二）产业集群工作

一是总体上要坚持“合理布局、注重特色、提升水平、务实服务”的方针，既要针对性强化培育指导，更要多渠道发现区域典型，在做优存量和扩充增量上同时发力，努力让地方政府和行业企业在共建中形成巨大合力，共同助力乡村振兴国家战略。同时，为确保质量和效果，建立退出机制。二是乐器产业集群建设，一定要把握“产业为基、文化为魂、融合为径、人才为本”的建设原则，久久为功、做出特色，注重效果和效益，切忌产业“空心化”。要注意提升龙头骨干企业的带动作用，强化专业化分工和配套能力；加强区域品牌建设，推动要素集聚和价值提升；提高产业信息化水平；提升创新能力增强集群竞争优势；提高公共服务能力，支撑集群转型升级。三是始终强调不断完善“一平台、六中心”的丰富内涵，即在产业集群平台上，持续建好生产中心、研发中心、标准中心、检测中心、物流中心、信息中心；注意深化提升，向着现代产业集群平台的智能制造中心、创新创业中心、国际对标中心、检测追溯中心、智慧物流中心、投资决策中心的方向执着发展。要主动争得轻工联合会的指导支持，把国家赋予的重要工作职能发挥到更好，为行业和区域经济发展做出积极贡献。

（三）地方协会工作

期望共同把握好一家人、一盘棋、一股劲的定位，同向、同心、同频，更多思考和着力如何统筹、如何联动的问题。具体提出3点建议。一是共同联动发展的必要性。大家知道，国家经济管理体制的改革正值现在进行时，可以预见，随着改革的不断深化，行业协会的地位作用、特别是不可替代性将会越发明显，需要我们很好地把握机遇，加快联动发展，抢占先机、做出成效。要坚守“为行业谋高质量发展、为企业谋竞争力提升、为协会谋公信力增强、为消费者谋美好生活”的初心使命，在为会员企业务实服务中得到自身发展。二是把握联动发展的实现路径。可从技术创新、产业合作、争取项目、反映诉求、平台建设、人才培养等方面共同联手联动，不断提高行业的能力，更好地为会员企业提供优质服务。三是共勉联动发展的基本遵循。联动发展一定要增强主动意识，乐器连着你和我，地方协会要与中乐协秘书处形成热线联系，共同为会员企业服好务；要持续增强服务能力，共同创新市场化服务平台，提高政府购买服务能力，提升行业科技引领水平，努力打造行业联合战船和会员企业之家；要携手合作共谋发展，共同应对困难挑战，我认为，只要坚持敞开大门、开放办会、包容共享理念，我们的关系一定会更加亲密、我们的事业一定会互利共赢、我们的行业一定会发展得越来越好。

三、协同推进，再上台阶

我们要始终充满发展活力，强调和坚守“同向、同心、同频”，共同助推协会影响力和公信力的持续提升。

（一）要努力实践乐器大国大作为，持续培养大国气势，树立大市场、大志向

我们乐器行业经过40多年改革开放大潮的洗礼，已经从一个不起眼的小行业发展成为世界乐器制造大国和消费大国，这就要求我们分支机构、产业集群、地方协会的工作要顺应发展变化，适应乐器产销市场已扩展到音乐教育和音乐生活的大市场。要不断完善平台、创新载体，善于集聚智慧和力量，努力实践乐器大国大作为，推动分支机构、产业集群、地方协会的工作进一步上水平、见实效。

（二）要持续提高“五种能力”

分支机构、产业集群、地方协会的工作人员要努力提高党建引领、科技创新、高质量发展、市场化、职业化五大能力，真诚服务会员。要善于调动会员企业的积极性、创造性，助推大家热心行业工作，倾情投入真情付出；要高质量发展会员，发展热心协会工作的会员；要持续提高产业集群发展的质量和水平，更加注重运行效果和可持续的根基；要根据会员企业的需求包括个性化的需求，主动做好多角度的协同联动服务；要着力提高各层面工作人员综合素质和效率效能。

（三）要坚持依法办会规范从业行为

最近，民政部发出通知，加强行业组织管理，严格规范行业组织运行。要落实民政部《通知》的要求，协助开展非法社团组织清理整治，做到“六不得一提高”，社会组织不得与非法社会组织有关联、各种公共服务设施和场所不得为非法社会组织提供便利等，进一步提高非法社会组织的违法成本。各分支机构、产业集群、地方协会要落实有关要求，提高政治站位，强化遵纪守法意识，严格规范自身行为，不越红线、守住底线，认真执行管理办法，为新征程开好局、作出积极的贡献。

（四）要坚持融合发展始终充满活力

各分支机构、产业集群、地方协会要充满活力有状态，真正把工作当作事业干，敢做善成！要注意协会和分支机构、产业集群、地方协会的生命力在于有质量的活动，在于特色平台的功能彰显。内部要有分工，更要强调合作，加强日常沟通协调，做好年度计划、年度总结和阶段性工作交流汇报。外部要创造条件，积极推动相互间的合作分享，努力形成乐器行业特色的和谐与活力文化。工作安排务必要紧扣会员企业需求和面临的共性问题，体现真诚务实服务，协同推进再上新台阶。

总之，我们要敢于迎接挑战、善于抱团发展，勇于创新前行，共同完成好协会和分支机构、产业集群、地方协会工作的时代课题，以实际行动迎接党的百年华诞，为乐器行业的高质量发展不断做出新的业绩。

谢谢大家。

协会活动

中国乐器协会一行赴北京珠江钢琴公司调研

1月12日，中国乐器协会专职副理事长孙瑞勇、陈晋武，秘书长刘勇一行到北京珠江钢琴制造有限公司进行调研。协会一行先后实地参观考察了京珠钢琴文化长廊、产品展示厅、音乐厅和生产车间，详细了解了京珠钢琴的企业文化、生产流程和工艺特点，高度肯定和评价京珠钢琴在智能制造、技术创新、战略定位、企业文化等方面取得的成绩，并勉励京珠再接再厉，再创辉煌。广州珠江钢琴集团公司总经理助理冯汉辉、京珠钢琴公司总经理于富瑜以及有关部门负责人陪同调研。

座谈会上，集团总经理助理冯汉辉感谢协会领导的关心指导，并详细介绍了企业的基本情况和战略规划。

听取完汇报，孙瑞勇副理事长肯定了京珠钢琴10余年来的发展壮大及对行业做出的贡献，并表示对京珠钢琴“工艺上精益求精、技术上勇于探索、管理上持续优化、精神面貌朝气蓬勃”的企业文化印象深刻。他强调，京珠钢琴要牢牢把握“高起点、高标准、高质量”的发展理念，抓住构建双循环新发展格局的战略机遇，坚定走高质量发展之路，实现产、学、研、用多元化深度融合，推动科研成果就地转化为现实生产力，不断用质量提升满足市场发展的需求。

中国乐器协会党支部部署党史学习教育活动

2021年3月8日，中国乐器协会党支部召开会议，研究制定协会党支部开展党史学习教育的实施方案。此次支部会议上成立了以中国乐器协会理事长、党支部书记王世成为组长的党史学习教育领导小组。

王世成理事长会议上强调，2021年7月，我们党将隆重庆祝建党100周年，乐器协会全体党员要加强党史学习。要求全体党员通过全面、系统学习党的发展历史，强化党史教育，锤炼党性意识，引导全体党员树立正确党史观，科学认识我们党百年奋斗历程。为把乐器行业在各个历史时期贯彻落实党的各项方针政策形成的好经验、好做法传承好、发展好，支部还将邀请协会老同志上党课，讲党史，使党员更好地从党史中汲取力量。

根据党史教育活动安排，支部还将结合协会工作实际组织党员赴乐器企业调研，把“我为企业办实事”实践活动作为协会党史学习教育重要内容，把学习成效转化为促进行业发展和协会内部建设的实效。

中国乐器协会理事长王世成赴河北肃宁调研

3月24日，中国轻工业联合会党委副书记、中国乐器协会理事长王世成，副理事长孙瑞勇、陈晋武，秘书长刘勇，上海国展展览中心有限公司副总经理王蕾等一行赴河北肃宁调研乐器产业发展。

在沧州市副市长詹鹏，肃宁县委书记颜世东，县委副书记、县长王志乾等市、县有关领导，以及星海钢琴集团总经理孟宇、乐海乐器董事长宋从甲陪同下，王世成一行对肃宁乐器产业园、星海钢琴集团、乐海乐器公司、肃宁“国乐进校园”项目试点学校进行了集中调研，并就肃宁乐器产业集群共建召开专题座谈会。

在听取肃宁党委、县委领导，以及企业代表的汇报发言后，针对肃宁乐器产业集群共建发展战略与诉求，王世成理事长建议肃宁乐器产业在加强与行业协会集群共建的基础上，强化京、津、冀、沪资源合作协同，以展团形式集中展示肃宁乐器产业的经济和文化名片，推动美育素质教育，扩大音乐消费人口。

中国乐器协会副理事长孙瑞勇一行赴河北衡水调研

3月25日，中国乐器协会副理事长孙瑞勇、秘书长刘勇，上海国展展览中心有限公司副总经理王蕾、展览总监戎晓娴一行到河北省衡水市调研乐器产业。

在河北金音乐器集团总经理陈学孔、副总经理周俊岭陪同下，考察组先后在武强世界乐器博物馆、音乐小镇和衡水街关中学进行调研，并与武强金音、嘉华、饶阳北方、乐之洋等骨干企业就企业运营、科技创新、乐器进校园、基层党建工作等进行座谈交流。

孙瑞勇副理事长听取后表示，河北武强、饶阳特色产业集群建设，校企合作各项工作成效显著。通过本次调研，中国乐器协会将汇总座谈企业的意见和建议，并向国家相关部委积极反映企业的发展诉求。切实助力乐器产业的品牌文化建设与市场拓展，统筹推进乐器行业科技创新工作步伐，推动区域乐器行业高质量转型升级与创新发展，贯彻落实乐器进校园美育工程，培根铸魂、启智润心，助力构建德智体美劳全面培养的教育体系。

中国乐器协会组织召开新时代美育工作务虚会

2021年3月29日，中国乐器协会召集有关教育界专家、在京企业代表等在京召开“新时代美育工作务虚会”。中国轻工业联合会党委副书记、中国乐器协会理事长王世成，中国乐器协会副理事长孙瑞勇、陈晋武，全国乐器行业专家委员会副主任曾泽民，著名音乐教育家、原中国教育学会音乐教育分会理事长吴斌，著名音乐学者、中央音乐学院教授周海宏，海淀区中学音乐教研员、海淀区音乐学科带头人陈文雯，中国教育装备行业协会技术标准部主任李守国，罗兰数字音乐教育集团董事长程建铜，北京星海钢琴集团总经理孟宇出席会议，深入探讨推动乐器进校园的有效路径和方法。会议由中国乐器协会秘书长刘勇主持。

王世成理事长在发言中表示，本次座谈会是跨界融合的一次思想碰撞，各位专家的建议很有针对性，期待在“两办”文件的引领下，在乐器行业助力美育教育的实践基础上，协会进一步加大推动乐器进校园的工作力度。

王世成理事长指出，协会基本思路是：服务国家战略，助力美育教育，强化服务功能，推动乐器进校园。行业坚持双轨并行，既推动制造业提质升级；推动音乐人口持续扩大。在实现路径上，王世成理事长强调，“一要主动配合教育主管部门，制订好美育三年行动计划，注意体现乐器行业的作用；二是与教育装备机构合作，做好相关标准的制定工作；三是强化重点企业、重点活动和重点示范地区的‘点线面’实施效果；四是组织和配合开展校园乐器大赛、校园乐器研发和教材编制等，努力为落实文件精神，推动乐器进校园做出新贡献。”

中国乐器协会党支部组织行业调研，上门为企业服务

4月7日至9日，中国乐器协会党支部副书记、副理事长孙瑞勇带队深入江苏靖江和江阴等地，就乐器行业的党建工作和“十四五”高质量发展相关工作进行专题调研。

协会党支部和秘书处经过认真研究，将此次对江苏天鹅乐器有限公司的战略咨询服务作为党史学习教育的一项重要工作。调研期间，孙瑞勇副理事长与陈红梅董事长共同签署了《战略咨询服务协议》，并专题召开公司管理层全体会议。

孙瑞勇副理事长一行又来到了江苏奇美乐器有限公司，围绕创新党建工作思路和行业融合发展等工作进行了专题调研，还就发挥行业龙头作用，推动口琴、提琴等产业高质量发展等问题和与会的企业负责人做了认真的探讨。他在与江苏东方乐器公司总经理孔文忠交流时强调，要把党建学习成果切实转化为推动企业发展的不竭动力，让党史教育成为振奋员工思想的宝贵力量。

在几天的调研中，孙瑞勇副理事长仔细了解各企业经营状况，希望大家抓住机遇，积极参与行业活动。同时也希望各骨干企业牢固树立“科技强国、创新发展”的理念，积极响应和参与协会提出的“科技创新年”各项活动，加快推进乐器行业“十四五”高质量发展步伐。

中国乐器协会一行赴山东郿部调研

4月12日至13日，中国乐器协会专职副理事长陈晋武、秘书长刘勇，上海国展展览中心有限公司副总经理王蕾等一行到中国电声乐器产业基地——山东省潍坊市昌乐县郿部镇进行产业集群调研，参加中国乐器协会电吉他技术研究会第六届“产学研用”参观交流会，并与当地政府部门领导就“产业集群现状和发展”进行会谈。

中国乐器协会专职副理事长陈晋武建议产业基地发展公共服务平台，着力打造自主品牌、提升产品质量、创造就业机会，并鼓励头部企业带领产业集群进行技术创新，同时发展音乐教育、扩大音乐人口，并与艺术家、演奏家建立合作，促进产业健康发展。此外，双方还就组团参加上海乐器展等事宜进行探讨。上海乐器展将全力支持产业集群在展会上集中亮相，借助展会平台资源，助力“吉他小镇”打出品牌知名度，进一步促进产业集群的良性发展。

中国乐器协会一行赴福建漳州产业集群调研

4月20日至22日，中国乐器协会专职副理事长陈晋武，上海国展展览中心有限公司副总经理王蕾等一行赴福建漳州对当地产业集群展开调研。调研小组在三天的时间内先后参观了雅歌乐器、汉旗乐器、夏贝尔钢琴、亚东钢琴、钰丰乐器等漳州地区的乐器制造企业，并与漳州金峰工业园管委会负责人、漳州乐器行业商会及该地区主要骨干举行了座谈会。

在与漳州金峰工业园管委会负责人、漳州乐器行业商会及该地区主要骨干企业的座谈会上，漳州市芗城区经开局杨荣河局长首先介绍了金峰开发区乐器产业聚集区的发展情况。听完杨局长的介绍后，中国乐器协会专职副理事长陈晋武对工业区领导对漳州地区乐器产业集群建设的大力扶持、对乐器企业的大力支持表示由衷感谢。他指出，产业聚集区的发展一定要加强区域品牌建设，不断提升创新能力，推动品牌价值提升，增强集群竞争优势，全面推动产业的提质增效和转型升级。陈晋武还详细介绍了共建特色区域和产业集群的申报办法和流程，并鼓励该地区利用集群优势，提升集聚质量和水平，营造平等竞争的良好环境。

八届二次常务理事会暨分支机构、产业集群、地方行业协会工作交流会在京举办

4月26日，八届二次常务理事会暨分支机构、产业集群、地方行业协会工作交流会在京成功举办。中国轻工业联合会党委副书记、中国乐器协会理事长王世成，副理事长孙瑞勇、陈晋武，以及中国乐器协会各分支机构、产业集群代表、地方行业协会负责人和会员代表近80人莅临到会交流。本次会议发表了2020年度分支机构和产业集群工作报告，分支机构、地方行业协会、产业集群代表分别就行业发展、基层组织建设专题进行了座谈交流。会议由中国乐器协会秘书长刘勇主持。

综观本次会议，致力于打造分支机构、产业集群、地方行业协会“三位一体”的工作新模式，系统地梳理了基层行业组织的未来工作方向。王世成理事长在讲话中强调，三方行业组织工作建设要强化党建引领，坚持依法办会规范，敢于迎接挑战、善于抱团发展，勇于创新前行，共同完成好协会和分支机构、产业集群、地方协会工作的时代课题，以实际行动迎接党的百年华诞，为乐器行业的高质量发展不断做出新的业绩。

中国乐器协会八届二次常务理事会暨分支机构、产业集群、地方行业协会工作交流会在京举办

4月26日，八届二次常务理事会暨分支机构、产业集群、地方行业协会工作交流会在京成功举办。中国轻工业联合会党委副书记、中国乐器协会理事长王世成，副理事长孙瑞勇、陈晋武以及中国乐器

协会各分支机构、产业集群代表、地方行业协会负责人和会员代表近80人莅临到会交流。

此次会议发布了2020年度分支机构和产业集群工作报告，分支机构、地方行业协会、产业集群代表分别就行业发展、基层组织建设专题进行了座谈交流。会议由中国乐器协会秘书长刘勇主持。

王世成理事长在讲话中表示，本次会议是协会工作“三位一体”的模式探索，其目的在于强化产业链各要素的高效联动，融合推动行业各项工作的纵深拓展。总体而言，会议内容具体务实，座谈交流坦率真诚，提气鼓劲效果显著，为各位代表的精彩发言、成果分享与工作成绩表示祝贺和诚挚谢意。中国乐器协会副理事长孙瑞勇、陈晋武分别作了2020年度产业集群工作报告和分支机构工作报告，会议通报了分支机构的换届和工作情况，并总结了产业集群的共建成果。

此次会议致力于打造分支机构、产业集群、地方行业协会“三位一体”的工作新模式，系统梳理了基层行业组织的未来工作方向。王世成理事长在讲话中强调，三方行业组织工作建设要强化党建引领，坚持依法办会规范，敢于迎接挑战、善于抱团发展，勇于创新前行，共同完成好协会和分支机构、产业集群、地方协会工作的时代课题，以实际行动迎接党的百年华诞，为乐器行业的高质量发展不断做出新的业绩。

中国乐器协会八届二次理事（扩大）会议在京隆重召开

2021年4月27日，中国乐器协会八届二次理事（扩大）会议在京隆重召开。中国轻工业联合会党委副书记、中国乐器协会理事长王世成，副理事长孙瑞勇、陈晋武以及中国乐器协会副理事长、常务理事、理事以及会员代表近140人莅临到会交流。

大会审议通过2020年度理事会工作报告、会费收支报告及调整和增补理事会成员的提案，表彰2020年度“品牌年”活动先进单位，诚邀经济学家、院校教授、骨干企业代表就新格局下的乐器科技创新展开论坛对话交流。本届理事会上午的各项议程由秘书长刘勇主持，下午的议程由协会副理事长朱文玉主持。

2021年乐器行业依然面临很多困难和挑战，行业发展任重道远，王世成理事长最后勉励全体行业同仁，在中国轻工联党委领导下，突破行业发展瓶颈，打造高质量国内大循环，扎实有效地落实乐器行业“十四五”规划提出的各项工作任务，构建“双循环”相互促进发展新格局。预祝各会员企业和业界同人为行业“十四五”开好局，于变局中开新局，不断取得新业绩，赢得新发展，以优异成绩向中国共产党百年华诞献礼。

中国乐器琴筝产业集群专家组赴江苏省扬州市进行实地复评考察

2021年5月7日，中国轻工业联合会、中国乐器协会共同组织行业内专家对江苏扬州“中国琴筝产业之都”进行实地复评考察，召开复评座谈会。

此次复评考察组以中国乐器协会专职副理事长孙瑞勇为组长、中国轻工业联合会综合业务部处长廖小红为副组长，还有全国乐器行业专家委员会顾问专家王松美、上海民族乐器一厂厂长王国振、苏州民族乐器一厂有限公司副总经理田永逸和乐海乐器有限公司董事长宋从甲等6位专家组成的专家组，对扬州市琴筝产业集群进行了实地复评。

专家组认为，扬州市琴筝产业经过多年发展，在产业规模、产业链配套、科技创新、标准化建设、音乐文化相关产业等方面都有了较大的提升，促进了当地经济发展，基本符合中国轻工业联合会《中国轻工业特色区域和产业集群共建管理办法（修订版）》的有关规定，一致建议中国轻工业联合会和中国乐器协会继续授予扬州市“中国琴筝产业之都·扬州”荣誉称号。

中国乐器协会党支部组织专题党课学习

5月19日下午，中国乐器协会党支部组织了“坚定跟党走，乐动新时代”党课学习。协会专家委员会副主任、协会原党支部书记曾泽民同志结合乐器行业发展历史，为协会全体党员和工作人员上了党课。

曾泽民同志深刻地感慨到，新中国成立以来乐器行业由小到大、由弱到强的成长历程充分证明，没有共产党就没有新中国，没有党的领导就没有乐器产业成长。只有坚定不移坚持党的领导，才能不断发展壮大乐器产业。

支部副书记孙瑞勇强调，我们要充分利用协会已有的工作平台，以创新精神，认认真真为行业、为企业办实事，推动产业高质量发展。党员同志要在认真学习党史基础上，紧密联系实际工作，深入思考，不忘初心，牢记使命，永葆共产党员精气神。要按照党的“两个一百年”既定目标砥砺前行，让乐器奏响时代发展主旋律，让乐器融入时代发展新征程，推动乐器成为“家庭的标配、社会的刚需”，在实现全面建成小康社会向社会主义现代化强国迈进的恢宏历史进程中，彰显乐器人的奉献与担当。

对于即将到来的建党100周年，孙瑞勇要求，站在新的历史发展起点上，协会全体人员要认真学习党史、学习乐器行业专业知识，了解乐器企业发展脉络，增强社团组织服务本领，使协会工作更好地贴近乐器企业，服务乐器行业，为实现中国乐器高质量发展不懈努力。

王世成理事长会见正安经开区孟喜主任一行

5月26日，中国轻工业联合会党委副书记、中国乐器协会理事长王世成在京会见了贵州正安经济开发区党工委副书记、管理委员会副主任孟喜一行，协会副理事长孙瑞勇、陈晋武，秘书长刘勇参加座谈。

王世成理事长对于正安县委、县政府以及经开区管委会一直以来开展的各项工作给予充分肯定。他表示，经过近10年的发展，正安吉他产业具备“产业比较优势明显”“园区建设比较完备”“脱贫攻坚贡献突出”“未来发展务实可期”“党政重视支持有力”五大特点。尤其是在脱贫攻坚方面贡献突出，“五大思路”，助力产业扶贫；拉动就业，吉他稳定脱贫；发挥作用，夯实产业支柱。

王世成表示，正安吉他产业集群培育了有近一年的时间，得到了县委、县政府和经开区管委会的重视和引导，产业发展成效显著。今后，协会还将继续大力支持正安关于集群共建的有关决策，期待正安吉他“三位一体”融合发展。

中国乐器协会党支部观摩学习

6月11日，中国乐器协会党支部组织全体党员、工会会员与中国农业银行股份有限公司南三环支行党支部联合开展党日共建活动，由中国乐器协会副理事长孙瑞勇、崇文支行机构部经理胡静带队组织党员群众至首都博物馆集体参观学习《伟大征程——庆祝中国共产党成立100周年特展》。

参观学习后，孙瑞勇副理事长做学习总结。他表示，两个团队分别在乐器和金融两个领域为社会、为企业、为人众提供服务，工作性质虽不一样，但都是党领导下的团队组织。站在鲜红的党旗下，重温入党誓词，大家坚定理想信念，筑牢初心使命，主动担当作为，涵养清廉本色，再次明晰我们工作、学习与生活的基本标准。

孙瑞勇副理事长强调，“希望我们每个党员，注重学习，具备理论武装能力；提高站位，具备政治锤炼能力；善于思考，具备战略思维能力；提升素养，具备科学发展能力；勇于开拓，具备创新工作能力；立规明纪，具备法治思维能力；忠于职守，具备精通业务能力；未雨绸缪，具备抵御风险能力；植根人民，具备群众工作能力；宁静致远，具备健康生活能力。以建党100周年为契机，用党的历史照亮新征程，书写新时代的奋斗新篇章，在我们各自工作岗位上，为党的事业，为民族的复兴而努力奋斗。”

中国乐器行业钢琴产业集群专家组赴浙江德清县洛舍镇实地复评考察

2021年6月11日，中国轻工业联合会、中国乐器协会共同组织行业内专家对浙江省德清县洛舍镇“中国钢琴之乡”进行实地复评考察。中国轻工业联合会和中国乐器协会共同组织，以中国轻工业联合会教育法规部主任孟琪为组长，中国乐器协会专职副理事长陈晋武为副组长，全国乐器行业专家委员会副主任曾泽民、广州珠江钢琴集团股份有限公司经营部经理何建超和海伦钢琴股份有限公司技术部经理郑之杰等5位专家组成专家组。

11日上午，专家组一行参观考察了浙江珠江德华钢琴有限公司、德清县华韵钢琴有限公司、浙江乐韵钢琴有限公司、湖州华谱钢琴有限公司、钢琴小镇和博物馆等有关单位，对洛舍镇钢琴产业的规模、品种品牌、材料配件、产业园、博物馆以及乐器进校园等方面有了较全面的了解。

11日下午，专家组召开复评座谈会，孟琪主持座谈。专家组认为洛舍镇钢琴产业经过多年发展，具有产业集群集优势逐步突显、产业链趋于完整、协同发展效果明显、科创能力逐步提升、品牌效应初见成效和产业扩延、音教服务融合发展等特点，现已成为洛舍镇的支柱产业之一，促进了当地经济发展，基本符合中国轻工业联合会《中国轻工业特色区域和产业集群共建管理办法（修订版）》的有关规定，一致建议中国轻工业联合会和中国乐器协会继续授予德清县洛舍镇“中国钢琴之乡·洛舍”荣誉称号。

中国乐器协会党支部组织集体学习

6月28日上午，中国乐器协会党支部组织集体学习，认真学习习近平总书记提出的“五个始终坚持”，党支部副书记孙瑞勇进行领学并结合“五个始终坚持”畅谈学习体会。

作为党的基层组织，中国乐器协会党支部按照中国轻工联、总社党委的部署，通过组织全体党员实地参观党史展览、积极参加国资委组织的在线党史学习，关注中国轻工联党建简报、自学党史资料等多种途径学史增信，把党史学习教育活动作为当前重要政治任务抓紧抓好。孙瑞勇表示，“习总书记关于‘五个始终坚持’的论述内涵丰富、思想深邃、博大精深，贯穿着坚定信仰追求，历史担当和真挚为民情怀。支部全体党员要进一步认真学习、努力践行总书记提出的‘五个始终坚持’总要求，更好地为乐器企业提供服务，推动乐器行业高质量发展，努力推进乐器‘进校园、进社区、进家庭’，为实现‘乐器成为家庭的标配和百姓的刚需’的目标不断努力。”

中国乐器协会党支部组织学习习近平总书记“七一”重要讲话

7月1日上午，天安门广场气势恢宏，庄严神圣，庆祝中国共产党成立100周年大会隆重举行。中共中央总书记、国家主席、中央军委主席习近平发表重要讲话。中国乐器协会党支部全体党员通过网络直播认真学习聆听总书记讲话。当天，全体党员按支部要求全部撰写了学习体会。

7月2日上午，中国乐器协会党支部第一时间召开会议，组织全体党员认真学习习近平总书记在庆祝建党100周年大会上的讲话。

中国乐器协会党支部副书记孙瑞勇在学习总书记讲话中表示，总书记分四个阶段回顾了我们党的光荣历史，并将中国共产党的精神之源凝缩成32个字四句话：坚持真理、坚守理想，践行初心、担当使命，不怕牺牲、英勇斗争，对党忠诚、不负人民。

交流座谈中，党员同志用“开天辟地，翻天覆地，感天动地，顶天立地”来表达自己对建党百年伟业取得辉煌成就的崇敬之情。大家在发言中表示，总书记讲话中的9个“以史为鉴开创未来”，9个“必须”，是一体的，具有很强的理论前瞻性和实践操作性。总书记的讲话是引领我们奋发有为、不断前行的理论旗帜，是指引我们从胜利走向胜利的动力源泉。我们一定要“坚定信仰，筑牢担当”，牢记党的宗旨，牢记初心使命，以创新的精神，服务产业发展，为推动乐器产业高质量发展做出自己的贡献。

中国乐器协会职业培训中心公益培训班在津举办

7月15日，由中国乐器协会、天津市合作交流办、市教委、市关工委、华夏未来文化艺术基金会共同主办，华夏未来城市中心承办的中国乐器协会职业培训中心（天津）公益培训班在华夏未来城市中心举行开班仪式。中国轻工业联合会党委副书记、中国乐器协会理事长王世成，天津市原副市长、华夏未来文化艺术基金会顾问张俊芳出席活动。天津市人民政府合作交流办公室副主任王东，人民音乐出版社原社长吴斌，全国乐器行业专家委员会副主任曾泽民，全国乐器行业专家委员会顾问专家王松美，华夏未来文化艺术基金会党委委员于景文、靳润成，华夏未来文化艺术基金会常务理事、麦购集团有限公司党委书记胡时俊，天津市教委体卫艺处二级调研员刘恒岳及来自新疆和田、西藏昌都、青海省黄南州、甘肃省、河北省承德市等省市地区的50个县近80名音乐教师参加。天津日报、今晚报、津云、中国网、中新社、中老年时报、天津工人报等媒体单位对活动予以采访报道。

携手共进，打造静海“乐器文化创意产业基地”

2021年8月19日，天津静海蔡公庄镇“乐器文化创意产业基地”项目咨询合作签约仪式在天津奥维斯乐器有限公司举行。中国乐器协会专职副理事长孙瑞勇、天津静海区区委常委、宣传部部长白雪峰、区政府副区长张金丽、区文旅局局长李岐洪、蔡公庄镇党委书记杨晨光以及该镇乐器骨干企业代表等参加了签约仪式，大家共同见证蔡公庄镇乐器产业在各级党委、政府大力支持下，沿着产业为基、文化为魂、创新升级、多元融合的新路径，迈出乐器产业高质量发展的新步伐。蔡公庄镇王继宏镇长与协会副秘书长钱富民代表双方共同签署了项目咨询合作协议，蔡公庄镇人大主席石德来主持了签约仪式。

中国乐器协会党支部赴平津战役纪念馆开展主题党日学习活动

8月31日，中国轻工业联合会党委副书记、中国乐器协会党支部书记王世成带领协会全体党员、员工赴天津参观平津战役纪念馆。

协会全体党员非常珍惜此次党史学习的机会，大家看得认真，听得仔细，不时与讲解员互动交流，怀着崇敬的心情边看边学，通过纪念馆内图文介绍和实物陈列，较为系统地学习了我党在新中国成立前夕团结带领人民胜利解放天津、和平解放北京的光辉历程。

自全党开展党史学习教育活动以来，中国乐器协会党支部按照中国轻工业联合会、总社党委的部署，通过主题党课、专题培训、实地参观等形式，认真开展党史学习教育活动。此次党史学习教育活动是参观天津周邓纪念馆之后，协会党支部再次赴天津组织开展的党史学习活动，通过参观平津战役纪念馆，大家对天津这片红色热土有了深入的了解，也使全体党员接受了深刻的思想洗礼。大家表示，要传承红色基因，发扬老一辈革命家无私奉献和顽强拼搏精神，以更加昂扬的工作热情和实干精神，为协会工作和乐器行业高质量发展奉献自身力量。

中国乐器协会党支部认真组织学习党的十九届六中全会精神

11月16日，中国乐器协会党支部召开支部会议，认真学习十九届六中全会重要精神。会议由党支部副书记孙瑞勇主持。

孙瑞勇就十九届六中全会的精神实质、重要决议和重大意义做了细致、深入解读。在京的支部全体党员干部参加学习，纷纷表示，要增强“四个意识”、坚定“四个自信”、做到“两个维护”，始终与党中央保持一致，努力提高政治水平，着力提升业务能力，为协会工作和行业发展积极贡献力量，以实际行动和成效，迎接2022年党的二十大的召开。

中国乐器协会召开2021年乐器行业科技大会

适逢党的十九届六中全会隆重召开，“十四五”良好开局促进国内制造业长足发展，全党全国各族人民深入贯彻中央经济工作会议重要精神的关键历史节点，12月16日，中国乐器协会2021年乐器行业科技大会在江苏常州成功召开。中国乐器协会理事长王世成，副理事长孙瑞勇、陈晋武以及近100位会员代表参会并交流。大会全程防疫保障，科学部署，会议期间安排全员核酸检测，确保了与会嘉宾的生命安全，保障大会顺利举行。

大会主题聚焦“科技·融合·创新·发展”，立足国家科技体制改革、世界前沿科技现状与发展、未来音乐科技创新、产业链延伸拓展等多维度行业视角，诚邀科技部、国务院发展研究中心专家以及资深行业人士展开交流探讨，集中展示、分享乐器行业科技创新成果。会上，现场颁发了2021年度中国乐器行业科技创新活动组织奖、2021年度乐器行业“科技之星”、2021年度“专利成果奖”以及2021年度乐器行业“科技10强企业”。大会同期还举办了科技创新图片展，遴选了48项科技创新成果（产品）进行展示，旨在推动行业科研技术交流，助力行业中高端转型升级战略发展。

中国乐器协会理事长王世成指出，本次大会正值中央经济工作会议胜利闭幕，七大政策组合拳、五个“正确认识和把握”总体要求和强化企业创新主体地位、深化产学研结合、完善优化科技创新生态等重点工作的强力推进，将引领我国经济建设、科技发展稳中有进、高质量运行。大会认真回顾2021年行业经济运行的总体情况，系统总结“科技创新年”的工作成效，客观分析后疫情时期行业发展的形势，科学谋划2022年行业科技发展的目标举措，持续推动乐器行业全产业链科技创新工作迈向新征程。

中国乐器协会理事长王世成一行考察吟飞科技

12月17日，中国乐器协会理事长王世成，副理事长孙瑞勇、陈晋武一行赴吟飞科技（江苏）有限公司进行了考察调研。在吟飞科技董事长赵平、总经理范廷国的陪同下，王世成理事长一行先后实地考察了吟飞科技工业设计中心和吟飞艺术中心，并在调研后与企业经理人就科研创新、标准规范、人才培育、校企合作等行业议题进行了座谈交流。

在实地调研和座谈交流后，王世成理事长表示，吟飞科技作为协会副理事长单位和电鸣乐器领军企业，在创新研发、科技投入、成果转化、标准工作、人才建设、持续发展等方面取得的成绩有目共睹，吟飞科技获评2021年度行业科技十强企业实至名归。王世成对作为本届科技大会承办方的吟飞科技在会前的准备工作中以及会议全程安全防疫保障工作中体现出行业责任担当与奉献精神表示首肯与感谢。

王世成理事长指出，在新时代发展进程中，科技创新成为引领电鸣乐器行业发展的重要命题。近年来，吟飞科技在科研投入上持续发力，企业在芯片研发和电鸣乐器标准化工作推动上起到了积极的示范与引领作用。

王世成理事长最后强调，“十四五”期间，国家要培育百万家创新型中小企业，建议吟飞科技加快省级“专精特新”和“小巨人”企业的各项申报工作，在科研创新中强化自主知识产权保护，不断吸纳国外先进科研人才培育体系，持续激发企业主体创新发展核心动力，为电鸣乐器行业的核心科研技术攻关与人才培育模式起到积极推动与探索引领作用。

分支机构

中国乐器协会琴行分会2020年召开年会暨第三届会员代表大会

2020年12月30日上午，中国乐器协会琴行分会以线上网络视频会议的形式召开了中国乐器协会琴行分会2020年年会暨第三届会员代表大会。中国乐器协会专职副理事长孙瑞勇与来自全国各地138个琴行的会员代表参加了会议。因疫情形势变化，此次会议以线上网络视频的形式召开，主会场设在浙江省杭州市。会议由中国乐器协会琴行分会副会长兼秘书长刘为明主持。会议听取了第二届琴行分会会长黄茂强所作的工作报告，选举产生了分会第三届领导班子。

孙瑞勇代表中国乐器协会对分会换届会的召开表示热烈祝贺，并代表中国轻工业联合会党委副书记、中国乐器协会理事长王世成向各位琴行界朋友们致以亲切的问候，对琴行分会5年来的工作给予了充分肯定。琴行业是乐器制造业不可或缺的一个关键环节，是全社会离不开的音乐艺术的珍珠项链上的一颗珍珠，真切期望琴行业在第三届分会领导班子带领下，提振信心、共谋发展，使分会工作跃上新台阶。

中国乐器协会器乐文化专业委员会2021年会在北京召开

3月16日，中国乐器协会器乐文化专业委员会2021年会在北京市科学技术进修学院召开。参加会议的代表有160多位。中国乐器协会副理事长孙瑞勇、副秘书长刘金荣出席了会议。

会议由常务副会长兼秘书长毕可炜主持，器乐文化专委会会长曾泽民致欢迎辞，他对各位会员在器乐文化研发创作、推广普及等方面的付出表示感谢。副会长舒云代表专委会作2020年度工作报告和2021年度工作计划。报告回顾了2020年专委会开展的主要工作。

会上，专委会曾泽民、皮远乡、李士生和中国乐器协会副理事长孙瑞勇为“6·21国际乐器演奏日”纪念封揭幕。专委会副会长刘正辉宣布了2021年中国“6·21国际乐器演奏日”第一批34家申请联合主办单位名单。2021年中国“6·21国际乐器演奏日”活动正式启动。会议按相关规定，选举孙瑞勇为器乐文化专业委员会会长（兼职）；聘任曾泽民为器乐文化专业委员会顾问。

中国乐器协会管乐专委会第五届换届大会在京召开

2021年3月19日，中国乐器协会管乐专业委员会第五届换届大会在中国轻工联会议室成功召开。

中国轻工业联合会党委副书记、中国乐器协会理事长王世成；中国乐器协会副理事长、河北金音乐器集团总经理陈学孔；中国音乐家协会管乐学会副主席、中央音乐学院教授赵瑞林；中国乐器协会副理事长孙瑞勇、陈晋武；中国音协管乐学会副主席朱汉城、副主席兼秘书长姜斯文，天津津宝、河北华声、北京德勇、天津圣迪、奥维斯等西管乐器骨干企业代表以及中国音协管乐学会专家代表30余人到会。

中国轻工业联合会党委副书记、中国乐器协会理事长王世成作了讲话。大会由第四届管乐专委会会长陈学孔作工作报告，中国乐器协会副理事长陈晋武主持换届选举。鉴于国内疫情常态化防控，本次换届大会采取网络通信选举与线下选举相结合的方式，选举产生了中国乐器协会第五届管乐专业委员会领导班子集体。

中国乐器协会打击乐器分会换届会在天津召开

3月26日，中国乐器协会打击乐器分会换届会在天津市津宝乐器有限公司召开。参加会议的有天津市津宝乐器有限公司、河北怀来锣厂、武汉市海平乐器制造有限公司、廊坊韵迪乐器有限公司、廊坊市永信实业有限公司、天津吉华国际贸易有限公司、天津达姆特乐器有限公司、贝斯克斯乐器有限公司和河北嘉华乐器有限公司等打击乐器骨干企业。中国乐器协会副理事长陈晋武、副秘书长刘金荣和项目部主任张蕾出席了会议。

会议由天津市津宝乐器有限公司总经理助理刘珈旭主持。首先，刘运斌会长致辞时表示，感谢多年来各位对分会工作的支持。随后，他代表分会作第四届工作汇报。

中国乐器协会副理事长陈晋武代表协会对分会新当选的第五届领导班子表示祝贺，对分会5年来的工作给予了充分肯定，感谢第四届分会班子和全体会员为行业和分会工作所做的努力和付出。随后，陈副理事长通报了协会分支机构换届的进展，并简要介绍生产型分支机构更名为分会的情况。希望分会在新一届领导班子的领导下，认真落实中国乐器协会提出的“十四五”行业发展规划，在深入调研的基础上，制定分会合作与协调发展规划，加速产品研发和科技创新；积极探索中国打击乐器发展新路径，形成“产学研用”相结合的发展模式，使分会工作迈上新台阶。

乐器标准化技术委员会年度工作会议在江苏常州召开

2021年4月12—13日，全国乐器标准化技术委员会在江苏常州召开了年度工作会议。中国乐器协会副理事长孙瑞勇、全国乐器标准化技术委员会主任委员曾泽民，副主任委员肖巍、张小川、范廷国，秘书长王伟以及乐标委委员参加了会议，主办方还邀请了相关单位的领导及工程技术人员列席会议。

大会首先举行届内的人事调整和增补议程。大会推荐中国乐器协会副理事长孙瑞勇担任主任委员，增补北京乐器研究所副所长王玮为副主任委员，同时还调整和增补了4名委员。

会议组织审核了国家标准《乐器产品中多环芳烃的测试方法》送审稿，该标准适用于乐器、乐器配件及置于室内的乐器包装物中多环芳烃的测试。作为“乐器有害物质限量”国家标准（GB/T 28489）的配套标准，该标准规定了乐器产品中16种多环芳烃测试方法的方法提要、试剂、仪器和装置、样品制备、测试步骤、计算结果、检出限、精密度和准确度、试验证告。还依据GB/T 1.1—2020对其他内容做了编辑性修改，与会专家、委员达成一致意见，审定通过了该项标准。

会议期间，乐标委秘书处邀请国家标准化管理委员会原标准审查部主任、研究员姚晓静讲解了新版GB/T 1.1—2020《标准化工作导则》，为委员们系统培训了标准化工作基础知识。同时还邀请中国轻工业联合会综合业务部质量处聂博处长系统讲解了《绿色设计产品评价技术规范》以及团体标准的制定等相关知识，对正在起草中的有关绿色产品、绿色工厂的标准方案进行了探讨。

中国乐器协会手风琴分会换届会议在江苏江阴召开

4月16日，中国乐器协会手风琴分会换届会议在江苏江阴举行。参加会议的有江阴金杯安琪乐器有限公司、天津华韵乐器有限公司、香河天音乐器有限公司、天津佰笛乐器有限公司、扬中市手风琴有限公司、沧州金狮乐器有限公司、张家港纤维素塑料有限公司等骨干企业和邀请的企业代表。

会议由江阴金杯安琪乐器有限公司副总经理袁朝钢主持，手风琴分会会长时建明作分会工作报告。会议选举产生了中国乐器协会手风琴分会第四届领导班子。

中国乐器协会副理事长孙瑞勇通过视频方式，代表王世成会长和协会对换届会议的召开表示祝贺。对分会五年来围绕扩大音乐人口的总目标，持续推进品牌建设，拓展手风琴市场，强化“产学研”融合，创新工艺流程、创新销售模式，调整产品结构，助推区域经济发展，特别是在抗击疫情复工达产等方面所取得的成绩表示肯定。同时，对新当选的第四届领导班子表示祝贺并提出希望。大会聘请了中国手风琴业界大师刘作人、刘青为手风琴分会顾问。

中国乐器协会钢琴调律师分会换届会议在京召开

4月26日，中国乐器协会钢琴调律师分会换届大会在北京江西大酒店召开。企业、院校、地方调律师协会、琴行等单位的理事和协会相关负责人出席了换届会议。换届会由钢琴调律师分会副会长、秘书长秦敏静主持，钢琴调律师分会会长冯高昆代表分会做第四届工作报告。

鉴于国内处于疫情常态化防控阶段，换届会采取网络通信选举与线下选举相结合的方式，选举产生了中国乐器协会第五届钢琴调律师分会领导班子。

中国乐器协会专职副理事长孙瑞勇出席会议并讲话。他对上届领导班子和全体成员为乐器行业和钢琴调律师分会工作做出的贡献表示衷心感谢，对新一届钢琴调律师分会领导班子表示热烈祝贺。他指出，多年来，钢琴调律师分会立足钢琴行业发展，坚持不断促进钢琴调律师队伍发展壮大，不断提升钢琴技师、调律师整体素质和技术水平，通过鉴定站与基地建设，打造了一个相对完整且具有一定影响力的全国钢琴调律师服务平台。

中国乐器协会钢琴调律师分会第五届一次工作会议暨资考委扩大会议在京召开

7月22日，中国乐器协会钢琴调律师分会第五届一次工作会议暨调律师资格考试委员会扩大会议，在北京珠江钢琴文化艺术有限公司的全力支持下顺利召开。中国乐器协会领导、调律师分会班子成员、资考委专家以及鉴定站代表出席了会议。

中国乐器协会专职副理事长孙瑞勇到会并讲话。他指出："调律师分会要充分认识调律师职业的重要性，尤其面对当前我国钢琴制造产业、国内外市场的变化及其内在规律，调律师分会应具有较强判断能力；要有带动钢琴产业高质量发展，助力钢琴产业品牌建设的责任意识。"

冯汉辉会长对新一届领导班子成员进行了工作部署。调律师分会要大力支持全国各地方组织开展的专业技术培训及职业能力评价等工作，要充分发挥所在地的各方面资源，加大对中国乐器协会授权的培训基地的建设力度。

本次调律师分会工作会议特别鸣谢珠江钢琴文化艺术有限公司的全力支持，作为全球首家珠江钢琴艺术大师的艺术之家，让所有参会领导感受到与国际钢琴大师刘诗昆、周广仁、吴牧野等共享舒密尔音乐会演奏厅的喜悦。调律师分会第五届一次工作会议在环境优美、文化底蕴深厚的艺术中心顺利完成了所有议程。

全国乐器行业标准审定会在浙江杭州召开

2021年9月13—15日，全国乐器标准化技术委员会在浙江杭州召开了乐器行业标准复审及审定会议。中国乐器协会专职副理事长兼全国乐器标准化技术委员会主任孙瑞勇、中国乐器协会专家委员会副主任曾泽民，乐标委副主任肖巍、张小川、范廷国，秘书长王伟以及乐标委45位委员参加了会议，相关单位领导及工程技术人员列席会议。

会议首先就《电鸣乐器用效果器通用技术条件》行业标准的执行现状进行了分析并确定了修订意见，明确了工作任务。同时，会议审定了新制定的《行进乐队用鼓》行业标准。会议还审定了《电子钢琴》标准的修订稿。

孙瑞勇主任作了专题讲话。他首先充分肯定了乐标委秘书处一直以来的工作成绩和委员们的辛勤付出。介绍了当前全国乐器产业发展的现状，系统分析了产业形势给标准化工作带来的机遇和挑战。

孙瑞勇强调，当务之急是要把创新升级与提升关键技术自主研发的能力放在首位，对标国际先进技术、标准、工艺流程，努力实现乐器制造大国向制造强国的快速转变。自主创新、对标升级、多元融合、稳步发展应该是今后一阶段乐器行业的主基调。

中国乐器协会未来音乐科技专业委员会即将成立

11月17日上午，中国乐器协会未来音乐科技专业委员会筹备小组成员，国家一级作曲家兼演奏家卞留念、北京中音中音科技有限公司总经理赵易天等一行8人到协会拜会了王世成理事长等协会领导。北京市东城区文联主席张志勇等参加会面。双方就未来音乐科技专业委员会的筹备以及近期即将开展的工作进行了交流。

王世成理事长首先对卞留念、赵易天一行的来访表示欢迎。他表示，中国乐器协会同意成立“未来音乐科技专业委员会”，期望专委会全体成员在以赵易天、卞留念等专家带领下，在具体工作中明确推动产业发展的基本目标和方向，规范管理，全面配合协会“提高乐器中高端产品比重”和“扩大音乐人口”等重点工作，突出科技文化引领和市场需求导向，通过乐器与音乐、演艺等相关领域的融合，有效运作，积极开展各种相关活动，共同为中国音乐文化产业的繁荣发展贡献力量，取得历史性的成绩。

随后，卞留念、赵易天等筹备组成员分别介绍了专委会筹备情况以及五年工作规划，并对专委会成立大会、“Music China未来音乐节”等近期重点工作进行了详细汇报。

《乐器有害物质限量》强制性国家标准审定会在江苏常州召开

2021年12月15日，全国乐器标准化技术委员会在江苏常州召开了《乐器有害物质限量》强制性国家标准审定会。中国乐器协会副理事长兼全国乐器标准化技术委员会主任孙瑞勇、中国乐器协会专家委员会副主任曾泽民，乐标委副主任肖巍、范廷国、张小川，乐标委秘书长王伟，北京乐器研究所副所长王玮以及乐标委33位委员参加了现场会议，11位委员通过视频的方式参加了会议，另外参与标准编制单位的相关领导及工程技术人员也列席会议。

乐标委会秘书处会同牵头单位吟飞科技（江苏）有限公司、北京乐器研究所在江苏常州召开了该项标准修订工作的筹备会议，会议对GB/T 28489—2012的实施情况与乐器基本的使用安全做了全面的分析。

孙瑞勇主任首先代表乐器协会和乐标委向到会的专家、委员和线上参会的委员们表示亲切的问候，对乐标委秘书处、吟飞科技、北京乐器研究所等承办单位所作出的巨大贡献以及全体委员的辛勤付出表示感谢。他指出，在行业稳步发展中，标准化工作发挥了很大作用，本年度累计完成制修订标准18项，其中国家标准2项、行业标准16项、国标外文版1项；团体标准发布1项、待审定2项、完成标准草案3项；同时还完成了2020年结转的6项标准的完善、审批、发布工作；在2021年的国家标准中，《乐器产品中多环芳烃的测试方法》和《乐器有害物质限量》2项标准填补了国内标准空白，《乐器有害物质限量》外文版已经立项研发。

中国轻工业联合会党委副书记、中国乐器协会理事长王世成到会与委员们亲切交流，并与委员们合影留念。

国际交流

2021年中国乐器协会国际交流与合作

2021年，协会严格按照北京市外事主管部门规定，依法依规向外办及时报备国际交流情况。受新冠疫情影响，2021年协会国际交流以线上为主，注重外引内联，与国外乐器行业组织保持联络，双向互动，线上邀请国外乐器行业协会积极参与在中国主办的各大主场乐器活动。

在疫情困难情况下，在主办各方共同努力、通力合作基础上，2021年度国民音乐教育大会在天津成功举办。美国、欧洲、法国、德国等国际乐器组织代表受疫情影响无法现场参与，但仍对此次盛会予以关注。协会与NAMM保持密切沟通，邀请NAMM总裁兼首席执行官拉蒙德参与天津国民音乐教育大会线上演讲。拉蒙德先生专门为大会录制了精彩视频发言，分享当前国际音乐教育最新趋势和发展特点，受到现场观众好评。

2021年1月，中国乐器行业参与美国国际音乐制品协会NAMM《相信音乐》在线网络活动周。应NAMM邀请，协会推荐相关乐器企业线上参加，发送下留念等中国知名乐器演奏家视频，协会理事长录制视频，在国际在线乐器舞台主动展示中国乐器风采，表达与国际同行携手共进、同舟共济的坚定信心。此外，协会通过国际乐器行业交流渠道积极发出中国乐器之声，在国际音乐制品协会年度报告中主动宣传介绍中国乐器行业取得的成就。

协会与国际“6·21国际乐器演奏日”组委会保持国际乐器演奏日活动信息沟通交流，向国际“6·21国际乐器演奏日”组委会共享中国主场活动的视频及图片，主动展示活动成效，受到海外乐器同行广泛关注。

协会还与美国国际音乐制品协会、法兰克福（中国香港）展览公司、上海国展展览公司召开线上四方视频会议，就市场发展进行线上沟通，交流国际乐器展会活动合作事宜。

2021年，协会主动发挥桥梁纽带作用，推荐中国乐器会员企业参与对外交流合作。因疫情影响无法参加乐器展览会，协会助力会员企业沟通信息，向国外乐器厂商推荐骨干乐器企业等中方合作伙伴，并与相关在华国际乐器企业沟通互动。7月下旬，协会应爱沙尼亚钢琴公司和爱沙尼亚大使馆邀请参与爱沙尼亚驻华大使馆钢琴音乐会，以乐会友促进钢琴音乐文化交流。

会员名录

中国乐器协会团体会员名录

（截至2022年5月31日）

序号	企业名称	会员证号	地址	联系人	协会任职
1	功学社（天津）商贸有限公司	0219	北京市朝阳区朝阳门外大街26号朝外MEN写字中心B座21层	林志明	副理事长
2	北京中音中音科技有限公司	0486	北京市朝阳区建国路88号10号楼712号	赵易天	副理事长
3	北京乐器研究所	0002	北京市朝阳区南新园西路甲6号	张鑫	副理事长
4	北京罗兰盛世音乐教育科技有限公司	0522	北京市朝阳区西大望路63号阳光财富大厦3层	程建铜	副理事长
5	北京星海钢琴集团有限公司	0001	北京市通州区光机电一体化产业基地科创东五街8号	孟宇	副理事长
6	福州和声钢琴股份有限公司	0119	福建省福州市仓山区金山工业集中区浦上工业园B区红江路2号	李年官	副理事长
7	广州珠江钢琴集团股份有限公司	0030	广东省广州市增城永宁街香山大道38号	李建宁	副理事长
8	广东红棉乐器股份有限公司	0038	广东省河源市高新技术开发区高新六路28号	余一佳	副理事长
9	深圳市蔚科电子科技开发有限公司	0279	广东省深圳市南山区蛇口南海意库1栋507室	赵哲	副理事长
10	广东声凯乐器有限公司	0073	广东省肇庆市四会市城中街道三棵榕	黄志康	副理事长
11	得理乐器（珠海）有限公司	0311	广东省珠海金湾区联港工业区大林山片区双林东路2号得理工业园	顾冰峰	副理事长
12	乐海乐器有限公司	0152	河北省沧州市肃宁县德善街1号	宋从甲	副理事长
13	河北金音乐器集团有限公司	0076	河北省武强县周窝乡工业区金音街8号	陈学孔	副理事长
14	武汉艾立卡电子有限公司	0124	湖北省武汉市东西湖将军五路12号	张琳	副理事长
15	柏斯琴行（中国）有限公司	0146	湖北省宜昌市宜昌东山经济技术开发区珠海路1号	吴天延	副理事长
16	吟飞科技（江苏）有限公司	0240	江苏省常州市新北区汉江西路101号	范廷国	副理事长
17	江阴金杯安琪乐器有限公司	0251	江苏省江阴市申港镇亚包大道128号	时建明	副理事长
18	江苏奇美乐器有限公司	0178	江苏省靖江市经济开发区德裕路3号	张龙贵	副理事长
19	江苏凤灵乐器集团	0114	江苏省泰兴市溪桥镇华溪中路18号	李书	副理事长
20	烟台博斯纳钢琴制造有限公司	0188	山东省烟台市高新区博斯纳东路3号	孙强	副理事长

续表

序号	企业名称	会员证号	地址	联系人	协会任职
21	烟台金斯波格钢琴有限责任公司	0052	山东省烟台市经济技术开发区长白山路5号	张绪斌	副理事长
22	上海钢琴有限公司	0019	上海市宝山区宝扬路2222号	罗予人	副理事长
23	上海艾克斯尔乐器音响有限公司	0126	上海市嘉定区徐行镇新建一路2411号	刘卫国	副理事长
24	上海民族乐器一厂有限公司	0020	上海市闵行区七宝镇联明路400号	王国振	副理事长
25	上海知音音乐文化股份有限公司	0138	上海市长宁路1200号贝多芬广场3楼	朱文玉	副理事长
26	四川盛音乐器有限公司	0310	四川省成都市新生路6号	黄茂强	副理事长
27	天津市津宝乐器有限公司	0094	天津市宝坻区迎熏街1-2号	刘运斌	副理事长
28	森鹤乐器股份有限公司	0050	浙江省慈溪市逍林镇樟新公路1928号	罗建峰	副理事长
29	海伦钢琴股份有限公司	0118	浙江省宁波市北仑区龙潭山路36号	陈海伦	副理事长
30	北京华东乐器有限公司	0010	北京市平谷区东高村镇大旺务西路21号	刘凯	常务理事
31	北京中加海资曼钢琴有限公司	0003	北京市通州区光机电一体化产业基地科创东五街8号	谭宝利	常务理事
32	广州格利蒙那提琴有限公司	0208	广东省广州市番禺区大石街涌口工业区工业三路	关尚持	常务理事
33	广东省乐器协会	0470	广东省广州市越秀区署前路33号2号楼905室	李爱群	常务理事
34	广州珠江艾茉森数码乐器股份有限公司	0426	广东省广州市增城区香山大道38号1号楼	刘春清	常务理事
35	美得理电子（深圳）有限公司	0128	广东省深圳市福田区中康路卓越城1期4-505	徐俊	常务理事
36	遵义神曲乐器制造有限责任公司	1046	贵州省遵义市正安县经济开发区B区	郑传玖	常务理事
37	大厂回族自治县华丰铸造有限责任公司	0252	河北省大厂回族自治县夏兴街808号	杨山	常务理事
38	河北省怀来锣厂	0055	河北省怀来县新保安镇幸福村	张利强	常务理事
39	饶阳北方民族乐器制造有限责任公司	0129	河北省饶阳县大官厅	杨俊朋	常务理事
40	饶阳成乐民族乐器有限责任公司	0143	河北省饶阳县大官厅开发区	李铁成	常务理事
41	河北华声乐器制造有限公司	0213	河北省深州市前么头工业区	张立根	常务理事
42	河北秦川文体乐器有限公司	0137	河北省石家庄市建设北大街38号	秦传功	常务理事
43	河南中州民族乐器有限公司	0186	河南省兰考县固阳镇中州路003号	代胜民	常务理事
44	长沙幻音电子科技有限公司	0688	湖南省长沙市高新开发区谷苑路186号湖大科技园孵化大楼东栋201	郭润博	常务理事
45	长春市新博乐乐器有限公司	0894	吉林省长春市朝阳区同志街东清华路南汇华大厦107号	周洲	常务理事

续表

序号	企业名称	会员证号	地址	联系人	协会任职
46	江苏东方乐器有限公司	0090	江苏省江阴市祝塘云顾路8号	孔文忠	常务理事
47	江苏天鹅乐器有限公司	0045	江苏省靖江市马桥镇北首	陈滔	常务理事
48	苏州公爵琴业有限公司	0134	江苏省昆山市锦溪开发区锦裕路158号	李嘉龙	常务理事
49	南京舒曼钢琴制造有限公司	0112	江苏省南京市雨花经济开发区龙藏大道9号	戴巧茹	常务理事
50	南京新辉琴行有限公司	0266	江苏省南京市中山北路42号	刘小辉	常务理事
51	苏州民族乐器一厂有限公司	0043	江苏省苏州市平江区学士街梵门桥弄15号	张礼东	常务理事
52	江苏凤灵乐器有限公司	1110	江苏省泰兴市黄桥镇华溪中路1号	李晓晨	常务理事
53	江苏大风乐器有限公司	0480	江苏省徐州市沛县张庄镇工业区	徐宝华	常务理事
54	扬州金韵乐器御工坊有限公司	0095	江苏省扬州开发区鸿扬路8号	熊立群	常务理事
55	扬州市天艺民族乐器厂	0173	江苏省扬州市邗江区甘泉镇姚湾村	汪扬	常务理事
56	扬州民族乐器研制厂有限公司	0071	江苏省扬州市隋杨路槐泗工业园	田泉	常务理事
57	江苏雅韵琴筝有限公司	0159	江苏省扬州市西区新盛街道蜀岗果园	刘成	常务理事
58	扬州天韵琴筝有限公司	0299	江苏省扬州市仪征刘集盘古工业园	李同志	常务理事
59	大连铜管乐器有限公司	0106	辽宁省大连市中山区鲁迅路88号308室	焦永达	常务理事
60	西安音乐学院乐器厂	0224	陕西省西安市高陵区西高路丝路融豪工业城内103，104号	张小东	常务理事
61	上海市乐器行业协会	0123	上海市黄浦区中山南路917号5A	叶辉	常务理事
62	上海国光口琴厂有限公司	0023	上海市浦东金港路211号一号楼1105室	周伟义	常务理事
63	上海华新乐器有限公司	0109	上海市浦东新区沈梅路600号C栋	林伯龙	常务理事
64	门德尔松钢琴（上海）有限公司	0162	上海市松江区叶榭镇浦亭路88号	郑明统	常务理事
65	上海国际展览中心有限公司	0199	上海市长宁区娄山关路55号新虹桥大厦11楼	吴江红	常务理事
66	成都川雅木业有限公司	0132	四川省成都市龙泉驿区驿都西路4361号	张华君	常务理事
67	天津市津宝蓝魔文化传播有限公司	1109	天津市宝坻区钰华街道南环西路与朝霞路交口东210米	刘珈旭	常务理事
68	天津圣迪乐器有限公司	0284	天津市静海区蔡公庄镇四党口中村	王玉辉	常务理事
69	天津华韵乐器有限公司	0087	天津市静海区中旺镇	罗金琦	常务理事
70	浙江乐韵钢琴有限公司	0389	浙江省湖州市德清县洛舍工业园顺达路18号	金文英	常务理事
71	厦门斯坦伯格钢琴有限公司	0622	浙江省湖州市德清县洛舍工业园顺达路18号	叶灯阳	常务理事
72	浙江天目琴行有限公司	0151	浙江省杭州市拱墅区润园街135号	刘为明	常务理事

续表

序号	企业名称	会员证号	地址	联系人	协会任职
73	杭州嘉德威钢琴有限公司	0184	浙江省杭州市江干区丁桥镇临丁路1191号	陈莲琴	常务理事
74	宁波四海琴业有限公司	0211	浙江省宁波鄞州区云龙镇前后陈村	何四海	常务理事
75	北京琴国乐器有限公司	0835	北京市朝阳区豆各庄乡黄厂路禁毒教育基地对面化工二厂院内咖啡色楼3层	姜伟	理事
76	北京育鹏乐器有限公司	0436	北京市朝阳区慧忠北里110号楼	张鹏	理事
77	小叶子（北京）科技有限公司	0687	北京市朝阳区叶青大厦北园1层	薄峰峰	理事
78	北京华韵阿波罗艺术发展中心	0374	北京市丰台区百强大道6号2座2610号	姚远	理事
79	北京乐界乐科技有限公司	0899	北京市海淀区上地信息路26号中关村创业大厦719	倪卫娟	理事
80	北京长安乐器有限公司	0153	北京市海淀区西四环北路15号依思特大厦610室	马雪松	理事
81	德鑫开元（北京）琴业有限公司	0525	北京市经济技术开发区荣华南路10号院荣华鑫泰大厦5号楼1809	王武	理事
82	北京过云楼文化传媒有限公司	0937	北京市西城区百花深处胡同16号	郭怀瑾	理事
83	晋江力达电子有限公司	0288	福建省晋江市安海镇第二工业区力达工业楼	吴希达	理事
84	福建省爱乐钢琴有限公司	0147	福建省南平市顺昌县双溪镇货场路142、144号	柯晟	理事
85	福建亚东钢琴有限公司	0669	福建省漳州市芗城区金峰经济开发区北斗工业园	洪亚东	理事
86	广州欧米勒钢琴有限公司	0655	广东省广州市白云区江高镇神山工业园振兴路77号厂区2号厂房	方扬	理事
87	广州市威柏乐器制造有限公司	0962	广东省广州市花都区花东镇丰园路1号	梁庆宝	理事
88	广州市罗曼士乐器制造有限公司	0241	广东省广州市花都区狮领镇育才路13号	郑晓明	理事
89	广州市大同琴行有限公司	0397	广东省广州市越秀区东川路37号	佟伟彦	理事
90	汕头市乐童乐器有限公司	0488	广东省汕头市丹阳庄东区59栋802	孙丽松	理事
91	南宁市鑫金冠文化传播有限责任公司	0781	广西壮族自治区南宁市星湖路37号	陈振华	理事
92	广州恒声检测有限公司	0172	广东省广州市荔湾区中南街渔尾西路8号五栋7008室	徐刚	理事
93	河北乐之洋乐器制造有限责任公司	0191	河北省饶阳县大官厅工业园566号	郭广哲	理事
94	河北学艺乐器有限公司	0931	河北省石家庄长安区体育北大街19号中山路体育大街北行300米路西	张建立	理事
95	武汉银可可琴行有限责任公司	0303	湖北省武汉市彭刘杨路228号金榜名苑一楼	蒋迟	理事

续表

序号	企业名称	会员证号	地址	联系人	协会任职
96	长沙飞达琴行有限公司	0289	湖南省长沙市芙蓉区东牌楼新世界商贸西1号	劳绍立	理事
97	南通星海乐器有限公司	0929	江苏省南通市人民中路8号	汪祖洪	理事
98	泰兴斯坦特乐器有限公司	0041	江苏省泰兴市黄桥镇华溪西路2号	李荣富	理事
99	江苏新基因文化发展有限公司	0733	江苏省泰兴市黄桥镇华溪中路18号	尹波	理事
100	扬州市思美民族乐器厂	0282	江苏省扬州市江都区武坚镇黄思工业区	胡思林	理事
101	扬州风华国乐琴筝（音美尔）有限公司	0312	江苏省扬州市江都区邵伯工业文化产业园振兴路东首向北200米	刘庆阳	理事
102	扬州市正声民族乐器厂	0145	江苏省扬州市江阳工业园西湖双塘东路28号	周平	理事
103	大连福音乐器有限公司	0654	辽宁省大连市西岗区中山路236号	李大川	理事
104	山东省雅特乐器股份有限公司	0876	山东省昌乐县唐吾工业园大沂路33203	赵卫国	理事
105	龙口锦盛乐器有限公司	0084	山东省龙口市东莱街道大李村	李传术	理事
106	青岛妙海韵好美乐文化交流有限公司	0242	山东省青岛市江西路98号乙	潘紫艺	理事
107	日照天力乐器有限公司	0092	山东省日照市两城工业园	杨凯	理事
108	山东摩亚文化产业有限公司	0544	山东省滕州市善国北路人才市场对过	梁景永	理事
109	陕西省文化物资公司	0502	陕西省西安市龙首北路东段4号	张忠民	理事
110	赛乐尔三益乐器（上海）有限公司	0269	上海市静安区大田路129号嘉兴大厦B幢6B	施容	理事
111	温克尔曼（上海）乐器有限公司	0467	上海市南汇坦直工业园古翠路33号	应利星	理事
112	上海威堡钢琴有限公司	0239	上海市普陀区凯旋北路1188号环球港写字楼B座11楼	蒋维国	理事
113	卡西欧（中国）贸易有限公司	0554	上海市青浦区练塘工业园区蒸夏路200–8号	陆舒吟	理事
114	上海灵江乐器有限公司	0598	上海市松江区沪亭北路218号F115～117室	黄道周	理事
115	上海和乐钢琴有限公司	0337	上海市松江区沪亭北路218号F115～117德国哈罗德钢琴	姚建芳	理事
116	英昌乐器（中国）有限公司	0335	天津市东丽区崔家码头东侧	赵勇光	理事
117	天津奥维斯乐器有限公司	0354	天津市静海区蔡公庄镇四党口中村	张国民	理事
118	天津盛兴元乐器有限公司	0103	天津市静海区子牙镇潘庄子	王泽云	理事
119	昆明乐器用品有限责任公司	0064	云南省昆明市东风西路289号	伍俊武	理事
120	杭州爱尔科乐器有限公司	0406	浙江省杭州市萧山区闻堰街道长安村祥大房388号	蒋峰	理事

续表

序号	企业名称	会员证号	地址	联系人	协会任职
121	杭州顺和盛电子科技有限公司	0530	浙江省杭州市余杭区临平南街道高地工业园	沈国水	理事
122	德清县中德利钢琴有限公司	0136	浙江省湖州市德清县关西郊路158号	王惠林	理事
123	湖州华谱钢琴制造股份有限公司	0174	浙江省湖州市德清县洛舍经济开发区	潘鸿凯	理事
124	浙江爱森纳赫钢琴有限公司	0171	浙江省湖州市德清县洛舍经济开发区文明东路18号	王惠忠	理事
125	湖州杰士德钢琴有限公司	0176	浙江省湖州市德清县洛舍镇杨树湾工业园区	韩智杰	理事
126	浙江珠江德华钢琴有限公司	0229	浙江省湖州市德清县武康镇丰庆街788号	何建超	理事
127	浙江友谊电子有限公司	0262	浙江省乐清市经济开发区纬19路268号	陈特	理事
128	宁波市北仑乐器配件制造有限公司	0203	浙江省宁波市北仑区大矸镇俞王村	俞兆祥	理事
129	宁波市五角阻尼股份有限公司	0321	浙江省宁波市鄞州区明珠路428号3A五角阻尼二楼	蔡赋勇	理事
130	重庆斯威特钢琴有限公司	0089	重庆市北碚区童家溪镇建设村新房组天成小学旁	王建华	理事
131	安庆新华书店有限公司	0617	安徽省安庆市集贤南路2号	肖金和	
132	亳州市冠中琴行经营部	0714	安徽省亳州市谯城区建安路与光明路交叉口南二十米路东	陈冠中	
133	合肥海知音乐器销售有限责任公司	0583	安徽省合肥市庐阳区长江路276号	李扬秋	
134	合肥市乐海琴行有限公司	0717	安徽省合肥市寿春路88号	邵坚	
135	安徽麒泽教育装备有限公司	0945	安徽省合肥市蜀山区南二环路3818号合肥天鹅湖万达广场1-8幢8-办1512	沈萍	
136	安徽省吉利琴行有限公司	0627	安徽省合肥市蜀山区潜山路与皖河支路交口商之都三楼	王欣	
137	安徽省国声琴行有限公司	0596	安徽省合肥市桐城路77号1号门面	杨保海	
138	安徽健洋体育产业股份有限公司	0818	安徽省淮北市杜集经济开发区202省道以北腾飞路以西	张峰	
139	淮北市兴华家具有限公司	0820	安徽省淮北市杜集经济开发区众诚路2号	郭吉文	
140	安徽吉祥科教设备有限公司	0819	安徽省淮北市杜集经济开发区紫藤路北侧	王飞	
141	淮北市云飞商贸有限责任公司	0823	安徽省淮北市杜集区高岳镇B2-105幢109号	李林军	
142	安徽世鹏教学设备有限公司	0821	安徽省淮北市杜集区滂汇工业区	郭彬	
143	淮北市力得科技发展有限公司	0822	安徽省淮北市相山区相山水路55-11号	张学勇	

续表

序号	企业名称	会员证号	地址	联系人	协会任职
144	淮南市海之声乐器销售有限公司	0912	安徽省淮南市田家庵区龙湖中路西段顺峰大厦三层	王宋梅	
145	惠州市天音乐器有限公司	0958	广东省惠州市大亚湾西区开城大道南11号	张又文	
146	惠州市汤姆乐器有限公司	0959	广东省惠州市惠阳区秋长岭湖市场汤姆乐器厂	谢宝舰	
147	安徽凯瑞教育设备有限公司	0923	安徽省六安市解放南路恒生阳光城商务中心68A1405室	张炜	
148	安徽精正家具制造有限公司	0995	安徽省六安市金安区经济开发区纵二路	杨永宽	
149	安徽邦胜德信息技术有限公司	1053	安徽省六安市棚场街京都豪园门面房138号	陈德胜	
150	舒城吉特育乐用品有限公司	0992	安徽省六安市舒城县棠树乡峰西村凌西路舒城经纬机械有限公司3幢	石发能	
151	安徽中领信息科技有限公司	0990	安徽省六安市小华山街道恒生国际商务中心68A幢1405室	彭化瑞	
152	安徽标音电子科技有限公司	1100	安徽省六安市裕安区金裕大道高新技术产业园15号1-2层	李梅	
153	宿州新华书店有限公司	0625	安徽省宿州市淮海中路79号	邓琼	
154	安徽拂晓教育装备有限公司	0947	安徽省宿州市灵璧县经济开发区红卫庄（西集）西边	朱柏	
155	安徽和信教学仪器设备有限公司	0514	安徽省宿州市武夷商业城B1区210-222室	陈静	
156	北京音悦莱科技有限责任公司	0972	北京市昌平区回龙观昌发展科教中心-5层	刘任凭	
157	北京智慧启明星教育咨询有限公司	1017	北京市昌平区回龙观新龙城40-5-101	肖阳	
158	北京爱芝音教教学设备有限公司	0425	北京市昌平区马池口镇乃干屯村203号	宁爱中	
159	六艺星空（北京）文化传播有限公司	0556	北京市朝阳区百子湾石门村路5号创美东朝时代创意园西区1-118室	周鹏	
160	盛美华源国际文化发展（北京）有限公司	1010	北京市朝阳区东大桥路甲8号尚都国际2910	孙赫	
161	北京声藏文化传媒有限公司	1002	北京市朝阳区垈头金蝉北里21号院21-2幢3层386号	陆晗	
162	赛尔玛亚洲（北京）销售有限公司	1084	北京市朝阳区工体东路丙2号12层1202	胡奕	
163	北京时代众乐琴行有限公司	0667	北京市朝阳区慧忠里304号楼1层304-2	刘小涌	
164	北京中音中音科技有限公司	0486	北京市朝阳区建国路88号SOHO现代城D座0711-0712室	赵易天	

续表

序号	企业名称	会员证号	地址	联系人	协会任职
165	北京爱新聚福电子音乐设备有限公司	0969	北京市朝阳区科学园南里中街京辰大厦B1	刘福新	
166	北京唐采文化发展有限公司	0943	北京市朝阳区六里屯北里	王小亚	
167	北京华宜天成乐器进出口有限公司	1098	北京市朝阳区苹果社区北区2号楼A座2515	蒋永建	
168	北京春秋博乐文化传播有限公司	0946	北京市朝阳区青年路西里国峰时代106	翟翀	
169	北京库客音乐股份有限公司	1097	北京市朝阳区三间房南里四号院96栋	余赫	
170	北京银河润泰科技有限公司	0843	北京市朝阳区曙光西里甲6	闫文闻	
171	乐斯（北京）教育投资有限公司	0907	北京市朝阳区四惠东华腾世纪总部公园	张峰赫	
172	北京快乐神州科技有限公司	0811	北京市朝阳区望京东路8号锐创国际1号楼16F	彭锡涛	
173	北京诺宝文化艺术有限责任公司	0731	北京市朝阳区向军北里瀚海文化大厦809室	李薇	
174	北京葡橙朵朵文化艺术有限公司（北京琴学社）	0900	北京市大兴区黄村观音寺街31号	贾建伟	
175	北京福韵国际工贸有限公司	0492	北京市大兴区青云店镇垡上电镀厂院内	李宝红	
176	伊索（北京）国际贸易有限公司	1009	北京市大兴区兴泰街五号院首邑溪谷小区1-1-307	郝晓玉	
177	北京天昱文化发展有限公司	0988	北京市大兴区宣颐路7号 学而音乐艺术中心	方思国	
178	北京瑞音天地文化艺术有限公司	0875	北京市东城区广渠门内大街88-12	时瑞滨	
179	北京盛世雅歌琴行有限公司	0746	北京市东城区交道口东大街6-6号	于效威	
180	威柏尔乐器（北京）有限公司	0454	北京市东城区王府井大街277号好友写字楼2518室	刘勇	
181	北京星海福音琴业有限公司	0278	北京市东城区夕照寺中街四号星海宏昌大厦A座609室	胆美珍	
182	北京兆森乐器有限公司	0484	北京市房山区韩村河镇西东村南	孙伟	
183	北京杜兰德科技有限公司	0867	北京市房山区绿地启航国际商务办公区三期13号楼603室	郭树	
184	北京敦善文化艺术股份有限公司	0259	北京市丰台区大红门西马厂甲14号集美文化产业园4号楼3层A08	于添	
185	北京德勇乐器有限公司	0729	北京市丰台区南三环东路6号嘉业大厦B座1104室	闫丕勇	
186	北京索达文化传播有限公司	0500	北京市丰台区南四环西路188号总部基地2区6号楼3层	叶彩萍	

续表

序号	企业名称	会员证号	地址	联系人	协会任职
187	北京卓邦乐米文化传播有限公司	0526	北京市丰台区南四环西路188号总部基地十一区27号楼6层	张新峰	
188	北京乐器学会	0857	北京市丰台区怡海花园恒丰园3号-203	刘正辉	
189	北京龙羽时代科技有限公司	0351	北京市海淀区北三环中路77号27号楼509室	魏剑羽	
190	北京诺健科技发展有限公司	0592	北京市海淀区复兴路甲36号百朗园1218号	李腊	
191	北京金三惠科技有限公司	1096	北京市海淀区上庄镇东马坊19号	魏宏惠	
192	北京家训马林巴文化艺术中心	0850	北京市海淀区紫竹院路100号	王家训	
193	北京安平乐乐器有限责任公司	0539	北京市海淀区紫竹院路88号紫竹花园小区底商	安青	
194	北京市产品质量监督检验院	0255	北京市顺义区顺兴路9号	孙路伟	
195	金蓝国际乐器（北京）有限公司	0828	北京市通州区东燕郊开发区东贸国际16号楼2单元2011室	吕占武	
196	世音百纳（北京）文化发展有限公司	1085	北京市通州区富力中心B02栋1015	雷虹	
197	北京管乐器厂	0004	北京市通州区光机电一体化产业基地科创东五街8号	赵彤	
198	北京珠江钢琴制造有限公司	0836	北京市通州区经济开发区东区靓丽5街8号	冯汉辉	
199	贵州律动文化发展股份有限公司	0765	北京市通州区梨园镇九棵树西路90号弘祥1979文化产业创意园B座3层	韦永勇	
200	乐器空间	0508	北京市通州区李庄佳苑5号楼2单元902	赵文广	
201	玮萨乐器（北京）有限公司	1080	北京市通州区潞苑南大街甲560号B区110-B31	叶伟	
202	北京中艺乐器有限公司	0722	北京市通州区马驹桥镇联东U谷中试区75号楼	李建明	
203	环球乔治布莱耶（北京）乐器有限公司	0940	北京市通州区运河西大街乔庄路18号	杨宝玉	
204	北京卡丹萨文化艺术有限公司	0998	北京市西城区鲍家街43号	张庆海	
205	北京星海钢琴集团有限公司北京民族乐器厂	0104	北京市西城区槐柏树街乙9号楼地下室	宋从甲	
206	福建合声钢琴工业制造有限公司	0832	福建省东山县西埔镇拜师街泽园路342号开发区办公室602室	谢福志	
207	福州市拉维斯文化发展有限公司	0915	福建省福州市仓山区建新镇建新北路161号2号楼1层	廖俊伟	

续表

序号	企业名称	会员证号	地址	联系人	协会任职
208	福建音桥电子科技有限公司	0965	福建省福州市台江区五一中路132号抽纱大厦二层	陈雪萍	
209	晋江市法莱斯特乐器有限公司	0896	福建省晋江市安海镇安平开发区嘉禄路2号	陈茂桂	
210	晋江市锦乐电子科技有限公司	0970	福建省晋江市安海镇安平开发区嘉盛路147号、149号	俞亮生	
211	晋江市美固展示柜有限公司	0928	福建省晋江市罗山梧安社区113号	李雪芳	
212	泉州海丝蔓电子科技有限公司	0924	福建省晋江市五里经济开发区长安路22号	柯俊雄	
213	泉州摩音乐器有限公司	1012	福建省泉州市晋江经济开发区五里园丰灵路10号	苏炳坤	
214	泉州耐特克钢琴集团有限公司	0974	福建省泉州市晋江市东石镇井林新村（60–74）号	高泉猛	
215	泉州合乐电子有限公司	0883	福建省泉州市南安市水头镇五里桥大道1268号	高铭胜	
216	厦门律动钢琴有限公司	0510	福建省泉州市迎津街建材公寓B幢501室	彭清燕	
217	厦门标旗文化传播有限公司	1023	福建省厦门市湖里区湖里大道10–12号421#	李恒生	
218	美森翰林（厦门）钢琴有限公司	0938	福建省厦门市湖里区五缘西二里21号1502	黄大柯	
219	圆古洲（厦门）集团有限公司	1051	福建省厦门市思明区莲岳路1号1004室之01室	陈卫伟	
220	厦门唐基文化艺术有限公司	0905	福建省厦门市思明区龙山中路8号66总部大楼一楼钢琴公司	杨晓杰	
221	厦门市华成琴行有限公司	0774	福建省厦门市四明东路9号	伊道生	
222	漳州市龙吟乐器有限公司	0674	福建省漳州市北斗工业园金华路1号	段性皓	
223	钰丰乐器（福建）有限公司	0313	福建省漳州市南靖县丰田镇华侨经济开发区	陈永茂	
224	漳州汉旗乐器有限公司	0846	福建省漳州市芗城区金峰北斗工业园万利达园内金华路1号	林天福	
225	玉丰乐器（漳州）有限公司	0954	福建省漳州市芗城区金峰开发区玉丰乐器	李水发	
226	弗莱契尔（厦门）乐器有限公司	0973	福建自由贸易试验区厦门片区（保税港区）海景东路10号4层420号	钟文俊	
227	白银辰睿新理念艺术传播有限公司	0770	甘肃省白银市白银区观澜商业街5楼B座辰睿新理念钢琴艺术中心	赵辰睿	

续表

序号	企业名称	会员证号	地址	联系人	协会任职
228	广州吉声琴业有限公司	0067	广东省广州市从化区鳌头镇岭南村古塘村106国道边	梁泽敏	
229	东莞市乐手时代乐器有限公司	0776	广东省东莞市高埗镇振兴北路米兰财富园（欧邓办公楼旁）三楼	何冬君	
230	东莞市华锦礼品有限公司	0847	广东省东莞市厚街镇下汴村汴康西路鑫浩源科技园一区	姜平	
231	东莞市乾方音响设备有限公司	0750	广东省东莞市南城区水濂山绿色路澎峒工业区第1栋3楼	董夷	
232	深圳市众郷科技有限公司	0889	广东省东莞市松山湖高新开发区新竹路万科松湖中心濮园903	许杏生	
233	东莞市增旺精密五金有限公司	0531	广东省东莞市塘厦镇莆心湖大道北七号	姜有文	
234	佛山市小钟琴文化传播有限公司	0881	广东省佛山市禅城区南庄镇商业广场4座808	李康勇	
235	佛山市盈展乐器有限公司	0986	广东省佛山市南海里水镇邓岗南隅村工业二路18号四楼之一	康伟光	
236	佛山市佰添乐器有限公司	0686	广东省佛山市南海区里水镇和顺官和路金星工业区东门39-7	陈祝军	
237	佛山安炜达金属制品有限公司	1020	广东省佛山市南海区里水镇河村巫庄工业区巫庄北路2号安炜达	冯永高	
238	佛山市南海区海韵乐器制造有限公司	0520	广东省佛山市南海区狮山镇莲子塘湖塘口路厂房之五	胡冬花	
239	佛山市三水龙声乐器制造有限公司	0362	广东省佛山市三水区白坭镇白沙南街一号	李庆炎	
240	佛山市万正涂料有限公司	0390	广东省佛山市三水区西南镇金本工业园B区	肖亚亮	
241	广州华丰乐器制造有限公司	0852	广东省广州市白云区人和镇汉塘村汉塘北路自编19号	李概文	
242	广州吉琴社乐器有限公司	0901	广东省广州市白云区人和镇穗禾名庭	洪银山	
243	广州市和必括乐器制造有限公司	0553	广东省广州市白云区石井红星工业路10号B座2号	黄斌	
244	广州华亦乐器有限公司	1005	广东省广州市白云区石井石沙路88号石井国际大厦13A	杨广	
245	广州诗帝堡乐器有限公司	0891	广东省广州市番禺区大北路150号华兴商贸大厦16层13号	谢春南	
246	广州诺英德曼钢琴股份有限公司	0919	广东省广州市番禺区沙湾镇福冠路福正西街15号B103	靳伟明	

续表

序号	企业名称	会员证号	地址	联系人	协会任职
247	广州悠哈乐器有限公司	0978	广东省广州市番禺区市桥富华中路39号503	黄成贤	
248	广州市普迪立信科技有限公司	1105	广东省广州市高新技术产业开发区科学城掬泉路3号广州国际企业孵化器A区A206，A208房	霍涛	
249	英氏婴童用品有限公司	0859	广东省广州市海珠区广州大道南788号自编7栋	高峰	
250	广州市泰源乐器制造有限公司	0955	广东省广州市花都区花山镇永乐村菊花石大道自编100号之六	张冬美	
251	广州市恒胜箱包有限公司	0606	广东省广州市花都区新华街团结村塘口四队机场安置区商业街	彭兰	
252	广州市鸣雅玛丁尼乐器制造有限公司	0587	广东省广州市花都区新华镇凤凰北路三东工业区	汪宏齐	
253	广州二诺信息科技有限公司	0877	广东省广州市黄埔区黄埔大道东933号2层	肖志伟	
254	广州蓝深科技有限公司	1107	广东省广州市黄埔区南翔一路50号四栋432房	陈华秋	
255	广东琴趣网络科技有限公司	0812	广东省广州市黄埔区茅岗村坑田大街32号鱼珠智谷E306	麦燕玉	
256	广州市益友箱包皮具有限公司	0980	广东省广州市经济技术开发区萝岗联合上围村中街5号	李振标	
257	广州市雅迪数码科技有限公司	0496	广东省广州市荔湾区桥中中路186号爱国者一楼自编45号	胡伟	
258	德国博兰斯勒钢琴（中国）有限公司	0541	广东省广州市天河北路595-599号创新科技广场二楼	方扬	
259	广州弦尚文化传播有限公司	0501	广东省广州市天河区黄村路51号粤安工业园A栋6楼	隋细华	
260	广州闻乐教育科技有限公司	1058	广东省广州市天河区黄埔大道中662号604室	符吉聪	
261	广州市新艺宝乐器有限公司	0309	广东省广州市天河区黄埔大道西177号二楼	凌建聪	
262	广州千陆文化创意发展有限公司	0975	广东省广州市天河区凌塘新街16-2号新远景创业科技园5楼	秦千和	
263	广州传音乐器有限公司	0168	广东省广州市天河区天河路228号之1510	苏常青	
264	广州市拿火信息科技有限公司	0707	广东省广州市越秀区解放北路568号	陆子天	
265	广州市天樱电子有限公司	0763	广东省广州市越秀区明月一路20号明月阁806房	张继发	

续表

序号	企业名称	会员证号	地址	联系人	协会任职
266	惠州全丰育乐用品有限公司	0234	广东省惠阳区秋长镇长兴路鹏岭工业城	蔡赖丰	
267	深圳市巴罗克文化艺术发展有限公司（BARROCO乐器）	0898	广东省惠州市惠城区长湖苑1期9栋2单元1号琴行	王浩然	
268	惠州市惠阳区吉他行业协会	0831	广东省惠州市惠阳区大剧院1楼右侧办公室	闫兴为	
269	惠州市乐音乐器有限公司	0672	广东省惠州市惠阳区淡水镇铁湖路玉兰别墅D9−10栋	彭爱平	
270	宇声乐器（惠州）有限公司	0904	广东省惠州市惠阳区秋长街道金秋大道75号	蔡国宏	
271	惠州德尚乐器有限公司	0851	广东省惠州市惠阳区秋长益发工业区A栋	钟文辉	
272	惠州市铭仕电子制品有限公司	0785	广东省惠州市惠阳区秋长镇西湖边水村铭仕电子制品有限公司	赵建萍	
273	惠州市惠阳区新圩曼棱乐器厂	0540	广东省惠州市惠阳区新圩镇塘口工业区	李秋云	
274	惠州声柏乐器有限公司	0697	广东省惠州市惠阳区长街道秋长镇岭湖工业区亚来路39号	王振中	
275	惠州市思琪特科技有限公司	0918	广东省惠州市仲恺高新区陈江街道办五一大道日通达大楼1栋3楼	邱宇鹏	
276	鹤山市挚雅乐器有限公司	0602	广东省江门市鹤山市龙口镇北环路6号	杨建勋	
277	揭西县美科电子电器厂	0206	广东省揭西市县城环城路西段	张远青	
278	揭阳市卡巴特乐器有限公司	1006	广东省揭阳市揭东区玉湖镇玉联村工业西片区	刘森归	
279	揭西县美乐斯电子电器厂实业有限公司	0537	广东省揭阳市揭西县河婆街道北环一路中段	张伟雄	
280	开平市圣诺电子有限公司	0609	广东省开平市三埠长沙光明路82号102	黄美娴	
281	广东龙健乐器有限公司	0987	广东省廉江经济开发区龙健高新科技产业园	戴平	
282	南雄市海伦罗曼钢琴有限公司	0664	广东省南雄市珠玑镇二塘村国道G323线旁	李晓勇	
283	深圳市卓乐科技有限公司	0521	广东省深圳市宝安28区陆氏工业大厦2楼	李国飞	
284	深圳市中艺盈科电子有限公司	0355	广东省深圳市宝安35区安华工业区一巷8栋A5	钟永津	
285	深圳市魔耳乐器有限公司	0593	广东省深圳市宝安区71区留仙三路25号电明6楼	朱四华	

续表

序号	企业名称	会员证号	地址	联系人	协会任职
286	深圳市阿诺玛乐器有限公司	0658	广东省深圳市宝安区宝田三路宝田工业区56栋6楼	陈海华	
287	深圳市搜罗乐器有限公司	1082	广东省深圳市宝安区航城街道九围社区九围第三工业区5号B栋厂房5层	欧阳斌	
288	深圳市小草音乐网络科技有限公司	0858	广东省深圳市宝安区沙井街道锦程路2070号石厦港联工业园C栋2楼	梁海	
289	深圳市伏荣科技开发有限公司	0459	广东省深圳市宝安区西乡西城工业区12栋2楼	李胜	
290	深圳市宏伟顺科技发展有限公司	0599	广东省深圳市宝安区新安街道44区富源商贸中心B1403	段建军	
291	深圳市和普乐器有限公司	0341	广东省深圳市福田区八卦岭八卦五路五街543栋4楼433房	亓苏梅	
292	深圳戎马广告有限公司(琴行经营报)	0578	广东省深圳市福田区车公庙泰然六路泰然物业大厦207栋301室	林凯	
293	深圳市和乐文化传播有限公司	0740	广东省深圳市福田区福中一路2016号深圳音乐厅首层施坦威钢琴专卖店	翁环	
294	尼凯乐器(深圳)有限公司	0932	广东省深圳市光明新区公明街道将石新围第一工业区1栋	宋燕刚	
295	深圳市双华鑫电子有限公司	0864	广东省深圳市龙岗区布吉中元路4号楼32栋A305	江中华	
296	创尊科技(深圳)有限公司	0966	广东省深圳市龙岗区龙岗街道南联社区圳埔领路2号F栋202	张又文	
297	深圳市杰高乐器有限公司	0971	广东省深圳市龙岗区平湖街道新木里花半里欣悦广场C栋609	赵进荣	
298	惠州壹号琴行有限责任公司	0747	广东省深圳市罗湖区太白路太阳新城6B	王浩然	
299	岩手一全科技(深圳)有限公司	0941	广东省深圳市南山区大新路88号金龙工业区63栋西309	Tomokazu Kawamura	
300	深圳金色田园教育科技股份有限公司	0773	广东省深圳市南山区高新技术园区南区A8音乐大厦905室	史斌	
301	深圳市艾伦易登文化发展有限公司	0868	广东省深圳市南山区前海星空科技园A栋401	秦健	
302	深圳市新众玩网络科技有限公司	0960	广东省深圳市南山区软件园1期3栋	许乐平	
303	深圳市伊诺乐器有限公司	0300	广东省深圳市坪山区仓坑路家德马峦工业区1区7栋	袁雁	
304	深圳市乐器行业协会	0933	广东省深圳市坪山区坪山办事处汤坑社区同富西路67号家德马峦工业园一区7栋3楼	袁雁	

续表

序号	企业名称	会员证号	地址	联系人	协会任职
305	广东创智智能装备有限公司	1108	广东省肇庆市迎宾大道2号	严长志	
306	鲍德温（中山）钢琴乐器有限公司	0032	广东省中山市东升镇观栏村工业区	周有恩	
307	中山市笛驰文体用品科技有限公司	0967	广东省中山市三乡镇麻斗工业区锚金大道19号	陆嘉诚	
308	珠海汇吉洋电子科技有限公司	0532	广东省珠海市斗门区白蕉工业园新科二路26号	王超	
309	帕多瓦乐器（珠海）有限公司	0964	广东省珠海市香洲区湾仔华声工业园G座4楼	黄国城	
310	南宁市嘉诚琴行有限公司	0546	广西壮族自治区南宁市教育路7–2号	林李斌	
311	贵州毕节松柏乐器制造有限公司	1079	贵州省毕节市金海湖新区小坝镇工业园区A5栋	彭士泳	
312	玉屏侗族自治县箫笛行业协会	0865	贵州省铜仁市玉屏侗族自治县箫笛厂内	杨永华	
313	贵州融合音源乐器有限公司	1028	贵州省遵义市正安县经济开发区	王建	
314	贵州正音文化科技有限公司	1032	贵州省遵义市正安县经济开发区	王学	
315	贵州贝加尔乐器有限公司	1043	贵州省遵义市正安县经济开发区	赵山	
316	贵州馨音乐器制造有限公司	1025	贵州省遵义市正安县经济开发区A区	卢纶泰	
317	遵义麦格纳乐器制造有限公司	1034	贵州省遵义市正安县经济开发区A区	郑传勇	
318	钰丰乐器（正安）有限公司	1047	贵州省遵义市正安县经济开发区A区	陈水茂	
319	贵州斯柏卓尔乐器有限公司	1048	贵州省遵义市正安县经济开发区A区	黄绍勇	
320	正安县盛雅乐器有限公司	1050	贵州省遵义市正安县经济开发区A区	郑俊	
321	贵州木源乐器制造有限公司	1045	贵州省遵义市正安县经济开发区A区3号楼	尹大鹏	
322	贵州谦梦乐器制造有限公司	1049	贵州省遵义市正安县经济开发区A区4小区	丁盛	
323	贵州金韵乐器有限公司	1027	贵州省遵义市正安县经济开发区A区吉他园	刘江波	
324	贵州凯丰乐器有限公司	1029	贵州省遵义市正安县经济开发区B区	黄宏楷	
325	贵州正安吉他实业有限公司	1031	贵州省遵义市正安县经济开发区B区	陶剑峰	
326	贵州律谦乐器有限公司	1039	贵州省遵义市正安县经济开发区C区2号楼	赵和兵	
327	贵州正安娜塔莎乐器制造有限公司	1030	贵州省遵义市正安县经济开发区C区二组团	赵建峰	
328	正安县博丰木业有限公司	1042	贵州省遵义市正安县经济开发区C区一组团一号楼	李祖才	

续表

序号	企业名称	会员证号	地址	联系人	协会任职
329	遵义市马氏吉他制造有限公司	1035	贵州省遵义市正安县经济开发区电子商务信息产业园	马大树	
330	贵州潮艺乐器制造有限公司	1036	贵州省遵义市正安县经济开发区国际吉他产业园A区新发展厂区D栋	卢波	
331	惠州市恒生乐器有限公司	0800	贵州省遵义市正安县经济开发区凯丰乐器	邓忠兵	
332	正安显勇乐器制造有限公司	1044	贵州省遵义市正安县经济开发区塞维尼亚乐器厂B栋	祝显勇	
333	正安县旭日乐器有限公司	1037	贵州省遵义市正安县经济开发区台湾产业园8栋	许朝阳	
334	贵州华茂乐器有限公司	1040	贵州省遵义市正安县经济开发区一组团二栋5楼501	赵和兵	
335	正安县吉他协会	1026	贵州省遵义市正安县经济开发区综合服务大楼	魏友兵	
336	贵州塞维尼亚乐器制造有限公司	1033	贵州省遵义市正安县瑞濠工业园B区	魏友兵	
337	海南大蟒科技有限公司	0572	海南省海口市美兰区海甸五西路兆南绿岛家园绿轩17-18A	胡建智	
338	霸州市威名乐器有限公司	0177	河北省霸州市大高各庄工业区	张维明	
339	北京东奇众科技术有限公司	0788	河北省保定市涿州市义和庄镇长安城村东口东奇公司	郭学成	
340	赞凯尔松钢琴河北有限公司	0957	河北省沧州市肃宁县德善街	张振环	
341	沧州市金狮乐器有限公司	0227	河北省沧州市纸房头工业区	吕宝合	
342	定州市即兴音乐培训学校	0778	河北省定州市北城区大道观小学西行50米	佘会凤	
343	河北铭泽文体用品有限公司	0751	河北省定州市大奇工业区	张江伟	
344	定州市定海体育器材有限公司	0715	河北省定州市唐河循环经济产业园区	李增甫	
345	高碑店市佰格乐器箱包厂	0760	河北省高碑店市南大街152号	邓印明	
346	衡水好望角乐器有限公司	1061	河北省衡水市饶阳县留楚乡屯里村北	焦虎星	
347	廊坊市圣爱工艺品有限公司	0699	河北省廊坊市安次区仇庄乡景村工业区	邓岳梅	
348	廊坊市永信实业有限公司	0261	河北省廊坊市安次区杨税务	刘家庆	
349	廊坊市斯尔曼乐器有限公司	0659	河北省廊坊市安次区祖各庄西口光辉巷	王颂	
350	香河天音乐器有限公司	0060	河北省廊坊市香河县香河经济技术开发区运泰路	曹振民	
351	北京晨语筝业教育科技有限公司	0884	河北省秦皇岛市海港区秦皇东大街236号沃金商厦B座301	姜瑞华	

续表

序号	企业名称	会员证号	地址	联系人	协会任职
352	饶阳县振鹏民族乐器厂	1060	河北省饶阳县大尹村镇大迁民村村东68号	常鹏龙	
353	饶阳县海之韵乐器有限公司	0597	河北省饶阳县东草芦村七区46号	李广敖	
354	三河市龙洋乐器有限公司	0393	河北省三河市新集镇	艾永青	
355	阿玛提（北京）乐器有限公司	0917	河北省石家庄桥西区裕华西路192号世纪公馆23楼	张立营	
356	河北康喜乐器制造有限公司	0756	河北省石家庄市新华区杜兆乡西营村和乐巷4号	张喜	
357	河北锦瑟乐器有限公司	1016	河北省石家庄市长安区嘉和广场2-1905	郭万军	
358	唐山市明艺教育科技有限公司	1059	河北省唐山市路北区君瑞花园0007楼1单元0539号	田蕾	
359	廊坊韵迪乐器有限公司	0170	河北省文安县新镇镇工业区	王景川	
360	河北鑫欧泰教学设备制造有限公司	0784	河北省盐山县南环路	徐淑英	
361	吉克乐器河北有限公司	0999	河北省张家口市蔚县经济开发区工业街5号	郭玉成	
362	河南高山流水乐器有限公司	1071	河南省开封市兰考县堌阳镇范场村	陈佰善	
363	兰考墨武古琴文化传播有限公司	1065	河南省开封市兰考县堌阳镇范场村3组	王二鱼	
364	河南中弘乐器有限公司	0985	河南省开封市兰考县堌阳镇工业园区	范慧敏	
365	兰考恋音乐器有限公司	1063	河南省开封市兰考县堌阳镇乐器工业园区	王海波	
366	河南省九韶乐器有限公司	1064	河南省开封市兰考县堌阳镇乐器工业园区内1号	刘春玉	
367	兰考县成源乐器音板有限公司	0848	河南省兰考县堌阳镇工业区3号	王凤枝	
368	河南三好乐器有限责任公司	1066	河南省兰考县堌阳镇堌牛路东侧	吴大平	
369	兰考县华韵乐器有限公司	1068	河南省兰考县堌阳镇工业园区	徐顺海	
370	兰考大河乐器有限公司	1072	河南省兰考县堌阳镇工业园区	何素英	
371	兰考县君谊民族乐器有限公司	1076	河南省兰考县堌阳镇工业园区	赵尚功	
372	兰考祥音民族乐器有限公司	1077	河南省兰考县堌阳镇工业园区	范慧敏	
373	兰考县华音民族乐器有限公司	1078	河南省兰考县堌阳镇工业园区	汪胜丽	
374	河南鸿鹄民族乐器有限公司	1074	河南省兰考县堌阳镇工业园区展厅北侧	徐登辉	
375	兰考县鸣韵乐器有限公司	0642	河南省兰考县堌阳镇乐器工业园区	徐会争	
376	兰考县韵音乐器有限公司	0643	河南省兰考县堌阳镇乐器工业园区	张巧芳	
377	兰考县古韵乐器配件厂	0641	河南省兰考县堌阳镇梁场村	马鹏	

续表

序号	企业名称	会员证号	地址	联系人	协会任职
378	河南省洲洋乐器有限公司	1070	河南省兰考县堌阳镇西关二村堌牛路西侧	冯会宾	
379	兰考焦桐乐器股份有限公司	0910	河南省兰考县堌阳镇月起工业园	王刚	
380	兰考县忠音民族乐器厂	1073	河南省兰考县关乡陈寨村东路南	许超	
381	兰考桐韵民族乐器有限公司	0680	河南省兰考县文明路16号	袁玉刚	
382	开封悦音乐器有限公司	0640	河南省兰考县闫楼乡郭庄村	吴扎根	
383	河南弦情乐器有限公司	1067	河南省兰考县闫楼乡梧桐工业园区桐音路1号	肖世腾	
384	兰考中正皇韵乐器有限公司	1075	河南省兰考县闫楼乡梧桐家居配套产业园	黄万顺	
385	兰考县怡轩乐器厂	1069	河南省兰考县怡轩乐器厂	陈国胜	
386	久鼎文化产业发展有限责任公司	1106	河南省新乡市经济技术开发区支一路与支二路丁字路口西南角	郝志辉	
387	襄城县宏声乐器有限公司	0993	河南省许昌市襄城县麦岭镇欧营村	欧阳长伟	
388	郑州星艺新琴行有限公司	0775	河南省郑州市北二七路96号	翟莲花	
389	宁波海伦睿卡教育科技有限公司	0887	河南省郑州市管城区商城路东明路交叉口茂祥大厦17楼	樊国领	
390	巴彦县善林木业有限公司	1008	黑龙江省巴彦县兴隆镇兴林林农路	卢花善	
391	哈尔滨七星乐器有限公司	0845	黑龙江省哈尔滨市道里区森林朝阳胡同6号2单元1层4号	王世秋	
392	牡丹江和音乐器有限公司	0650	黑龙江省牡丹江市西安区海浪路199号	贾酝	
393	湖北华都钢琴制造股份有限公司	0427	湖北省广水市广办西河路二路2号	汪其见	
394	随州市曾侯乙编钟编磬文化有限公司	0830	湖北省随州市舜井大街305-2号	项绍清	
395	武汉市乐王乐器有限公司	0293	湖北省武汉市东湖高新技术开发区武大科技园路7号武大航域办公楼A8栋6楼	邢福志	
396	武汉工控艺术制造有限公司	0698	湖北省武汉市东西湖将军路万家墩东村59号	高力强	
397	武汉市海平乐器制造有限公司	0125	湖北省武汉市江岸区云林街65号观湖铂金公寓321房	王志军	
398	武汉致嘉乐器销售有限公司	0100	湖北省武汉市经济开发区民营科技工业园12号M栋	周致嘉	
399	武汉大音唐韵乐器有限责任公司	0873	湖北省武汉市武昌彭刘杨路229号	唐志雄	
400	武汉余晓维金手指文化艺术咨询有限公司	0726	湖北省武汉市武昌区和平大道绿地国际金融城B2栋2611室	余小维	

续表

序号	企业名称	会员证号	地址	联系人	协会任职
401	安斯特早教投资管理湖北有限公司	0737	湖北省武汉市武昌区积玉桥万达公馆五栋1单元502室	蔡德武	
402	常德市武陵区多尔乐器厂	1018	湖南省常德市武陵区滨湖路西城水恋小区北门	王晓冬	
403	武汉钢的琴音乐文化发展有限公司	0748	湖北省武汉市武昌区彭刘杨路228号	伍海波	
404	长沙斗牛士乐器有限公司	1091	湖南省长沙经济技术开发区东六路南段77号金科亿达科技城84栋4单元604	何北	
405	湖南三创演艺有限公司	1024	湖南省长沙市开福区德雅路542号湖南电视节目中心3号楼	吴选作	
406	湖南纽比特文化艺术有限公司	1081	湖南省长沙市开福区芙蓉北路街道金泰路119号富湾国际1栋3601	刘甜	
407	湖南莱拉乐器有限公司	1093	湖南省株洲市醴陵市经济开发区标准厂房6号栋第六层	周晶	
408	延吉市民族乐器研究所	0154	吉林省延吉市北山街爱丹路125-2号	赵基德	
409	长春新威琴行有限公司	0369	吉林省长春市朝阳区工农大路1796号	周宝强	
410	长春市恒兴华科技有限公司	0663	吉林省长春市南关区大马路吉塔公寓998号	崔京宜	
411	彤杺钢琴培训工作室	0833	江苏省常州市新北区三井街道绿都万和城三区商业广场彤松钢琴培训工作室	叶立宇	
412	淮安市经纬教学设备有限公司	0552	江苏省淮安市楚州区施河镇德福北路186号	成鹏	
413	淮安市翔声民族乐器厂	0897	江苏省淮安市楚州区翔宇大道1003号易郡龙腾3号商住楼101室	贾洪海	
414	淮安市众兴教学设备有限公司	0856	江苏省淮安市淮安区泾口镇光明居委会	钱国军	
415	江苏润晨科教设备有限公司	0816	江苏省淮安市淮安区施河镇 政和路	王顺国	
416	淮安市成达教学用品有限公司	0813	江苏省淮安市淮安区施河镇德福北路16号	马俊成	
417	江苏宇辉教学用品有限公司	0618	江苏省淮安市淮安区施河镇德福南路	刘红兵	
418	江苏华丰教学装备有限公司	0704	江苏省淮安市淮安区施河镇工业园区	刘长军	
419	江苏乾坤教学设备有限公司	0534	江苏省淮安市淮安区施河镇工业园区	董玉乾	
420	江苏远恒教学设备有限公司	0916	江苏省淮安市淮安区施河镇工业园区	刘金云	
421	江苏强众科教设备有限公司	0736	江苏省淮安市淮安区施河镇工业园区29号	查永安	
422	江苏万里科教设备有限公司	0814	江苏省淮安市淮安区施河镇工业园区淮河路18号	施守英	

续表

序号	企业名称	会员证号	地址	联系人	协会任职
423	江苏祥信科教设备有限公司	0976	江苏省淮安市淮安区施河镇工业园区黄山路南首	刘娟	
424	江苏大鹏科教设备有限公司	0621	江苏省淮安市淮安区施河镇淮河路	刘宝珍	
425	江苏百宇兴事业有限公司	0753	江苏省淮安市淮安区施河镇淮河路1号	钱国强	
426	江苏星杨月科教设备有限公司	0645	江苏省淮安市淮安区施河镇世纪大道	杨如忠	
427	江苏兴特教学设备有限公司	0701	江苏省淮安市淮安区施河镇世纪大道	施信忠	
428	淮安市长三角科教设备有限公司	0815	江苏省淮安市淮安区施河镇世纪大道13号	施守江	
429	淮安市迅腾教学设备有限公司	0844	江苏省淮安市淮安区施河镇世纪大道16#	宋平安	
430	江苏月星科教设备有限公司	0646	江苏省淮安市淮安区施河镇世纪大道2号	葛彩珍	
431	江苏华光科教设备有限公司	0571	江苏省淮安市淮安区施河镇世纪大道8号	吴斌	
432	江苏安琪尔科教设备有限公司	0735	江苏省淮安市淮安区施河镇太平西路26号	李晓燕	
433	江苏东大科教设备有限公司	0702	江苏省淮安市淮安区施河镇条龙村	胡国政	
434	江苏盛达教学设备有限公司	0795	江苏省淮安市淮安区施河镇长江路1号	王国顺	
435	江苏双丰教学用品有限公司	0798	江苏省淮安市晃哪去施河镇德福路102号	沈卫国	
436	江苏雪峰科教设备有限公司	0817	江苏省淮安市清河区万达广场一期3号楼2单元1楼	单平平	
437	江苏华辰教学设备有限公司	0560	江苏省淮安市施河镇工业园区人民路南首	管益武	
438	淮安市福乐教学设备有限公司	0804	江苏省淮安市施河镇世纪大道	高云军	
439	江苏华睿科教设备有限公司	0805	江苏省淮安市施河镇世纪大道	周艾军	
440	江阴奇灵乐器有限公司	0705	江苏省江阴市申港镇澄路1597号	缪庆益	
441	江阴市孔声乐器有限公司	0523	江苏省江阴市祝塘镇工业集中区B区	孔真清	
442	无锡铃木乐器有限公司	0039	江苏省江阴市祝塘镇人民路1号	缪志兴	
443	中国大众音乐协会口琴专业委员会	0872	江苏省江阴市祝塘镇云顾路8号	孔文忠	
444	昆山德邦木业有限公司	0358	江苏省昆山市巴城镇正仪高新技术产业园富丽路	唐亮	
445	南京梦飞乐器贸易有限公司	0934	江苏省南京市江宁区东山街道宏远大道2298号 秦淮绿洲东苑75幢103室	刘飞	
446	南京音杰琴行有限公司	0948	江苏省南京市江宁区天元东路523号	安吉	

续表

序号	企业名称	会员证号	地址	联系人	协会任职
447	南京南淮文化传播有限公司	0953	江苏省南京市秦淮区中山南路315、313号1805、1806室	王艺耘	
448	南京爱韵乐器有限公司	0433	江苏省南京市玄武区同仁西街7号北楼2层	童磊	
449	南通市乐王琴业有限公司	0046	江苏省南通市环城东路93号	王夕林	
450	江苏三毛教仪成套设备有限公司	0696	江苏省沭阳县工业园区萧山路36号	徐兴俊	
451	江苏冠仪教学设备有限公司	0944	江苏省沭阳县公园东路155号	周立梅	
452	江苏金太阳科教设备有限公司	0789	江苏省沭阳县公园路20号金太阳科教	汤亚	
453	江苏省华茂科教设备有限公司	0565	江苏省沭阳县经济开发区永嘉路40号	祁霞	
454	江苏柠檬科教设备有限公司	0563	江苏省沭阳县章集工业园区柠檬3号	徐善才	
455	苏州市福合天韵乐器科技有限责任公司	0755	江苏省苏州市吴中区苏州工业园区星湖街328号创意产业园1−B601室	包伟康	
456	江苏浩派乙乐器有限公司	1092	江苏省宿迁市泗阳县李口镇全民创业园通达大道13号	柳云辉	
457	江苏威特诺乐器有限公司	0950	江苏省泰兴市黄桥镇金溪路东、通站路北	郭美霞	
458	泰兴市通灵乐器有限公司	0977	江苏省泰兴市黄桥镇溪桥华溪中路	殷建设	
459	泰兴琴艺乐器有限公司	0218	江苏省泰兴市溪桥镇华溪东路8号	吴建新	
460	江苏省苏创教学设备有限公司	0796	江苏省泰州市高港科技创业园	戴春喜	
461	江苏鸿星教学设备有限公司	0799	江苏省泰州市高港区力铺街道西工业区	吉荣进	
462	泰州市苏北实验仪器有限公司	0797	江苏省泰州市寿巷街道长太新村	芮锦成	
463	无锡市龙韵琴行	0984	江苏省无锡市梁溪区中山路金太湖国际城二楼	李子龙	
464	无锡市锡艺乐器厂	0194	江苏省无锡市新区梅村镇锡贤路149号	万建平	
465	无锡市新区古月琴坊	0101	江苏省无锡市新区梅村镇新南路10号	万其兴	
466	徐州市铜山区顺成乐器配件厂	0630	江苏省徐州市铜山区房村镇新庄	刘方盘	
467	盐城桐鹄堂琴行有限公司	0935	江苏省盐城市城南新区新都街道盐城金融城6幢1707室	张蓉蓉	
468	江苏玉河教玩具有限公司	0807	江苏省扬州市宝应县曹甸工业园区中央西路15号	唐素芳	
469	扬州云飞教学设备有限公司	0806	江苏省扬州市宝应县曹甸镇工业集中区	罗云谋	
470	江苏康乐玩具有限公司	0808	江苏省扬州市宝应县曹甸镇工业集中区	施乃凤	
471	江苏思礼实业有限公司	0809	江苏省扬州市宝应县曹甸镇工业集中区	李如星	

续表

序号	企业名称	会员证号	地址	联系人	协会任职
472	江苏金阳光游乐设备有限公司	0810	江苏省扬州市宝应县曹甸镇工业集中区	郝自强	
473	江苏宝乐实业有限公司	0801	江苏省扬州市宝应县草甸工业区	杨军勇	
474	扬州正和民族乐器厂	0615	江苏省扬州市广陵区头桥镇迎新村	杨越	
475	扬州箫韶天成乐器有限公司	1086	江苏省扬州市邗江区甘泉街道长塘村（琴筝产业园）F02幢02号	张峰	
476	扬州泉声民族乐器有限公司	0870	江苏省扬州市邗江区杨庙镇杨庙村荷花组	颜正友	
477	江苏六鑫科教仪器设备有限公司	0648	江苏省扬州市江都区浦头镇工业园区	朱美馀	
478	江苏永创教学仪器有限公司	0838	江苏省扬州市江都区浦头镇工业园区	吴亚芹	
479	泰州永创教学仪器有限公司	0839	江苏省扬州市江都区浦头镇工业园区	吴亚芹	
480	江苏大鑫教育装备有限公司	0878	江苏省扬州市江都区浦头镇工业园区	薛建萍	
481	扬州市恒厚科技发展有限公司	0879	江苏省扬州市江都区浦头镇工业园区	董安	
482	江苏润宏科教设备有限公司	0880	江苏省扬州市江都区浦头镇工业园区	陆静	
483	扬州玲珑苑琴筝坊	0710	江苏省扬州市江都区武坚镇周西社区兴周路2号	陈后勇	
484	扬州清和文化发展有限公司	0611	江苏省扬州市江阳中路433号金天城519号	金峰	
485	南京海关轻工产品与儿童用品检测中心	0862	江苏省扬州市开发西路8号	吴斌	
486	扬州市开发区竹西琴坊	0913	江苏省扬州市泰州路保安巷14号	李全	
487	扬州市维扬区御声乐器厂	0322	江苏省扬州市西湖镇司徒庙路西首-胡场	杨国富	
488	扬州翔韵琴筝有限公司	0721	江苏省扬州市西区杨庙镇	刘永勤	
489	扬州太古琴坊有限公司	0586	江苏省扬州市仪征刘集镇盘古工业园1号	刘霄	
490	镇江汉韵民族乐器厂	0968	江苏省镇江市京口区桃花坞支路八角亭42号	朱剑	
491	深圳黑森林文化艺术有限公司	1015	江西省赣州市章贡区稼轩路黑森林文化艺术	王兰娟	
492	江西美丽达乐器有限公司	1041	江西省九江市武宁县工业园区	余武生	
493	九江赛璐珞实业有限公司	0855	江西省九江市武宁县万福经济技术开发区万福大道6号	单成鹿	
494	江西省宏声文化艺术发展有限公司	0579	江西省南昌市国安路112号	刘宏	
495	余干县民族乐器有限公司	0319	江西省余干县玉亭镇沙窝大街	张仕先	
496	大连龙音乐器有限公司	0671	辽宁省大连市开发区辽河东路88号	王明瑜	

续表

序号	企业名称	会员证号	地址	联系人	协会任职
497	伊斯坦尼亚钢琴（大连）有限公司	1088	辽宁省大连市中山区友好广场6号中远海运洲际酒店4层	杨犀莹	
498	聆动乐器（锦州）有限公司	0996	辽宁省锦州市古塔区重观路2号	孟翔航	
499	辽阳德盛重工机械有限公司	1011	辽宁省辽阳市辽阳县首山镇黑牛庄村	李弘宇	
500	营口西尔伯曼钢琴有限公司	0270	辽宁省营口市西市区民兴河北街	丁弘戬	
501	营口乐器协会	0503	辽宁省营口市沿海产业基地新联大街东1号，格林希尔乐器公司	郝峰	
502	内蒙古艺龙琴行商贸有限公司	0761	内蒙古自治区呼和浩特市赛罕区新华东街长安金座D座商业二楼204	靳英士	
503	呼和浩特市艺达乐器商贸有限公司	0742	内蒙古自治区呼和浩特市新城区兴安北路2号	林清端	
504	青海三益琴行有限公司	0794	青海省西宁市海湖新区新华联国际中心2号楼三益琴行	李永文	
505	潍坊大唐乐器发展有限公司	0869	山东省昌乐县唐吾镇乐器产业园	李华波	
506	昌乐县东方乐器厂	0417	山东省昌乐县鄌郚镇政府驻地	李凤英	
507	山东庆云国健教学设备制造有限公司	0783	山东省德州市庆云县经济开发区民营创业园	张建涛	
508	山东瑞世达体育器材有限公司	0854	山东省德州市庆云县崖口工业园	刘金财	
509	山东八音乐器有限公司	0469	山东省菏泽市牡丹区刘寨（原乡政府）	马宏川	
510	山东中艺音美器材有限公司	0767	山东省菏泽市鄄城县富春乡开发区999号	李洪强	
511	济南旭秋乐器有限公司	0441	山东省济南市高新区世纪大道理想嘉园2号楼19屋1909室（小鸭集团）	董念春	
512	济南新泺港琴行有限公司	0824	山东省济南市历下区文化东路94号	宁春玉	
513	济南朗声商贸有限公司	1099	山东省济南市文化西路2-23	李群	
514	济南市金生源乐器厂	0849	山东省济南市章丘区水寨镇范家开发区	范育荣	
515	山东省济宁市颜氏调律工具有限公司	0453	山东省济宁市任城区南张工业园	颜婷婷	
516	山东省鄄城训福教学仪器有限公司	0768	山东省鄄城县什集镇工业园	刘建芳	
517	山东鄄城致远科教仪器有限公司	0769	山东省鄄城县什集镇工业园777号	陈海红	
518	山东山石麦尔乐器有限公司	0243	山东省聊城市兴华东路香格里文景小区	刘冰	
519	山东省华泰教学设备有限公司	0837	山东省临沂市高新区宝山路113号	李永彬	
520	临沂宗沛斋工贸有限公司	0518	山东省临沂市河东区华龙路	张宗沛	
521	临沂市楸旭木业有限公司	1007	山东省临沂市兰山区方城镇墩头村	曹素强	

续表

序号	企业名称	会员证号	地址	联系人	协会任职
522	山东奥尚体育产业有限公司	0716	山东省临沂市兰山区后十社区2号楼（聚财商务中心）704号	潘书杰	
523	山东省雷鸣教学设备有限公司	0841	山东省临沂市兰山区临西七路小商品城二期大卖场中国教育用品采购基地三楼3023号	胡晓艳	
524	山东吉诺尔体育器材有限公司	0651	山东省临沂市兰山区小商品城22号楼0767−0768号	李娟	
525	临沂市音之源乐器有限公司	0922	山东省临沂市兰山区中国临沂小商品城北区卖场三楼3012号	胡鲁南	
526	龙口市管乐器协会	0963	山东省龙口市东莱街道大李家村	钦永庆	
527	山东泰山管乐器制造有限公司	0131	山东省龙口市东莱街道大李家村	赵人兴	
528	龙口金鸣乐器有限公司	0738	山东省龙口市兰高工业园	李廷东	
529	秦皇岛和恩乐器有限公司	1019	河北省秦皇岛市经济技术开发区黄山路12号1984文化创意产业园A22	张迪	
530	山东劳立斯世正乐器有限公司	0108	山东省青岛市城阳区春阳路101号	邓莹	
531	青岛德隆五金制品有限公司	1103	山东省青岛市城阳区流亭街道京城路74号	曹妙霜	
532	青岛西海岸新区水木云欣艺术培训学校	1021	山东省青岛市黄岛区香江路3−1号一层	孙婷	
533	青岛美嘉乐器有限公司	1056	山东省青岛市黄岛区张家楼镇工业园松云路303号美嘉乐器	丁桂斌	
534	青岛莫勒乐器有限公司	0952	山东省青岛市莱西夏格庄夏四村	李言明	
535	青岛帕蒂兰德乐器进出口有限公司	0766	山东省青岛市崂山区海尔路61号天宝国际银座2010	展丽	
536	青岛青大琴行有限公司	0400	山东省青岛市市南区宁夏路127−6号	周克岭	
537	青岛美德威教育科技有限公司	0771	山东省青岛市市南区银川西路67号 国际动漫游戏产业园A座107B	吴丹舟	
538	无棣县馨雅教学仪器设备有限公司	0842	山东省无棣县车王镇政府驻地	李风军	
539	济宁市兖州区声远乐器有限公司	0245	山东省兖州区谷村镇杨村	颜廷学	
540	枣庄奥森乐器有限公司	1089	山东省枣庄市市中经济开发区长江路29号	殷允夷	
541	山东黑木环保材料科技有限公司	0689	山东省淄博市桓台经济开发区泰山路30号	张玲玲	
542	定襄县金声科技有限公司	0951	山西省定襄县光明巷襄丰区	殷宝山	
543	临汾明星琴行有限公司	0758	山西省临汾市尧都区解放路辛寺街6号	卢青	
544	山西普晋琴行有限公司	0334	山西省太原市青年路12号	董武斌	

续表

序号	企业名称	会员证号	地址	联系人	协会任职
545	忻州市东韵琴行有限公司	0885	山西省忻州市七一北路精华写字楼底商	智建	
546	运城市管乐文化艺术协会	1102	山西省运城市盐湖区南城街道碧桂园3002号	赵凤云	
547	山西哆咕教育科技有限公司	1054	山西太原市万柏林区南内环西街润景园著16号商铺	孙菊伟	
548	西安德馨汇教育科技有限公司	1022	陕西省西安市雁塔区长安路108号西安音乐学院东门北侧100米佩卓夫钢琴展馆	罗丽花	
549	西安音乐学院朱雀琴行	0744	陕西省西安市长安中路110号	徐胜利	
550	延安鲁艺文化艺术有限公司	0792	陕西省延安市师范路自来水公司一楼	文星月	
551	菲奥娜乐器（上海）有限公司	0629	上海市宝山区呼兰西路60号卓越时代广场709-710菲奥娜乐器	王幼妹	
552	上海口琴总厂	0025	上海市宝山区蕰川路510号	蒋林森	
553	上海凯恩乐器有限公司	0413	上海市崇明区合兴镇东首	张吉根	
554	上海布戈乐器有限公司	0961	上海市奉贤区联合北路215号第5幢	唐雨晴	
555	上海萨瑟钢琴有限公司	0656	上海市奉贤区南桥镇张翁庙路525号晨日科创园G幢302	王立功	
556	上海敦煌乐器有限公司	0185	上海市奉贤区运河北路1025号	王国振	
557	上海艺埠教育科技有限公司	1014	上海市虹口区曲阳路910号1708室	李轶	
558	精工电子商业（上海）有限公司	0681	上海市淮海中路138号上海广场2701室	濡木 伸二	
559	上海海音乐器有限公司	0745	上海市黄浦区中山南路917号	叶晖	
560	上海东韵钢琴有限公司	0181	上海市嘉定区嘉罗公路2210号	马惠忠	
561	法兰山德乐器（上海）有限公司	0297	上海市金山区枫泾工业园区钱明东路1338弄35号	陈德鹏	
562	上海邦加琴业有限公司	0287	上海市金山区亭林镇亭东村4062号	张琳媚	
563	上海艺音乐器有限公司	0734	上海市金山区朱泾工业区东日路186号	曾香梅	
564	上海顶胜钢琴有限公司	0409	上海市闵行区都会路100号	顾名迈	
565	巨吉贸易（上海）有限公司	0435	上海市闵行区都会路1885号丽琴大厦1楼	司马健	
566	罗切尔钢琴（上海）有限公司	0906	上海市闵行区都会路2501号2栋2楼	张宇婷	
567	上海乐圣乐器有限公司	0412	上海市闵行区都市路451号	胡祖庭	
568	上海先韵乐器有限公司	0725	上海市闵行区联航路1188号1号楼东二层	岳倍先	
569	瑞宝乐器（上海）有限公司	0779	上海市闵行区七莘路182号B座301	韩军	
570	瑞宝乐器（上海）有限公司	0997	上海市闵行区七莘路182号B座301室	韩军	

续表

序号	企业名称	会员证号	地址	联系人	协会任职
571	上海华黎民族乐器厂（普通合伙）	0161	上海市南汇区大团镇永春北路88弄68号	唐华军	
572	上海鼎韵乐器有限公司	0693	上海市浦东新区大团镇宣大路688号	唐正君	
573	于斯教育科技（上海）有限公司	0759	上海市浦东新区御北路385号5号楼	王维	
574	河合贸易（上海）有限公司	0349	上海市浦东新区张杨路500号28楼C座	小仓克夫	
575	上海市普陀区爱乐琴行	0317	上海市普陀区兰溪路119号	许俊	
576	上海晨川琴业材料有限公司	0320	上海市青浦区华新镇民兴工业园区徐华公路3029弄民兴一路59号	郑纪海	
577	清浦区简悦琴行	0882	上海市青浦区淮海南路23号府山时代广场	林宁	
578	上海胤兰乐器有限公司	0111	上海市青浦区莲溪公路3102号	徐建华	
579	上海中雅钢琴有限公司	0127	上海市青浦区清赵路6158号	叶振强	
580	欧贸乐器（上海）有限公司	0949	上海市青浦区崧泽大道6555号奥帛置业大厦1307室	倪丙占	
581	易弹乐器（上海）有限公司	0890	上海市青浦区新团路248号13幢	王昭阳	
582	中沃舜克管乐器（上海）有限公司	0762	上海市青浦区徐泾镇沪青平公路2152弄8号	谷攀峰	
583	上海慎远国际贸易有限公司	1001	上海市青浦区徐泾镇华徐公路289号B座602	金川	
584	上海凯笙钢琴有限公司	0780	上海市松江区嘉松南路408号9号商业广场北区3F	EDDIE NI	
585	上海翰森钢琴有限公司	0994	上海市松江区金都西路518号8幢2楼	周约翰	
586	上海伍韵钢琴有限公司	0942	上海市松江区申港路258号	姚启武	
587	上海柏德钢琴有限公司	0991	上海市松江区中山街道时亦大厦	张起龙	
588	上海云乐文化发展有限公司	1004	上海市徐汇区天钥桥路380弄20号18层F座	李德俭	
589	上海戴氏琴弦制作社	1057	上海市徐汇区永康路185号、187号	戴卫	
590	上海施特劳斯钢琴有限公司	1052	上海市杨浦区惠民路927号	金文英	
591	贝希斯坦贸易（上海）有限公司	0902	上海市长宁区兴义路8号万都中心2609室	周翔昊	
592	达达里奥贸易（上海）有限公司	0708	上海市长宁区中山西路999号华闻国际大厦1305室	john daddario	
593	逻兰（上海）电子有限公司	0893	上海市长宁区紫云路421号SOHO天山广场T1 703−705	西泽晃	
594	施坦威钢琴亚太有限公司	0499	上海市自贸区朝鹏路147号	Werner Husmann	

续表

序号	企业名称	会员证号	地址	联系人	协会任职
595	成都云创新科技有限公司	0886	四川省成都市成华区一环路东一段电子信息产业大厦1106	刘德文	
596	成都伟航科技有限公司	0677	四川省成都市高新区天府大道1480号高新孵化园德商国际B座505	彭德伟	
597	四川华之艺教育科技有限公司	0925	四川省成都市青羊区光华东一路75号2幢3层301号	蒲丁	
598	成都朝阳浪琴乐器制品有限公司	0210	四川省成都市双流区东升镇永安路二段	黎明强	
599	大府新区成都片区新兴星韵乐器厂	0709	四川省成都市天府新区新兴镇凉水村4组306号	陈东兵	
600	成都豪兴泰科技有限公司	0791	四川省成都市武侯区簇锦街办聚龙路68号摩尔汽配城11幢10层41号	戢兴培	
601	成都好琴无忧钢琴有限公司	0888	四川省成都市武侯区普利大厦	张恩	
602	成都雅音乐器有限公司	1090	四川省成都市武侯区一环路南一段22号嘉宜大厦11层10号	赵卫国	
603	四川英才教学设备有限公司	0749	四川省绵阳市机场西路98号	张萃超	
604	北京扬世正雅文化艺术传播有限公司	0892	重庆市渝中区大坪龙湖时代天街B馆3号楼2406	胡瑁	
605	自贡市贝尔吉教学仪器设备有限公司	0559	四川省自贡市国家高新技术产业区川南中小企业创业园金川路15号附10号	兰金	
606	天津三卫乐器有限责任公司	0637	天津市北辰区北辰西路联东U谷产业园区29-2号	李国华	
607	天津华一乐器有限公司	0787	天津市滨海新区大港小王庄镇小王庄村	陈宝展	
608	天津市东丽区乐林乐器厂	0491	天津市东丽区大毕庄工业区国信路10号	卢启恒	
609	天津乐威乐器有限公司	0724	天津市东丽区南何庄地铁站B出口南50米	苗永伟	
610	天津创丰乐器进出口贸易有限公司	0483	天津市河北区红星路万科城市花园F-409	贺天宝	
611	天津通宝乐器有限公司	0015	天津市河北区南口支路6号	真野太治	
612	天津市民族乐器厂	0018	天津市河北区南吱路1号	郭建文	
613	天津市佰笛乐器有限公司	0189	天津市河东区程林庄路华冠丝绸有限公司院内	赵景萱	
614	天津天同音工贸有限公司	0274	天津市河东区六纬路神州花园26-3-101	王琳	
615	天津市艳音乐器销售有限公司	0979	天津市河东区天津音乐艺术街30号	赵艳	

续表

序号	企业名称	会员证号	地址	联系人	协会任职
616	天津市万德弗劳乐器有限责任公司	0444	天津市河东区新开路春华里11-2-401	高志伟	
617	天津市溱音文化传媒有限公司	1062	天津市河西区解放南路富裕大厦2-1401A-39	周彤	
618	通宝国际贸易（天津）有限公司	0264	天津市河西区苏州道2号图书大厦1515室	真野泰冶	
619	天津渤轻进出口有限公司	0107	天津市河西区新围堤道5号	张洵廷	
620	天津康耐克斯商贸有限公司	0920	天津市河西区友谊南路海逸长洲恋海园2-802	张婧	
621	天津市静海区鸣鹏永兴乐器厂（普通合伙）	0786	天津市静海区子牙镇潘庄子	元景梅	
622	天津市静海区恒艺燕京乐器厂	0703	天津市静海区子牙镇潘庄子村	田树恒	
623	天津市恒诚工业用呢有限公司	0732	天津市空港经济区东九道八号	齐朝利	
624	天津扬昇国际贸易有限公司	0408	天津市南开区鞍山西道信诚大厦704室	许心缇	
625	天津乐海城乐器配件有限公司	0364	天津市滨海新区春风路紫云国际5栋1门201室	王锡华	
626	天津滨海琴行有限公司	0290	天津市滨海新区上海道1329号	刘祥清	
627	天津达姆特乐器有限公司	0752	天津市武清区大良镇蔡各庄	杜承柱	
628	天津劳伦斯乐器有限公司	0476	天津市武清区京津时尚广场7楼大厦1002室	刘瑞	
629	天津小七互联网科技有限责任公司	1094	天津市西青区大寺镇玛歌庄园悦景园17号别墅	刘小琴	
630	天津吉华国际贸易有限公司	0860	天津市西青区中北工业园阜盛道22号	Han-Peter Messner	
631	桐林独幽古琴艺术馆	0936	云南省玉溪市红塔区东风北路玉锦园A-3号二单元201室	施宏伟	
632	慈溪市叮当五金配件有限公司	0927	浙江省慈溪市新浦镇新胜东路358号	冯升科	
633	德清鲍尔钢琴有限公司	0895	浙江省德清洛舍镇工业区	沈国璋	
634	上海豪腾钢琴有限公司	1003	浙江省德清县洛舍镇东衡众创园B5幢	徐华锋	
635	德清县洛舍森玛钢琴配件厂	0728	浙江省德清县洛舍镇张陆湾工业区	姚小雄	
636	杭州卡米莉娅琴业有限公司	0921	浙江省杭州市拱墅区丽水路166号F3	魏增荣	
637	杭州出蓝乐器有限公司	0989	浙江省杭州市钱塘新区下沙学正街189-2号 出蓝琴行	马书诣	
638	杭州雅马哈乐器有限公司	0212	浙江省杭州市萧山区瓜沥镇沙田头村	小林孝一	
639	杭州戴纳钢琴有限公司	0939	浙江省杭州市萧山区义桥镇御景蓝湾2幢3单元1202	蔡蓉蓉	
640	杭州知乐数码科技有限公司	0956	浙江省杭州市余杭区仓前街道海创科技中心4幢1111室	陈闻捷	

续表

序号	企业名称	会员证号	地址	联系人	协会任职
641	杭州声贝音响有限公司	0291	浙江省杭州市余杭区黄湖镇黄湖工业园区兴湖路19号	蔡忠伟	
642	杭州威勒乐器有限公司	0908	浙江省杭州市余杭区塘栖镇运溪路186号	陈永权	
643	杭州沃尔特数码钢琴有限公司	0267	浙江省杭州市余杭区闲林工业园闲兴路18号6号楼	赵为民	
644	杭州余杭区中泰街道竹霖生乐器厂	0930	浙江省杭州市余杭区中泰街道紫荆村17组竹弄里58号	李尔王	
645	杭州余杭鸣声乐器有限公司	0834	浙江省杭州市余杭区中泰街道紫荆村寺前头16-1号	丁小明	
646	上海音秋钢琴有限公司	1038	浙江省湖州市德清县洛舍镇东直街1号	姚积琦	
647	德清凯诚木业有限公司	1095	浙江省湖州市德清县洛舍镇杨树湾工业区	吴富林	
648	浙江美龙乐器有限公司	1087	浙江省湖州市吴兴区东林镇工业功能区南区B幢401	龙建兵	
649	吴兴东林星火钢琴配件厂	0727	浙江省湖州市吴兴区东林镇锦山工业区	施丽萍	
650	海湾乐器（嘉善）有限公司	0148	浙江省嘉善县惠民街道钱塘路8号	胡华丰	
651	浙江广承实业有限公司	1101	浙江省嘉兴市湖市新仓镇新衙线中华段258号	黄乔羚	
652	金华市金东区辰音琴行	0903	浙江省金华市金东区清照路828号保集外滩山谷而广场A4-201-212室	季春琴	
653	浙江韵乐电器有限公司	0166	浙江省乐清市淡溪镇石龙头工业区	柯应岳	
654	丽水括苍琴行	0344	浙江省丽水市括苍路222号	叶菊香	
655	丽水市琴府琴行	0983	浙江省丽水市莲都区花园路832-834号	应朝阳	
656	临海市均华乐器有限公司	0380	浙江省临海市古城街道聚景路9号	金云声	
657	宁波海宇科技有限公司	0926	浙江省宁波北仑区大碶徐洋岐山工业区道口南路6号	俞军	
658	宁波韵声机芯制造有限公司	1104	浙江省宁波市北仑区小港街道安居路26号	竺韵德	
659	宁波典雅提琴有限公司	0911	浙江省宁波市北仑区新大路1069号	胡蕴子	
660	宁波立腾音频科技有限公司	0982	浙江省宁波市海曙区洞桥镇鱼山头村	童华春	
661	浙江布咚音乐互联网科技有限公司	1055	浙江省宁波市海曙区环城西路南段481号二楼布咚音乐	沈永生	
662	宁波蓝奥电子科技有限公司	0914	浙江省宁波市鄞州区朝晖路188号民安路306号1115室	张文河	
663	宁波市鄞州正美电子元件厂	0853	浙江省宁波市鄞州区东兴工业区1号楼	赵屈正	

续表

序号	企业名称	会员证号	地址	联系人	协会任职
664	宁波市镇海磊磊音响器材厂	0605	浙江省宁波市镇海庄市兆龙路368号	徐佩红	
665	浙江子昊钢琴有限公司	0504	浙江省衢州市常山县金川街道创新东路5号	崔馨瑛	
666	瑞安市中联电声乐器有限公司	0803	浙江省瑞安市塘下罗凤北工业区万景路588号	林遵义	
667	绍兴飞达电声厂	0866	浙江省绍兴市皋埠镇银春路15号-1	赵志刚	
668	台州狂飙琴行	0874	浙江省温岭市前溪路158号	刘佳	
669	浙江格莱姆乐器有限公司	0485	浙江省温州市瓯海区郭溪下屿工业区富泉路66号格莱姆乐器	陈小秋	
670	温州市汉克游乐设备有限公司	0981	浙江省温州市永嘉县桥下镇垟湾工业区	林锐	
671	新昌县七星街道双明民族乐器厂	0829	浙江省新昌县七星街道下石演60号	俞开明	
672	永康市新宝乐器有限公司	0863	浙江省永康市前仓镇工业区双丰路10号	池中贤	
673	永康市前仓永固乐器厂	0204	浙江省永康市前仓镇前仓村金鸡路156号	蒋学良	
674	浙江一恒教学仪器有限公司	0692	浙江省永康市前仓镇世纪路6号	章青华	
675	浙江学全科教仪器有限公司	0475	浙江省永康市石柱镇下里溪工业区百福临大道9号	蒋学全	
676	浙江康贝尔教学设备有限公司	0790	浙江省永康市总部中心金同大厦26楼	李泽林	
677	上海各尧企业管理股份有限公司	0909	重庆市渝北区东湖南路力帆时代3栋12-5	肖龙成	

中国乐器

年鉴

2022

CHINA MUSICAL INSTRUMENT YEARBOOK

科技工作报告

科技·融合·创新·发展
——2021年乐器行业科技大会在江苏常州成功召开

适逢党的十九届六中全会隆重召开，“十四五”良好开局促进国内制造业长足发展，全党全国各族人民深入贯彻中央经济工作会议重要精神的关键历史节点，12月16日，中国乐器协会2021年乐器行业科技大会在常州成功召开。中国乐器协会理事长王世成，副理事长孙瑞勇、陈晋武，以及近100位会员代表参会并交流。大会全程防疫保障，科学部署，会议期间安排了全员核酸检测，确保了与会嘉宾的生命安全，保障大会顺利举行。

大会主题聚焦“科技·融合·创新·发展”，诚邀科技部国家科技评估中心、国务院发展研究中心专家以及资深行业人士展开头脑风暴，大会围绕国家科技体制改革、世界前沿科技现状与发展、未来音乐科技创新、音教美育发展、产业链拓展延伸等多维度行业视角展开交流探讨，集中展示、分享乐器行业前沿科技与创新成果，并对2021年度科技创新领域的先进个人和优秀集体、科研项目进行了隆重表彰。

一、统筹推进——完善科创平台建设 激活人才培育机制

会上，中国乐器协会理事长王世成以《持续推动乐器行业全产业链科技创新迈向新征程》为题发表讲话。他指出，本次大会正值中央经济工作会议胜利闭幕，七大政策组合拳、五个“正确认识和把握”总体要求和强化企业创新主体地位、深化“产学研”结合、完善优化科技创新生态等重点工作的强力推进将引领我国经济建设、科技发展稳中有进、高质量运行。本次科技大会要认真回顾2021年行业经济运行的总体情况，系统总结“科技创新年”工作成效，客观分析后疫情时期行业发展的形势，科学谋划2022年行业科技发展的目标举措，持续推动乐器行业全产业链科技创新工作迈向新征程。

对于当前乐器行业整体运行和科技创新工作，王世成理事长表示，当前我国乐器行业经济运行总体平稳，主要经济指标处于合理区间，消费需求继续回升，对外贸易好于预期，全行业经济运行呈持续恢复态势。过去一年来，面对行业经济下行压力加大、不确定因素增多的情况，乐器协会积极向工信部、发改委、海关总署、商务部、中财办、国务院研究室等部委办反映行业诉求，借势普惠政策赋能产业发展活力。2021年，历经“科技创新年”的深耕细作，行业科技创新工作不断深化，“四个一”工程有序落实，科技投入持续增长，标准、专利各项工作卓有成效，人才机制逐步完善，专家智库开启行业发展核心引擎。经过全行业的共同努力，乐器行业“科技创新年”的各项工作值得肯定，取得可喜可贺的成绩。

目前，乐器经济发展仍面临需求收缩、供给冲击、预期转弱三重压力。在疫情影响下，外部环境更趋复杂严峻和不确定。经研究确定，2022年为乐器行业“人才建设年”，对乐器行业2022年的科技创新工作，王世成理事长强调：“首先，行业要以‘人才建设年’工作为统领，系统探讨、规划和推动全行业人才建设工作，以高端人才培训计划赋能行业科技创新和规模效益持续提升；其次，紧跟国家政策导向，积极响应‘双碳’战略，主动配合能源‘双控’统筹各项工作，有序调控成本增加效益；最后，完善深化行业科技创新体系，促进产业链融合发展。

以科技创新平台为支撑，以企业为主体，跨界整合社会优质科创资源，深度融合音乐教育产业，延伸拓展乐器全产业链，在‘双减’政策框架下研究市场发展的新空间；第四，完善和强化协会服务职能，充分发挥专家委员会、分支机构的行业导向作用，多措并举激发企业主体意识，促成创新企业成为引领行业高质量发展的主力军。”

二、荣誉表彰——见证行业科创成果 激发人才创新活力

过去一年来，协会在中国轻工业联合会党委领导下，积极推荐会员企业参加工信部、中国轻工业联合会组织的各类科技创新项目评审活动，获得多项荣誉。会上，由中国乐器协会副理事长陈晋武宣读《关于“科技创新年”工作的表彰决定》。

多家企业和个人荣获中国轻工业“十三五”科技创新先进集体、先进个人；全国乐器标准化技术委员会被评为“十三五”全国轻工业标准化工作先进集体；全国轻工行业“升级与创新消费品”评选中，珠江艾茉森、乐海乐器、吟飞科技、星海钢琴等9家企业产品入选；在2021年中国轻工业联合会科学技术奖入选项目名单中，15家企业入选科学技术进步类，4家入选技术发明类，3家企业设计中心入选中国轻工业工业设计中心，珠江钢琴的2个小组被评为全国轻工业优秀质量管理小组。

2021年中国乐器协会在科技创新方向上按照“两翼发力、六轮驱动”整体思路推进，一年来行业科技创新工作卓有成效。会上，现场颁发了2021年度中国乐器行业科技创新活动组织奖、2021年度乐器行业“科技之星”、2021年度“专利成果奖”以及2021年度乐器行业“科技十强企业”。大会上午各项议程由中国乐器协会副理事长孙瑞勇主持。

三、产研聚焦——瞄准前沿科技趋向 强化乐器科技成果转化

吟飞科技（江苏）有限公司董事长赵平在致辞中讲到，近年来，常州秉承发展先进制造产业、着力改善营商环境的理念，经济社会发展水平一直处在我国区域经济的前沿。吟飞公司在创新研发、科技投入、成果转化、标准工作、人才建设、持续发展等方面都取得了很好的成效。当前，新一轮科技革命和产业变革正不断推动经济发展，科技创新成为行业提速发展的重要引擎。大会特邀科技部国家科技评估中心政策与改革部部长、研究员田德录与国务院发展研究中心国际技术经济研究所战略室主任侯晓轩，分别以“国家科技体制改革总体进展情况”“2021年世界前沿科技现状及未来发展态势”为题，做了专家讲座。结合国内政策与国际形势，把脉科创趋势。

在5G、人工智能、文化数字融合发展的时代背景下，中国乐器协会同意成立“未来音乐科技专业委员会”。大会上北京中音中音科技有限公司董事长赵易天带来了以《未来音乐对乐器产业科技创新的引领作用》为题的主题发言，翔实讲述了未来音乐科技的概念、对传统乐器的意义以及未来音乐专委会的成立对行业的意义。

为进一步加强乐器行业推动融合增强科技创新能力，交流创新成果，提升科创核心竞争能力。2021年大会特别策划4家企业作年度科技成果交流，展示企业在科技创新领域的创新产品。吟飞艺术中心经理华那晨为大家展示的吟飞智能数字乐器代表了智能科技与音乐艺术的跨界融合；上海民族乐器一厂有限公司敦煌艺术学校常务副校长宋蕾展示的敦煌·罗兰智能交互古筝学堂带来的则是民族乐器的传统与创新；得理乐器（珠海）有限公司总经理顾冰峰结合时下热议的芯片话题，讲述中国电声乐器核心集成电路设计面临的挑战；广州珠江钢琴集团有限公司副董事长、总经理肖巍分享了珠江钢琴科技创新的实践经验。

“双减”政策下，音乐美育成为新热点，素质教育迎来红利期，越来越多的教培企业纷纷转型素质教育方向。在此背景下，大会策划“音乐美育在形势下的发展探索”圆桌论坛。特邀常州市第五中学书记吴栋、卡西欧（中国）贸易有限公司电子乐器营业推进统括部副部长王帅、中国音协高校音乐联盟副秘书长徐轩、吟飞艺术中心高级讲师潘晓燕、尚典教育科技（唐山）有限公司总经理乔建津围绕校园美育、音乐进中考、中老年乐器教育等话题，在“产学研用”层面展开头脑风暴。大会下午各项议程由北京星海钢

琴集团有限公司党委书记张小川主持。大会同期还举办了科技创新图片展，遴选了48项科技创新成果（产品）进行展示，旨在推动行业科研技术交流，助力行业中高端转型升级战略发展。

科技兴则国兴，科技强则国强。“十四五”规划和2035年远景目标建议都提出科技创新在我国现代化建设全局中占据核心地位，强调“科技自立自强”。面对负责变化的发展环境，让我们在以习近平同志为核心的党中央领导下，以习近平新时代中国特色社会主义思想为指导，正确认识和把握行业发展新要求，不断适应和满足日益增长的音乐文化消费市场需求，持续推动乐器全产业链科技创新迈向新征程，为实现从乐器制造大国成为乐器强国宏伟目标而共同奋斗。

2021年度行业科技工作报告

2021年正值中国共产党百年庆典，这一年，中国乐器协会以科技创新为主题，紧紧围绕构建科技创新格局，推动行业融合发展主题内容，在建立健全科技创新体制机制、搭建科技创新行业大平台、完善标准化技术体系、务实推进人才队伍建设等方面成效显著。

一、“四个一工程”有序落实，行业创新热情高涨

（一）全行业搭建一个科技创新工作体系

以101人组成的行业专家委为支撑，40多家骨干企业推荐了各单位科技负责人和联络人，形成了协会和分支机构组织协调、专家委针对性指导、企业落地推动的科技创新“三级联动”工作体系，联动效果不错。

（二）共建一批技术研发平台

全行业目前已建立了各级科技研发平台47个，其中珠江的技术中心被国家发改委、科技部联合命名为“国家级企业技术中心”，全行业省部级科技研发平台25个（包括中国轻工联命名的3家工程技术研究中心、3家工业设计中心），协会命名的研发基地4个，地方（县、市）级命名的平台6个，企业与有关科研院所共建的企业级平台11家，不同程度发挥着重要的作用。

（三）集中推动和评价一批优秀科技项目

2021年经过协会评价和推荐的项目较多。其中中国轻工业科学技术奖推荐19个项目，工信部和中轻联共同评选的“升级和创新消费品（轻工）第八批”推荐20个产品，中国轻工业工业设计中心推荐4家，中国轻工业重点实验室推荐1家，中国轻工业工程技术研究中心推荐3家，中国专利奖推荐3个，行业征集的三级科技项目53个。

（四）组织一场“科技创新成果展示”活动

大会前期共征选了48项成果，其中跨界融合项目5个，协会官微11月份已全部刊载，协会的杂志也分期进行了宣传，本次大会期间又做了全面展示。这充分反映了乐器行业的科技创新工作做到了实处、融合有效、量质并举。

二、科技投入持续增量，助力行业高质量发展

乐器行业以“扩大乐器中高端产品比重”为抓手，致力全产业链科技创新，并注重多元产业融合。一年来，全行业企业科技投入持续增长，前不久，协会对各类乐器的18家骨干企业做了抽样统计，累计实现主营业务收入89.9亿元，完成科技研发投入3.62亿元、完成技术改造投入2.22亿元，累计技术创新总投入5.84亿元，占主营业务收入的6.5%，比2019年的4.69%上升1.81个百分点，也高于2020年全国轻工行业百强企业2.8%的平均水平。

强劲的投入带来了创新成果的收获，2021年全行业申报中国轻工业科学技术奖19项，比2020年增长72.7%，初审全部入围，最后9个项目分获一、二、三

等奖；申报“升级和创新消费品（轻工）第八批”产品20个，入选10个，分别较第七批增长81.8%和100%；珠江、吟飞、上民—3家企业的设计中心被认定为中国轻工业工业设计中心，珠江钢琴工业设计中心还获得了参选国家级工业设计中心资格；3家企业荣获轻工业“十三五”科技创新先进集体称号，3名行业科技精英荣获先进个人称号；另外，珠江“挑战者QC小组”和“工匠人QC小组”被评为“全国轻工业优秀质量小组”；江苏黄桥“中国提琴产业之都”服务平台荣获全国轻工业“中小企业公共服务示范平台”称号。

三、标准工作卓有成效，专利成果平稳增长

2021年，协会累计完成制修订标准18项，其中国家标准3项，行业标准8项，团体标准6项（超过前三年之和），国际外文版1项；同时还完成了2020年结转的20项标准的完善、审批、发布工作，其中行业标准14项、国际外文版6项；在2021年的国家标准中，《乐器产品中多环芳烃的测试方法》和《乐器有害物质限量》两项标准填补了国际标准空白，《乐器有害物质限量》外文版已经立项研发。由于工作出色，协会被中轻联评为“十三五”轻工标准化工作先进集体。

从国家知识产权局发布的专利成果统计，本年度乐器行业累计授权专利1301项，与2020年持平，总量不少，但其中发明专利244项，仅占18.8%，低于“十三五”时期的平均占比，且应用型的发明专利占主导，创造型的发明专利较少。专利成果的转化应用和产生的效益成效显著，2021年申报的19个科技奖项目和20个升级和创新消费品中，有28项申报了各类专利，占项目总数的71.8%，这充分说明专利与创新成果在行业高质量发展中真正发挥了作用。

四、人才培养机制逐步完善，职业考评鉴定发力

目前，协会已建立起完整的职业技能考核、考评、发证与管理体系，国家职业大典中已确认乐器行业9个职业。其中钢琴调律师专业考评、鉴定从2003年至今从未间断，2021年一季度到三季度已完成514人次，多年累计完成考评、鉴定8851人次，成绩是显著的，但与调律师队伍增长相比，我们还需要加倍努力。2021年协会又组织向人社部申报了“斫琴师”和“乐器设计师”两个新职业，专家评审已经通过，等待发布。按照当前“9+2”的职业分布，基本涵盖了乐器的专业门类，为培养一线的能工巧匠队伍提供了保障。

到目前乐器行业已拥有大国工匠2名，行业工匠27名，行业科技之星127名，涌现出了一批科技创新行家里手。另外，中国乐器协会与中国轻工业联合会、中国就业培训技术指导中心和中国财贸轻纺烟草工会全国委员会联合举办的全国钢琴调律职业技能竞赛，是钢琴调律行业规格最高、范围最广、最具权威和最具影响力的全国二类职业技能竞赛，获得决赛前3名的选手将被授予“全国技术能手”称号，目前已成功举办了三届，参赛选手累计超过1100人，共有9名选手荣获“全国技术能手”光荣称号。全行业科技创新人才形成专家委、科技之星、能工巧匠并驾齐驱的新格局。

为了贯彻落实国家美育教育工作精神，跨界培养音乐教育人才，协会与天津有关方面合作成立了“中国乐器协会职业培训（天津）中心”，并在2021年7月份的音乐教育大会期间，举办了首期公益培训班，来自甘肃、青海、新疆、西藏、河北等地学校的80多名老师参加了培训。协会的社会音乐教育专业委员会采用联合培训的方式，举办了钢琴、提琴、吉他、古琴、古筝、铜管乐、打击乐等专业的音乐教师培训班，累计考评发证2000多人次。加上协会主办或支持主办的钢琴调律师大赛、国际提琴制作大赛、电子音乐大赛、吉他制作大赛、“6·21”期间各类艺术比赛等五大赛事，已经形成了社会音乐教育的教、培、赛、评循环体系。人才工程的推动为全产业链科技创新和“十四五”高质量发展夯实了基础。

五、专家委职能目标明确，面广量大成效显著

全国乐器行业专家委员会经协会八届一次理事会审议通过，101位专家，涵盖了乐器科技、音乐教育、器乐演奏、乐器声学、产品制作及相关技术领域的精英。一年来专家委按照六大主要职能履行责

任，取得了一定成效。

（1）指导完成了乐器行业《“十四五”发展规划》。

（2）专家委全程参与了天津茱莉亚音乐学院国际乐器采购项目的评价，在专业配置调整、合理降低采购成本、指导部分产品国产化等方面彰显了专家委的综合实力。

（3）较为系统地为1家成长型企业“十四五”规划的编制做了前期咨询，为1个产业集聚区的产业提升与园区建设规划提供了前期咨询服务。

（4）有序开展新品首发、三级科技项目、轻工科技奖申报初审、行业科技年成果等项目的评价工作，充分发挥专家委智库的功能。

（5）积极参与行业产业集群的创建、评审以及复评工作，指导产业集群科技、文化、品牌、国际交流和创新融合发展的新路径。

（6）指导完成了“斫琴师”和“乐器设计师”两个新职业申报和评审工作。

（7）群策群力参与和指导了在天津举办的国民音乐教育大会，从筹备、筹划到主旨演讲、大师课程，到处可以看到专家的身影。据统计，参与活动的专家达40多人次。

另外，从2021年各企业参与科技创新年活动以及申报的各类创新项目看，超过80%的项目都是由专家组成员在各单位主导或参与的，专家委工作可圈可点。

六、借力音乐教育平台，促进产业科技创新

为了实现“乐器成为家庭的标配、音乐成为生活的刚需”的远景目标，协会认真研究国家推进美育教育政策，从延伸乐器产业链、拓展产业空间、促进产业科技创新出发，精心搭建平台，组织与音乐艺术相关联的各项活动。

“6·21国际乐器演奏日”活动已经遍及全国180多个城市，参与演奏单位（团体）800家，演出2500多场次，直接参与演奏人员达到30万人，在国内外产生很大影响。

国民音乐教育大会连续举办了四届，在天津市委市政府的大力支持下，2021年的第四届国民音乐教育大会协会与天津市教委等相关单位合作举办，取得了前所未有的效果：100场大师课内容丰富、演讲精彩，课程中围绕美育教育的话题成为主流，互联网技术应用以及音乐科技的论坛讲座占20%，理念创新、课程创新、方法创新贯穿了大会全过程；来自全国各地到现场听课的音乐教师超过5000人次，李妲娜、周海宏、王宏伟、郑莉等音乐大家的课程场场爆棚；京津冀联合乐团举办的三场音乐会和华夏未来音乐节奉献了一场场艺术大餐。最直接惠及厂家的举措是乐器留购，天津市教委、市关工委联合发文，为全市的优秀学生乐团采购乐器，采购金额达400万元，联系学校（乐团）34个，涉及11家企业的20多个乐器品种，乐器留购将作为国民音乐教育大会一种新的合作模式持续推广。

2022年是实施“十四五”规划的第二年，全行业要在十九届六中全会精神指导下，加快构建以国内大循环为主体、国内国际双循环相互促进的新发展格局，打造科技、产业、金融紧密融合的创新体系。其中，人才队伍建设是科技创新的关键，是行业企业发展的核心要素。经协会研究，确定2022年为乐器行业“人才建设年”。

2022年，协会将就人才队伍建设出台具体实施办法，通过职业能力评价、高端人才专题培训等路径，赋能科技创新。同时，紧密围绕乐器行业“十四五”发展规划，继续优化科技创新体系；引导科技项目产业化，推动创新成果见效益；继续推进“两翼发力、六轮驱动”的长远目标；鼓励企业继续加大科研与技术改造项目的投资力度，在创新研发的人员配备、资金投入、平台搭建、成果鉴定等方面持续发力。

让我们在以习近平同志为核心的党中央领导下，以习近平新时代中国特色社会主义思想为指导，坚持党的全面领导，增强“四个意识”，坚定“四个自信”，做到“两个维护”。正确认识和把握行业发展新要求，坚持稳中求进工作总基调，以新发展理念引领，从供给侧改革发力，适应和满足日益增长的音乐文化消费市场需求。通过科技创新、“三品”战略、智能绿色、产业集群、人才培训、跨界融合、国际合作等推动乐器行业高质量发展，为实现从乐器制造大国成为乐器强国宏伟目标而共同奋斗。

持续推动乐器行业全产业链科技创新迈向新征程——王世成理事长在2021年乐器行业科技大会上的讲话

（2021年12月16日）

各位专家、同事、同志们：

非常高兴与大家相聚，上午好！

喜乘十九届六中全会的强劲东风，搭借全国“十四五”良好开局的宏观大势，贯彻中央经济工作会议的重要精神，今天，我们相聚龙城常州，召开中国乐器行业年度科技大会，学习先进制造业基地的宝贵经验，领略文旅名城的秀丽风光，感受吟飞人的热情好客。常州经济社会发展一直处在我国区域经济的前沿，即使在疫情影响下的2020年，常州地区的国内生产总值仍然增长了5.46%，人均GDP稳居全国前10位，在全国地级市基本现代化指数排名中排第12位，值得学习、令人赞许。吟飞作为协会的副理事长单位和电鸣乐器的领军企业，在创新研发、科技投入、成果转化、标准工作、人才建设、持续发展等方面都取得了很好的成效，明天大家可以到现场考察感受一下；他们在支持协会工作和服务行业大局方面也做出了积极贡献，作为本次大会的承办方，吟飞在前期的准备工作中付出了很大努力，我们掌声感谢！

本次大会正值中央经济工作会议胜利闭幕，25个“稳”字贯穿、重提以经济建设为中心、7大政策组合取向、5个“正确认识和把握”的总体要求和强化企业创新主体地位、深化产学研结合、完善优化科技创新生态等重点工作的强力推进，将引领我国经济建设、科技发展稳中有进、高质量运行。本次中乐协科技大会将认真回顾2021年行业经济运行的总体情况，系统总结“科技创新年”的工作成效，客观分析后疫情时期行业发展的形势，科学谋划2022年行业科技发展的目标举措，持续推动乐器行业全产业链科技创新工作迈向新征程。在此，首先我代表中国乐器协会对各位专家、各位同事送上诚挚的问候，对会员企业和业界同人一手抓抗疫安全、一手抓产销恢复、全力创新发展所付出的辛劳和贡献表示由衷的敬意！接下来我就当前乐器行业整体运行和科技创新工作，与大家共同回顾和商榷。

一、市场回暖加快 行业效益稳中有升

当前我国乐器行业经济运行总体平稳、稳中有增，主要经济指标处于合理区间，质量效益不断提高，消费需求继续回升，对外贸易好于预期，全行业呈持续恢复态势。规上企业特点为：四增、一降、一升、两带动。“四增”即增加值同比增长17.80%，高于轻工业12.2%的平均水平（全国工业10.09%）；营收增长17.08%，高于轻工业15.2%的平均水平；利润总额增长26.45%，高于轻工业7.3%的平均水平，主营利润率6.15%，高于轻工业6.0%的平均水平；出口同比增长30.69%。“一降”反映在两年平均的营收增幅、利润增幅分别下降0.41%和7.15%。“一升”特指规上企业经营成本持续高企，同比增长16.95%。“两带动”即出口带动明显，高于全国工业25.5%的平均水平；骨干企业带动明显，直报的44家骨干企业利润增长63.58%。综合分析，预计乐器行业将在科技创新引领下，在稳增长政策效应的惠及下，努力克服需求收缩、供给冲击和预期转弱等三重压力叠加困难，拼搏前行抱团发展，继续保持稳步恢复态势，努力实现全年工业增加值增长18%左右，营收增长16%左右，利润增长13%左右，出口增长30%左右，务实推动全行业高质量发展和结构升级取得新成效。

二、诉求反映加力 借势政策赋能产业

2021年以来，针对下行压力加大、不确定因素增

多、企业经营困难，如CPI与PPI（10月份分别增长1.5%和13.5%）的剪刀差持续扩大等问题，乐器协会急会员所急，增强“稳”的紧迫感和责任感，在强化综合施策与个性化服务的基础上，主动作为，加大调研力度，增加沟通频次，综合问题、找准成因，总结以往受到政策惠及的经验做法，务实商研诉求建议，争取政策支持助推产业。协会在9—10月份商请中国轻工业联合会就行业发展中亟待解决的问题认真分析研究，分别向工信部、发改委、海关总署、商务部、中财办、国务院研究室等部委办提交了专题报告和专项请示，并相继得到重视和及时沟通。

（1）建议加快实施进口旧钢琴税号管理，严控进口旧钢琴低价冲击市场，损害我国消费者权益和钢琴生产企业。

（2）建议在2021年上半年国家林草局已恢复进口证明书的基础上，尽快恢复越南蟒蛇皮进口审批，同时加大对民族乐器材料进口监管与支持力度。

（3）建议严控哄抬芯片、集成电路进口价格，促进芯片科技国际化合作交流，强化数字音频建模和算法技术人才培育。

（4）建议就10个类别的乐器出口企业施行金融政策，提高乐器出口退税率，加大乐器出口扶持力度。

（5）建议教育主管部门对校外学科类和非学科类培训区别对待，分类指导，增强政策实施的灵活性，促进校外美育教育可持续性发展。

（6）前一阶段热议的“拉闸限电”现象一出现，协会快速反应，对重点地区的会员企业进行跟踪，并根据诉求向工信部、发改委等部门提出了运行问题建议，目前企业反映问题也基本得到解决。

（7）由工信部消费品工业司主导编制的《全国轻工业现代产业体系建设指导意见》征求意见稿中，协会对科技研发、技术改造、标准体系、智能化等14处涉乐内容提出修改意见，并对各地政府加强对产业集群的基础设施投入和专项政策扶持、修订单项冠军和专精特新小巨人评选标准等提出相关建议，得到了重视。

借此还特别提示：近期的政策取向值得高度注意，协会亦将通过官网、官微、杂志以及各种活动做好政策宣传，共同了解政策、把握政策、用活用好政策。如经济工作会议首次提出的全面实行股票发行注册制、加大企业融资增量、激发扶持一大批“专精特新”企业、提升制造业核心竞争力等政策措施；12月15日国务院常务会议出台的五大政策；五大国际消费中心城市的盛装启动孕育市场需求空间，值得高度关注和快速融入、抢得先机；北交所的设立体现对多层次资本市场体系和中小企业金融支持体系的完善，为“专精特新”中小企业融资、并购、创新发展保驾护航，开市满月成交479亿元，市场活跃度提升；明确将制造业企业研发费用加计扣除比例由75%提高至100%；加快培育以制造业单项冠军企业、产业链领航企业为代表的优质企业；继续实施失业保险稳岗返还30%～60%的政策；金融领域减费让利将再加大力度；对中小企业相关税种实行缓税政策；强调加强政策储备，及时研究惠企政策到期后的接续政策，鼓励地方有针对性地出台帮扶措施；企业要高度关注RCEP的税率变化信息，超前准备和布局等。有关政策信息协会将高度关注，服务企业获得实惠。

三、深化科技创新 各类成果不断涌现

乐器行业始终把科技创新摆在重要的位置，大家知道，协会将2021年确定为乐器行业“科技创新年”，按照“两翼发力、六轮驱动”整体思路务实推进，在科创年工作实施中明确“四个一工程”的具体目标。一年来，行业科技创新工作不断深化且富有成效。

（一）“四个一工程”有序落实，行业创新热情高涨

全行业搭建了一个科技创新工作体系。以行业专家委为支撑，40多家骨干企业推荐了各自的科技负责人和联络人，形成了协会和分支机构组织协调、专家委针对性指导、企业落地推动的科技创新“三级联动”工作体系；共建了一批技术研发平台。全行业目前已建立了各级科技研发平台47个，其中珠江的技术中心被国家发改委、科技部联合命名为“国家级企业技术中心”，全行业省部级科技研发平台25个，协会命名的研发基地4个，地方（县、市）命名的平台6个，企业与有关科研院所共建的企业级平

台11家，每一个平台都不同程度发挥着重要的作用；集中推动和评价了一批优秀科技项目，2021年经过协会评价和推荐的项目较多。其中中国轻工业科学技术奖推荐19个项目，工信部和中轻联共同评选的“升级和创新消费品（轻工）第八批”推荐20个产品，中国轻工业工业设计中心推荐4家，中国轻工业重点实验室推荐1家，中国轻工业工程技术研究中心推荐3家，中国专利奖推荐3个，行业征集的三级科技项目53个；组织了一场“科技创新成果展示”活动。大会前期共征选了48项成果，其中跨界融合的项目5个，协会的官微11月份已全部刊载，协会的杂志也分期进行了宣传，在轻工联系统和有关方面引起了积极反响，本次大会期间又做了全面展示。应该说，我们乐器行业“科技创新年”工作成果令人欣慰。

（二）科技投入持续增量，助力行业升级发展

乐器行业以“扩大乐器中高端产品比重”为抓手，致力全产业链科技创新，并注重多元产业融合。一年来，全行业企业科技投入持续增长，前不久，协会对各类乐器的18家骨干企业做了抽样统计，完成科技研发投入3.62亿元、完成技术改造投入2.22亿元，累计技术创新总投入5.84亿元，占主营业务收入的6.5%，比2019年的4.69%上升1.81个百分点，也高于2020年全国轻工行业科技百强企业2.8%的平均水平。强劲的投入带来了创新成果的收获，今年全行业申报中国轻工业科学技术奖19项，比去年增长72.7%，初审全部入围，最后9个项目分获一、二、三等奖；申报“升级和创新消费品（轻工）第八批”产品20个，入选10个，分别较第七批增长81.8%和100%；珠江、吟飞、上民一3家企业的设计中心被认定为中国轻工业工业设计中心，珠江钢琴工业设计中心还获得了参选国家级工业设计中心资格；3家企业荣获轻工业“十三五”科技创新先进集体称号，3名行业科技精英荣获先进个人称号；另外，珠江“挑战者QC小组”和“工匠人QC小组”被评为全国轻工业优秀质量小组。这里还要说明一下，虽然受疫情影响，第20届上海展推迟到明年10月份举行，但我们欣喜地看到，2021年69家企业申报了104件兼具创新性、实用性和时代感的新品参加全球业界新品首发活动，较去年申报产品数增长了近20%。这项活动高度吻合国家进博会设置首发平台和上海打造全球新品首发地的规划。

（三）标准工作卓有成效，专利成果平稳增长

2021年累计完成制修订标准18项，其中国家标准3项，行业标准8项，团体标准6项（超过前三年之和），国标外文版1项；同时还完成了2020年结转的20项标准的完善、审批、发布工作，其中行业标准14项、国际外文版6项；在2021年的国家标准中《乐器产品中多环芳烃的测试方法》和《乐器有害物质限量》两项标准填补了国际空白，《乐器有害物质限量》外文版已经立项研发；由于工作出色，协会被中轻联评为“十三五”轻工标准化工作先进集体。另外，从国家知识产权局发布的专利成果统计，本年度乐器行业累计授权专利1301项，与2020年持平，但美中不足的是，发明专利244项，占18.8%，低于“十三五”时期的平均占比，需要行业同仁们认真研究，共同再发力，提升专利水平。值得欣慰的是，近几年专利成果的转化应用和产生的效益是可喜的，在2021年申报的19个科技奖项目和20个升级和创新消费品中，有28项申报了各类专利，占项目总数的71.8%，这充分说明专利与创新成果在行业高质量发展中真正发挥了作用。

（四）人才机制逐步完善，职业评鉴正在发力

目前，国家职业大典中已确认乐器行业的9个职业。其中钢琴调律师职业能力评价工作成绩显著。2021年协会又组织向人社部申报了“研琴师”和“乐器设计师”两个新职业，专家评审已经通过，等待发布。按照当前“9+2”的职业分布，基本涵盖了乐器的专业门类，为培养一线的能工巧匠队伍提供了保障。到目前乐器行业已拥有大国工匠2名，行业工匠27名，行业科技之星127名，涌现出了一批科技创新行家里手。另外，全国钢琴调律职业技能竞赛是行业规格最高、范围最广、最具权威和最具影响力的全国二类职业技能竞赛，目前已成功举办了三届，参赛选手累计超过1100人，共有9名选手荣获“全国技术能手”光荣称号。全行业科技创新人才形成专家委、科技之星、能工巧匠并驾齐驱的新格局，为全产业链科技创新和“十四五”高质量发展夯实了基础。

（五）专家委定位明确，面广量大成效显著

一年来，协会专家委认真履行职责。

（1）指导完成了乐器行业《“十四五” 发展规划》。

（2）全程参与了天津茱莉亚音乐学院国际乐器采购项目的评价，在专业配置调整、合理降低采购成本、指导部分产品国产化等方面彰显了专家委的综合实力。

（3）为部分企业和产业集聚区的特色发展提供了务实咨询服务。

（4）充分发挥专家委智库的功能，对新品首发、三级科技项目、轻工科技奖申报初审、行业科技年成果等项目开展了评价工作。

（5）积极参与行业产业集群的创建、评审以及复评工作。

（6）指导完成了“斫琴师” 和“乐器设计师” 两个新职业申报和评审工作。

（7）指导并全程参与了在天津举办的国民音乐教育大会。

（8）从2021年各企业参与科技创新年活动以及申报的各类创新项目看，超过80%的项目都是由专家组成员在各单位主导或参与的。其行业创新的引领和示范作用可圈可点。在此向各位专家表示崇高的敬意。

四、完善音教平台，推动科创跨界融合

协会认真研究落实国家推进美育教育政策与要求，从延伸乐器产业链、拓展产业空间出发，精心组织与音乐艺术相关联的各项活动。在天津市委市政府大力支持下，2021年第四届国民音乐教育大会，协会与天津市委宣传部、市教委等相关单位合作举办，取得了很好的效果：建党百年100场大师课内容丰富、演讲精彩，课程中美育教育和融合创新成为主题，理念创新、课程创新、方法创新、产品创新贯穿了大会全过程；来自全国各地体制内外的喜爱音乐、乐玩乐器的朋友们现场听课超过5000人次，李妲娜、吴斌、周海宏、王宏伟、郑莉等音教大家的课程场场爆棚，也为培育乐器消费的潜在群体夯实基础；京津冀联合乐团举办的音乐会和华夏未来音乐节奉献了一场场艺术大餐。音乐生活展面积接近5000平方米，参展企业新品展示占主导，占展品的60%以上。最直接惠及厂家的举措是乐器留购，天津市教委、市关工委联合发文，为全市的优秀学生乐团采购乐器，采购金额达400万元左右，联系学校（乐团）34个，涉及到11家企业的20多个品种，在对接会上有关专家对课堂专用乐器的创新提出了建议，而且后续还有多家学校向相关乐器企业追加了订单，乐器留购将作为国民音乐教育大会一种新的合作模式完善践行。

总之，经过全行业的共同努力，乐器行业“科技创新年”各项工作值得肯定，取得成绩可喜可贺，我代表协会向各位专家、各位企业家、各位奋战在一线的科技人员和能工巧匠们，向为乐器行业科技创新给予支持的各界朋友表示衷心的感谢。

各位朋友、各位同事，在总结成绩的同时，我们必须清醒地看到，在世纪疫情影响下，外部环境更趋复杂严峻和不确定。我们既要正视困难，更要坚定信心。2022年乐器行业要认真贯彻十九届六中全会和中央经济工作会议精神，围绕行业“十四五”规划总体目标要求，以“两翼发力、六轮驱动”为抓手，坚定把科技创新作为第一动力，按照“人才技能化、项目产业化、融合体系化、服务多元化”工作总基调，持续构建行业“产、学、研、用”融合发展新格局，并将2022年确定为乐器行业“人才建设年”，在科技创新的源头上下大功夫，为实现乐器行业“十四五” 高质量发展进一步夯实基础。下面就2022年科技工作我讲几点意见，旨在推动科技创新工作再上新台阶。

第一，激活人才培养机制。

乐器行业要大力弘扬创新精神和工匠精神，多渠道、多形式助力行业人才队伍建设，要着重推进人才培养体制、机制的完善，构建高素质、高技能人才培育体系。要以“人才建设年” 工作为统领，系统探讨、规划和推动全行业人才建设工作，明年初将出台具体方案，研究实施细则，形成考核机制。**一是研究职业评价联合推动机制。**目前乐器行业已经列入国家职业大典的有9个职业，钢琴调律师职业从标准到教材、题库、培训、考评、发证已经功能健全，另外4个职业已有标准，还有4个职业正在启动，加上已通过评审的2个新职业，要想达到全面启

动的目标，显然我们的工作任务量还很大。所以行业鉴定站、行业培训基地、相关分支机构、相关的骨干企业要迅速形成联合推动机制，确定工作重点，按照协会的具体布置抓紧落实工作。能够争取到制定职业标准、题库、教材资质的企业，影响力和社会地位会明显提升。**二是推出乐器行业高端人才培训计划**。协会将以创二代为主体，对行业中青年人才分类进行系统性培训，整合业内外高端资源，培育行业领军人才。这是行业永续的需要，是企业长青的需要。**三是研究职业技能与人才培养的市场化合作模式**。以鉴定总站、鉴定站、分支机构、骨干企业、相关院校（所）为主体，探讨市场化合作模式。全行业要增强人才培养的紧迫感、使命感，各专业技能评价鉴定工作要夯实基础、突出重点、全面启动、务求实效，到“十四五”末鉴定总人数达到1.5万人以上，培育行业科技之星超过300人，行业工匠超过100人，轻工大国工匠超过4人，为赋能行业科技创新和规模效益持续提升奠定坚实的人才基础。

第二，推动科技项目产业化。

推动产业高质量发展，核心的要素是向科技要成果，让成果见效益。**一是**科技创新工作要牢牢把握国家政策导向，在“双碳”战略的推进上要始终保持政治站位、积极响应；在能源“双控”统筹上要主动配合，克服困难保生产，调控成本增效益。**二是**要加大成果转化力度，形成市场，获得效益。近两年，全行业申报的轻工业科技奖项目、升级和创新消费品，以及我们征集的三级科技项目，落地见效情况值得认真研究。要切实强化成果的转化和市场推广，让每一分钱的科技投入都获得回报。**三是**要继续加大科研与技术改造项目的投资力度，按照主营业务收入规模参考，行业规模在前20位的大中型企业要力争同比增长2个百分点，行业成长型及高技术企业要力争同比增长4~5个百分点。**四是**要精心研究质量标准与专利成果的前瞻性、实用性、高端化和引领作用，加速团体标准的体系完善和研发，2022年标准制修订总量要达到45个以上，其中国标10个、行标30个、团标5个，争取新的突破；专利授权总量要努力突破1500个，发明专利占比要超过20%，并在创造型发明和产品高端化方面多下功夫。

第三，完善科技创新体系。

我们要持续完善并不断优化科技创新体系，促进产业链融合发展。**一是**关注并认真研究国家相关政策，把握政策机遇期和红利点，特别是国家将加大政府的科技投入、将着力打通科技成果转化的通路、将拓宽企业科研融资的渠道、将加快培育制造业优质企业，“十四五”期间，要培育百万家创新型中小企业，10万家省级“专精特新”企业，1万家专精特新“小巨人”企业和1000家“单项冠军”企业。这就需要全行业骨干企业共同努力，善于借势、跨越发展，争取有更多突破，享受更多政策。**二是**要以科技创新平台为支撑，以企业为主体，专家委员会协调、协会业务部和各企业共同配合，对已创建的47家各级科技创新平台进行整合，细化分工，商定课题，明确责任，研究建立科技创新平台联盟，积极支持领军企业共建创新联合体，采取项目制的方式市场化运作，逐步形成有平台、有机制、有投入、有目标、有成效、有考核的科技平台市场化运营模式。**三是**要深度融合音乐教育产业，在乐器价值链的提升上做大文章。要深刻领会国家推动美育教育工作的政策，在“双减”政策的框架下研究市场发展新空间。全行业企业要积极参与到乐器“进殿堂、入大赛”和“进校园、进社区、进家庭”的目标践行中，寻求产品创新与音乐科技融合发展的新途径。2022年的“6·21国际乐器演奏日”活动要在演奏方式多元化和项目合作市场化方面力求有新的突破。国民音乐教育大会和音乐生活展系列活动已渐成争办态势，现已确定2022年在南京举办，活动策划要在现有基础上就论坛、讲座、音乐工坊选题与布局和展品针对性选择上再精细、精准，致力打造成特色品牌会展。上述“6·21”和音教会展两项大活动要为扩大音乐人口和培育乐器消费潜在用户作出不懈努力。

第四，强化全方位服务职能。

面对新形势、新任务、新要求，乐器协会始终注意把握“品质为王”，精心谋篇布局。**一是**完善和强化协会服务职能，明确当前和今后工作重点，在科技发展上，注重强化“创新组织、新品首发、成果申报与鉴定、专利成果应用与转化、职业能力评价、国际交流与合作”六大职能，为持续推动乐器行业全产业链科技创新保驾护航。**二是**充分发挥专家委员会的指导和引领作用，以六项主要职能为抓手，加大政策指导、规划推动、项目服务、中高端产品研发等工作力度，更好地突出产学研用联动效果，有效助力产品中高端和音乐人口扩大。**三是**充分发挥分支机构的主导作用，利用好行业科技创新平台功能，促进项目市场化，推动成果产业化，围绕“六轮驱动”明确研究课题。分支机构要对号入座、主动领题、明确任务、统筹协作，协会将形成专项工作跟踪与考评机制，压实责任。**四是**产业集群要科学制定产业提升规划，在国家政策方向把控和产业高质量发展方面多做研究，建议集群所在地政府在制定区域性产业扶持政策时，优先考虑科技创新、人才培育、研发平台、三品战略等要素，服务到点、支持到面。**五是**企业要成为科技创新的主力军。科技创新活动归根到底是经济活动，企业要多措并举激发创新的主体意识，在创新研发的人员配备、资金投入、平台搭建、成果鉴定、激励机制等方面集中发力，特别是对科技含量高、市场影响力高、附加值高的“三高”产品（或技术）和已申报或获奖的项目要舍得投、精准投、快速投，抢占市场和利润的制高点。

最后我想就上海展的推迟和大家交流一下，这也是许多同事一直都在和我探讨的话题。前一段时间，协会几位负责人分赴各地进行了五次调研，走访了部分企业，重点针对2021年上海展延迟的事项进一步听取了大家意见。考虑到如果2022年1月份举办，时间段已临近春节，物流不畅、展位搭建人力缺乏、企业即将放假、采购商到场率不高等一系列现实情况，又加上目前疫情的不确定性，以及上海市政府对大型展会的相关控防政策规定等，协会和主办方从关注企业实情、关注时段特点、关注市场需求和规避疫情风险出发，专题召开理事长办公会，综合梳理企业反馈的意见与建议，经过认真分析、慎重决定，将20届上海展推迟到2022年10月份举行。在座的企业家们都在第一时间表示了非常理解和真诚支持。老实说，这确实是个很艰难的决策过程，我想用四句话来与大家交交心。**第一句话是“坚持靠信心”**，上海展风风雨雨20年，从一个只有1万多平方米的小型展览开始，中间遇到过无数的困难和挫折，有政策的因素、有市场的影响、有展商的难题、也有国际市场波动等，问题之多、困难之大，都没有挡住我们成为国际乐器大展的步伐且年年都有新进步。我们靠的就是决心和信心，共同撑起中国乐器产业这面大旗。**第二句话是“感情是基础”**，20年的陪伴与成长，我们见证了展会的辉煌、见证了企业的壮大、产业的兴旺，感受到上海展览公司心贴心的服务，更深深体会到协会引领、服务行业发展的良苦用心。因为我们不仅有责任，我们更有同舟共济一家人的浓浓情谊。**第三句话是“市场是主体”**，从1989年不足20亿元的主营业务收入到今天老口径的403亿元，我们成为了当之无愧的世界乐器制造大国，上海展成就了合作伙伴，在很大程度上推动了行业发展，更服务了全球乐器市场。**第四句话是“发展是根本”**，企业要发展、行业事业要发展、美育教育的国策推动着乐器产业的发展，我们需要精诚团结携手共进，克服一切困难坚持坚守，风雨过后一定是绚丽的彩虹。所以，推迟举办既尊重了历史沿革，也尊重了市场的规律，更尊重了各方共同的意愿，我坚信有大家的共同努力抱团前行，第20届展会必将实现规模和水平双丰收，必将会以自信自强的效果凝聚全球的目光，让我们期待明年丹桂飘香时，黄浦江畔展雄风。

各位朋友、各位同事，让我们在以习近平同志为核心的党中央领导下，以习近平新时代中国特色社会主义思想为指导，正确认识和把握行业发展新要求，不断适应和满足日益增长的音乐文化消费市场需求，持续推动乐器全产业链科技创新迈向新征程，为实现乐器制造大国成为乐器强国宏伟目标而共同奋斗，以实际行动迎接党的二十大胜利召开！

科技创新年

关于“科技创新年”相关工作的通知

各分支机构、会员单位：

2021年是中国乐器行业“科技创新年”。为贯彻落实十九届五中全会精神，全面推进乐器行业高质量发展，按照乐器行业“十四五”规划总思路和2020年行业科技大会明确提出的任务，协会将对重点项目采取“协会统筹、分会主导、院所合作、企业领题”的方式，建立全行业融合创新的合作机制，推动科技创新工作。具体工作方案如下：

一、有序推进“四个一工程”

（一）完善一套工作体系

1. 以协会业务部为主、其他部门协助，负责策划、推动、落实“科技创新年”相关计划。

2. 依据项目需求，聘请专家委员会相关专家作为项目顾问，对项目进行前期指导与后期评审。

3. 会员单位推荐一名科技创新联络员，并在协会备案，形成全行业“科技创新年”工作的沟通机制。

（二）共建一批技术研发平台

1. 鼓励有条件的企业申请省、市级技术中心（工程中心）的认定，条件成熟后，协会协助其升格认定工作。鼓励企业努力争创国家级、部委级技术中心（工程中心）等研发平台。

2. 对中国轻工联已经认定的3个工程技术研究中心、乐器行业认定的4个科研基地以及企业在当地省、市认定的技术中心（工程中心），协会将加强服务工作，并重点跟踪年度技术创新成果，推动科技创新平台见实效。

3. 为促进行业科技创新尽快多出成果、多创效益，协会拟成立“乐器行业技术中心联盟”，建立联盟合作机制。

（三）集中推动和评价一批优秀科技项目

1. 2021年第二季度，以2018年以来各会员单位申报的省（部）级、行业级、地方市（县）级以上的优秀科技创新项目、近五年来发明专利成果转化项目为主，建立乐器行业优秀科技项目库。组织专家进行梳理与评价，并推动重点项目培育工作。

2. 认真做好前两年入选的51个“三级科技项目”实施情况跟踪，并助推项目应用与推广，对项目产生的效益增长情况进行分析研判。

3. 2021年“三级科技项目”申报工作在二季度完成。重点是新材料研究、新技术开发与应用、中高端产品创新、高新技术和专利成果的转化、乐器声学品质研究与应用、音乐教学体系创新技术等领域。项目评价工作在三季度完成。鼓励项目实施单位在技术、人才、资金、资源等方面开放合作，探讨知识产权、项目效益合作共享新模式。

（四）组织一场“科技创新成果（产品）”展示活动

以2018—2020年的科技创新成果、品牌、产品为主，在国民音乐教育大会或上海乐器展会期间进行展览展示，形成互动效应。此项工作详细方案另发。

二、落实“两翼发力、六轮驱动”具体措施

（一）“两翼发力”瞄准产业前沿科技

1. 对“产业环境”的研究。包括对当前复杂多变国际形势、产业转型与升级趋势、市场布局与贸易不确定因素等大环境和产业生态环境进行研判，为企业可持续发展提供重要参考依据。

2. 对5G与AI技术的研究与应用。要特别关注5G技术在产业大数据、智能乐器和互联网教育领域的应用，重点研究人工智能在乐器产业的技术装备、工艺

升级、产品设计、环境保护等方面的实际应用。

这两大课题既是引领行业高质量发展的关键课题，也是助力“六轮驱动”的核心课题，鼓励全行业共同参与。协会将在“十四五”期间采取相关措施，设立专项奖励，引导和推动上述两个领域相关课题的立项与实施。

（二）“六轮驱动”领跑行业科技创新

1. 中乐器应在传承经典、提升工艺水平的同时，从推动民乐进校园的角度，研发新的工艺和适宜的产品。同时要瞄准世界市场，推动民乐的高端化、电声化和标准化。

2. 对于键盘、弦乐等西乐器，重点研究声学品质的提升，从振动源材料和振动结构方面做深入研究，特别要对新型复合材料的基材加大研究力度，把节约木材资源、保护生态环境放在首位。

3. 对于电鸣（电声）乐器，要从芯片研究和音源采集的源头入手，向国际水准迈进。发挥好MIDI工作委员会的作用，在产品设计、技术更新、品种类型、应用范围等方面有所突破，并在其他乐器改革中发挥积极作用。

4. 对于吹管类（含口琴）等采用簧片作为音源振动体的乐器，首先应从簧片材料的“无毒、无害”方面入手研究，做好簧片材料微量元素“通用技术标准”，并重点研究其弹性和振动指数。

5. 对于采用复合膜为振动载体的鼓乐类产品和胡琴类产品，要从复合纤维基材研究着手，加速推进复合膜国产化的研究与应用。

6. 推进对“乐器声学品质”基础研究，发挥演奏艺术家群体和专业院所的作用，研究建立乐器声音标准体系。

“六轮驱动”工作是行业科技创新的6个支撑点。广大会员单位和分支机构要主动担当，发挥好组织职能和专业引导作用，动员本行业群策群力，精准命题并踊跃领题。同时，各骨干企业要紧密结合自身发展战略，站在行业发展高度积极参与，把现有项目的转化应用、拟开发项目的精准选题、需协调资源合作开发的项目同步规划、科学推进。

三、拓展平台，全方位服务科技创新

1. 继续做好科技项目评奖、创新产品评优、“专精特新”中小企业认定、制造业单项冠军评比等奖项的推荐与相关服务工作，激励全行业在科技创新领域争先创优。

2. 组织好钢琴调律、提琴制作等相关职业技能的培训与鉴定工作，并做好科技之星、行业工匠和大国工匠的考评与推荐工作，为科技创新工作培育优秀人才。

3. 组织重点科技项目向中国轻工联、科技部、文旅部、工信部等国家部委申请成果鉴定，争取相关政策支持和地方配套政策奖励与支持。

4. 成立团体标准工作委员会，发挥各分支机构和会员企业的技术优势，进一步完善与高质量发展相适应的行业标准化体系。

希望各分支结构、会员单位认真研究，制定相应行动计划，并于2021年3月15日前将“科技创新年”工作推进计划表（见附件）报送协会业务部，并开展积极有效的工作。协会将于年底科技大会上，对优秀成果和个人予以表彰和奖励。

联系人：常杰　钱富民
电话：010-67660650
邮箱：changjiecmia@163.com

中国乐器协会
2021年1月30日

关于“科技创新年”工作的表彰决定

2021年，在中国轻工业联合会党委领导下，中国乐器协会积极组织和推荐会员企业申报中国轻工业“十三五”科技创新先进集体、2021年度《升级和创新消费品》、中国轻工业工业设计中心等评选活动。部分会员企业荣获了相关奖项，协会予以通报表彰。同时，协会对2021年度在“科技创新年”组织、专利成果和乐器行业科技十强评选等方面取得优异成绩的单位给予表彰（名单详见附件）。

希望受表彰的单位和个人，再接再厉、再创佳绩，并希望各会员企业和广大科技工作者认真学习先进经验，锐意进取、开拓创新，为实现乐器行业高质量发展做出更大贡献。

附件

1. 中国轻工业“十三五”科技创新先进集体等相关表彰名单
2. 2021年度中国乐器行业科技十强企业等相关表彰名单

中国乐器协会

2021年11月10日

附件1

中国轻工业“十三五”科技创新先进集体等相关表彰名单

一、中国轻工业“十三五”科技创新先进集体

广州珠江钢琴集团股份有限公司
吟飞科技（江苏）有限公司
上海民族乐器一厂有限公司

二、中国轻工业“十三五”科技创新先进个人

肖 巍 广州珠江钢琴集团股份有限公司
范廷国 吟飞科技（江苏）有限公司
张光中 得理电子（上海）有限公司

三、中国轻工业工业设计中心

广州珠江钢琴集团股份有限公司设计中心
吟飞科技（江苏）有限公司设计中心
上海民族乐器一厂有限公司设计中心

四、“十三五”全国轻工业标准化工作先进集体

全国乐器标准化技术委员会

五、2021年度《升级和创新消费品指南 轻工（第八批）》入选产品

（一）升级消费品
均和二胡 乐海乐器有限公司
24孔单孔单音口琴 江苏天鹅乐器有限公司
V03数码钢琴 广州珠江艾茉森数码乐器股份有限公司
IQ-200数码钢琴 广州珠江艾茉森数码乐器股份有限公司
（二）创新消费品
AMPERO系列产品效果器 长沙幻音电子科技有限公司
Mighty Air便携蓝牙吉他音箱 深圳市蔚科电子科技开发有限公司
格兰德GHZ-5072自由低音手风琴 江阴金杯安琪乐器有限公司
智能电子管风琴 吟飞科技（江苏）有限公司
音卓尔乐伴智能陪练机（TS系列） 北京乐界乐科技有限公司
未来之星C-1型立式钢琴 北京星海钢琴集团有限公司

六、2021年中国轻工业联合会科学技术奖入选项目

（一）科学技术进步类

沉浸式音乐体感技术　吟飞科技（江苏）有限公司

基于物理建模技术的数字合成效果器　深圳市蔚科电子科技开发有限公司

恺撒堡KX系列钢琴的开发　广州珠江恺撒堡钢琴有限公司

民族低音拉弦乐器研制与开发　上海民族乐器一厂有限公司

“70周年献礼系列”钢琴的研制　北京星海钢琴集团有限公司

智能教学钢琴及钢琴教学方法　广州珠江艾茉森数码乐器股份有限公司

一种无需分弦永不偏弦的弦枕筋　海伦钢琴股份有限公司

一种使用CD光碟在自动演奏钢琴上进行演奏的方法　宜昌金宝乐器制造有限公司

音卓尔乐器健康全产业链智能化服务平台　北京乐界乐科技有限公司

AI古筝教辅系统　扬州金韵乐器御工坊有限公司

格兰德GHZ-5072自由低音手风琴　江阴金杯安琪乐器有限公司

一种24孔单排单音口琴　江苏天鹅乐器有限公司

一种自动缠线机　宁波北仑乐器配件公司

SWT智慧钢琴教室　重庆斯威特钢琴有限公司

基于复合动态电路建模技术的低延迟数字音频处理技术　长沙幻音电子科技有限公司

（二）技术发明类

新型复合材料在手风琴的应用　天津华韵乐器有限公司

一种钢琴音源构建的制造方法　福州和声钢琴有限公司

立式钢琴外壳多色图案的加工工艺　海伦钢琴股份有限公司

一种铜管乐器活塞及其制造方法　河北金音乐器集团有限公司

七、全国轻工业优秀质量管理小组

广州珠江钢琴集团股份有限公司“挑战者QC小组”和“工匠人QC小组”

附件2

2021年度中国乐器行业科技十强企业等相关表彰名单

一、2021年度乐器行业科技十强企业

广州珠江钢琴集团股份有限公司
柏斯琴行（中国）有限公司
吟飞科技（江苏）有限公司
海伦钢琴股份有限公司
北京星海钢琴集团有限公司
乐海乐器有限公司
深圳市蔚科电子科技开发有限公司
广州珠江艾茉森数码乐器股份有限公司
得理乐器（珠海）有限公司
天津市津宝乐器有限公司
江苏凤灵乐器集团
上海民族乐器一厂有限公司

二、2021年专利成果奖

一等奖

上海民族乐器一厂有限公司
广州珠江钢琴集团股份有限公司
天津市佰笛乐器有限公司

二等奖

北京星海钢琴集团有限公司
宁波四海琴业有限公司
江苏凤灵乐器集团

三等奖

广州欧米勒钢琴有限公司
湖州华谱钢琴制造股份有限公司
乐海乐器有限公司
天津市津宝乐器有限公司
浙江乐韵钢琴有限公司
扬州民族乐器研制厂有限公司
天津华韵乐器有限公司
重庆斯威特钢琴有限公司
江苏天鹅乐器有限公司
森鹤乐器股份有限公司

三、2021年度中国乐器行业科技创新活动组织奖

吟飞科技（江苏）有限公司
广州珠江钢琴集团股份有限公司
广州珠江艾茉森数码乐器股份有限公司
上海民族乐器一厂有限公司
海伦钢琴股份有限公司
北京星海钢琴集团有限公司
柏斯琴行（中国）有限公司
江阴金杯安琪乐器有限公司
江苏天鹅乐器有限公司
深圳市蔚科电子科技开发有限公司
长沙幻音电子科技有限公司
乐海乐器有限公司
河北金音乐器集团有限公司
天津华韵乐器有限公司
重庆斯威特钢琴有限公司
天津市津宝乐器有限公司
江苏凤灵乐器集团
扬州金韵乐器御工坊有限公司
武强嘉华乐器有限公司
得理乐器（珠海）有限公司

乐器检测

2021年国家轻工业乐器质量监督检测中心工作总结

在2021年度工作中，国家轻工业乐器质量监督检测中心在上级主管部门的领导下，按照《中国乐器行业“十四五”发展规划》的主要内容发展，强化管理，向内加强人员培训，完善设备配套升级，向外开拓进取务实创新，努力服务各企业、机构及个人。回顾全年，检测中心主要完成了以下几方面的工作。

一、加强内部质量体系建设，提高综合能力

1. 中心依据检验检测机构资质认定管理办法、RB/T 217—2017、CNAS CL01及相关领域应用说明要求，结合中心实际情况，建立了质量管理体系。通过外部评审、监督检察及自身内部审核、管理评审、日常监督，发现管理体系中的需要完善的方面，通过分析、纠正整改不符合项不断改进。在2021年中心对质量管理体系中报告、记录、标识及印章管理方面进行了重点整顿，依据资质认定、CNAS认可等准则、标准的要求修订了相关质量手册、程序文件等，完善各项规章制度，并在工作中严格执行，确保新要求的落实。

2. 坚持提高检测人员素质，通过业务学习、外出培训等方式全面提高检验检测人员的综合业务能力。参加各类业务和能力培训班，通过培训考核，使人员素质持续符合相关行业、资质认定及认可的要求。

3. 2021年中心依靠行业科研成果，对部分检测设备进行了维护升级，同时确保仪器设备使用前的计量检定/校准工作，以保证现有设备能力在符合资质要求的前提下，更加适应行业发展。同时配合乐器有害物质限量强标的改版进度，中心推进对新设备的购置、研发、相关设施的改建进程，以此保持和提升乐器检测能力，为企业提供优质服务。

二、立足行业需求、服务行业发展

2021年，中心主要在以下几个方面开展了工作：

（一）乐器的委托检测工作

2021年中心主要人员、设备、环境、能力均未发生变化，在疫情常态化环境中，确保人员防疫防护的前提下保持正常运行，履行职能接受各方常规委托，检测产品主要囊括了弦鸣乐器、铜管乐器、木管乐器、民族乐器、电声乐器等，覆盖了全国大部分主要乐器生产地区。

（二）乐器产品的环保认证工作

本年度继续保持和中国质量认证中心合作开展乐器环保检测工作，承担了现有获证企业的监督检测、扩项变更检测等工作。主要涉钢琴及民族弦鸣乐器产品，同时在保证现有工作有序进行的前提下，结合行业发展需求，努力创新合作开发新的业务方向，更好地促进乐器行业绿色环保的良性发展，使优质的乐器生产企业竞争力增强，生存空间增大，以及为保证消费者的身心健康提供服务。

三、今后的发展方向

1. 继续持续完善质量管理体系，增强员工对认可准则CNAS—CL01：2018及相关领域说明和《检验检测机构资质认定能力评价　检验检测机构通用要求》中各要素的学习，加深理解，使中心的质量

管理体系愈加完善，提升中心机构能力水平，以保证检测工作持续符合国家及行业法律法规、标准的要求。

2. 保持与中国质量认证中心、教育主管部门、标准中心等机构、组织合作，做好检测服务工作，为提高产品质量做出有力支持，按照“十四五”规划制定的目标，脚踏实地地完成各项任务。积极开拓新形势下的检测技术服务，多方位、多元化的为企业、机构和消费者服务，满足新形势下不断变化的市场需求。

行业工匠

郑荃——开创中国提琴制作新时代

（国际提琴制作大师、中央音乐学院教授）

郑荃是一名“老三届” 上海插队落户的知识青年， 在安徽锻炼长达12年。1978年有缘结识提琴制作大师戴洪祥， 拜其门下学艺，1980年进入中央音乐学院附中，1983年受文化部派遣前往意大利学习提琴制作5年，学习成绩优异，提前毕业并获金奖。1988年学成归国， 受文化部嘉奖并获中国提琴制作大师称号， 成为中国提琴制作界的领军人物。1990年应邀加入国际提琴制作大师协会， 成为世界级国际提琴制作大师。 回国后立志振兴中国提琴制作事业，重建中央音乐学院提琴制作研究中心。他辛苦耕耘30年，为国家培养了大量提琴制作领域的人才。郑荃在科研领域成果颇丰，编写专业教材5本，完成多项国家级， 部委级科研项目，举办三届国际提琴制作比赛。现在， 中国已成为世界第一的提琴制作大国， 在国际提琴制作界占有重要地位。国际提琴制作大师协会主席约翰斯特里克曾经作出这样的评价： 如果把中国提琴制作比作一辆在快速道上行使的车，郑荃就是这辆车上的发动机。

一、琴心剑胆，成就“中国提琴梦”

1978年，郑荃有幸认识了中国提琴制作大师戴洪祥，拜师学习提琴制作。他在意大利学习期间跟随最有名的五位提琴制作大师中的三位学习过。郑荃对自己首先提出的目标是做出世界一流的提琴， 在国际提琴制作比赛中获奖。在他于1987年实现这个目标后，又提出要用中国木料制出提琴在国际上拿奖，又于1991年实现了这个目标。然后他提出要让中国的小提琴家用他制作的提琴在国际比赛中获奖、要让自己的学生在国际提琴制作比赛中获奖……随着一个个目标的实现， 郑荃逐步实现了自己的“中国提琴梦”，现在他已经是三大国际提琴制作比赛的评委，在国内外享有盛誉。中国提琴的进步也为世界所瞩目。

在繁忙的教学、科研、社会活动面前，他始终坚持创作自己的作品，始终以一名提琴制作者自居，创作了近200件提琴作品。郑荃曾在国际比赛中获奖20余项， 获金牌四枚。其中， 他在1987年获意大利第一届全国提琴制作比赛小提琴金奖； 同年在保加里亚国际中小提琴制作比赛中获小提琴、中提琴两枚金牌；1990年， 在苏联柴可夫斯基国际提琴制作比赛中获中提琴金奖。1987年， 郑荃被文化部和轻工业部联合授予“中国提琴制作大师” 荣誉称号，1991年被《中国音乐年鉴》评为“中国音乐名人”、2002年被《中国乐器》评为“中国乐器名人”。

二、情系中华，开创中国制琴学派

郑荃以提高中国提琴制作水平为己任， 在享有国际盛誉之后，不迷恋国外舒适的生活、工作条件，立即回国。30年来， 郑荃教授培养出100多名青年提琴制作家， 使中国的提琴制作水平得到大幅度的提高。 许多郑荃的学生已经成为世界著名的提琴制作家，他们中有多位已经在国际提琴制作比赛中获奖，有的还成为国际比赛的评委。 中国的提琴制作业在近30年中快速发展， 提琴生产规模已居世界第一，占世界产量的70%以上。郑荃任国内两个规模最大的生产企业的顾问， 定期下企业举办讲座并进行技术指导，提高了企业的提琴产品质量。

郑荃制作的乐器声音工艺俱佳， 在秉承了意大利提琴传统的基础上建立了自己的个人风格， 深受演奏家和收藏界的喜爱。 有许多国内外的演奏家使用他制作的提琴举办独奏音乐会，录制唱片。他的乐器被意大利、保加利亚、中国台湾的博物馆和诸多藏家收藏。他坚持在继承传统的基础上不断创新，在提琴制作的科研方面，承担了国家自然科学基金会、霍英东科研基金、文化部、国家人事部等提出的科研任务，在国内外专业杂志上发表论文20余篇。

郑荃在提琴材料方面进行了近30年的研究，为了采集中国的制琴材料标本，他的足迹踏遍了大小兴安岭、长白山、金沙江、云贵川。筛选出的木材为中国提琴制造业打下了坚实的基础。在木材人工老化处理等研究方面，他的研究有多项是自主创新的，部分研究成果领先于国际研究水平，也因此被聘请为意大利小提琴博物馆科学研究小组委员。

郑荃是文化部原民族乐器的改革和研究专家小组成员，受文化部委托研究设计民族低音拉弦乐器，一干就是20多年，他设计的民族低音拉弦乐器受到演奏家、指挥家的好评，目前已取得阶段性成果。在艺术提琴制作方面，郑荃不仅本人在国际提琴制作比赛中获奖27项，他的弟子在各类国际提琴制作比赛中获奖近百项。他培养的学生于慧东，在2016年一年中就获得3块金牌和1块银牌。他积极号召中国举办自己的国际提琴制作比赛，为许多中国青年提琴制作家的脱颖而出和对外交流搭建了平台，使中国提琴在国际提琴制作界占有了重要的位置。他呼吁科学界更多地介入乐器制造的研究，直接倡导、筹备了2011年《音乐声学》香山会议的举办。40年来，郑荃从业一直坚持亲自做琴，从来没有停止过，精益求精，不断探索，表现出他对提琴制作艺术的挚爱和追求，体现了真正大国工匠的精神。

高占春——三尺春冰五音足　德范犹香启后人

（国家级非遗代表性传承人、琵琶制作大师）

国家级非遗代表性传承人、琵琶制作高级技师高占春师傅于2021年10月2日溘然长逝。高占春师傅于1950年进入民族乐器制作行业，在“中华国音社”乐器店学艺，师从其父高双庆。1951年起，在其父开设的“高顺兴乐器社”学习琵琶、二胡、月琴等乐器的制作。1957年，加入上海市第五乐器合作社“京音斋”小组，专制琵琶、月琴等弹拨乐器。1958年转入上海民族乐器一厂，从事琵琶制作。高占春师傅将毕生精力奉献给了中国琵琶制作事业，作出了突出的贡献。

一、发明八字音梁

20世纪60年代初，是中国琵琶艺术从传统走向现代的一个转折点，根据演奏家及作品的需求，琵琶上出现了三大改良：琵琶音位上普遍采用了6相18品和6相24品、25品的十二平均律的半音排列法；琵琶弦由丝弦改革为钢丝弦、钢丝尼龙缠弦、钢绳尼龙缠弦；右手指甲弹奏演变成用假指甲来代替。这3种变革，使琵琶在声学品质上产生了新的变化，同时也出现了新的问题：用传统方法制作的琵琶装上振动力强大的钢质琴弦后，会产生声音散而空的现象。

对此，高占春与厂里的同事一起钻研探索，受小提琴面板内音梁的启发，在琵琶复手下的面板内设置了一对倒八字音梁，这使得琵琶的声学品质达到了一个新的高度。在1964年的全国琵琶制作交流会上，高占春的琵琶被评为一流产品。不久，国家轻工业部将八字音梁的设计下发至全国各地的乐器制作点，于是，高占春对琵琶制作的贡献扩展至全国。琵琶泰斗林石城先生在《乐器》杂志发表的一篇文章中，对高占春的八字音梁琵琶给予了高度评价：“高占春在第一次全国的乐器制作比赛中，就获得了第一名……琵琶里面有一个八字音梁，这个八字音梁是高占春第一个用的，这对琵琶音质的提高有很大的好处。”

二、编写《琵琶制作》

民族乐器的制作，相当一段时期是在手工作坊中进行的，其手艺的传承主要是靠实际操作及聆听师傅口授，几乎没有文字资料。20世纪80年代初，高占春已经积累了30余年的实践制作经验，他不断地把制琴中的得失经验记录下来，渐渐萌生将制琴心得整理成文的念头，前后用了近两年时间，终于完成了《琵琶制作》一文的初稿。后来，经过林石城先生的修改整理，由上海民族乐器一厂编修成册，并在1982年的《乐器》杂志上分9期连载发表。

《琵琶制作》是我国琵琶制作史上第一次发表的专业性文章，对我国琵琶制作产生了重大影响，使琵琶制作在形制、规格、音响品质等方面有了一个趋于规范化的参照依据。

三、研制仿古乐器

20世纪80年代初，有音乐人士将“敦煌琵琶谱”中的曲谱进行解译，但需用唐代的琵琶来演奏。于是，高占春着手制作仿唐琵琶。父亲高双庆曾有一把唐代形制的琵琶，高占春凭记忆，再参照日本奈良正仓院所藏唐琵琶的照片，并在上海音乐学院叶绪然教授的配合下，成功试制了仿唐琵琶。

该款仿唐琵琶琴颈向后弯曲几乎90度，4根琴弦、4相、无品，面板中部两边各开有半月牙形音孔；弹奏时，声音清空幽柔，颇有古韵。在1982年的“上海之春”国际音乐节上，叶绪然教授携该款琵琶登台演奏。在此基础上，高占春又成功研制出唐代五弦琵琶和六弦柳琴等改良产品。

四、弹得一手好琵琶

一般制作乐器的师傅只擅长手工活，不会演奏乐器。高占春认为这样的制作师是不够全面的。为此，从20世纪50年代末开始，他先后拜浦梦古、陆德华和林石城先生为师，学习弹奏琵琶。凭借聪明才智和勤学苦练，他学会了《阳春白雪》《彝族舞曲》《十面埋伏》等数十首琵琶曲，相当于琵琶八级的演奏水平。他也曾应邀在上海人民广播电台表演琵琶独奏。

学习过民乐的人都知道，琵琶弹奏在民族乐器学习中相对较难，高占春的制作与演奏相辅相成，同时达到如此高的水平，可见其在演奏上狠下功夫的良苦用心。林石城先生对此也在《乐器》杂志上赞赏道：“高占春的琵琶制作技艺是跟他爸爸学的，而能演奏琵琶是跟我学的，所以他不单能制作琵琶，而且还会演奏琵琶，这对他的制作有很大的帮助”。高占春师傅所制的琵琶发音明亮清脆、宽厚响荡，手感舒适、外形美观，深受我国琵琶演奏家的喜爱。20世纪70年代，著名演奏家刘德海先生演奏的琵琶协奏曲《草原小姐妹》所用琵琶就是高占春所制。1980年，“上海之春”全国琵琶大奖赛上，青年演奏家何树凤用高占春制作的琵琶演奏《彝族舞曲》，一举夺魁。

琵琶是高占春师傅的一生所爱。他辛勤育人，为琵琶制作技艺的薪火相传作出了突出贡献，他于1990年被评为技师，1993年被评为高级技师，2018年被评为第五批国家级非物质文化遗产代表性传承人。仙人已过蓬莱阁，德范犹香启后人。高占春师傅的离去让我们深感悲痛，他的精神将永记铭记在我们心中。祈愿高占春师傅一路走好！

肖巍——广州城市文化厚植了“匠心”

（广州珠江钢琴集团股份有限公司总经理）

1458次实验摸索、360多个昼夜艰苦研发，终于攻克“卡脖子”难关，成功研发PR2.0钢琴高端弦槌，完美实现高端弦槌的自主研发，成就近年以来业界一段佳话。正是凭着这种锲而不舍追求卓越的精神，广州珠江钢琴集团股份有限公司总经理、副董事长肖巍带领技术团队，研究出多项达国际先进水平的钢琴制造技术工艺，填补民族钢琴品牌在国际高档钢琴市场的空缺。

在广州生活超过30个年头，肖巍不仅爱上了广州，也融入了广州的文化中。他认为，广州敢为人先、开放包容务实的城市文化，厚植了务实专注、开放创新的广州“匠心”。对于广州制造业的发展，肖巍充满着信心，他表示，将继续围绕“造世界最好钢琴，做世界最强乐器企业”的愿景不断努力奋斗，助力广州制造的品牌在全球奏得更响。

一、其人：上千次实验与拼搏，为国产高端钢琴装上“中国槌”

小零件，大技术。弦槌的好坏与否，很大程度上决定着一台钢琴音色的优劣。此前，高端弦槌研发生产技术始终被国外企业垄断，为解决这个“卡脖子”技术问题，珠江钢琴集团成立了20多人的攻关小组，珠江钢琴集团党委书记、董事长李建宁亲自挂帅，肖巍与技术骨干联手，先后设计了75个技术方案、对各种工艺进行了1458次的实验，历时一年多创新，终于开发出独特的低温快速加工技术，收获成功。装上自主研发的PR2.0弦槌，珠江钢琴迸发出更富层次、更具色彩、更为动态的琴音。

PR2.0弦槌技术问世后，多次在钢琴盲测会和品鉴会上受到音乐家、钢琴界以及业内人士的高度评价，他们认为以该项技术制作的弦槌质量和音色效果完全能够取代进口弦槌，完美实现了自主研发，为民族品牌钢琴核心零部件的品质飞跃提供了有力支撑。

肖巍在河北出生长大，1995年，他从中山大学应用力学专业毕业后留穗，加盟珠江钢琴集团，目前是珠江钢琴集团技术研发工作方面的领头人。肖巍在珠江钢琴集团工作了近27个年头，一直从事钢琴产品研发和钢琴制造技术工艺研究工作，研究出多项达国际先进水平的钢琴制造技术工艺。“十三五”期间，肖巍带领技术团队共完成了核心技术、产品研发、工艺实验共1962项，完成新产品设计150多款。其主持研发的一系列高附加值的中高档次新产品，多次被列入国家重点新产品计划，极大丰富了珠江钢琴高端产品的品类，填补了民族钢琴品牌在国际中高档钢琴市场的空缺。其中，九尺（275）高级演奏会三角钢琴被认定为已达国际高档钢琴水平，基本达到世界顶级钢琴水准。

卓越的成绩也让肖巍获得了业界的广泛认可，肖巍目前还担任国家认定企业技术中心常务副主任，并连续获得中国轻工业联合会颁发的“十一五”“十二五”“十三五”轻工业科技创新先进个人称号。

二、其言：正向激励良性循环，为企业和城市的持续发展提供不竭动力

记者：为了一项技术，您带领团队历时一年多、进行了1400多次实验攻关，这种锲而不舍、精益求精的精神令人敬佩。请问是什么支撑着您不断坚持下去？

肖巍：弦槌是钢琴的一个零件，通过这个小槌的敲打，钢琴能发出美妙的声音。我们的产品越走向高端化、精品化，越需要更尖端的工艺和技术。很长一段时间，国产零件的品质未达到足够高的水平，每当做高端产品的时候只能选择进口这个零件。只有将技术掌握在自己手中，为国产高端钢琴装上“中国槌”，才有可能打破技术限制。

PR2.0弦槌技术开发的难度在于要对弦槌每一种材料、每一个工艺参数、对不同材料与工艺的排列组合进行测试和实验，并在此基础上追求更高水准的音效。我们坚信，只要我们付出更多心血和耐心，完全有能力在高端制造领域赶超世界先进水平，为民族品牌高档钢琴的崛起提供核心保障。正是这一坚定的信念支撑着我们坚持到了第1458次，终于找到了我们想要的技术方案。

记者：您在广州生活工作了30多年的时间，在您眼里，广州这座城市有什么魅力？

肖巍：广州是一座具有深厚历史底蕴的城市。广州城市文化最明显的特点是敢为人先、开放包容、低调务实和专注。我觉得包括珠江钢琴在内的广州企业能够不断壮大，与广州的这种城市气质不无关系。在技术创新的过程中，我们感受到了珠江钢琴这家广州老字号企业以及整个广州对创新的重视和支持。珠江钢琴集团不断完善创新机制，鼓励全员参与创新活动，如固定每月一次的合理化建议活动，

我们每月进行建议收集、评选、公示、落实，培养全员创新思维。

不仅如此，珠江钢琴对于创新工作也提供了充分的容错空间，对于科技人员来说，不会因为失败了1000多次、不会因为一年没有产生研究成果而受到责备。珠江钢琴更多是通过正向的鼓励与激励，提升科技人员的信心与干劲。正是这种正向激励、良性循环，提升了员工的使命感和归属感，为企业和城市的持续发展提供了不竭动力。这种创新精神，不仅是珠江钢琴一直传承的企业精神，也是广州敢为人先文化特性的最佳体现。

作为广州的老品牌，珠江钢琴集团就是一家很有广州气质的企业。

1956年，珠江钢琴在初创时，是国内4家国营钢琴厂最小、最弱的一家，彼时的工厂没有大型加工设备，没有图纸，甚至没有完备的工具，第一代珠江钢琴人在艰苦的条件下，以一台进口钢琴为蓝本，制造了第一台珠江钢琴。如今，珠江钢琴集团已是全球最大的钢琴制造企业，连续近20年蝉联全球钢琴产销冠军。

珠江钢琴能够实现如此飞跃的发展，首先得益于改革开放的政策和敢为人先的精神，作为广东企业，走在了改革开放的前沿，更早更好地“走出去”“请进来”，珠江钢琴在20世纪80年代就开始人才的引进，实现引进消化吸收再创新，到今天珠江钢琴进一步迈进了核心技术原始创新的攻坚领域。其次得益于开放包容的城市气质，我们同事来自全国各地，他们都能够很好地融入企业文化中、融入广州的文化里，企业也以开放包容的态度吸收不同地区员工所带来的文化。

记者： 作为广州制造企业的技术工匠，您认为广州制造业发展速度和水平如何呢？广州制造的市场认可度和美誉度怎么样？

肖巍： 广州制造业产业底蕴深厚、发展根基坚实。20世纪80年代，以“珠江水”“广东粮”为代表的“广货”就誉满全国。如今，广州的工业经济总量稳居全国城市第一方阵，广州的众多工业品牌在全国都是响当当。我相信，在广州还有很多隐形冠军。我认为，把这些隐形冠军、专精特新企业发掘出来、扶持培养壮大，这对提升广州科技创新能力、形成先进产业集群、强化产业链薄弱环节一定会产生重大推动作用。

上个月，我作为广州市政协委员参加了市两会。广州市政府工作报告中提出“坚持产业第一，制造业立市”，在2022年工作安排中提出“加快构建现代产业体系”“坚持制造业立市不动摇”。作为广州制造业的从业者，我感觉到特别鼓舞和振奋。广州制定这样的策略非常及时，一定能够让制造业得到进一步的发展、更稳定的发展。

三、采访手记：广州匠心是制造业立市之底气

访谈过程中，记者感受到了肖巍对广州城市文化的热爱。他说：“在广州生活工作了超30年，如今我能说流利的粤语，每当有人问我是哪里人，我都会说我是在河北出生长大的广州人。有外地的朋友过来广州，我都会带他们去宝华路、恩宁路、清平市场、老东山一带走走，感受广州的特色文化。钻进小胡同、麻石巷，去看一看骑楼、满洲窗、木趟栊，听一听广州街坊的家长里短，品尝散布在广州街头巷尾的地道美食，感受广州这个超大型城市中独有的历史记忆和烟火气息，这些我都特别喜欢。”

正是广州包容的城市气质，让肖巍这一外乡人对广州有了归属感，并爱上广州、融入广州，也用实际行动为广州做奉献。肖巍表示，接下来，将继续围绕“造世界最好钢琴，做世界最强乐器企业”的愿景不断努力奋斗，助力广州制造的品牌在全球奏得更响。

从五代南汉前建成并使用至今的六脉渠感受务实专注；从集世界工程技术、建筑艺术之大成的小蛮腰感受开放创新；从粤韵声声中带着西方文化融入海港的船舶感受兼收并蓄。这些都是独属于广州的工匠精神。这种精神，正是广州制造业之魂，也是广州制造业立市之底气。

周肇麟——琵琶革新路

（上海民族乐器一厂琵琶制作技师）

周肇麟，1984年进入上海民族乐器一厂，1988年师从钟明敏学习琵琶制作，后追随琵琶制作高级技师高占春学习高档专业琵琶的制作，于1992年获得“敦煌杯”琵琶制作比赛第一名，于1995年获得“敦煌杯”柳琴、“敦煌杯”中阮制作比赛第一名。

1996年，因上海民族乐器一厂发展需要，周肇麟从一名高档专业琵琶制作师，转变为负责琵琶生产、质量管理以及新员工琵琶制作培训的综合型管理者。成为管理者后，周肇麟依然竭力提高自身的琵琶制作技艺，带领团队不断创新求变。

2002年，在企业的任务部署下，周肇麟团队开启了仿真微型民族乐器的研发工作，在没有任何图纸、工艺尺寸的情况下，他们通过缩放比例尺寸、反复设计图纸、制定标准等方式制作微型乐器模板。在制作团队两个月的努力下，第一稿仿真微型琵琶等乐器成功面世。2002年，周肇麟获得了上级公司——上海红双喜（集团）有限公司授予的“优秀开发创意奖”表彰。

2003年，周肇麟接受研发任务，要解决琵琶坯料的开裂、干燥问题。他每天定时多频次记录木材含水率的变化，半年后，成功探索出了一套琵琶坯料的干燥方法。通过多年的跟踪，目前已经形成了一套合理规范的操作流程。

由于我国南北方的气候差异，南方生产的琵琶运至北方容易出现底部开裂的问题。企业为了进一步开发北方市场，将该问题作为攻关重点。作为一名琵琶生产管理者、制作师，周肇麟勇挑重任，通过长时间的摸索与实验，于2006年完成了防止琵琶底部开裂交叉纹理的工艺创新项目，研发出了防裂条工艺。该工艺被企业广泛使用和普及，已获得了国家专利保护。

周肇麟不仅在琵琶改良上成绩斐然，对其他民族乐器的改良与研发也颇有建树。在柳琴的改良上，他从柳琴头饰、山口、琴码、凤尾的制作到音窗的加工工艺等都进行了改进改良。在月琴的改良上，他解决了普及月琴头饰容易脱落的问题，提高了产品的统一性与美观性。在弹拨乐器所用的竹品方面，他对竹品的制作、存储方式进行了适当调整，有效改进了竹品容易发霉、虫蛀而影响到琴身的问题。周肇麟还对柳琴、琵琶的轸孔进行了合理调整，确保了琴轸与轸孔的紧密度，减少了跑弦现象的发生，为消费者提供了便利。在仿敦煌壁画乐器的研发上，周肇麟团队经过长期探索，几易其稿，于2017年研制出“敦煌反弹葫芦琵琶”，由著名华人音乐家谭盾使用于上海、纽约、迪拜、法兰克福等世界各地的巡回演出中。

周肇麟认为，作为制作团队的管理者，要勇于改革、敢于创新，过去斧子、凿子的高强度生产要改变，生产效率要提高，产品质量也要得到保证。这些看似平常的生产要求，却是周肇麟作为一个民族乐器制作行业的制作师、管理者几十年来的心得体会，也将是他未来继续坚守不变的原则。

徐小峰——“琴”定终身的逐梦匠师

（江苏凤灵乐器有限公司高级技师）

手工提琴的独特之处在于制作师能根据木材的个性、质地，因材制作。优秀制作师能根据演奏者需求和演奏习惯创造出富有个性的提琴作品。一把纯手工制作的提琴，已经不再是一把简单的乐器，它更像雕塑、书法、绘画一样，已进入到艺术创作范畴，只有艺术家才能创造出更具艺术审美价值的提琴作品。一方操作台，大大小小近百种工具，艺术提琴创作并不亚于一场高精度手术，从破料到打磨、上色和调音，误差仅在毫厘之间，却是普通操作工和提琴制作大师的分水岭。为了提升泰兴提琴产业的文化价值，江苏凤灵乐器集团有限公司首席技师徐小峰通过结对帮带，助推泰兴提琴产业形成技师、高级工、中级工提琴制作人才梯队，泰兴乐器人以工匠精神带强区域产业，带动群众致富，助推乡村特色经济振兴发展。

一、筑梦：不忘琴音绕耳的萌动

作为驻港部队优秀老兵出身的徐小峰，在2000年光荣退伍后，历时20多载完成了从“门外汉”到“凤灵乐器首席提琴制作师”的华丽蜕变。作为江苏省工匠、高级技师、乡土人才“三带”名人的徐小峰，以工匠精神引领泰兴提琴制作人才队伍，奏响了振兴乡村特色产业经济发展的时代乐章。

徐小峰的“琴缘”离不开黄桥的“琴缘”。1968年，上海国营提琴厂的6位黄桥籍工人怀揣创业梦想，毅然回到家乡创办溪桥乐器厂，在无法获取提琴制作核心技术的艰难条件下，他们通过筹资购买提琴，反复拆解临摹，终于在1971年生产出了属于黄桥人自己的小提琴。从此，宁静古雅的千年小镇似被一键激活，一座座提琴制作工坊拔地而起，一声声宛转悠扬琴音不绝于耳，敢闯敢试、追求品质的工匠精神深入人心。

徐小峰就是在这样一个充满灵动丝弦、富有浪漫气息的小镇出生。从小的耳濡目染，使他从少年之时便能脱口而出小提琴的每一个部件名称，提琴之梦的种子也从那时起埋在了他的心底，在他的记忆里刻下了琴声、琴韵、琴怀、琴结，以致后来，徐小峰在驻港部队服役的日子里，每思故乡月明，总能听到琴声朗朗，顿感力量焕发、精神抖擞。

二、追梦：触碰提琴制作的脉动

2000年退役后，徐小峰没有立即返乡，而是选择考入上海音乐学院，系统学习提琴制作知识。在学习班中，他不是最有天赋的，却是最努力的，为学会破料他花了4个月时间，每次学习磨刀一站就是几小时，但却从不言苦、从不言弃。

徐小峰白天学习提琴制作，小到琴头、弓弦，大到琴盒、琴板，一处一寸都严格完成；晚上学习理论知识，从材料的选择到配件的把握再到工艺线条设计等，一点一滴消化吸收。课程虽然枯燥乏味，但他却从学琴、制琴中感受到了弦动玄妙，体会到了制成的乐趣。

学成之后，徐小峰返乡进入江苏凤灵乐器集团工作，正式踏上了提琴制作之路。在这里，他有了更多接触到高档提琴与国际制作大师的机会，同时也看到了自身制琴的差距与不足。为了能让这种差距缩小，后来徐小峰又报名了中央音乐学院国际提琴制作大师郑荃工作室，学习正宗的意大利制琴工艺，在这里得到了郑老师的悉心指点，在制琴工艺及提琴认识上有了质的提高。他不断地学习与钻研，沉迷于制琴技艺提升，慢慢地，工艺、音色越来越好，他深深地融入了这一行，也深深地爱上了这一行。

三、圆梦：感受极品工艺的乐动

徐小峰不再满足制成琴，他开始追求制好琴，积极探索原汁原味的意大利工艺：每块琴板手工锯，每个琴孔手工钻，琴头、弓弦、琴盒、琴板……每一道工序反复精雕细刻。汗水腌渍眼睛，手上磨出血泡，他依然咬牙坚持着。功夫不负有心人，在经过数年的钻研与尝试之后，他终于制出了黄桥镇第一把达到世界先进水准的小提琴，提高了“黄桥牌”提琴的社会声誉。

徐小峰把提琴制作上升到艺术创作范畴，像对待雕塑、书法、绘画一样精益求精；从破料到打磨、上色、调音，他全程操刀、追求完美。为制作一把特殊要求的定制提琴，他潜心钻研一年，先后设计了700余个尺寸，一根音柱就换了十几种材料。他始终认为，提琴制作的紧密程度不亚于一场手术，误差仅在毫厘之间，却是普通操作工和工匠大师的分水岭，身为凤灵乐器的首席技师，做就要尽力做到最好。

徐小峰对提琴质量要求近乎严苛，坚持“零缺陷”。每次抽检到音质音色不好、制作工艺不到位的琴，他都会毫不犹豫敲碎，一年下来，徐小峰亲自敲碎的琴多达200余把。在这种追求极致的高标准下，他制作的高档提琴均达到世界高档专业化标准，作品被评定为“联合国科教文化礼品”，广受好评与青睐。

四、助梦：甘做带富传承的驱动

2006年光荣加入中国共产党的徐小峰，开始注重发挥自身先锋模范作用。他自觉扛起“带领技艺传承、带强产业发展、带动群众致富”的使命重担，竭尽全力去帮助更多的人追梦、圆梦。

他带头学习钻研，参与研究的“微生物酶剂”技术获得了国家专利；参与研究的“木材微生物改性与提琴音质改良”项目，对提琴木材的改性处理工艺达到国际先进水平，填补了国内空白；参与编写的《提琴制作工》职业技能标准及教材等文件，为提琴制作和提琴制作师的标准指明了方向。

他着眼技艺传承，经常深入企业、学校开办公益课堂，讲授提琴制作知识。有同行向他请教制琴技术难题，他总是毫无保留、倾囊相授。对待学徒，他手把手传授技艺，不厌其烦地纠错指导，直到学徒能适应技术水准和数据要求，他才安心放手。徐小峰总说：“我希望能带出更多优秀的工匠，真正为家乡做点实事！”

他牢记带富宗旨，牵头创立大师工作室，近年来结对帮带了近60名匠人，教育培训了2500余名农民学习制琴工艺，为56户困难家庭提供了就业辅导、创造了就业收入。在徐小峰和像徐小峰一样的提琴工匠的影响带动下，全镇现有3万余名农民从事小提琴制作，黄桥提琴艺术教育文化产业不断发展壮大。

他对自己两个孩子说得最多的一句话就是：“要专心致志做一件事，哪怕一辈子只做好一件事。”徐小峰身材高瘦、衣着朴素、安静寡言，站在人群里极不显眼。但只要提起小提琴，他就会两眼放光、兴奋不已。“未来的路还有很长，我会努力带更多的人一起把提琴做下去、做最好，不遗余力推动黄桥提琴产业跻身世界先进水平！”徐小峰坚定地说道。

人物履历：徐小峰　男，汉族，1979年11月出生，2006年11月入党，现任江苏凤灵乐器集团有限公司首席技师、技术部主任。2016年被评为泰州名匠；2017年被评为江苏省制作工匠、江苏省突出贡献先进个人、江苏省乡土人才“三带”名人；2018年荣获江苏省“五一劳动奖章”；2019年获中国乐器协会“行业工匠”“科技之星”；2020年被评为“泰州最美退役军人”，被聘为“全国乐器行业专家委员会专家”，荣获江苏乡土人才“三带两助”建设成果展铜奖、江苏轻工协会“十大工匠”称号。

贺相宜——空谈不如实干，踱步何不前行

（广州珠江恺撒堡钢琴有限公司总经理助理）

适逢“五一”国际劳动节，广东省五一劳动奖章获得者贺相宜走进我们的视野。一直以来，广州珠江钢琴集团股份有限公司贺相宜同志以党员的标准严格要求自己，恪尽职守、热心服务、廉洁自律，她用自己的努力和汗水，以优秀的工作表现和突出的业绩赢得了领导、同事们的认可和表扬，先后荣获广州市“三八”红旗手、广州市国资系统“优秀共产党员”、广州市“优秀共青团干部”、珠江钢琴“优秀党务工作者”“十佳优秀青年岗位能手”“优秀钢琴人”“抗疫先进个人”等荣誉称号，体现了巾帼不让须眉的气概和新一代青年的责任担当和榜样力量。

一、不积跬步，无以至千里

贺相宜从一名业务助理做起，努力学习钢琴制造、设计工艺、产品结构等业务基础知识，研究学习公司市场策略、行业动态、竞争对手产品及市场策略等情况，使自己快速胜任工作岗位，培育了敏

锐的市场触觉和对市场形势的研判能力。在被提拔为区域经理后，她快速转变工作角色，凭借前期扎实的业务基础为区域宏观管理工作奠定了良好的基础，以全局观带领团队，发挥头雁效应，把团队历练成一支敢想、敢做、能做的精英团队，勇于面临各种挑战，团结协作。即使是在市场疲软状态下，团队依然能超额完成任务，使珠江钢琴产销量始终保持全球领先地位。

二、功成不必在我，功成必定有我

2020年，面对突如其来的疫情和瞬息万变的市场环境，贺相宜没有等待和观望，而是主动出击，从“销售”和“市场”这两个关键点开展工作，积极应对疫情影响，推进经销商“渠道下沉”战略的实施，顶着疫情的巨大压力，她带领团队走遍了全国30多个省市，快速整合销售、市场、售后等营销资源，集中向市场和用户发力，有效地畅通销售渠道、拉动终端销售，服务渠道客户和目标用户，与经销商们共克难关，坚定企业与经销商携手共同应对疫情的决心。她充分借助互联网，从线上到线下开展全方位的宣传，开展了如全国老年钢琴大赛、兰州国际钢琴艺术周、“金牌店长培训”、录制产品小视频等活动，国内销售量从年初的断崖式下滑逐步上升，最终胜利完成了公司预期的经营目标任务，实现了国有资产的保值增值。

三、发展是第一动力，创新是第一要务

为配合公司核心技术弦槌的研发，她主动参与到研发工作中，通过收集大量市场信息及自己对市场信息的消化和研判，贺相宜大胆提出了“PR2.0弦槌”的命名和设计意见，设计通过外形的改变，让弦槌的重心位置发生改变而产生了更好的力学运动效果，使其弹奏性能大大提升。经过反复的试验，她所提出的设计成为了本次研发工作的制胜关键。历经75个不同工艺方案、1458次的试验研制出的“恺撒堡钢琴PR2.0弦槌”，获得了3项外观专利和2项实用新型专利，在成果发布会上，它的外观、性能等受到国内外知名钢琴家们的一致好评。“PR2.0弦槌”突破性技术成果，成功打破了钢琴弦槌关键核心技术被外国供应商卡脖子的困局，进一步提升了自主钢琴的品质和竞争力，为创造中国民族品牌做出贡献。

四、党旗领航，融合发展

由于身处业务部门，作为党支部书记，贺相宜始终坚守“一手抓党建、一手抓业务，两手都要硬”的理念，在支部里实施“把优秀人才培养成党员，把党员培养成优秀人才”的双向人才培养模式，使支部党建工作与经营工作高度整合。在开展党建品牌创建活动中，她从小处着手，大处着眼，把品牌效应最大化。在2021年中国共产党成立100周年期间，她组织策划了“琴心向党百年百场音乐党课”，让音乐响彻礼堂、学校、社区、广场、机场、街巷，让党旗红遍了大江南北，为庆祝中国共产党建党百年增添了浓厚的气氛。

贺相宜的支部党建工作让人看得见，摸得着，从而受到集团各级党委的高度认可，荣获了集团“先进党支部”的光荣称号。贺相宜表示，作为年轻一代，没有任何捷径可走，只有在艰苦的锻炼中历练工匠精神，才能在不断变化的环境中以不变应万变，在企业品牌文化和人才建设工作中做出更大的贡献。

新产品

2021年乐器行业新品纵览

习近平总书记在2020年全国科技创新大会上指出："在我国发展新的起点上，把科技创新摆在更加重要的位置，科技是国之利器，国家赖之以强，企业赖之以赢，人民生活赖之以好。"2020年底全国经济工作会议提出的八项重点任务，再次把强化国家战略科技力量放在首位，并明确了具体目标。中国乐器行业积极响应，结合"十三五"时期行业科技创新的成效与特点，在开启"十四五"规划新起点的同时，把2021年确定为乐器行业的"科技创新年"，率先落实科技创新工作的统筹布局。在科技创新方向上按照"两翼发力、六轮驱动"整体思路推进，在科创年具体工作方面明确了全行业"搭建一套科技创新工作体系、共建一批技术研发平台、集中推动和评价一批优秀科技项目、组织一场科技创新成果展示活动"的"四个一工程"目标，一年来行业科技创新工作卓有成效。在年度科技大会召开前夕，经过企业申报、专家评价等环节，选择了一批科技创新成果（产品）进行展示，旨在推动行业科研技术交流，助力行业中高端转型升级战略发展。

一、广州珠江钢琴集团股份有限公司科技创新成果

恺撒堡钢琴PR2.0专用弦槌

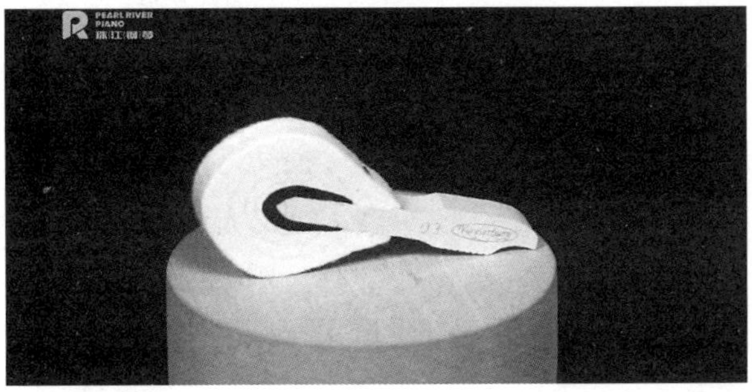

长期以来，珠江钢琴集团旗下"恺撒堡"系列钢琴采用进口弦槌，材料价格昂贵且供货不稳，限制企业产能。经研发团队不断地钻研，恺撒堡钢琴突破性技术成果"恺撒堡钢琴PR2.0专用弦槌"于2020年4月27日正式面世，助力民族钢琴品牌打破核心部件的技术壁垒。

PR2.0专用弦槌选用顶级羊毛毡，绵羊毛纤维交错叠加、相互牵连，无数根弯曲羊毛压成波浪毡形，促使毡内部产生强大内应力，从而形成毡的弹性；选用欧洲进口鹅尔枥木材，由于欧洲国家特殊环境、气候，树木材质轻而强度高，木材含水率控制在12%以下。

PR2.0专用弦槌采用3D建模设计，在弦槌毡与弦槌木芯的设计中，把弦槌木芯做出形状尺寸的改变，尾部形状改为弧形，减少弦槌复位时空气的阻力；根据弦槌木芯的特殊外形分别设计顶边铣形刀和弧边铣形刀，多刃的合金刀片切削保证弦槌木芯表面连续平滑，对弦槌毡的压榨黏合起到重要的作用；同时，设计团队针对多种不同形状的弦槌外形进行比对，结合敲击力学原理，将弦槌尾部的"弯尾"细节进行改变，使重心的位置稍稍后移，让钢琴弦槌更快复位，以提升弹奏性能。

为提升制造设计工艺，设计团队开发智能数控加工技术，对新弦槌的3D木芯图形自动分析，并对木芯两侧斜面和弧度进行铣形、自动分切，保证每个弦槌的木芯厚度一致；同时，开发弦槌冷榨技术，充分发挥羊毛毡的刚柔特性，使弦槌的低、中音在击弦时发出刚柔圆润的音色，有效解决钢琴次高音暗淡无声的技术缺陷，更大限度地提升了毛毡的张力，为弦槌的应用和后期音色处理提供了良好基础。

PR2.0弦槌的成功研发，填补了国产高端弦槌的空白，发挥了企业自主研发和自主创新的能力和水平。PR2.0弦槌的制造成本比进口弦槌成本每台节约700元，每年节约640万元，为企业更好更快地向高质量发展提供了极大的技术支撑、打下坚实的基础，为民族品牌钢琴的品质飞跃提供有力的支撑。

2．宝石拼花钢琴

宝石作为自然的馈赠，非常的稀有和珍贵。珠江钢琴集团颠覆传统，打破钢琴固有的单一颜色，首次推出全球首款量产发光宝石拼花概念钢琴。

在外观设计方面，钢琴上门板呈现全新的繁花似锦、鸟语花香的美好寓意图案，并运用先进数控加工技术，将图案精确地雕刻在经前期特殊处理的天然木材上；同时，挑选透光性好、色彩各异的蓝宝石、玛瑙和玉石等30多种天然宝石，以宝石作画，利用水刀加工工艺，毫厘不差地把每一片宝石图案切割出来，以精湛的技术镶嵌在钢琴面板上，使得宝石与钢琴的木材天衣无缝地结合在一起，与明亮平整的钢琴漆交相辉映、相得益彰。宝石拼花钢琴中嵌有高效节能的LED灯，光影透过五彩斑斓的宝石投射到黑白琴键上面，让宝石的光影在天籁的琴声里徜徉，给消费者全新的弹奏体验。

2020年，首台宝石拼花概念琴研制成功并在2020年上海乐器展展出，华丽的外观、璀璨夺目的宝石光影效果，引发业界的极大关注，经销商当场签订多台订单。目前，该琴已进入第二批次订单的制造。宝石拼花概念琴成功的研发，是珠江钢琴集团秉承“基于全球视野的永恒创新，基于顾客导向的持续改进”理念的体现，更是珠江钢琴集团日益强大的创新科研能力的体现。

二、吟飞科技（江苏）有限公司科技创新成果

1．吟飞RS系列电子管风琴

RS系列电子管风琴采用吟飞自主研发的围绕声音引擎技术和ATS转换合成的第三代RWA音源；特

别邀请电子管风琴大师朱磊教授亲自制作内置音色，满足使用者即兴演奏和视奏要求，在示范音色的基础上做出快速选择和调整。全面升华的音质带来灵动演奏体验，任何一种音色都可在上键盘、下键盘和脚键盘上使用。14套打击乐（其中含1套民族打击乐）可供使用者在键盘上演奏鼓声和打击乐声。键位上的打击乐声音可自由移位，可使用多种音色与打击乐进行组合。乐器内置191种不同风格的节奏，丰富的自动伴奏功能与之相匹配。采用25键标准脚键盘，拥有更宽广的脚键盘音域。LED背光液晶显示屏，具有音色编辑、音色注册、自动变换音色功能。多套美观实用的UI操作界面采用中英文双语显示，操控面板各项功能清晰明了，双踏板控制可实现音色、节奏的切换。乐器外观时尚简约，高品质音响支持耳机模式，打造属于自己的音乐空间。便携式U盘具有播放MIDI乐曲、程序升级、读取注册文件、进行录音等功能，强大的音频播放功能，将乐器演奏、音响、公放集于一身，让学习者获得更丰富的体验感和多元化的学习方式，打破传统的单一教学教具概念，重新定义了音乐课堂。

2．吟飞GDP系列专业级三角数码钢琴

GDP系列专业级三角数码钢琴采用吟飞自主研发的围绕声音引擎技术和ATS转换合成的新一代RWA音源，重现了丰富而清晰的三角钢音色，88键重锤键盘，音色纯正，同时兼具蓝牙音频功能。榔头键盘选用意大利FATAR键盘制造工艺，3种力度曲线可调整，逾百万次机械力度实验，更好地还原三角钢琴手感。产品采用传统钢琴真实采样，无损音频数据库，并特邀钢琴家协助调试音色，是艺术与

科技的更好结合，集智能设备App、双耳机接口、录音和双键盘模式等多样化功能于一身。

3. 吟飞EFNOTE系列电子鼓

基于新古典主义美学研发的吟飞EFNOTE系列专业级电子鼓结合了传统原声鼓音色，音源紧凑、色调自然、外观优雅、触感愉悦、音色美妙，其超现代化设计与优美声音完美融合，实现了更为自由的设计和突破常规的创意。

乐器内置多重传感器，具有低延迟和稳定性以及宽广的动态范围，用心捕捉演奏者每一次细微击打的变化，以最低的延迟保证余音的持续稳定，准确还原鼓手打击力度，保证左右演奏均匀稳定传感，甚至瞬间超爆击打也能清晰反馈，使演奏者毫无压力。军鼓除鼓面和鼓边之外的横跨边击功能，可以真实打出边缘打击和横跨边击，无须使用按键切换。

乐器所有镲片采用全尺寸设计，具有重量模拟功能，保证打击触感。即使是镲帽和镲沿，也可以进行精确演奏。所有镲片配有多重传感器，用户可以在任意处360度演奏或止音。即使在镲片旋转过程中，乐器也具备稳定的可演奏性。得益于新开发的Tru-Motion技术，惯性重量模拟给踩镲控制器带来真实运动感，多重光学传感器能够完美响应鼓手的高速步法、开闭敲击间隙和弹簧张力，精确复刻踩镲的动作，轨迹精细的表现力使得开闭音流畅连续，演奏极为自然。

三、上海民族乐器一厂有限公司创新成果

1. 低音六角二胡

在大型民族室内乐编制中，由于低音声部不足，

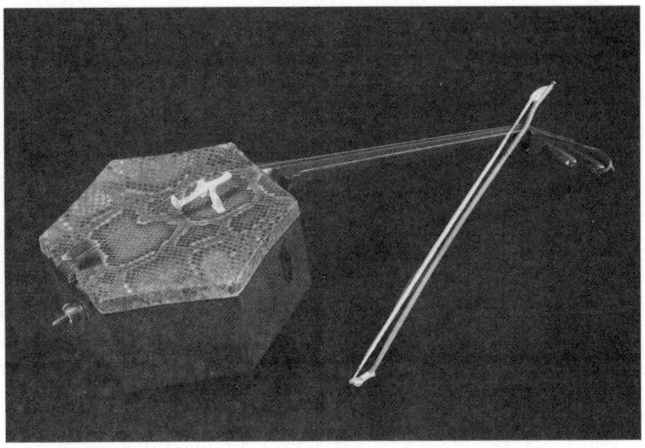

现用西洋大提琴来代替，民族低音拉弦乐器成为民族音乐交响化的器材编制瓶颈。针对二胡音域存在的缺陷，本发明提供了一种低音充分的低音六角二胡，其目的在于在大型的民族室内乐的演奏中，改善二胡低音音质，提高民族乐器的协调性。本发明包括琴码、琴杆和琴弦，所述的琴码包括琴码支架和床型桥码，床型桥码的上部比床型桥码的下部高，床型桥码支撑住琴弦。琴码支架为城墙垛口型，床型桥码的支撑脚是与琴码支架嵌合的城墙垛口型。本发明提供的一种低音六角二胡，对现有二胡的功能、性能进行了明显的改进，使其具备低音区域的演奏功能，丰富了演奏形式和风格。由于箱型共鸣体的共鸣体变大，音量增加，二胡的演奏方式不变，但是音色在低音演奏区域得到了更大程度的发挥，弥补了原先拉弦乐器在低音方面的不足。作为本发明的进一步改进方案，在琴杆中心靠近擦弦点上方设立分叉体，分叉体的内侧和外侧均为内凹型，分叉体的底部为圆弧形。由于二胡琴码采用了床型桥码的结构，既保证了擦弦点位于最佳位置，又充分利用了加大的六角共鸣体的音量，实现了音色和音量的完美统一。既适于演奏低音区域的音乐，又使民族拉弦乐器的音域覆盖更广，满足了民族室内乐的演奏需求。另外二胡琴杆中心靠近擦弦点上方设立可悬挂琴弓的分叉体，当演奏者不需要使用琴弓的时候，就可以琴弓向上，无阻碍地放置到琴杆分叉体上，演奏者就可以做其他的演奏动作了。

2. 一种设有弦枕拾音器的古筝

古筝常用的拾音方法是麦克风拾音，在下方音孔处单独一支话筒，或是再在琴头处加一支话筒。

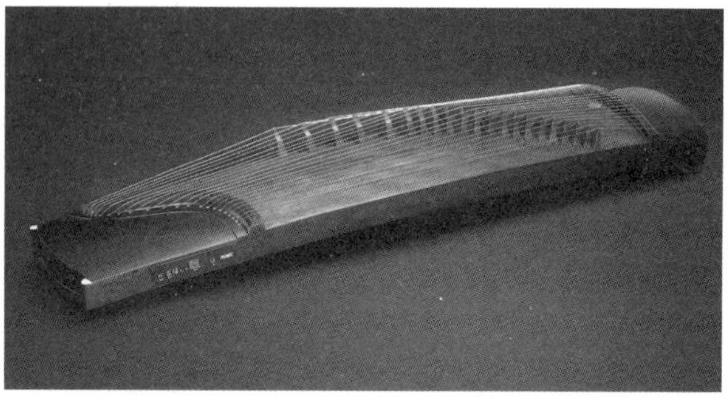

还有一种是用古筝拾音器，常用的有贴片式拾音器，放置在古筝底部的发声孔。这种拾音器主要用于古筝表演的场合。但这种拾音器对于古筝的学习存在局限性，不容易发现学习者的演奏错误。本项目的创新是提供一种可详细记录演奏手法的古筝，包括琴弦，前岳山弦枕和后岳山弦枕，其特征是在前岳山弦枕和后岳山弦枕的内侧分别设有凹槽，所述的凹槽内放置一排信号检测组件，信号检测组件位于每根琴弦的下方。信号检测组件上设有镂空的盖板。由于在靠近古筝的前岳山和后岳山的每一个琴弦下面分别设置了信号检测组件，信号检测组件接受的古筝弹奏信号传输到多媒体电视，帮助学习者及时发现错误，及时改正错误。拾音器采用内嵌式的结构，不会影响古筝演奏的方式。在演奏过程中演奏者会根据曲目大范围地弹拨及拍打琴弦与面板，不容易影响到信号检测组件对琴弦收集弹奏信号，如果外露于琴枕上，容易在演奏过程中发生损坏；而内嵌式这样的结构更安全与稳定。

四、海伦钢琴股份有限公司科技创新成果

海伦智能钢琴教室

2014年8月，海伦钢琴股份有限公司积极布局艺术教育产业，融资2.15亿元研发智能钢琴，并成立海伦艺术教育投资有限公司，累计投资20751.577万元。在器乐、声乐培训、艺考生培训业务中具有区域影响力机构的参股比例提升至49%，2020年投资收益1885.93万元，进一步深化公司艺术教育项目产业链发展战略。

自2019年起，海伦钢琴与中央音乐学院合作推广“央音继教·海伦智能钢琴实验课室”项目，依托中央音乐学院优质教学资源，结合以人工智能技术为核心的海伦智能钢琴教室，为艺术教育培训提供创新教学平台，坚持“文化+教育”发展方向。

海伦智能钢琴项目以钢琴为核心主体，在不改变发音原理与内部结构的基础上，进行智能化开发，引入互联网优势，搭载自主创新研发的智能乐谱App系统、智能演奏App系统、智能静音App系统、智能陪练App系统，智能光电App系统，已取得6项软件著作权，形成具有特色的海伦“6+1”智能钢琴教室，以智能化教育模式、多样化教学方法、趣味化教材搭建互动钢琴艺术教学平台，改变原传统钢琴一对一的教学模式。

目前，宁波本土的海伦艺术培训学校实体店现有学员500多人，海伦智能钢琴教室教材与教学方法涵盖广泛，拥有全套自主教具、教材、师资培训、App软件，全方位保障学习进度和效果，最大程度上调动孩子的学习兴趣，解决学习痛点，让学习乐理和学习钢琴不再枯燥单调，获得了众多家长的关注和欢迎，并通过深圳文博会、上海乐器展、宁波文博会等展会推广和宣传，累计形成智能电钢琴销售量5400多台，智能钢琴教室2100多套，新增营业收入3650余万元，艺术教育培训业务的发展将再为公司插上一对“翅膀”，有效地带动了公司钢琴销售业绩。

五、柏斯音乐集团科技创新成果

高天纪念款路易十五皇家风钢琴

高天（GROTRIAN）钢琴于1835年成立于德国布伦瑞克，高天家族世代传承，品牌历史跨越180余年。从研制出德国第一台小型立式钢琴到殿堂级的大三角钢琴，乃至众多经典琴款和造型别致的连体钢琴，高天钢琴堪称是雅致与考究的钢琴杰作。

2020年，高天吸收历史瞬间的灵感，与知名钢琴设计师联袂隆重打造出高天185周年纪念限量版钢琴，延伸艺术，创造典范，让声与形就此交融。其中，“185周年纪念款路易十五皇家风钢琴（FG-170LQ Louis Quinze Royale）”采用古董琴外观设计，琴身整体金箔装饰，弯腿、金色五金件，单轮式脚轮。典雅复古的整体外形，精湛娴熟的细节工艺，打造出极具欧洲宫廷古典艺术气息的全新杰作。

该产品采用Renner弦槌，先进的压制加工工艺使弦槌外柔内刚、富有弹性，让音色拥有从极柔到极强的细腻表现；德国Kluge键盘，黑键选用天然上乘的乌木，确保了舒适的灵敏度和稳定的性能；自制铜档一体式击弦机，用实木制成联动系统，提升了耐久力、反应力和控制力，确保了弹奏的灵敏度和舒适度；铁板采用双泛音系统创新设计，使钢琴不仅拥有均匀协和的音色，而且全音域音色更加圆润饱满、动听悦耳；单板竖拼弦码，使音质水平得到提高：其低音更加浑厚、中音更加清脆、高音更加委婉；采用进口阿拉斯加云杉实木音板，肋木，背柱合成的背架共振效果良好，音色优美悦耳具有足够的响度和持久性；进口德国注明HELLER低音弦和ROSLAU琴钢丝，无沙音、杂音现象，音质纯正完美。

高天路易十五皇家风钢琴（Louis Quinze Royale）由制琴工匠全程纯手工打造，经过数十道工艺锻造，琴身辉煌耀眼，璀璨夺目。产品既能表现悠然、婉转、轻缓，又能表现欢快、高亢、强劲。制作者以严谨的态度打造细节，探索时代潮流，延伸艺术历史，以富有幻想的设计理念，融合灵动的艺术特征，造就一架璀璨夺目的钢琴，让它成为一件隽永恒久的艺术珍宝。

在“2020Music China全球业界新品首发活动”中，高天钢琴FG-LQ被评为全球业界“最佳新品”。

六、北京星海钢琴集团有限公司科技创新成果

1.《凝·向未来》冬奥会主题三角琴

凝：凝结之意。凝聚了星海人做好琴的执念，更凝结了对奥林匹克运动的热爱和对美好世界的期盼。此琴以白色与透明元素呈现，体现北国之冬“冰雪”特色，无瑕的冰雪带来五彩斑斓的梦。产品设计灵感源于“长城”，打破钢琴中曲线的造型，罕见大胆地应用了硬朗的线条，表现巍峨雄伟的万里长城，挺起硬朗的中华脊梁，展示长城文化，也向世界证明中国有能力举办冬奥会。乐器谱架采用金色剪影制作，在设计剪影图案时遮挡金属件的连接部位避免钻孔影响美观。制作时先贴1毫米白色剪影再贴金色剪影，避免直接粘金色剪影留下胶印，金色剪影采用金漆及丝网印工艺。该项目涉及亚克力材料领域，普通螺丝在透明亚克力材料上钻孔影响美观，经多次挑选和验证，前、后顶盖连接选用家具上使用的3.5寸（11.67厘米）全铜合页，配合镀铜子母铆钉对接螺丝，经过改制达到美观效果。后顶盖与外壳连接的合页采用由现有合页改制成的压板合页，使用纯铜子母铆钉对接螺丝。

2．星海限量纪念钢琴红船K-122

2021年是伟大的中国共产党建党100周年，星海钢琴集团特别推出100台特制限量纪念琴——“启航”自动演奏钢琴。该款纪念琴本体为星海·凯旋K-122高端立式钢琴，是在原有生产线由原班团队汲取原有产品的优点进一步完善后的成熟产品，产品

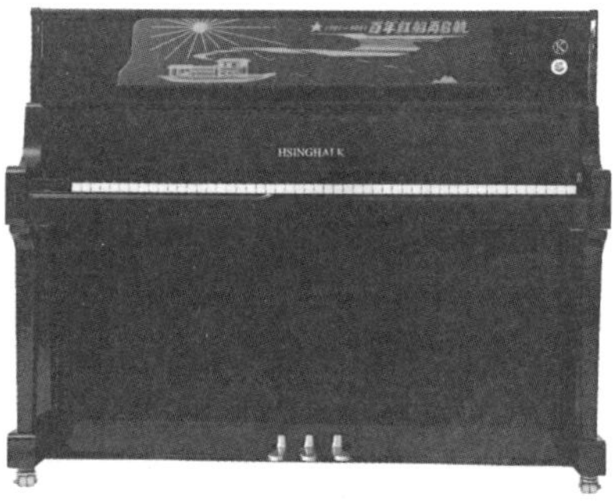

稳定性、耐候性、耐久性优异，音色圆润、声音纯净、庄重华丽，满足练琴、演奏、教学所有需求。装配自动演奏系统，可超长时间连续不间断演奏、伴奏，是高性价比的首选。谱架红船画面经过星海工艺美术大师之手，自然流畅，气势恢宏，极具艺术欣赏价值。为庆祝建党100周年——“启航”自动演奏钢琴限量100台，内置《保卫黄河》《我和我的祖国》等50余首红色钢琴曲，弘扬“红船精神”，传承初心使命，极具收藏价值。

产品内置3000多首中外古典及流行钢琴曲，不定期更新曲目库。自动演奏，声音完全发自钢琴本身，百分百还原音色。同时，产品可通过App实现蓝牙连接，操作简单，可随意调节音量大小，适合商场、酒店、咖啡厅、家庭聚会等场景。该产品每个琴键的大小声音的力度级别多达512级，演奏情感表现细腻，琴键运动灵敏。同一时间可演奏更多和弦，持续不间断弹奏时间长，演奏系统性能稳定。

3. 星海钢琴“未来之星”C-1

“未来之星”系星海公司为中国琴童量身定制的精品钢琴，参考“星海杯”比赛往届用琴的键盘触感和灵敏度，手感贴近比赛用琴，助力琴童开启音乐之门。该产品外观简约时尚，形制遵循黄金比例，钢琴设计符合人体工程学，更加舒适，更加适合中国少年儿童初学使用。弦槌采用德国优质FFW羊毛毡，高防潮处理，抗冲击耐磨损，下键深度准确统一，快速击发音源。音质音色更圆润，声音纯净柔美，音阶过渡连贯，具有优秀的穿透力和表现力。

键盘系统采用实木云杉键盘，精品非洲乌木黑键（高端钢琴必备）质坚不变形，色泽雅致、细腻，每个琴键进行静阻力检测后设置配重调节，触感舒适灵敏，具有丰富的表现力。琴弦采用德国RÖSLAU琴弦，机械式压弦，超长的弦列，保证琴弦振动的稳定释放。上门、键侧木加装“星海杯”指定标识，采用新型激光UV微米喷涂技术，色彩鲜艳、环保无污染（不可频繁用水或酒精擦洗）。击弦机采用新型材料炭黑色背档、时尚炭黑色支架；背档、联动器以及弦槌芯均采用欧洲优质蓝色毛毡，音色圆润饱满。

专属高档升降琴凳，内置隐藏式琴谱收纳隔层，满足琴童日常需求。根据孩子不同身高和不同演奏作品的风格调节到最合适的位置，给予孩子无微不至的关怀，伴随孩子健康成长。入选《升级和创新消费品指南（轻工第八批）》产品创新消费品建议名单。“未来之星”C-1钢琴搭载智能乐伴钢琴陪练系统，有效解决琴童家长监督孩子练琴的痛点。

七、天津市津宝乐器有限公司科技创新成果

1. 津宝儿童款巴松

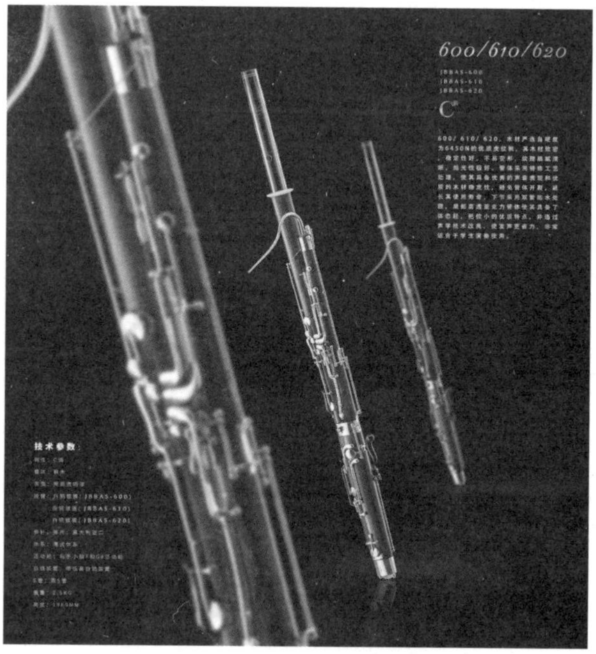

2017年初，津宝乐器针对国内巴松市场供需侧展开市场调研，并联合中国大管学会共同举办“2017全国巴松研讨会”。与会专家学者认为，国内市场适用于中小学生的C调巴松非常短缺，进口产品价格较高且渠道不畅，导致了青少年巴松演奏教育普及

与推广的供需矛盾。2018年3月，津宝C调儿童款巴松产品下线，产品通过国内多名巴松知名专家学者鉴定。

在设计上，津宝C调儿童款巴松充分考虑少年儿童的使用特点，乐器整体轻便、演奏省力。该乐器低音表现浑厚庄严，中音区音色柔和甘美而饱满，高音富有戏剧性。此款巴松木材严选优质虎纹枫，木材稳定、不易变形，避免管体开裂，纹理细腻清晰，抛光性极好。管体采用特殊工艺处理，使其具备优秀的声音表现，下节采用双管防水处理，局部高透亚克力管体使其具备了体态轻、把位小的优质特点，并通过声学技术改良，使发声更省力，非常适合学生演奏使用。该成果2018年8月申请外观设计专利，2019年1月获得专利，专利号为ZL201830471871.0。

该产品自2018年5月开始推向市场，已配备学校乐团60余支，产品自投放市场以来，为公司增加销售900万元，带动利润增长300万元。该产品可充分替代同类乐器的进口产品，性价比优秀，对青少年音乐教育普及与推广起到极大推动作用。

2．津宝多功能高级五鼓（三合一鼓）

随着我国经济文化的快速发展，爵士鼓受到青年及儿童的普遍欢迎，消费需求逐年提高，但爵士鼓在家庭演奏时存在噪声扰民问题，影响附近其他家庭的正常生活学习，促成对具有静音练习功能的电子打击乐器的旺盛需求，市场销售量迅速增长。

天津市津宝乐器研发团队经过市场调研、设计开发并与专家学者及众多鼓手进行反复测试，开发出集原声鼓、电子鼓、哑鼓于一体的多功能高级五鼓（三合一鼓），产品经过市场销售得到众多使用者好评，市场销量持续增长。

该三合一鼓技术2015年3月获得国家实用新型专利授权，专利号为ZL201420634359.X。2015年和2017年，该产品还分别获得了美国和中国台湾地区的发明专利授权。2018年9月，该技术完成了产品转化，正式投放市场。

该产品自2018年9月开始推向市场，得到了打击乐专家、老师以及专业鼓手的青睐，中国打击乐协会会长金纪广对这款从设计上解决了打击乐器走进家庭的噪声困扰的多功能爵士鼓给予了高度评价。中央音乐学院打击乐刘刚教授，对这款多功能鼓无论是从结构方面，还是从音质音色上都给予了高度好评。该产品自2018年投放市场以来，每年为公司增加销售200万元。同时本产品还能有效地满足消费者在不同演奏场景的需求，为打击乐器的普及与发展提供有力的产品技术支持。

八、乐海乐器有限公司科技创新成果

1．乐海乐器海之尊系列“钧和”二胡

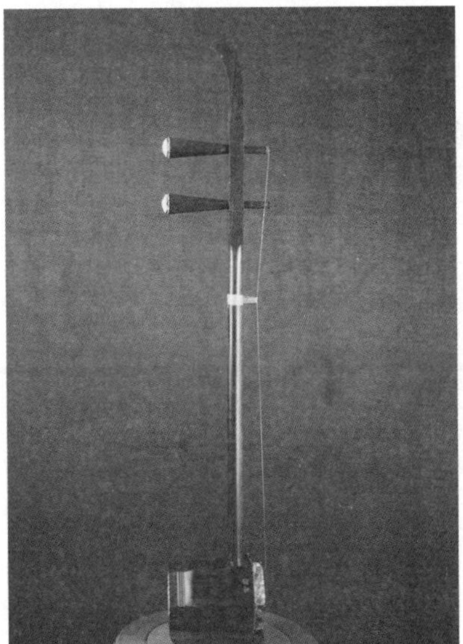

该产品通过全新的设计，将二胡的制造艺术推向新的高度，具有以下特点：（1）材质为从特级老挝红酸枝木中遴选而出的径切材；（2）皮膜的选择充分考虑到蟒皮厚度的适配性、纤维的弹性；（3）外观设计充分融合南北琴的特点，既不失南琴的隽秀，又拥有北琴的直爽；（4）琴杆雕以绳饰，寓为准绳；外观线

条曲直分明，寓为规矩。

乐海有一支专业的研发团队，涵盖从专业制作技师到专家教授，实现了“产学研用”一体化。该团队分析“均和”二胡材料的密度及传导振动频率，根据材料的特性，有针对性地对材料进行工艺改进优化，最大程度地利用和改变材料的性能，使其音色浑厚、通透。该款钧和二胡，从用材至工艺形态，从线条美感到音效感应，都给使用者以全新的体验。

该产品于2020年10月在中国上海（国际）乐器展览会组委会举办的2020Music China全球业界新品首发活动中被专家评委会评选为“最佳新品”。2021年4月2日，该产品获得国家外观专利授权，专利名称：二胡（钧和），专利号：ZL202030529108.6。目前，乐海“均和”二胡销售良好，成为专业院校、民族乐团（包括中央音乐学院、中国音乐学院、山西大学，中央民族乐团南京民族乐团）用琴。

2．乐海乐器海之尊系列“龙吟”扬琴

乐海“海之尊”系列龙吟扬琴是一款低音扬琴，在音位排列方面与402型扬琴的音位排列规律相同，其音域比402型扬琴的音域整体降低了八度。该产品具有以下特点：（1）琴体结构采用横纵混合式支撑；（2）配置一种拉杆牵引、脚踏钢绳传导制动原理的踏放式制音器；（3）利用琴体左上位置高半音码的左侧音位，调整排列方法并向上扩展四度音程；在琴体右下位置低半音码的右侧增加3个琴码并设置音位，分别补齐低音区所缺的半音，调整后的音位排列使其音域#F1（大字一组）至c3及d3（小字三组）之间，半音齐全；（4）采用38毫米的琴码码距标准，以适应低音琴竹加大后演奏方便的需要；（5）改用连体山口截弦法，在固定式滚轴板上取消滚轴，以保证同组琴弦的微调音准。

乐海公司的专业制作技师和专家们近年来先后研发了云莺、凤鸣、虎啸、龙吟等系列扬琴，实现了从便携到高、中、低音扬琴的标准化生产，龙吟扬琴半音齐全、音域比402扬琴低一个八度、演奏灵便、音质纯净，实属国内领先水平。2018年11月16日，该产品获得国家发明专利授权，专利名称：低音扬琴，专利号：ZL201510590261.8。

龙吟低音扬琴音域比402扬琴低一个八度，使扬琴乐团的音域也随之降低了八度，扩展了扬琴的表现音域，该产品有效解决民族乐队低音乐器薄弱的问题，提供一种实用的低音乐器。“龙吟”低音扬琴的研发对扬琴制作技术有综合性的意义，有效地启发和促进民族乐器研发新品种的思路，多项专利技术将会有效地作用于民族乐器的改革和创新。

3．乐海乐器海之尊系列“紫云君”琵琶

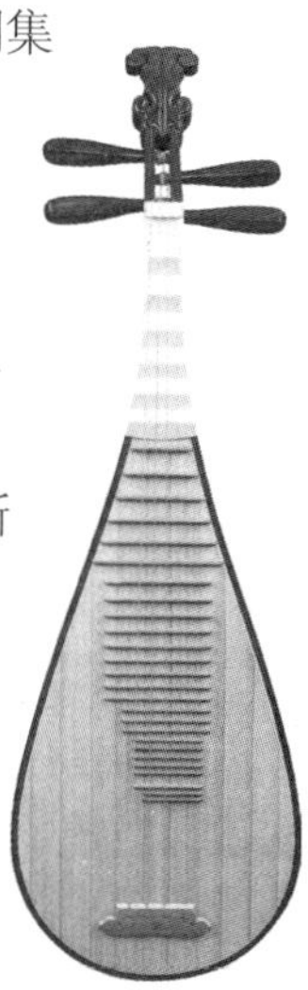

乐海“紫云君”琵琶为乐海公司集传承、创新于一体，兼具传统与当代琵琶声学特点，从采购、选材、材料处理、加工制作、外观配饰、调试整理等生产全过程，严格遵循琵琶制作工艺技术规程，材料百里挑一，从制作上精雕细刻，诠释了乐海人新时代的工匠精神。

该产品有如下特点：（1）紫云君琵琶头饰以张云福凤尾如意琵琶琴首为模，在此基础上有所创新，线条设计精致流畅，造型饱满，独具一格；（2）紫云君琵琶所用背板、音板、象牙、老竹子等材料，均为传世之珍材，背板所用特级卢氏黑黄檀老料均为进口高档珍稀木材；（3）缚手、品条所用之20世纪60、70年代老竹子扁担，经过岁月的浸染，通透、传导好；配饰之猛犸象牙，材质硬度高，耐磨性好，演奏手感适中，质量上乘，极具收藏价值。

乐海的专业制作技师和专家们认真分析“紫云君”琵琶材料的密度及传导振动频率，根据材料的特性，有针对性地对材料进行工艺改进优化，最大程度地利用和改变材料的性能，使其音色浑厚、通透。该琵琶选材精良、做工精细、外观新颖，以珍贵的微凹黄檀木和卢氏黑黄檀木为材料，在制作时技师们根据材料的密度进行音板的配置处理，分析“紫云君”琵琶材料的密度及传导振动频率，专业技师排品，质量稳定。

该产品2020年8月25日，获得国家外观专利授权，专利名称：琵琶（紫云君），专利号：ZL202030049033.1。2020年10月，在中国上海（国际）乐器展览会组委会举办的2020Music China全球业界新品首发活动中，该产品经专家评委会评选为“入围新品”。目前，乐海“紫云君”琵琶销售良好，已经成为专业院校、民族乐团用琴。

九、得理乐器（珠海）有限公司科技创新成果

1．美得理Hydrasynth合成器

Hydrasynth是美得理集团自行研发和生产的高档数字合成器，其采用波形渐变为核心算法，采用美得理研发的49键复音触后键盘，可供广大音乐爱好者随时随地完成音色合成、演奏、编曲等音乐需求。本品填补了国产高档数字合成器的市场空白，助力国产数字合成器在世界数字乐器领域站稳脚跟。

该产品有多项创新，具体包括：（1）主控芯片自主研发，包含1颗基于ARM架构的CPU核心，1颗波表合成DSP和8颗效果处理DSP；（2）复音触后键盘在按下时不松开，用力再按下会出现音色的变化；（3）带有弯音、特雷门、调制功能的条带控制器，与4个八度键盘等长，在特雷门功能下可作为独立的乐器与键盘合奏；（4）丰富的输入输出接口，包含一组Clock in、两组Mod in/out、Pitch CV、Gate CV、Midi in/out/thru、USB等接口；（5）产品的核心技术已获得多项国家发明专利或实用新型专利授权，包括：“一种电子乐器操控系统”“微型波表合成发音方法和系统、电子乐器”“一种音色样本重构方法及系统、存储介质及终端设备”“一种电子乐器操控面板”“琴键组件”。其中“琴键组件”已在美国和德国获得专利授权。

该产品问世后，ASM Hydrasynth合成器获评专业音乐门户网站MusicRadar 2020年度全球十佳合成器榜单，同时获评MusicTech 2020年最具创新奖，并被收录进2021年新版《PUSH TURN MOVE》，在汉斯季默（Hans Zimmer）、梦剧院键盘手鲁大师（JordanRudess）等世界级音乐家工作室和演出现场中亮过相。

2．美得理A2000专业编曲键盘

美得理A2000专业编曲键盘于2020年9月上市，是集众多专业智慧和科技创新的划时代乐器产品，获得国内外专家和用户广泛好评，在各独立评测中屡屡获得推荐。该产品在集成电路设计、底层和核心算法研发、音色采样和制作、互联网内容扩展、系统设计、产品功能设计、无线新技术应用、音响和外观设计等方面进行大力投入和自主创新。

为保证产品所需复杂音频合成和计算处理需求，A2000自主设计研发A5音源处理芯片。芯片内部集成了多达11个内核，包括10个高精度DSP和1个高性能ARM，运算性能超过1500MIPS。可同时计算256个发音、完成MP3/AAC等格式音频的编解码、计算产生各种音频效果。自主研发矩阵式DSP效果架构，用户可在图形界面选择多个效果计算单元，在键盘演奏中将其串联、并联，或分布在不同键盘区域。另外，A2000产品在研发中实现了多达216种音频效果算法供用户使用。

A2000在研发过程中，邀请民乐演奏大师采样大量中国民乐音色，用精细的制作和大量的样本采样空间，忠实保留各种民乐音色的演奏技法和细节，如琵

琶轮指、古筝摇指、曲笛花舌等，让用户在键盘上再现特色民乐演奏技法音色。A2000除预置音色和伴奏音乐外，还特别设计大容量用户采样和伴奏空间，并且开发配套软件App。允许用户根据演奏需要，从互联网下载扩展音色和伴奏，载入到琴内使用。

为便于用户在互联网直播中获取高质量音频，A2000特别设置USB Audio + MIDI接口，可直接连接手机或电脑，通过USB实时传输内录品质无损音频。连接数字DAW编曲软件非常简便，无须外接声卡、复杂音频和MIDI连线，只需USB线即可完成数字音频和MIDI双向传输，有效地简化了个人工作室设置。为满足小乐队甚至单人演出，A2000内置双模蓝牙模块，可通过蓝牙A2DP协议直接播放手机中任意音频资源，还可通过蓝牙MIDI连接智能设备App，无线传输MIDI音乐数据。

美得理A2000专业编曲键盘获得数项国家专利授权，通过工程改进和新器件引入，有效地解决功耗和散热问题，厚度比上一代产品减薄60毫米；并通过算法和音响设计，使产品音响效果在箱体体积减小情况下不减反增。该产品获得2020 Music China全球业界新品首发“最佳新品”荣誉称号。

十、深圳市蔚科电子科技开发有限公司科技创新成果

1. NUX纽克斯DM-7电子鼓

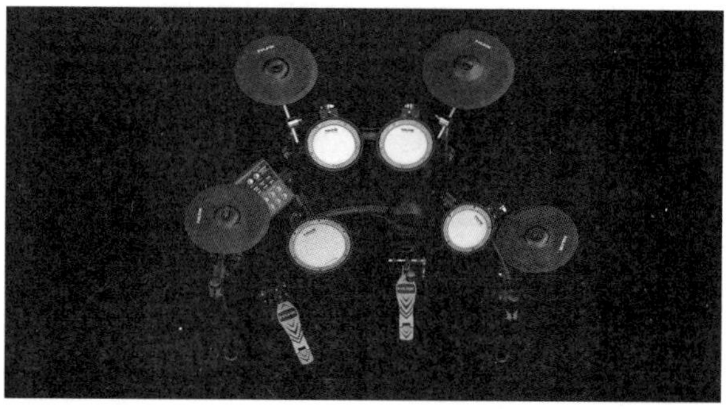

NUX纽克斯DM-7电子鼓系蔚科电子全新研发的高科技电子鼓，于2019年12月获得“中国设计红星奖”，在底鼓、架子鼓、音源器方面获得3个外观专利、1个软件著作权。DM-7电子鼓创新外观，采用大尺寸横弯管设计，配合可调节鼓盘支架，可随心调节鼓盘位置。独有的快速拆装式卡扣设计，可使镲片位置调节更加便捷牢固。高品质橡胶地鼓设计，在保证打击感的同时也可连接双踩使用。

经过长达3年的研究与实验，NUX纽克斯品牌成功推出与REMO公司联合出品的全新网面复合材料，并应用到高端旗舰产品DM-7军鼓上，全新的网面鼓皮实现全面升级，最高击打次数可达100万次，配合震动吸收效果，具备可调节张力、噪声小等优点。最大强度满足鼓手的高强度演奏与练习需求，综合手感更接近原声鼓。DM-7电子鼓采用全新研发12寸与14寸全包胶镲片，镲片摆幅非常均匀，更接近原声镲演奏体验。14寸叮叮镲更有镲面、镲边、镲帽3种触发方式，有效满足鼓手的演奏需求。

DM-7电子鼓采用全新设计彩显音源器，拥有30个自主采样预设鼓组和20首可消除鼓声预制歌曲。内置定制音色库，以确保模拟出最逼真的鼓声。独有的One knob一键添加音色效果功能，可以简单直接地为鼓组添加效果，使产品应用场景更加丰富。产品具有反应灵敏的触发器和全包胶镲片，为鼓垫触发器设置参数，以确保在演奏上得到最完美的打击反馈。同时，产品自带数据蓝牙连接功能，摆脱烦琐连线过程。可任意连接第三方软件，用于音乐制作、游戏娱乐等，也可以通过蓝牙在手机上播放喜爱的音乐，跟着一起演奏。

2019—2020年，DM-7电子鼓先后在国内外各大乐器展会展出，向广大消费群众提供体验、学习、购买等系列服务，并邀请多位网络达人、乐手作为签约艺人，进行站点推广与直播推广，成为目前国内电鼓产品的热门产品。

2. NUX纽克斯-Mighty Air音箱

Mighty Air系可充电蓝牙立体声无线数字音箱，外观小巧便携，内嵌无线音频传输，内置几十种效果器算法，满足吉他、贝斯等乐器表演需求。这款适合音乐爱好以及乐器练习的多功能蓝牙音箱一经面世，就得到了国内外用户的一致好评，也成为了许多知名乐手的日常练习小伙伴。

Mighty Air音箱采用最新超低延迟高保真吉他无线技术，15米内稳定连接。产品集噪声门、吉他音箱、贝斯音箱、音箱模拟、木吉他模拟、动态、调制以及氛围效果等几十种效果算法。内置基于真鼓音源的伴奏鼓机；内置高质量蓝牙立体声音乐播放器，可支持7种不同表演场景蓝牙EQ；内置可充电电池，充电3小时，可播放18小时音乐或进行10小时乐器演奏。

Mighty Air音箱配套自主研发蓝牙App软件，可以进行效果参数调节，通信协议支持蓝牙MIDI协议。主机拥有多功能INPUT口，可接有线音频，亦可对随产品标配的无线发射端充电。内置NUX TS/AC高清建模技术的音箱模型以及效果单块。USB AUDIO支持双声道24bit/48K，支持usb audio class 2.0协议。

Mighty Air作为第一代的无线+蓝牙+NUX TS/AC高清建模技术的数字类小功率音箱，已经得到了市场广泛的好评，也催生了整个音频市场对跨界音箱类产品的持续关注。并于2021年入围中国轻工业联合会发布的《升级和创新消费品指南（轻工第八批）》建议产品名单。

3．小天使机械式电子节拍器WSM-290

小天使机械式电子节拍器WSM-290系蔚科电子精心研发的一款电子节拍器。产品外观设计采用雅致木壳，美观大方；融入现代数字信号处理技术，操作简单，古典与现代相得益彰。产品一经上市即获得市场好评与消费者青睐，先后获得2项实用新型专利。为了加大市场推广力度，蔚科电子制作了大量产品使用、教学、功能性视频，结合各大平台线上博主进行矩阵式宣传，均获得可观点击量与良好反馈。

WSM-290电子节拍器采用精准步进电机，使摆锤在视觉与听觉精准同步，60度广角摆锤可获得更直观的节拍视觉感受，且适用于钢琴、古筝、吉他、小提琴等乐器；通过现代数字信号处理提供可调节的音色、音量变化，采用最新音源采样技术，还原6种不同音色，分别为：德国百年经典老牌Wittner、20世纪60年代日本尼康（Nikko）、国产行业标准小天使（Cherub WSM-330）3种机械节拍器音色；此外，还提供人声、原声鼓采样、牛铃3种现代音色。产品内置锂电池在满电状态下可连续工作5小时以上，当电量小于额定电量10%时，指示灯会亮起红色。

作为节拍器行业标准起草单位，蔚科小天使始终致力于节拍器领域的深耕，每年推出十几款的研发新品，不断突破。随着国内音乐数字设备、电子乐器设备的不断升级，芯片集成与运算的方法升级至关重要，机械式电子节拍器作为最新一代节拍器行业的代表，将推动其他音乐设备、乐器设备的市场，为乐器行业的进一步优化改革打下坚实良好的基础。

十一、烟台博斯纳钢琴制造有限公司科技创新成果

1．博斯纳GBT217三角钢琴

GBT217三角钢琴系博斯纳高档专业演奏级三角钢琴，演奏性能优异、音色优美，技术先进、科技含量高。音板、背架设计独特，采用悬浮式设计音板，可使音板振动幅度达到最佳延音状态，并能克服由于环境温湿度变化，音板过度收缩、膨胀而带来的音准稳定性不佳的问题。码桥设计采用一体式中高音码桥与低音码桥相互关联设计，有效解决2个码桥独立作用于音板一个区域从而造成整个钢琴音

域过渡不畅、音色区别明显的弊端，最终使其达到音色统一、整体协调一致。弦列设计科学精准、配码精确、低音琴弦的设计与众不同。传统低音弦一般采用双层缠弦，而此设计为单层缠弦，加工精简，但加工工艺精密，裸弦与缠弦数据要极其精准。此设计优点在于沙音、木音极少，经济效能更高，成品合格率更高。

2．博斯纳S8BB款立式钢琴

博斯纳S8BB款立式钢琴是在博斯纳原德国经典GP系列的基础上不断升级、创新的换代产品。在以更高标准进行产品设计和工艺控制的同时，将先进的计算机辅助设计和数控技术应用到钢琴的研发制造中，确保该产品的音质、音色和弹奏触感等演奏性能更加卓越完美。该产品主要采用博斯纳独有的实用新型专利悬浮式设计音板，音量宏大、音色优美，高音透亮、中音优美，表现力丰富，低音浑厚、延音绵长。击弦机的设计先进、结构合理，机械传动十分灵敏，弹奏触感舒适，乐曲的轻重缓急、强弱快慢都能够让钢琴家随心所欲地尽情演奏出来，是一款技术含量很高的高端专业演奏级立式钢琴。工艺严格，做工精细，选材考究，铁板采用传统砂铸工艺，音板采用欧洲云杉实木复合音板，键盘是乌木黑键，琴弦是德国进口的钢丝，击弦机加工精密、调整精细，每个琴键的触感及下降和回升负荷都是经过多次测试调整，使每个琴键的演奏触感都处于良好的舒适状态。

十二、广州珠江艾茉森数码乐器股份有限公司科技创新成果

1．艾茉森击弦机智能数码钢琴

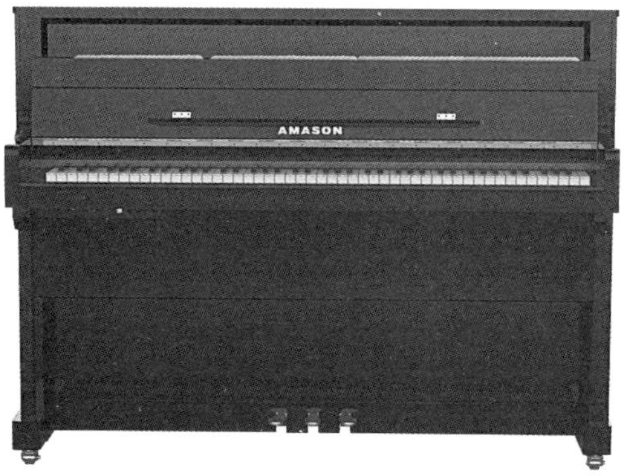

本产品采用传统立式钢琴设计风格，外形设计已获得外观设计专利（专利号：2015305113622）。同时，本产品使用了智能教学钢琴发明专利（专利号：2015101705127）及新型数码钢琴（专利号：2016202516476）。本产品除具有传统数码钢琴功能外，还配置传统钢琴键盘及击弦机。数码钢琴主板可通过红外感应装置，监测键盘动作。本产品带有传统钢琴特有断联触感，使演奏本产品的手感与弹奏传统钢琴基本一致。本产品配有自主知识产权的智能教学指示灯系统（专利号：2016202770617），可配套钢琴教学App及智能陪练App使用。产品还配置人体感应触摸面板，在原技术上增加了人体感应模块，实现手靠近乐器时面板灯亮，手离开时面板灯自动熄灭，既环保节能又具有时尚科技感。当面板灯熄灭后，本产品按键及电子显示暂停，给观者以传统钢琴视觉感受。乐器具备音频+MIDI双模蓝

牙系统、独立外置音箱等功能，无须有线连接即可实现产品与智能设备连接，实现HIFI音箱及智能教学等。

2．艾茉森家居型S3数码钢琴

本产品采用现代家居设计风格，外形设计已获得外观设计专利（专利号：2020307377946）。产品兼具数码钢琴和现代书桌双重功能，与现代家居装修完美融合。本产品除具有传统数码钢琴功能外还配有拥有自主知识产权的智能教学指示灯系统（专利号：2016202770617），可配套钢琴教学App及智能陪练App使用。同时，本产品配置人体感应触摸面板，沿用了我司触摸面板专利技术（专利号：2013204865444），并在原技术上增加了人体感应模块，实现手靠近的时候面板灯亮，当手离开时面板灯自动熄灭，既环保节能又具有时尚科技感；该面板采用三色背景灯，用户可根据自己的喜好选择不同的颜色。相对于传统机械面板按键，人体感应触摸面板更具现代科技感。本产品配置了音频+MIDI双模蓝牙系统、独立外置音箱等，无须有线连接即可实现产品与智能设备连接，实现HIFI音箱及智能教学等功能。

3．艾茉森智能音乐教室教学系统

珠江艾茉森智能音乐教室教学系统由三套系统组合而成，主要针对数码钢琴和电子鼓两种数码乐器的教育学习，电钢琴智能教学系统（专利号：2020SR1865786）上的课程共有2册（有64节课），使用约翰·汤普森——简易钢琴教程作为教材，有专业音乐教师为课程编写教案，并提供著名钢琴家

涂宇亮老师在线视频教程，可让教师授课更加容易。本教学系统采用动画、游戏融合互动式教学，采用一对多启蒙教学模式，引导孩子共同进步。爵士鼓智能教学系统（专利号：2020SR1865823）上的课程共4册（有120节课），适合3～7岁孩子学习，涵盖中国音乐学院1～3级考级内容，有专业教师编写课程教案，提供多种音乐风格爵士鼓伴奏合集，从初学基本功训练到进阶歌曲，教学智能功能贯穿始终，可以提供教学机构3年的课程学习内容。艾茉森智能音乐系统配套家庭陪练系统（专利号：2020SR1865787）。注重“寓教于乐”，顺应孩子天性，注重激发孩子音乐兴趣。本智能教学系统内硬件组成主要是乐器、教学主机、电视和音箱。乐器通过MIDI线连接到教学主机完成MIDI信号处理，通过电视反应学生的乐器互动效果。本系统软件需要用户根据具体内容选择，获取对应资源包，然后根据具体播放方式，调用对应播放模式，最后根据返回MIDI响应信号进行集中处理，反映到成绩模块中，进而实现教学的互动游戏化和智能纠错。

十三、长沙幻音电子科技有限公司科技创新成果

1．幻音AMPERO Ⅱ Stomp综合效果器

Hotone团队在数字建模算法领域深耕十几年的技术结晶，它结合了业界主流的“白盒建模技术”和“黑盒建模技术”的优点并加以创新。AMPERO Ⅱ Stomp综合效果器采用全新设计的三核心数字平台和ESS® Sabre®系列高品质独立AD/DA，结合不断进化的CDCM HD和F.I.R.E.建模技术，为演奏者带来更富有动态、临场感、音乐性和真实感的音色。产品采用高度自由化双效果链设计，支持多种形式效

果链串并联，乐手可以像控制单块一样任意组合效果链内使用的模块和效果。AMPERO Ⅱ Stomp支持最多同时使用12个相同或不同的效果模块。

AMPERO Ⅱ Stomp综合效果器内置USB声卡带有8个输入通道和8个输出通道，无论是听湿录干、同时录制干湿轨还是目前热门的Reamp功能，AMPERO Ⅱ Stomp都可以轻松实现。产品支持最大2048个采样点，与上一代产品相比提升一倍，更精准地还原IR采集对象的音色和采集声学环境。AMPERO Ⅱ Stomp综合效果器内置超过400个效果的效果库。另外，20个Celestion®授权的经典扬声器采样IR和50个用户IR位支持，让你的音色如虎添翼。

2. 幻音JOGG吉他用落地式USB音频接口

JOGG作为一款USB声卡，秉持“简单、紧凑、高性能”的理念，采用1进2出设计，支持44.1kHz和48kHz采样率。Hotone工程师为JOGG设计了一套低能耗、高性能的数字平台，有着不妥协声音品质和信噪比的表现，并且采用了24位模数/数模转换（AD/DA Conversion）以最大限度保证声音品质。JOGG不仅可以用于录音室，也可以搭配手机或平板进行移动使用。

产品采用带脚钉控制USB音频接口，可使乐手在演奏现场如同使用单块效果器一样使用插件效果器，踩钉周围LED灯环指示效果（USB声卡信号）的开关状态。JOGG在旁通状态时使用纯模拟电路设计，高品质的输入/输出缓冲（Buffer）电路能够保证声音信号无损传输到信号链的下一环节。另外，对于专业录音师/制作人而言，可在JOGG进入旁通状态时使用直接监听（Direct Monitor）功能，享受真正零延迟的录音体验。

随着Hotone在XTOMP上的技术积累和复合电路动态模型（CDCM）技术的日渐成熟、完善，Hotone推出的首款软件效果器VStomp Amp应运而生。搭配自研软件VStomp的效果器，JOGG用户可以免费获得一份VStomp授权，通过软件效果器，乐手可准确捕捉经典音箱的特点，有着真实的演奏手感和录音室级别的声音品质。VStomp Amp是Hotone在音箱模拟软件领域的全新突破，支持Windows/Mac双平台，支持VST、AU和AAX三种主流音频插件格式，既可以在数字音频工作站（DAW）中使用，也可以作为一个独立的应用程序（Standalone）使用。

十四、江苏奇美乐器有限公司科技创新成果

奇美37键电子口风琴

奇美37键电子口风琴带有录音回放和歌曲播放功能，乐器采用电子按键控制，可使初学者快速掌握演奏指法及技巧。37键电子口风琴采用优质音簧和环保卫生ABS原料。由于乐器设有键盘，故又称

为“键盘口琴”。琴键采用全音阶标识，按键下放显示音名，清晰易懂，易学上手。树脂琴体手感顺滑，触感舒适，轻便易携带，方便清洁不易粘油污灰尘，经久耐用。2种吹管采用可拆卸、可更换设计，方便坐姿和站立演奏口风琴。乐器采用软管设计、密封接口，入口处倒角卷边圆滑处理，舒适安全。乐器背部设有排水按钮，按住按压弹簧键的同时，从乐器吹口处吹气即可轻松排水。乐器适合学生、成人各年龄阶段人群使用，既能吹奏单音，又能吹奏和弦；既能独奏，又能齐奏、合奏。

十五、上海国光口琴厂有限公司科技创新成果

国光＆老凤祥百年收藏级24孔复音口琴

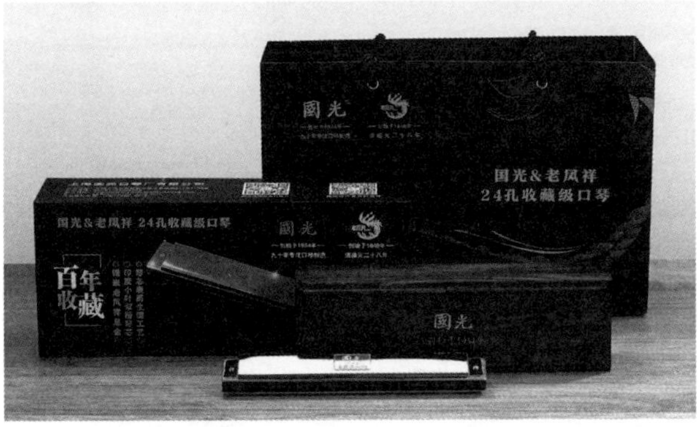

国光＆老凤祥百年收藏级24孔复音口琴采用进口高密度细结晶音簧，加厚铜座板、加厚铜盖板，抗氧化、耐腐蚀。琴芯选用珍贵印度小叶紫檀，品质上乘。采用进口高速生产设备，精心雕刻，琴芯表面采用生漆工艺，匠心打磨，经久耐用。国光＆老凤祥百年收藏级24孔复音口琴音色纯正，配备老红木收藏盒，琴壳镶嵌“老凤祥”999黄金，具有极高的收藏价值。

十六、江苏天鹅乐器有限公司科技创新成果

1．天鹅16孔64音双音板口琴

天鹅16孔64音半音阶口琴，具有四组八度宽广音域，乐器全音和半音采用钢琴黑白键设计理念，带有推杆，演奏时将口琴的推杆推进即有钢琴黑键效果，复位时如钢琴白键。乐器采用覆膜设计，其覆盖在座板背面音孔上，能增强音簧的气密度，密封性能良好，且不受空气潮湿及温度变化影响，有效增稳半音阶口琴性能，乐器发音灵敏，音阶准确，音色优美。为提高发音灵敏度，增加气密性，乐器音孔板改钉簧孔为点焊工艺双音板，有效避免因钉压簧引起的音孔板变形，同时改用双层音孔板，冲音孔工艺改进为先粗冲后精冲，确保音孔光滑无毛刺，尺寸准确；靠近音孔板上层采用同等工艺冲，与音孔板下层的音孔数相对应。乐器高音八度音簧固定在靠琴格的一块音板上，低音八度音簧固定在靠盖板的一块音板上，用专业工具校准音孔位置后，然后用胶水把两片音孔板固定在一起，有效提高发音效果。

2．天鹅24孔单孔单音口琴

24孔单孔单音口琴是一种小型吹奏乐器，系用嘴吹或吸气，使金属簧片振动发声的多簧片乐器，在乐器分类上属于自由簧片吹奏乐器。乐器具有小巧、轻便、携带方便等特点，被称为“口袋里的钢琴”。24孔单孔单音口琴采用单排孔设计，乐器吹奏音色更加干净、透亮、纯粹，且能提供欧美蓝调、爵士音乐特有的“压音”吹奏音色效果，提供近似小提琴温婉、曼妙音色，多变音色能演奏半音音阶，表现力远大于复音口琴，拓宽和丰富了传统24孔口琴演奏的音色领域。在传统24孔复音口琴基础上，设计者大胆减除复音口琴其中一块座板，将双排孔位琴格改为单排孔位，并对琴格低音区与高音区部分的琴格孔距数据做了大胆改变，低音部音孔宽度加宽、加长，增加吹奏时气流量，保证乐器演奏的顺畅、通透，使得吹奏声更加集中。同时，根据琴格孔距改变，对上座板上面的发音簧片同样进行升

级改造，将低音部簧片加长，簧片头部加厚，根部减薄，使得吹奏音色磁性醇厚；中音部簧片减短，簧片头部减薄，根部加厚，使得中音区音色变得温润柔和；高音部比传统复音的簧片减短，簧片相比传统复音口琴加宽，同时簧片头部减薄，根部加厚，使得高音区清亮、结实、具穿透力。

十七、苏州民族乐器一厂科技创新成果

1.“布泉鹤祥”琵琶

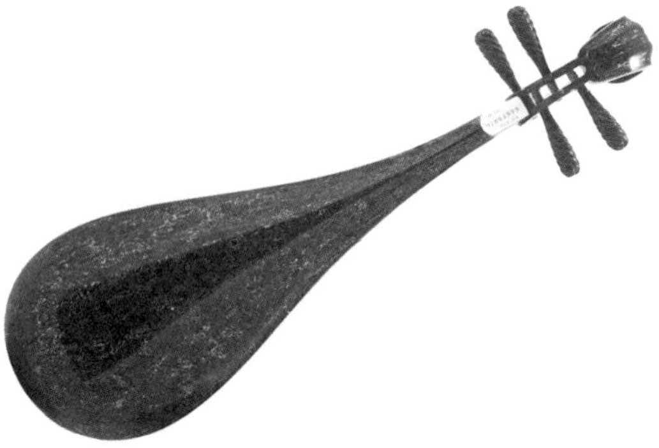

该新品琵琶取名“布泉鹤祥”，运用苏工髹漆工艺，采用古老的犀皮大漆技艺进行外表装裱，大气富丽，让人赏心悦目，寓意富贵吉祥。

2.“凤鸣东方”二胡

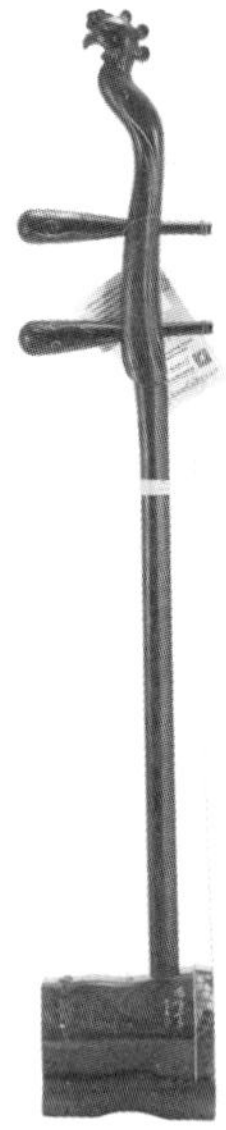

汉代《说文解字》说：凤凰“出于东方君子之国，翱翔四海之外，过昆仑，饮砥柱，濯羽弱水，莫（暮）宿风（丹）穴，见则天下大安宁”。凤是人们心目中的瑞鸟，百鸟之王，天下太平之象征。形象为鸡头、蛇颈、燕颔、龟背、鱼尾，五彩色，高六尺许，集众动物大成之美，并有5种像字纹路，首文曰德、翼文曰顺、背文曰义、腹文曰信、膺文曰仁。

本款新品二胡以凤为主体造型，二胡是东方君子之国中国民族乐器之首，凤为百鸟之王，故取名《凤鸣东方》。作品运用苏工雕刻技艺，造型简洁大方，既是一件可以用于演奏的乐器，又是一件不可多得的艺术品，给人以美的观感享受。

该款产品所用材料是小叶紫檀木，为紫檀中的精品，其质地坚硬，色泽从橘红色到紫黑色，变幻多样，纹理细密。此款作品运用苏州红木雕刻技艺和被列入国家非物质文化遗产的苏州民族乐器制作技艺精心打造。外观造型优美，演奏性能优异。此作品颇具使用、收藏价值，产品定位于高端客户。

3. 莲语梵音箜篌

箜篌，中国古老的弹拨乐器。最初称“坎侯”或“空侯”，有卧、竖两种形制。历史悠久，源远流长。远在春秋战国时就有卧箜篌，汉代被作为“华夏正声”的代表乐器列入《清商乐》中，当时有五弦十余柱，以竹为槽，用木拨弹奏。箜篌在宋元两代继续流传，明末渐少使用，后来则更为罕见，甚至失传300余年。

该箜篌是公司成功研制出的SK－Ⅱ型手控七转调雁柱式箜篌。该箜篌转调后各音阶、音程关系正确，性能优越、转调方便，既可演奏古今民族乐曲，又可演奏复杂的中外乐曲，它的揉、滑、压、颤等手法的表现效果，可完美表现中国民族音乐的特点和风格，得到了专家的认可，获首届中国国际专利与名牌博览会特别金奖，并获中国国家专利。该款新品箜篌以莲花为素材，采用立体雕刻工艺，工艺精湛，莲花曲线优美栩栩如生，取名为“莲语梵音”。莲，荷花。莲与“廉”音同。古有莲花出淤泥而不染，濯清廉而不妖之说，寓意公正廉洁。

十八、扬州民族乐器研制厂有限公司科技创新成果

1. 电木两用低音古筝

本品发明人为田步高、田泉，专利号：CN202110087907.6。

低音是乐队中音响的支柱和灵魂，也是乐曲基本节奏的基础。中国民族乐器品种繁多、个性突出，均出类拔萃，但民族乐器无论是弹拨拉弦都缺少低音，解放以来乐改几十年，低音乐器层出不穷，革胡、拉琶、桥琴、拉阮均不尽如人意，未能推广普及；低音阮、低音笙、低音唢呐也相继产出。随着民族乐队交响化进程的不断推进，研发中国民族乐队低音拉弦乐器，低音弹拨乐器是一项重大基本任务。本筝品旨在解决大型古筝合奏或民族乐团演出时必须借用西洋乐器大贝司作低音的难题。

本发明的目的是研制一部低音古筝，型号定为H16，即H型岳山，张弦16根。工作原理为张粗弦配高码，调高岳山发出低音，比现有21弦筝的最低音再往下低一个八度。本低音筝体框架总长170厘米，大头宽56厘米，尾宽31厘米，内侧板弧形高6.5厘米，外侧板弧形高8厘米；把桐木面、底板与框架相继胶合成形，锯床加工后制成筝坯；外贴黑檀木，制作前后岳山，锯开弦盒，精加工后油漆，装弦后成正品。

2．一种古琴斫琴试音器

本专利设计针对古琴斫制过程中几个不能试听古琴音色和检查上漆的琴面有无沙音的工序而研制。本发明结构简单，操作便捷，斫琴工匠边斫琴边试音，随时调整面板厚度，古琴上漆后可查沙音，查音质，确保正品率。本发明包括支撑框架、托琴杆和弦距卡；所述支撑框架的两端分别设置有弦钉，两侧弦钉之间连接琴弦，所述支撑框架前后边框分别设置有两个弧形支撑孔，前后边框上的弧形支撑孔两两相对设置，所述弧形支撑孔由边框的底部呈弧形向上延伸，所述托琴杆的两端分别滑动连接在前后边框上相对的两个弧形支撑孔内，所述托琴杆的两端由弧形支撑孔的底部滑向顶部，将支撑框架的琴坯抬起；所述弦距卡卡在多个琴弦间。

本发明提供的古琴斫琴试音器中，木框上装弦和托琴杆的配合等同于将弦装在古琴上，调音把手代替琴轸调音。可听琴坯的音色，亦可用于漆后检查琴面沙音，方便快捷。

3．一种古筝制作试音器及试音方法

本发明旨在提供一种古筝制作试音器及试音方法，可大幅提高古筝音质的优质品率，解决古筝制作在木坯阶段不能试音的难题。为实现上述目的，本发明包括第一铁管、第二铁管、S梁和弦钉板，所述第一铁管的长度小于所述第二铁管的长度，所述第一铁管的一端与所述第二铁管的一端相平齐，且所述弦钉板的两端分别固定在所述第一铁管和第二铁管平齐端之间；所述S梁的两端分别与所述第一铁管和第二铁管的另一端相固定连接，所述弦钉板的外侧面按音区栽有弦钉。

本发明提出制作古筝在刨面板时就能用该试音器进行试听音色，并根据试听结果引导制作师对面板厚薄进行反复加工，可大幅提高古筝音质的优质品率，解决了古筝制作在木坯阶段不能试音的难题。

十九、扬州金韵乐器御工坊有限公司科技创新成果

1．碧玉簪古筝

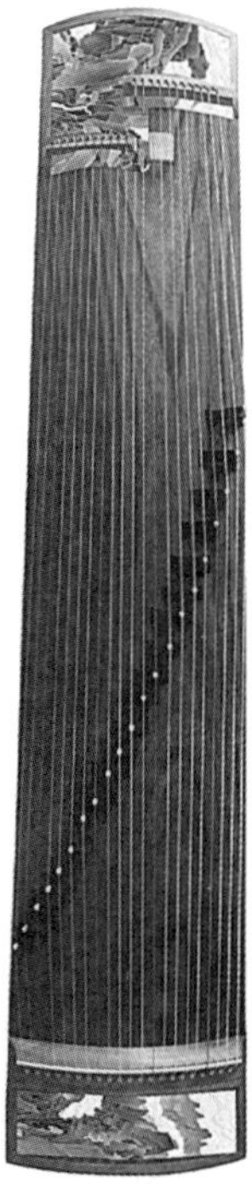

产品创新理念源于桂林山水诗词——“江作青罗带，山如碧玉篸”。乐器音色优美，音域宽广，采用美国黑胡桃及花梨木饰面，具有相当强的表现力。产品工艺采用掐丝珐琅（Cloisonne），正名为铜胎掐丝珐琅，俗名珐蓝，又称嵌珐琅，是一种在铜质的胎型上用柔软的扁铜丝，掐成各种花纹焊上，然后把珐琅质的色釉填充在花纹内烧制而成的器物，是中国的著名特种金属工艺品之一，属于国家级非物质文化遗产。产品采用传统手工精心研磨、环保“0”油漆、保持行业领先创作。

该古筝面市后，深受全国各阶层人士的欢迎与喜爱，是一种雅俗共赏的艺术品，弘扬了民族音乐，也能使年轻一代了解、熟悉、热爱本民族的文化音乐传统，达到音乐教育的社会目标。

2．金韵电筝

目前，古筝教学用筝偏大、偏长、偏重，携带不便，教学用筝质量参差不齐。鉴于大课教学多台古筝同时弹奏，乐器调音烦琐且音量过大，不利于师生互动交流。基于上述教学问题，金韵提出“古筝无声教学+电声演奏”研发设想，旨在解决古筝教学和演奏的难点、痛点。

金韵电筝琴体长度为1.3米，便捷易携带；筝体材质为碳纤维材质，乐器调音采用蜗轮蜗杆结构，两指轻松调弦，音准、结构稳定，使用寿命长；筝马采用复合材料，安装调试后可直接发货，包装运输时不用卸除，教师收货后微调即可使用。乐器采用无共鸣箱设计，筝马无传音作用，只有支撑作用，实现低噪声练琴；琴架可折叠，收放自如；乐器演奏效果除电声外，手感和演奏方法不变，与传统古筝同步。

金韵电筝教学系统采用多媒体集体课教学设计理念，教师通过总控台控制，既可进行一对一辅导，又可在静音模式下完成集体课教学。同时，金韵电筝配置多媒体屏幕，提供古筝启蒙教学系统。屏幕显示动画，学员根据动画拨动相应琴弦，如同音乐类游戏，此功能主要针对年幼学生。为拓展产品应用地域，金韵乐器设计团队结合互联网+思维，研发App应用程序，后台资料、数据实时在线云更新，云分享，随时进行演奏练习，让课程学习变得智能快捷。该产品曾获中国轻工业联合会科学技术进步奖，并获得多项发明专利。

3．金韵如是钢丝筝

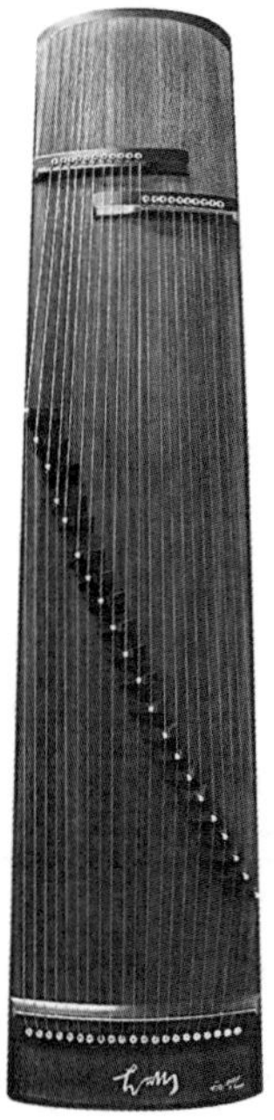

如是是佛经中一种观念，也是一首佛曲。苏畅《如是》钢丝筝，即传承佛学传统文化，又将现代文学融入其中，两者相辅相成，如是自然。《金刚经》结尾写道：“一切有为法，如梦幻泡影。如露亦如电，应作如是观。”

“如是专业钢丝筝”为手工制作，行业首创，率先使用绿色环保材料，无油漆。型号：01245；规格：Z150-21；材质：鸡翅木；面板工艺：拼面；局部工艺：嵌铜。外观专利：ZL 2019 3029 1961.6。

二十、北京理工大学复材科技公司创新科技成果

声学复合材料

传统乐器制造均选用天然木材为材料，天然木材在干燥过程中，受环境温湿度影响大，收缩不均，极可能导致开裂、翘曲变形等问题，易引起乐器音板动弹性模量下降、损耗角正切增大，使声音能量在木材传播时损耗增大，最终影响乐器的音量、音色。

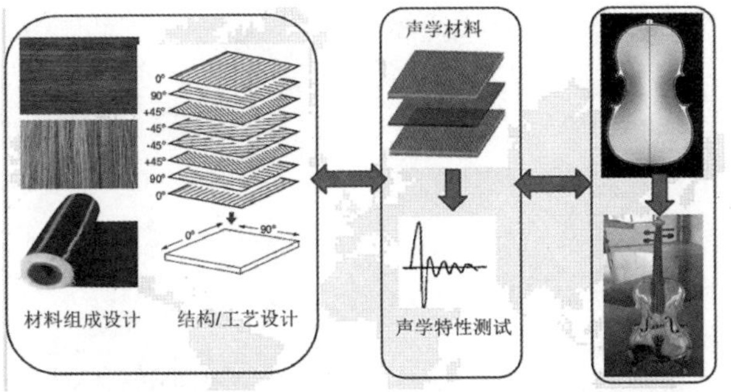

2020年， 我国已全面停止天然林商业性采伐，使国内木材供需缺口逐渐增大，加之俄罗斯、泰国、老挝等国家对原木出口提高关税或对原木下发“禁出令”，导致国际原木市场供应量减少，使适用于制作乐器的木材市场供需矛盾变得更加突出， 制约了乐器行业的可持续发展， 研发新型材料替代实木制作乐器迫在眉睫。

本项目针对天然木质乐器对新材料的应用需求，采用多材料协同的复合材料制造乐器， 对乐器材料升级和保护生态环境具有重要意义。 该项目的创新设计和研究内容有利于优化产业结构，构建智能化、绿色化的新型轻工业制造体系， 为新型材料乐器的战略定位和规划奠定基础，也对加快乐器材料升级，推进乐器制造行业发展具有重要意义。

针对天然木质乐器选材受限、音质受限、不易保养等缺陷和传统乐器对新型材料的应用需求，本项目组开发了乐器用新型声学复合材料。本声学复合材料采用多种纤维协同，为不同树脂匹配制备了不同响度及振动率的声学复合材料；其次，通过纤维取向、纤维铺层及纤维比例调控声学材料的振动特性以适用不同乐器的声学特点。本研究提供了建立混杂纤维增强复合材料组成、结构参数与声学参数间的评价方法及定量关系，能够根据不同乐器的发声要求，优化材料声学品质，获得声学性能优异稳定的声学产品。

二十一、北京乐界乐科技有限公司创新科技成果

智能演奏记录仪

“乐伴智能演奏记录仪” 由北京乐界乐科技有限公司研制推出，该产品通过加载App服务软件， 为音乐教育提供测评、报名、考试、考级以及赛事服务，可以对器乐、声乐的音乐课程进行人工智能测评，并

对教育过程进行全面记录。该硬件产品在乐器及音教行业内为具有唯一性的原创产品。

“乐伴智能演奏记录仪”利用物联网技术，实现乐器制造厂家直接联通消费者，让专业院校教学管理部门、琴童家长清晰了解学生练琴时长和内容，同时监测乐器存放环境的温湿度，将异常乐器信息发送使用者，为维护保养乐器提供依据。本记录仪内置人工智能声学技术，为乐器使用者提供便捷的检测音准工具，并创造性地将人工智能声学技术和大数据的互联网手段联合运用到对乐曲演奏质量的测评中。

该产品已获得北京市新技术新产品（服务） 认定和工信部《升级和创新消费品指南（轻工第八批）》入选产品， 北京乐界乐科技有限公司也由此喜获北京市2021年度“专精特新” 中小企业， 中关村金种子企业。 该产品客户包括乐器生产厂家、校外教育培训机构、中小学校、专业院校、音乐教材出版机构及考级主考机构等， 产品在推广过程中得到了广泛好评。

二十二、宗晓军“音乐创想力”课程体系

“音乐创想力”课程由当代学者宗晓军创立，倡导用音乐艺术学习去培养提升“横向能力” 的艺术素质。 本课程荣获了2021中国创新方法（北京） 大赛三等奖。 它从感性角度出发，运用音乐听觉与绘画视觉的结合， 训练与提升自我创想能力。 感知、认知神经元的挖掘是自我成长中的必备， 在艺术素质学习过程中有效地运用艺术通感联觉， 可以让自我创造性想象能力得到释放与提升。

创想力是艺术本质赋能人类的三个本质之一，也是人类必须具备的素质与能力之一，但长期以来，我国的社会化艺术音乐教育却都停留在“就事论事”的教育理念中。进行“专业化”的纵向培养，学习器乐表演，就一定要专业化和技能化，似乎一定要考级、参赛、获奖、加分、艺考等。这是对社会化音乐艺术教育与专业化区分认识的不足。过分地强调专业技能，忽视了学习音乐的本质，“音乐创想力”课程就是把“创想力”作为单一特质加以提炼，使受众可以通过音乐听觉+视觉元素、绘画技法来提升自我跨学科的创想能力。这就是研发此课程的初衷。

“音乐创想力”不是一门音乐表演技能课，是一门跨学科能力（艺术年科技创新）培养的艺术通感（音乐年绘画）训练课。同时，这也是一门“破圈课”，该课程突破了音乐专业化教育一对一的授课形式，使学童在最开始学习音乐的道路上不太寂寞，有了学习的小伙伴、学习借鉴的对象。

二十三、威海光威复合材料股份有限公司创新科技成果

“大碳胡”是一种由环保、复合新材料组合而成的中国民族低音拉弦乐器，外观具有民族传统乐器特点，演奏方式与西洋乐器大提琴相近，发音方式与大提琴的“板式振动”有本质上的区别，具有胡琴系列膜振动特点，音效方面民族韵味更加浓厚。“大碳胡”膜振动部分由复合皮膜与“龙骨”支撑骨架组成面板，侧板和背板由高性能碳纤维复合材料一体成型与面板形成琴箱振动发音，琴马正下方有拱桥形支撑。不同于传统皮膜振动乐器采用蟒、蛇皮作为主要发音元件，“大碳胡”采用仿蟒、蛇皮纹路的人造皮，能满足视觉效果和声音效果，可解决蒙制声膜操作难度大的问题，同时在保护野生动物维护生态环境方面具有划时代意义。民族低音乐器“大碳胡”主要发音元件采用新型先进复合材料制作完成，首创使用复合仿生膜、音板、复合新材料琴箱组合结构振动发音技术，琴箱内架设拱形音板架构，增强音板与膜的共振，同时设有扩音延振的回音管，助力产生和音效果。该项成果由威海光威复合材料股份有限公司研究人员与著名琴师刘正辉共同研制。

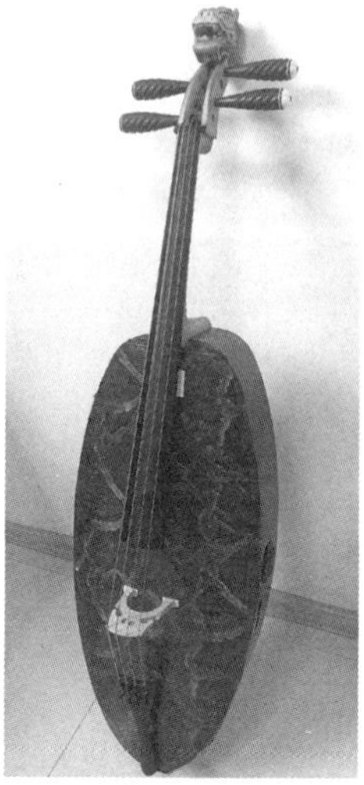

二十四、北京库客音乐股份有限公司创新科技成果

库客海螺音箱

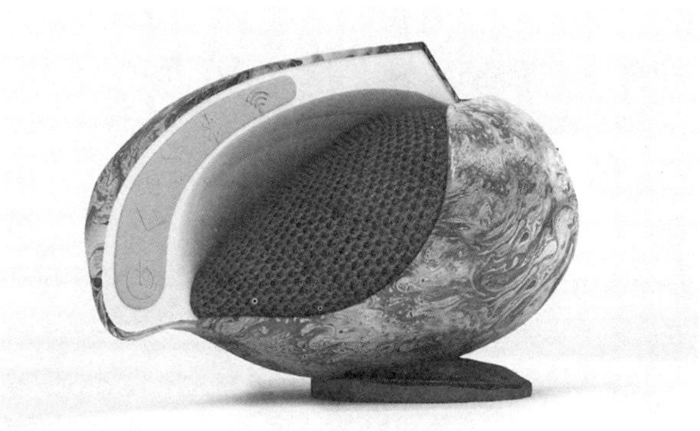

采用海螺外观设计灵感，为音乐琴童设计个性化专属音箱。音箱通过NFC卡片储存与传输技术读取卡片中的音乐、原创故事等古典音乐类知识和音频，将其下载后播放，为儿童提供一个古典音乐知识学习的普及平台和艺术分享与交流的社交平台。

音箱的每张卡片是为一首首曲目赋予的一个个独立、完整的小故事，短小精悍、易于牢记、优美丰富。同时，故事的形式内容不拘泥于肤浅的儿童故事、神话故事，它可能涉及重要的史实、人类文明的发展、平行艺术领域的认知（比如文学作品、诗歌、艺术家生平、世界名画等）、充满哲思的对话等。无论是用于小孩子的启蒙教育还是成年人文化修养的提高，都有十分深远的意义。

本产品旨在通过故事化音乐，培养儿童的旋律感，对儿童活跃思维、增强记忆和智力的开发起到重要作用。通过一系列的听辨训练让孩子在音乐启蒙阶段量化地认识多位艺术家、熟听多个作品，真正达到熏听的目的；同时，打造儿童自媒体社交平台。儿童可在平台上发布、分享自己创作的绘画与朗读结合的新音乐作品，并与全国的儿童进行学习交流和成果展示，提高儿童对文化艺术学习的自信心，获得更多的社会认可度。

库客智能钢琴

本产品为针对课堂交互式教学需要而研发出来的一套教学应用系统，该系统包括音乐知识教学平台、智能钢琴教学软件及音乐赏析各类软件。

库客智能教学系统有效地整合了音乐教学资源，通过智能钢琴教学软件收集学生学习过程中的信息，通过大数据分析，帮助老师及时掌握学情、调整教学、提高教学效率，为学生创造能力和创新思维的培养提供有利条件。通过钢琴智能化的改造，库客智能教学系统增加了课堂学生动手练习时间，培养了学生的学习主动性，营造生动活泼的教学气氛，培养了学生的学习兴趣，提升了学习注意力。

KUKEY智能钢琴和智能钢琴课程，将数据驱动技术、全面的内容库、行业领先的课程相结合。通过沉浸式的音乐教学方式，将高质量、标准化的音乐教育服务和国内乃至国际最高水准的音乐学习指导用最普惠的方式带给祖国的下一代。自2017年创立后，KSMES已成为公司增长最快的业务，截至2021年5月30日，我们为中国200多个城市和地区的3000余家幼儿园的上万名孩子提供了该教学系统。

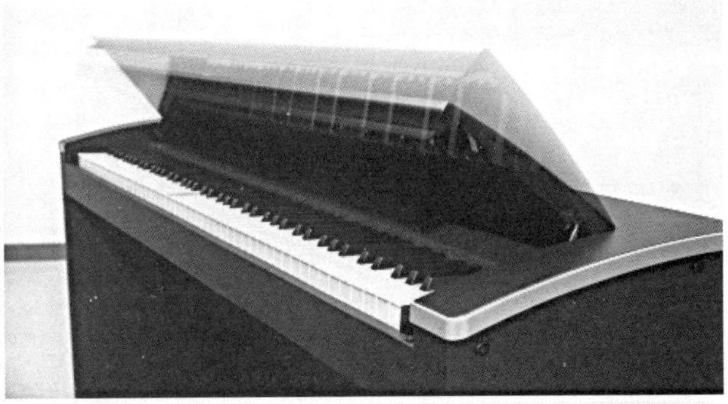

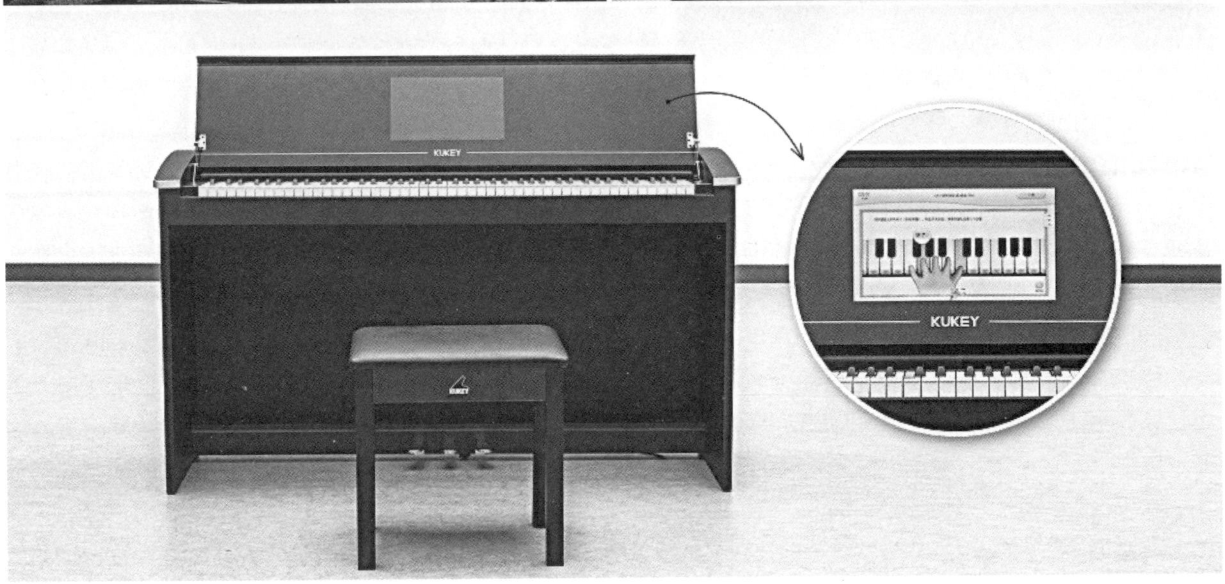

乐器标准

2021年全国乐器标准化技术委员会工作报告

一、行业或领域情况

乐器已成为提高我国国民素质教育和文化事业发展水平的重要组成部分。“提高全民素质教育”“大力发展文化事业和文化产业”“轻工十大产业振兴纲要”等国家发展战略的实施，给乐器行业发展带来了难得的机遇。实施的重大文化产业项目带动战略，加快了乐器产业基地和区域性特色文化产业集群的建设，培育了产业骨干企业，繁荣了文化市场，增强了国际竞争力。通过一系列相关政策、措施的出台和贯彻落实，乐器作为音乐教育的必要手段和工具，已经全面纳入到国家以及各省市推行素质教育和大力发展文化事业的工作范畴之中。在推行声乐、器乐教育、提高国民特别是青少年素质教育、活跃城乡人民文化娱乐活动、加强精神文明建设中，乐器起到了不可或缺的作用，显示出了强大的生命力。

新《标准化法》《深化标准化工作改革方案》《消费品标准和质量提升规划》《开展消费品工业“三品”专项行动营造良好市场环境的若干意见》等全国人大、国务院、国务院各部委的一系列政策与措施的颁布与出台，为深化消费品供给侧结构性改革、标准有效供给、提升消费品标准和质量水平及可靠性、开展个性化定制产品标准、进一步加大中小学生文化用品标准化力度、倒逼装备制造业转型升级、促进乐器制品品质提升、加快构建推动适用高质量发展的标准体系等提供了依据，是乐器标准化工作的新课题，也是乐器标准化工作主动适应新常态的关键举措。

二、标准现状

1. 乐器标委会目前所归口管理的乐器类现行标准共计120项（国标21项，行标99项）。其中基础通用标准35项、占比29%，方法标准7项、占比6%，产品标准78项、占比65%。截至目前，现行120项标准涉及安全、环保、基础、方法、产品、绿色节能、评价、质量分级等领域，为国家标准体系建设作出了有力的支撑。在出厂检验、第三方检验、认证检验、采购检验中被广泛应用，部分标准也被其他行业引用。这些标准的实施，对产业发展起到了积极的促进作用，保证了质量监督部门有据可依、消费者有据可查、承担了采购、招投标等质量验收的工作与责任，起到了标准应有的作用。

2. 2021年，根据工信部工科函〔2019〕341号文，乐器标委会承担了将GB/T 28489—2012《乐器有害物质限量》推荐性国家标准进行修订后转化为强制性标准的工作。《乐器有害物质限量》作为乐器行业重要标准，对被实验证明乐器产品中含有的7种有害物质进行了限制，且作为安全类强制性标准从源头守住了原材料、产品、零部件、包装物全部上下游产业链的安全底线，具有技术法规的职能。目前已完成审定，正待国家标准化行政主管部门的审核与发布。

3. 乐器标准化工作在国际标准化组织（ISO、IEC）中没有TC（标准化技术委员会）设置，因此国际标准化组织亦未颁布相应的乐器类国际标准。我国乐器标准的制定大多是剖析采用先进国家同种类产品的技术指标及参数的方法。在已正式颁布的我国各级、各类乐器标准中，采取的是对既符合我国乐器生产实际和以市场化为原则、又切实可行能为我所用的国外先进标准的指标及参数并标进行了覆盖，使其在标准层面不低于先进国家同类标准质量的水平，并收到了显著的效果。

4. 乐器标委会为遵循以及主动响应国家颁布的对标准化工作的一系列政策、方针与要求，先后提出并制定了行业需要、领域缺失的一些国家层级并涉及“节能、综合利用、评价、教学配备”等领域、属基础通用的重要标准，这些标准的制定填补了国内乐器行业还未有统一技术标准的空白，包括：《电鸣乐器能耗设计通用技术规范》（GB/T 37878）、《废弃乐器回收利用通用技术规范》（GB/T 31731）、《电鸣乐器教学系统配备与安装通用技术规范》（GB/T 34838）、《乐器声学品质评价方法》（GB/T 31109）、《乐器产品中多环芳烃的测试方法》（GB/T 40968）、《乐器有害物质限量》（20190060—Q—339）。

（1）《电鸣乐器能耗设计通用技术规范》国家标准，有针对性地提出了适合当前生产和降低能源消耗的指标，为节能减排、保护环境起到了标准应有的作用。

（2）《废弃乐器回收利用通用技术规范》国家标准，是充分利用不再具有使用价值的废弃乐器中的可用资源的规范，解决了行业发展与自然资源濒危日益减少的矛盾，建立了我国乐器废弃物回收利用体系，促进了乐器可持续发展。

（3）《电鸣乐器教学系统配备与安装通用技术规范》国家标准，依据国家教育部发布的《国家中长期教育改革和发展规划纲要（2010—2020年）》加快教育信息基础设施建设的要求，结合越来越多的音乐类和非音乐类的教育机构都在开始搭建电鸣乐器教学系统的实际，从标准层面为教育部门电鸣乐器种类的配备、安装等给出了规范明确的技术性支撑。

（4）《乐器声学品质评价方法》国家标准，给出了短期内在彻底探明乐器的主观音质与客观（物理）特性的关系之前，确定以专业人员主观评价乐器主要特性“音质”指标的评价原则、要求、项目和评价程序进行声学品质评价的方案，初步建立了乐器的评价体系。

（5）《乐器产品中多环芳烃的测试方法》国家标准制定，是为强制性国家标准《乐器有害物质限量》配套的方法标准，是对存在于乐器产品中的16种多环芳烃物质的检验测试给出的可操作的测试方法。

（6）《乐器有害物质限量》国家标准，是从推荐性标准修订后得到的乐器行业唯一的强制性标准。该标准涉及乐器产品中已被实验证明含有的7种有害物质，并对其进行了限制。这个强制性标准的制定与实施，守住了乐器产品、零部件、包装物全部上下游产业链的安全底线，符合国家对消费品的安全政策，保证了消费者的放心使用。

三、年度工作完成情况

（一）标准制修订工作情况

1. 按照国家关于开展“质量分级、绿色低碳”标准制定的立项原则和方向，2021年度，乐器标委会提出了5项乐器类国家标准制订的项目计划，分别为：《自由低音手风琴性能分级》《电子管风琴质量等级划分》《电鸣乐器单位产品碳排放限额》《电鸣乐器制造企业碳排放核查技术规范》《温室气体排放核算与报告要求乐器生产企业》。5项标准的制定计划是在所征集的若干项目经本行业专家初核而确定，申报过程中按照“国家、行业、轻工团体标准管理办法”的有关要求，遵循公平、公开、透明的原则，对申报的计划项目征求了全体委员的意见，对计划项目是否同意立项进行了表决。

2. 2021年，乐器标准一项重要工作是对《乐器有害物质限量》强制性国家标准的审定。该标准从推荐性标准修订为强制性标准，以乐器实际生产和保护人体健康为目的，在本质上守住了乐器行业安全底线，在技术层面满足了经济社会管理、发展的基本需要。该标准的编制以《强制性国家标准管理办法》为原则，以GB/T 1.1—2020为依据，符合产业发展需求，具有一定的先进性、科学性、合理性和可操作性，满足了标准制定的目标性、适用性和规范性。在工作过程中，对所征集到的国内意见和对外通报所反馈的意见进行了认真的分析，并以书面的形式对意见或建议逐一进行了回复和说明，于2021年12月完成了对该标准的审定。

3. 根据本年度标准制修订计划和工作安排，乐器标委会在2021年4月、9月、12月，分别召开了国家标准《乐器产品中多环芳烃的测试方法》，行业标准《行进乐队用鼓》《电子钢琴》和强制性国家标准《乐器有害物质限量》等4项国、行标准的审定会议。参加4项标准审定会议的委员分别占53名全体委员的85%（45名），89%（47名），81%（43名），平均比例为85%。三次会议表决人数占全体参加会议委员的100%（无反对、弃权）。

4.《乐器产品中多环芳烃的测试方法》为国家标准委2019年下达的消费品国家标准专项项目（计划号：20191295—T—607）。2021年4月，乐器标委会完成对该标准的审定，2021年11月，国标委第14号公告批准发布了该项标准。

5. 乐器标委会不涉及“终止”或“整合”国家标准项目。

（二）标准体系建设和维护情况

1. 乐器标委会按照行业需求及发展，对“十四五”期间拟要制修订的乐器类标准进行了动态管理。乐器标准体系框架共分为四层。第一层列出的标准涵盖了乐器标准化对象间均具有的共性特征，适用于所有乐器和与之相关的辅助品、零部件及用材，是乐器通用的最基本的要素，该层作为大类（编号01），包括乐器基础通用标准、方法标准。第二层作为中类，既是以国际通行的现代乐器分类法并按乐器音源体的具体特征，将乐器按“弦鸣乐器（编号01）、气鸣乐器（编号02）、体鸣乐器（编号03）、膜鸣乐器（编号04）、电鸣乐器（编号05）”五个类属进行划分。这层列出的标准是从众多同类属产品标准中提取其中具有共性的部分，多为一些通用技术条件或方法。同时依据类属关联，本层还并列列出了乐器辅助品和乐器用材两类的标准（编号06、07）。第三层是体系中的小类，除依据第二层音源体的具体特征外，主要是以乐器激励方式进行划分（编号在类属框架下按数字顺序进行）。体系框架见下图。

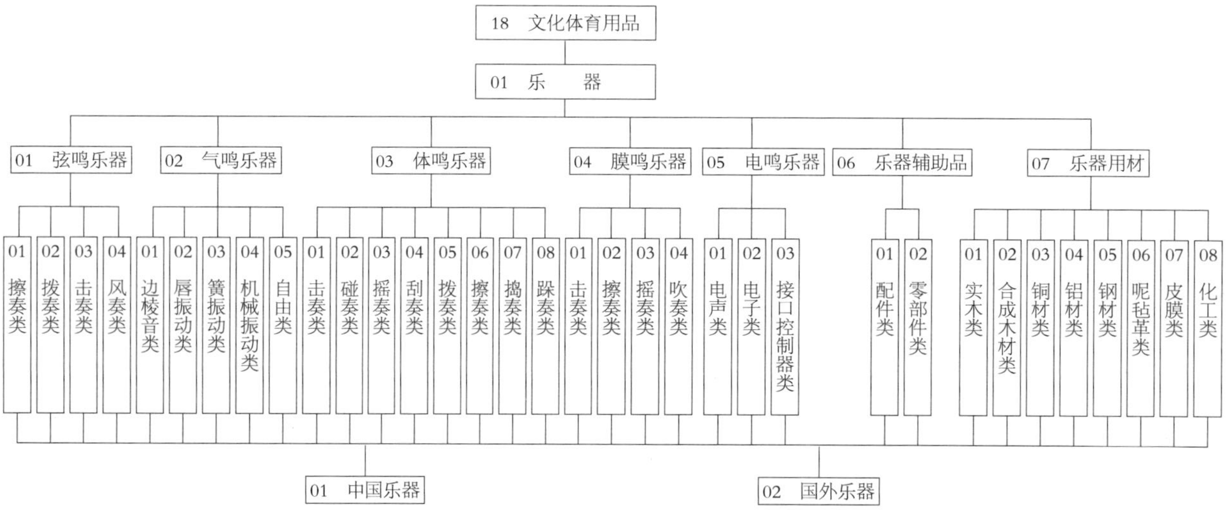

2. 本年度制修订标准项目计划：国家标准3项，为《乐器产品中多环芳烃的测试方法》《乐器有害物质限量》《钢琴》；行业标准8项，为《电子钢琴》《行进乐队用鼓》《大提琴》《大提琴弓》《钢琴质量等级划分与判定》《手风琴通用技术条件》《电鸣乐器合成器通用技术条件》《电子鼓通用技术条件》，其中《乐器产品中多环芳烃的测试方法》国家标准已发布，《乐器有害物质限量》强制性国家标准已完成审定，《钢琴》国家标准为在研；《电子钢琴》《行进乐队用鼓》行业标准已完成报批，《大提琴》《大提琴弓》《钢琴质量等级划分与判定》《手风琴通用技术条件》《电鸣乐器合成器通用技术条件》《电子鼓通用技术条件》行业标准为在研。

3. 制修订标准项目计划在《乐器标准体系》中的位置分别为：

（1）国家标准

《乐器产品中多环芳烃的测试方法》为大类，属方法标准。

《乐器有害物质限量》为大类，属基础通用标准。

《钢琴》为弦鸣乐器中类属下击奏类，属产品标准。

（2）行业标准

《电子钢琴》为电鸣乐器中类属下电子类，属产品标准。

《行进乐队用鼓》为膜鸣乐器中类属下击奏类，属产品标准。

《大提琴》为弦鸣乐器中类属下擦奏类，属产品标准。

《大提琴弓》为乐器辅助品中类属下零部件类，属产品标准。

《钢琴质量等级划分与判定》为弦鸣乐器中类，属基础通用标准。

《手风琴通用技术条件》为气鸣乐器中类，属基础通用标准。

《电鸣乐器合成器通用技术条件》为电鸣乐器中类，属基础通用标准。

《电子鼓通用技术条件》为电鸣乐器中类，属基础通用标准。

4. 计划申报项目计划在《乐器标准体系》中的位置

（1）国家标准

《自由低音手风琴性能分级》为气鸣乐器中类属下自由簧类，属方法标准。

《电子管风琴质量等级划分》为电鸣乐器中类属下电子类，属方法标准。

《电鸣乐器单位产品碳排放限额》为电鸣乐器中类，属基础通用标准。

《电鸣乐器制造企业碳排放核查技术规范》为电鸣乐器中类，属基础通用标准。

《温室气体排放核算与报告要求乐器生产企业》为大类，属基础通用标准。

（2）行业标准

《钢琴击弦机》为乐器辅助品中类属下零部件类，属产品标准。

《钢琴琴键盖缓降器》为乐器辅助品中类属下零部件类，属产品标准。

（3）团体标准

《绿色设计产品评价技术规范 琴和筝》为弦鸣乐器中类属下拨奏类，属“绿色”标准。

（三）经费收入和使用情况

乐器标委会秘书处设置在北京乐器研究所，其人员经费、业务经费纳入北京乐器研究所财务部管理，实行单独核算及考核。经费列支严格执行了国家有关财务制度的规定。主要收入来自委员交纳的会费、国家对标准制修订经费补助，其所使用的范围符合《国家标准制修订经费管理办法》的规定，主要用于：标准编写、试验验证、技术审查、举办会议、调研、办公、咨询以及秘书处日常工作中与其职责相关的活动，并在年度工作会议上向委员进行说明、通报。

（四）TC日常管理及自身建设情况

1. 乐器标准化作为产业发展的关键环节，在主动融入国家创新体系建设、以产业发展需求为导向的前提下，基本形成了标准化机构、企业及各相关方共同参与的工作机制。乐器标委会现为第三届。委员由生产者、经营者、使用者、消费者和公共利益方（包括：教育、艺术院校、科研机构、检测机构、行业协会、有关行政主管部门）组成。生产者、经营者委员的产生按乐器标准体系类属划分、由“弦鸣乐器、气鸣乐器、体鸣乐器、膜鸣乐器、电鸣乐器、乐器辅助、乐器用材”等领域中具有代表性并熟知掌握乐器专业知识和标准化专业知识及热爱标准化事业等单位的工程技术人员组成。新一届乐器标委会由53名委员组成，设顾问1名，主任委员1名，副主任委员3名，秘书长1名，副秘书长1名，其中：生产者25人，占比47.0%，使用者6人，占比11.3%；经营者8人，占比15.1%；公共利益方14人，占比26.4%。秘书处继续设置在北京乐器研究所。

2. 2021年，根据全国乐器标委会运行情况和工作实际需要，并依据《全国专业标准化技术委员会管理办法》与《全国乐器标准化技术委员会章程》的有关规定，以及为有利于标委会各项工作的开展，经秘书处提议，正、副主任委员、秘书长办公会议研究的结果，提出对第三届乐器标委会部分委员进行调整的建议，并向主管部门提出了调整的申请。经调整、增补和解聘，第三届乐器标委会实际委员人数增至58名，其中生产者在原25名基础上增加3名（占58人48%），经营者在原8名基础上增加1名（占58人15.5%），公共利益方在原14名基础上增加2名（占58人27.5%），使用者6名（未发生变化，占58人10%）。此次调整、增补和解聘未超过现有53名委员总数的1/5，符合《全国专业标准化技术委员会管理办法》《全国乐器标准化技术委员会章程》中关于委员调整、增补和解聘之规定及程序。乐器标委会秘书处在国标委网站业务管理平台对调整、增补、解聘的委员以电子投票方式进行了表决。

3. 2021年，乐器标委会再次被国家标准委纳入考核评估范围，9月借《电子钢琴》等行业标准审定会议期间，乐器标委会秘书处解读考核内容等，通报了秘书处拟订的初核材料，提请委员对初核材料提出意见和建议。

4. 2021年12月，在《乐器有害物质限量》强制性国家标准审定会议期间，乐器标委会主任委员就乐器行业经济运行情况、标准现有工作和2022年标准工作进行了说明、总结与部署。

5. 乐器标委会无下设分技术委员会，但为更好开展乐器标准化工作，本着专业的事由专业人做原则，按照领域划分，乐器标委会分别组建了电鸣、钢琴、民乐、手风琴、提琴5个标准制修订工作组。工作组自建立，承担了各自领域标准项目的制定与修订，有效地开展了工作，为行业标准化事业、标准体系建设承担了应有的责任与贡献。

（五）标准复审工作情况

1. 自2016年国家开展标准集中复审工作以来，乐器标委会归口管理的大部分标准已进入或接近复审周期，"十四五"期间，乐器标准化工作将针对技术滞后、标龄老化、内容不符合当前生产实际、不满足消费需求的标准开展集中复审工作，并适时提出应复审标准项目的计划。

2. 根据中国轻工业联合会《关于转发2021年行业标准复审项目计划的通知》(中轻联综合发〔2021〕135号)，乐器标委会按照《工业通信业标准制定管理办法》的有关规定，于2021年9月14日在杭州以会议的形式对由乐器标委会归口且标龄已达5年未经复审确认的QB/T 4324—2012《电鸣乐器用效果器通用技术条件》进行了复审。会议首先由乐器标委会秘书处宣读了中轻联综合发〔2021〕135号文件，解读了标准复审工作的必要性、要求及程序。参加复审会议的委员对2012版《电鸣乐器用效果器通用技术条件》所表述的内容进行研讨后认为：该标准自发布以来对指导生产、规范市场、保护消费者起到了积极的作用。但因该标准标龄过长，特别是近几年更高精度、更先进半导体制程的元器件和更加新颖的电路设计被普遍用于效果器，从而导致原标准中"直通总谐波失真加噪声、直通信号噪声比"等技术要求过低，无法满足现有市场的需求，形成现行标准技术内容滞后以及消费需求变化等，已失去标准对指导生产和保护消费的作用。因此，本次会议对QB/T 4324—2012《电鸣乐器用效果器通用技术条件》提出的一致性复审结论为修订，以解决使用需求、确保标准时效、提升标准水平及可靠性，体现标准引领作用，为质量评定、政府采购招投标和引导消费提供具有指导性、唯一性的验收依据，亦可在标准层面促进品质提升，保护使用安全，推动我国电鸣乐器工业健康有序发展。乐器标委会秘书处将按本次复审会议所达成的意见，以及按复审标准工作程序和要求，对QB/T 4324—2012《电鸣乐器用效果器通用技术条件》提出具体时间的修订计划，并将立项申报材料尽快报上级主管部门。会议还决定委托长沙幻音电子科技有限公司作为牵头单位，负责该项标准的修订工作。

3. 国家标准委先后发布了GB/T 28489—2012《乐器有害物质限量》、GB/T 31109—2014《乐器声学品质评价方法》、GB/T 31731—2015《废弃乐器回收利用通用技术规范》、GB/T 37878—2019《电鸣乐器能耗设计通用技术规范》。4项乐器类国家标准作为基础通用标准，涉及"人身健康，音乐性能评价，废物利用，节能减排"等领域，为乐器产业调整和升级、可持续发展、为使用单位提供了技术支撑。乐器标委会对4项重点标准实施情况进行了分析，并形成了分析报告。

（六）标准化技术服务情况

1. 为更好地适应乐器标准化工作新形势的需要，尽快提高乐器类标准制修订的技术水平和质量水平，2021年4月，在《乐器产品中多环芳烃的测试方法》国家标准审定会议期间，乐器标委会秘书处邀请原国家标准技术审查部主任、研究员姚晓静就GB/T 1.1—2020《标准化工作导则第1部分：标准化文件的结构和起草规则》，为与会人员进行了标准化基础知识培训。

2. 针对本年度下达的标准制修订计划，乐器标委会秘书处协助企业起草编制了《行进乐队用鼓》《电子钢琴》《钢琴质量等级划分与判定》《电鸣乐器合成器通用技术条件》《手风琴通用技术条件》《大提琴》《大提琴弓》等多项标准，并指导编制单位进行了计划申报、立项答辩等工作，提供了与标准化有关的咨询与服务。

（七）参与国际标准化工作情况

1. 乐器标准化工作在国际标准化组织（ISO、IEC）中未设置有TC，亦未颁布相应的乐器类国际标准，因此我国乐器标准的制定大多是剖析采用先进国家同种类产品的技术指标及参数方法。在已正式颁布的我国各级、各类乐器标准中，采取的是既符合我国乐器生产实际和以市场化为原则、又切实可行能为我所用的指标及参数并进行了覆盖，使其在标准层面不低于先进国家同类标准质量的水平，并收到了显著的效果。

2. 乐器标委会在提出修订《乐器有害物质限量》强制性国家标准时，同时提出申报该标准英文版的翻译项目计划，并得到批准（计划号：W20201484）。目前，该项目处于翻译阶段，计划与中文版同时完成。

3. 按照《强制性国家标准管理办法》的要求和程序，乐器标委会在修订《乐器有害物质限量》强制性国家标准的征求意见阶段，通过国家标准委对外进行了通报，并对日本机械贸易和投资中心针对《乐器有害物质限量》强制性国家标准提出的评议意见进行了认真分析，拟定了回复日方书面的答复意见，并以公函形式发全体委员征求拟定的答复意见，提请委员对答复意见按赞成、不赞成反馈。

（八）标准化科研情况

2017年乐器标委会秘书处与北京乐器研究所提出共同承担《乐器产品中化学物质的分析与研究》的研究课题。2018年北京乐器研究所予以立项，根据课题研究及在掌握了大量实验实证数据后，乐器标委会秘书处向国标委提出制定《乐器产品中多环芳烃的测试方法》国家标准的立项申请，2019年国标委批准了该项目计划。截至目前，乐器标委会已完成该标准所有阶段的工作，2021年11月国标委第14号公告批准发布了该项标准（GB/T 40968—2021）。

四、主要成绩和存在问题

1. 通过一系列标准化政策、措施的出台与贯彻，乐器标准工作经过与国家标准化战略对接并经多年的建设，已取得了长足发展，形成了门类齐全、科学完善、协调配套的标准体系，乐器标准体系基本形成，有力支撑了我国乐器工业的发展。部分乐器类标准达到或超过了国际先进水平。乐器标准化作为产业发展的关键环节，在主动融入国家创新体系建设、以产业发展需求为导向的前提下，基本形成了标准化机构、企业及各相关方共同参与的工作机制。标准制修订步伐明显加快，标准老化、缺失问题逐步得到解决。

2. 2021年，全国乐器标委会被中国轻工业联合会评为“十三五期间先进集体”。

3. 从整体看，在以下几个方面还存在不足：一是产品标准居多，基础通用标准和方法标准较少，综合利用、环保、低碳、绿色生产等领域的标准虽然有但数量少，未形成有效的体系，可执行标准较为缺失；二是行业标准化科研力度薄弱，参与标准化活动不够积极；三是自我执行标准、监督标准实施力度不够；四是按行业内外发展需求，个性化标准还达不到有效供给；五是标准质量水平还有待提高，标准实施力度有待加强；六是缺少同时兼有专业知识与标准化知识的复合型人才；七是主动宣贯标准的动因不强；八是标准经费不足。

五、明年工作

1. 按照标准化主管部门“做好标准顶层设计、成套成体系建立体系”的部署和总体要求，继续完善乐器标准体系的建立和编制工作，并确保标准制修订项目计划的完成和已列入体系的新标准项目的预研、申报与答辩等相关工作。

2. 建立以企业为主体承担标准制修订的市场化运行机制。按照公开、公平、公正的原则，鼓励技术先进的龙头或骨干企业共同组成联合工作组，承担更多的各类乐器标准的制定工作，促进企业以标准赢得市场，全面提升我国乐器标准化工作的水平。

3. 拓宽标准范围，并在其现行标准的基础上，对核心技术指标进行分等分级，以及加快环境保护和“绿色低碳”标准的制定。

4. 自2016年国家开展标准集中复审工作以来，乐器标委会归口管理的大部分标准目前已进入或接近复审周期，乐器标准化工作将针对达到复审年限、内容不符合当前生产实际、不满足消费需求的标准开展复审工作。

5. 根据市场需求，增加标准有效供给。

《国家标准、行业标准（轻工）目录》（乐器部分）

国家标准

序号	标准编号及年代号	标准名称
1	GB/T 10159—2015	钢琴
2	GB/T 12105—2017	电子琴通用技术条件
3	GB/T 12106—2017	电子琴的环境实验要求和实验方法
4	GB/T 23146—2008	十二平均律的频率与音分的计算
5	GB/T 23151—2008	乐器产品使用说明的编制原则
6	GB/T 23173—2008	乐器分类
7	GB/T 25454—2010	电鸣乐器均衡类音效装置通用技术条件
8	GB/T 25455—2010	电鸣乐器放音设备 设备音乐性能评价规范
9	GB/T 25456—2010	钢琴用毡
10	GB/T 25457—2010	钢琴弦轴板
11	GB/T 28484—2012	电鸣乐器压缩与扩展类音效装置通用技术条件

序号	标准编号及年代号	标准名称
12	GB/T 28489—2012	乐器有害物质限量
13	GB/T 30414—2013	乐器音乐信号采集规范
14	GB/T 31109—2014	乐器声学品质评价方法
15	GB/T 31731—2015	废弃乐器回收利用通用技术规范
16	GB/T 33726—2017	乐器中文通用名称
17	GB/T 33722—2017	电鸣乐器音色与音乐风格中文通用名称
18	GB/T 33723—2017	乐器声学品质主观评价人员等级规范
19	GB/T 34838—2017	电鸣乐器教学系统配备与安装通用技术规范
20	GB/T 37878—2019	电鸣乐器能耗设计通用技术规范
21	GB/T 40968—2021	乐器产品中多环芳烃的测试方法

行业标准

序号	标准编号及年代号	标准名称
1	QB/T 1153—2014	吉他
2	QB/T 1207.1—2021	民族弦鸣乐器通用技术条件
3	QB/T 1207.2—2021	琵琶
4	QB/T 1207.3—2021	筝

序号	标准编号及年代号	标准名称
5	QB/T 1207.4—2021	阮
6	QB/T 1207.5—2021	三弦
7	QB/T 1207.6—2021	月琴
8	QB/T 1207.7—2021	京胡
9	QB/T 1207.8—2021	二胡

续表

序号	标准编号及年代号	标准名称
10	QB/T 1298—2014	手风琴通用技术条件
11	QB/T 1299—2021	口琴
12	QB/T 1477—2012	电子钢琴
13	QB/T 1657.1—2012	唇振动气鸣乐器通用技术条件
14	QB/T 1657.2—2012	小号
15	QB/T 1657.3—2012	圆号
16	QB/T 1657.4—2012	长号
17	QB/T 1657.5—2012	中音号
18	QB/T 1657.6—2012	低音号
19	QB/T 1658.1—2012	簧振动和边棱音气鸣乐器通用技术条件
20	QB/T1658.2—2012	长笛　短笛
21	QB/T 1658.3—2012	单簧管
22	QB/T 1658.4—2012	高音双簧管
23	QB/T 1658.5—2012	低音双簧管
24	QB/T 1658.6—2012	萨克斯管
25	QB/T 1817—2010	琴弦通用技术条件
26	QB/T 1818—2010	提琴弦
27	QB/T 1947.1—2012	民族气鸣乐器通用技术条件
28	QB/T 1947.2—2012	笛子
29	QB/T 1947.3—2012	笙
30	QB/T 1947.4—2012	箫
31	QB/T 1947.5—2012	唢呐
32	QB/T 1948—2021	柳琴
33	QB/T 1949—2021	扬琴
34	QB/T 1984—2000	风琴
35	QB/T 1985—2000	风琴音簧
36	QB 2100—2007	十二平均律音名标注方法（已转化为推荐性）
37	QB/T 2167—2019	小提琴

序号	标准编号及年代号	标准名称
38	QB/T 2168—2019	小提琴弓
39	QB/T 2169—2014	电吉他
40	QB/T 2175.1—1995（2009）	响铜体鸣乐器通用技术条件
41	QB/T2175.2—1995（2009）	虎音锣
42	QB/T 2175.3—1995（2009）	武锣
43	QB/T 2175.4—1995（2009）	苏锣
44	QB/T 2175.5—1995（2009）	手锣
45	QB/T 2175.6—1995（2009）	抄锣
46	QB/T 2175.7—1995（2009）	水镲
47	QB/T 2175.8—1995（2009）	吊镲
48	QB/T 2175.9—1995（2009）	军镲
49	QB/T 2279—2013	钢琴击弦机
50	QB/T 2417—2011	校音器
51	QB/T 2444—2010	钢琴零部件名称
52	QB/T 2587—2013	4/4大提琴
53	QB/T 2607—2019	提琴弓通用技术条件
54	QB/T 2663—2013	4/4大提琴弓
55	QB/T 2740—2014	口风琴
56	QB/T 4131—2010	键盘乐器键宽尺寸系列
57	QB/T 2838—2014	爵士鼓
58	QB/T 2841—2017	乐器调音装置及准确度等级判定
59	QB/T 2916—2017	自由低音手风琴
60	QB/T 2978—2008	钢琴音板
61	QB/T 2979—2008	乐器用材钢琴锯材
62	QB/T 4014—2010	电子鼓通用技术条件
63	QB/T 4015—2019	MIDI键盘通用技术条件
64	QB/T 4016—2010	中提琴弓
65	QB/T 4017—2010	倍大提琴弓
66	QB/T 4018—2010	倍大提琴

续表

序号	标准编号及年代号	标准名称
67	QB/T 4019—2010	中提琴
68	QB/T 4129—2010	吉他弦
69	QB/T 4130—2010	竖笛
70	QB/T 4181—2021	琴
71	QB/T 4220—2011	乐器用材提琴锯材
72	QB/T 4323—2012	钢琴弦
73	QB/T 4324—2012	电鸣乐器用效果器通用技术条件
74	QB/T 4325—2012	电鸣乐器放音设备多功能音箱
75	QB/T 4326—2012	电鸣乐器放音设备电吉他用音箱
76	QB/T 4327—2012	键盘乐器用音箱通用技术条件
77	QB/T 4328—2012	电子鼓用音箱通用技术条件
78	QB/T 4489—2013	半音阶口琴
79	QB/T 4487—2013	电鸣乐器电声性能测量方法
80	QB/T 4491—2013	电鸣乐器电源适配器通用技术条件
81	QB/T 4490—2013	电鸣乐器放音设备踏板控制器通用技术条件

序号	标准编号及年代号	标准名称
82	QB/T 4488—2013	电子管风琴
83	QB/T 4771—2014	管钟
84	QB/T 4772—2014	定音鼓
85	QB/T 4773—2014	木琴
86	QB/T 4842—2015	陶笛
87	QB/T 4843—2015	巴乌
88	QB/T 4841—2015	葫芦丝
89	QB/T 5169—2017	板胡
90	QB/T 5170 2017	节拍器
91	QB/T 5171—2017	筝弦
92	QB/T 5172—2017	编钟
93	QB/T 5173—2017	钢琴用琴凳
94	QB/T 5380—2019	尤克里里
95	QB/T 5530—2020	手风琴零部件名称
96	QB/T 5531—2020	手风琴规格划分与型号命名方法
97	QB/T 5532—2020	钢琴金属连接件、紧固件的形制与尺寸
98	QB/T 5644—2020	组合式效果器通用技术条件
99	QB/T 5645—2020	乐句循环录音类音效器通用技术条件

团体标准

序号	标准编号及年代号	标准名称
1	T/CNLIC 0003—2020	智能键盘乐器通用技术条件

（全国乐器标准化技术委员会秘书处　提供）

乐器专利

2021年乐器专利发布分析

据国家知识产权局发布专利信息，2021年1月至12月，中国乐器行业共发布专利1501项，其中发明专利241项，实用新型1162项，外观设计97项，国际专利1项。

按乐器门类划分，2021年度有32种乐器被列入专利统计发布目录，涵盖键盘乐器（钢琴、电钢琴）、弦乐器（吉他、提琴）、民族乐器（古筝、二胡、琵琶、月琴、箜篌、唢呐）、管乐器（圆号、笛、箫）、打击乐器（鼓、爵士鼓）、手风琴和口琴等。按具体品种分析，专利发布数量居前十位的乐器是：钢琴（348项）、吉他（303项）、鼓（136项）、提琴（124项）、电声乐器（110项）、二胡（107项）、古筝（80项）、古琴（54项）、萨克斯（52项）、笛（43项）、口琴（43项）。

按申报企业发布专利数量分析，2021年度发布专利数量在10项（件）及以上的有17家乐器企业：广州珠江恺撒堡钢琴有限公司、广州珠江艾茉森数码乐器股份有限公司、上海民族乐器一厂、宜昌金宝乐器制造有限公司、乐海乐器有限公司、山东泰山管乐器制造有限公司、无锡斯坦梅尔钢琴有限公司、天津优尼柯乐器有限公司、天津市顶酷乐器有限公司、天津迈迪乐器有限公司、泰兴市通灵乐器有限公司、苏州礼乐乐器股份有限公司、江苏爱得声乐器有限公司、惠州市晨升乐器有限公司、贵州正安娜塔莎乐器制造有限公司、贵州萨伽乐器有限公司、比扬（天津）乐器制造股份有限公司。

2021年，主要乐器专利数量指标符合预期，在中国乐器行业各申报单位、企业高度重视和共同努力下，乐器知识产权事业发展保持平稳，取得这一成绩殊为不易。专利储备是科技自主创新能力的综合体现，在科技加持下，企业能够更加有效地驱动自身数字化和智能化升级，赋能内部运营和对外服务提质增效。近年来，科技自主研发已上升为国家战略，“十四五”规划特别指出“把科技自立自强作为国家战略发展的支撑”。加大科技研发投入，无疑是给企业科技创新注入“强心剂”和“动力源”，也是推动乐器行业高质量发展的必然要求。

2020—2021 年度中国乐器专利发布数量一览表

类别	2020年	2021年	同比（%）
发明专利	211	241	14
实用新型	841	1162	38
外观设计	253	97	−62
总计	1305	1500	15

2021年中国乐器专利发布目录

类别	名称	专利类型	申请（专利）号	公开（公告）日	申请（专利权）人	发明（设计）人
钢琴	一种用于钢琴马克卸货和组装的装置	发明专利	CN202011055671.X	2021.01.01	德清德伦钢琴有限公司	姚耀
	一种钢琴铁排弦列	实用新型	CN202020840881.9	2021.01.05	烟台金斯波格钢琴有限责任公司	张绪斌；胡晓红；王风海；戴美宝；张帆
	一种钢琴铁排弦列	实用新型	CN202020840877.2	2021.01.05	烟台金斯波格钢琴有限责任公司	胡晓红；张绪斌；王风海；戴美宝；张帆
	一种精准调节的钢琴弦轴	实用新型	CN202021112277.0	2021.01.05	成都霍尔信息技术有限公司	袁蔺生
	一种钢琴铁排弦列	实用新型	CN202020840870.0	2021.01.05	烟台金斯波格钢琴有限责任公司	张绪斌；胡晓红；王风海；戴美宝；张帆
	一种钢琴音板钻孔装置	实用新型	CN202020669404.0	2021.01.05	浙江卡罗德钢琴制造有限公司	何宝祥
	一种钢琴背架边框	实用新型	CN202020840880.4	2021.01.05	烟台金斯波格钢琴有限责任公司	王风海；胡晓红；戴美宝；张帆
	一种钢琴铁排弦列	实用新型	CN202020840895.0	2021.01.05	烟台金斯波格钢琴有限责任公司	胡晓红；张绪斌；王风海；戴美宝；张帆
	一种钢琴演奏用自动翻页机	实用新型	CN202020128262.7	2021.01.12	贠婷	贠婷
	一种钢琴静音装置	实用新型	CN202020712947.6	2021.01.12	广州欧米勒钢琴有限公司	方扬
	一种多功能钢琴调音器	实用新型	CN202020269281.1	2021.01.12	长沙师范学院	曹静
	一种全自动调律钢琴及其的调律装置、调律方法	发明专利	CN202011062829.6	2021.01.15	湖南卡罗德音乐集团有限	赖志强；郭立；李炯；刘天作；易吉华
	一种钢琴油漆面板平台抛光机	实用新型	CN202020559125.9	2021.01.19	佛山市金页盈信智能机械有限公司	王玲玲
	一种板材钢琴用喷漆装置	实用新型	CN202020880888.3	2021.01.19	东莞市瑞丰源工艺包装制品有限公司	王昌友
	一种钢琴生产设备	实用新型	CN202020903596.7	2021.01.22	南雄市海伦罗曼钢琴有限公司	刘光森
	一种能够斜切的钢琴榔头棒切割装置	发明专利	CN202011103186.5	2021.01.22	德清县华美罗宾钢琴有限公司	姚亚梁
	一种移动式的钢琴组装平台	发明专利	CN202011060094.3	2021.01.22	德清德伦钢琴有限公司	姚耀

续表

类别	名称	专利类型	申请（专利）号	公开（公告）日	申请（专利权）人	发明（设计）人
钢琴	钢琴盖板长铰链卷圆成型装置	发明专利	CN201811528616.0	2021.01.26	宁波四海琴业有限公司	何四海
	一种钢琴马克的卸货辅助装置	发明专利	CN202011055685.1	2021.01.26	德清德伦钢琴有限公司	姚耀
	一种多长度钢琴榔头棒的快速切割装置	发明专利	CN202011104214.5	2021.01.26	德清县华美罗宾钢琴有限公司	姚亚梁
	一种钢琴键盘配重装置	实用新型	CN202020414038.4	2021.01.26	戚化怡	戚化怡
	一种钢琴键板长孔生产装置的可调刀架	发明专利	CN202011121098.8	2021.01.26	宜春职业技术学院（宜春市技术工人学校）	杜文慧
	一种用于钢琴马克卸货和组装的辅助装置	发明专利	CN202011055684.7	2021.01.26	德清德伦钢琴有限公司	姚耀
	一种钢琴盖缓降机构	实用新型	CN202021117248.3	2021.01.29	江西应用技术职业学院	王梦蝶；权亚楠
	一种立式钢琴的力度信号传感结构	实用新型	CN202021011020.6	2021.01.29	惠州拓维新创科技有限公司	鲁业斌；鲁崇旭
	新型弦槌和钢琴	实用新型	CN202020491259.1	2021.01.29	广州珠江恺撒堡钢琴有限公司	何建文；黄耿志；卢洁；黄树全；杜宗云；李伟奇；何健玮；卢奇剑；贺相宜；林汉聪
	一种立式钢琴中带音梁及音隧的音板	实用新型	CN202021738872.5	2021.01.29	苏州礼乐乐器股份有限公司	金海鸥；吴念博；何新喜；朱信智；李碧英；杨萍
	一种能够实现智能翻页的钢琴谱架	实用新型	CN202021116068.3	2021.01.29	江西应用技术职业学院	王梦蝶；权亚楠
	立式钢琴的弦槌组件及立式钢琴	实用新型	CN202021454797.X	2021.01.29	广州珠江恺撒堡钢琴有限公司	何建文；黄耿志；卢洁；黄树全；杜宗云；李伟奇；何建玮；卢奇剑；贺相宜；林汉聪
	一种立式钢琴铁板	实用新型	CN202020343784.9	2021.01.29	曲小娟	曲小娟
	一种钢琴榔头棒的快速切割装置	发明专利	CN202011103208.8	2021.01.29	德清县华美罗宾钢琴有限公司	姚亚梁
	一种钢琴用便于钢琴谱翻页的钢琴谱架	实用新型	CN202021260551.9	2021.02.02	敦煌艺术旅游中等专业学校鲁永鑫	鲁永鑫；刘雅静
	钢琴联动杆自动加工设备	发明专利	CN201811231329.3	2021.02.05	森鹤乐器股份有限公司	张开峰；罗迪；胡央丹；胡建迪；岑迪锋
	一种钢琴盖上漆装置	发明专利	CN202011351454.5	2021.02.05	德清浦赛尔钢琴有限公司	姚冬

续表

类别	名称	专利类型	申请（专利）号	公开（公告）日	申请（专利权）人	发明（设计）人
钢琴	一种方便调节按键的钢琴	实用新型	CN201922194838.X	2021.02.05	陈东酿	陈东酿；陈海龙
	一种钢琴演奏用折叠形乐谱固定装置	实用新型	CN202020954084.3	2021.02.05	郑州工程技术学院	刘旭琦；王玉；刘景鑫；张檀
	一种具有恒湿功能的钢琴	发明专利	CN202011346491.7	2021.02.05	德清浦赛尔钢琴有限公司	姚冬
	一种钢琴架的定位机构	发明专利	CN202011351919.7	2021.02.05	德清安歌乐器有限责任公司	凌泽亮
	一种具有立式钢琴架的钢琴	发明专利	CN202011123710.5	2021.02.05	常州机电职业技术学院	虞文武；郑隽逸
	一种便于使用的新型钢琴	发明专利	CN202011346537.5	2021.02.05	德清浦赛尔钢琴有限公司	姚冬
	一种高度可调的钢琴	发明专利	CN202011346503.6	2021.02.05	德清浦赛尔钢琴有限公司	姚冬
	一种钢琴隔音装置	实用新型	CN202020869892.X	2021.02.09	许昌学院	冯会
	一种钢琴琴弦绕扣器	实用新型	CN202021766309.9	2021.02.09	刘春辉	刘春辉
	一种钢琴弦槌加工安装孔专用打孔工装	实用新型	CN202020642642.2	2021.02.09	梁宇薇；侯洪亮	梁宇薇；侯洪亮
	一种三角钢琴中带音梁及音隧的音板	实用新型	CN202021739929.3	2021.02.12	苏州礼乐乐器股份有限公司	金海鸥；吴念博；何新喜；朱信智；李碧英；杨萍
	一种基于立式钢琴用的顶盖支撑结构	发明专利	CN202011051624.8	2021.02.12	常州机电职业技术学院	虞文武
	一种用于防止钢琴中盘变形的固定结构	实用新型	CN202020307800.9	2021.02.19	湖州市东林华心铸件厂	吴建良
	一种钢琴脚轮	实用新型	CN202021039959.3	2021.02.19	宁波四海琴业有限公司	何四海
	一种钢琴脚垫	实用新型	CN202020718777.2	2021.02.19	宁波四海琴业有限公司	何四海
	一种钢琴长铰链	实用新型	CN202020718737.8	2021.02.19	宁波四海琴业有限公司	何四海
	一种钢琴顶盖连接装置	实用新型	CN202020290455.2	2021.02.19	湖州市东林华心铸件厂	吴建良
	弱音档连接结构	实用新型	CN202021159255.X	2021.02.19	宁波四海琴业有限公司	何四海
	一种钢琴用复合结构装饰板	实用新型	CN202020990119.9	2021.02.19	广东兆盈合成新材有限公司	阮中元
	一种钢琴榔头棒的夹紧切割装置	发明专利	CN202011103214.3	2021.02.23	德清县华美罗宾钢琴有限公司	姚亚梁
	一种钢琴骨架	实用新型	CN202020291566.5	2021.02.23	湖州市东林华心铸件厂	吴建良
	圆销垫片和圆销垫片的套件	实用新型	CN202020868340.7	2021.02.23	阿尔弗雷德佳恩有限责任两合公司	C·德容；F·彼特茹沃
	一种钢琴生产用打孔装置	实用新型	CN202020639858.3	2021.02.26	刘华营	刘华营
	一种便于安装的钢琴盖板夹持装置	实用新型	CN202020923189.2	2021.02.26	印亭蓉	印亭蓉
	一种钢琴铸件弦枕	实用新型	CN202020307699.7	2021.02.26	湖州市东林华心铸件厂	吴建良

续表

类别	名称	专利类型	申请（专利）号	公开（公告）日	申请（专利权）人	发明（设计）人
钢琴	钢琴低音弦	实用新型	CN202021128918.1	2021.02.26	宁波四海琴业有限公司	何四海
	一种多长度钢琴榔头棒的夹紧切割装置	发明专利	CN202011104232.3	2021.02.26	德清县华美罗宾钢琴有限公司	姚亚梁
	一种钢琴支撑腿脚调平装置	实用新型	CN202011346521.4	2021.03.02	德清浦赛尔钢琴有限公司	姚冬
	一种弹钢琴用自动翻谱装置	发明专利	CN201910834171.7	2021.03.05	宿迁米喆机械设计有限公司	桑明喆
	一种弹钢琴快速翻页用钢琴谱支架	发明专利	CN201910829181.1	2021.03.05	宿迁米喆机械设计有限公司	桑明喆
	一种钢琴中音弦槌自动钻孔设备	发明专利	CN202011335547.9	2021.03.09	德清方华琴业有限公司	陈道超
	一种钢琴键盘盖缓降装置	发明专利	CN202110028936.5	2021.03.09	许昌学院	张淑俊
	一种钢琴销子的锤入装置	发明专利	CN202011351951.5	2021.03.09	德清安歌乐器有限责任公司	凌泽亮
	一种可调式钢琴踏板增高器	实用新型	CN202021552641.5	2021.03.12	长沙佑爸音乐教育咨询有限公司	陈冰洁；凌蔚；周扬波
	一种钢琴合页结构	发明专利	CN201910399309.5	2021.03.12	潍坊工程职业学院	闫雨；张晓艳
	一种多功能钢琴琴谱固定架	实用新型	CN201922043695.2	2021.03.12	辽东学院	那丽
	一种方便翻页的钢琴乐谱架	实用新型	CN202021094305.0	2021.03.12	九江职业大学	刘长洪
	用于钢琴弦的紧固装置	发明专利	CN201980050695.5	2021.03.16	弗拉迪斯拉夫·弗拉迪米罗维奇·沃尔科夫	弗拉迪斯拉夫·弗拉迪米罗维奇·沃尔科夫
	一种四轴钢琴音板框弧面加工机	发明专利	CN202011335321.9	2021.03.16	德清方华琴业有限公司	陈道超
	钢琴按键动作采集设备	外观设计	CN202030392726.0	2021.03.16	深圳市月白电子科技有限公司	谭冬娱
	一种立式钢琴的第二音板结构	发明专利	CN202011422215.4	2021.03.16	海伦钢琴股份有限公司	陈海伦；郑之杰；翟清川；曹文
	一种钢琴销子的锤入机构	发明专利	CN202011351969.5	2021.03.16	德清安歌乐器有限责任公司	凌泽亮
	一种用于加工钢琴铁板定位孔的定位装置	发明专利	CN202011339323.5	2021.03.16	德清方华琴业有限公司	陈道超
	一种钢琴销子的排销机构	发明专利	CN202011346494.0	2021.03.19	德清安歌乐器有限责任公司	凌泽亮
	一种多工位的钢琴销子安装机构	发明专利	CN202011346484.7	2021.03.19	德清安歌乐器有限责任公司	凌泽亮
	一种立式钢琴键盘手感调节装置	发明专利	CN202110086907.4	2021.03.19	许昌学院	张淑俊

续表

类别	名称	专利类型	申请（专利）号	公开（公告）日	申请（专利权）人	发明（设计）人
钢琴	一种钢琴肋木上中半径圆弧面的加工设备	发明专利	CN202011335348.8	2021.03.19	德清方华琴业有限公司	陈道超
	一种钢琴销子的销子安装机构	发明专利	CN202011351954.9	2021.03.19	德清安歌乐器有限责任公司	凌泽亮
	多轨钢琴呢带涂胶方法及装置	发明专利	CN202011463590.3	2021.03.19	杭州康博机械设备有限公司	苏昭琳；刘旭昇；冯俊敏
	一种钢琴制作用钻孔装置	发明专利	CN202011351466.8	2021.03.19	德清浦赛尔钢琴有限公司	姚冬
	一种用于钢琴脚轮的安装设备	发明专利	CN201910671444.0	2021.03.23	长沙师范学院	余琳娜；胡昊
	一种便于调节的钢琴压弦条	实用新型	CN202021787738.4	2021.03.23	马佳跃	马佳跃；马千斯
	一种组合式钢琴凳	实用新型	CN202021840412.3	2021.03.26	王桂英	王桂英
	一种简易钢琴	实用新型	CN202021304965.7	2021.03.26	湖州华谱钢琴制造股份有限公司	姚小林
	一种钢琴调整装置及钢琴	实用新型	CN202021512053.9	2021.03.26	惠州拓维新创科技有限公司	钟元文
	一种钢琴的谱架	实用新型	CN202021305214.7	2021.03.26	湖州华谱钢琴制造股份有限公司	姚小林
	一种钢琴加工制造用抛光设备	实用新型	CN202021084044.4	2021.03.26	德清世锦智能科技有限公司	王志文
	一种立式钢琴	实用新型	CN202021306048.2	2021.03.26	湖州华谱钢琴制造股份有限公司	姚小林
	一种舒适钢琴	实用新型	CN202021305211.3	2021.03.26	湖州华谱钢琴制造股份有限公司	姚小林
	一种安全钢琴	实用新型	CN202021304421.0	2021.03.26	湖州华谱钢琴制造股份有限公司	姚小林
	一种可矫正水平的立式钢琴	实用新型	CN202021201582.7	2021.03.26	湖北华都钢琴制造股份有限公司	汪其见；吕旻；卢涛
	一种琴键触感调节结构	发明专利	CN202011431628.9	2021.03.26	福建艾维尔科技有限公司	黄寒堂；朱海潇
	一种带有防滑琴键的钢琴	实用新型	CN202021304977.X	2021.03.26	湖州华谱钢琴制造股份有限公司	姚小林
	一种用于钢琴加工雕刻机主轴轴向微调机构	发明专利	CN202011335312.X	2021.03.30	德清方华琴业有限公司	陈道超
	一种钢琴销子的进料机构	发明专利	CN202011346462.0	2021.04.02	德清安歌乐器有限责任公司	凌泽亮
	一种钢琴调音扳手	实用新型	CN202021171107.X	2021.04.02	广州欧米勒钢琴有限公司	方扬
	一种钢琴用多功能调音锤	实用新型	CN202021169226.1	2021.04.02	广州欧米勒钢琴有限公司	方扬
	一种钢琴调音装置	实用新型	CN202021171075.3	2021.04.02	广州欧米勒钢琴有限公司	方扬

续表

类别	名称	专利类型	申请（专利）号	公开（公告）日	申请（专利权）人	发明（设计）人
钢琴	一种可升降的钢琴调音装置	实用新型	CN202021169214.9	2021.04.02	广州欧米勒钢琴有限公司	方扬
	一种钢琴音色矫正装置	实用新型	CN202021169196.4	2021.04.02	广州欧米勒钢琴有限公司	方扬
	一种应用于钢琴压键档的加固装置	实用新型	CN202021325930.1	2021.04.06	中南民族大学	吴涵
	一种用于钢琴上的自动搓弦装置	实用新型	CN202021432698.1	2021.04.06	宜昌金宝乐器制造有限公司	罗扬；王军；熊南方；庄联森
	一种钢琴用加强中盘装置	实用新型	CN202021723010.5	2021.04.09	德清县蓝海钢琴有限公司	章荣泉
	一种防变形钢琴中盘结构	实用新型	CN202020746976.4	2021.04.13	德清古尔钢琴有限公司	王森楠
	一种钢琴弦列铁板水性漆喷涂装置	实用新型	CN202021432708.1	2021.04.13	宜昌金宝乐器制造有限公司	罗扬；贺清礼；庄联森；王龙军；王军
	钢琴表面用LED-UV光固化纳米涂料及其制备方法	发明专利	CN202011504741.5	2021.04.13	山东大学	张纯梅；史海生
	一种立式钢琴击弦机轴衬加工装置	实用新型	CN202021975313.6	2021.04.16	台州市均华乐器股份有限公司	翟林杰
	一种钢琴顶盖支撑结构	实用新型	CN202021210390.2	2021.04.20	湖北华都钢琴制造股份有限公司	汪其见；吕旻；李争召
	一种钢琴击弦机磁力复位结构	实用新型	CN202021975931.0	2021.04.20	台州市均华乐器股份有限公司	翟林杰
	一种钢琴生产加工用木料切割装置	实用新型	CN202021620015.5	2021.04.20	陈晓铭	陈晓铭
	一种防变形钢琴击弦机总档	实用新型	CN202021977529.6	2021.04.20	台州市均华乐器股份有限公司	翟林杰
	一种立式钢琴击弦机用支撑机构	实用新型	CN202021978321.6	2021.04.20	台州市均华乐器股份有限公司	翟林杰
	钢琴音板与侧板的拼合加热设备	实用新型	CN202020822347.5	2021.04.27	德清亚昕琴业有限公司	沈有福
	钢琴中带环形分段式音梁的音板	实用新型	CN202021740725.1	2021.04.27	苏州礼乐乐器股份有限公司	金海鸥；吴念博；何新喜；朱信智；李碧英；杨萍
	一种立式钢琴的中盘包边框型结构	实用新型	CN202021253678.8	2021.04.30	福州和声钢琴股份有限公司	林建忠；于孙传
	一种钢琴生产用板材砂光机	实用新型	CN202022055189.8	2021.04.30	重庆斯威特钢琴有限公司	王建华；王海；孙家希
	钢琴（F123AE）	外观设计	CN202030691395.0	2021.04.30	广州珠江恺撒堡钢琴有限公司	潘启槟；韩祎晴；叶婉莹

续表

类别	名称	专利类型	申请（专利）号	公开（公告）日	申请（专利权）人	发明（设计）人
钢琴	钢琴（KX1）	外观设计	CN202030689708.9	2021.04.30	广州珠江恺撒堡钢琴有限公司	潘启槟；陈会婷
	钢琴（DY218）	外观设计	CN202030688550.3	2021.04.30	广州珠江恺撒堡钢琴有限公司	潘启槟；叶婉莹；邓东燕
	钢琴（GH160YJ1）	外观设计	CN202030683024.8	2021.04.30	广州珠江钢琴集团股份有限公司	潘启槟；郑际童
	钢琴（RSH122）	外观设计	CN202030704062.7	2021.04.30	广州珠江恺撒堡钢琴有限公司	潘启槟；韩祎晴；陈会婷
	一种钢琴生产用打眼机	实用新型	CN202022055197.2	2021.04.30	重庆斯威特钢琴有限公司	王建华；王海；孙家希
	一种钢琴生产用板材打磨机	实用新型	CN202022127820.0	2021.05.04	重庆斯威特钢琴有限公司	孙家希；王海；王建华
	一种裁切钢琴申达呢及毛毡的工具	实用新型	CN202021776034.7	2021.05.04	湖北艺术职业学院	贾珍
	一种钢琴生产加工用的木料切割装置	实用新型	CN202021318178.8	2021.05.11	荆楚理工学院	罗青；张涛
	一种钢琴盖自动感应缓降装置	实用新型	CN202022332061.1	2021.05.11	宜春职业技术学院（宜春市技术工人学校）	张晋晋
	一种钢琴音板胶合用定型机	实用新型	CN202020903574.0	2021.05.11	南雄市海伦罗曼钢琴有限公司	刘光森
	钢琴脚轮高度检测装置	实用新型	CN202022373587.4	2021.05.18	杭州康博机械设备有限公司	冯俊敏；刘旭昇
	一种转击器抗震轴架	实用新型	CN202021791928.3	2021.05.18	德清佰诺乐器有限公司	冯东园
	一种实木板铝合金缩调档	实用新型	CN202021791871.7	2021.05.18	德清佰诺乐器有限公司	冯东园
	一种方便固定的钢琴演奏用乐谱架	实用新型	CN202021625740.1	2021.05.18	九江职业大学	欧阳梦莹
	钢琴金属调音装置	发明专利	CN202110242598.5	2021.05.18	陈贵文	陈贵文
	一种三角钢琴琴弦除锈装置	发明专利	CN201811291265.6	2021.05.25	广州欧米勒钢琴有限公司	张飞
	一种钢琴生产用板材雕刻机	实用新型	CN202021998205.0	2021.05.25	重庆斯威特钢琴有限公司	王建华；王海；孙家希
	一种钢琴用搬运装置	实用新型	CN202021254847.X	2021.06.01	山东金乌鸟文化传媒有限公司	林广胜
	一种新型的钢琴踏板	实用新型	CN202021803917.2	2021.06.01	九江学院	吴耘
	一种阻燃性高的钢琴漆板生产设备	实用新型	CN202021945895.3	2021.06.01	杭州临安利翔新型装饰材料有限公司	陆利群
	一种钢琴练习用乐谱架	实用新型	CN202021759281.6	2021.06.04	广东省外语艺术职业学院	李宁

续表

类别	名称	专利类型	申请（专利）号	公开（公告）日	申请（专利权）人	发明（设计）人
钢琴	一种可调节高度和距离的钢琴谱架	实用新型	CN202022300592.2	2021.06.04	燕山大学	金红莲；张正
	一种钢琴用乐谱放置角度调节装置	实用新型	CN202021379020.1	2021.06.04	东莞职业技术学院	黄琳娜
	一种钢琴琴键电动清洁器	发明专利	CN202110186678.3	2021.06.04	洛阳理工学院	郭芳；崔一鸣；田甜；王洁清
	一种钢琴弹奏辅助支架	发明专利	CN202110130469.7	2021.06.04	郑州师范学院	郭红丽
	一种立式钢琴用可调节琴谱放置架	实用新型	CN202022386764.2	2021.06.08	吉林艺术学院	胡若曦
	一种便于练琴的钢琴结构	实用新型	CN202022608094.4	2021.06.08	毛雪峰	毛雪峰
	一种钢琴乐谱自动翻页装置	实用新型	CN202021028682.4	2021.06.08	郑州信息科技职业学院	李艳慧
	一种手持式钢琴琴键清洁装置	发明专利	CN202110186679.8	2021.06.08	洛阳理工学院	田甜；郭芳；金萌；王璐凡
	钢琴琴键平衡系统	实用新型	CN202022180630.5	2021.06.11	无锡斯坦梅尔钢琴有限公司	曹顺军；马俊
	一种钢琴马克弦码打孔系统	实用新型	CN202022400413.2	2021.06.11	无锡斯坦梅尔钢琴有限公司	曹顺军；马俊
	钢琴音板框挤压工艺装置	实用新型	CN202022166156.0	2021.06.11	无锡斯坦梅尔钢琴有限公司	曹顺军；马俊
	钢琴双重弦枕结构	实用新型	CN202022273113.2	2021.06.11	无锡斯坦梅尔钢琴有限公司	曹顺军；马俊
	击弦机的连接构造	实用新型	CN202022378867.4	2021.06.11	李晓勇	李晓勇
	钢琴马克弦码铲坡工艺系统	实用新型	CN202022400408.1	2021.06.11	无锡斯坦梅尔钢琴有限公司	曹顺军；马俊
	可升降式钢琴脚踏板	实用新型	CN202022112947.5	2021.06.11	燕山大学	刘霞；金红莲
	钢琴震奏系统	实用新型	CN202022118534.8	2021.06.11	无锡斯坦梅尔钢琴有限公司	曹顺军；马俊
	一种新型钢琴教学用踏板延伸装置	实用新型	CN202022100425.3	2021.06.15	西安石油大学	刘洁
	钢琴铁排自带防止中盘变形一体浇铸的平台	实用新型	CN202022580149.5	2021.06.15	黄认识	黄认识
	一种钢琴琴弦缠绕连接件	实用新型	CN202021486696.0	2021.06.18	江苏凤灵钢琴有限公司	李瑞林
	一种钢琴中踏板的定位机构	实用新型	CN202022061215.8	2021.06.18	郭辉	郭辉
	一种防碰撞钢琴翻盖结构	实用新型	CN202020747550.0	2021.06.18	德清古尔钢琴有限公司	王森楠
	一种具有压花图案的钢琴漆板制造装置	实用新型	CN202021944451.8	2021.06.18	杭州临安利翔新型装饰材料有限公司	陆利群
	一种钢琴漆板的多方位切割装置	实用新型	CN202021944443.3	2021.06.18	杭州临安利翔新型装饰材料有限公司	陆利群

续表

类别	名称	专利类型	申请（专利）号	公开（公告）日	申请（专利权）人	发明（设计）人
钢琴	一种用于钢琴音色校准的工具	实用新型	CN202021588061.1	2021.06.18	西安音乐学院西安石油大学	张洹浩；张娟
	一种钢琴音板肋木压机	发明专利	CN201811021554.4	2021.06.22	黄雪侨	黄雪侨
	一种钢琴演奏乐谱架	发明专利	CN202110192607.4	2021.06.22	渤海大学	张贺达
	一种钢琴生产用木料雕刻装置	实用新型	CN202022426710.4	2021.06.22	大连圣约乐器有限公司	薛非
	一种钢琴零部件加工用点焊夹持工装	实用新型	CN202021024185.7	2021.06.22	德清县海尔乐器制造有限公司	王惠忠
	一种全方位琴键清洁的可拆卸设备	发明专利	CN202110374448.X	2021.06.22	济南盈晟商贸有限公司	黎法航
	一种钢琴顶盖支撑结构	实用新型	CN202022742226.2	2021.06.22	邵阳学院	常薰匀
	钢琴铸铁板打销自动化工艺装置	实用新型	CN202022166148.6	2021.06.25	无锡斯坦梅尔钢琴有限公司	曹顺军；马俊
	一种钢琴生产用木料切割机	实用新型	CN202022131664.5	2021.06.25	重庆斯威特钢琴有限公司	孙家希；王海；王建华
	一种钢琴板生产用防偏移裁切装置	实用新型	CN202021618549.4	2021.06.25	徐州德龙金属科技有限公司	陈晓铭
	一种钢琴马克自动化压钉系统	实用新型	CN202022401850.6	2021.06.25	无锡斯坦梅尔钢琴有限公司	曹顺军；马俊
	联动式打孔机构	发明专利	CN201811121976.9	2021.06.25	浙江乐韵钢琴有限公司	章顺龙
	钢琴外侧板夹压装置	实用新型	CN202022197539.4	2021.06.25	无锡斯坦梅尔钢琴有限公司	曹顺军；马俊
	一种钢琴铁排弦列	实用新型	CN202020840883.8	2021.06.25	烟台金斯波格钢琴有限责任公司	胡晓红；张绪斌；王风海；戴美宝；张帆
	采用U形弹簧设计的钢琴踏板连接系统	实用新型	CN202022204743.4	2021.06.25	无锡斯坦梅尔钢琴有限公司	曹顺军；马俊
	伸缩调节式转头装置	发明专利	CN201811121974.X	2021.06.25	浙江乐韵钢琴有限公司	章顺龙
	一种钢琴外壳热压机	实用新型	CN202022707281.8	2021.06.29	浙江珠江德华钢琴有限公司	何建超；周江英
	一种立式钢琴键盘盖连接器	实用新型	CN202022731461.X	2021.06.29	吴金全	吴金全
	一种立式钢琴键盘的手感调节装置	实用新型	CN202022521291.2	2021.06.29	鲁业斌	鲁业斌
	一种防灰尘掉入缝隙的钢琴琴键清洁装置	发明专利	CN202110374143.9	2021.06.29	济南盈晟商贸有限公司	黎法航
	一种用于钢琴板材切割的锯床	实用新型	CN202021998202.7	2021.07.20	重庆斯威特钢琴有限公司	王建华；王海；孙家希
	一种便于钢琴装配的组件	实用新型	CN202023074329.2	2021.07.20	黄认识	黄认识

续表

类别	名称	专利类型	申请（专利）号	公开（公告）日	申请（专利权）人	发明（设计）人
钢琴	一种用于钢琴板材的喷漆机用翻转装置	实用新型	CN202022087507.9	2021.07.20	重庆斯威特钢琴有限公司	孙家希；王海；王建华
	一种可调整的钢琴键盘信号采集结构	实用新型	CN202022971310.1	2021.07.20	鲁业斌	鲁业斌
	钢琴键盖用缓降滑道结构	实用新型	CN202022522636.6	2021.07.20	宜昌金宝乐器制造有限公司	熊南方；刘涛
	一种用于钢琴上的防尘装置	实用新型	CN202022768956.X	2021.07.23	新疆维吾尔自治区阿克	刘红梅
	一种钢琴辅助踏板	实用新型	CN202023117655.7	2021.07.23	浙江珠江德华钢琴有限公司	何建超；周江英
	一种用于钢琴脚轮的安装设备	发明专利	CN201811189694.2	2021.07.23	潍坊工程职业学院	闫雨；赵妍
	弦枕弦码点三维建模的钢琴弦码铣削加工方法	发明专利	CN201711402549.3	2021.07.27	湖北大学	胡东红；张玲；王胜；陈广；赵志刚；王平江
	一种多功能钢琴除湿器	实用新型	CN202022528682.7	2021.07.27	郑志龙	郑志龙；郑明远
	一种防潮的钢琴漆板包装结构	实用新型	CN202021943760.3	2021.07.30	杭州临安利翔新型装饰材料有限公司	陆利群
	一种立式钢琴音板的制作工艺	发明专利	CN201910355279.8	2021.08.03	北京华彩龙韵钢琴有限公司	孙炳照
	一种多功能钢琴调律扳手	实用新型	CN202022964032.7	2021.08.03	李胜利	李胜利；潘杰
	钢琴辅助踏板	外观设计	CN202130240365.2	2021.08.06	刘荣	刘荣
	一种钢琴零件的储物车	实用新型	CN202023005244.9	2021.08.06	浙江珠江德华钢琴有限公司	何建超；周江英
	钢琴压弦条	实用新型	CN202022752087.1	2021.08.10	宁波四海琴业有限公司	何四海
	一种钢琴音板加工方法	发明专利	CN202110483778.2	2021.08.10	宜昌金宝乐器制造有限公司	吴天延；罗扬；王军；黄维；邓勇；余桂权
	三角钢琴铜脚轮	外观设计	CN202130261666.3	2021.08.13	宜昌金宝乐器制造有限公司	吴天延；杨鑫银；杨超
	一种用于钢琴音色较准的工具	实用新型	CN202022943043.7	2021.08.13	辽宁科技大学	闫礁
	一种钢琴托木毡裁切设备	实用新型	CN202022571218.6	2021.08.13	广州珠江恺撒堡钢琴有限公司	何玉坚；冯锦豪；林鸣亚；梁俊昉
	一种肋木与共振板的粘接装置	实用新型	CN202022603229.8	2021.08.13	广州珠江恺撒堡钢琴有限公司	曾德良；张金奎；龚承忠
	可拆式钢琴踏脚	实用新型	CN202022764840.9	2021.08.13	宁波四海琴业有限公司	何四海
	一种具有定位功能的高稳定性音乐钢琴座	实用新型	CN202120059804.4	2021.08.13	顾琳琳	顾琳琳
	一种三角钢琴用金属立柱	实用新型	CN202022936433.1	2021.08.13	辽宁科技大学	闫礁

续表

类别	名称	专利类型	申请（专利）号	公开（公告）日	申请（专利权）人	发明（设计）人
钢琴	一种用于固定三角钢琴的外圈的支撑架	实用新型	CN202022577159.3	2021.08.13	广州珠江恺撒堡钢琴有限公司	潘启槟；郑际童
	一种制音头安装定位装置	实用新型	CN202022868336.3	2021.08.13	广州珠江恺撒堡钢琴有限公司	黄树全；何建文；卢洁；何志勇；陈国英
	一种钢琴盖缓冲装置	实用新型	CN202022936440.1	2021.08.13	辽宁科技大学	闫礁
	一种可调节的钢琴椅	实用新型	CN202120016706.2	2021.08.17	吉林师范大学	姜岩；李立平；姜柏圣
	一种钢琴琴弦装配装置	实用新型	CN202120035685.9	2021.08.20	聊城大学	刘晓亮
	一种钢琴生产板材用钻孔机	实用新型	CN202022087498.3	2021.08.24	重庆斯威特钢琴有限公司	孙家希；王海；王建华
	一种无弦轴衬圈的共鸣盘结构	实用新型	CN202023245970.8	2021.08.24	宜昌金宝乐器制造有限公司	吴天延；王军；胡翔
	一种钢琴乐谱架	实用新型	CN202022297054.2	2021.08.27	江西环境工程职业学院	黄娟
	一种钢琴盖板的锁紧结构	实用新型	CN202022630055.4	2021.08.31	洪阳	洪阳
	一种防卡键的电钢琴琴键	实用新型	CN202023276154.3	2021.08.31	晋江市锦乐电子科技有限公司	俞亮生
	一种钢琴用乐谱翻页装置	实用新型	CN202120111786.X	2021.08.31	贺瑞迪	贺瑞迪
	一种钢琴盖板夹持装置	实用新型	CN202120035731.5	2021.08.31	聊城大学	刘晓亮
	一种钢琴弦列铁板铸造中频电炉熔炼系统及方法	发明专利	CN202110600873.6	2021.09.03	宜昌金宝乐器制造有限公司	罗扬；庄联森；贺清礼；贺子洪
	钢琴琴槌及其适用的钢琴	发明专利	CN202110645462.9	2021.09.03	森兰信息科技（上海）有限公司	刘晓露；李凯文；滕杨裔
	钢琴的弦槌柄机构	实用新型	CN202023025860.0	2021.09.03	李晓勇	李晓勇
	钢琴击弦机	实用新型	CN202023172213.2	2021.09.07	广西南宁君立天翰乐器有限公司	冉小君
	一种钢琴轴架自动穿呢机	发明专利	CN201811232341.6	2021.09.07	森鹤乐器股份有限公司	张开峰；岑迪锋；胡央丹；胡建迪；罗迪
	一种钢琴压键结构	实用新型	CN202022992270.9	2021.09.07	邵阳学院	常薰匀
	一种基于聚四氟乙烯的钢琴轴架	实用新型	CN202022465375.9	2021.09.14	德清佰诺乐器有限公司	冯东园
	一种用于钢琴制作的钻孔机构	发明专利	CN202110757736.3	2021.09.14	信阳职业技术学院	李莹；周稚雅
	一种钢琴盖板加工用固定装置	实用新型	CN202022729104.X	2021.09.14	杭州双擎动力设备有限公司	王汉杰

续表

类别	名称	专利类型	申请（专利）号	公开（公告）日	申请（专利权）人	发明（设计）人
钢琴	一种制音器转台自动加工装置	实用新型	CN202021822521.2	2021.09.14	德清佰诺乐器有限公司	冯东园
	一种转击器打孔自动填装设备	实用新型	CN202021792906.9	2021.09.14	德清佰诺乐器有限公司	冯东园
	一种钢琴击弦机制音杆润滑机构	实用新型	CN202021976570.1	2021.09.14	台州市均华乐器股份有限公司	翟林杰
	一种钢琴键盖后钻槽设备	实用新型	CN202023301481.X	2021.09.17	牡丹江大学	张帅；孙龙；王欣欣
	一种立式钢琴弦槌	实用新型	CN202120170677.5	2021.09.21	嘉兴英赫曼琴业有限公司	唐泽州
	一种钢琴琴腿	实用新型	CN202022668169.8	2021.09.21	杭州昭朗五金有限公司	倪水明；张高鉴
	一种幼儿教育用的钢琴	实用新型	CN202023250850.7	2021.09.21	宁波市北仑区德恒模塑有限公司	胡刚
	一种多功能琴键盖板	实用新型	CN202023120120.5	2021.09.21	浙江珠江德华钢琴有限公司	何建超；周江英
	一种钢琴的音量调节机构	实用新型	CN202120356893.9	2021.09.24	湖北理工学院	阮琼刚
	一种弦槌毛毡的预压装置	实用新型	CN202120170912.9	2021.09.24	嘉兴英赫曼琴业有限公司	唐泽州
	一种琴键触感调节结构	实用新型	CN202022932408.6	2021.09.24	福建艾维尔科技有限公司	黄寒堂；朱海潇
	一种用于检测琴弦张力的设备	实用新型	CN202120794057.9	2021.09.24	湖州奥菲丽亚钢琴有限公司	章志星
	一种用于钢琴机芯安装的钢结构	实用新型	CN202120260060.2	2021.09.24	黄认识	黄认识
	一种音乐钢琴的音弦校准装置	发明专利	CN202110765029.9	2021.09.28	河南科技学院	程鹏
	一种击弦机结构	实用新型	CN202022933276.9	2021.09.28	福建艾维尔科技有限公司	黄寒堂；朱海潇
	一种钢琴调律机件维修工具	实用新型	CN202120236983.4	2021.09.28	东北师范大学人文学院	武国斌
	一种带节拍器的钢琴台灯	实用新型	CN202120824139.3	2021.09.28	深圳慕派科学有限公司	饶清林
	一种钢琴联动杆自动加工设备	实用新型	CN202023293582.7	2021.09.28	牡丹江大学	王雪；孙龙
	一种钢琴门板喷涂系统	实用新型	CN202022649906.X	2021.09.28	广州珠江恺撒堡钢琴有限公司	吴小群；何海浩
	一种立式钢琴击弦机联动装置	实用新型	CN202120450086.3	2021.10.08	渭南师范学院	董纾含
	一种自动升降式钢琴识谱装置	实用新型	CN202120375517.4	2021.10.08	南阳理工学院	王璐
	一种具有录音功能的钢琴节拍器	实用新型	CN202120323756.5	2021.10.08	佳木斯职业学院	韩慧

续表

类别	名称	专利类型	申请（专利）号	公开（公告）日	申请（专利权）人	发明（设计）人
钢琴	一种钢琴调整量具	实用新型	CN202120090859.1	2021.10.08	北京联合大学	张爱民；王颖科；张雁斌
	一种钢琴调整量具	实用新型	CN202120090860.4	2021.10.08	北京联合大学	张爱民；王颖科；张雁斌
	一种投影装置及其全宽幅钢琴键盘画面的投影方法	发明专利	CN202110722088.8	2021.10.15	蕉乐教育科技（上海）有限公司	贲月婷；文伊琪
	一种钢琴琴键清理装置	实用新型	CN202022291953.1	2021.10.15	张玮	张玮
	钢琴琴键间隙调整装置	实用新型	CN202120471129.6	2021.10.19	肖然	肖然
	一种钢琴调整量具	实用新型	CN202120090830.3	2021.10.22	北京联合大学	张爱民；王颖科
	钢琴调律工扳手（六边形）	外观设计	CN202130373981.5	2021.10.22	范忠云	范忠云
	一种立式钢琴顶盖撑杆结构	发明专利	CN201811213970.4	2021.10.22	潍坊工程职业学院	闫雨
	一种便于清洁的钢琴键盘盖	实用新型	CN202120459250.7	2021.10.22	郑州科技学院	窦一晗
	一种钢琴脚踩凳	实用新型	CN202120484294.5	2021.10.26	重庆青年职业技术学院	何小艳；韦慧；江可；黄雪；苑艾；陈霓
	一种钢琴键盘耐久性测试仪	实用新型	CN202120379278.X	2021.10.26	晋江贝斯特电子科技有限公司	周勇
	一种双气压杆错位交叉设置的钢琴凳	发明专利	CN202110831449.2	2021.10.26	胥申林	胥申林
	一种钢琴用可拆卸脚轮	实用新型	CN202120728268.2	2021.10.26	吉林师范大学	陈燕
	钢琴击弦机灵敏度测试仪及其工作方法	发明专利	CN202110972789.7	2021.10.26	戴昌贵	戴昌贵；密良金；戴康昕
	一种钢琴琴弦自动清灰装置	实用新型	CN202023031578.3	2021.10.26	上海乐圣乐器有限公司	胡丹越
	一种钢琴自动调音装置	发明专利	CN202110872355.X	2021.10.26	邵阳学院	常薰匀
	一种安装在钢琴马克上的定弦钮	实用新型	CN202120689563.1	2021.10.26	湖州奥菲丽亚钢琴有限公司	章志星
	一种三角钢琴弦槌	实用新型	CN202120171140.0	2021.10.26	嘉兴英赫曼琴业有限公司	唐泽州
	一种钢琴马克弦枕结构	实用新型	CN202120689728.5	2021.10.26	湖州奥菲丽亚钢琴有限公司	章志星
	四合一可置换式钢琴卡钉调节扳手	实用新型	CN202120696317.9	2021.10.29	聂幸	聂幸
	一种组合型钢琴调律扳手	实用新型	CN202120586008.6	2021.10.29	南京艺术学院	袁伟琦
	一种立式钢琴磁吸作用复位击弦机	实用新型	CN202120579317.0	2021.10.29	王咏丹	王咏丹

续表

类别	名称	专利类型	申请（专利）号	公开（公告）日	申请（专利权）人	发明（设计）人
钢琴	一种弦槌的切割装置	实用新型	CN202120170972.0	2021.10.29	嘉兴英赫曼琴业有限公司	唐泽州
	钢琴金属调音装置	实用新型	CN202120484513.X	2021.11.02	陈贵文	陈贵文
	一种三角钢琴脚轮	实用新型	CN202120929927.9	2021.11.02	宜昌金宝乐器制造有限公司	吴天延；杨鑫银；杨超
	一种能够自动调节的智能钢琴	实用新型	CN202023026793.4	2021.11.02	阳光学院	黄劭涵；李珏岚
	一种偏心定位销	实用新型	CN202022571499.5	2021.11.02	广州珠江恺撒堡钢琴有限公司	韩祎晴；许露然；招梓华；陈玉华
	一种弦槌槌楦用铣床	实用新型	CN202120171113.3	2021.11.02	嘉兴英赫曼琴业有限公司	唐泽州
	一种用于琴弦压紧的装置	实用新型	CN202120794071.9	2021.11.02	湖州奥菲丽亚钢琴有限公司	章志星
	一种具有多种功能的立式钢琴	实用新型	CN202120738739.8	2021.11.02	兰州现代职业学院	周贞
	一种具有缓冲保护结构的钢琴盖支架	实用新型	CN202120391249.5	2021.11.02	西安培华学院	赵璐阳
	一种钢琴击弦机联动器	实用新型	CN202120689562.7	2021.11.02	湖州奥菲丽亚钢琴有限公司	章志星
	一种用于钢琴演奏调音检测装置	实用新型	CN202120459642.3	2021.11.02	聊城大学	武君
	一种多功能钢琴谱架	实用新型	CN202120106785.6	2021.11.02	广东南华工商职业学院	李婵；赵玲霞
	一种便于更换的钢琴音阶尺组件	实用新型	CN202120230055.7	2021.11.02	商丘工学院	郭福平；李静；侯颖；蒋璐珍
	一种新型钢琴弹奏装置	实用新型	CN202121103575.8	2021.11.05	苟明	苟明
	一种钢琴板夹持装置	实用新型	CN202120848780.0	2021.11.09	滁州学院	秦翀；陈琛；张琳；张智博；徐从恩
	一种钢琴演奏动作检测装置	实用新型	CN202120739427.9	2021.11.12	玉溪师范学院	钱杨杰
	一种用于三角钢琴的可移动升降谱台	实用新型	CN202120043082.3	2021.11.12	辽阳职业技术学院	马姝；赵琳；朱翎嘉；胡娜；王一旋；付晨；庞惠元
	一种带有荧光的钢琴按键	实用新型	CN202120728289.4	2021.11.16	郝洁	郝洁
	一种钢琴弦码自动锯切设备	实用新型	CN202120931024.4	2021.11.16	宜昌金宝乐器制造有限公司	罗扬；庄联森；王军；黄维；张勇
	钢琴密度板螺母自动装配机设备	实用新型	CN202120464304.9	2021.11.16	东莞市纳声电子设备科技有限公司	李曾荣

续表

类别	名称	专利类型	申请（专利）号	公开（公告）日	申请（专利权）人	发明（设计）人
钢琴	一种新型铁板支撑螺栓	实用新型	CN202120930997.6	2021.11.16	宜昌金宝乐器制造有限公司	吴天延；丁威；杨超
	成人儿童均可使用的钢琴凳	实用新型	CN202120826761.8	2021.11.23	齐鲁师范学院	唐慧君
	一种钢琴用调律装置	实用新型	CN202120846645.2	2021.11.23	黄晶	黄晶
	一种钢琴键盘可调试中销钉	实用新型	CN202121524854.1	2021.11.23	夏侯肖云	夏侯肖云
	一种钢琴琴键弹奏力度调整工装	实用新型	CN202121524883.8	2021.11.26	夏侯肖云	夏侯肖云
	一种钢琴弹奏音准用便于携带的调音装置	实用新型	CN202120996848.X	2021.11.26	西安音乐学院	胡倩如
	一种钢琴弦列铁板快速换牌铸造模具结构	实用新型	CN202121103973.X	2021.11.26	宜昌金宝乐器制造有限公司	贺清礼；施屈原；黄维；王军
	一种钢琴盖板打磨抛光装置	实用新型	CN202121468463.2	2021.11.26	游小敏	游小敏
	一种钢琴铁板用吊装装置	实用新型	CN202120646445.2	2021.11.30	当阳市金诚机械制造有限公司	周权；王俊华；席洪清
	一种低重心载重大耐腐蚀耐用的钢琴专用脚轮	实用新型	CN202121674975.4	2021.11.30	三松物流设备（浙江）有限公司	沈建华
	钢琴顶盖合页的倒角装置	实用新型	CN202121698036.3	2021.11.30	宁波市北仑乐器配件制造有限公司	俞兆祥；刘浪；靳耀东
	钢琴脚轮	实用新型	CN202121698678.3	2021.11.30	宁波市北仑乐器配件制造有限公司	俞兆祥；刘浪；靳耀东
	可调式立式钢琴击弦机背档结构	实用新型	CN202120930992.3	2021.12.03	宜昌金宝乐器制造有限公司	吴天延；陈雪琴；吴福林；熊南方；周湘利；刘杰玉
	一种钢琴弦列铁板铸造中频电炉熔炼系统	实用新型	CN202121193224.0	2021.12.03	宜昌金宝乐器制造有限公司	罗扬；庄联森；贺清礼；贺子洪
	立式钢琴后键盖固定结构	实用新型	CN202121103979.7	2021.12.03	宜昌金宝乐器制造有限公司	熊南方；吕露
	一种钢琴调音用具有琴弦张力调节功能的调音器	实用新型	CN202120998698.6	2021.12.03	西安音乐学院	胡倩如
	一种便于调节的钢琴踏板	实用新型	CN202121284881.6	2021.12.07	四会市骏航五金制品有限公司	陈德乐
	一种钢琴盖板用缓冲结构	实用新型	CN202120728246.6	2021.12.07	吉林师范大学	战丽
	一种具有减震功能的钢琴移动脚轮	实用新型	CN202121284885.4	2021.12.07	四会市骏航五金制品有限公司	陈德乐
	一种防磨损钢琴弧形踏瓣	实用新型	CN202121287127.8	2021.12.07	四会市骏航五金制品有限公司	陈德乐

续表

类别	名称	专利类型	申请（专利）号	公开（公告）日	申请（专利权）人	发明（设计）人
钢琴	一种击弦机的连接结构	实用新型	CN202121265804.6	2021.12.07	李晓勇	李晓勇
	一种钢琴调律止音皮条	发明专利	CN202111147010.4	2021.12.07	陈汉杰	陈汉杰
	一种可调节高度的钢琴脚轮	实用新型	CN202121287118.9	2021.12.07	四会市骏航五金制品有限公司	陈德乐
	一种钢琴制音器	发明专利	CN202111044286.X	2021.12.10	北京卡丹萨文化艺术有限公司	张庆海
	一种新型立式钢琴踏瓣	实用新型	CN202121103972.5	2021.12.10	宜昌金宝乐器制造有限公司	熊南方；刘涛
	钢琴（DY1）	外观设计	CN202130533131.7	2021.12.10	广州珠江恺撒堡钢琴有限公司	潘启槟
	一种用于钢琴的折叠翻转式键盖	发明专利	CN202111147564.4	2021.12.10	海伦钢琴股份有限公司	陈海伦；郑之杰；贾国杰；王冬依
	钢琴（DY2）	发明专利	CN202130533117.7	2021.12.10	广州珠江恺撒堡钢琴有限公司	潘启槟；薛文乐
	一种具有击弦锤检测功能的钢琴教辅装置	实用新型	CN202121232369.7	2021.12.10	南京邮电大学	盖佳雯；朱欣岳；邹佳怡；邵曦；张汉骁；黄羿淳；方书行；徐缘；李冬阳
	一种带有隐藏式琴键盖的数字显示式钢琴琴面组件	发明专利	CN202111147783.2	2021.12.10	海伦钢琴股份有限公司	海伦；郑之杰；贾国杰；王冬依
	一种多功能的钢琴谱架	实用新型	CN202120499831.3	2021.12.10	郑州工商学院	卢茜
	一种具有缓冲保护结构的钢琴盖支架	发明专利	CN202111062207.8	2021.12.10	福建桓韵乐器有限公司	林洁；刘一楠；江玉卿
	钢琴（宝石琴）	外观设计	CN202130533116.2	2021.12.10	广州珠江恺撒堡钢琴有限公司	潘启槟；叶婉莹；吴小群
	一种用于钢琴的除尘装置	实用新型	CN202120076525.9	2021.12.10	徐州随翼互动科技发展有限公司	朱振涛
	一种钢琴盖缓冲装置	实用新型	CN202121388714.6	2021.12.14	六盘水职业技术学院	黄博
	钢琴调律辅助系统及调律方法	发明专利	CN202111041648.X	2021.12.14	北京星海钢琴集团有限公司北京乐器研究所	施伟宏；韩国芳；赵龙；张波；丁象峰；白文继
	一种钢琴肋木上大半径圆弧面的加工设备	发明专利	CN202111228572.1	2021.12.17	张牧春	张牧春
	一种钢琴背架与音板粘合机	实用新型	CN202120591102.0	2021.12.17	河北隆尼施钢琴有限公司	方扬；张大勇；李佳兴
	一种钢琴黑键自动粘贴机	发明专利	CN202111094627.4	2021.12.17	涿州东奇天华乐器科技有限公司	郭学成；文广宇；段永欢；李磊；宗建帮

续表

类别	名称	专利类型	申请（专利）号	公开（公告）日	申请（专利权）人	发明（设计）人
钢琴	三角琴装卸脚轮支撑车	实用新型	CN202120672550.3	2021.12.21	河北隆尼施钢琴有限公司	方扬；张大勇；李佳兴
	钢琴面板嵌入式花边的防皱贴合设备	发明专利	CN202111029450.X	2021.12.24	李永妮	李永妮
	一种钢琴的隐形防护装置	实用新型	CN202120558240.9	2021.12.24	艾萌阳	艾萌阳
	一种便于音乐教学使用的钢琴	实用新型	CN202121731980.4	2021.12.24	南通大学	孙光宇
	一种立式钢琴顶盖撑杆结构	实用新型	CN202121747724.4	2021.12.24	南通大学	孙光宇
	一种钢琴学习用琴键遮挡器	实用新型	CN202121747723.X	2021.12.24	南通大学	孙光宇
	一种钢琴键盖联动系统	发明专利	CN202111089137.5	2021.12.24	宁波四海琴业有限公司	何四海
	一种钢琴用便于钢琴声乐谱翻页的钢琴谱架	实用新型	CN202121118608.6	2021.12.24	郑州城市职业学院	佘华良；陈晓飞
	一种液压缓冲型钢琴琴盖用支撑结构	实用新型	CN202121755590.0	2021.12.28	河南科技学院	程鹏
	一种可拆式钢琴脚轮	实用新型	CN202121287098.5	2021.12.28	四会市骏航五金制品有限公司	陈德乐
	钢琴琴槌及其适用的钢琴	实用新型	CN202121291104.4	2021.12.28	森兰信息科技（上海）有限公司	刘晓露；李凯文；滕杨裔
	一种三角钢琴的后琴腿垫木抛光工装	实用新型	CN202121623933.8	2021.12.28	广州珠江恺撒堡钢琴有限公司	邵志超；黄耿志
	钢琴踏板感应系统	实用新型	CN202121279902.5	2021.12.28	陈兆军	陈兆军
	一种用于钢琴盖开关的缓冲装置	发明专利	CN202111169122.X	2021.12.31	九江职业大学	周昕佚；雷霄；李石岚；殷大彤；陈小雪；樊帆
	一种钢琴琴弦三孔定弦钮装置	实用新型	CN202121822697.2	2021.12.31	江西正音乐器有限公司	曾国军；李秀枝
吉他	安装吉他上弦枕的山口槽加工设备	实用新型	CN202020453628.8	2021.01.01	遵义麦格纳乐器制造有限公司	郑伟铭
	吉他颤音器	实用新型	CN202020868577.5	2021.01.01	漳州宾玮五金配件有限公司	张琮闵
	吉他柄开槽机	实用新型	CN202020275668.8	2021.01.05	湖南省永州市永晟乐器制造有限公司	姜和平
	一种用于吉他制造的定位模具	实用新型	CN202020326114.6	2021.01.05	青岛北方原野乐器有限公司	张喜圣
	用于吉他指板的压合设备	实用新型	CN202020708682.2	2021.01.05	正安显勇乐器制造有限公司	陈其霞

续表

类别	名称	专利类型	申请（专利）号	公开（公告）日	申请（专利权）人	发明（设计）人
吉他	吉他弦钮扭矩测试机	发明专利	CN201910529075.1	2021.01.05	漳浦金盛智能科技有限公司	陈金在；陈健恺；陈若妍；吴福森；张凯；姜聪龙；潘千枝
	多功能木吉他	实用新型	CN201922123327.9	2021.01.08	谈治国	谈治国
	一种可调压力吉他变调调音夹	实用新型	CN202020251706.6	2021.01.08	青岛北方原野乐器有限公司	张喜圣
	一种吉他侧边喷漆装置	实用新型	CN202020212733.2	2021.01.12	全国涛	全国涛
	一种吉他制作维修台钳	实用新型	CN202020521909.2	2021.01.19	王珊	王珊
	一种吉他加工用板材表面打磨装置	实用新型	CN202020311308.9	2021.01.29	刘华营	刘华营
	一种吉他用高效喷漆装置	实用新型	CN202020946901.0	2021.01.29	惠州市汤姆乐器有限公司	谢宝舰
	一种吉他抛光装置	实用新型	CN202020453692.6	2021.01.29	贵州音格乐器制造有限公司	蒋跃
	一种吉他加工用钻孔装置	实用新型	CN202020453655.5	2021.01.29	贵州音格乐器制造有限公司	蒋跃
	一种吉他胶合压弯装置	实用新型	CN202020454407.2	2021.01.29	贵州音格乐器制造有限公司	蒋跃
	一种吉他指板加工用木屑清理装置	实用新型	CN202020453722.3	2021.01.29	贵州音格乐器制造有限公司	蒋跃
	一种吉他制造用安全打磨装置	实用新型	CN202020453693.0	2021.02.02	贵州音格乐器制造有限公司	蒋跃
	一种吉他粘合多功能固定装置	实用新型	CN201921192215.2	2021.02.02	漳州市昱恒乐器有限公司	吴顺南
	一种新型吉他固弦锥	实用新型	CN202020818444.7	2021.02.05	贵州萨伽乐器有限公司	田家树；钱厚成；刘文杰
	一种吉他固弦锥	实用新型	CN202020818338.9	2021.02.05	贵州萨伽乐器有限公司	田家树；钱厚成；刘文杰
	一种吉他变调夹	实用新型	CN202020693636.X	2021.02.05	贵州萨伽乐器有限公司	田家树；钱厚成；刘文杰
	一种吉他制作用打磨装置	实用新型	CN202020818235.2	2021.02.05	贵州萨伽乐器有限公司	田家树；钱厚成；刘文杰
	一种吉他琴柄柄坨打磨用夹紧装置	实用新型	CN202020812777.9	2021.02.05	贵州萨伽乐器有限公司	田家树；钱厚成；刘文杰
	一种吉他用圆弧形变调夹	实用新型	CN202020693565.3	2021.02.05	贵州萨伽乐器有限公司	田家树；钱厚成；刘文杰
	用于弦乐器的可拆式弦桥	发明专利	CN201580059188.X	2021.02.09	阿奇博尔德·伊恩·杰里米·布雷恩	阿奇博尔德·伊恩·杰里米·布雷恩

续表

类别	名称	专利类型	申请（专利）号	公开（公告）日	申请（专利权）人	发明（设计）人
吉他	一种吉他面板喷漆处理装置	发明专利	CN202011134788.7	2021.02.12	江苏浩派乙乐器有限公司	王学军
	一种电吉他琴箱背弧加工装置	发明专利	CN202011048375.7	2021.02.19	广西贺州市金海乐器股份有限公司	黄韶羡
	一种吉他补强板抛光机	实用新型	CN202020888982.3	2021.02.19	漳州宾玮五金配件有限公司	张琮闵
	一种木制吉他琴颈琴体连接结构	实用新型	CN202020997985.0	2021.02.23	江苏伟希乐器制造有限公司	肖建平
	一种用于吉他的磁吸柱	实用新型	CN202021311108.X	2021.02.23	鲁子畏	鲁子畏；鲁文波；刘谦
	一种木制吉他的琴体结构	实用新型	CN202020998074.X	2021.02.23	江苏伟希乐器制造有限公司	肖建平
	吉他琴颈琴体连接结构及吉他	发明专利	CN201711286366.X	2021.02.26	广州市拿火信息科技有限公司	陆子天；钟锐；刘可颖；周汀沙；周联峰；瓦西里
	一种吉他加工用打磨装置	实用新型	CN202020672017.2	2021.02.26	解画	解画
	吉他接柄工艺	发明专利	CN201710258895.2	2021.02.26	彭进辉	彭进辉
	一种吉他边缘切削装置	实用新型	CN202020300999.2	2021.02.26	曲小娟	曲小娟
	一种吉他生产用的运输小车	实用新型	CN202021287906.3	2021.02.26	安徽哈瓦娜斯乐器制造有限公司	李涛；钱长玲
	一种古典吉他琴弦弦高调节装置	实用新型	CN202021022832.0	2021.03.09	白子童	白子童
	一种古典吉他音孔导音桶	实用新型	CN202021022834.X	2021.03.09	白子童	白子童
	吉他制作装配模具	外观设计	CN202030601330.2	2021.03.16	葛乘乾	葛乘乾
	一种吉他补强板冲压模具	实用新型	CN202020888895.8	2021.03.19	漳州宾玮五金配件有限公司	张琮闵
	一种吉他琴身打磨装置	实用新型	CN202021279050.5	2021.03.19	淮南市乐森黑马乐器有限公司	李勇；张敏；王培亮；王文君；李建华
	一种新型吉他琴颈及吉他	发明专利	CN202011388620.9	2021.03.19	淮南市九方皋科技咨询有限公司	李雅静
	一种新型可折叠的吉他	发明专利	CN202011388640.6	2021.03.23	淮南市九方皋科技咨询有限公司	李雅静
	吉他弦调音装置	外观设计	CN202030515415.9	2021.03.23	佛山市传美乐器有限公司	梁国柱
	一种吉他打磨装置	实用新型	CN202021898861.3	2021.03.26	惠州市赛雅乐器有限公司	梁杰
	一种用于吉他的抛光装置	实用新型	CN202020454330.9	2021.03.30	贵州音格乐器制造有限公司	蒋跃
	一种吉他脆性面板的不规则切料装置	发明专利	CN202011372766.4	2021.03.30	汪敏	汪敏
	一种吉他桁架音梁结构	实用新型	CN202021671229.5	2021.04.02	四会市俊韵乐器有限公司	刘少权

续表

类别	名称	专利类型	申请（专利）号	公开（公告）日	申请（专利权）人	发明（设计）人
吉他	一种吉他指板开板机	实用新型	CN202021671173.3	2021.04.02	四会市俊韵乐器有限公司	刘少权
	一种具有底部支撑结构的吉他	实用新型	CN202021639220.6	2021.04.02	福州拉维斯文化发展有限公司	廖俊伟
	一种便于移动的吉他	实用新型	CN202021603077.5	2021.04.02	福州拉维斯文化发展有限公司	廖俊伟
	新型吉他弦马模具互换工装夹具	实用新型	CN202021803630.X	2021.04.02	广东红棉乐器股份有限公司	黄毅；苏婉红；钟一艺；黄金凤
	一种吉他下码粘贴定型装置	实用新型	CN202021671191.1	2021.04.02	四会市俊韵乐器有限公司	刘少权
	一种吉他平面自动抛光装置	发明专利	CN202010383616.7	2021.04.06	淮南市乐森黑马乐器有限公司	李勇；王培亮
	一种吉他面板与琴体密封槽结构及吉他	实用新型	CN202021923584.7	2021.04.06	惠州市赛雅乐器有限公司	梁杰
	一种便于调音的吉他	实用新型	CN202021858836.2	2021.04.06	惠州市赛雅乐器有限公司	梁杰
	一种吉他柄加工用抛光装置	实用新型	CN202021201780.3	2021.04.06	薛渝	薛渝；肖亚丽
	一种吉他柄的加工装置	实用新型	CN202021683308.8	2021.04.06	贵州正安娜塔莎乐器制造有限公司	赵建峰
	一种自动加工吉他实木边条的设备	实用新型	CN202020994573.1	2021.04.09	广州市威柏乐器制造有限公司	凌建聪
	一种基于人机工学的双护手吉他	实用新型	CN202021619290.5	2021.04.09	江西美丽达乐器有限公司	余武生；陈金水；陈希高
	一种全自动加工木吉他成型侧板的设备	实用新型	CN202020995968.3	2021.04.09	广州市威柏乐器制造有限公司	凌建聪
	一种吉他自动安装装置	实用新型	CN202021619320.2	2021.04.09	江西美丽达乐器有限公司	余武生；陈金水；陈希高
	一种吉他桶背槽自动加工设备	实用新型	CN202020994564.2	2021.04.09	广州市威柏乐器制造有限公司	凌建聪
	一种吉他用琴弦防锈处理装置	实用新型	CN202021254775.9	2021.04.09	刘思念	刘思念
	一种吉他共鸣箱边缘切削装置	实用新型	CN202021619321.7	2021.04.09	江西美丽达乐器有限公司	余武生；陈金水；陈希高
	一种分体式吉他	实用新型	CN202020841226.5	2021.04.13	广州华丰乐器制造有限公司	黄振熙；曾凡正；钟士弟
	一种吉他琴颈打磨装置	实用新型	CN202020811414.3	2021.04.13	贵州萨伽乐器有限公司	田家树；钱厚成；刘文杰
	一种制作吉他柄部毛坯件的切断装置	实用新型	CN202020686455.4	2021.04.13	贵州萨伽乐器有限公司	田家树；钱厚成；刘文杰

续表

类别	名称	专利类型	申请（专利）号	公开（公告）日	申请（专利权）人	发明（设计）人
吉他	一种吉他面板的音孔加工装置	实用新型	CN202020818142.X	2021.04.13	贵州萨伽乐器有限公司	田家树；钱厚成；刘文杰
	一种琴头高周波拼接设备	实用新型	CN202020693330.4	2021.04.13	贵州萨伽乐器有限公司	田家树；钱厚成；刘文杰
	一种用于吉他面材表面处理装置	实用新型	CN202021803610.2	2021.04.13	广东红棉乐器股份有限公司	余一佳；黄毅；苏婉红；钟一艺；黄金凤
	一种吉他生产用吉他板多规格钻孔装置	实用新型	CN202020692464.4	2021.04.13	贵州萨伽乐器有限公司	田家树；钱厚成；刘文杰
	一种用于木质吉他加工的尺寸测量装置	实用新型	CN202021806493.5	2021.04.16	四会市华风乐器有限公司	潘伟明
	一种吉他面板制作的拼接装置	实用新型	CN202020713274.6	2021.04.16	正安显勇乐器制造有限公司	陈其霞
	连接结构及带有该连接结构的吉他	实用新型	CN202020808688.7	2021.04.16	广州市恒胜箱包有限公司	彭兰
	一种吉他指板品丝槽锯架	实用新型	CN202020427264.6	2021.04.16	王建超	王建超
	一种新型斜挎式木质吉他	实用新型	CN202021782280.3	2021.04.20	四会市华风乐器有限公司	潘伟明
	一种新型便携式木制吉他	实用新型	CN202021782444.2	2021.04.20	四会市华风乐器有限公司	潘伟明
	一种新型木制吉他生产加工用烘干设备	实用新型	CN202021782352.4	2021.04.20	四会市华风乐器有限公司	潘伟明
	一种吉他指板加工装置	实用新型	CN202020707395.X	2021.04.20	正安显勇乐器制造有限公司	陈其霞
	一种多功能变调吉他	实用新型	CN202021897586.3	2021.04.27	惠州市赛雅乐器有限公司	梁杰
	一种半成品吉他自动化烘干装置	发明专利	CN202110075739.9	2021.04.27	遵义市马氏吉他制造有限公司	马大树
	一种多功能变调夹	实用新型	CN202021988140.1	2021.04.27	陈秀锋	陈秀锋
	一种多功能吉他	实用新型	CN202020851421.6	2021.04.30	漳州汉旗乐器有限公司	马玉龙
	吉他琴弦辅助安装器	实用新型	CN202020708684.1	2021.04.30	正安显勇乐器制造有限公司	陈其霞
	用于吉他音箱侧壁内条的粘接辅助设备	实用新型	CN202020708700.7	2021.04.30	正安显勇乐器制造有限公司	陈其霞
	一种吉他用加工装置	实用新型	CN202020707354.0	2021.04.30	正安显勇乐器制造有限公司	陈其霞
	一种吉他生产用自动喷漆装置	实用新型	CN202020693183.0	2021.04.30	贵州萨伽乐器有限公司	田家树；钱厚成；刘文杰
	一种吉他用尼龙琴弦	实用新型	CN202021981057.1	2021.04.30	惠州市德尚乐器有限公司	钟文辉
	一种吉他加工用可调式打孔装置	实用新型	CN202020707394.5	2021.04.30	正安显勇乐器制造有限公司	陈其霞
	一种带有内置扩音器的便携折叠式吉他	发明专利	CN202110058805.1	2021.04.30	遵义市马氏吉他制造有限公司	马大树

续表

类别	名称	专利类型	申请（专利）号	公开（公告）日	申请（专利权）人	发明（设计）人
吉他	一种新型碳纤维吉他的音梁结构	实用新型	CN202022086439.4	2021.04.30	广东红棉乐器股份有限公司	余一佳；黄毅；魏尔戈；钟一艺；黄金凤
	一种吉他变调夹的夹紧机构	发明专利	CN201910981300.5	2021.05.04	深圳市伏荣科技开发有限公司	李湘驰；陈国情；林翰；蔡高佳
	一种便于更换琴弦的木吉他	发明专利	CN202110058807.0	2021.05.04	钰丰乐器（正安）有限公司	陈志濬；吴忠原
	一种吉他琴箱面板自动化打磨装置及其使用方法	发明专利	CN202110069026.1	2021.05.07	钰丰乐器（正安）有限公司	陈志濬；吴忠原
	一种吉他类乐器的辅助按弦装置	实用新型	CN202021195501.7	2021.05.07	徐正奇	徐正奇
	一种吉他侧板成型装置	实用新型	CN202020992461.2	2021.05.11	苏州市职业大学	郭南初；汤广熔
	一种吉他续弦调音设备	发明专利	CN202110192951.3	2021.05.14	深圳市红越电子科技有限公司	田江
	一种用于吉他琴头调节螺丝松紧的松紧调节装置	实用新型	CN202021982525.7	2021.05.14	惠州市赛雅乐器有限公司	梁杰
	一种吉他组装工作台	实用新型	CN202021923595.5	2021.05.14	惠州市赛雅乐器有限公司	梁杰
	用于吉他制作的板材喷漆装置	实用新型	CN202021553273.6	2021.05.18	正安县炫耀乐器制造有限公司	祝孝玉
	用于吉他合桶音孔的打磨刀头	实用新型	CN202021555199.1	2021.05.18	正安县炫耀乐器制造有限公司	祝孝玉
	一种古典吉他用网状力木结构	实用新型	CN202021920508.0	2021.05.18	遵义神曲乐器制造有限责任公司	郑传玖
	吉他琴弦清理装置	发明专利	CN202010345123.4	2021.05.18	郑州工程技术学院	邵莹；雷钢；刘冬敏；许春香；王继东；张耀祖
	一种新型吉他	实用新型	CN202022292391.2	2021.05.18	吴明勇	吴明勇
	一种吉他乐器制造用上胶装置	实用新型	CN202021555095.0	2021.05.18	正安县炫耀乐器制造有限公司	祝孝玉
	用于吉他制作的木板的抛光设备	实用新型	CN202021553317.5	2021.05.18	正安县炫耀乐器制造有限公司	祝孝玉
	一种吉他面板喷漆装置	实用新型	CN202021555113.5	2021.05.18	正安县炫耀乐器制造有限公司	祝孝玉
	用于制作吉他的木板喷漆烘干装置	实用新型	CN202021555147.4	2021.05.18	正安县炫耀乐器制造有限公司	祝孝玉
	一种吉他面板的打磨装置	实用新型	CN202021553338.7	2021.05.18	正安县炫耀乐器制造有限公司	祝孝玉

续表

类别	名称	专利类型	申请（专利）号	公开（公告）日	申请（专利权）人	发明（设计）人
吉他	一种弦乐器共振箱玻璃纤维网胶合板的制作方法	发明专利	CN201911130317.6	2021.05.18	惠州市创韵乐器有限公司	颜学军
	用于吉他合桶的加工装置	实用新型	CN202021553339.1	2021.05.18	正安县炫耀乐器制造有限公司	祝孝玉
	一种能够提高吉他音色的亮度和力度的琴枕安装结构	实用新型	CN202022200465.5	2021.05.25	郑冬云	郑冬云
	一种吉他指板自动压品机	实用新型	CN202021673757.4	2021.05.25	四会市俊韵乐器有限公司	刘少权
	一种带调音器的吉他变调夹	实用新型	CN202020996849.X	2021.05.25	金珉弘南宫圣燮	金珉弘；南宫圣燮
	吉他表漆的干式打磨台	实用新型	CN202021963992.5	2021.05.25	霸州超拨乐器有限公司	李思栋
	一种吉他指板研磨机	实用新型	CN202021973185.1	2021.05.25	霸州超拨乐器有限公司	李思栋
	一种具有全镶嵌式琴马的吉他	实用新型	CN202022426707.2	2021.05.25	大连圣约乐器有限公司	薛非
	一种吉他面板抛光打磨装置	实用新型	CN202021671196.4	2021.05.25	四会市俊韵乐器有限公司	刘少权
	一种新型民谣吉他	实用新型	CN202021671144.7	2021.05.25	四会市俊韵乐器有限公司	刘少权
	一种新型木制吉他生产用打磨装置	实用新型	CN202021782295.X	2021.05.28	四会市华风乐器有限公司	潘伟明
	一种吉他磨框机	实用新型	CN202022296419.X	2021.05.28	枣庄奥森乐器有限公司	高焕雨；董泽滨
	一种用于木制吉他加工生产的工装夹具	实用新型	CN202021795190.8	2021.05.28	四会市华风乐器有限公司	潘伟明
	一种便于调音的吉他	实用新型	CN202022146281.5	2021.05.28	福州拉维斯文化发展有限公司	廖俊伟
	一种用于吉他木板的切割装置	实用新型	CN202021982545.4	2021.05.28	惠州市赛雅乐器有限公司	梁杰
	一种用于吉他加工的抛光装置	实用新型	CN202021691379.2	2021.06.01	贵州正安娜塔莎乐器制造有限公司	赵建峰
	一种带有快速调音机构的吉他	实用新型	CN202022427817.0	2021.06.01	漳州市昱恒乐器有限公司	吴顺南
	一种吉他加工用数控加工车床	实用新型	CN202022426709.1	2021.06.01	大连圣约乐器有限公司	薛非
	一种吉他加工用加钻装置	实用新型	CN202021687806.X	2021.06.01	贵州正安娜塔莎乐器制造有限公司	赵建峰
	一种新型可滑动的松紧可调节的吉他变调夹	实用新型	CN202021441717.7	2021.06.01	中国石油大学（华东）	袁靖杰；张迎新；张淑翔；刘姜宏；陈俊宇

续表

类别	名称	专利类型	申请（专利）号	公开（公告）日	申请（专利权）人	发明（设计）人
吉他	一种新型吉他指板开槽机	实用新型	CN202022426721.2	2021.06.01	大连圣约乐器有限公司	薛非
	一种带弦保护装置的吉他	实用新型	CN202022418171.X	2021.06.01	漳州市昱恒乐器有限公司	吴顺南
	一种带有计时功能的多功能吉他	实用新型	CN202022431978.7	2021.06.01	漳州市昱恒乐器有限公司	吴顺南
	一种吉他面板压合装置	实用新型	CN202022295614.0	2021.06.01	枣庄奥森乐器有限公司	高焕雨；董泽滨
	一种附带手鼓的吉他	实用新型	CN202022427798.1	2021.06.01	漳州市昱恒乐器有限公司	吴顺南
	一种吉他用快速定位打孔装置	实用新型	CN202021678057.4	2021.06.01	贵州正安娜塔莎乐器制造有限公司	赵建峰
	一种吉他指板加工用木屑清理装置	实用新型	CN202021674508.7	2021.06.01	贵州正安娜塔莎乐器制造有限公司	赵建峰
	一种吉他侧边自喷漆装置	实用新型	CN202021733619.0	2021.06.01	遵义神曲乐器制造有限责任公司	郑传玖；张维义
	一种便于更换弦的新型吉他	实用新型	CN202022421212.0	2021.06.01	漳州市昱恒乐器有限公司	吴顺南
	一种琴柄折叠式吉他	实用新型	CN202021984129.8	2021.06.01	惠州市赛雅乐器有限公司	梁杰
	一种多功能的吉他	实用新型	CN202022171536.3	2021.06.04	福州拉维斯文化发展有限公司	廖俊伟
	一种具有防撞结构的吉他	实用新型	CN202022178197.1	2021.06.04	福州拉维斯文化发展有限公司	廖俊伟
	一种具有新型吉他琴头的吉他	实用新型	CN202022196283.5	2021.06.04	福州拉维斯文化发展有限公司	廖俊伟
	一种轻便的新型变调夹	实用新型	CN202022461321.5	2021.06.04	深圳市阿诺玛乐器有限公司	陈海华
	一种吉他指板打孔装置	发明专利	CN202110126149.4	2021.06.04	广州华丰乐器制造有限公司	黄振熙；李宗武；钟士弟
	一种便于测量吉他琴颈曲度的装置	发明专利	CN202110351463.2	2021.06.04	连城县凯琳乐器销售有限公司	邱聪灵
	一种吉他的琴体内回线结构	实用新型	CN202021898863.2	2021.06.08	惠州市赛雅乐器有限公司	梁杰
	一种高音质单板民谣吉他	实用新型	CN202022295617.4	2021.06.08	枣庄奥森乐器有限公司	高焕雨；董泽滨
	一种低把位舒适演奏型琴颈	实用新型	CN202022422233.4	2021.06.08	大连圣约乐器有限公司	薛非
	吉他侧边喷漆装置	实用新型	CN202021964251.9	2021.06.08	霸州超拨乐器有限公司	李思栋
	一种吉他边缘切削装置	实用新型	CN202021187138.4	2021.06.11	阜阳天乐游乐设备有限公司	聂银彪
	一种吉他的制作方法	发明专利	CN202110068493.2	2021.06.11	广东玛丁尼乐器文化股份有限公司	汪宏齐
	一种吉他琴轴	实用新型	CN202020408968.9	2021.06.15	蒋联合	蒋联合

续表

类别	名称	专利类型	申请（专利）号	公开（公告）日	申请（专利权）人	发明（设计）人
吉他	一种吉他指板表面打磨处理装置	实用新型	CN202021465566.9	2021.06.15	徐州音象乐器有限公司	张松
	一种吉他指板粘合装置	实用新型	CN202022295605.1	2021.06.15	枣庄奥森乐器有限公司	高焕雨；董泽滨
	一种吉他指板品线倒角装置	实用新型	CN202021448959.9	2021.06.15	徐州音象乐器有限公司	张松
	一种方便使用的吉他变调夹	实用新型	CN202022427805.8	2021.06.22	漳州市昱恒乐器有限公司	吴顺南
	一种便携式折叠旅行吉他	实用新型	CN202021464371.2	2021.06.25	徐州音象乐器有限公司	张松
	一种可拆卸组装吉他琴箱模具	实用新型	CN202021466879.6	2021.06.25	徐州音象乐器有限公司	张松
	一种吉他指板品线按压装置	实用新型	CN202021448958.4	2021.06.25	徐州音象乐器有限公司	张松
	一种吉他侧板用切割设备	实用新型	CN202022422270.5	2021.06.25	大连圣约乐器有限公司	薛非
	一种吉他指板品线压截切装置	实用新型	CN202021449073.6	2021.06.25	徐州音象乐器有限公司	张松
	一种吉他琴箱演奏手拍鼓	实用新型	CN202021466912.5	2021.06.25	徐州音象乐器有限公司	张松
	一种吉他下码拉弦吸附粘合结构	实用新型	CN202021465709.6	2021.06.25	徐州音象乐器有限公司	张松
	一种吉他侧板弯边加热定型结构	实用新型	CN202021454840.2	2021.06.25	徐州音象乐器有限公司	张松
	一种用于吉他加工的木料预处理设备	实用新型	CN202022447474.4	2021.06.29	漳州市昱恒乐器有限公司	吴顺南
	一种吉他琴颈定位打孔开槽设备	实用新型	CN202022422268.8	2021.06.29	大连圣约乐器有限公司	薛非
	一种吉他加工用的环保喷涂设备	实用新型	CN202022447492.2	2021.06.29	漳州市昱恒乐器有限公司	吴顺南
	一种吉他共鸣箱结构	实用新型	CN202022441331.2	2021.07.20	泰兴市琴海乐器有限公司	何琴；翁剑
	一种方便使用乐谱的吉他	实用新型	CN202021949072.8	2021.07.20	泰兴市佳缘乐器有限公司	闾建兵
	一种吉他琴颈角度调节装置	实用新型	CN202022441333.1	2021.07.20	泰兴市琴海乐器有限公司	何琴；翁剑
	一种用于吉他柄的机器人式自动加工设备	实用新型	CN202022992048.9	2021.07.20	惠州市晨升乐器有限公司	赖新辉
	一种吉他侧边自喷漆装置	实用新型	CN202022303881.8	2021.07.23	枣庄奥森乐器有限公司	高焕雨；董泽滨
	一种便于取用的吉他拨片	实用新型	CN202022202425.4	2021.07.23	常州格势文化科技有限公司	张博涵；沈友林；陈帮龙
	一种结构稳定的吉他	实用新型	CN202022192642.X	2021.07.23	常州格势文化科技有限公司	张博涵；沈友林；陈帮龙

续表

类别	名称	专利类型	申请（专利）号	公开（公告）日	申请（专利权）人	发明（设计）人
吉他	一种能够在吉他上产生军鼓音效的装置	发明专利	CN202110486167.3	2021.07.23	连城县凯琳乐器销售有限公司	邱聪灵
	一种吉他打磨装置	实用新型	CN202021279074.0	2021.07.23	淮南市乐森黑马乐器有限公司	李勇；张敏；王培亮；王文君；李建华
	一种琴箱和琴颈的连接机构	实用新型	CN202022190251.4	2021.07.23	常州格势文化科技有限公司	张博涵；沈友林；陈帮龙
	一种便于连接的琴箱面板	实用新型	CN202022202484.1	2021.07.23	常州格势文化科技有限公司	张博涵；沈友林；陈帮龙
	一种长有效弦长的小尺寸吉他	实用新型	CN202021459578.0	2021.07.27	高振波	高振波
	带有可调节角度的支撑托的吉他指板	实用新型	CN202022990903.2	2021.07.27	霸州超拨乐器有限公司	李思栋
	吉他琴颈的内部结构	实用新型	CN202022990905.1	2021.07.27	霸州超拨乐器有限公司	李思栋
	一种吉他智能自动钻孔装置	实用新型	CN202022694910.8	2021.07.30	湖南省泰源乐器有限公司	邹建和
	吉他上弦枕	外观设计	CN202130040199.1	2021.07.30	HOSCO株式会社	细川真史
	一种吉他专用调音器	实用新型	CN202023091111.8	2021.08.03	信阳农林学院	孙羽佳；赵展；张幼乔；韩康；叶瑾；曾珠；郜若霖；李依然
	吉他调律机器人	发明专利	CN202110493281.9	2021.08.03	福建省泉州市培元中学	吴佳娴
	一种用于吉他侧边加工的导向挤压装置	发明专利	CN202110542794.4	2021.08.06	长沙国金机械科技有限公司	曹仁菊
	一种吉他扶手自动切割设备	实用新型	CN202022919374.7	2021.08.06	惠州市晨升乐器有限公司	赖新辉
	一种吉他面板打磨装置	实用新型	CN202022670328.8	2021.08.06	尚霖乐器（宿迁）有限公司	刘伟
	一种新型分块闷音带	实用新型	CN202022405771.2	2021.08.06	周有涛	周有涛
	一种带有内置扩音器的便携折叠式吉他	实用新型	CN202022917102.3	2021.08.10	惠州市晨升乐器有限公司	赖新辉
	一种吉他手柄精细加工设备	实用新型	CN202022695695.3	2021.08.10	湖南省泰源乐器有限公司	邹建和
	一种用于吉他的新型除尘装置	实用新型	CN202022694857.1	2021.08.13	湖南省泰源乐器有限公司	邹建和
	一种吉他生产用烤漆装置	实用新型	CN202022422331.8	2021.08.17	大连圣约乐器有限公司	薛非
	一种吉他用的外部抛光机	实用新型	CN202022422334.1	2021.08.17	大连圣约乐器有限公司	薛非
	一种吉他生产用侧面加工装置	发明专利	CN202110631852.0	2021.08.17	贵州萨伽乐器有限公司	田家树

续表

类别	名称	专利类型	申请（专利）号	公开（公告）日	申请（专利权）人	发明（设计）人
吉他	一种便携式声乐伴奏器	实用新型	CN202120088331.0	2021.08.20	成都大学	杨颖
	一种吉他快速烘干房	实用新型	CN202023009276.6	2021.08.20	文华丽	文华丽
	变调夹	发明专利	CN202180000666.5	2021.08.20	深圳市伏荣科技开发有限公司	李卫
	一种碳纤维吉他共鸣箱的制作方法	发明专利	CN202110508587.7	2021.08.20	惠州市众威特碳纤维制品有限公司	程麒
	一种吉他面板及吉他	实用新型	CN202023281029.1	2021.08.24	广州市桐馨乐器制造有限公司	汪锋华
	一种便于在吉他上模仿日本筝的音效的装置	发明专利	CN202110590503.9	2021.08.24	连城县凯琳乐器销售有限公司	邱聪灵
	一种吉他面板结构	实用新型	CN202022577598.4	2021.08.24	贵州正安娜塔莎乐器制造有限公司	赵建峰；卢旭东；徐博；徐文武
	一种在收纳时具有琴弦保护功能的吉他	实用新型	CN202023252695.2	2021.08.27	汉中哈瓦娜乐器文化有限公司	蔡国强
	一种具有较长使用寿命的吉他	实用新型	CN202022929238.6	2021.08.31	惠州市晨升乐器有限公司	赖新辉
	一种具有扩音功能的木吉他	实用新型	CN202022924379.9	2021.08.31	惠州市晨升乐器有限公司	赖新辉
	一种具有散热功效的吉他	实用新型	CN202022938686.2	2021.08.31	惠州市晨升乐器有限公司	赖新辉
	一种吉他琴弦更换辅助装置	实用新型	CN202023092391.4	2021.09.03	信阳农林学院	赵展；张幼乔；韩康；叶瑾；曾珠；郜若霖；李依然；孙羽佳
	一种吉他喷漆装置	实用新型	CN202023018001.9	2021.09.07	文华丽	文华丽
	一种吉他指板固定装置	发明专利	CN201910577702.9	2021.09.17	山东中艺音美器材有限公司	田琛；周静
	一种新型吉他	实用新型	CN202022951196.6	2021.09.17	惠州市晨升乐器有限公司	赖新辉
	一种音孔音梁延长的吉他	实用新型	CN202022991161.5	2021.09.17	惠州市晨升乐器有限公司	赖新辉
	一种便于调节的新型吉他	实用新型	CN202022917100.4	2021.09.21	惠州市晨升乐器有限公司	赖新辉
	一种具有稳定结构的尤克里里吉他	实用新型	CN202022936634.1	2021.09.24	惠州市晨升乐器有限公司	赖新辉
	一种无线连接的智能吉他	实用新型	CN202022147209.4	2021.09.24	惠州市奇尔瑞乐器有限公司	帅应开
	一种吉他用可调琴码	实用新型	CN202120096285.9	2021.09.28	河北民族师范学院	贾志伟
	一种多功能无头木吉他	实用新型	CN202022940091.0	2021.09.28	杭州知乐数码科技有限公司	林建翔
	一种吉他指板磨削装置	实用新型	CN202023251052.6	2021.09.28	汉中哈瓦娜乐器文化有限公司	蔡国强
	一种便于对背带进行定位的碳纤维吉他	实用新型	CN202120115516.6	2021.10.08	遵义市马氏吉他制造有限公司	马大树

续表

类别	名称	专利类型	申请（专利）号	公开（公告）日	申请（专利权）人	发明（设计）人
吉他	一种带有计时功能的多功能吉他	实用新型	CN202120118624.9	2021.10.08	遵义市马氏吉他制造有限公司	马大树
	一种带有内置扩音器的便携折叠式吉他	实用新型	CN202120115508.1	2021.10.08	遵义市马氏吉他制造有限公司	马大树
	一种用于吉他接板的自动化开缝装置	实用新型	CN202120130235.8	2021.10.08	遵义市马氏吉他制造有限公司	马大树
	一种便于轻松调节背带长度的圆背吉他	实用新型	CN202120118658.8	2021.10.08	遵义市马氏吉他制造有限公司	马大树
	一种带有电子元件固定结构的吉他	实用新型	CN202120118609.4	2021.10.08	遵义市马氏吉他制造有限公司	马大树
	一种吉他侧板整体一次性成型装置	实用新型	CN202023240881.4	2021.10.08	贵州正安娜塔莎乐器制造有限公司	赵建峰；卢旭东；徐博；徐文武
	一种弦类乐器的琴弦防锈处理装置	实用新型	CN202023040216.0	2021.10.15	上海乐圣乐器有限公司	胡丹越
	一种吉他生产中使用的集尘装置	发明专利	CN202110905452.4	2021.10.19	贵州贝加尔乐器有限公司	赵山
	一种吉他生产用边框成型装置	发明专利	CN202110543112.1	2021.10.19	长沙国金机械科技有限公司	曹仁菊
	一种能够在吉他上拉奏类似提琴音效的琴弓	发明专利	CN202110380704.6	2021.10.19	连城县凯琳乐器销售有限公司	邱聪灵
	一种琴弦清理保养装置	实用新型	CN202023031648.5	2021.10.26	上海乐圣乐器有限公司	胡丹越
	一种吉他柄的调整铁芯装置	实用新型	CN202022752558.9	2021.10.26	湖南省永州市永晟乐器制造有限公司	潘赟
	一种利用木屑废料制造吉他面板的装置	实用新型	CN202022752484.9	2021.10.26	湖南省永州市永晟乐器制造有限公司	潘赟
	一种吉他配件的加工用快速装夹设备	发明专利	CN202110916073.5	2021.10.22	贵州贝加尔乐器有限公司	赵山
	一种吉他制造用安全打磨装置	实用新型	CN202022758881.7	2021.10.26	湖南省永州市永晟乐器制造有限公司	潘赟
	一种吉他琴颈弧度调整装置	实用新型	CN202022758865.8	2021.10.26	湖南省永州市永晟乐器制造有限公司	潘赟
	一种可自动调节吉他面板厚度的制造装置	实用新型	CN202022752505.7	2021.10.26	湖南省永州市永晟乐器制造有限公司	潘赟
	一种吉他制造用抛光装置	实用新型	CN202022752476.4	2021.10.26	湖南省永州市永晟乐器制造有限公司	潘赟
	基于机器视觉的吉他成品检测方法及检测系统	发明专利	CN202110854116.1	2021.10.29	格锐达（苏州）智能科技有限公司	江超

续表

类别	名称	专利类型	申请（专利）号	公开（公告）日	申请（专利权）人	发明（设计）人
吉他	一种便于更换琴弦的吉他	实用新型	CN202022990897.0	2021.11.02	泰兴市宏轩乐器有限公司	黄为民；翁艮平；李桂美
	一种民谣吉他用琴弦组件	实用新型	CN202022773156.7	2021.11.02	仇海枫	仇海枫
	一种吉他柄料取材拼接方法	发明专利	CN201910822867.8	2021.11.02	宁波海宇科技有限公司	俞军
	一种便于调节夹持范围的吉他变调夹	实用新型	CN202120062311.6	2021.11.02	浙江越秀外国语学院	杨静
	一种吉他指板加工用拉槽设备	发明专利	CN202110895924.2	2021.11.05	贵州贝加尔乐器有限公司	赵山
	一种用于生产吉他的自动化生产设备及加工方法	发明专利	CN202110895744.4	2021.11.05	贵州正安娜塔莎乐器制造有限公司	赵建峰
	一种吉他用变调夹	实用新型	CN202120679770.9	2021.11.09	东北电力大学	寇恩赫；张艺潆；田原媛
	一种可拆卸和折叠的静音吉他	实用新型	CN202120609404.6	2021.11.09	广州力稳乐器有限公司	梁泽敏
	一种旅行便携式吉他	实用新型	CN202120790315.6	2021.11.09	淮南市乐森黑马乐器有限公司	李勇；张敏；王培亮；王文君；李建华
	一种发光吉他	实用新型	CN202120735140.9	2021.11.09	淮南市乐森黑马乐器有限公司	李勇；张敏；王培亮；王文君；李建华
	一种新型具有调节功能的吉他	实用新型	CN202022954670.0	2021.11.09	汉中哈瓦娜乐器文化有限公司	蔡国强
	一种具有降温功能的吉他	实用新型	CN202022957291.7	2021.11.09	汉中哈瓦娜乐器文化有限公司	蔡国强
	一种镂空式吉他琴头加工设备	实用新型	CN202022752485.3	2021.11.09	湖南省永州市永晟乐器制造有限公司	潘赟
	一种方便使用乐谱的吉他	实用新型	CN202120735139.6	2021.11.09	淮南市乐森黑马乐器有限公司	李勇；张敏；王培亮；王文君；李建华
	一种吉他的智能调音装置及智能调音方法	发明专利	CN201810284330.6	2021.11.09	胡遵华	胡遵华
	一种多功能吉他	发明专利	CN202110949109.X	2021.11.09	惠州市恩雅乐器有限公司	胡海明
	封闭式上弦枕吉他	实用新型	CN202120677831.8	2021.11.09	广州飞乐乐器有限公司	周波
	一种防水性好的吉他	实用新型	CN202120790550.3	2021.11.09	淮南市乐森黑马乐器有限公司	李勇；张敏；王培亮；王文君；李建华

续表

类别	名称	专利类型	申请（专利）号	公开（公告）日	申请（专利权）人	发明（设计）人
吉他	一种音效效果好的吉他	实用新型	CN202120790511.3	2021.11.09	淮南市乐森黑马乐器有限公司	李勇；张敏；王培亮；王文君；李建华
	一种吉他面板压合装置	实用新型	CN202023331753.0	2021.11.12	广州市桐馨乐器制造有限公司	汪锋华
	一种随音律联动的品位可视吉他	实用新型	CN202022748795.8	2021.11.12	湖北文理学院理工学院	骆小青；王娟；张素香；王凯；张高芬；黄金秋
	一种吉他面板拼板机	实用新型	CN202023287354.9	2021.11.12	广州市桐馨乐器制造有限公司	汪锋华
	吉他琴头成型及钻眼设备	实用新型	CN202120361614.8	2021.11.16	可尔特乐器（大连）有限公司	金东植；王鹏
	吉他琴鼻块切割设备	实用新型	CN202120358576.0	2021.11.16	可尔特乐器（大连）有限公司	金东植；王鹏
	吉他琴头商标粘结定位模具	实用新型	CN202120348673.1	2021.11.16	可尔特乐器（大连）有限公司	金东植；王鹏
	吉他琴颈支架杆槽加工设备	实用新型	CN202120358302.1	2021.11.16	可尔特乐器（大连）有限公司	金东植；王鹏
	一种能够在吉他上拉奏类似提琴音效的琴弓	实用新型	CN202120719021.4	2021.11.19	连城县凯琳乐器销售有限公司	邱聪灵
	一种便于模仿苏格兰风笛音效的吉他拨片	实用新型	CN202120874511.1	2021.11.19	连城县凯琳乐器销售有限公司	邱聪灵
	一种能够在吉他上产生军鼓音效的装置	实用新型	CN202120933523.7	2021.11.23	连城县凯琳乐器销售有限公司	邱聪灵
	一种吉他喷漆室	实用新型	CN202120660466.X	2021.11.23	雅歌乐器（漳州）有限公司	吕孟哲
	一种吉他调音旋臂	实用新型	CN202121172826.8	2021.11.23	南京工程学院	谭程苓；睢瑞航；李运琦
	一种上枕定位精准的吉他结构	实用新型	CN202121120409.9	2021.11.23	贵州正安娜塔莎乐器制造有限公司	赵建峰
	一种适用于吉他演奏用拨弦片	实用新型	CN202120653528.4	2021.11.26	上海康迅乐器有限公司	康乐
	多功能一体化智能吉他	发明专利	CN202111031392.4	2021.11.26	惠州市恩雅乐器有限公司	胡海明
	一种无植入式预应力琴颈的古典吉他	实用新型	CN202121647071.2	2021.11.30	韩山师范学院	张倩霖；周天星
	一种吉他外框定型装置	实用新型	CN202121098609.9	2021.11.30	泰兴市美音乐器有限公司	殷飞；殷志荣
	一种基于吉他生产用的胶水定量自动配比装置	实用新型	CN202121098597.X	2021.12.03	泰兴市美音乐器有限公司	殷飞；殷志荣

续表

类别	名称	专利类型	申请（专利）号	公开（公告）日	申请（专利权）人	发明（设计）人
吉他	一种变调夹	发明专利	CN202111083345.4	2021.12.03	茹侃俊	茹侃俊
	一种弦乐器用调弦机构及该弦乐器	实用新型	CN202120635079.0	2021.12.03	薛彬	薛彬
	一种用于吉他调弦座壳加工的定位模具	实用新型	CN202120779288.2	2021.12.07	漳州宾玮五金配件有限公司	张琮闵；陈金再
	一种用于吉他接板的开缝装置	实用新型	CN202120142521.6	2021.12.07	遵义市马氏吉他制造有限公司	马大树
	一种方便调节丝弦的吉他	实用新型	CN202121128192.6	2021.12.07	雅歌乐器（漳州）有限公司	吕孟哲
	吉他接柄结构	实用新型	CN202120582143.3	2021.12.07	广州市韵德赋乐器贸易有限公司	曾乐然
	一种具有稳定结构的尤克里里吉他	实用新型	CN202120118108.6	2021.12.07	钰丰乐器（正安）有限公司	陈志濬；吴忠原
	一种用于吉他胴口槽的三轴加工装置	实用新型	CN202121725412.3	2021.12.10	广州市威柏乐器制造有限公司	凌建聪
	一种自动加工木柄外形准孔的三轴加工装置	实用新型	CN202121575014.8	2021.12.10	广州市威柏乐器制造有限公司	贾刚
	一种自动加工木吉他桶侧板成型装置	实用新型	CN202121567086.8	2021.12.10	广州市威柏乐器制造有限公司	贾刚
	吉他侧板固定装置	实用新型	CN202121367293.9	2021.12.14	广州市鸣雅玛丁尼乐器制造有限公司	汪宏齐
	一种带声控节奏灯光的吉他	实用新型	CN202121244307.8	2021.12.14	曾少青	曾少青
	一种吉他箱	实用新型	CN202120472531.6	2021.12.14	广州市鸣雅玛丁尼乐器制造有限公司	汪宏齐
	一种吉他侧板制作成型装置	实用新型	CN202121098605.0	2021.12.17	泰兴市美音乐器有限公司	殷飞；殷志荣
	适用于多种形状吉他内带粘接设备	实用新型	CN202120361736.7	2021.12.17	可尔特乐器（大连）有限公司	金东植；王鹏
	一种具有散热功能的吉他	实用新型	CN202121127561.X	2021.12.21	雅歌乐器（漳州）有限公司	吕孟哲
	一种多功能吉他	实用新型	CN202120890200.4	2021.12.21	雅歌乐器（漳州）有限公司	吕孟哲
	一种用于吉他后盖板槽的三轴加工装置	实用新型	CN202121725432.0	2021.12.24	广州市威柏乐器制造有限公司	凌建聪
	一种吉他共振效果器	实用新型	CN202120840431.4	2021.12.28	深圳市搜罗乐器有限公司	欧阳斌
	一种吉他调节器的安装结构	实用新型	CN202120843305.4	2021.12.28	深圳市搜罗乐器有限公司	欧阳斌
	一种吉他边缘切削装置	实用新型	CN202120649809.2	2021.12.28	林丽玲	林丽玲
	一种吉他辅助按弦装置	实用新型	CN202121098595.0	2021.12.28	泰兴市美音乐器有限公司	殷飞；殷志荣

续表

类别	名称	专利类型	申请（专利）号	公开（公告）日	申请（专利权）人	发明（设计）人
吉他	一种具有防尘除尘功能的音乐教学用吉他架	实用新型	CN202120358984.6	2021.12.28	江苏朗晟激光科技有限公司	吴金明
	一种全自动加工吉他桶镶边槽设备	实用新型	CN202121817068.0	2021.12.31	贵州正安娜塔莎乐器制造有限公司	赵建峰
	一种吉他指板生产用多工位磨削机	实用新型	CN202121838946.7	2021.12.31	贵州正安娜塔莎乐器制造有限公司	赵建峰
	一种吉他生产加工用数控加工车床	实用新型	CN202121781811.1	2021.12.31	贵州正安娜塔莎乐器制造有限公司	赵建峰
	吉他	实用新型	CN202120958429.7	2021.12.31	广州市拿火信息科技有限公司	陆子天；钟蔚
	吉他琴头（银杏叶）	外观设计	CN202130570275.X	2021.12.31	曹学良	曹学良
提琴	小提琴琴弦自动张紧装置	实用新型	CN202020795959.X	2021.01.05	陈天奇	陈天奇
	一种吸附型小提琴把位贴	实用新型	CN202020485093.2	2021.01.12	广州世祥教育科技有限公司	林鼎翔
	一种大提琴包装运输设备	发明专利	CN202011003044.1	2021.01.15	杜艳华	杜艳华
	一种无音柱双音梁提琴	实用新型	CN202021677533.0	2021.01.29	苏州礼乐乐器股份有限公司	金海鸥；吴念博；何新喜；朱信智；李碧英；杨萍
	一种小提琴调弦装置	实用新型	CN202021098219.7	2021.02.02	淮阴师范学院	冯玉伟
	一种小提琴生产用面板喷漆装置	实用新型	CN202020343759.0	2021.02.05	全国涛	全国涛
	一种小提琴面板喷漆用烘干装置	实用新型	CN202020252871.3	2021.02.05	全国涛	全国涛
	一种带有防撞击功能的琴盒	实用新型	CN202020556912.8	2021.02.09	泰兴市鸿缘乐器有限公司	周伟；王丹
	一种可调试音质的中提琴	实用新型	CN202020562151.7	2021.02.09	泰兴市鸿缘乐器有限公司	周伟；王丹
	一种上窄下宽的低音提琴	发明专利	CN202011352406.8	2021.02.12	杨夏	杨夏
	提琴弱音器	外观设计	CN202030472782.5	2021.02.26	广州卡派尔乐器有限公司	庞善锋
	一种提琴拉弦板	实用新型	CN202021377078.2	2021.03.02	鞠浩	鞠浩
	一种小提琴弱音器	实用新型	CN202020275759.1	2021.03.05	姜梓岚	姜梓岚
	一种低音大提琴保养用打蜡设备	实用新型	CN202021431872.0	2021.03.23	苏州尼尔颂提琴有限公司	陈亚荣
	一种小提琴运弓引导器	实用新型	CN202021998090.5	2021.03.30	泰兴市通灵乐器有限公司	殷建设；殷秀婷；唐惠芳
	一种方便调节的小提琴肩托	实用新型	CN202021998064.2	2021.03.30	泰兴市通灵乐器有限公司	殷建设；殷秀婷；唐惠芳
	一种具有弱音和弓直功能的小提琴配件	实用新型	CN202022028628.6	2021.04.02	丁徐畅	丁徐畅

续表

类别	名称	专利类型	申请（专利）号	公开（公告）日	申请（专利权）人	发明（设计）人
提琴	一种可调式大提琴结构	实用新型	CN202021998108.1	2021.04.02	泰兴市通灵乐器有限公司	殷建设；殷秀婷；唐惠芳
	一种大提琴制作用板材打磨设备	实用新型	CN202021706637.X	2021.04.06	泰兴市维凯纳乐器有限公司	闫建海；闫宥翔；闫婵
	一种小提琴肩托	实用新型	CN202021709669.5	2021.04.06	泰兴市维凯纳乐器有限公司	闫建海；闫宥翔；闫婵
	一种用于小提琴腮托垫套结构	实用新型	CN202021617664.X	2021.04.06	运城幼儿师范高等专科学校	李婷
	一种防脱落的小提琴用琴弦紧度调节装置	实用新型	CN202021363196.8	2021.04.06	湖南文理学院	蒋笑一
	一种新型小提琴握弓器	实用新型	CN202021706806.X	2021.04.06	泰兴市维凯纳乐器有限公司	闫建海；闫宥翔；闫婵
	一种舒适性高的小提琴用肩托装置	实用新型	CN202021363185.X	2021.04.06	湖南文理学院	蒋笑
	一种小提琴用的琴枕结构	实用新型	CN202021201080.4	2021.04.06	上饶师范学院	汪鹭
	一种小提琴用琴弦调整结构	实用新型	CN202021302161.3	2021.04.09	上饶师范学院	汪鹭
	一种小提琴面板表面刷漆装置	实用新型	CN202020354096.2	2021.04.09	刘华营	刘华营
	提琴音柱安装器	外观设计	CN202030670248.5	2021.04.09	武麟	武麟
	一种小提琴调音装置	实用新型	CN202021176067.8	2021.04.13	湖北科技学院	李阳
	一种不需要修削的提琴琴马	实用新型	CN202020523043.9	2021.04.16	蔡平安	蔡平安；蔡晨璐
	一种方便固定的小提琴表演用肩托	实用新型	CN202021506438.4	2021.04.16	山西工商学院	霍斐
	一种五弦低音提琴	发明专利	CN202110046313.0	2021.04.30	杨夏	杨夏
	一种新型提琴自动生产线的定位模具结构	实用新型	CN202021802413.9	2021.04.30	广东红棉乐器股份有限公司	余一佳；黄毅；钟一艺；黄金凤
	一种音柱及具有其的提琴和乐器	发明专利	CN202110023823.6	2021.05.04	张东坚	张东坚
	一种小提琴琴弦安装结构	实用新型	CN202020745800.7	2021.05.07	王希	王希；冯浩耘；董岳磊；张文珠
	一种用于低音大提琴演奏的肩托结构	实用新型	CN202021431873.5	2021.05.11	苏州尼尔颂提琴有限公司	陈亚荣
	一种小提琴面板抛光用固定装置	实用新型	CN202021998075.0	2021.05.14	泰兴市通灵乐器有限公司	殷建设；殷秀婷；唐惠芳

续表

类别	名称	专利类型	申请（专利）号	公开（公告）日	申请（专利权）人	发明（设计）人
提琴	一种大提琴着地支撑装置	实用新型	CN202021999458.X	2021.05.14	泰兴市通灵乐器有限公司	殷建设；殷秀婷；唐惠芳
	一种小提琴组装用工作台	实用新型	CN202021999456.0	2021.05.14	泰兴市通灵乐器有限公司	殷建设；殷秀婷；唐惠芳
	一种小提琴面板加工用固定装置	实用新型	CN202021999423.6	2021.05.14	泰兴市通灵乐器有限公司	殷建设；殷秀婷；唐惠芳
	一种小提琴琴头加工用锁紧装置	实用新型	CN202021998112.8	2021.05.14	泰兴市通灵乐器有限公司	殷建设；殷秀婷；唐惠芳
	一种简易式小提琴	实用新型	CN202021999425.5	2021.05.14	泰兴市通灵乐器有限公司	殷建设；殷秀婷；唐惠芳
	小提琴琴颈修复粘合压紧卡具	实用新型	CN202021999389.2	2021.05.14	泰兴市通灵乐器有限公司	殷建设；殷秀婷；唐惠芳
	一种用于小提琴制作的夹持放置装置	实用新型	CN202021998073.1	2021.05.14	泰兴市通灵乐器有限公司	殷建设；殷秀婷；唐惠芳
	一种防晃动的小提琴存放装置	实用新型	CN202021999424.0	2021.05.14	泰兴市通灵乐器有限公司	殷建设；殷秀婷；唐惠芳
	一种便于调节固定腮托位置的小提琴用肩托	实用新型	CN202022042820.0	2021.05.18	武强县海艺乐器有限公司	杨丙田
	一种具有防摔功能的小提琴用箱包	实用新型	CN202022058599.8	2021.05.18	武强县海艺乐器有限公司	杨丙田
	一种固定效果好的小提琴用肩托装置	实用新型	CN202022107849.2	2021.05.18	宜春职业技术学院（宜春市技术工人学校）	饶丽
	一种小提琴拉弦装置	实用新型	CN202022114406.6	2021.06.01	宝鸡市创惠新材料科技股份有限公司	郭龙会
	一种小提琴肩托	实用新型	CN202021175201.2	2021.06.01	湖北科技学院	李阳
	一种小提琴生产用上漆装置	实用新型	CN202021998086.9	2021.06.01	泰兴市通灵乐器有限公司	殷建设；殷秀婷；唐惠芳
	一种可防止撑脚杆滑脱的大提琴	发明专利	CN202110168098.1	2021.06.04	泰兴市乐泰乐器有限公司	邵小佳；丁震；邵明
	一种多功能小提琴琴弓	实用新型	CN202021656737.6	2021.06.04	泰州裕泰乐器有限公司	王庆华；杨倩
	一种改进的小提琴琴马	实用新型	CN202021656675.9	2021.06.04	泰州裕泰乐器有限公司	王庆华；杨倩
	一种演奏用可调试大提琴支撑架	实用新型	CN202022121140.8	2021.06.08	刘小娟	刘小娟；何蓉
	一种小提琴弓杆保护装置	实用新型	CN202021706688.2	2021.06.15	泰兴市维凯纳乐器有限公司	闾建海；闾宥翔；闾婵
	一种可调节小提琴腮托	实用新型	CN202022173258.5	2021.06.25	山西工商学院	邓新炳

续表

类别	名称	专利类型	申请（专利）号	公开（公告）日	申请（专利权）人	发明（设计）人
提琴	用于乐器的改进的弦	发明专利	CN201980075651.8	2021.06.25	丹麦拉森琴弦公司	克里斯蒂安·B·西格瓦尔德；托马斯·茨威格；劳里茨·索瓦尔德·拉森
	一种防止滑落的可调型小提琴	发明专利	CN202110413888.1	2021.07.16	燕山大学	陈红宇
	一种小提琴琴头谱架	实用新型	CN202021949211.7	2021.07.20	泰兴市佳缘乐器有限公司	闾建兵
	一种教学用小提琴	实用新型	CN202021949071.3	2021.07.20	泰兴市佳缘乐器有限公司	闾建兵
	一种保护小提琴面板的小提琴琴盒	实用新型	CN202021949214.0	2021.07.20	泰兴市佳缘乐器有限公司	闾建兵
	一种小提琴肩托	实用新型	CN202022435312.9	2021.07.20	泰兴市琴海乐器有限公司	何琴；翁剑
	一种方便携带的小提琴琴盒	实用新型	CN202021949255.X	2021.07.20	泰兴市佳缘乐器有限公司	闾建兵
	一种小提琴调音装置	实用新型	CN202021949025.3	2021.07.20	泰兴市佳缘乐器有限公司	闾建兵
	一种小提琴或中提琴用的肩托	实用新型	CN202021776688.X	2021.07.27	广州卡派尔乐器有限公司	庞善锋
	一种大提琴撑脚装置及方便调节撑脚的大提琴	发明专利	CN202110456894.5	2021.07.27	湖州师范学院	李睿浦
	提琴弱音器	实用新型	CN202021731452.4	2021.07.27	广州卡派尔乐器有限公司	庞善锋
	一种小提琴琴箱背弧加工装置	发明专利	CN202110504745.1	2021.08.06	江苏凤灵乐器有限公司	李晓晨；张文举
	一种小提琴面板喷漆处理装置	发明专利	CN202110503340.6	2021.08.10	江苏凤灵乐器有限公司	李晓晨；张文举
	用于中提琴的可调节且可折叠的肩托	实用新型	CN202023313996.1	2021.08.13	西安音乐学院	王恪居
	一种用于小提琴制作的夹持放置装置	实用新型	CN202022104362.9	2021.08.13	宜春职业技术学院（宜春市技术工人学校）	饶丽
	一种小提琴琴弦半自动张紧装置	实用新型	CN202022572823.5	2021.08.13	陈天奇	陈天奇
	一种用于小提琴的可调节以及可折叠的肩部固定结构	发明专利	CN202110518293.2	2021.08.17	江苏凤灵乐器有限公司	张文举；李晓晨
	一种小提琴琴弦自动张紧装置	实用新型	CN202022571157.3	2021.08.17	陈天奇	陈天奇
	一种小提琴支撑装置及方法	发明专利	CN202110460193.9	2021.08.20	湖南文理学院	蒋笑一

续表

类别	名称	专利类型	申请（专利）号	公开（公告）日	申请（专利权）人	发明（设计）人
提琴	一种提琴音柱安装器	实用新型	CN202022997961.8	2021.08.20	武麟	武麟
	一种提琴类颈托	实用新型	CN202120036925.7	2021.08.24	赵大利	赵大利
	一种小提琴弱音调节装置及方法	发明专利	CN202110437243.1	2021.09.07	湖南文理学院	蒋笑一
	小提琴阻尼消音装置及方法	发明专利	CN202110436770.0	2021.09.07	湖南文理学院	蒋笑一
	一种具有脚支撑防脱落的大提琴	实用新型	CN202023120254.7	2021.09.21	泰兴市博音乐器有限公司	钱亚军；徐桂华；钱成功
	一种具备易锁定尾柱的大提琴	实用新型	CN202023081896.0	2021.09.21	泰兴市博音乐器有限公司	钱亚军；徐桂华；钱成功
	一种防止琴弦崩断的小提琴	实用新型	CN202023079640.6	2021.09.21	泰兴市博音乐器有限公司	钱亚军；徐桂华；钱成功
	一种便于固定的大提琴	实用新型	CN202023063671.2	2021.09.21	泰兴市博音乐器有限公司	钱亚军；徐桂华；钱成功
	一种耐磨防摔的小提琴	实用新型	CN202023200430.8	2021.09.21	泰兴市博音乐器有限公司	钱亚军；徐桂华；钱成功
	一种提琴自动调弦装置及其运行方法	发明专利	CN202110702107.0	2021.09.24	江苏凤灵乐器有限公司	张文举；李晓晨
	具有可移动衬垫或可独立调节模块化衬垫的小提琴肩托	发明专利	CN202110249112.0	2021.09.24	库恩·舒尔德·雷斯特公司	朱丽安娜·法哈；阿莱德·詹姆斯
	一种小提琴的桥式弱音器	发明专利	CN202110735449.2	2021.10.01	湖北师范大学	彭琦；曹庭水
	一种安装稳固的提琴音柱结构	发明专利	CN202110702109.X	2021.10.01	江苏凤灵乐器有限公司	李晓晨；张文举
	小提琴	外观设计	CN202130359380.9	2021.10.08	闽南师范大学	蓝信君；杨伯坮；黄丽荧；宋振卿；许佩晖；黄嘉璇；张辉
	用于小提琴的走边装置	发明专利	CN202110585168.3	2021.10.15	北京华东乐器有限公司	刘尊飞
	一种提琴机械弦轴	实用新型	CN202120513263.8	2021.10.22	耿铁峰	耿铁峰
	一种提琴音柱维修安装夹	实用新型	CN202120513225.2	2021.10.22	耿铁峰	耿铁峰
	一种演出用小提琴	实用新型	CN202023283070.2	2021.10.22	泰兴市鸿艺乐器有限公司	翁新年；翁美华
	小提琴（立准琴）	外观设计	CN202130359391.7	2021.10.29	闽南师范大学	许佩晖；黄嘉璇；蓝信君；杨伯坮；黄丽荧；宋振卿；张辉
	一种具有防滑装置的大提琴	实用新型	CN202023167622.3	2021.11.02	泰兴市宏轩乐器有限公司	黄为民；翁艮平；李桂美

续表

类别	名称	专利类型	申请（专利）号	公开（公告）日	申请（专利权）人	发明（设计）人
提琴	一种便于教学的小提琴	实用新型	CN202023123172.8	2021.11.02	泰兴市宏轩乐器有限公司	黄为民；翁艮平；李桂美
	一种大提琴便携式防滑板	实用新型	CN202120949899.7	2021.11.16	上海瀚英文化传播有限公司	张艺军
	完善小提琴共鸣音子对以及提升音量音质音色的装置	实用新型	CN202120930459.7	2021.11.16	瓦解敌	瓦解敌；瓦庆昀
	一种大提琴支撑器	实用新型	CN202120887156.1	2021.11.19	天津市玮苓乐器有限公司	戴清华
	一种指板可拆卸式简易小提琴	实用新型	CN202120887180.5	2021.11.19	天津市玮苓乐器有限公司	戴清华
	一种便于涂抹弓毛的提琴松香	实用新型	CN202120719012.5	2021.11.19	连城县凯琳乐器销售有限公司	邱聪灵
	小提琴（花音琴）	外观设计	CN202130359392.1	2021.11.26	闽南师范大学	黄嘉璇；蓝信君；杨伯垲；黄丽荧；宋振卿；许佩晖；张辉
	一种高响度手工小提琴	实用新型	CN202120884690.7	2021.12.03	天津市玮苓乐器有限公司	戴清华
	一种提琴琴颈打磨装置	实用新型	CN202121061815.2	2021.12.07	江苏凤灵乐器有限公司	张文举；李晓晨
	一种方便固定的小提琴表演用肩托	实用新型	CN202121071897.9	2021.12.07	江苏凤灵乐器有限公司	李晓晨；张文举
	一种小提琴生产用板材干燥装置	实用新型	CN202121140811.3	2021.12.07	江苏凤灵乐器有限公司	张文举；李晓晨
	一种中提琴用的可调节拼接式肩托	实用新型	CN202120864732.0	2021.12.07	青岛琛琛艺术教育咨询有限公司	曲晓琛；田野；宋婷婷；邓小华
	一种小提琴用琴弦调整结构	实用新型	CN202121272890.3	2021.12.07	江苏凤灵乐器有限公司	张文举；李晓晨
	一种吸附型小提琴把位贴	实用新型	CN202121207295.1	2021.12.07	江苏凤灵乐器有限公司	李晓晨；张文举
	一种青少年教学专用小提琴	实用新型	CN202121260801.3	2021.12.10	重庆琴小宝教育科技有限公司	焦勇建
	一种指板加工固定结构	实用新型	CN202121163523.X	2021.12.10	北京华东乐器有限公司	王洪明
	一种快拆式制作小提琴用内模	实用新型	CN202121312821.0	2021.12.10	深圳市圣伟翔科技有限公司	施瀚闻
	一种具有学习动作矫正器的小提琴	实用新型	CN202023166507.4	2021.12.14	泰兴市博音乐器有限公司	钱亚军；徐桂华；钱成功
	一种琴头固定件双加工装置	实用新型	CN202121163400.6	2021.12.14	北京华东乐器有限公司	王洪明
	一种大提琴拾音器安装结构	实用新型	CN202120884732.7	2021.12.14	天津市玮苓乐器有限公司	戴清华

续表

类别	名称	专利类型	申请（专利）号	公开（公告）日	申请（专利权）人	发明（设计）人
提琴	一种提琴定音器及提琴	实用新型	CN202121260946.3	2021.12.17	司皓亮	司皓亮
	一种安全型木料围侧板设备	实用新型	CN202121163423.7	2021.12.24	北京华东乐器有限公司	王洪明
	一种指板加工机床	实用新型	CN202121163491.3	2021.12.24	北京华东乐器有限公司	王洪明
	一种指板加工辅助固定结构	实用新型	CN202121163424.1	2021.12.24	北京华东乐器有限公司	陈凤军
	一种精准型小提琴压板机	实用新型	CN202121163494.7	2021.12.24	北京华东乐器有限公司	刘尊飞
	一种节能型围侧板设备	实用新型	CN202121163422.2	2021.12.24	北京华东乐器有限公司	刘尊飞
	改进的提琴及弹拨乐器微调弦轴	实用新型	CN202121692357.2	2021.12.28	周德柱	周毅；周德柱
	一种小提琴压板机	实用新型	CN202121163521.0	2021.12.31	北京华东乐器有限公司	王洪明
电声乐器	一种电钢琴键盘的改进结构	实用新型	CN202020912873.0	2021.01.15	吴仔丽	吴仔丽
	一种弹簧式电钢琴键盘	实用新型	CN202020913067.5	2021.01.15	吴仔丽	吴仔丽
	一种便捷式电子钢琴	实用新型	CN202020912133.7	2021.01.15	吴仔丽	吴仔丽
	一种平板式电钢琴键盘	实用新型	CN202020912338.5	2021.01.15	吴仔丽	吴仔丽
	一种电声古筝	实用新型	CN202021135387.9	2021.01.29	邱丽娟	邱丽娟
	一种多功能综合电吉他	实用新型	CN202021209253.7	2021.02.09	黑龙江伊瑷斯霹电子音响有限公司	陈晓方；田野；刘颖；吕传更；李光玉
	一种多功能智能电子乐器	实用新型	CN202021051425.2	2021.02.09	周文颖	周文颖；周义杰；郭素雅
	一种便携式电吉他音箱	实用新型	CN202021772999.9	2021.02.12	惠州市铭仕电子制品有限公司	魏志荣
	一种发光琴键结构	发明专利	CN202011483099.7	2021.03.16	常州视感科技有限公司	叶俊达
	电吉他效果器多路电源	外观设计	CN202030635019.X	2021.03.19	黄承忠	黄承忠
	一种电钢琴的按键机构	实用新型	CN202020448554.9	2021.03.23	张建阳	张建阳
	提供与弦取向平行延伸穿过反向线圈的永磁体的双线圈拾音器及方法	发明专利	CN201710946655.1	2021.03.26	芬德乐器公司艾尔威华公司	T. P. 肖；爱德华·洛迪维克·范海伦；马修·乔纳森·布鲁克；J. D. 赫斯特
	一种多功能可折叠吉他	实用新型	CN202022059789.1	2021.03.30	苏立平	苏立平
	一种条桌式平盖电钢琴结构装置	实用新型	CN202021157375.6	2021.03.30	上海九歌乐器音响有限公司	马季平

续表

类别	名称	专利类型	申请（专利）号	公开（公告）日	申请（专利权）人	发明（设计）人
电声乐器	一种电子琴琴键检测装置	实用新型	CN202022015269.0	2021.04.06	罗溥香	罗溥香
	一种智能开关的电子钢琴	发明专利	CN201910950866.1	2021.04.09	泉州市雅捷电子科技有限公司	蒋长春
	一种电吉他桶腰靠及插孔的自动加工设备	实用新型	CN202020994587.3	2021.04.09	广州市威柏乐器制造有限公司	凌建聪
	可折叠电子琴（49键）	外观设计	CN202030583361.X	2021.04.20	东莞市美派电子科技有限公司	黄健恒
	一种键盘涂油机	实用新型	CN202021298838.0	2021.05.04	广州珠江艾茉森数码乐器股份有限公司	林利平；刘春清
	电钢琴键盘	实用新型	CN202021837932.9	2021.05.04	晋江贝斯特电子科技有限公司	周勇
	一种自带USB数字声卡模块的吉他	实用新型	CN202022237030.8	2021.05.04	深圳市绘鸣科技有限公司	王浩
	一种折叠式电钢琴	实用新型	CN202022148548.4	2021.05.07	梁资挺	梁资挺
	电钢琴琴键配重涂油机	发明专利	CN202011641427.1	2021.05.11	广州珠江艾茉森数码乐器股份有限公司	林利平；刘春清
	一种多路电源电吉他蓝牙音箱	实用新型	CN202021147649.3	2021.05.07	深圳市卡铃科技有限公司	许燕平
	折叠连接组件及可折叠电子琴	发明专利	CN202110359420.9	2021.06.01	东莞市美派电子科技有限公司	叶健辉；马家凤
	一种智能古筝	发明专利	CN201810976009.4	2021.06.01	北京晨语筝业教育科技有限公司	周永军
	一种便于收纳的电子琴	实用新型	CN202022149721.2	2021.06.08	南安市豪威电子科技有限公司	司柳萍；黄奉楷
	一种便携式电钢琴	实用新型	CN202022193799.4	2021.06.08	长春光华学院	陈遥
	一种电钢琴	实用新型	CN202021909680.6	2021.06.11	中山卓技实业发展有限公司	高金根；刘仲平；周玉波
	一种便携式新型电吉他	实用新型	CN202021653368.5	2021.06.11	泰兴市琅琅乐器有限公司	翁江伟；翁健康
	一种新型多功能8音键电子琴	实用新型	CN202022774390.1	2021.06.15	张科	张科
	电吹管	实用新型	CN202022175442.3	2021.06.18	东莞市美派电子科技有限公司	黄健恒
	一种耐用的可折叠电子琴	实用新型	CN202022174086.3	2021.06.18	东莞市美派电子科技有限公司	黄健恒
	一种便携式可折叠钢琴	实用新型	CN202022023636.1	2021.06.18	广东科汇兴科技有限公司	孙菊化
	一种便携式电钢琴	实用新型	CN202022023637.6	2021.06.18	广东科汇兴科技有限公司	孙菊化

续表

类别	名称	专利类型	申请（专利）号	公开（公告）日	申请（专利权）人	发明（设计）人
电声乐器	一种电吉他制造用点胶设备	实用新型	CN202021096261.5	2021.06.25	黑龙江伊瑷斯霹电子音响有限公司	王志文
	一种便携直插式音箱	实用新型	CN202022673677.5	2021.06.25	佛山市弹指之间乐器有限公司	高涛
	一种便携式电子鼓	实用新型	CN202021604917.X	2021.06.25	王静	王静
	一种折叠式电钢琴	实用新型	CN202022251078.4	2021.06.29	陈光宇	陈光宇
	一种电吉他调弦器	实用新型	CN202022437886.X	2021.07.20	泰兴市琴海乐器有限公司	何琴；翁剑
	一种基于5G信号传输的电吉他	实用新型	CN202022251239.X	2021.07.20	浙江声研科技有限公司	陈荣
	一种具有钢琴触感的键盘结构及电钢琴键盘	发明专利	CN202110548074.9	2021.07.20	森鹤乐器股份有限公司	冯高昆；罗铁丰
	一种用于数码钢琴盖开启闭合的缓冲保护装置	实用新型	CN202022850952.6	2021.08.06	广州珠江艾茉森数码乐器股份有限公司	卢毅明；刘春清
	一种多功能书桌式数码钢琴	实用新型	CN202022850970.4	2021.08.10	广州珠江艾茉森数码乐器股份有限公司	卢毅明；刘春清
	一种提升手感和音色的琴键结构	实用新型	CN202022858042.2	2021.08.10	广州珠江艾茉森数码乐器股份有限公司	卢毅明；刘春清
	一种带有自动闭合机构的数码钢琴盖装置	实用新型	CN202022857994.2	2021.08.10	广州珠江艾茉森数码乐器股份有限公司	林利平；刘春清
	一种具有击弦机机构的数码钢琴键盘结构	实用新型	CN202022976081.2	2021.08.10	湖北华都钢琴制造股份有限公司	汪其见；卢涛；吕旻
	一种带有防水结构的数码钢琴琴键装置	实用新型	CN202022851004.4	2021.08.10	广州珠江艾茉森数码乐器股份有限公司	林利平；刘春清
	一种便于音乐教学用的多媒体数码钢琴	实用新型	CN202022850999.2	2021.08.10	广州珠江艾茉森数码乐器股份有限公司	卢毅明；刘春清
	一种隐藏式折叠钢琴盖	实用新型	CN202022850967.2	2021.08.10	广州珠江艾茉森数码乐器股份有限公司	徐超平；刘春清
	一种用于数码钢琴滑盖的二级导轨机构	实用新型	CN202022857916.2	2021.08.10	广州珠江艾茉森数码乐器股份有限公司	徐超平；刘春清
	一种多功能电子钢琴	实用新型	CN202022554816.2	2021.08.13	晋江市锦乐电子科技有限公司	俞亮生
	一种卡扣式电钢琴琴键	实用新型	CN202023276152.4	2021.08.31	晋江市锦乐电子科技有限公司	俞亮生
	一种便携式可折叠电子钢琴	实用新型	CN202022994378.1	2021.08.31	晋江市锦乐电子科技有限公司	俞亮生
	一种电钢琴单脚踏板	实用新型	CN202022129919.4	2021.09.14	晋江贝斯特电子科技有限公司	周勇

续表

类别	名称	专利类型	申请（专利）号	公开（公告）日	申请（专利权）人	发明（设计）人
电声乐器	一种电钢琴的测试装置	实用新型	CN202022558225.2	2021.09.14	晋江贝斯特电子科技有限公司	周勇
	一种方便维修的电钢琴	实用新型	CN202022558402.7	2021.09.14	晋江贝斯特电子科技有限公司	周勇
	环保电吉他	实用新型	CN202022984804.3	2021.09.28	惠州市德尚乐器有限公司	钟文辉
	一种精准高效的琴键测试设备	实用新型	CN202022339142.4	2021.07.23	中山市科立达电子有限公司	郭进强
	一种多功能教学用电子乐器	实用新型	CN202022628074.3	2021.08.03	湖北幼儿师范高等专科学校（湖北省幼儿教师培训中心）	文艺元；马玥
	一种电子琴用硅胶按键盘	实用新型	CN202023081947.X	2021.08.10	珠海精加美科技有限公司	尹力
	一种电子琴的结构	发明专利	CN202110437456.4	2021.08.10	广州蓝深科技有限公司	温毅明；何海峰；向继遵
	一种组合式多功能音乐教学用电子琴	实用新型	CN202120160077.0	2021.08.10	广西艺术学院	刘书娟
	一种电子琴脚踏机用防震圈	实用新型	CN202023086205.6	2021.08.27	珠海精加美科技有限公司	尹力
	琴键板与硅胶按键自动组装机	发明专利	CN202110670246.X	2021.09.21	东莞市龙健电子有限公司	尹波
	一种组合式多功能音乐教学用电子琴	实用新型	CN202023167368.7	2021.09.21	泰兴市博音乐器有限公司	钱亚军；徐桂华；钱成功
	一种发光琴键结构及电子琴	实用新型	CN202023037430.0	2021.10.01	常州视感科技有限公司	叶俊达
	一种组装式的电子琴底板	实用新型	CN202120325903.2	2021.10.08	泉州市八度电子科技有限公司	林玉坚
	一种具有扩音功能的木吉他	实用新型	CN202120118656.9	2021.10.08	钰丰乐器（正安）有限公司	陈志濬；吴忠原
	一种肩搭式具有护肩的电吉他	实用新型	CN202120118663.9	2021.10.08	钰丰乐器（正安）有限公司	陈志濬；吴忠原
	一种带有同步录音播放功能的共振吉他	实用新型	CN202120115509.6	2021.10.08	钰丰乐器（正安）有限公司	陈志濬；吴忠原
	一种结构强度高的电子琴	实用新型	CN202120325897.0	2021.10.08	泉州市八度电子科技有限公司	林玉坚
	一种多功能电吉他	实用新型	CN202120320633.6	2021.10.15	湘南学院	郭嘉
	一种便于携带式电吉他	实用新型	CN202120169833.6	2021.10.15	汉中哈瓦娜乐器文化有限公司	闫树军；杨孝
	一种便于调节高度的音电子琴架	实用新型	CN202120420177.2	2021.10.15	许远伟	许远伟

续表

类别	名称	专利类型	申请（专利）号	公开（公告）日	申请（专利权）人	发明（设计）人
电声乐器	一种钢琴或电子琴上的LED显示装置	实用新型	CN202120139476.9	2021.10.15	罗朝旭	罗朝旭
	一种多功能电子琴上盖	实用新型	CN202120385915.4	2021.10.19	杭州叙诚汽车零部件有限公司	郭兵；郑建东；孙金虎；罗艺
	一种具有电子琴谱的音乐钢琴	发明专利	CN202110747590.4	2021.10.22	杨怡	杨怡
	一种教学电子琴用嵌入式平板固定结构	实用新型	CN202022958678.4	2021.10.22	安徽踏极智能科技有限公司	周永潮
	一种电子口琴吹嘴	实用新型	CN202120588370.7	2021.10.22	成都墨兹卡科技发展有限公司	孙辉；孙鸥
	一种用于对电钢琴加热的检测箱	实用新型	CN202120492875.3	2021.10.26	晋江贝斯特电子科技有限公司	周勇
	一种具有防滑的电钢琴折叠架	实用新型	CN202120379277.5	2021.10.26	晋江贝斯特电子科技有限公司	周勇
	一种导光琴键	实用新型	CN202120003470.9	2021.10.29	常州视感科技有限公司	叶俊达；王明晓
	一种高校音乐教育乐谱书写演示装置	发明专利	CN202110887468.7	2021.11.02	咸阳师范学院	王倩
	一种可用于伴奏的钢琴自动演奏系统	实用新型	CN202120625383.7	2021.11.02	杨柳	杨柳
	一种电钢琴的琴键检测装置	实用新型	CN202120313523.7	2021.11.09	晋江市锦乐电子科技有限公司	俞亮生
	一种电钢琴盖板的隐形安装结构	实用新型	CN202120068452.9	2021.11.16	杭州爱尔科乐器有限公司	彭广根；蒋峰；肖华
	一种新型幼儿教学用电子琴	实用新型	CN202120154715.8	2021.11.16	河南库课数字科技有限公司	董国良；陈小勇；田永利
	一种电钢琴键盘	实用新型	CN202120777960.4	2021.11.23	广州蓝深科技有限公司	向继遵；黄鹏；徐耀星
	一种便捷式电子钢琴	实用新型	CN202121467378.4	2021.11.26	晋江贝斯特电子科技有限公司	周勇；吴仔丽；周梦银；余明亮
	一种具有钢琴触感的键盘结构及电钢琴键盘	实用新型	CN202121082800.4	2021.11.26	森鹤乐器股份有限公司	冯高昆；罗铁丰
	一种便携组合式智能钢琴	实用新型	CN202120730892.6	2021.11.26	江西宝睿电子科技有限公司	张振
	一种琴键板与硅胶按键自动组装机	实用新型	CN202121353435.6	2021.11.26	东莞市龙健电子有限公司	尹波
	智能MIDI吉他系统	实用新型	CN202120872233.6	2021.11.26	广东工业大学	叶翠欣；蒋雯；刘志荣；李嘉元；阮昭迪

续表

类别	名称	专利类型	申请（专利）号	公开（公告）日	申请（专利权）人	发明（设计）人
电声乐器	一种便捷易学的手指电子架子鼓	实用新型	CN202120163097.3	2021.11.30	陶曙元	陶曙元
	一种音乐电子琴	实用新型	CN202120649540.8	2021.12.03	林丽玲	林丽玲
	推拉式电钢琴（I型）	外观设计	CN202130451552.5	2021.12.07	晋江市智圆行方电子商务有限公司	邱爱白
	一种便携式智能钢琴	实用新型	CN202023030903.4	2021.12.07	江苏振宁半导体研究院有限公司	李珏岚
	一种结合弹奏与绘画的电子琴	实用新型	CN202121190603.4	2021.12.07	中国美术学院	王昀；吕含唱；郜觉；林南
	推拉式电钢琴（A型）	外观设计	CN202130451557.8	2021.12.10	晋江市智圆行方电子商务有限公司	邱爱白
	一种密封效果好的电子琴上盖	实用新型	CN202120364584.6	2021.12.14	杭州叙诚汽车零部件有限公司	郭兵；郑建东；孙金虎；罗艺
	一种可调式具有减震功能的电子琴底座	实用新型	CN202120344250.2	2021.12.14	杭州叙诚汽车零部件有限公司	郭兵；郑建东；孙金虎；罗艺
	一种具有折叠结构的电子琴底座	实用新型	CN202120365625.3	2021.12.14	杭州叙诚汽车零部件有限公司	郭兵；郑建东；孙金虎；罗艺
	折叠连接组件及便于收折的可折叠电子琴	实用新型	CN202120684705.5	2021.12.21	东莞市美派电子科技有限公司	叶健辉；马家凤
	一种电吉他琴弦磁致拉伸检测装置	实用新型	CN202121754668.7	2021.12.21	张嘉赓	张嘉赓
	一种用于心理疾病音乐治疗的电子琴	实用新型	CN202120518386.0	2021.12.24	西安外事学院	王艳萍
	电吹管吉他扩音器（jita）	外观设计	CN202130625582.3	2021.12.28	吴伟记	吴伟记
	一种适用于保护电吉他音频线接口的装置	实用新型	CN202121627482.5	2021.12.31	连城县凯琳乐器销售有限公司	邱聪灵
	一种音乐电子琴	实用新型	CN202023290223.6	2021.12.31	乌鲁木齐职业大学	梁佳奕
	一种电子手风琴贝斯按钮式键盘	实用新型	CN202121565551.4	2021.12.31	北京东奇众科技术有限公司	郭学成；刘学文；李磊；杨思贵；豆平祖；韩军军；宗建邦
二胡	二胡琴筒外形机	外观设计	CN202030400395.0	2021.01.12	樊秋萌	樊秋萌
	二胡	外观设计	CN202030526985.8	2021.01.29	刘发德	刘发德
	二胡腰托	外观设计	CN202030372224.1	2021.02.05	贵阳学院	曾果果
	一种二胡制作用琴筒筒板磨削设备	实用新型	CN202020941557.6	2021.02.05	繁昌县国宏乐器有限公司	秦跃
	一种二胡制作用琴轴加工设备	实用新型	CN202020941270.3	2021.02.09	繁昌县国宏乐器有限公司	秦跃

续表

类别	名称	专利类型	申请（专利）号	公开（公告）日	申请（专利权）人	发明（设计）人
二胡	一种带微调的二胡底托	实用新型	CN202021339449.8	2021.02.12	廖传阳	廖传阳
	一种二胡千斤的微调装置	实用新型	CN202020956314.X	2021.02.12	李文浩	李文浩
	皮膜设有环形整体式音梁的二胡	实用新型	CN202021739837.5	2021.02.12	苏州礼乐乐器股份有限公司	金海鸥；吴念博；何新喜；朱信智；李碧英；杨萍
	一种交互式二胡教学装置	发明专利	CN202011355448.7	2021.02.23	刘志宏	刘祎；高艺
	一种二胡用便于加热的蒙皮装置	发明专利	CN202011496947.8	2021.02.26	钟敏霞	钟敏霞
	一种便调二胡腰托	实用新型	CN202020884486.0	2021.02.26	涟水承艺堂乐器有限公司	采亚州
	二胡	外观设计	CN202030594172.2	2021.03.02	镇江汉韵民族乐器厂	姚安敏；朱剑
	一种多功能折叠式二胡	实用新型	CN202021466522.8	2021.03.05	西安文理学院	李静
	二胡微调器	外观设计	CN202030637610.9	2021.03.12	赵修坤	赵修坤
	一种可调式二胡结构	发明专利	CN202011532427.8	2021.03.16	乐海乐器有限公司	宋少康；宋国宣；张连山；张艳雄；陈莉芳
	一种二胡演奏用便携式托架	实用新型	CN202020969888.0	2021.03.16	李文浩	李文浩
	一种方便拆装、调节的二胡效果器	实用新型	CN202021237743.8	2021.03.26	于剑	于剑；刘桂冰
	一种二胡多点拾音装置	实用新型	CN202021239654.7	2021.03.26	于剑	于剑；刘桂冰
	二胡	外观设计	CN202030589650.0	2021.03.30	固安县朝阳生物科技有限公司	孙朝阳
	一种皮膜设有音梁及音隧的二胡	实用新型	CN202021741189.7	2021.03.30	苏州礼乐乐器股份有限公司	金海鸥；吴念博；何新喜；朱信智；李碧英；杨萍
	一种基于二胡琴筒的便捷上胶装置	发明专利	CN202010110836.2	2021.03.30	赖家鑫	陈开善；赖家鑫
	二胡（钧和）	外观设计	CN202030529108.6	2021.04.02	乐海乐器有限公司	宋少康；沈正国；宋营彬；宋国宣；陈莉芳
	一种便携式调音二胡	实用新型	CN202021774957.9	2021.04.06	阳海强	阳海强
	一种二胡弓及配合使用的二胡	实用新型	CN202020470437.2	2021.04.06	刘圣领	刘圣领
	一种便于调节高度的二胡站立演奏用支撑装置	实用新型	CN202020950247.0	2021.04.09	南通海利特橡塑机械有限公司	王瑜波
	一种二胡琴弦养护装置	实用新型	CN202021592488.9	2021.04.13	甘肃医学院	张月月；黄勇强
	一种无衰减共鸣二胡	实用新型	CN202022213377.9	2021.04.20	李东	李东

续表

类别	名称	专利类型	申请（专利）号	公开（公告）日	申请（专利权）人	发明（设计）人
二胡	一种用于二胡演奏用可调式夹具	实用新型	CN202021693101.9	2021.04.20	营口市戏曲学校	刘英建
	拉伸型微调千斤	实用新型	CN202021513087.X	2021.04.20	林长江	林长江
	二胡隔音罩	实用新型	CN202021702344.4	2021.04.23	李久枝	李久枝
	皮膜设有音梁的二胡	实用新型	CN202021741190.X	2021.04.27	苏州礼乐乐器股份有限公司	金海鸥；吴念博；何新喜；朱信智；李碧英；杨萍
	皮膜设有音隧的二胡	实用新型	CN202021741186.3	2021.04.27	苏州礼乐乐器股份有限公司	金海鸥；吴念博；何新喜；朱信智；李碧英；杨萍
	二胡（紫气东来金凤啼鸣）	外观设计	CN202030707958.0	2021.04.30	赵陈香	赵陈香
	二胡拾音器	外观设计	CN202030704102.8	2021.05.11	梁志辉	梁志辉
	一种具有装配式琴皮的二胡	实用新型	CN202022012704.4	2021.05.11	胡智勇	胡智勇
	二胡（2010AAP初夏海芋）	外观设计	CN202030812780.6	2021.05.14	上海民族乐器一厂	钱冰菁
	二胡（2008AAP紫禁印记）	外观设计	CN202030812801.4	2021.05.14	上海民族乐器一厂	吴姝蓉
	二胡（2010AAAPP百蝶图）	外观设计	CN202030814994.7	2021.05.14	上海民族乐器一厂	王传赡；周力
	胡琴	实用新型	CN202022032997.2	2021.05.14	陈传容	陈传容；陈希垚；李汴
	一种采用榫卯结构减少琴筒拼接处开裂的二胡	实用新型	CN202021937433.7	2021.05.18	乐海乐器有限公司	张连山；沈正国；宋营彬；宋国宣；宋少康；陈莉芳
	二胡（木素）	外观设计	CN202030375762.6	2021.05.18	杨婕	杨婕
	二胡千斤琴弦定位器	外观设计	CN202130028775.0	2021.05.25	林元勤	林元勤
	二胡	外观设计	CN202030791543.6	2021.06.01	周钰	周钰；周桃桃；王佳
	二胡（龙头）	外观设计	CN202030791535.1	2021.06.01	周钰	周钰；周桃桃；何佳
	二胡	外观设计	CN202030791545.5	2021.06.01	周钰	周钰；周桃桃；郭小琴
	一种二胡琴弦调试装置	实用新型	CN202022199899.8	2021.06.08	湖南城市学院	刘君
	一种具有可拆卸琴皮和可拆分琴筒的二胡	实用新型	CN202022011135.1	2021.06.08	胡智勇	胡智勇
	一种半自动化二胡琴桶压条装置	实用新型	CN202022678354.5	2021.06.11	赖癸英	周吉斌；赖癸英
	一种二胡琴筒用胶水涂抹装置	发明专利	CN201911016287.6	2021.06.11	上饶墨上艺术有限公司	肖旭

续表

类别	名称	专利类型	申请（专利）号	公开（公告）日	申请（专利权）人	发明（设计）人
二胡	二胡微调千斤（系列）	外观设计	CN202030414960.9	2021.06.15	林长江	林长江
	二胡琴码（双体）	外观设计	CN202130095997.4	2021.06.18	潘美棋	潘美棋
	一种改良型二胡	实用新型	CN202022234419.7	2021.06.22	镇江汉韵民族乐器厂	姚安敏；朱剑
	一种二胡效果器	实用新型	CN202021239656.6	2021.06.25	于剑	于剑；刘桂冰
	一种二胡琴轴结构	实用新型	CN202022287118.0	2021.06.29	朱金龙	朱金龙
	一种初学者演出专用二胡	实用新型	CN202022705379.X	2021.07.30	四川轻化工大学	李丹；丁小勇；张亚玮；巨宇婷；郭乃菁；付小玲；张伟；董炯；任亚楠；王逸洲；杨雷；张国琼；姚宇斌；谭勇
	一种改变琴筒形制的低音二胡	实用新型	CN202022743359.1	2021.08.03	北京荟萃乐平乐器有限公司	李毅；李乐平；静恩涛
	一种改变琴筒形制的中音二胡	实用新型	CN202022740010.2	2021.08.03	北京荟萃乐平乐器有限公司	李毅；李乐平；静恩涛
	二胡微调器	外观设计	CN202130043718.X	2021.08.03	赵修坤	赵修坤
	一种用于二胡琴筒的自动修皮装置	发明专利	CN202010110845.1	2021.08.13	义乌市倩飞科技有限公司	黄志芳
	一种二胡琴筒拼接用刷胶设备	发明专利	CN202010471300.3	2021.08.20	义乌市坤玥玩具有限公司	黄小丽
	二胡底托	外观设计	CN202130281067.8	2021.08.20	江苏星海乐器有限公司	陈云鹏
	二胡微调器	外观设计	CN202130284355.9	2021.08.20	江苏星海乐器有限公司	陈云鹏
	一种带有榫卯结构琴杆的二胡	实用新型	CN202023246248.6	2021.08.27	乐海乐器有限公司	宋少康；宋国宣；陈莉芳
	一种二胡制作时皮革批量打磨机	发明专利	CN202010391256.5	2021.09.03	吴丽君	吴丽君；黄志芳
	二胡微调千斤	外观设计	CN202130043726.4	2021.09.03	赵修坤	赵修坤
	二胡腰托	外观设计	CN202030759738.2	2021.09.03	汪仲辉	汪仲辉
	一种可调式二胡结构	实用新型	CN202023120008.1	2021.09.07	乐海乐器有限公司	宋少康；宋国宣；张连山；张艳雄；陈莉芳
	二胡一键操控增音器	实用新型	CN202120272284.5	2021.09.14	陈祥炎	陈祥炎
	多功能二胡微调千斤	实用新型	CN202120169946.6	2021.09.14	赵修坤	赵修坤
	一种采用独立滑轮的二胡千斤	实用新型	CN202022809456.6	2021.09.17	天津博泰自动化设备有限公司	李立平
	四通码子（二胡益系）	外观设计	CN202130231068.1	2021.09.17	尹利军	尹利军

续表

类别	名称	专利类型	申请（专利）号	公开（公告）日	申请（专利权）人	发明（设计）人
二胡	一种用于二胡的松香涂抹装置	实用新型	CN202120078349.2	2021.09.21	徐贞	徐贞
	一种五弦胡琴	实用新型	CN202021505991.6	2021.09.24	刘军	刘军
	一种二胡拾音器	实用新型	CN202023093235.X	2021.09.28	梁志辉	梁志辉
	一种二胡杆	实用新型	CN202120257369.6	2021.10.08	杜恒平	杜恒平
	一种二胡发音盖	实用新型	CN202120258848.X	2021.10.08	杜恒平	杜恒平
	带微调结构的二胡千斤	实用新型	CN202120115587.6	2021.10.22	林元勤	林元勤
	一种多功能二胡音准仪	实用新型	CN202023186493.2	2021.10.22	邢西凯	邢西凯
	一种二胡琴筒制作辅助敲击设备	发明专利	CN202010182925.8	2021.10.26	陈忠	陈忠
	一种二胡音差矫正装置	实用新型	CN202120690054.0	2021.10.29	于子程；刘瑞平	于子程；刘瑞平
	一种长弦槽密檐式塔形二胡琴马	发明专利	CN202110976137.0	2021.10.29	廖朝丞	廖尚贵
	二胡微调	外观设计	CN202130128215.2	2021.10.29	梁志辉	梁志辉
	二胡弦轴	外观设计	CN202130457517.4	2021.11.02	东北石油大学	杜洋
	一种用于二胡生产的琴筒刷胶拼接装置	发明专利	CN202010050669.7	2021.11.02	淮北特致信息科技有限公司	赖家鑫
	一种可更换弓毛的二胡弓	发明专利	CN202110845797.5	2021.11.05	闫帅	闫帅
	一种两弦非等高的二胡码	实用新型	CN202021651213.8	2021.11.09	李郑昌	李郑昌；李永昌；李建昌；李三昌
	一种设有山口的二胡	实用新型	CN202120606150.2	2021.11.12	九江龙韵琴行有限公司	辜存雄
	复生谐波共鸣体二胡	实用新型	CN202021678858.0	2021.11.12	邹杰；邹坤	邹杰
	一种三胡	实用新型	CN202120403933.0	2021.11.19	张志建	张志建；张元
	一种二胡制作用的蟒蛇皮修剪装置	发明专利	CN202010051201.X	2021.11.19	鲁首佳（山东）工业设计有限公司	黄志芳
	一种可调蒙皮二胡琴筒	实用新型	CN202121588885.3	2021.11.23	定州京韵乐器有限公司	周凯军
	倒置琴轴可变弦距二胡	实用新型	CN202120299470.8	2021.11.23	牛力明	牛力明
	一种折叠式二胡	实用新型	CN202121166223.7	2021.11.23	夏路	夏路
	一种二胡演奏辅助扩音装置	实用新型	CN202022678648.8	2021.11.26	陈非	陈非；崔萍；韩瑾瑾
	一种新型结构豫剧板二胡	实用新型	CN202120044655.4	2021.11.26	李彦凡	李彦凡；李永志；王兆逢；李长江；李建钦；周武占；冯勇；王志红；郭民；梁国田；李艺云

续表

类别	名称	专利类型	申请（专利）号	公开（公告）日	申请（专利权）人	发明（设计）人
二胡	一种优化二胡音质的微调千斤总成装置	实用新型	CN202121291648.0	2021.11.30	马建强	马建强
	一种二胡演奏扩音装置	实用新型	CN202121555115.9	2021.12.03	陈程	陈程
	一种二胡琴弓用松香涂抹装置	实用新型	CN202120062430.1	2021.12.07	浙江越秀外国语学院	杨静
	二胡音准辅助器	实用新型	CN202121190890.9	2021.12.07	吴绍虎	吴绍虎
	一种具有可更换调音装置的二胡	实用新型	CN202121151648.0	2021.12.14	云南龙华铜雕有限公司	杨爽；杨德华
	一种调皮二胡	实用新型	CN202121000349.7	2021.12.14	刘百川	刘百川
	一种可折叠式二胡	发明专利	CN202111228454.0	2021.12.21	西安文理学院	李静
	一种二胡六棱琴筒开槽器	发明专利	CN202010529852.5	2021.12.21	刘如月	蓝旭聪；刘如月
	一种双层蒙皮二胡琴筒	实用新型	CN202121588884.9	2021.12.24	定州京韵乐器有限公司	周凯军
	一种可更换弓毛的二胡弓	实用新型	CN202121706857.7	2021.12.28	闫帅	闫帅
	一种二胡琴筒保护压片	实用新型	CN202120322563.8	2021.12.31	胡文杰	胡文杰
	一种防止二胡琴轴和琴弦脱落的琴轴	实用新型	CN202121392401.8	2021.12.31	马建强	马建强
葫芦丝	一种连接葫芦丝上葫芦与音管的管套	实用新型	CN202020686149.0	2021.01.01	深圳上弦乐艺术有限公司	陈英金
	葫芦丝管	外观设计	CN202030376459.8	2021.02.05	贵阳学院	曾果果
	葫芦丝吹嘴	外观设计	CN202030371516.3	2021.02.23	贵阳学院	曾果果
	一种防水防裂防虫可辅助发音的葫芦丝	实用新型	CN202021935872.4	2021.04.20	陈绍勋	陈绍勋
	一种带清洁功能的葫芦丝孔位检测装置	发明专利	CN202011618227.4	2021.04.30	张燕春	张燕春
	一种双腔双主管单吹嘴葫芦丝	实用新型	CN202021564018.1	2021.05.11	姚水成	姚水成
	一种增音葫芦丝	实用新型	CN202021967295.7	2021.05.28	济宁市技师学院	徐金钢
	葫芦丝	外观设计	CN202130189354.6	2021.08.24	冯掌	冯掌
	宽音域葫芦丝簧片	实用新型	CN202021178494.X	2021.09.07	侯刚	侯刚
	一种便于携带的音响葫芦丝	实用新型	CN202120741566.5	2021.10.01	南江	南江
	葫芦丝（单葫芦）	外观设计	CN202130326837.6	2021.10.29	陈楷	陈楷
	一种可调节音域的葫芦丝	实用新型	CN202121280759.1	2021.11.23	吴昊	吴昊
	一种一体成型便拆卸主管结构耐用的葫芦丝	实用新型	CN202121242603.4	2021.11.26	陈楷	陈楷

续表

类别	名称	专利类型	申请（专利）号	公开（公告）日	申请（专利权）人	发明（设计）人
葫芦丝	一种葫芦丝的方便拆卸组装的主管	实用新型	CN202121269425.4	2021.12.10	陈楷	陈楷
	一种文化旅游用葫芦丝乐器制作台	实用新型	CN202121452984.9	2021.12.14	鄂尔多斯应用技术学院	张鑫；刘海英；李大旭
	一种带有漏斗状气盘吹嘴的葫芦丝	实用新型	CN202121033277.6	2021.12.17	南京艺术学院	刘文荣
笛	笛子（陈情）	外观设计	CN202030389011.X	2021.01.26	周唐强	周唐强
	一种笛子加工用固定装置	实用新型	CN202020300956.4	2021.01.29	全国涛	全国涛
	笛子	外观设计	CN202030526719.5	2021.02.09	王宇亮	王宇亮
	一种管乐器音孔内调音装置及包含该装置的笙	实用新型	CN202021034731.5	2021.02.09	四川音乐学院	张莉；赵金阔；王其书；李若渊
	一种笛子生产用钻孔装置	实用新型	CN202020301244.4	2021.02.12	全国涛	全国涛
	一种笛子加工用音孔开设装置	实用新型	CN202020311858.0	2021.02.19	南京心晴文化传媒有限公司	刘华营
	一种竖笛辅导班用放置装置	实用新型	CN202020594249.0	2021.02.26	宋会	宋会
	一种笛子批量化开孔设备	发明专利	CN202011244974.6	2021.03.12	何志南	何志南
	笛子（校园）	外观设计	CN202030586159.2	2021.03.12	景德镇市浩龙启蒙乐器有限公司	罗天乐
	一种新型笛	实用新型	CN202021114918.6	2021.03.30	王凯	王凯
	一种方便折叠及对接的笛子	实用新型	CN202021931579.0	2021.04.06	蔡锦炎	蔡锦炎
	一种可调笛塞结构	实用新型	CN202021105284.8	2021.04.09	王凯	王凯
	一种黎族吹管乐器用钻孔设备	发明专利	CN202011622802.8	2021.04.20	海南师范大学	李娅；潘在娥；梁博华；张一鸣；张煊；聂文华；刘晓婷；楼政
	笛子	外观设计	CN202030641882.6	2021.04.23	诸暨市半竹文化传播有限公司	闻锋；章理超
	一种乐器加工用外壁喷涂装置	实用新型	CN202020871478.2	2021.04.23	宁立	宁立
	一种笛子加工高效去节钻孔装置	发明专利	CN201811030413.9	2021.04.30	佛山市三创针织有限公司	罗建华
	一种可拆卸的多功能教学笛子	实用新型	CN202021406580.1	2021.05.07	东华理工大学	邓国怀
	一种乐器清理装置	实用新型	CN202021693187.5	2021.05.11	九江学院	梁婧
	一种带笛膜保护器的笛子	实用新型	CN202022090936.1	2021.05.14	贵州玉屏竹韵箫笛乐器有限公司	舒厚槐

续表

类别	名称	专利类型	申请（专利）号	公开（公告）日	申请（专利权）人	发明（设计）人
笛	一种九孔短箫	实用新型	CN202020775102.1	2021.05.14	赣南师范大学	王志勤；罗红艳
	一种方便左右手分解练习的笛子	实用新型	CN202022282166.0	2021.05.18	吴南平	吴南平
	一辅助工具及木管乐器	实用新型	CN202022153866.X	2021.05.28	黄寿兵	黄寿兵
	一种新型陶瓷吹管乐器	实用新型	CN202022182403.6	2021.06.15	占麒	占麒
	可更换式横笛	实用新型	CN202021451009.1	2021.06.15	吴国元	刘文娜；吴国元
	一种模拟火车汽笛声的笛子	实用新型	CN202022313971.5	2021.06.18	曾毅	曾毅
	一种笛子加工高效去节钻孔装置	实用新型	CN202021341550.7	2021.06.29	刘思念	刘思念
	一种变音箫	实用新型	CN202021778594.6	2021.07.06	乔亮	乔亮
	笛子	外观设计	CN202130187183.3	2021.07.16	吴莉苇	吴莉苇
	一种具有加固结构的乐器钻孔装置	实用新型	CN202022453592.6	2021.07.16	天津市金匙创展文化传播股份有限公司	马淑萍
	一种可二次修复的笛子结构	实用新型	CN202022443135.9	2021.07.20	衡水金声乐器有限公司	李丹；李良；刘兵
	一种环氧树脂玻璃纤维笛的制备方法	发明专利	CN202110401285.X	2021.07.20	张欣阳	张欣阳
	一种多段组装式笛子	实用新型	CN202022405571.7	2021.07.20	衡水金声乐器有限公司	李丹；李良；刘兵
	笛子（双头同尾双排基音孔笛）	外观设计	CN202030820389.0	2021.07.30	曹俊	曹俊
	一种防裂笛子的制备方法	发明专利	CN202110569823.6	2021.08.24	李成兵	李成兵
	一种笛子内部打磨设备	发明专利	CN202110555595.7	2021.08.24	李兆汉	不公告发明人
	一种笛子	实用新型	CN202120063170.X	2021.08.31	河南艺术职业学院	时茜
	一种大共鸣大张力竹笛	发明专利	CN202010864369.2	2021.09.17	诸暨市半竹文化传播有限公司	章理超；闻锋
	一种竖笛吹嘴及笛子组件	实用新型	CN202120395779.7	2021.10.15	赵灵	赵灵
	呼吸训练的分级口笛	实用新型	CN202120405902.9	2021.10.29	柳州市中医医院（柳州市壮医医院）	韦菲菲；黄静；农瑞珍；刘国成；梁意
	笛子结构	实用新型	CN202120145512.2	2021.11.02	陈志光；简爱玉	陈志光
	自动吹笛机	实用新型	CN202022992880.9	2021.11.23	董啸	李健；杨琪意；岑显龙；莫锦辉；董啸
	一种六指多孔半音笛	实用新型	CN202120922041.1	2021.12.07	周长森	周长森；张小虎；柳博
	一种组合型多功能笛子	实用新型	CN202121278958.9	2021.12.14	张志斌	张志斌

续表

类别	名称	专利类型	申请（专利）号	公开（公告）日	申请（专利权）人	发明（设计）人
扬琴	扬琴琴弦拉力测量装置	实用新型	CN202020599589.2	2021.01.01	上饶师范学院	罗羽涵；刘佳
	一种带音梁及音隧的全频段高音质扬琴	实用新型	CN202021739836.0	2021.01.29	苏州礼乐乐器股份有限公司	金海鸥；吴念博；何新喜；朱信智；李碧英；杨萍
	带环形整体式音梁的扬琴	实用新型	CN202021741187.8	2021.02.12	苏州礼乐乐器股份有限公司	金海鸥；吴念博；何新喜；朱信智；李碧英；杨萍
	一种便于使用的扬琴	实用新型	CN202022048538.3	2021.04.16	太原师范学院	王焯
	一种琴弦便于调节的扬琴	实用新型	CN202022048537.9	2021.04.16	太原师范学院	王焯
	琴竹破损识别平台	发明专利	CN201811589113.4	2021.04.23	新昌县伐诚农业开发有限公司	徐旭栋；吴梦梦
	带音梁的扬琴	实用新型	CN202021739821.4	2021.04.27	苏州礼乐乐器股份有限公司	金海鸥；吴念博；何新喜；朱信智；李碧英；杨萍
	带环形分段式音梁的扬琴	实用新型	CN202021741188.2	2021.04.27	苏州礼乐乐器股份有限公司	金海鸥；吴念博；何新喜；朱信智；李碧英；杨萍
	一种高度可调的扬琴用支撑装置	实用新型	CN202022152522.7	2021.04.30	武汉理工大学	周雨荷；赵宸；孔梦梦
	儿童扬琴	实用新型	CN202022095780.6	2021.05.11	乐海乐器有限公司	张娜；张计孟；温澎涛
	可伸缩式扬琴琴竹	实用新型	CN202022182986.2	2021.06.08	燕山大学	薛婷婷
	扬琴（启蒙琴）	外观设计	CN202130050897.X	2021.08.20	苏州市蝶之萌琴行有限公司	吴杏苏
	一种便于使用的新型扬琴	实用新型	CN202022177838.1	2021.08.31	太原师范学院	高佳一
	一种可快速安装的扬琴止音器	实用新型	CN202120019517.0	2021.09.07	刘自治	刘自治
	一种可调式扬琴支架	实用新型	CN202120702134.3	2021.10.29	邵阳学院	陈晓
	扬琴琴架	外观设计	CN202130452891.5	2021.11.05	汕头市粤升乐器实业有限公司	李玲玲；吴汉军
古筝	一种五拼结构古筝面板及使用其的古筝	实用新型	CN202020451326.7	2021.01.05	梁爽	梁爽
	一种古筝制作试音器	实用新型	CN202021360099.3	2021.01.05	扬州民族乐器研制厂有限公司	田步高；田泉
	一种古筝培训用古筝穿弦辅助器	实用新型	CN202021112396.6	2021.01.22	江苏财经职业技术学院	刘海沁
	一种自由拼装式古筝	实用新型	CN202021498556.5	2021.01.29	广州羽角乐器有限公司	吕春麒

续表

类别	名称	专利类型	申请（专利）号	公开（公告）日	申请（专利权）人	发明（设计）人
古筝	一种改良的古筝琴码	实用新型	CN202020778981.3	2021.02.02	东莞宜安新材料研究院有限公司东莞宜安科技股份有限公司东莞市逸昊金属材料科技有限公司	扶友红；张涛；高宽；杨洁丹；汤铁装；李卫荣；李扬德
	一种采用硅胶制作的古筝消音条及其制作方法及成型治具	发明专利	CN202011203650.8	2021.02.05	扬州古的筝文化发展有限公司	王琼
	一种古筝及其制作方法	发明专利	CN202011182356.3	2021.02.09	中昊乐器扬州有限公司	贾洪流
	一种古筝尾接悬挂式拓音器	实用新型	CN202021475522.4	2021.02.12	广州羽角乐器有限公司	吕春麒
	一种双音梁古筝	实用新型	CN202021679210.5	2021.02.12	苏州礼乐乐器股份有限公司	金海鸥；吴念博；何新喜；朱信智；李碧英；杨萍
	一种支架可调节的古筝	实用新型	CN202020847487.8	2021.02.26	福建省大音文化发展有限公司	颜建程
	一种后岳山结构及古筝	实用新型	CN202021534124.5	2021.03.12	肖雨；肖飞	肖雨；肖飞
	古筝弱音条	外观设计	CN202030574737.0	2021.03.16	扬州古的筝文化发展有限公司	王琼
	一种古筝岳山制作固定工具	实用新型	CN202021091727.2	2021.03.16	台州学院	臧卓敏；袁寿玉
	一种新型音条及无音梁古筝	实用新型	CN202021289999.3	2021.03.16	梁爽	梁爽
	21弦b型古筝琴弦	实用新型	CN202020891618.2	2021.03.19	张连青	张连青
	一种古筝码子配件	实用新型	CN202021659624.1	2021.03.19	郑州永良塑胶模具有限公司	张海良；袁玉则；张杰；何永奇；张金生
	一种立体筝码及应用立体筝码的古筝拾音装置	发明专利	CN201910915908.8	2021.03.26	张达林	张达林
	一种古筝琴弦防断结构	实用新型	CN202020745818.7	2021.03.26	王希	王希；冯浩耘；董岳磊；张文珠
	一种古筝培训用古筝调音扳手	实用新型	CN202021548000.2	2021.03.26	李梦红	李梦红
	一种改良版古筝	实用新型	CN202021781078.9	2021.03.26	兰考东方木制品有限公司	汤艳；杨松涛；曹振娜
	一种设有弦枕拾音器的古筝	实用新型	CN202021014696.0	2021.04.13	上海民族乐器一厂	李素芳；陆国良；徐仲荣
	一种教学古筝用支撑装置	实用新型	CN202021915453.4	2021.04.16	惠州学院	佟桂影
	一种古筝生产用清洁装置	实用新型	CN202021916772.7	2021.04.16	惠州学院	佟桂影

续表

类别	名称	专利类型	申请（专利）号	公开（公告）日	申请（专利权）人	发明（设计）人
古筝	高音古筝	发明专利	CN202110087885.3	2021.04.27	扬州民族乐器研制厂有限公司	田步高；田泉
	电木两用低音古筝	发明专利	CN202110087907.6	2021.04.27	扬州民族乐器研制厂有限公司	田步高；田泉
	一种便携式古筝固定架	实用新型	CN202022195463.1	2021.05.04	九江学院	汤桐桐
	一种便携可弱音古筝专用谱架	实用新型	CN202022180725.7	2021.05.11	郝方	郝方
	一种古筝的自动调音和转调装置	实用新型	CN202022304753.5	2021.05.14	铜仁职业技术学院	宋瑶琴
	一种4轴龙门结构古筝加工设备	实用新型	CN202021527465.X	2021.05.14	郑州匠人科技有限公司	王雷；杨磊；郭二艳；杨威；李哲；王鹏
	一种筝	实用新型	CN202021923604.0	2021.05.18	乐海乐器有限公司	宋朝寒；宋少康；陈莉芳；宋营彬
	一种古筝卷弦调音器	实用新型	CN202021402408.9	2021.06.01	灿音科技（深圳）有限公司	汪功涛
	一种具有调音功能的古筝放置架	发明专利	CN202110036964.1	2021.06.01	九江学院	余宁春
	一种可折叠及伸缩式古筝琴架	实用新型	CN202021092360.6	2021.06.01	台州学院	臧卓敏；袁寿玉
	一种古筝琴码和古筝	实用新型	CN202020876144.4	2021.06.04	马骉	马骉；马利斌
	一种古筝培训用古筝放置架	实用新型	CN202021550163.4	2021.06.11	李梦红	李梦红
	一种古筝培训用古筝调音器	实用新型	CN202021632510.8	2021.06.11	吴镇如	吴镇如
	一种便于安装的古筝用筝线调节装置	实用新型	CN202022640698.7	2021.06.15	铜仁职业技术学院	陈柯
	一种古筝用调音扳手	实用新型	CN202022640664.8	2021.06.15	铜仁职业技术学院	陈柯
	电木两用三合一古筝	发明专利	CN202110441729.2	2021.06.15	扬州民族乐器研制厂有限公司	田步高；田泉；郭悦
	一种灵活转调古筝	实用新型	CN202022437133.9	2021.06.15	贵州师范学院	陈玉莲
	一种古筝变调装置	实用新型	CN202022369364.0	2021.06.18	王玥	王玥
	一种便携式古筝	发明专利	CN202110156515.0	2021.06.18	王琛瑜	王琛瑜
	一种改良版的古筝	发明专利	CN201911226932.7	2021.06.22	扬州仁智信息科技有限公司	不公告发明人
	一种二十一弦古筝抬弦转调装置	发明专利	CN202110325399.0	2021.06.25	罗燕	罗燕
	一种古筝琴码	实用新型	CN202022175468.8	2021.06.25	山西工商学院	邓新炳
	古筝调音扳手	外观设计	CN202130124144.9	2021.06.29	扬州金韵乐器御工坊有限公司	薛磊；熊立群

续表

类别	名称	专利类型	申请（专利）号	公开（公告）日	申请（专利权）人	发明（设计）人
古筝	一种古筝琴架制作装置	发明专利	CN202110455234.5	2021.07.23	张双	张双
	古筝专用琴弦定位模具	实用新型	CN202022818301.9	2021.07.30	扬州金韵乐器御工坊有限公司	薛磊；熊立群
	改良筝	实用新型	CN202022049700.3	2021.08.03	陈希垚	陈希垚
	一种古筝穿弦结构	实用新型	CN202023208502.3	2021.08.06	冀玉婷	冀玉婷
	一种可调节古筝指甲套	实用新型	CN202023098903.8	2021.08.20	冀玉婷	冀玉婷
	穿戴式古筝指甲	实用新型	CN202120087916.0	2021.08.20	李光凯	李光凯
	一种具备显示功能的古筝	实用新型	CN202120178804.6	2021.09.21	湖南人文科技学院	刘利连
	高音古筝	实用新型	CN202120178373.3	2021.09.07	田步高田泉	田步高；田泉
	电木两用低音古筝	实用新型	CN202120178372.9	2021.09.07	田步高田泉	田步高；田泉
	一种二十一弦古筝抬弦转调装置	发明专利	CN202110639999.4	2021.09.07	平顶山学院	魏波；马珊珊
	一种便携式古筝	实用新型	CN202120178809.9	2021.09.21	湖南人文科技学院	刘利连
	一种低音古筝的制作方法	发明专利	CN202110864344.7	2021.09.21	炫音文化创意（东莞）有限公司	莫伟樑；吴梓澄；黄永杰
	一种古筝指甲	实用新型	CN202022692381.8	2021.09.24	贵州普恩林科技有限公司	曹南煜；向映怡
	一种古筝拨片	实用新型	CN202023042286.X	2021.09.28	陈晶	陈晶
	一种古筝可调节指套	发明专利	CN202110789963.4	2021.09.28	叶志华	叶志华
	一种新型古筝支架	实用新型	CN202022823810.0	2021.10.08	渭南师范学院	张亮
	古筝调试绷子	实用新型	CN202120235935.3	2021.10.08	江志明	江志明
	一种古筝用便于调松紧的琴弦调试装置	实用新型	CN202023040333.7	2021.10.15	上海乐圣乐器有限公司	胡丹越
	双弧双箱古筝	发明专利	CN202110821533.6	2021.10.22	扬州民族乐器研制厂有限公司	田泉；田步高
	一种防掉落稳定新型双翼连体古筝指甲	实用新型	CN202120495777.5	2021.10.26	潘孝新	潘孝新
	一种古筝的自动调音和转调装置	发明专利	CN202110752764.6	2021.10.29	贵阳学院	刘芸芸
	一种古筝调音装置	实用新型	CN202120193823.6	2021.10.29	吉鸿宇	吉鸿宇；吉明早
	一种古筝收音琴轴	实用新型	CN202022830119.5	2021.11.05	渭南师范学院	张亮
	电木两用三合一古筝	实用新型	CN202120845538.8	2021.11.12	田步高田泉	田步高；田泉；郭悦
	一种新型七声古筝	实用新型	CN202120658585.1	2021.11.23	许昌学院	程霖
	一种新型的古筝本体结构	实用新型	CN202121401372.7	2021.11.26	贵州师范学院	陈玉莲
	一种便携式教学用古筝	实用新型	CN202120767027.9	2021.11.26	安阳职业技术学院	胡洪刚；李涯

续表

类别	名称	专利类型	申请（专利）号	公开（公告）日	申请（专利权）人	发明（设计）人
古筝	一种古筝义甲	实用新型	CN202120669052.3	2021.12.07	潘孝新	潘孝新
	一种便携式古筝折叠琴架	实用新型	CN202120830432.0	2021.12.07	江苏经贸职业技术学院	周梦霓
	一种可固定的磁吸式琴码	实用新型	CN202121205437.0	2021.12.07	中国美术学院	王昀；朱梓乔；徐芳棋；吴嘉卿
	一种古筝弦眼钻孔模具	实用新型	CN202120791797.7	2021.12.24	扬州金韵乐器御工坊有限公司	薛磊
	一种方便卡合的古筝用消音硅胶条	实用新型	CN202022493339.3	2021.12.24	扬州古的筝文化发展有限公司	王琼
	一种古筝培训用古筝穿弦辅助器	实用新型	CN202121427965.0	2021.12.28	江苏海洋大学	韩宇欣；韦兰兰；王素芹
	一种半封闭可调节松紧的通风式古筝指套	实用新型	CN202120612934.6	2021.12.28	刘玉平	刘玉平
古琴	一种分舱式古琴	实用新型	CN202022254603.8	2021.01.15	宋子军	宋子军
	一种便于古琴轸子调音装置	发明专利	CN201510240795.8	2021.01.19	缪悦颜	缪悦颜
	一种古琴调弦器	实用新型	CN202020955425.9	2021.01.29	山东谢氏琴业有限公司	谢爱军；谢天雨；王新娟
	一种可对高度进行微调的古琴	实用新型	CN202021086228.4	2021.02.02	山东谢氏琴业有限公司	谢天雨；谢爱军；王新娟
	一种新型的古琴槽腹结构	实用新型	CN202021086224.6	2021.02.02	山东谢氏琴业有限公司	谢天雨；谢爱军；王新娟
	一种双音梁古琴	实用新型	CN202021677534.5	2021.02.12	苏州礼乐乐器股份有限公司	金海鸥；吴念博；何新喜；朱信智；李碧英；杨萍
	一种古琴调弦装置	实用新型	CN202020563010.7	2021.02.19	张钊	张钊
	一种校正古琴面板和底板平整度的工具	实用新型	CN202021216924.2	2021.03.09	山东谢氏琴业有限公司	谢爱军；谢天雨；王新娟
	一种古琴底板加强结构	实用新型	CN202021086222.7	2021.03.30	山东谢氏琴业有限公司	谢爱军；谢天雨；王新娟
	一种古琴本体	实用新型	CN202021137528.0	2021.03.30	宋子军	宋子军
	一种多功能古琴配件加工器械	实用新型	CN202021091714.5	2021.04.02	台州学院	臧卓敏；袁寿玉
	一种古琴琴箱结构	实用新型	CN202021399240.0	2021.05.04	陕西大长安控股集团有限	程刚
	一种古琴压舱器	实用新型	CN202022186591.X	2021.05.18	宋子军	宋子军
	一种设置有方便调音的琴弦装置的古琴	实用新型	CN202021216942.0	2021.05.25	山东谢氏琴业有限公司	谢爱军；谢天雨；王新娟
	一种古琴面板三维曲面结构	实用新型	CN202021216869.7	2021.05.25	山东谢氏琴业有限公司	王新娟；谢爱军；谢天雨

续表

类别	名称	专利类型	申请（专利）号	公开（公告）日	申请（专利权）人	发明（设计）人
古琴	双弧三腔古琴	发明专利	CN202110273287.5	2021.06.01	扬州民族乐器研制厂有限公司	田泉
	一种电木两用低音古琴	发明专利	CN202110330272.8	2021.06.04	扬州民族乐器研制厂有限公司	田泉；田步高
	一种新型古琴	发明专利	CN202110073264.X	2021.06.08	程刚	程刚
	一种古琴调制器及调制方法	发明专利	CN202110284773.7	2021.06.22	信阳农林学院	何鑫
	一种用于儿童古琴学习的按泛音位贴	实用新型	CN202022776087.5	2021.06.22	周玮	周玮
	便携式古琴桌	实用新型	CN202022268541.6	2021.06.25	杨青	杨青
	一种十三弦筝复原推演方法及装置	发明专利	CN202110383528.1	2021.07.23	陈冬梅	陈冬梅；陈东芳；赵翎玉
	一种具有按音把位的古琴	发明专利	CN202110600335.7	2021.07.27	田泉	田泉
	古琴桌	实用新型	CN202022746901.9	2021.07.30	白杨	白杨；安文玉；白家山
	一种方便携带的古琴保养琴盒	发明专利	CN202110433683.X	2021.08.03	焦作大学	栗岩
	一种古琴收纳架	实用新型	CN202022952180.7	2021.08.13	曲靖师范学院	苏婷
	一种古琴演奏用摆放台	实用新型	CN202022951827.4	2021.08.13	曲靖师范学院	苏婷
	一种拆装方便的古琴支撑架	实用新型	CN202022951884.2	2021.08.13	曲靖师范学院	苏婷
	古琴桌（忘机）	外观设计	CN202130098731.5	2021.09.03	东阳市荣轩工艺品有限公司	徐超霖；徐荣桃；徐展鹏
	拨弦乐器	实用新型	CN202120256736.0	2021.09.14	北京文德清韵科技有限公司	张寅
	古琴（伟人式）	外观设计	CN202130081777.6	2021.09.21	英杰东	英杰东
	古琴雁足及古琴	实用新型	CN202120236991.9	2021.09.21	张瑾泉	张瑾泉
	用于古琴面板的新伐木材的微波处理方法	发明专利	CN202110652423.1	2021.09.24	南京交通职业技术学院	郭文；杨辰雨；刘文倩；王青云；张昱笑；孙成东
	一种古琴挂弦器	实用新型	CN202120128237.3	2021.10.01	宋子军	陈彪
	一种新型多功能古琴箱	实用新型	CN202023040271.X	2021.10.15	上海乐圣乐器有限公司	胡丹越
	一种古琴上弦工具	实用新型	CN202120173039.9	2021.10.15	武汉城市职业学院	袁博；张涛；杨素华；姬庆玲；陈晓松；王博君；张海军
	一种高精高难度仿木古琴键模具	实用新型	CN202120386193.4	2021.10.19	泉州宗大模具有限公司	林国海；欧阳志刚

续表

类别	名称	专利类型	申请（专利）号	公开（公告）日	申请（专利权）人	发明（设计）人
古琴	双弧三腔古琴	实用新型	CN202120527331.6	2021.10.22	田泉	田泉
	一种双箱古琴	发明专利	CN202110807774.5	2021.10.22	扬州民族乐器研制厂有限公司	田泉；田步高
	一种古琴谱的自动纠错和智能提示方法	发明专利	CN202110835058.8	2021.10.29	刘雪锋	刘雪锋；刘星星
	一种电木两用低音古琴	实用新型	CN202120622821.4	2021.11.02	田泉；田步高	田泉；田步高
	一种百纳琴面板	实用新型	CN202120135754.3	2021.11.05	朱振立	朱振立
	一种新型的古琴弦眼打孔器	发明专利	CN202110837195.5	2021.11.16	莫尚刚	莫尚刚
	一种类似凤凰玄鸟体型和内腔结构的古琴	发明专利	CN202111045510.7	2021.11.16	莫志华	莫志华
	一种具有拾音功能的古琴桌	实用新型	CN202023313019.1	2021.11.19	山西大学	田萩峰
	古琴结构	实用新型	CN202121449065.6	2021.11.26	北京爱尔伯格科技有限公司	徐江磊
	数字古琴桌（新中式）	外观设计	CN202130504082.4	2021.11.30	苏州探寻文化科技有限公司	郝海斌；张奎奎；马甲勇
	一种新型的丝弦琴胎	实用新型	CN202121686985.X	2021.12.03	莫尚刚	莫尚刚
	一种古琴绞绳式琴轸	实用新型	CN202120473112.4	2021.12.10	吴跃华	吴跃华
	一种新型古琴琴膛结构	实用新型	CN202120800248.1	2021.12.14	莫尚刚	莫尚刚
	古琴换弦工具	实用新型	CN202120376815.5	2021.12.17	王莞舒	王莞舒
	一种古琴调教结构	实用新型	CN202121287402.6	2021.12.17	成都杰天精工汽车技术有限公司	张晓俊
	古琴硅胶防滑垫	实用新型	CN202120895165.5	2021.12.24	扬州金韵乐器御工坊有限公司	熊立群；熊立斌；李浦江
	一种具有按音把位的古琴	实用新型	CN202121204550.7	2021.12.28	田泉	田泉
琵琶	一种琵琶	实用新型	CN202020890723.4	2021.01.26	太仓市璜泾镇崇山乐器厂	朱崇山；朱磊磊
	一种双音梁琵琶	实用新型	CN202021679117.4	2021.01.29	苏州礼乐乐器股份有限公司	金海鸥；吴念博；何新喜；朱信智；李碧英；杨萍
	一种能够拆解的便携式琵琶结构	发明专利	CN202011282040.1	2021.02.05	乐海乐器有限公司	宋营彬；宋恩辉；宋劲辉
	一种琵琶乐器加工用固定架	实用新型	CN202021085209.X	2021.03.30	德清世锦智能科技有限公司	王志文
	一种用于琵琶的智能化调音及固定装置	实用新型	CN202021218332.4	2021.04.20	怀化学院	苑文卉
	琵琶（20560F出水芙蓉）	外观设计	CN202030817569.3	2021.05.14	上海民族乐器一厂	曹含英

续表

类别	名称	专利类型	申请（专利）号	公开（公告）日	申请（专利权）人	发明（设计）人
琵琶	琵琶（20542YY玉润华光）	外观设计	CN202030813415.7	2021.05.14	上海民族乐器一厂	钱冰菁
	琵琶（20542TS雪之舞）	外观设计	CN202030812822.6	2021.05.14	上海民族乐器一厂	王琳琳
	琵琶（20541Y敦煌藻井）	外观设计	CN202030812233.8	2021.05.14	上海民族乐器一厂	钱冰菁
	琵琶（20539PP百蝶图）	外观设计	CN202030812779.3	2021.05.14	上海民族乐器一厂	王传赡；周力
	琵琶（20542PP千里江山）	外观设计	CN202030812819.4	2021.05.14	上海民族乐器一厂	钱冰菁
	琵琶（20542JS流星熠熠）	外观设计	CN202030812820.7	2021.05.14	上海民族乐器一厂	钱冰菁
	一种快速学会及便于专调的琵琶	实用新型	CN202022473026.1	2021.05.25	河南省德韵教育信息咨询有限公司	赵茜
	一种驱动桥壳精加工琵琶孔用工装	实用新型	CN202022323568.0	2021.06.01	青岛汽车零部件科技创新服务有限公司	王涛；刘春光；吴恩泽；张晓峰；张亮；徐超
	一种南坪琵琶	发明专利	CN202110059655.6	2021.06.04	阿坝师范学院	周南
	一种能够拆解的便携式琵琶结构	实用新型	CN202022649380.5	2021.07.30	乐海乐器有限公司	宋营彬；宋恩辉；宋劲辉
	一种琵琶支架	实用新型	CN202023312461.2	2021.08.31	石水珍	石水珍；项群华
	琵琶开榫机	发明专利	CN202110618408.5	2021.09.03	乐海乐器有限公司	宋营彬；宋恩辉；张瑞凯
	一种南坪琵琶	实用新型	CN202120119234.3	2021.09.07	阿坝师范学院	周南
	一种新型的琵琶	实用新型	CN202022082369.5	2021.09.24	于国才	于国才
	一种金属品丝琵琶	实用新型	CN202021671998.5	2021.10.08	广州正艺产品设计有限公司	杨皓
	一种琵琶托架及带有琵琶托架的坐具	实用新型	CN202023203736.9	2021.10.08	张艾熹	张艾熹
	一种便于调节琴弦的松紧度的琵琶	实用新型	CN202120179952.X	2021.10.19	齐攀	张含星；张若溪；齐攀
	琵琶雕刻机	实用新型	CN202023173720.8	2021.10.22	南京超翰数控设备有限公司	乐兰
	便于维护各品高差的琵琶	实用新型	CN202120522854.1	2021.10.26	黄河科技学院	贾媛媛；胡宁；铁静；张艳；蔡冉
	可自由拆卸琴头的琵琶	实用新型	CN202121283653.7	2021.12.03	曹卫东	曹卫东
	高音琵琶	实用新型	CN202121192556.7	2021.12.24	乐海乐器有限公司	宋营彬；杨靖；宋恩辉；宋劲辉；边士钦
	琵琶（海铭蓝）	外观设计	CN202130524474.7	2021.12.24	乐海乐器有限公司	宋恩辉；边士钦；宋劲辉
	一种可微调防松的琵琶	实用新型	CN202121266733.1	2021.12.31	河北艺术职业学院	翟云翔

续表

类别	名称	专利类型	申请（专利）号	公开（公告）日	申请（专利权）人	发明（设计）人
鼓	大鼓顶座	发明专利	CN202011210114.0	2021.01.12	天津市津宝乐器有限公司	吴定军
	儿童鼓	发明专利	CN202011210118.9	2021.01.12	天津市津宝乐器有限公司	吴定军
	耳鼓固定架	发明专利	CN202011210167.2	2021.01.12	天津市津宝乐器有限公司	吴定军
	儿童爵士鼓专用踩锤	发明专利	CN202011210172.3	2021.01.15	天津市津宝乐器有限公司	吴定军
	一种消音军鼓	实用新型	CN202021090810.8	2021.01.26	天津市友方乐器有限公司	袁洪立
	一种组合式架子鼓	发明专利	CN202011189527.5	2021.01.29	天津优尼柯乐器有限公司	吴臣
	一种适用不同大小的大鼓鼓皮压紧装钉装置	发明专利	CN202011316103.0	2021.02.05	钟敏霞	钟敏霞
	爵士鼓大鼓鼓钩	外观设计	CN202030452567.9	2021.02.09	天津市顶酷乐器有限公司	王立民；胡金刚
	大鼓固定座	外观设计	CN202030452558.X	2021.02.09	天津市顶酷乐器有限公司	王立民；胡金刚
	一种便于调节的木制大鼓	实用新型	CN202020669364.X	2021.02.12	福建省大音文化发展有限公司	颜建程
	无缝金属架子鼓制备方法	发明专利	CN202011310196.6	2021.03.02	郭福利	郭福利
	一种乐器加工用大鼓鼓皮锤钉装置	发明专利	CN202011203743.0	2021.03.19	杨峰	杨峰
	一种大鼓乐器制造用冲压设备	实用新型	CN202021188350.2	2021.03.23	湖州神墨机械科技有限公司	聂银彪
	一种新型爵士鼓底鼓双踩链条联动式踏板	发明专利	CN202011581621.5	2021.04.09	北京骎英教育科技有限公司	张炯
	便携式民族大鼓	实用新型	CN202022286720.2	2021.04.30	宁立仕	宁立仕
	一种爵士鼓固定座	实用新型	CN202021651785.6	2021.05.04	天津市顶酷乐器有限公司	王立民；胡金刚
	一种用于爵士鼓的鼓悬挂装置	实用新型	CN202021651801.1	2021.05.04	天津市顶酷乐器有限公司	王立民；胡金刚
	一种爵士鼓吊镲用转盘机构	实用新型	CN202021651473.5	2021.05.04	天津市顶酷乐器有限公司	王立民；胡金刚
	一种爵士鼓鼓凳托盘	实用新型	CN202021651509.X	2021.05.04	天津市顶酷乐器有限公司	王立民；胡金刚
	一种爵士鼓用支架	实用新型	CN202021651513.6	2021.05.04	天津市顶酷乐器有限公司	王立民；胡金刚
	一种新型爵士鼓底鼓卧式踏板	实用新型	CN202021283944.1	2021.05.14	北京骎英教育科技有限公司	张炯
	一种具有消音功能的架子鼓	实用新型	CN202021586811.1	2021.05.11	天津市友方乐器有限公司	袁洪立
	一种体感式音乐仿真架子鼓鼓槌	实用新型	CN202021895954.0	2021.05.18	南京顽乐科技有限公司	牛亚锋；洪文博
	一种用于声乐的架子鼓支撑架	实用新型	CN202020533500.2	2021.05.25	苏娅塔娜	苏娅塔娜；林樱

续表

类别	名称	专利类型	申请（专利）号	公开（公告）日	申请（专利权）人	发明（设计）人
鼓	一种新型可调式儿童乐器架子鼓	实用新型	CN202021856703.1	2021.06.01	黄山学院	刘璟颉；钱媛媛；姜冬旭；汪哲；陈武；周安虎宋改凤；李丹婷；刘春安
	架子鼓鼓圈保护套	实用新型	CN202020988307.8	2021.06.04	鞍山市明泽乐器销售有限公司	何春雷
	一种大鼓生产用黄皮拉伸装置	发明专利	CN202110204621.1	2021.06.22	张晓莲	张晓莲
	一种架子鼓用固定支架	实用新型	CN202022796835.6	2021.06.18	彭房娣	彭房娣
	一种多功能可调节式的架子鼓机器人吊镲及其调节方法	发明专利	CN202110120815.3	2021.06.04	南通理工学院	郭峰；钱黎明；陆卫卫；沙春；陈雨飞；周杰；齐虹；顾海琴；李欢欢
	一种模仿沙桶和军鼓声音的新型鼓	实用新型	CN202022474092.0	2021.07.06	周有涛	周有涛
	架子鼓踩镲支架镲片水平角度调节装置	实用新型	CN202022828706.0	2021.07.20	河北固朗乐器制造有限公司	李艳达
	一种架子鼓底鼓鼓皮压圈	实用新型	CN202022825692.7	2021.07.20	河北固朗乐器制造有限公司	李艳达
	一种架子鼓底单孔大座	实用新型	CN202022825521.4	2021.07.20	河北固朗乐器制造有限公司	李艳达
	一种便携式军鼓支撑架	实用新型	CN202022972029.X	2021.08.17	天津东方腾飞乐器有限责任公司	陈震；王明波；陈增硕
	一种可以演奏的桌子箱鼓	实用新型	CN202022976493.6	2021.08.31	杨通	杨通
	一种便于移动的架子鼓	实用新型	CN202022718134.0	2021.07.23	天津迈迪乐器有限公司	张洪兴
	一种稳定性能高的架子鼓	实用新型	CN202022904376.9	2021.07.23	天津迈迪乐器有限公司	张洪兴
	一种具有减震功能的架子鼓	实用新型	CN202022904078.X	2021.07.23	天津迈迪乐器有限公司	张洪兴
	一种高度可调节的架子鼓	实用新型	CN202022774073.X	2021.07.23	天津迈迪乐器有限公司	张洪兴
	一种架子鼓用鼓棒存放装置	实用新型	CN202022773979.X	2021.07.23	天津迈迪乐器有限公司	张洪兴
	一种连体式架子鼓	实用新型	CN202022904536.X	2021.07.23	天津迈迪乐器有限公司	张洪兴
	一种具有防坠落功能的架子鼓	实用新型	CN202022774012.3	2021.07.23	天津迈迪乐器有限公司	张洪兴
	一种便于调节鼓皮松紧的架子鼓	实用新型	CN202022706455.9	2021.07.23	天津迈迪乐器有限公司	张洪兴
	一种方便安装的架子鼓	实用新型	CN202022718898.X	2021.07.23	天津迈迪乐器有限公司	张洪兴

续表

类别	名称	专利类型	申请（专利）号	公开（公告）日	申请（专利权）人	发明（设计）人
鼓	一种便于更换鼓膜的架子鼓	实用新型	CN202022710791.0	2021.07.23	天津迈迪乐器有限公司	张洪兴
	一种具有旋转功能的架子鼓	实用新型	CN202022904443.7	2021.07.23	天津迈迪乐器有限公司	张洪兴
	一种便于快速安装的爵士鼓踩锤踏板结构	实用新型	CN202022350096.8	2021.07.27	天津雷驰金属制品有限公司	王立民
	一种爵士鼓用异径管连接装置	实用新型	CN202022324971.5	2021.07.27	天津雷驰金属制品有限公司	王立民
	一种使用灵活的爵士鼓用悬挂装置	实用新型	CN202022325823.5	2021.07.27	天津雷驰金属制品有限公司	王立民
	一种爵士鼓安装镲片用转盘	实用新型	CN202022325821.6	2021.07.27	天津雷驰金属制品有限公司	王立民
	一种用于架子鼓的悬挂装置	实用新型	CN202022325851.7	2021.07.27	天津雷驰金属制品有限公司	王立民
	一种便于拆卸的架子鼓用吊镲支架	实用新型	CN202022915347.2	2021.07.27	南通余音乐器有限公司	余国杰
	一种方便调节踩锤与底鼓撞击行程的支架	实用新型	CN202022936726.X	2021.07.30	南通余音乐器有限公司	余国杰
	一种架子鼓的主鼓的底部支撑结构	实用新型	CN202022989409.4	2021.07.30	南通余音乐器有限公司	余国杰
	一种方便更换的架子鼓踩锤踏板机构	实用新型	CN202022991220.9	2021.07.30	南通余音乐器有限公司	余国杰
	一种架子鼓底鼓低音加长效果鼓	实用新型	CN202022829243.X	2021.07.30	河北固朗乐器制造有限公司	李艳达
	一种架子鼓支撑夹	实用新型	CN202022828961.5	2021.07.30	河北固朗乐器制造有限公司	李艳达
	一种架子鼓底鼓支撑腿	实用新型	CN202022828906.6	2021.07.30	河北固朗乐器制造有限公司	李艳达
	一种安装在大鼓上侧的耳鼓支撑架	实用新型	CN202022915349.1	2021.07.30	南通余音乐器有限公司	余国杰
	一种空气架子鼓	发明专利	CN202110645025.7	2021.08.06	深圳市云雀之声实业有限公司	张卫满
	一种限位效果好的架子鼓	实用新型	CN202022904437.1	2021.08.06	天津迈迪乐器有限公司	张洪兴
	一种便于携带的架子鼓	实用新型	CN202022717963.7	2021.08.06	天津迈迪乐器有限公司	张洪兴
	一种便于调节支架的架子鼓	实用新型	CN202022706468.6	2021.08.06	天津迈迪乐器有限公司	张洪兴
	一种架子鼓用脚踏装置	实用新型	CN202022449590.X	2021.08.10	常德市精悦电子有限公司	佘燕燕
	镲片弱音圈	实用新型	CN202020988732.7	2021.08.17	鞍山市明泽乐器销售有限公司	何春雷

续表

类别	名称	专利类型	申请（专利）号	公开（公告）日	申请（专利权）人	发明（设计）人
鼓	一种架子鼓用可便携式支架装置	实用新型	CN202022451130.0	2021.08.24	天津优尼柯乐器有限公司	吴臣
	一种架子鼓四点悬挂装置	实用新型	CN202022450577.6	2021.08.24	天津优尼柯乐器有限公司	吴臣
	一种架子鼓训练装置	实用新型	CN202022447099.3	2021.08.24	天津优尼柯乐器有限公司	吴臣
	一种便于折叠的架子鼓支架	实用新型	CN202022433532.8	2021.08.24	天津优尼柯乐器有限公司	吴臣
	一种体感架子鼓及其系统	发明专利	CN202011408853.0	2021.08.24	南京顽乐科技有限公司	牛亚锋；洪文博；芦宜楠
	一种具备辅助演奏功能的电声架子鼓	实用新型	CN202022454028.6	2021.08.24	天津优尼柯乐器有限公司	吴臣
	一种架子鼓鼓槌	实用新型	CN202022444445.2	2021.08.24	天津优尼柯乐器有限公司	吴臣
	一种带有减震功能的架子鼓鼓架	实用新型	CN202022441722.4	2021.08.24	天津优尼柯乐器有限公司	吴臣
	一种带有消音器的架子鼓	实用新型	CN202022447296.5	2021.08.24	天津优尼柯乐器有限公司	吴臣
	一种架子鼓升降折叠支架	实用新型	CN202022450196.8	2021.08.24	天津优尼柯乐器有限公司	吴臣
	一种多功能玩具架子鼓	实用新型	CN202022442248.7	2021.08.24	天津优尼柯乐器有限公司	吴臣
	一种便于调节的架子鼓支架	实用新型	CN202022427151.9	2021.08.24	天津优尼柯乐器有限公司	吴臣
	一种架子鼓底鼓鼓枕	实用新型	CN202022448479.9	2021.08.24	天津优尼柯乐器有限公司	吴臣
	一种记录击打数量的架子鼓	实用新型	CN202022443617.4	2021.08.24	天津优尼柯乐器有限公司	吴臣
	一种便于移动的架子鼓支架	实用新型	CN202022434485.9	2021.08.24	天津优尼柯乐器有限公司	吴臣
	一种架子鼓稳定型支架	实用新型	CN202023238980.9	2021.08.27	天津市煜嘉科技有限公司	张洪兴
	一种便于拆装的架子鼓	实用新型	CN202023238815.3	2021.08.27	天津市煜嘉科技有限公司	张洪兴
	一种架子鼓踩锤	实用新型	CN202023238948.0	2021.08.31	天津市煜嘉科技有限公司	张洪兴
	带哑鼓的架子鼓静音垫	实用新型	CN202022723774.0	2021.09.03	鞍山市明泽乐器销售有限公司	何春雷
	一种架子鼓双档消音器	发明专利	CN202110760196.4	2021.09.03	南通余音乐器有限公司	余国杰；赵伟涛
	一种民间架子鼓	实用新型	CN202022418014.9	2021.09.03	曲德臣	曲德臣；曲则旭；周林如；周金如；王家庆
	四点支撑多层减震架子鼓底鼓静音垫	实用新型	CN202022725597.X	2021.09.03	鞍山市明泽乐器销售有限公司	何春雷
	脚踏式箱鼓	发明专利	CN202110713067.X	2021.09.03	湖南尔玺文化传播有限公司	王升
	一种架子鼓静音镲片	实用新型	CN202120142602.6	2021.09.21	苏卫红	苏卫红

续表

类别	名称	专利类型	申请（专利）号	公开（公告）日	申请（专利权）人	发明（设计）人
鼓	一种架子鼓消音装置	实用新型	CN202023239059.6	2021.09.24	天津市煜嘉科技有限公司	张洪兴
	一种低噪军鼓	实用新型	CN202022968377.X	2021.10.29	天津东方腾飞乐器有限责任公司	陈震；王明波；陈增硕
	一种可拆分式民族大鼓组装工装	实用新型	CN202120734716.X	2021.10.29	桂林师范高等专科学校	蒋聂；李卓然
	一种便于拆卸的军鼓圈	实用新型	CN202120748568.7	2021.11.02	江苏爱得声乐器有限公司	梁山吉；梁山学；徐迎春
	一种电子军鼓用安装支架	实用新型	CN202120671754.5	2021.11.02	江苏爱得声乐器有限公司	梁山吉；梁山学；徐迎春
	一种具有防护功能的行进军鼓支架	实用新型	CN202120670868.8	2021.11.02	江苏爱得声乐器有限公司	梁山吉；梁山学；徐迎春
	一种军鼓旋转拉线鼓耳	实用新型	CN202120746623.9	2021.11.02	江苏爱得声乐器有限公司	梁山吉；梁山学；徐迎春
	一种军鼓支撑架	实用新型	CN202120746625.8	2021.11.02	江苏爱得声乐器有限公司	梁山吉；梁山学；徐迎春
	一种军鼓用角度调节装置	实用新型	CN202121068933.6	2021.11.12	江苏爱得声乐器有限公司	梁山吉；梁山学；徐迎春
	一种具有易洁鼓面的军鼓	实用新型	CN202120878210.6	2021.11.12	江苏爱得声乐器有限公司	梁山吉；梁山学；徐迎春
	一种防尘军鼓拉线松紧器	实用新型	CN202120670873.9	2021.11.16	江苏爱得声乐器有限公司	梁山吉；梁山学；徐迎春
	一种军鼓用鼓耳挂线轴承	实用新型	CN202121068962.2	2021.11.16	江苏爱得声乐器有限公司	梁山吉；梁山学；徐迎春
	一种军鼓加工用整理机构	实用新型	CN202120877901.4	2021.11.16	江苏爱得声乐器有限公司	梁山吉；梁山学；徐迎春
	一种军鼓加工用内环处理装置	实用新型	CN202120877884.4	2021.11.16	江苏爱得声乐器有限公司	梁山吉；梁山学；徐迎春
	一种顶级军鼓	实用新型	CN202120877948.0	2021.11.16	江苏爱得声乐器有限公司	梁山吉；梁山学；徐迎春
	一种新型木压圈军鼓	实用新型	CN202120748565.3	2021.11.16	江苏爱得声乐器有限公司	梁山吉；梁山学；徐迎春
	一种军鼓圈加工用冲孔装置	实用新型	CN202121021145.1	2021.11.23	江苏爱得声乐器有限公司	梁山吉；梁山学；徐迎春
	架子鼓	外观设计	CN202130372439.8	2021.11.23	深圳市阿诺玛乐器有限公司	陈海华
	鼓钥匙（架子鼓）	外观设计	CN202130503879.2	2021.11.23	宁波蓝色天空进出口有限公司	邓鹏程

续表

类别	名称	专利类型	申请（专利）号	公开（公告）日	申请（专利权）人	发明（设计）人
鼓	一种方便清理的架子鼓生产用打孔装置	实用新型	CN202120943613.4	2021.11.26	比扬（天津）乐器制造股份有限公司	杨秀娟；窦贺君；牟海英；张凤霞；郑国哲；史新苗；曹丽娟
	一种架子鼓生产安装用成品出库检测台	实用新型	CN202120935752.2	2021.11.26	比扬（天津）乐器制造股份有限公司	窦贺君；杨秀娟；牟海英；张凤霞；郑国哲；史新苗；曹丽娟
	一种架子鼓鼓柱生产用打磨装置	实用新型	CN202120935756.0	2021.11.26	比扬（天津）乐器制造股份有限公司	窦贺君；杨秀娟；牟海英；张凤霞；郑国哲；史新苗；曹丽娟
	一种具有除尘功能的架子鼓鼓风条分割装置	实用新型	CN202120935734.4	2021.11.26	比扬（天津）乐器制造股份有限公司	窦贺君；杨秀娟；牟海英；张凤霞；郑国哲；史新苗；曹丽娟
	一种高效的架子鼓生产用鼓风条贴条装置	实用新型	CN202120935181.2	2021.11.26	比扬（天津）乐器制造股份有限公司	杨秀娟；窦贺君；牟海英；张凤霞；郑国哲；史新苗；曹丽娟
	一种架子鼓鼓面生产用裁切装置	实用新型	CN202120935176.1	2021.11.26	比扬（天津）乐器制造股份有限公司	杨秀娟；窦贺君；牟海英；张凤霞；郑国哲；史新苗；曹丽娟
	一种方便定位的架子鼓生产用打孔装置	实用新型	CN202120899316.4	2021.11.26	比扬（天津）乐器制造股份有限公司	杨秀娟；窦贺君；牟海英；张凤霞；郑国哲；史新苗；曹丽娟
	一种便携式架子鼓生产用检测装置	实用新型	CN202120899300.3	2021.11.26	比扬（天津）乐器制造股份有限公司	杨秀娟；窦贺君；牟海英；张凤霞；郑国哲；史新苗；曹丽娟
	一种用于架子鼓生产的降噪除尘装置	实用新型	CN202120935763.0	2021.11.26	比扬（天津）乐器制造股份有限公司	窦贺君；杨秀娟；牟海英；张凤霞；郑国哲；史新苗；曹丽娟
	一种具有自动上料功能的架子鼓鼓风条分割装置	实用新型	CN202120935749.0	2021.11.26	比扬（天津）乐器制造股份有限公司	窦贺君；杨秀娟；牟海英；张凤霞；郑国哲；史新苗；曹丽娟

续表

类别	名称	专利类型	申请（专利）号	公开（公告）日	申请（专利权）人	发明（设计）人
鼓	一种高效的架子鼓鼓风条分割装置	实用新型	CN202120935174.2	2021.11.26	比扬（天津）乐器制造股份有限公司	杨秀娟；窦贺君；牟海英；张凤霞；郑国哲；史新苗；曹丽娟
	一种军鼓内环松紧连接装置	实用新型	CN202121023278.2	2021.12.03	江苏爱得声乐器有限公司	梁山吉；梁山学；徐迎春
	一种具有可调节弱音装置的架子鼓	实用新型	CN202121427038.9	2021.12.07	刘海波	刘海波
	一种便携式架子鼓	发明专利	CN202111204668.4	2021.12.10	河北固朗乐器制造有限公司	李艳达
	一种鼓盘连接件及架子鼓	实用新型	CN202023258353.1	2021.12.10	深圳市阿诺玛乐器有限公司	陈海华
	一种军鼓线束整理机构	实用新型	CN202121069397.1	2021.12.14	江苏爱得声乐器有限公司	梁山吉；梁山学；徐迎春
	一种军鼓沙带调节器	实用新型	CN202121023257.0	2021.12.14	江苏爱得声乐器有限公司	梁山吉；梁山学；徐迎春
	一种具有消音调节功能的架子鼓	实用新型	CN202121376393.8	2021.12.14	桂林师范高等专科学校	蒋聂；周振飞；邱紫娟；周成；杨业娟；杨雨姗
	一种架子鼓双档消音器	实用新型	CN202121520215.8	2021.12.21	南通余音乐器有限公司	余国杰；赵伟涛
	架子鼓鼓腔和架子鼓	实用新型	CN202120314595.3	2021.12.24	郭福利	郭福利
	低音大鼓用消音件及低音大鼓	国际专利	CN201680043446.X	2021.12.28	罗兰株式会社	吉野澄
	一种军鼓沙带用松紧绳索微调装置	实用新型	CN202121680678.0	2021.12.31	天津市顶酷乐器有限公司	王立民；胡金刚
	一种架子鼓零部件加工用裁剪装置	实用新型	CN202121680550.4	2021.12.31	天津市顶酷乐器有限公司	王立民；胡金刚
	一种架子鼓支架安装用防划伤连接装置	实用新型	CN202121680676.1	2021.12.31	天津市顶酷乐器有限公司	王立民；胡金刚
	一种用于调节鼓腔的万向调节装置	实用新型	CN202121680653.0	2021.12.31	天津市顶酷乐器有限公司	王立民；胡金刚
	一种架子鼓踩镲中心杆连接用的快速夹管装置	实用新型	CN202121680553.8	2021.12.31	天津市顶酷乐器有限公司	王立民；胡金刚
	一种新型爵士鼓底鼓双踩下摆式踏板	实用新型	CN202120317211.3	2021.12.31	北京骎英教育科技有限公司	张炯
	一种新型爵士鼓底鼓双踩链条联动式踏板	实用新型	CN202023218055.X	2021.12.31	北京骎英教育科技有限公司	张炯

续表

类别	名称	专利类型	申请（专利）号	公开（公告）日	申请（专利权）人	发明（设计）人
萨克斯	一种萨克斯风音孔盖固定套组	实用新型	CN202020945996.4	2021.01.05	河西学院	李開鹏
	一种萨克斯弯脖与笛头的新型密封	发明专利	CN201910697730.4	2021.02.02	吴舒克	吴舒克
	一种萨克斯	实用新型	CN202020759466.0	2021.02.09	赵昌慧	赵昌慧
	吸音效果好的萨克斯	实用新型	CN202020535818.4	2021.02.19	烟台南山学院	姜晓
	萨克斯笛头卡子	外观设计	CN202030398451.1	2021.02.23	刘东升	刘东升
	萨克斯调式指法音名唱名速查表	实用新型	CN201921664761.1	2021.03.12	杭苏	杭苏
	萨克斯共振器	外观设计	CN202030596361.3	2021.03.16	何流	何流
	一种用于萨克斯管和单簧管的簧片卡扣	实用新型	CN202021876558.3	2021.04.06	李雷	李雷
	一种萨克斯单簧管防损装置	实用新型	CN202022168189.9	2021.05.07	梁夫	梁夫
	萨克斯高音F#键增强结构	实用新型	CN202022326396.2	2021.06.01	霸州超拨乐器有限公司	李思栋
	萨克斯（口袋简易）	外观设计	CN202130027122.0	2021.06.04	乐工坊文化产业（江苏）有限公司	罗有航；周晓莺；王月磊
	一种萨克斯笛头哨片免拆卸无伤清洁装置	发明专利	CN202110306640.5	2021.06.11	深圳市贝安扣数码科技有限公司	余海鸣
	一种萨克斯哨片箍	发明专利	CN201911178582.1	2021.06.15	天津奥特韵乐器有限公司	张国静
	一种萨克斯笛头	发明专利	CN201911178595.9	2021.06.15	天津奥特韵乐器有限公司	张国静
	一种中音直管萨克斯	实用新型	CN202022539406.0	2021.06.18	嘉华乐器（嘉善）有限公司	徐海霞
	保护帽（中音萨克斯笛头哨片保护帽）	外观设计	CN202130067341.1	2021.06.29	钱廷玉	钱廷玉
	萨克斯笛头卡子	外观设计	CN202130156311.8	2021.08.13	聂明付	聂明付
	一种萨克斯用电动清洁工具	实用新型	CN202022566818.3	2021.08.17	衡水金声乐器有限公司	李丹；李良；刘兵
	一种萨克斯新型球状顶尖轴承	实用新型	CN202021512622.X	2021.08.17	王金辉	王金辉
	一种萨克斯管加工设备	实用新型	CN202023092034.8	2021.08.27	山东泰山管乐器制造有限公司	赵人兴
	一种萨克斯音孔盖结构	实用新型	CN202023092026.3	2021.08.31	山东泰山管乐器制造有限公司	赵人兴
	一种萨克斯哨片切制设备	实用新型	CN202023132735.X	2021.08.31	山东泰山管乐器制造有限公司	赵人兴

续表

类别	名称	专利类型	申请（专利）号	公开（公告）日	申请（专利权）人	发明（设计）人
萨克斯	一种萨克斯管用哨片	实用新型	CN202120102468.7	2021.09.07	山东泰山管乐器制造有限公司	赵人兴
	萨克斯震动优化器	外观设计	CN202130209682.8	2021.09.14	钱廷玉	钱廷玉
	一种萨克斯的笛头调节结构	实用新型	CN202120139838.4	2021.09.14	山东泰山管乐器制造有限公司	赵人兴
	一种萨克斯转动轴锁紧机构	实用新型	CN202120189453.9	2021.09.14	山东泰山管乐器制造有	赵人兴
	一种萨克斯哨片曲面加工数控机床系统	发明专利	CN202110681249.3	2021.09.17	上海帅创机电科技有限公司	林砺宗
	一种萨克斯管身去毛刺装置	实用新型	CN202023125544.0	2021.09.28	山东泰山管乐器制造有限公司	赵人兴
	一种萨克斯管用哨片磨削装置	实用新型	CN202023092595.8	2021.09.28	山东泰山管乐器制造有限公司	赵人兴
	萨克斯笛头	外观设计	CN202130361447.2	2021.10.08	李宁	李宁
	一种萨克斯用清洁装置	实用新型	CN202120139829.5	2021.10.08	山东泰山管乐器制造有限公司	赵人兴
	带有竖吹按键的萨克斯	外观设计	CN202130170469.0	2021.10.08	李科	李科
	一种萨克斯哨片箍	实用新型	CN202120087791.1	2021.10.08	山东泰山管乐器制造有限公司	赵人兴
	一种萨克斯吸音装置	实用新型	CN202021479992.8	2021.10.22	贵州民族大学人文科技学院	邱忠治
	一种萨克斯可调挂带	实用新型	CN202120211752.8	2021.10.26	上海九野贸易有限公司	张禄超
	用于萨克斯风管乐器的清洁工具	实用新型	CN202120308057.3	2021.11.05	侨柯有限公司	柯錤益
	一种口袋萨克斯	实用新型	CN202120681982.0	2021.11.09	乐工坊文化产业（江苏）有限公司	罗有航
	高音萨克斯风改良结构	实用新型	CN202120277482.0	2021.11.19	纪亨达	纪亨达
	萨克斯	外观设计	CN202130353385.0	2021.11.19	崔明洛东莞三特益电子有限公司	崔明洛
	一种萨克斯哨片曲面加工数控机床收料模块	实用新型	CN202121363676.9	2021.11.23	上海帅创机电科技有限公司	林砺宗
	一种萨克斯哨片曲面加工数控机床送料模块	实用新型	CN202121363658.0	2021.11.23	上海帅创机电科技有限公司	林砺宗
	一种萨克斯的音键支架	实用新型	CN202121137223.4	2021.11.23	张我正	张我正
	一种萨克斯哨片曲面加工数控机床用吸尘机构	实用新型	CN202121363689.6	2021.11.23	上海帅创机电科技有限公司	林砺宗
	一种萨克斯管键杆装置	实用新型	CN202120464549.1	2021.11.30	山东泰山管乐器制造有限公司	赵人兴

续表

类别	名称	专利类型	申请（专利）号	公开（公告）日	申请（专利权）人	发明（设计）人
萨克斯	一种萨克斯哨片曲面加工数控机床主轴控制模块	实用新型	CN202121363682.4	2021.11.30	上海帅创机电科技有限公司	林砺宗
	可调式萨克斯脖管音色调整块	实用新型	CN202120464846.6	2021.11.30	山东泰山管乐器制造有限公司	赵人兴
	一种带有扩音麦克风的萨克斯	实用新型	CN202120464841.3	2021.11.30	山东泰山管乐器制造有限公司	赵人兴
	一种萨克斯哨片加工用三轴联动数控控制系统	发明专利	CN202110681211.6	2021.12.10	上海帅创机电科技有限公司	林砺宗
	一种萨克斯哨片曲面模型建立方法	发明专利	CN202110681286.4	2021.12.10	上海帅创机电科技有限公司	林砺宗
	一种萨克斯伴吹提示器	实用新型	CN202120482243.9	2021.12.14	严可新	严可新
	一种萨克斯	实用新型	CN202121306503.3	2021.12.24	崔明洛东莞三特益电子有限公司	崔明洛
	一种萨克斯用笛头	实用新型	CN202121200729.5	2021.12.28	丁晓萍	丁晓萍
单簧管	一种新型改进单簧管	实用新型	CN202020947560.9	2021.01.05	河西学院	李开鹏
	一种单簧管	实用新型	CN202020834570.1	2021.02.02	嘉华乐器（嘉善）有限公司	徐海霞
	一种快拆式低音单簧管	实用新型	CN202022187862.3	2021.04.13	张海蚌	张海蚌
	号用立键气缸组件	实用新型	CN202021469714.4	2021.01.05	天津市津宝乐器有限公司	张铁梁；潘跃强
	管乐器的公母连接插头	实用新型	CN202020783333.7	2021.01.05	黄晓云	黄晓云
	一种小号生产用管口切割装置	实用新型	CN202021234351.6	2021.01.26	天津市耐普特斯乐器有限公司	张金金
	一种西洋管乐器维修螺丝刀	实用新型	CN202021139967.5	2021.01.26	南京艺术学院	周晓麒；李壮；袁寿玉；胡亮
	一种用于直管乐器的开孔装置	实用新型	CN202021124323.9	2021.02.09	河北雅之声科技有限公司	刘鑫；谷洪海；冀玉冰；马中坤
	一种木管乐器表面精饰设备	实用新型	CN202021112779.3	2021.02.09	河北雅之声科技有限公司	刘鑫；胡海霞；郗红光；霍庆业
	一种铜管乐器冷却成型装置	实用新型	CN202021123191.8	2021.02.09	河北雅之声科技有限公司	刘鑫；冀玉冰；杨耀华；岳世泽
	一种木管乐器用内壁打磨装置	实用新型	CN202021177518.X	2021.02.09	河北雅之声科技有限公司	刘鑫；何子辰；胡海霞；张朝祥
	管乐器	外观设计	CN201930680931.4	2021.02.12	雅马哈株式会社	辰巳惠三；末永雄一朗
	一种铜管乐器用内腔清洗装置	实用新型	CN202020790609.4	2021.03.19	宋会	宋会
	管乐器保养装置	实用新型	CN202020247810.8	2021.03.23	佘杏儿	佘杏儿
	一种用于管乐器的拇指托	实用新型	CN202021221699.1	2021.04.06	广西艺术学院	岳书明

续表

类别	名称	专利类型	申请（专利）号	公开（公告）日	申请（专利权）人	发明（设计）人
单簧管	一种管乐器清灰装置	实用新型	CN202021330060.7	2021.04.06	孟令辉	孟令辉
	一种基于风干技术的管乐器防霉干燥箱	实用新型	CN202020755152.3	2021.04.09	华东交通大学	张一伦；刘凯；吴婷婷；韩冬至；赵洳莹；孙华林；孙长昊；周柔好
	一种铜制管号乐器旋压成型装备与成型方法	发明专利	CN202110008790.8	2021.04.23	广东博赛数控机床有限公司	周路；周平虎；张灿杰；黄惠生；黄晓楚
	铜管乐器弱音器	发明专利	CN202021725283.3	2021.05.18	唐熙来	唐熙来
	一种单簧管管口双重保护结构	实用新型	CN202022446810.3	2021.06.18	嘉华乐器（嘉善）有限公司	徐海霞
	一种可调音的单簧管二节	实用新型	CN202022523742.6	2021.08.13	嘉华乐器（嘉善）有限公司	徐海霞
	一种单簧管	实用新型	CN202022126482.9	2021.08.17	杨帆	杨帆；孔若玫；杨艺
	便于按压的单簧压键	实用新型	CN202023098804.X	2021.08.17	龙口金鸣乐器有限公司	刘军；于娜
	一种多层复式防碰撞的单簧管	实用新型	CN202022511400.2	2021.09.03	嘉华乐器（嘉善）有限公司	徐海霞
	一种单簧管演奏用乐谱放置架	实用新型	CN202120002094.1	2021.09.21	深州市笛光乐器有限责任公司	于子征
	一种单簧管生产用打孔装置	实用新型	CN202120002073.X	2021.11.02	深州市笛光乐器有限责任公司	于子征
	一种新型单簧管笛头	实用新型	CN202120603616.3	2021.11.05	辽宁师范大学	张望
	一种智能训练单簧管及其训练方法	发明专利	CN202111122095.0	2021.11.19	北京单簧管品趣汇文化传播有限公司	杨启承
	一种新型单簧管管口双重保护结构	实用新型	CN202120947702.6	2021.11.26	聊城大学	斯日古楞
手风琴	手风琴（96BS77K）	外观设计	CN202030545229.X	2021.02.19	天津华韵乐器有限公司	罗金琦
	一种手风琴肩带舒适度调节装置	实用新型	CN202021273695.8	2021.04.13	何嘉乐	何嘉乐
	一种手风琴键盘安装用卡扣	实用新型	CN202021598193.2	2021.04.13	天津华韵乐器有限公司	罗金琦
	一种手风琴音孔盖调整工具	实用新型	CN202021596512.6	2021.04.13	天津华韵乐器有限公司	罗金琦
	一种手风琴用剪切工具	实用新型	CN202021598111.4	2021.04.30	天津华韵乐器有限公司	罗金琦
	一种手风琴琴键及其安装结构	实用新型	CN202021590515.9	2021.05.14	天津华韵乐器有限公司	罗金琦
	一种手风琴回音结构	实用新型	CN202021590906.0	2021.05.14	天津华韵乐器有限公司	罗金琦

续表

类别	名称	专利类型	申请（专利）号	公开（公告）日	申请（专利权）人	发明（设计）人
手风琴	一种手风琴	实用新型	CN202023053371.6	2021.09.17	广州市乐尊乐器有限责任公司	陈忠
	一种键盘手风琴琴键定位装置	实用新型	CN202023277305.7	2021.09.28	驻马店职业技术学院	唐超；丁俊
	一种整体型手风琴琴键	实用新型	CN202121516323.8	2021.11.30	香河天音乐器有限公司	曹振民
	一种手风琴气密性检测装置	实用新型	CN202121404614.8	2021.11.30	香河天音乐器有限公司	曹振民
口琴	口琴快换吹嘴（模块化半音阶）	外观设计	CN202030517014.7	2021.03.30	孙伟成	孙伟成
	具有模块化簧板系统的口琴	实用新型	CN202021186934.6	2021.04.02	布兰登·约翰·鲍尔	布兰登·约翰·鲍
	一种半音阶口琴	发明专利	CN201910569453.9	2021.04.06	武汉科技大学	刘家荣
	一种最大化利用空间增强共鸣且贴合使用姿势的口琴	实用新型	CN202022099370.9	2021.04.09	杨晟吴东杨	杨晟；吴东杨
	一种口琴琴格结构	实用新型	CN202020899282.4	2021.04.09	泉州山外山科技有限公司	吴东杨
	一种半音阶口琴的防粘膜/防拍膜的膜片	发明专利	CN202110187458.2	2021.05.07	吴鸿彬	吴鸿彬
	一种可加热的半音阶口琴	发明专利	CN202110152645.7	2021.05.18	江苏天鹅乐器有限公司	陈滔
	一种便于拆卸的口琴	实用新型	CN202021786489.7	2021.06.08	杨博豪	杨博豪
	口琴（12孔48音）	外观设计	CN202030591409.1	2021.06.11	江苏天鹅乐器有限公司	陈滔
	高级复音口琴（2420-24孔）	外观设计	CN202030599401.X	2021.06.11	江苏天鹅乐器有限公司	陈滔
	口琴	外观设计	CN202030765282.0	2021.06.22	方雄兵	毛娟；方雄兵
	一种多规格口琴吹奏孔清洁保养设备	发明专利	CN202110306490.8	2021.06.22	深圳市贝安扣数码科技有限公司	余海鸣
	布鲁斯口琴	外观设计	CN202130306769.7	2021.08.27	无锡米派文化传播有限公司	徐鼎华
	一种易于初学者使用的智能口琴	发明专利	CN202110683510.3	2021.09.21	江阴嘉德瑞乐器有限公司	顾唯晖；宋继虎；徐挺
	一种半音阶口琴的膜片	实用新型	CN202120374835.9	2021.09.28	吴鸿彬	吴鸿彬
	一种口琴防尘过滤配件	实用新型	CN202120129960.3	2021.09.28	乔峰来	乔峰来
	一种新型的快拆式半音阶口琴	发明专利	CN202110814339.5	2021.10.01	江阴市孔声乐器有限公司	孔真清；许路路；孔湘成
	一种用于口琴簧板的自动化试音装置	发明专利	CN202110814303.7	2021.10.22	江阴市孔声乐器有限公司	孔真清；许路路；孔湘成
	一种自然大小调口琴	实用新型	CN202021943601.3	2021.11.05	王志鹏	王志鹏；龙登杰；覃慎

续表

类别	名称	专利类型	申请（专利）号	公开（公告）日	申请（专利权）人	发明（设计）人
口琴	一种带有花瓣状扩音器的口琴	实用新型	CN202120822535.2	2021.11.09	江苏天鹅乐器有限公司	刘文荣；陈滔
	一种带双手加持和扩音装置的口琴	实用新型	CN202120824350.5	2021.11.09	江苏天鹅乐器有限公司	刘文荣；陈滔
	双联低音口琴	实用新型	CN202120313905.X	2021.11.09	江苏东方乐器有限公司	孔文忠
	一种24孔重音口琴	实用新型	CN202120313748.2	2021.11.09	江苏东方乐器有限公司	孔文忠
	一种可以快速更换吹嘴的半音阶口琴	实用新型	CN202120410772.8	2021.11.09	江苏东方乐器有限公司	孔文忠
	一种电子口琴	实用新型	CN202120424519.8	2021.11.16	成都墨兹卡科技发展有限公司	孙辉；孙鸥
	一种无膜半音阶口琴	发明专利	CN202111079349.5	2021.11.30	江苏天鹅乐器有限公司	陈红梅；陈滔
	一种可加热的半音阶口琴	实用新型	CN202120316211.1	2021.11.30	江苏天鹅乐器有限公司	陈滔
	一种音乐和弦贝斯口琴	实用新型	CN202120656891.1	2021.11.30	江苏天鹅乐器有限公司	陈滔；杨晟；左美华；高云
	一种方便拆卸安装的口琴	实用新型	CN202120843540.1	2021.12.03	泉州山外山科技有限公司	吴东杨
	一种半音阶口琴	实用新型	CN202120351570.0	2021.12.07	江苏东方乐器有限公司	孔文忠
	口琴伴奏器	实用新型	CN202023191873.5	2021.12.10	周极星	周极星
	一种十二孔半音阶口琴	实用新型	CN202121119526.3	2021.12.14	江苏东方乐器有限公司	孔文忠
	一种口琴外壳的安装结构	实用新型	CN202120992913.1	2021.12.14	江苏东方乐器有限公司	孔文忠
	一种可上下吹奏的双口琴	实用新型	CN202120866201.5	2021.12.17	江苏天鹅乐器有限公司	刘文荣；陈滔
	一种新型复音口琴	实用新型	CN202121117037.4	2021.12.28	江苏东方乐器有限公司	孔文忠
	一种迷你口琴	实用新型	CN202120992728.2	2021.12.28	江苏东方乐器有限公司	孔文忠
	一种拼装式的半音阶口琴	实用新型	CN202121638957.0	2021.12.31	江阴市孔声乐器有限公司	孔真清；许路路；孔湘成
	一种用于口琴簧板音孔二次精冲机的上料装置	实用新型	CN202121638895.3	2021.12.31	江阴市孔声乐器有限公司	孔真清；许路路；孔湘成
	半音阶口琴教学辅助吹孔谱	实用新型	CN202121615198.6	2021.12.31	李王勣	王丽奎；李王勣
	一种用于口琴簧板生产的自动上料装置	实用新型	CN202121638911.9	2021.12.31	江阴市孔声乐器有限公司	孔真清；许路路；孔湘成
	一种用于口琴簧板的激光调音装置	实用新型	CN202121638918.0	2021.12.31	江阴市孔声乐器有限公司	孔真清；许路路；孔湘成
	一种用于口琴簧板生产的步进输料装置	实用新型	CN202121637191.4	2021.12.31	江阴市孔声乐器有限公司	孔真清；许路路；孔湘成
	一种易维护的半音阶口琴	实用新型	CN202121638938.8	2021.12.31	江阴市孔声乐器有限公司	孔真清；许路路；孔湘成

中国乐器

年鉴

—— 2022 ——

CHINA MUSICAL
INSTRUMENT YEARBOOK

职业技能考核

2021年中国钢琴调律师行业概况

2021年，钢琴调律师分会在中国乐器协会领导与支持下，以中国乐器协会各个时期的工作目标，本着服务于钢琴制造企业、调律师行业以及社会地方组织的工作宗旨，有条不紊地在全国范围内开展钢琴调律师职业能力等级评价工作，并在协会统一部署下完成了钢琴调律师分会换届工作，为推动钢琴调律师行业发展做出了积极的贡献。

一、2021钢琴调律师职业能力等级评价工作

2021年，钢琴调律师分会在北京、上海、广州3个鉴定站及5个行业培训基地的共同努力下，在全国范围内开展了23个批次的钢琴调律师职业能力等级评价工作，包括北京鉴定站在山东，广州鉴定站在西安及广西的异地鉴定。全国共有912人次取得了相应等级的职业资格证书。截至2021年12月底，全国累计9184人次取得钢琴调律师职业资格证书。

二、钢琴调律师分会第五届换届工作会议

2021年4月，正值“十四五”新征程开局之际，中国乐器协会八届二次理事会召开之时，钢琴调律师分会第五届换届工作会议于4月26日在北京江西大酒店隆重召开。孙瑞勇副理事长代表中国乐器协会在会中发言：“钢琴调律师分会在第四届领导班子成员与全体会员共同努力下，立足钢琴行业发展，坚持不断促进钢琴调律师队伍发展壮大，不断提升钢琴技师、调律师整体素质和技术水平，通过鉴定站与基地建设，打造了一个相对完整且具有一定影响力的全国钢琴调律师服务平台。职业能力等级评价工作的开展，使专业队伍不断扩大，满足企业与社会需求，为推动钢琴产业发展做出了积极的贡献。”

三、召开钢琴调律师分会工作会

2021年7月，中国乐器协会钢琴调律师分会副会长以上领导班子第一次工作会议在北京珠江钢琴艺术中心的全力支持下顺利召开。

协会领导在讲话中充分肯定了分会自换届以来在全国各地所开展的培训鉴定工作，就当前我国钢琴产业、市场情况做了全面的分析：我国城镇户均钢琴拥有量与欧美发达国家之间的差距较大（5.8与25），要充分认识到钢琴调律师职业的重要性以及钢琴市场的内在潜力。全体理事会成员需要投入更大的精力，通过竞赛、展示等各种方式的宣传来强化全社会对调律师职业的认识。

调律师分会以提高调律师服务水平为基本原则。在本次会议上审议通过了北京、上海、广州3个鉴定站按照所划分的区域开展异地鉴定工作的事宜，并提出在全国范围内开设调律师技能培训中心。

2021年全国钢琴调律师考核鉴定情况统计表

鉴定站（基地）	鉴定日期	五级/初级技能	四级/中级技能	三级/高级技能	二级/技师	一级/高级技师	合计
北京鉴定站	2021年1月	15					15
	2021年4月	5	20	9			34
	2021年5月（山东）	2	13	26			41
	2020年11月（补）		2				2
	2021年6月	18					18
	2021年10月	10					10
	2021年10月	3	15	4			22
	小计	53	50	39			142
广州鉴定站	2021年4月	35	19	24			78
	2021年5月（南宁）	20		1			21
	2021年6月（西安）	1	4	15			20
	2021年8月	19	16	20			55
	2021年10月	3	11	12			26
	2021年11月	11	13	10			34
	2021年12月		20				20
	小计	89	83	82	0	0	254
上海鉴定站	2021年6月	7	12	11			30
	2021年10月	15	20	10			45
	小计	22	32	21			75
辽宁省钢琴调律师协会基地	2021年6月	17	40	30			87
	2021年9月	7	19	48			74
	小计	24	59	78	0	0	161
吉林省钢琴调律师协会基地	2021年4月		17	22			39
	2021年11月	1	8	14			23
	2021年10月（上海邦德）	5	15				20
	小计	6	40	36	0	0	82
郑州铁路职业技术学院艺术学院培训基地	2021年12月		22	17			39
	小计	0	22	17			39
中国盲协北京博爱盲人调律发展中心基地		5		23			28
	小计	5	0	23			28

续表

鉴定站（基地）	鉴定日期	五级/初级技能	四级/中级技能	三级/高级技能	二级/技师	一级/高级技师	合计
技师及以上评审通过	2021年1月					3	3
	2021年7月				28	9	37
	2021年12月				33	12	45
	小计				61	24	85
竞赛升级	2020年11月全国调律竞赛			39	7		46
	小计			39	7	0	46
2021年合计		199	286	335	68	24	912

2021年通过钢琴调律师国家职业资格考核鉴定名单

鉴定站（基地）	姓名	性别	证书号码	级别
北京鉴定站	于浩	男	5000059082105001	五级/初级技能
	程东浩	男	5000059082105002	五级/初级技能
	徐秀清	女	5000059082105003	五级/初级技能
	高海娜	女	5000059082105004	五级/初级技能
	周雪莲	女	5000059082105005	五级/初级技能
	杜娟	女	5000059082105006	五级/初级技能
	王亚非	女	5000059082105007	五级/初级技能
	彭小峰	男	5000059082105008	五级/初级技能
	朱迦勒	男	5000059082105009	五级/初级技能
	王成磊	男	5000059082105010	五级/初级技能
	孙宗宇	男	5000059082105011	五级/初级技能
	张沐阳	男	5000059082105012	五级/初级技能
	朱钊汉	男	5000059082105013	五级/初级技能
	张凯	男	5000059082105014	五级/初级技能
	马万义	男	5000059082105015	五级/初级技能
	李卓麟	男	5000059082105016	五级/初级技能
	李贝	男	5000059082105017	五级/初级技能
	赵荣秀	女	5000059082105018	五级/初级技能

续表

鉴定站（基地）	姓名	性别	证书号码	级别
北京鉴定站	高庆华	男	5000059082105019	五级/初级技能
	杨俊锋	男	5000059082105020	五级/初级技能
	刘超	男	5000059082105021	五级/初级技能
	任东勇	男	5000059082105022	五级/初级技能
	王浪	男	5000059082105078	五级/初级技能
	张放	男	5000059082105079	五级/初级技能
	王雯竹	女	5000059082105080	五级/初级技能
	徐雅宏	女	5000059082105081	五级/初级技能
	黄孜齐	男	5000059082105082	五级/初级技能
	史可相	男	5000059082105083	五级/初级技能
	赵增斌	男	5000059082105084	五级/初级技能
	干学斌	男	5000059082105085	五级/初级技能
	刘怀庆	男	5000059082105086	五级/初级技能
	李嘉宁	男	5000059082105087	五级/初级技能
	刘继智	男	5000059082105088	五级/初级技能
	王辉	男	5000059082105089	五级/初级技能
	商傲	男	5000059082105090	五级/初级技能
	高炳轩	男	5000059082105091	五级/初级技能
	张佳	男	5000059082105092	五级/初级技能
	冀若颢	男	5000059082105093	五级/初级技能
	樊毅	男	5000059082105094	五级/初级技能
	赵硕	男	5000059082105095	五级/初级技能
	贾松博	女	5000059082105140	五级/初级技能
	方言	女	5000059082105141	五级/初级技能
	蒙开明	男	5000059082105142	五级/初级技能
	胡艺潇	男	5000059082105143	五级/初级技能
	苟钊	男	5000059082105144	五级/初级技能
	苏国强	男	5000059082105145	五级/初级技能
	段瑞雪	男	5000059082105146	五级/初级技能
	吴江伟	男	5000059082105147	五级/初级技能
	吴林	男	5000059082105148	五级/初级技能
	王燕林	男	5000059082105149	五级/初级技能
	郭永东	男	5000059082105150	五级/初级技能
	李鹏博	男	5000059082105151	五级/初级技能

续表

鉴定站（基地）	姓名	性别	证书号码	级别
北京鉴定站	杨健松	女	5000059082205001	五级/初级技能
	李莹	女	5000059082205002	五级/初级技能
	王宇峰	男	5000059082205003	五级/初级技能
	欧金宇	男	5000059082205004	五级/初级技能
	张劲松	男	5000059082205005	五级/初级技能
	王志帅	男	5000059082104019	四级/中级技能
	王涛	男	5000059082104020	四级/中级技能
	万齐董	男	5000059082104021	四级/中级技能
	李文哲	男	5000059082104022	四级/中级技能
	郭军虎	男	5000059082104023	四级/中级技能
	徐国栋	男	5000059082104024	四级/中级技能
	常安	男	5000059082104025	四级/中级技能
	柴璐阳	女	5000059082104026	四级/中级技能
	刘浩哲	男	5000059082104027	四级/中级技能
	李腾	男	5000059082104028	四级/中级技能
	胡玉林	男	5000059082104029	四级/中级技能
	许继康	男	5000059082104030	四级/中级技能
	柳振国	男	5000059082104031	四级/中级技能
	李立森	男	5000059082104032	四级/中级技能
	徐宁	男	5000059082104033	四级/中级技能
	沈超	男	5000059082104034	四级/中级技能
	王永生	男	5000059082104035	四级/中级技能
	李鑫	男	5000059082104036	四级/中级技能
	陈华	男	5000059082104037	四级/中级技能
	阿古达木	男	5000059082104038	四级/中级技能
	陈旭峰	男	5000059082104039	四级/中级技能
	高国盛	男	5000059082104040	四级/中级技能
	张海鸢	男	5000059082104041	四级/中级技能
	梁巨辉	男	5000059082104042	四级/中级技能
	施志陈	男	5000059082104043	四级/中级技能
	李鹏飞	男	5000059082104044	四级/中级技能
	王晨曦	女	5000059082104045	四级/中级技能
	吴迪	男	5000059082104046	四级/中级技能
	邹怀瑞	男	5000059082104047	四级/中级技能

续表

鉴定站（基地）	姓名	性别	证书号码	级别
北京鉴定站	谢重霄	男	5000059082104048	四级/中级技能
	綦维兴	男	5000059082104049	四级/中级技能
	郭欣	男	5000059082104050	四级/中级技能
	郝湘颐	女	5000059082104051	四级/中级技能
	任东福	男	5000059082104143	四级/中级技能
	牛振兴	男	5000059082104144	四级/中级技能
	李乐	男	5000059082104145	四级/中级技能
	赵真	男	5000059082104146	四级/中级技能
	张光明	男	5000059082104147	四级/中级技能
	杨文卿	男	5000059082104148	四级/中级技能
	孙文博	男	5000059082104149	四级/中级技能
	戚亚楠	男	5000059082104150	四级/中级技能
	方远齐	男	5000059082104151	四级/中级技能
	郭译琛	男	5000059082104152	四级/中级技能
	刘昱伽	女	5000059082104153	四级/中级技能
	颜庆石	男	5000059082104154	四级/中级技能
	李贵斌	男	5000059082104155	四级/中级技能
	陈伟坡	男	5000059082104156	四级/中级技能
	郭敬龙	男	5000059082104157	四级/中级技能
	王姝	女	5000059082104158	四级/中级技能
	王亚朋	男	5000059082103024	三级/高级技能
	曾铮	男	5000059082103025	三级/高级技能
	郗清元	男	5000059082103026	三级/高级技能
	张巍麒	男	5000059082103027	三级/高级技能
	于亚苹	女	5000059082103028	三级/高级技能
	柳峥	男	5000059082103029	三级/高级技能
	梅威	男	5000059082103078	三级/高级技能
	王震	男	5000059082103079	三级/高级技能
	黎艳明	男	5000059082103080	三级/高级技能
	王向楠	男	5000059082103081	三级/高级技能
	唐一奇	男	5000059082103082	三级/高级技能
	李全	男	5000059082103083	三级/高级技能
	李琪	女	5000059082103084	三级/高级技能
	卢卫龙	男	5000059082103085	三级/高级技能

续表

鉴定站（基地）	姓名	性别	证书号码	级别
北京鉴定站	陆睿哲	男	5000059082103086	三级/高级技能
	徐红蕾	女	5000059082103087	三级/高级技能
	李政和	男	5000059082103088	三级/高级技能
	吴昊	男	5000059082103089	三级/高级技能
	徐玉保	男	5000059082103090	三级/高级技能
	陈桂林	男	5000059082103091	三级/高级技能
	王晶	女	5000059082103092	三级/高级技能
	史重庆	男	5000059082103093	三级/高级技能
	王晓亮	男	5000059082103094	三级/高级技能
	张哲	男	5000059082103095	三级/高级技能
	陈小军	男	5000059082103096	三级/高级技能
	李文博	男	5000059082103097	三级/高级技能
	孙小泺	男	5000059082103098	三级/高级技能
	陈小敏	女	5000059082103099	三级/高级技能
	张宏娜	女	5000059082103100	三级/高级技能
	庞文博	女	5000059082103101	三级/高级技能
	李华岭	男	5000059082103102	三级/高级技能
	王曦	男	5000059082103103	三级/高级技能
	武燕英	女	5000059082103104	三级/高级技能
	任振光	男	5000059082103105	三级/高级技能
	彭小松	男	5000059082103106	三级/高级技能
	李琦	男	5000059082103107	三级/高级技能
	吕亚丁	男	5000059082103108	三级/高级技能
	许冰	男	5000059082103109	三级/高级技能
	李志高	男	5000059082103110	三级/高级技能
	陈爱峰	男	5000059082103111	三级/高级技能
	刘毅	男	5000059082103112	三级/高级技能
	李玉猛	男	5000059082103233	三级/高级技能
	孙金彦	男	5000059082103234	三级/高级技能
	苑聪贺	男	5000059082103235	三级/高级技能
	张钧冰	男	5000059082103236	三级/高级技能
	李衍铿	男	5000059082102001	二级/技师
	赵冰	男	5000059082102002	二级/技师

续表

鉴定站（基地）	姓名	性别	证书号码	级别
广州鉴定站	蔡嘉浩	男	5000059082105023	五级/初级技能
	陈海兰	女	5000059082105024	五级/初级技能
	陈艺伟	男	5000059082105025	五级/初级技能
	陈裕春	男	5000059082105026	五级/初级技能
	陈伟东	男	5000059082105027	五级/初级技能
	陈哲	男	5000059082105028	五级/初级技能
	崔宝磊	男	5000059082105029	五级/初级技能
	范卫东	男	5000059082105030	五级/初级技能
	何炜	男	5000059082105031	五级/初级技能
	贺新森	男	5000059082105032	五级/初级技能
	胡腾	男	5000059082105033	五级/初级技能
	黄炜麟	男	5000059082105034	五级/初级技能
	黄羿凉	男	5000059082105035	五级/初级技能
	黄振宇	男	5000059082105036	五级/初级技能
	黄治洲	男	5000059082105037	五级/初级技能
	霍应豪	男	5000059082105038	五级/初级技能
	晋江	男	5000059082105039	五级/初级技能
	梁浩勋	男	5000059082105040	五级/初级技能
	林松钦	男	5000059082105041	五级/初级技能
	林素欣	女	5000059082105042	五级/初级技能
	林晓乐	男	5000059082105043	五级/初级技能
	刘智明	男	5000059082105044	五级/初级技能
	申智慧	女	5000059082105045	五级/初级技能
	涂家铖	男	5000059082105046	五级/初级技能
	王腾飞	男	5000059082105047	五级/初级技能
	吴成杰	男	5000059082105048	五级/初级技能
	吴汝亮	男	5000059082105049	五级/初级技能
	夏志强	男	5000059082105050	五级/初级技能
	谢子东	男	5000059082105051	五级/初级技能
	徐健	男	5000059082105052	五级/初级技能
	徐绪辉	男	5000059082105053	五级/初级技能
	许晓鸣	男	5000059082105054	五级/初级技能
	杨檬	男	5000059082105055	五级/初级技能
	余宗泽	男	5000059082105056	五级/初级技能

续表

鉴定站（基地）	姓名	性别	证书号码	级别
广州鉴定站	周志伟	男	5000059082105057	五级/初级技能
	陈钜浪	男	5000059082105058	五级/初级技能
	陈泉荣	男	5000059082105059	五级/初级技能
	丁培杰	男	5000059082105060	五级/初级技能
	黄焕席	男	5000059082105061	五级/初级技能
	李绍银	男	5000059082105062	五级/初级技能
	李容玲	女	5000059082105063	五级/初级技能
	李宣余	男	5000059082105064	五级/初级技能
	龙建英	男	5000059082105065	五级/初级技能
	罗猛军	男	5000059082105066	五级/初级技能
	罗远恩	男	5000059082105067	五级/初级技能
	庞丹	女	5000059082105068	五级/初级技能
	覃思睿	男	5000059082105069	五级/初级技能
	唐奇好	女	5000059082105070	五级/初级技能
	韦宣合	男	5000059082105071	五级/初级技能
	谢亮	男	5000059082105072	五级/初级技能
	闫顺顺	男	5000059082105073	五级/初级技能
	阎瑜瑜	女	5000059082105074	五级/初级技能
	杨亦源	男	5000059082105075	五级/初级技能
	翟月贵	男	5000059082105076	五级/初级技能
	邹达滨	男	5000059082105077	五级/初级技能
	秦江鹏	男	5000059082105096	五级/初级技能
	柯文利	男	5000059082105121	五级/初级技能
	梁子洪	男	5000059082105122	五级/初级技能
	刘国标	男	5000059082105123	五级/初级技能
	刘双飞	男	5000059082105124	五级/初级技能
	罗崇瑞	男	5000059082105125	五级/初级技能
	马奔	男	5000059082105126	五级/初级技能
	彭宗艺	男	5000059082105127	五级/初级技能
	宋佳恩	男	5000059082105128	五级/初级技能
	王京祥	男	5000059082105129	五级/初级技能
	许定国	男	5000059082105130	五级/初级技能
	杨逸凡	男	5000059082105131	五级/初级技能
	张卓琳	女	5000059082105132	五级/初级技能

续表

鉴定站（基地）	姓名	性别	证书号码	级别
广州鉴定站	赵应东	男	5000059082105133	五级/初级技能
	郑烨	女	5000059082105134	五级/初级技能
	吴宗坤	男	5000059082105135	五级/初级技能
	黄道平	男	5000059082105136	五级/初级技能
	沈晓龙	男	5000059082105137	五级/初级技能
	王广	男	5000059082105138	五级/初级技能
	杨祚逢	男	5000059082105139	五级/初级技能
	郑威	男	5000059082105196	五级/初级技能
	袁亚青	男	5000059082105197	五级/初级技能
	王航	男	5000059082105198	五级/初级技能
	陈耕	男	5000059082105185	五级/初级技能
	柯泽辉	男	5000059082105186	五级/初级技能
	林诗景	男	5000059082105187	五级/初级技能
	刘妍	女	5000059082105188	五级/初级技能
	欧阳霜	女	5000059082105189	五级/初级技能
	全文浩	男	5000059082105190	五级/初级技能
	王鑫磊	男	5000059082105191	五级/初级技能
	韦乙妮	女	5000059082105192	五级/初级技能
	吴宇	男	5000059082105193	五级/初级技能
	姚博洋	男	5000059082105194	五级/初级技能
	尹正潭	男	5000059082105195	五级/初级技能
	邓惠康	男	5000059082104052	四级/中级技能
	郭传亮	男	5000059082104053	四级/中级技能
	黄昭渊	男	5000059082104054	四级/中级技能
	黄忠伟	男	5000059082104055	四级/中级技能
	李道江	男	5000059082104056	四级/中级技能
	李纤	女	5000059082104057	四级/中级技能
	林志毅	男	5000059082104058	四级/中级技能
	刘铮	男	5000059082104059	四级/中级技能
	罗钜光	男	5000059082104060	四级/中级技能
	罗楠	男	5000059082104061	四级/中级技能
	钱佳峰	男	5000059082104062	四级/中级技能
	秦荣成	男	5000059082104063	四级/中级技能
	吴海清	女	5000059082104064	四级/中级技能

续表

鉴定站（基地）	姓名	性别	证书号码	级别
广州鉴定站	向露露	男	5000059082104065	四级/中级技能
	杨帅萍	男	5000059082104066	四级/中级技能
	张春桂	男	5000059082104067	四级/中级技能
	张国志	男	5000059082104068	四级/中级技能
	张经有	男	5000059082104069	四级/中级技能
	钟荣韬	男	5000059082104070	四级/中级技能
	白江泊	男	5000059082104071	四级/中级技能
	陈浩为	男	5000059082104072	四级/中级技能
	范磊	男	5000059082104073	四级/中级技能
	张国栋	男	5000059082104074	四级/中级技能
	陈妃杰	男	5000059082104127	四级/中级技能
	邓永霖	男	5000059082104128	四级/中级技能
	汪磊	男	5000059082104129	四级/中级技能
	伍永超	男	5000059082104130	四级/中级技能
	张晨晨	男	5000059082104131	四级/中级技能
	章海涛	男	5000059082104132	四级/中级技能
	杨汉约	男	5000059082104133	四级/中级技能
	支龙龙	男	5000059082104134	四级/中级技能
	胡书帮	男	5000059082104135	四级/中级技能
	谢丰盛	男	5000059082104136	四级/中级技能
	王以勒	男	5000059082104137	四级/中级技能
	黄一展	男	5000059082104138	四级/中级技能
	张昱湖	男	5000059082104139	四级/中级技能
	雷国荣	男	5000059082104140	四级/中级技能
	陈丽丽	女	5000059082104141	四级/中级技能
	黄刚	男	5000059082104142	四级/中级技能
	陈思潼	女	5000059082104256	四级/中级技能
	封采妍	女	5000059082104257	四级/中级技能
	黄丹媛	女	5000059082104258	四级/中级技能
	焦永淇	女	5000059082104259	四级/中级技能
	李伙群	女	5000059082104260	四级/中级技能
	李文杰	男	5000059082104261	四级/中级技能
	梁晓楠	女	5000059082104262	四级/中级技能
	梁忠霖	男	5000059082104263	四级/中级技能

续表

鉴定站（基地）	姓名	性别	证书号码	级别
广州鉴定站	林艳	女	5000059082104264	四级/中级技能
	林增	男	5000059082104265	四级/中级技能
	沓志鸿	男	5000059082104266	四级/中级技能
	谭杰龙	男	5000059082104267	四级/中级技能
	王奇贤	女	5000059082104268	四级/中级技能
	王世华	女	5000059082104269	四级/中级技能
	谢心蓝	女	5000059082104270	四级/中级技能
	谢宇航	男	5000059082104271	四级/中级技能
	谢源辉	男	5000059082104272	四级/中级技能
	谢志豪	男	5000059082104273	四级/中级技能
	谢卓琦	女	5000059082104274	四级/中级技能
	张嘉琦	女	5000059082104275	四级/中级技能
	关敏	女	5000059082104276	四级/中级技能
	吕小勤	男	5000059082104277	四级/中级技能
	郝建强	男	5000059082104278	四级/中级技能
	张志庆	男	5000059082104279	四级/中级技能
	常成	男	5000059082104280	四级/中级技能
	姚旭璺	女	5000059082104281	四级/中级技能
	高港龙	男	5000059082104282	四级/中级技能
	马勇	男	5000059082104283	四级/中级技能
	于东海	男	5000059082104284	四级/中级技能
	崔少波	男	5000059082104285	四级/中级技能
	冯廷军	男	5000059082104286	四级/中级技能
	陈鑫泉	男	5000059082104204	四级/中级技能
	程德珠	男	5000059082104205	四级/中级技能
	蓝伟青	女	5000059082104206	四级/中级技能
	李景瑞	男	5000059082104207	四级/中级技能
	李涛	男	5000059082104208	四级/中级技能
	梁剑锋	男	5000059082104209	四级/中级技能
	梁键	男	5000059082104210	四级/中级技能
	梁玉莲	女	5000059082104211	四级/中级技能
	骆毅	男	5000059082104212	四级/中级技能
	王锴	男	5000059082104213	四级/中级技能
	佘万凡	男	5000059082104214	四级/中级技能

续表

鉴定站（基地）	姓名	性别	证书号码	级别
广州鉴定站	周毓信	男	5000059082104215	四级/中级技能
	朱伟杰	男	5000059082104216	四级/中级技能
	曾敬然	男	5000059082103001	三级/高级技能
	查佳卫	男	5000059082103002	三级/高级技能
	陈郡明	男	5000059082103003	三级/高级技能
	冯宇杰	男	5000059082103004	三级/高级技能
	郭政麟	男	5000059082103005	三级/高级技能
	胡飞	男	5000059082103006	三级/高级技能
	黄乐	女	5000059082103007	三级/高级技能
	黄阳辉	男	5000059082103008	三级/高级技能
	蒋富久	男	5000059082103009	三级/高级技能
	邝伟健	男	5000059082103010	三级/高级技能
	李景超	男	5000059082103011	三级/高级技能
	卢昉	男	5000059082103012	三级/高级技能
	卢梓豪	男	5000059082103013	三级/高级技能
	罗景瑞	男	5000059082103014	三级/高级技能
	罗作谋	男	5000059082103015	三级/高级技能
	马腾	男	5000059082103016	三级/高级技能
	彭新旭	男	5000059082103017	三级/高级技能
	徐嘉炜	男	5000059082103018	三级/高级技能
	徐一平	男	5000059082103019	三级/高级技能
	许福生	男	5000059082103020	三级/高级技能
	严威	男	5000059082103021	三级/高级技能
	阳浚	男	5000059082103022	三级/高级技能
	张武	男	5000059082103023	三级/高级技能
	戴春莲	女	5000059082103120	三级/高级技能
	胡文昌	男	5000059082103121	三级/高级技能
	黄国飞	男	5000059082103122	三级/高级技能
	李政阳	男	5000059082103123	三级/高级技能
	李子舜	男	5000059082103124	三级/高级技能
	刘玉英	女	5000059082103125	三级/高级技能
	罗兴	男	5000059082103126	三级/高级技能
	马伯麟	男	5000059082103127	三级/高级技能
	麦文浩	男	5000059082103128	三级/高级技能

续表

鉴定站（基地）	姓名	性别	证书号码	级别
广州鉴定站	莫凡龙	男	5000059082103129	三级/高级技能
	邱俊勇	男	5000059082103130	三级/高级技能
	曲艺	男	5000059082103131	三级/高级技能
	王润涛	男	5000059082103132	三级/高级技能
	王钰	女	5000059082103133	三级/高级技能
	吴壬洪	男	5000059082103134	三级/高级技能
	夏俊杰	男	5000059082103135	三级/高级技能
	熊伟	男	5000059082103136	三级/高级技能
	严明明	男	5000059082103137	三级/高级技能
	张露	男	5000059082103138	三级/高级技能
	周广杰	男	5000059082103139	三级/高级技能
	周惠琳	女	5000059082103140	三级/高级技能
	周水苗	女	5000059082103141	三级/高级技能
	周自浩	男	5000059082103142	三级/高级技能
	朱春影	女	5000059082103143	三级/高级技能
	汤天明	男	5000059082103144	三级/高级技能
	陈龙	男	5000059082103145	三级/高级技能
	陈似锦	男	5000059082103146	三级/高级技能
	但祺明	男	5000059082103147	三级/高级技能
	李懿鸣	男	5000059082103148	三级/高级技能
	梁靖	男	5000059082103149	三级/高级技能
	梁燕	女	5000059082103150	三级/高级技能
	刘迪	女	5000059082103151	三级/高级技能
	刘文博	男	5000059082103152	三级/高级技能
	牛誉杰	男	5000059082103153	三级/高级技能
	史元朝	男	5000059082103154	三级/高级技能
	王际铭	男	5000059082103155	三级/高级技能
	席科伟	男	5000059082103156	三级/高级技能
	许一诺	女	5000059082103157	三级/高级技能
	薛增	男	5000059082103158	三级/高级技能
	张贺瑜	男	5000059082103159	三级/高级技能
	陈炎	男	5000059082103213	三级/高级技能
	郭晶	男	5000059082103214	三级/高级技能
	彭清	男	5000059082103215	三级/高级技能

续表

鉴定站（基地）	姓名	性别	证书号码	级别
广州鉴定站	伍俊蔚	男	5000059082103216	三级/高级技能
	左大志	男	5000059082103217	三级/高级技能
	刘榕	女	5000059082103218	三级/高级技能
	杜鑫	男	5000059082103219	三级/高级技能
	许龙洲	男	5000059082103220	三级/高级技能
	门超	男	5000059082103221	三级/高级技能
	井厚涛	男	5000059082103222	三级/高级技能
	来明明	女	5000059082103223	三级/高级技能
	刘庆	男	5000059082103224	三级/高级技能
	赵强强	男	5000059082103225	三级/高级技能
	陆忠岳	男	5000059082103226	三级/高级技能
	李英杰	男	5000059082103227	三级/高级技能
	杨舟	男	5000059082103228	三级/高级技能
	郭启龙	男	5000059082103229	三级/高级技能
	江达武	男	5000059082103230	三级/高级技能
	徐少秋	女	5000059082103231	三级/高级技能
	潘阳军	男	5000059082103232	三级/高级技能
	彭占杰	男	5000059082103360	三级/高级技能
	崔晓鹏	男	5000059082103361	三级/高级技能
	崔云飞	男	5000059082103362	三级/高级技能
	樊斌	男	5000059082103363	三级/高级技能
	韩阳硕	男	5000059082103364	三级/高级技能
	彭占伟	男	5000059082103365	三级/高级技能
	张海生	男	5000059082103366	三级/高级技能
	蔡裕琨	男	5000059082103367	三级/高级技能
	柴广	男	5000059082103368	三级/高级技能
	崔晓琴	女	5000059082103369	三级/高级技能
	崔晓云	男	5000059082103370	三级/高级技能
	姚凯文	男	5000059082103371	三级/高级技能
	胡卓业	男	5000059082103333	三级/高级技能
	李研	男	5000059082103334	三级/高级技能
	林书忠	男	5000059082103335	三级/高级技能
	马超	男	5000059082103336	三级/高级技能
	孙梦圆	男	5000059082103337	三级/高级技能

续表

鉴定站（基地）	姓名	性别	证书号码	级别
广州鉴定站	叶俊酉	男	5000059082103338	三级/高级技能
	赵文皓	男	5000059082103339	三级/高级技能
	陈超	男	5000059082103340	三级/高级技能
	王飞跃	男	5000059082103341	三级/高级技能
	陈晖	男	5000059082103342	三级/高级技能
	黄靖	男	5000059082102003	二级/技师
	蓝文兵	男	5000059082102004	二级/技师
	苏家裕	男	5000059082102005	二级/技师
	陈典明	男	5000059082102008	二级/技师
	陈雪凡	男	5000059082102009	二级/技师
	陈志平	男	5000059082102010	二级/技师
	洪斌	男	5000059082102011	二级/技师
	马金平	男	5000059082102012	二级/技师
	薛程友	男	5000059082102013	二级/技师
	任涛	男	5000059082102014	二级/技师
	王鑫	男	5000059082102071	二级/技师
	张爱民	男	5000059082102072	二级/技师
	阎显章	男	5000059082102055	二级/技师
	汤强	男	5000059082101004	一级/高级技师
	郑力迪	男	5000059082101005	一级/高级技师
	王文	男	5000059082101006	一级/高级技师
上海鉴定站	彭川	男	5000059082105114	五级/初级技能
	李明	男	5000059082105115	五级/初级技能
	王子安	男	5000059082105116	五级/初级技能
	付婕	女	5000059082105117	五级/初级技能
	佟璐	男	5000059082105118	五级/初级技能
	聂瀚	男	5000059082105119	五级/初级技能
	朱民	男	5000059082105120	五级/初级技能
	李娜	女	5000059082105165	五级/初级技能
	张祥	男	5000059082105166	五级/初级技能
	王立庆	男	5000059082105167	五级/初级技能
	王贵	男	5000059082105168	五级/初级技能
	程林	男	5000059082105169	五级/初级技能
	李理	男	5000059082105170	五级/初级技能

续表

鉴定站（基地）	姓名	性别	证书号码	级别
上海鉴定站	钱伟	男	5000059082105171	五级/初级技能
	储晔	女	5000059082105172	五级/初级技能
	潘晨东	男	5000059082105173	五级/初级技能
	王旭友	男	5000059082105174	五级/初级技能
	杨帆	男	5000059082105175	五级/初级技能
	陈佳琦	女	5000059082105176	五级/初级技能
	孟嘉豪	男	5000059082105177	五级/初级技能
	殷红兵	男	5000059082105178	五级/初级技能
	张瀚贝	男	5000059082105179	五级/初级技能
	李韵谱	男	5000059082104115	四级/中级技能
	王文祥	男	5000059082104116	四级/中级技能
	沈冠男	男	5000059082104117	四级/中级技能
	沈泳男	男	5000059082104118	四级/中级技能
	丁思成	男	5000059082104119	四级/中级技能
	倪莉莉	女	5000059082104120	四级/中级技能
	姚康丽	女	5000059082104121	四级/中级技能
	王瑾琴	女	5000059082104122	四级/中级技能
	费瑜操	男	5000059082104123	四级/中级技能
	马家俊	男	5000059082104124	四级/中级技能
	沈国海	男	5000059082104125	四级/中级技能
	王春宝	男	5000059082104126	四级/中级技能
	林加恩	男	5000059082104217	四级/中级技能
	胡永齐	男	5000059082104218	四级/中级技能
	田宇	男	5000059082104219	四级/中级技能
	夏雨	男	5000059082104220	四级/中级技能
	彭荣友	男	5000059082104221	四级/中级技能
	陶黎	男	5000059082104222	四级/中级技能
	王永刚	男	5000059082104223	四级/中级技能
	郭刘辉	男	5000059082104224	四级/中级技能
	葛翔	男	5000059082104225	四级/中级技能
	陈璐	女	5000059082104226	四级/中级技能
	郭康	男	5000059082104227	四级/中级技能
	林澳	男	5000059082104228	四级/中级技能
	尚晨曦	男	5000059082104229	四级/中级技能

续表

鉴定站（基地）	姓名	性别	证书号码	级别
上海鉴定站	荀梓康	男	5000059082104230	四级/中级技能
	林亦鸣	男	5000059082104231	四级/中级技能
	左路洋	男	5000059082104232	四级/中级技能
	党开创	男	5000059082104233	四级/中级技能
	周邵波	男	5000059082104234	四级/中级技能
	张洪源	男	5000059082104235	四级/中级技能
	陈亮	男	5000059082104236	四级/中级技能
	沈晨宏	男	5000059082103030	三级/高级技能
	沈嵘	男	5000059082103031	三级/高级技能
	黄超仁	男	5000059082103032	三级/高级技能
	易娜	女	5000059082103033	三级/高级技能
	竺梁江	男	5000059082103034	三级/高级技能
	李显昱	男	5000059082103035	三级/高级技能
	陈源	女	5000059082103036	三级/高级技能
	胡以勒	男	5000059082103037	三级/高级技能
	黄金伟	男	5000059082103038	三级/高级技能
	齐伟	男	5000059082103190	三级/高级技能
	赵帆	男	5000059082103191	三级/高级技能
	胡永鹏	男	5000059082103192	三级/高级技能
	李耀华	男	5000059082103193	三级/高级技能
	刘飞	男	5000059082103194	三级/高级技能
	王康	男	5000059082103195	三级/高级技能
	张琦锐	男	5000059082103196	三级/高级技能
	姜辉	男	5000059082103197	三级/高级技能
	陆体净	男	5000059082103198	三级/高级技能
	李朋	男	5000059082103199	三级/高级技能
	嵇海翔	男	5000059082103200	三级/高级技能
	杨林	男	5000059082103300	三级/高级技能
	胡凌超	男	5000059082103301	三级/高级技能
	占玉龙	男	5000059082103302	三级/高级技能
	叶记方	男	5000059082103303	三级/高级技能
	高晗	女	5000059082103304	三级/高级技能
	张伟	男	5000059082103305	三级/高级技能
	赵阳	男	5000059082103306	三级/高级技能

续表

鉴定站（基地）	姓名	性别	证书号码	级别
上海鉴定站	颜莹莹	女	5000059082103307	三级/高级技能
	陈洁	女	5000059082103308	三级/高级技能
	战杰	男	5000059082103309	三级/高级技能
	张帅	男	5000059082102038	二级/技师
	赵越耀	男	5000059082102039	二级/技师
	陈建新	男	5000059082102040	二级/技师
	陈晓明	男	5000059082101013	一级/高级技师
吉林省钢琴调律师协会基地	沈菲尔	女	5000059082105152	五级/初级技能
	敖俪斯	女	5000059082105153	五级/初级技能
	罗婉妮	女	5000059082105154	五级/初级技能
	阮金铖	男	5000059082105155	五级/初级技能
	许扬帆	男	5000059082105156	五级/初级技能
	张鑫	男	5000059082105157	五级/初级技能
	丁洋	男	5000059082104001	四级/中级技能
	康玉清	男	5000059082104002	四级/中级技能
	曾智	男	5000059082104003	四级/中级技能
	朱蕊	女	5000059082104004	四级/中级技能
	王佳妮	女	5000059082104005	四级/中级技能
	彭宇昕	女	5000059082104006	四级/中级技能
	吕瑞月	女	5000059082104007	四级/中级技能
	江小涵	女	5000059082104008	四级/中级技能
	张昕彤	女	5000059082104009	四级/中级技能
	王筱桐	女	5000059082104010	四级/中级技能
	李文雁	女	5000059082104011	四级/中级技能
	石博宇	男	5000059082104012	四级/中级技能
	田博	男	5000059082104013	四级/中级技能
	张玉杰	男	5000059082104014	四级/中级技能
	张思喆	男	5000059082104015	四级/中级技能
	沈梦涵	女	5000059082104016	四级/中级技能
	郭龙宇	女	5000059082104017	四级/中级技能
	王婵婵	女	5000059082104159	四级/中级技能
	艾力亚尔·吾吉	男	5000059082104160	四级/中级技能
	时盈盈	女	5000059082104161	四级/中级技能
	毛凤瑶	女	5000059082104162	四级/中级技能

续表

鉴定站（基地）	姓名	性别	证书号码	级别
吉林省钢琴调律师协会基地	迪娜・杰恩斯	女	5000059082104163	四级/中级技能
	潘妮娜	女	5000059082104164	四级/中级技能
	秦海天	男	5000059082104165	四级/中级技能
	沈俊良	男	5000059082104166	四级/中级技能
	程洋	女	5000059082104167	四级/中级技能
	李书川	男	5000059082104168	四级/中级技能
	李帛洋	男	5000059082104169	四级/中级技能
	郭有霖	男	5000059082104170	四级/中级技能
	冯政伟	男	5000059082104171	四级/中级技能
	褚存	男	5000059082104172	四级/中级技能
	赵坤	男	5000059082104173	四级/中级技能
	蓝力峰	男	5000059082104174	四级/中级技能
	贾子	女	5000059082104175	四级/中级技能
	杨林康	男	5000059082104176	四级/中级技能
	曹瀚之	女	5000059082104177	四级/中级技能
	苏心	男	5000059082104178	四级/中级技能
	刘佳俊	男	5000059082104179	四级/中级技能
	赵子豪	男	5000059082104180	四级/中级技能
	高晨杨	女	5000059082104181	四级/中级技能
	杨存祥	男	5000059082103039	三级/高级技能
	邹基兴	男	5000059082103040	三级/高级技能
	邹睿	女	5000059082103041	三级/高级技能
	吕志超	男	5000059082103042	三级/高级技能
	张腾元	男	5000059082103043	三级/高级技能
	范国庆	男	5000059082103044	三级/高级技能
	刘咸戢	男	5000059082103045	三级/高级技能
	蔡靖宇	男	5000059082103046	三级/高级技能
	马凯亮	男	5000059082103047	三级/高级技能
	高鹏	男	5000059082103048	三级/高级技能
	姜唯	男	5000059082103049	三级/高级技能
	韩文宇	男	5000059082103050	三级/高级技能
	王超逸	男	5000059082103051	三级/高级技能
	曹国顺	男	5000059082103052	三级/高级技能
	尹学武	男	5000059082103053	三级/高级技能

续表

鉴定站（基地）	姓名	性别	证书号码	级别
吉林省钢琴调律师协会基地	陈钟	男	5000059082103054	三级/高级技能
	毛佳洁	女	5000059082103055	三级/高级技能
	陈文柱	男	5000059082103056	三级/高级技能
	赵俊杰	男	5000059082103057	三级/高级技能
	刘露丹	女	5000059082103058	三级/高级技能
	刘璐	女	5000059082103059	三级/高级技能
	马先英	女	5000059082103060	三级/高级技能
	齐丽花	女	5000059082103237	三级/高级技能
	赵旭澳	男	5000059082103238	三级/高级技能
	董海星	男	5000059082103239	三级/高级技能
	杨佳林	男	5000059082103240	三级/高级技能
	胡东海	男	5000059082103241	三级/高级技能
	荣付强	男	5000059082103242	三级/高级技能
	胡南	男	5000059082103243	三级/高级技能
	刘杰	男	5000059082103244	三级/高级技能
	朱丁子	男	5000059082103245	三级/高级技能
	张强	男	5000059082103246	三级/高级技能
	徐鹏斌	男	5000059082103247	三级/高级技能
	余悦	女	5000059082103248	三级/高级技能
	邓勋	男	5000059082103249	三级/高级技能
	郑大海	男	5000059082103250	三级/高级技能
	金媛	女	5000059082102031	二级/技师
	郝荣	男	5000059082102032	二级/技师
	王宇星	男	5000059082102033	二级/技师
	张育搏	男	5000059082102034	二级/技师
	周学媛	女	5000059082102035	二级/技师
	张晓康	男	5000059082102036	二级/技师
	杜尧	男	5000059082102037	二级/技师
	康绿新	男	5000059082102067	二级/技师
	何其永	男	5000059082102068	二级/技师
	郝涌浩	男	5000059082101010	一级/高级技师
	张阳	男	5000059082101011	一级/高级技师
	王阳	男	5000059082101012	一级/高级技师

续表

鉴定站（基地）	姓名	性别	证书号码	级别
辽宁省钢琴调律师协会基地	刘紫葳	女	5000059082105097	五级/初级技能
	赵华峰	男	5000059082105098	五级/初级技能
	赵清华	男	5000059082105099	五级/初级技能
	郑文瑄	女	5000059082105100	五级/初级技能
	周安琪	女	5000059082105101	五级/初级技能
	杨磊	男	5000059082105102	五级/初级技能
	刘智艳	女	5000059082105103	五级/初级技能
	孙皞	男	5000059082105104	五级/初级技能
	张益铭	男	5000059082105105	五级/初级技能
	赵巍	男	5000059082105106	五级/初级技能
	孙正阳	女	5000059082105107	五级/初级技能
	杨宇	男	5000059082105108	五级/初级技能
	山峰	男	5000059082105109	五级/初级技能
	姜潇	男	5000059082105110	五级/初级技能
	魏丹宁	女	5000059082105111	五级/初级技能
	聂红金	男	5000059082105112	五级/初级技能
	肖迪	男	5000059082105113	五级/初级技能
	隋鹏	男	5000059082105158	五级/初级技能
	高磊	男	5000059082105159	五级/初级技能
	李思怡	女	5000059082105160	五级/初级技能
	王禹博	男	5000059082105161	五级/初级技能
	陈乐怡	女	5000059082105162	五级/初级技能
	孙家鑫	女	5000059082105163	五级/初级技能
	井腾	男	5000059082105164	五级/初级技能
	郭文龙	男	5000059082104075	四级/中级技能
	林法兵	男	5000059082104076	四级/中级技能
	石雨鑫	女	5000059082104077	四级/中级技能
	张忠景	男	5000059082104078	四级/中级技能
	刘瑞	男	5000059082104079	四级/中级技能
	吴卓铮	男	5000059082104080	四级/中级技能
	于大明	男	5000059082104081	四级/中级技能
	张一多	男	5000059082104082	四级/中级技能
	徐英泽	男	5000059082104083	四级/中级技能
	张鑫	女	5000059082104084	四级/中级技能

续表

鉴定站（基地）	姓名	性别	证书号码	级别
辽宁省钢琴调律师协会基地	曹帅	男	5000059082104085	四级/中级技能
	于欣昱	男	5000059082104086	四级/中级技能
	姜美竹	女	5000059082104087	四级/中级技能
	马怡迪	女	5000059082104088	四级/中级技能
	刘千	女	5000059082104089	四级/中级技能
	李英明	男	5000059082104090	四级/中级技能
	倪梓贺	男	5000059082104091	四级/中级技能
	关皓天	男	5000059082104092	四级/中级技能
	王丽	女	5000059082104093	四级/中级技能
	贺彬	男	5000059082104094	四级/中级技能
	邵文龙	男	5000059082104095	四级/中级技能
	高瑞锶	女	5000059082104096	四级/中级技能
	王乃成	男	5000059082104097	四级/中级技能
	高锡宁	男	5000059082104098	四级/中级技能
	王博	男	5000059082104099	四级/中级技能
	卞良策	男	5000059082104100	四级/中级技能
	胡靖波	男	5000059082104101	四级/中级技能
	石航宇	男	5000059082104102	四级/中级技能
	石立娜	女	5000059082104103	四级/中级技能
	张志鹏	男	5000059082104104	四级/中级技能
	张泽军	男	5000059082104105	四级/中级技能
	冯锦瑞	女	5000059082104106	四级/中级技能
	何慧	女	5000059082104107	四级/中级技能
	焦中庆	男	5000059082104108	四级/中级技能
	孙明瀚	男	5000059082104109	四级/中级技能
	冯殿鹏	男	5000059082104110	四级/中级技能
	王华新	男	5000059082104111	四级/中级技能
	柳聪	男	5000059082104112	四级/中级技能
	马艺宁	女	5000059082104113	四级/中级技能
	王海峰	男	5000059082104114	四级/中级技能
	李海波	男	5000059082104237	四级/中级技能
	李天意	男	5000059082104238	四级/中级技能
	宋霖	男	5000059082104239	四级/中级技能
	佐飘逸	女	5000059082104240	四级/中级技能

续表

鉴定站（基地）	姓名	性别	证书号码	级别
辽宁省钢琴调律师协会基地	张赢日	女	5000059082104241	四级/中级技能
	陈春雨	男	5000059082104242	四级/中级技能
	王野	男	5000059082104243	四级/中级技能
	肖立新	男	5000059082104244	四级/中级技能
	姚华雨	女	5000059082104245	四级/中级技能
	宋清雪	女	5000059082104246	四级/中级技能
	刘铭扬	男	5000059082104247	四级/中级技能
	侯禹新	女	5000059082104248	四级/中级技能
	李胜昔	男	5000059082104249	四级/中级技能
	陈淑瑾	女	5000059082104250	四级/中级技能
	刘佳	女	5000059082104251	四级/中级技能
	王艳	女	5000059082104252	四级/中级技能
	张晓丹	女	5000059082104253	四级/中级技能
	夏立庆	男	5000059082104254	四级/中级技能
	来泽政	男	5000059082104255	四级/中级技能
	董海涛	男	5000059082103160	三级/高级技能
	高海枫	男	5000059082103161	三级/高级技能
	李圣雷	男	5000059082103162	三级/高级技能
	邓道雄	男	5000059082103163	三级/高级技能
	李新	男	5000059082103164	三级/高级技能
	孟玲玉	男	5000059082103165	三级/高级技能
	苏航	男	5000059082103166	三级/高级技能
	万明	男	5000059082103167	三级/高级技能
	于文龙	男	5000059082103168	三级/高级技能
	段明磊	男	5000059082103169	三级/高级技能
	刘曾	男	5000059082103170	三级/高级技能
	孙晓明	男	5000059082103171	三级/高级技能
	郑玉魁	男	5000059082103172	三级/高级技能
	姜国峰	男	5000059082103173	三级/高级技能
	毛行江	男	5000059082103174	三级/高级技能
	陈海星	男	5000059082103175	三级/高级技能
	伊利杰	男	5000059082103176	三级/高级技能
	曹政	男	5000059082103177	三级/高级技能
	马海永	男	5000059082103178	三级/高级技能

续表

鉴定站（基地）	姓名	性别	证书号码	级别
辽宁省钢琴调律师协会基地	曾繁英	女	5000059082103179	三级/高级技能
	吴骏东	男	5000059082103180	三级/高级技能
	魏伟	男	5000059082103181	三级/高级技能
	李禹作	男	5000059082103182	三级/高级技能
	周蕊	女	5000059082103183	三级/高级技能
	何淼	女	5000059082103184	三级/高级技能
	沙文霞	女	5000059082103185	三级/高级技能
	杜光新	男	5000059082103186	三级/高级技能
	李晓娜	女	5000059082103187	三级/高级技能
	林梦露	女	5000059082103188	三级/高级技能
	王浩全	男	5000059082103189	三级/高级技能
	陈汉杰	男	5000059082103252	三级/高级技能
	李春华	男	5000059082103253	三级/高级技能
	刘国辉	男	5000059082103254	三级/高级技能
	杨哲	男	5000059082103255	三级/高级技能
	钱城	男	5000059082103256	三级/高级技能
	孙维刚	男	5000059082103257	三级/高级技能
	张建军	男	5000059082103258	三级/高级技能
	陈待余	男	5000059082103259	三级/高级技能
	吕纪元	男	5000059082103260	三级/高级技能
	马伟峻	男	5000059082103261	三级/高级技能
	王祥淦	男	5000059082103262	三级/高级技能
	王哲	男	5000059082103263	三级/高级技能
	杨金龙	男	5000059082103264	三级/高级技能
	项祖乒	男	5000059082103265	三级/高级技能
	吴佩欣	男	5000059082103266	三级/高级技能
	陈敏新	男	5000059082103267	三级/高级技能
	王俊	男	5000059082103268	三级/高级技能
	陈达	男	5000059082103269	三级/高级技能
	姜朝辉	男	5000059082103270	三级/高级技能
	黄祥敏	男	5000059082103271	三级/高级技能
	王鹏	男	5000059082103272	三级/高级技能
	冯进权	男	5000059082103273	三级/高级技能
	周麟	男	5000059082103274	三级/高级技能

续表

鉴定站（基地）	姓名	性别	证书号码	级别
辽宁省钢琴调律师协会基地	景港旭	男	5000059082103275	三级/高级技能
	师飞飞	男	5000059082103276	三级/高级技能
	常振楠	女	5000059082103277	三级/高级技能
	韩彬	男	5000059082103278	三级/高级技能
	田树兴	男	5000059082103279	三级/高级技能
	刘利庆	男	5000059082103280	三级/高级技能
	张韧	男	5000059082103281	三级/高级技能
	井厚宝	男	5000059082103282	三级/高级技能
	井忠芹	男	5000059082103283	三级/高级技能
	刘鑫博	女	5000059082103284	三级/高级技能
	刘永强	男	5000059082103285	三级/高级技能
	王翔宇	男	5000059082103286	三级/高级技能
	赵杰	男	5000059082103287	三级/高级技能
	朱现伟	男	5000059082103288	三级/高级技能
	井厚兵	男	5000059082103289	三级/高级技能
	安跃超	男	5000059082103290	三级/高级技能
	张贤强	男	5000059082103291	三级/高级技能
	陈广镇	男	5000059082103292	三级/高级技能
	李新林	男	5000059082103293	三级/高级技能
	袁海利	男	5000059082103294	三级/高级技能
	刘利平	男	5000059082103295	三级/高级技能
	沈超	男	5000059082103296	三级/高级技能
	王鑫	男	5000059082103297	三级/高级技能
	刘嘉威	男	5000059082103298	三级/高级技能
	魏国斌	男	5000059082103299	三级/高级技能
	郑倩男	男	5000059082102015	二级/技师
	高卫东	男	5000059082102016	二级/技师
	车思远	男	5000059082102017	二级/技师
	杨勇	男	5000059082102018	二级/技师
	郭大鹏	男	5000059082102019	二级/技师
	刘功昊	男	5000059082102020	二级/技师
	刘向平	男	5000059082102021	二级/技师
	闫德旺	男	5000059082102022	二级/技师
	王文轩	男	5000059082102023	二级/技师

续表

鉴定站（基地）	姓名	性别	证书号码	级别
辽宁省钢琴调律师协会基地	卢建婷	女	5000059082102024	二级/技师
	史建设	男	5000059082102025	二级/技师
	李铭赫	男	5000059082102026	二级/技师
	郑大有	男	5000059082102027	二级/技师
	薄建强	男	5000059082102028	二级/技师
	刘金辉	男	5000059082102029	二级/技师
	孙高峰	男	5000059082102030	二级/技师
	安国双	男	5000059082102041	二级/技师
	谢平	男	5000059082102042	二级/技师
	于学帅	男	5000059082102043	二级/技师
	杨正龙	女	5000059082102044	二级/技师
	王争艳	男	5000059082102045	二级/技师
	余国清	男	5000059082101007	一级/高级技师
	胡庭伟	男	5000059082101008	一级/高级技师
	杨子津	女	5000059082101009	一级/高级技师
郑州铁路职业技术学院艺术学院培训基地	杜习程	男	5000059082104182	四级/中级技能
	韩丽乐	女	5000059082104183	四级/中级技能
	蒋政典	男	5000059082104184	四级/中级技能
	李恩	男	5000059082104185	四级/中级技能
	王欣如	女	5000059082104186	四级/中级技能
	刘勇	男	5000059082104187	四级/中级技能
	刘子海	男	5000059082104188	四级/中级技能
	吕坤周	男	5000059082104189	四级/中级技能
	马洋洋	女	5000059082104190	四级/中级技能
	宋彩萍	女	5000059082104191	四级/中级技能
	张一飞	男	5000059082104192	四级/中级技能
	郑焱齐	男	5000059082104193	四级/中级技能
	周思莹	女	5000059082104194	四级/中级技能
	庄云涛	男	5000059082104195	四级/中级技能
	李刚强	男	5000059082104196	四级/中级技能
	李江恒	男	5000059082104197	四级/中级技能
	李育兵	男	5000059082104198	四级/中级技能
	黄硕	男	5000059082104199	四级/中级技能
	周弘宇	男	5000059082104200	四级/中级技能

续表

鉴定站（基地）	姓名	性别	证书号码	级别
郑州铁路职业技术学院艺术学院培训基地	赵卫红	男	5000059082104201	四级/中级技能
	张宇航	男	5000059082104202	四级/中级技能
	刘晓阳	男	5000059082104203	四级/中级技能
	葛文浩	男	5000059082103343	三级/高级技能
	顾紫龙	男	5000059082103344	三级/高级技能
	韩向阳	男	5000059082103345	三级/高级技能
	范群霞	女	5000059082103346	三级/高级技能
	李少飞	男	5000059082103347	三级/高级技能
	宋相成	男	5000059082103348	三级/高级技能
	张普方	男	5000059082103349	三级/高级技能
	周景龙	男	5000059082103350	三级/高级技能
	周哲语	男	5000059082103351	三级/高级技能
	杨守岭	男	5000059082103352	三级/高级技能
	毛志鹏	男	5000059082103353	三级/高级技能
	赵清瑞	男	5000059082103354	三级/高级技能
	司华栋	男	5000059082103355	三级/高级技能
	董闯	男	5000059082103356	三级/高级技能
	杨交托	男	5000059082103357	三级/高级技能
	严栓栓	男	5000059082103358	三级/高级技能
	段婷婷	女	5000059082103359	三级/高级技能
	李东	男	5000059082102046	二级/技师
	付立东	男	5000059082102048	二级/技师
	韩海付	男	5000059082102049	二级/技师
	李慧鹏	男	5000059082102050	二级/技师
	任源	女	5000059082102051	二级/技师
	冯时雨	男	5000059082102052	二级/技师
	党孟杰	男	5000059082102053	二级/技师
	李冬冬	男	5000059082102070	二级/技师
中国盲协北京博爱盲人调律发展中心基地	陈婵	女	5000059082105180	五级/初级技能
	段钰婧	女	5000059082105181	五级/初级技能
	盛海暖	男	5000059082105182	五级/初级技能
	朱小璐	女	5000059082105183	五级/初级技能
	吴露露	女	5000059082105184	五级/初级技能
	孙宝二	男	5000059082103310	三级/高级技能

续表

鉴定站（基地）	姓名	性别	证书号码	级别
中国盲协北京博爱盲人调律发展中心基地	张嘉杰	男	5000059082103311	三级/高级技能
	李腾	男	5000059082103312	三级/高级技能
	王洪刚	男	5000059082103313	三级/高级技能
	李庆彬	男	5000059082103314	三级/高级技能
	薛婷	女	5000059082103315	三级/高级技能
	艾禹含	女	5000059082103316	三级/高级技能
	张毓航	女	5000059082103317	三级/高级技能
	郭喜	女	5000059082103318	三级/高级技能
	谢东星	女	5000059082103319	三级/高级技能
	苏玉虎	男	5000059082103320	三级/高级技能
	张馨月	女	5000059082103321	三级/高级技能
	徐莘莘	女	5000059082103322	三级/高级技能
	张建坤	男	5000059082103323	三级/高级技能
	孔文静	女	5000059082103324	三级/高级技能
	欧婷君	女	5000059082103325	三级/高级技能
	蔡振瑶	男	5000059082103326	三级/高级技能
	王青华	男	5000059082103327	三级/高级技能
	王青云	男	5000059082103328	三级/高级技能
	袁基浩	男	5000059082103329	三级/高级技能
	康靖怡	女	5000059082103330	三级/高级技能
	樊亮	男	5000059082103331	三级/高级技能
	何双锋	男	5000059082103332	三级/高级技能
	靳圣杰	男	5000059082102056	二级/技师
	王辰	男	5000059082102057	二级/技师
	刘峰	男	5000059082102058	二级/技师
	许禄	男	5000059082102059	二级/技师
	李华	男	5000059082102060	二级/技师
	吕飘	女	5000059082102061	二级/技师
	方芳	女	5000059082102062	二级/技师
	李梦琪	女	5000059082102063	二级/技师
	唐玉	女	5000059082102064	二级/技师
	杨宇伟	男	5000059082102065	二级/技师
	游其元	男	5000059082102066	二级/技师
	王颖科	男	5000059082101015	一级/高级技师

续表

鉴定站（基地）	姓名	性别	证书号码	级别
中国盲协北京博爱盲人调律发展中心基地	蔺建伟	男	5000059082101016	一级/高级技师
	吕建东	男	5000059082101017	一级/高级技师
	冯瑞	男	5000059082101018	一级/高级技师
	张晓晨	男	5000059082101019	一级/高级技师
	杨康	男	5000059082101020	一级/高级技师
	陈燕	女	5000059082101021	一级/高级技师
	杨京燕	女	5000059082101022	一级/高级技师
	张雁斌	男	5000059082101023	一级/高级技师

中国乐器

年鉴

2022

CHINA MUSICAL
INSTRUMENT YEARBOOK

音教大会

2021年国民音乐教育大会总结报告

2021年7月16日至18日，2021年国民音乐教育大会暨国际音乐生活展（天津）在天津大礼堂举行。在三天的活动中，共有160余位音乐教育专家、近百家知名乐器厂商以及1000多位一线音乐教育工作者齐聚津门。作为国内规模最大、规格最高、涉及门类最广、内容最丰富的综合性音乐教育行业盛会，大会引起了国内甚至国际音乐教育、乐器及相关行业的广泛关注和热情参与。

一、会展概况

2021年国民音乐教育大会以“新时代美育交响”为主题，与国际音乐生活展同期同址举办。本次活动由天津市委宣传部、天津市教委、中国乐器协会、中央音乐学院、上海国展展览中心有限公司、华夏未来文化艺术基金会、全国音乐教育服务合作平台联合主办；承办单位为中国乐器协会、上海国展展览中心有限公司和华夏未来文化艺术基金会；指导单位为天津市政府和中国轻工业联合会。

值得一提的是，“2021国民音乐教育大会”被列入天津市二十大民心工程，足见天津市委、市政府对本次活动的重视程度。

大会共三天，其中第一天为全体大会，后两天为分会场。第一天的全体大会内容包括开幕式、主题发言及主题论坛。后两天共13个分会场，内容包括学校音乐教育、幼儿音乐启蒙、少年宫、社会艺术培训机构发展、美育融合、钢琴、民乐重奏、乐与器的对话、合唱、古琴以及音乐教育论文展示与点评等。

与会议配套的国际音乐生活展，面积达到3000平方米，包括珠江钢琴、海伦钢琴、柏斯音乐集团、上海民族乐器一厂、乐海乐器、雅马哈、卡瓦依、艾茉森、饶阳北方、苏州民乐一厂、津宝乐器、九拍音乐等国内知名品牌都参加了本次展会。观众来自全国各地，总人数约1200人，观众主要由幼儿园教师、普通中小学音乐教师、高校音乐教育专业教师、研究生、社会琴行培训机构负责人等几部分人员构成。

二、大会内容分析

（一）嘉宾阵容国内一流

本次大会共举办98场主题活动，主讲嘉宾超过160人次。与往年相似，本次大会在嘉宾邀请和内容设计上，也坚持做到国内一流。

7月16日的大会开幕式由中国轻工业联合会党委副书记、中国乐器协会理事长王世成主持，中国轻工业联合会会长张崇和，天津市人大常委会党组副书记、副主任陈浙闽，中央音乐学院党委书记赵旻先后做开幕致辞，美国国际音乐制品协会（NAMM）总裁兼首席执行官Joe Lamond则通过网络进行了视频致辞。

在随后的大会进程当中，天津市华夏未来文化艺术基金会理事、天津市教委原主任靳润成的主题发言“为了华夏的未来”，通过华夏未来文化艺术基金会28年来专注于少年儿童艺术教育的历史经验，阐述青少年学习乐器、学习音乐的作用和意义。音乐教育家李妲娜教授以“我们为什么要学习器乐”为题，从艺术教育与神经科学、中国民族器乐的深厚历史文化两个方面，对人类为何要学习器乐进行了全新解读。音乐教育家吴斌、中央音乐学院教授周海宏、首都师范大学音乐学院教授郑莉3人共同带来的“音教三人行”特约论坛是本次大会全新推出的亮点内容。3位专家围绕着“音乐中考”“视谱教学”等音乐教育热点话题和现象，展开妙趣横生、金句不断的讨论。

中央音乐学院周海宏教授以“美育有什么用”为题，鲜活阐释美育对人的成长所起到的重要作用。新任天津音乐学院常务副院长、著名男高音歌唱家王宏伟的专题发言，立足高等艺术院校如何为社会服务，强调了艺术教育的社会化功能。华中师范大学音乐学院教师赵洪啸在“万物皆乐器”的互动教学环节中，展示了各种创意乐器的制作和演奏，并在现场教授观众自制并演奏吸管膜笛乐器，全场1000多人同时演奏DIY乐器，台上台下互动，气氛热烈。

由人民音乐出版社总编辑杜永寿主持的“我们该怎样培养音乐教师”特约论坛，更加注重问题导向，集中讨论了音乐教师培养过程中的问题、方法和途径。到场嘉宾包括星海音乐学院音乐教育学院院长辛笛、长江师范学院音乐学院院长隆强、山西师范大学音乐学院院长刘明星、中华文化促进会少年宫文化工作委员会副会长王振民、天津市耀华中学校长侯立瑛和天津市教育科学研究院课程中心音乐室主任王秀会等。嘉宾们从不同角度、不同层面阐述到底该如何培养音乐教师。大会首日下午还举行了“万叶杯”音乐教育论文教案评选颁奖典礼。本次论文评选共征集到论文和教案总计1770篇。

总体来说，第一天大会安排紧凑，整体水平很高，应该说可以代表国内音乐教育行业综合会议的最高水平。

（二）内容设计精准实用

大会后两天为分会场活动，2021年，在内容策划上，按照不同内容开设了13个分会场，分别为学校音乐教育、幼儿音乐教育、社会艺培机构、少年宫、美育融合、钢琴、民乐重奏、合唱、乐器进校园、古琴、乐与器的对话、论文宣讲与点评等。内容分类条理清晰，分类明确，在内容的策划上也更加符合观众的实际需求。

由于充分考虑了一线老师的实际需求，2021年的大会在内容上受到了观众的好评。比如学校音乐教育分会场采用“主题式单元论坛”的形式，2天时间分为4个单元，每个单元有一个专题团队进行分享，围绕一个主题进行充分研讨，现场观众可以更加深入学习，收获更多。合唱会场在内容策划上也是从一线教师的实际需求出发，邀请合唱专家讲述合唱的训练方法与技巧，并且邀请合唱团进行现场示范，效果很好，成为本次大会中人气最旺的会场之一。美育融合会场也是2021年全新提出的理念，有许多新的课程在会上得到展现，比如中央音乐学院宗晓军教授带来的“音乐创想力”课程，从音乐对于创造力的提升方面给予了全新的理论解读，令人耳目一新。奥尔夫专家曹利、韩瀚、正木一辉等带来的课程也都非常受欢迎。

此外，音乐启蒙分会场、艺培机构分会场、钢琴会场、民乐会场等也一直都是大会当中的传统优势项目。全新开设的乐器进校园专场、乐与器的对话等，也给参会老师带来了不同的感受。

三、会展结合，探索新型市场模式

国民音乐教育大会一直采用“会+展”的形式，两者互动相随、融合助势，会场内是各种专家讲座和教学工作坊、会场外是内容丰富的展览。本次展览汇集了近100家品牌企业，如珠江钢琴、敦煌民乐、海伦钢琴、长江钢琴、乐海乐器、艾茉森数码钢琴、津宝乐器以及天津众多知名乐器制造企业，集中展示各类知名品牌校园乐器，并提供音乐教育培训机构、乐器进校园综合解决方案等，与大会内容交相呼应，可以说会和展是一个有机的整体。学习交流的同期可以逛展、体验消费，相信无论对于大会参会者还是广大天津市民来说，这都是一次难得的机会。

另外，本次活动组委会还和天津市教委联合开展了“乐器留购”计划，依据天津市中小学提出的乐器采购需求，组织参展商提供产品。7月17日上午，专门召开了“乐器留购对接会”，天津市34家中小学负责人和11家参展乐器企业代表进行了对接和洽谈，针对乐器的采购事宜进行了探究。这也开创了国内乐器展会全新的服务模式。

此外，本次大会还专门开设了“乐器进校园”专场，以企业为主体，进行乐器进校园的项目推介，参加的企业包括乐海乐器、九拍音乐、佰笛手风琴、雅马哈、小叶子、泛德智慧钢琴、宏音斋“彩虹笙”、鲁璐箜篌等。本会场中，组委会还与人民音乐出版社共同策划了“乐器进校园”专题论坛，为有需求的学校和企业提供思路、理念和切实可行的解决方案。

四、大会主要成果

国民音乐教育大会已经连续举办了4年，品牌影响力进一步提升，目前已经在国内外音乐教育行业积累了良好的口碑，已经成为音乐教育行业的知名活动品牌，每年的音乐教育大会也是当年重要的行业事件之一。

大会的整体站位高、定位精准、明确，这得益于协会领导层的整体策划。整个活动的指导思想是贯彻落实两办《关于全面加强和改进新时代学校美育工作意见》精神，聚焦新时代美育，迎庆中国共产党百年华诞。活动的内在逻辑是：美育的重点焦点是音乐，音乐的重要载体是乐器，更好地服务喜爱音乐的音乐人口是大会不变的初心和责任。大会内容丰富，规模宏大，规格和专业水平都很高，这体现在邀请专家级别、发言及工作坊的水平，参会教师普遍反映大会的内容很好，既有学术高度，又有许多实用的音乐教育理论和技能，大部分参会代表和讲课嘉宾都表示不虚此行，受益匪浅。

大会以坚持市场为导向，从内容到形式采取集中与分散、引导与自由选择相结合的市场运作方法。主旨主题发言由组委会反复研究，专家委员会推荐，邀请知名专家发言，保证了大会的学术高度和专业高度。不受条框系统的限制，坚持内容为王，强调提升服务质量和用户感受，已经成为了国内同类型会议的标杆。同时大会又是各系统之间交流协作的一次大胆尝试，体制内、体制外、培训机构和企业实现了跨界融合。

另外，2021年，国民音乐教育大会开创了与政府合作的全新模式，天津市委宣传部和天津市教委、华夏未来文化艺术基金会作为主办单位参与，在资金、场地、人员等方面提供了大力支持。可以说，与天津的合作，是国民音乐教育大会举办4年来的一个里程碑，也标志着一个全新阶段的开始。

音教市场

关于艺术培训机构现状调研报告

近日，文化和旅游部办公厅印发《关于做好文化艺术类校外培训管理相关工作的通知》。《通知》提出，积极开展本地区文化艺术类校外培训基本情况调研摸查，深入了解培训机构数量、规模、师资、教材、培训内容、收费等情况，广泛听取相关文化艺术单位对规范管理文化艺术类校外培训机构、促进文化艺术类校外培训健康发展的意见建议。

为配合《通知》要求，深入了解艺术培训机构的真实状况和现实需求，推动相关教育行业政策的调适，中国乐器协会音乐教育专业委员会联合中国乐器协会艺培机构发展研究会、校宇宙数字科技面向全国艺术培训机构共同发起“关于艺术培训机构现状调研”。

本次问卷的调查时间为4月1日至30日，共回收问卷245份，全部为有效问卷（具体数据见下文）。此次调研获得的主要发现和结论如下。

一、机构概况

（一）地域分布

本次受访机构以华东地区和华中地区的机构为主。

（二）机构校区情况

本次参与调研机构有74.49%为单店经营，加盟连锁的机构占13.99%，直营连锁的机构为11.52%。单店机构数量远远多于加盟连锁机构和直营连锁机构，具体数据如图1所示：

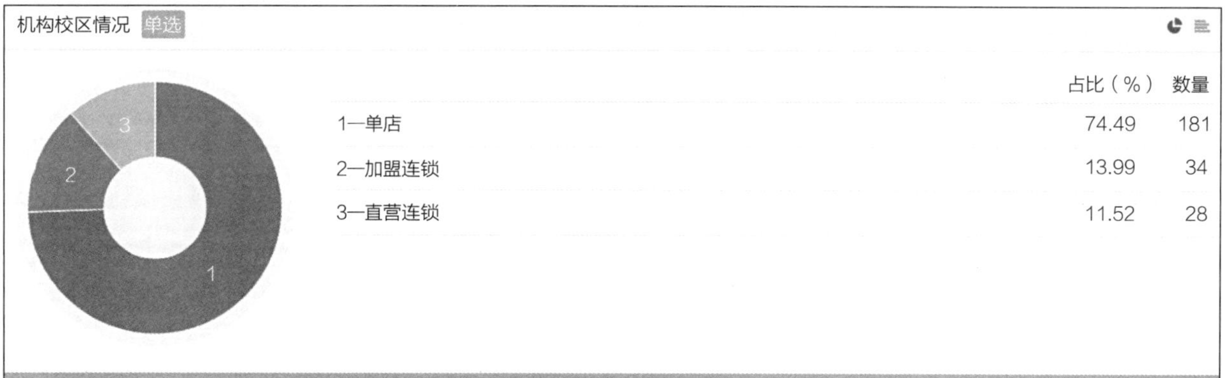

图1　机构校区情况

1．机构平均单店面积

本次调研机构平均单店面积大于300平方米的仅占23.05%；76.95%的机构平均单店面积低于300平方米，未达到部分省市开办机构最低面积要求。具体数据如图2所示：

机构平均单店面积 单选

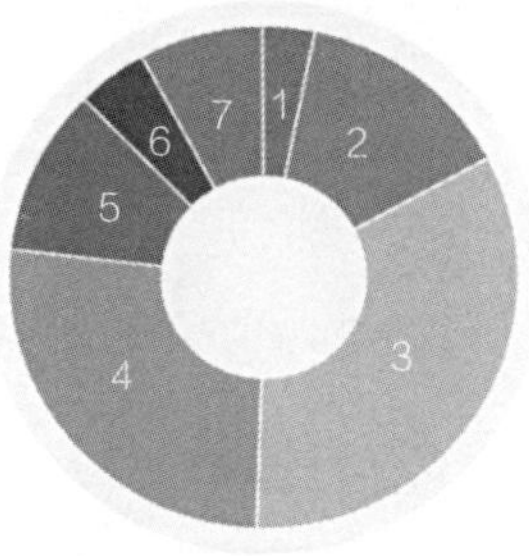

	占比（%）	数量
1—50及以下	3.29	8
2—51～100m^2	13.99	34
3—101～200m^2	33.33	81
4—201～300m^2	26.34	64
5—301～400m^2	10.70	26
6—401～500m^2	4.53	11
7—500m^{2}以上	7.82	19

图2　机构平均单店面积

2．机构开办年限

从参与调研机构开办年限来看，办学年限低于3年的机构占23.86%；办学年限在3～5年的机构占26.75%；办学年限超过5年的机构占49.38%。由此可知，疫情当下，开办年限长的机构存活力更强。具体数据如图3所示：

机构开办年限 单选

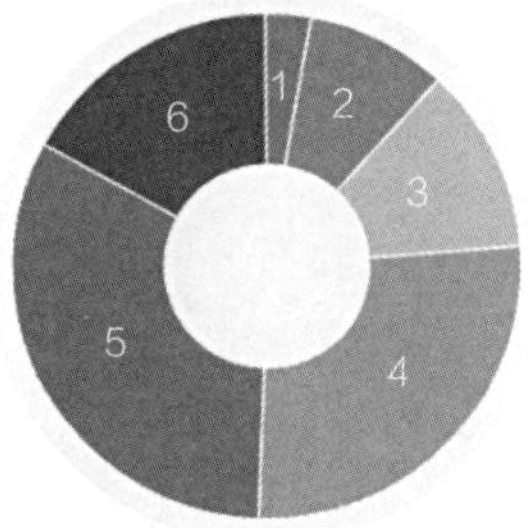

	占比（%）	数量
1—1年以内	2.88	7
2—1～2年（2年以内）	9.05	22
3—2～3年（3年以内）	11.93	29
4—3～5年（5年以内）	26.75	65
5—5～10年（10年以内）	32.51	79
6—10年以上	16.87	41

图3　机构开办年限

3．机构人数规模

机构人数规模如图4所示。

机构人数规模 多选

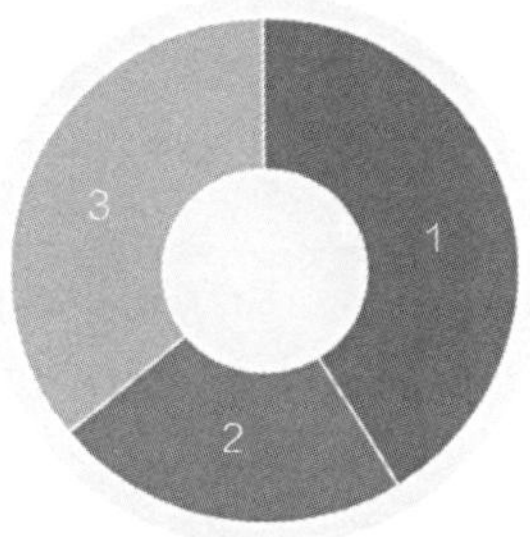

	占比（%）	数量
1—机构员工数量	41.34	229
2—外聘教师数量	22.74	126
3—学生数量	35.92	199

图4　机构人数规模

4．机构物业使用/租用情况

从参与调研机构物业使用或租用情况来看，自有物业的机构占比为15.23%，而租用物业的机构占比高达70.37%，由此可知，当机构受客观因素影响而停课时，市面上至少70.37%的机构将承受来自租金方面压力。具体数据如图5所示：

机构物业使用/租用情况 单选

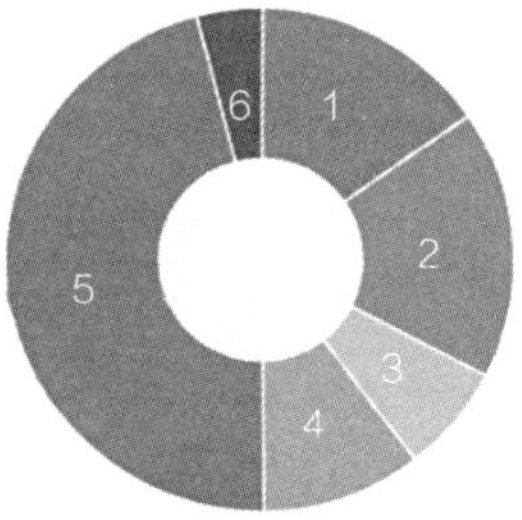

	占比（%）	数量
1—自有物业	15.23	37
2—租赁小区物业	17.28	42
3—租赁国有物业	7.00	17
4—社区公共物业	10.29	25
5—租赁私人物业	46.09	112
6—其他	4.12	10

图5　机构物业使用/租用情况

5．机构年主营业务收入

从参与调研机构年主营业务收入来看，80.08%的机构年主营业务收入在100万元以下；年主营业务收入在100万～300万元的占比为13.14%；而年主营业务收入大于300万元的机构仅为6.78%。小型机构数量上多，但是整体营收较低，在同样市场环境下，可能要面临更大的经营压力，具体数据如图6所示：

机构年主营业务收入 单选

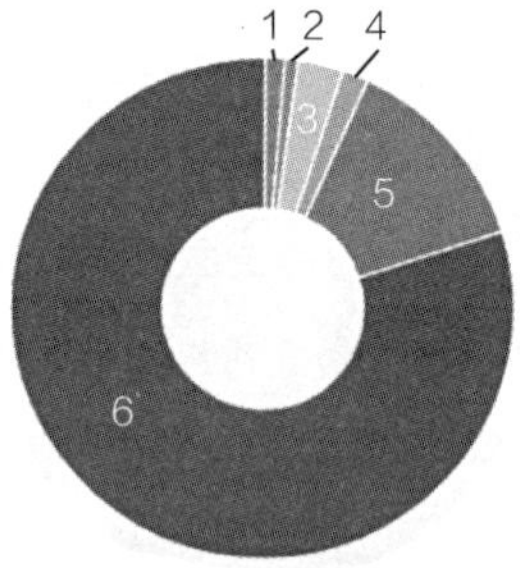

	占比（%）	数量
1—2000万元以上	1.27	3
2—1000万～2000万元	0.85	2
3—500万～1000万元	2.97	7
4—300万～500万元	1.69	4
5—100万～300万元	13.14	31
6—100万以下	80.08	189

图6　机构年主营业务收入

6．机构成本支出占比

从参与调研机构成本支出占比来看，机构租金的支出占比为31.96%，是最高的支出类型；人力成本支出占比29.08%，为机构第二大支出；教材教具成本支出及其他支出分别为20.03%和18.93%。由此可见，租金和人力成本仍是机构的两大主要支出。具体数据如图7所示：

机构成本支出占比 多选

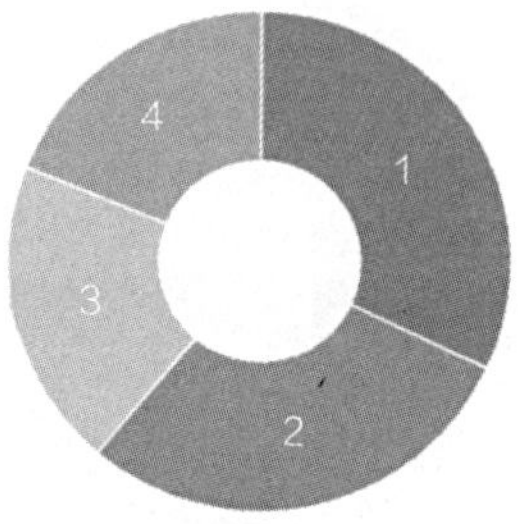

	占比（%）	数量
1—机构租金	31.96	233
2—人力成本	29.08	212
3—教材教具	20.03	146
4—其他支出	18.93	138

图7　机构成本支出占比

7．机构在2020年、2021年营收情况

从参与调研机构近两年的营收情况来看，59.67%的机构处于亏损状态；27.57%的机构处于营收持平状态；仅有12.76%的机构能维持盈利。具体数据如图8所示：

机构在2020年、2021年营收情况 单选

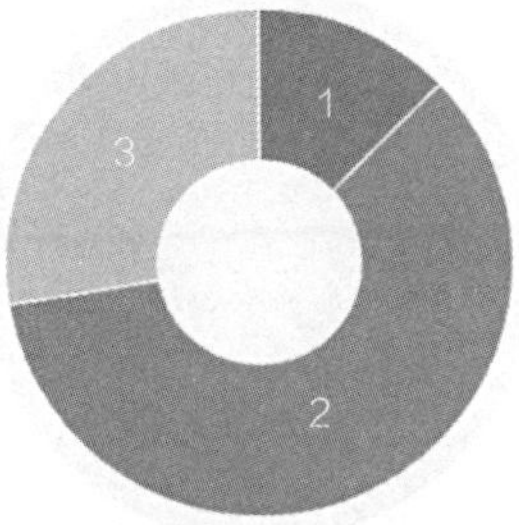

	占比（%）	数量
1—盈利	12.76	31
2—亏损	59.67	145
3—持平	27.57	67

图8　机构在2020年、2021年营收情况

8．机构主要营收来源及占比

从参与调研机构主要营收来源情况看，48.47%的机构主要营收为课程培训；28.83%的机构主要营收在乐器销售上；此外22.7%的机构主要营收来源在教材销售营收和其他营收。由此建议机构可尝试增加跟主营业务相关的次级业务，增添营收类型，从而达到增加营收的目的。具体数据如图9所示：

机构主要营收来源及占比 多选

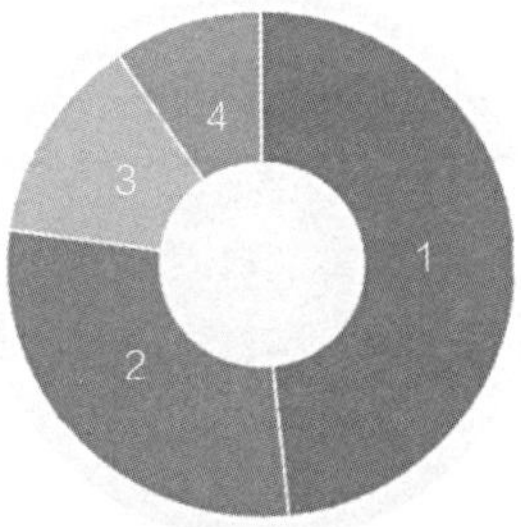

	占比（%）	数量
1—课程培训	48.47	237
2—乐器销售	28.83	141
3—教材销售	13.29	65
4—其他	9.41	46

图9　机构主要营收来源及占比

二、教学情况

1．机构开设哪些科目

从参与调研机构开设的科目看， 钢琴培训占21.42%；吉他培训占16.64%；排名第三的则为其他培训科目。具体数据如图10所示：

机构开设哪些科目 多选

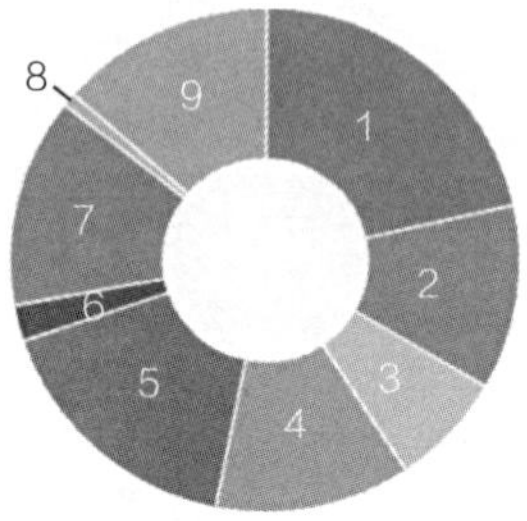

	占比（%）	数量
1—钢琴	21.42	148
2—声乐	11.87	82
3—小提琴	7.38	51
4—古筝	12.45	86
5—吉他	16.64	115
6—大提琴	2.32	16
7—架子鼓	13.46	93
8—口琴	0.87	6
9—其他科目	13.60	94

图10　机构开设科目

2．机构平均课时费（元/节）

从调研反馈的数据，利用词云工具进行分析，从分析结果中知：不同机构之间平均课时费存在较大差异，而大多数机构平均课时费主要集中在100～150元/节。

3．机构是否开设集体课

从调研数据中知，参与调研的机构中有65.84%的机构开设集体课，有34.16%的机构未开设集体课。具体数据如图11所示：

机构是否开设集体课 单选

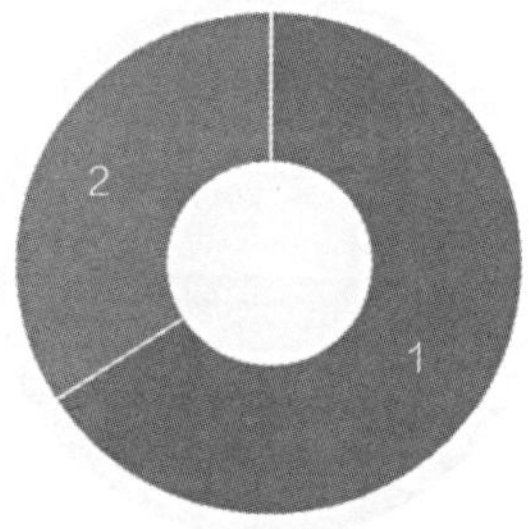

	占比（%）	数量
1—是	65.84	160
2—否	34.16	83

图11　机构是否开设集体课

4．机构教材来源

从参与调研机构教材来源看，50.21%的机构直接采购第三方的教材；21.81%的机构用的是教师选定的教材；25.1%的机构有能力研发教材，用的是机构自身编写的教材。具体数据如图12所示：

机构教材来源 单选

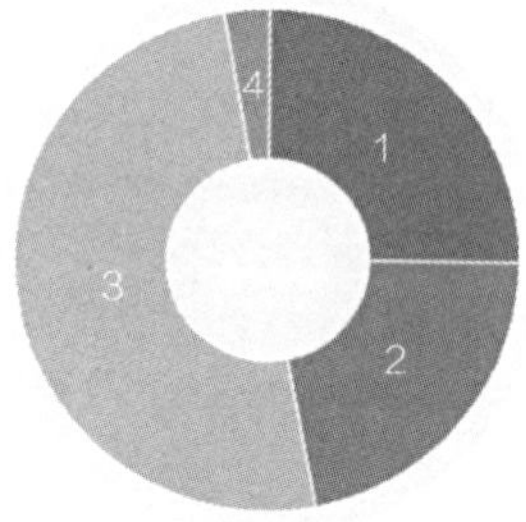

	占比（%）	数量
1—机构自编教材	25.10	61
2—教师自选教材	21.81	53
3—采购第三方教材	50.21	122
4—其他来源	2.88	7

图12　机构教材来源

5．机构学员年龄段区间及占比

从参与调研机构学员年龄段区间来看，机构12岁以下的学员占62.03%；12～18岁的学员占23.02%；18岁以上的学员占比为14.95%。由此可知，12岁以下的学员为参与艺术培训的主力军。具体数据如图13所示：

机构学员年龄段区间及占比 多选

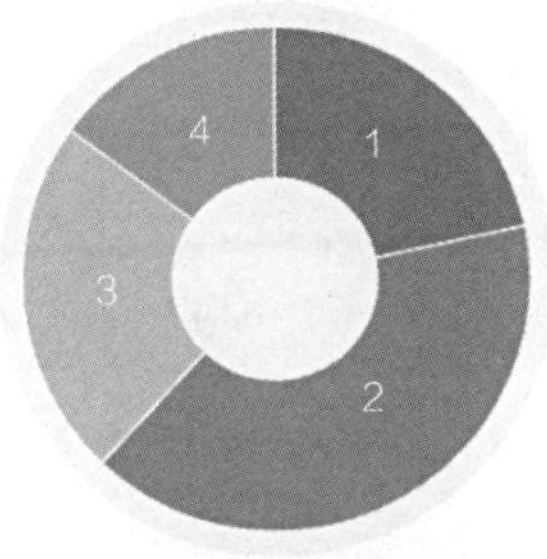

	占比（%）	数量
1—6岁以下	21.65	126
2—6～12岁	40.38	235
3—12～18岁	23.02	134
4—18岁以上	14.95	87

图13　机构学员年龄段区间及占比

6．机构是否会组织教师参加业务培训

从调研数据中知，有87.24%的机构会组织教师参加业务培训来提升教师的业务水平，而有12.76%的机构不会组织教师参加业务培训。具体数据如图14所示：

机构是否会组织教师参加业务培训 单选

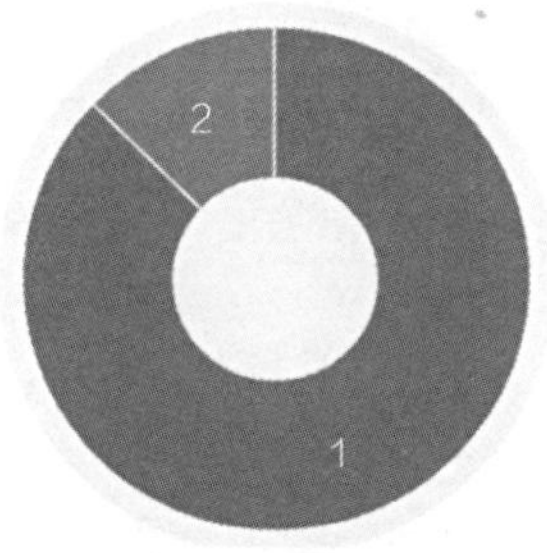

	占比（%）	数量
1—是	87.24	212
2—否	12.76	31

图14　机构是否会组织教师参加业务培训

7．机构是否会承接比赛、展演、艺术节等活动

从调研反馈的数据来看，有85.59%的机构会承接比赛、展演、艺术节等活动来增加机构营收和知名度；而有14.4%的机构则表示从不承接校外相关活动。具体数据如图15所示：

机构是否会承接比赛、展演、艺术节等活动 单选

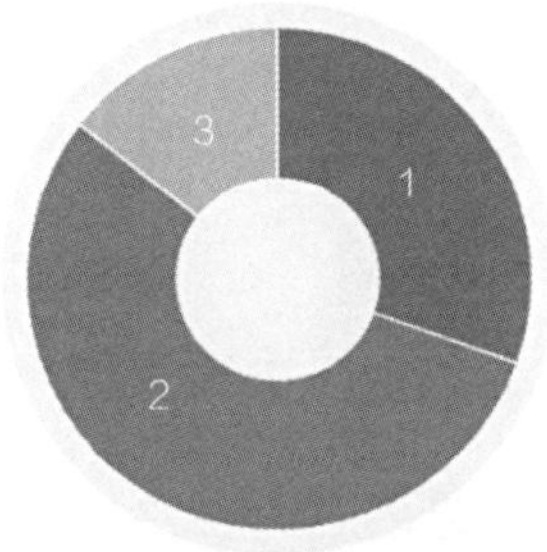

	占比（%）	数量
1—是，经常承接	30.45	74
2—是，偶尔承接	55.14	134
3—否，从未承接	14.40	35

图15　机构是否会承接活动

三、政策影响

1．机构“双减”政策前后的经营情况对比

“双减”政策颁布伊始，教培市场上利好艺培机构的声音层出不穷，不少行业人士认为艺培机构的春天要来了。但“双减”9个月之后的真实调研反馈的是：有61.73%的机构认为“双减”前的经营情况更好；有34.98%的机构感觉“双减”前后变化不大；仅有3.29%的机构 在“双减”之后经营得更好。具体数据如图16所示：

机构“双减”政策前后的经营情况对比 单选

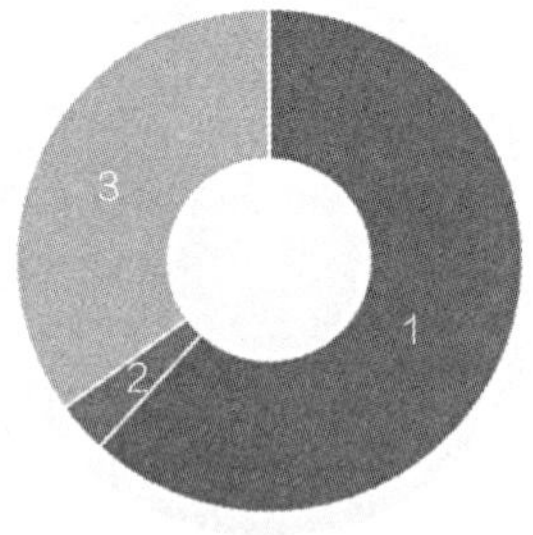

	占比（%）	数量
1—“双减”前更好	61.73	150
2—“双减”后更好	3.29	8
3—“双减”前后感觉变化不大	34.98	85

图16 机构“双减”前后经营情况对比

2．机构是否与当地学校合作开展课后拓宽

从调研反馈的数据看，有15.64%的机构目前和当地学校开展课后拓宽的合作；16.87%的机构正与当地学校展开合作洽谈；67.49%的机构暂无与学校合作开展课后拓宽的计划。具体数据如图17所示：

机构是否与当地学校有合作开展课后拓宽 单选

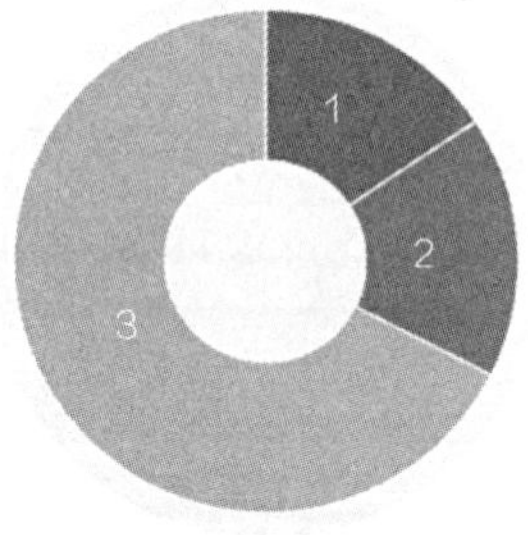

	占比（%）	数量
1—是，目前正在合作	15.64	38
2—是，目前展开合作洽谈	16.87	41
3—否，暂无这方面计划	67.49	164

图17 机构是否与当地学校合作开展课后拓宽

3．机构发展面临的最大压力来源于哪些方面

从调研反馈的数据看，有28.8%的机构认为发展面临最大的压力是新冠疫情；租金方面的压力占比21.2%；教育政策及学员流失方面的压力分别占比20.44%和11.85%。具体数据如图18所示：

机构发展面临的最大压力来源于哪些方面 多选

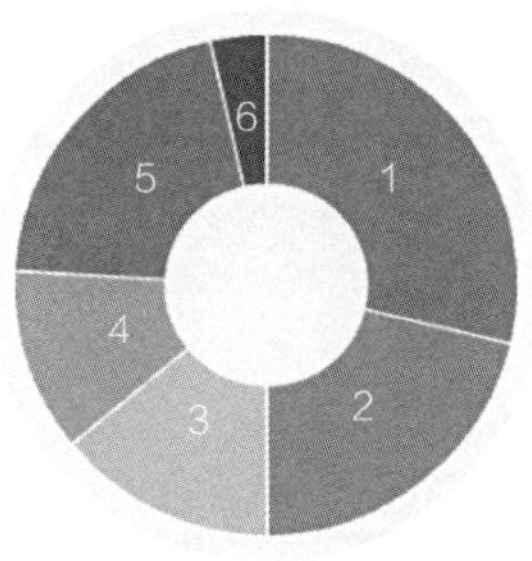

	占比（%）	数量
1—新冠疫情	28.80	231
2—机构租金	21.20	170
3—教师工资	14.09	113
4—学员流失	11.85	95
5—教育政策	20.44	164
6—其他方面	3.62	29

图18　机构发展压力来源

4．你个人对协会有什么建议或要求

本次调研，针对艺培机构对协会的建议或要求，为不局限受调研者的思路，没有采用多选题（提前设置选项），而是采取了开放式问题（非必填）的形式。64.73%参与调研机构均填写了具体的建议或要求。根据机构的反馈，利用词云工具进行分析，显示结果如图19所示：

图19　艺培机构建议词云

词云分析反映出当前艺培机构最为关切的内容是“复课”。

自2022年3月份以来，全国各地疫情相继暴发，为避免疫情范围进一步扩大，政府部门要求相对封闭的经营场所暂停营业，由此造就大部分艺培机构停课场面。

面对经营生存压力，艺培机构一方面迫切希望在疫情可控的情况下能够尽早复课，而另一方面则希望地方能根据实际情况整改，别搞“一刀切”，同时还希望疫情期间能够给予暂停营业的机构租金扶持或政策支持。

中国乐器

年鉴

2022

CHINA MUSICAL
INSTRUMENT YEARBOOK

全球乐器报告

日本

2021年10月，日本乐器协会（JMIA）发布了2020年度音乐产品行业调查报告。该报告涵盖了2020年4月1日至2021年3月31日为期一年的调查结果（2021年度调查报告将于2022年10月提供）。在全世界因为疫情封锁而行动受限之后，此项调查首次揭示了新冠肺炎对乐器制造商及其业务的影响。为了防止病毒传播，各个学校的音乐教育活动几乎全都戛然而止，因而对管乐器的需求也急剧锐减。许多授课的音乐工作室被迫关闭，导致大型键盘乐器的销售随之停滞不前。不过，由于家庭演奏者的需求渐增，原声吉他业务和DAW（数字音频工作站）相关设备的表现十分强劲。

一、电子琴助力行业渡过难关

2020年4月1日至2021年3月31日，日本立式钢琴、三角钢琴和自动钢琴的销售总额为476亿日元（3.655亿美元），再加上数字钢琴的销售额716亿日元（5.513亿美元），使得这一类别成为乐器销售中的最大赢家，占总销售额的46%。原声钢琴、三角钢琴和自动钢琴的日本国内总出货量为9579台，比上一年度减少了25%。同样地，销售金额下降24%至58亿日元（4470万美元）。工厂运营放缓在一定程度上对制造商造成了困扰，但国内总产量并未受到太大影响，与上一年度相比，产量仅下降了9%。相反，海外生产遭受了较大的打击，产量下降了22%。在此期间，在日本国内市场出货方面，立式钢琴为7028架，比上一年度减少21%；三角钢琴为2434架，减少34%；自动钢琴为117架，减少18%。而在出口方面，立式钢琴、三角钢琴和自动钢琴分别略降了12%～18%。

据广泛报道，在全球封锁期间，日本数字钢琴和电子琴的销售量大幅增长，但这些乐器在日本国内的出货情况仍然受到了前述私人音乐工作室停课的影响。数字钢琴在国内市场的出货量增长了6%，达到21万台。这类产品的出口也增长了15%，达到160万台。标准尺寸琴键电子琴的国内出货量下降了6%（24万台），出口量增长了3%（200万台）。小琴键电子琴的出口量增长了1%，达到50万台，但其国内出货量猛增51%，达到15万台。值得注意的是，在2020年，小琴键电子琴的国内出货量和数字钢琴的出口量均大幅增长。小琴键电子琴风靡国内市场，可能是因为一些学校为了防止新冠病毒的传播，购买这些电子琴来代替竖笛和口琴。

二、管乐器下跌34%

日本管乐器的国内出货量和出口量达到204亿日元（41.571亿美元），占总销售额的8%。按价值计算，该类别的总出货量减少了34%（国内出货量减少33%，出口量减少35%）。

新冠肺炎相关限制的不利影响给这一类别带来了沉重的损失，包括学校和音乐工作室对各项音乐活动的自我限制，以及所有类型的音乐比赛均被取消。上述每一个因素都影响了消费者对管乐器的需求。

木管乐器和铜管乐器的国内出货量在单位销量和销售金额方面分别下降了30%和40%以上。其他管乐器也出现了严重的衰退：长笛的单位销量和销售金额均下降23%；单簧管的单位销量减少27%，销售金额减少39%；萨克斯的单位销量下降25%，销售金额下降36%；小号和短号的单位销量减少39%，销售金额减少43%；长号的单位销量和销售金额均下降47%。单簧管的出口量降幅最大，单位销量减少47%，销售金额减少49%。其他乐器的出口也有所下降：长笛的单位销量减少47%，销售金额减少39%；萨克斯的单位销量下降23%，销售金额下降26%；小号和短号的单位销量减少34%，销售金额减少39%；长号的单位销量下降34%，销售金额下降40%。总的来说，木管乐器和铜管乐器的出口在单位销量和销售金额方面分别减少了38%和33%。

小提琴、中提琴、大提琴、低音提琴和电子小提琴等弦乐乐器的产量及国内出货量都有所增加，这表明它们没有受到疫情的严重影响。这些乐器的出口在单位销量方面增长了37%，但在销售金额方面下降了4%。调查期间，消费者对该类别中入门级廉价款式的需求激增，国内出货量的单位销量增加了一倍多（234%），但销售金额下降了17%。

三、架子鼓和电子鼓业绩见涨

打击乐器的国内出货量及出口量增长14%，达到205亿日元（1.579亿美元）。出口方面，架子鼓的单位销量增长了36%，销售金额增长了50%，而单鼓的单位销量则增长了18%，但销售金额下降了7%。

打击乐器配件增长了近三成。鼓棒和鼓槌的出口单位销量增加了两倍，销售金额增加了51%。架子鼓的国内出货量以单位销量计算增加了12%，但以销售金额计算减少了2%。箱鼓也大幅增长：单位销量增长15%，销售金额增长9%。

传统而言，行军鼓在出口总额中所占比例更大，但去年它们的单位销量和销售金额均下降了52%。其国内出货量也分别下降了27%（单位销量）和29%（销售金额）。

阻碍管乐器出货的情况也同样对该类别产生了影响。台式木琴的出口单位销量和销售金额均下滑47%。相反，其国内出货量以单位销量计算增加了73%，以销售金额计算增加了44%，这表明可能有更多的学校在乐团合奏音乐中购买了这些乐器（在面对新冠病毒的威胁时，它们可能要比呼吸控制乐器“更加安全”）。受到自我隔离期间需求强劲的支持，国内电子架子鼓的出货量增长了36%，销售金额增长了47%。出口方面，单位销量增长24%，销售金额增长40%，为这一类别的优异成绩做出了重大贡献。

四、原声吉他国内出货量稳定

吉他和相关产品（包括原声吉他、电声吉他、电吉他和贝斯、音箱、效果踏板、调谐器和琴弦）的日本国内出货及出口额为404亿日元（3.111亿美元），占总销售额的15%。尽管封锁期间需求有所增加，但原声吉他的出口仅略有增长，其国内出货量则在单位销量和销售金额方面分别增长29%与22%。电声吉他的出口单位销量增长了38%，销售金额增长了22%，其国内出货量也如出一辙，单位销量增长23%，销售金额增长8%。

我们很难了解去年电吉他的出口情况。去年的国内出货量和出口数据无法进行比较，因为它们与前年的结果并无关联。去年，日本出口了42万把电吉他，增长了332%，销售金额79亿日元（6080万美元），增长了267%。另一方面，其国内出货总量为49000台，下降31%，销售金额为35亿日元（2690万美元），下降35%。音箱和琴弦的出口和国内出货之间则没有出现这种不平衡的现象。音箱以及吉他琴弦和贝斯琴弦的出口分别增长了29%和592%，而这些产品的国内出货量则分别增长了5%和15%。这表明参与调查的制造商提交了不正确的报告，与市场趋势的任何变化背道而驰。另一种可能的解释是，参与调查的制造商数量有所减少。

五、封锁使竖笛遭受重创

包括口琴、口风琴、手风琴、竖笛、陶笛和大正琴在内的各种乐器的国内出货量在单位销量和销售金额方面均下降了10%。竖笛的单位销量减少14%，销售金额减少20%。这是因为在新冠疫情期间，各个学校都不建议在教室里使用该乐器。同样地，口琴的单位销量和销售金额也分别下降了28%和19%。

然而，该类别也有一些亮点。口风琴的国内出货量仅略显疲势，单位销量下降2%，销售金额下降3%。陶笛的单位销量增加了12%，销售金额增加了5%（这可能是由于该乐器引起了许多成年人的关注和兴趣）。

六、键盘合成器出口增加

键盘合成器和其他数字乐器的总出货量在单位销量方面下降了3%，销售金额则下降了18%。但键盘合成器的出口实现了健康增长，单位销量增加6%，而其他数字乐器的单位销量减少了5%。这两类产品的国内出货量以单位销量计算分别下降了6%和22%，以销售金额计算则分别下降了18%和11%。

在2019年的调查中，这两个类别都取得了非常骄人的成果：尽管海外产量水平极低，其国内产量比上一年度增长了8倍至50倍（视具体项目而定）。自2020年以来，海外和国内生产均已恢复至2018年调查的总体水平（可能有些制造商在2019年调查中报告了错误的数据）。

七、有线麦克风显著增加

相关数字表明，在封锁期间，对DAW、在线音乐课程麦克风以及新混音器和接口的购买需求明显增加。有线麦克风的国内出货量在单位销量方面增长了1684%，销售金额增长了324%。混音器（单位销量增加222%，销售金额增加139%）、声卡和相关硬件（单位销量增加129%，销售金额增加146%）也都出现了类似的可喜状况。2020年，便携式录音设备大幅下降，这可能反映出我们缺少来自一些有影响力制造商的相关报告。

八、进出口强劲增长

日本财务省海关局的统计数据显示，2021年日本乐器、零部件和配件的出口增长了25%，达到756亿日元（5.821亿美元）。除弦乐器外，所有类别的销售金额均有所增长，但是弓弦乐器、簧乐器、其他木管乐器和铜管乐器、音乐盒以及其他乐器的零部件和配件的单位销量则分别出现不同程度的下降。立式钢琴和三角钢琴的出口（占总出口的最大份额）略增3.6%，达到130202台，但销售金额增长28%，达到410亿日元（3157亿美元）。此外，原声吉他、鼓以及带键盘的电动和电子乐器的出口销售金额分别增长23%、31%和31%。同样地，电吉他、钢琴零部件及配件也分别增加了40%和39%。

以下主要产品线的进口在销售金额方面均有所增加，这反映出全球市场正在从疫情中实现复苏：立式钢琴（35%）、三角钢琴（23%）、弓弦乐器（159%）、其他木管乐器和铜管乐器（20%）、带键盘的电动和电子乐器（26%）、钢琴零部件及配件（34%）。（撰文：日本音乐贸易杂志总监*Shuncho Mori*）

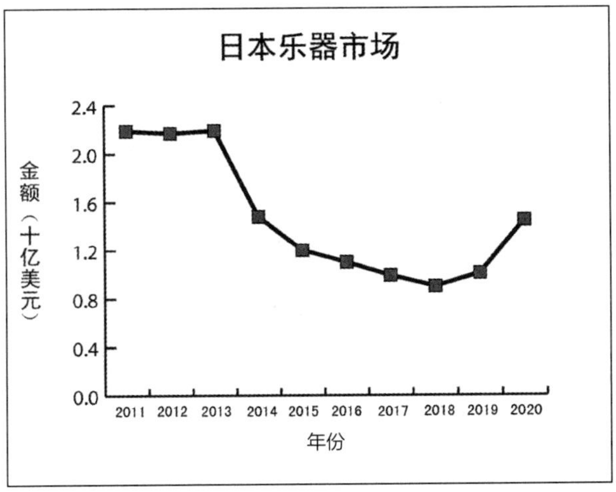

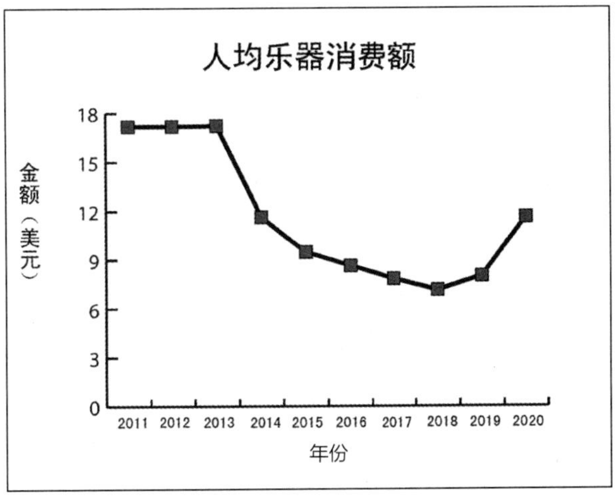

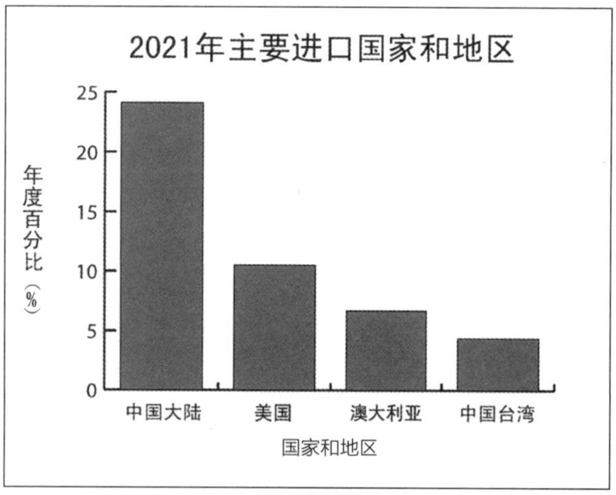
2021年主要进口国家和地区
年度百分比（%）
25
20
15
10
5
0
中国大陆
美国
澳大利亚
中国台湾
国家和地区

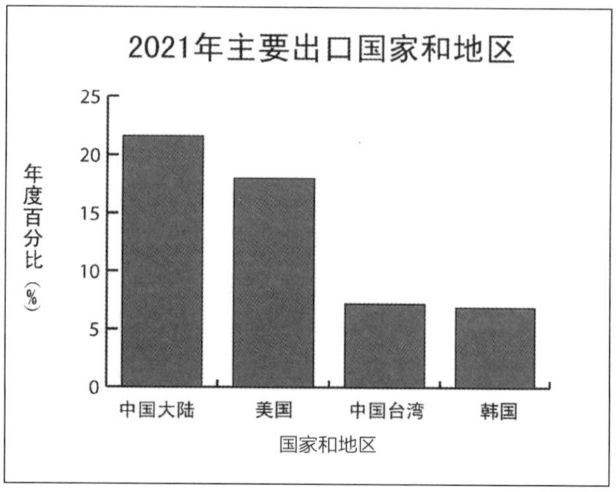
2021年主要出口国家和地区
年度百分比（%）
25
20
15
10
5
0
中国大陆
美国
中国台湾
韩国
国家和地区

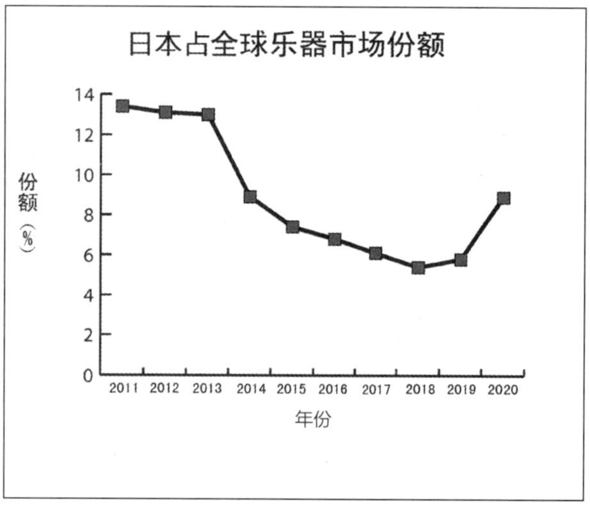
日本占全球乐器市场份额
份额（%）
14
12
10
8
6
4
2
0
2011
2012
2013
2014
2015
2016
2017
2018
2019
2020
年份

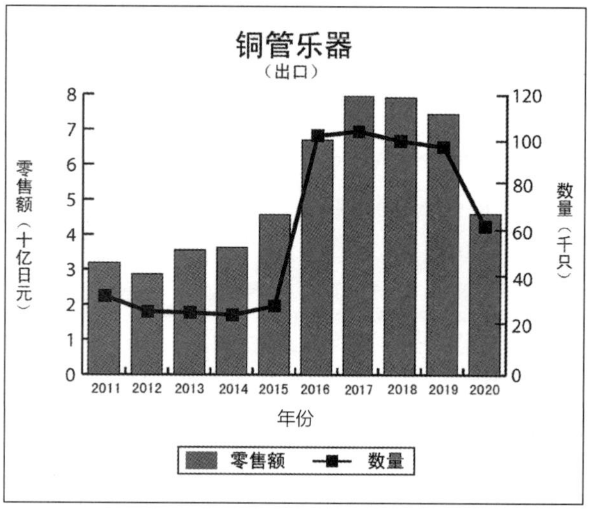
铜管乐器
（出口）
零售额（十亿日元）
数量（千只）
8
7
6
5
4
3
2
1
0
120
100
80
60
40
20
0
2011
2012
2013
2014
2015
2016
2017
2018
2019
2020
年份
零售额
数量

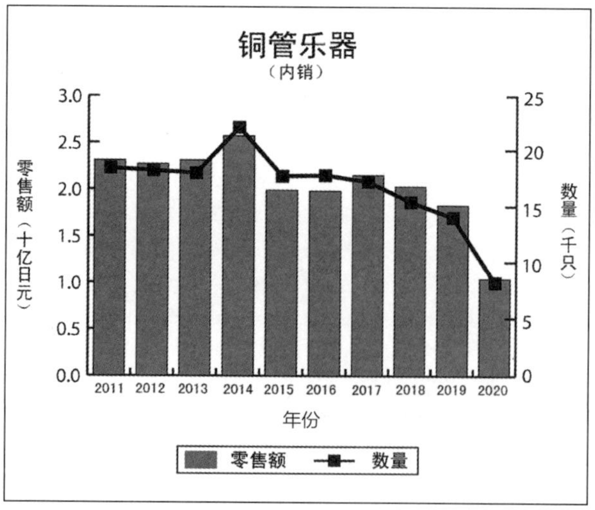
铜管乐器
（内销）
零售额（十亿日元）
数量（千只）
3.0
2.5
2.0
1.5
1.0
0.5
0.0
25
20
15
10
5
0
2011
2012
2013
2014
2015
2016
2017
2018
2019
2020
年份
零售额
数量

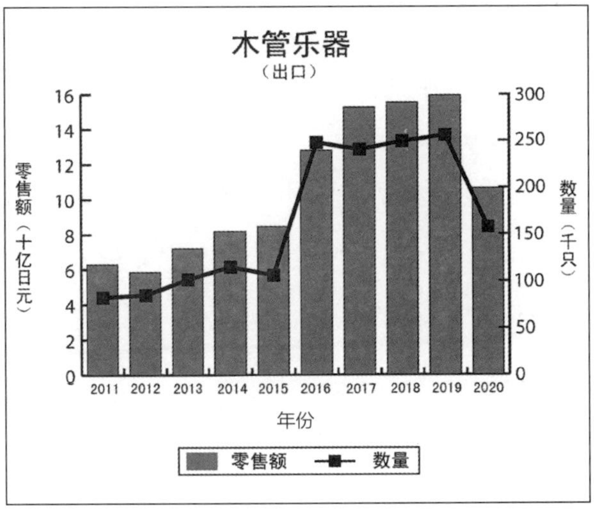
木管乐器
（出口）
零售额（十亿日元）
数量（千只）
年份
零售额
数量

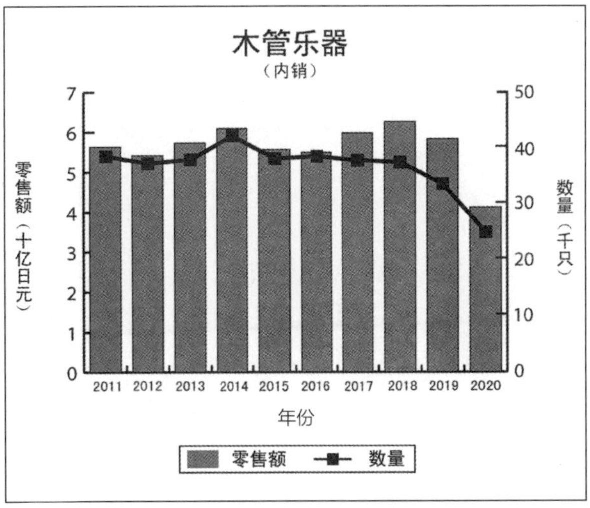
木管乐器
（内销）
零售额（十亿日元）
数量（千只）
年份
零售额
数量

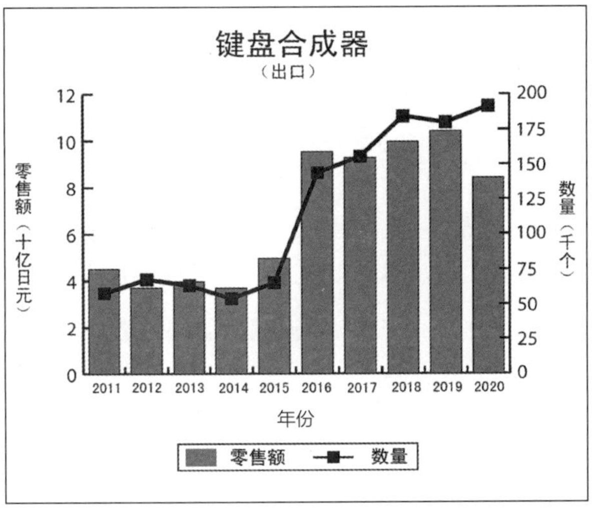
键盘合成器
（出口）
零售额（十亿日元）
数量（千个）
年份
零售额
数量

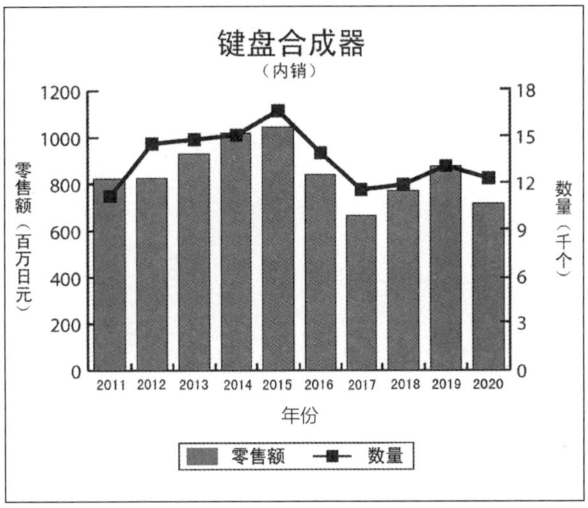
键盘合成器
（内销）
零售额（百万日元）
数量（千个）
年份
零售额
数量

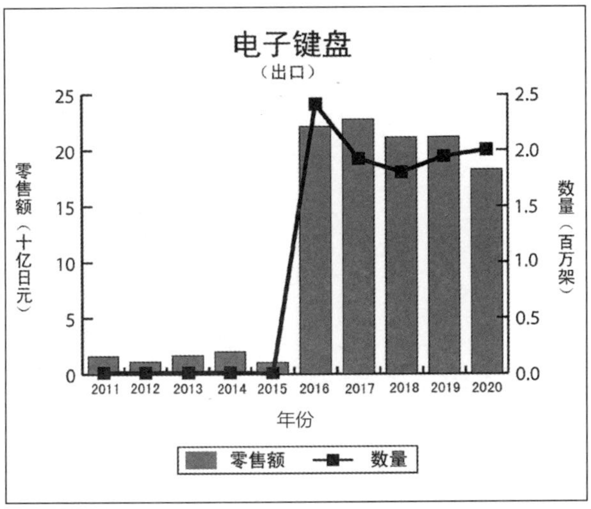
电子键盘
（出口）
零售额（十亿日元）
数量（百万架）
年份
零售额
数量

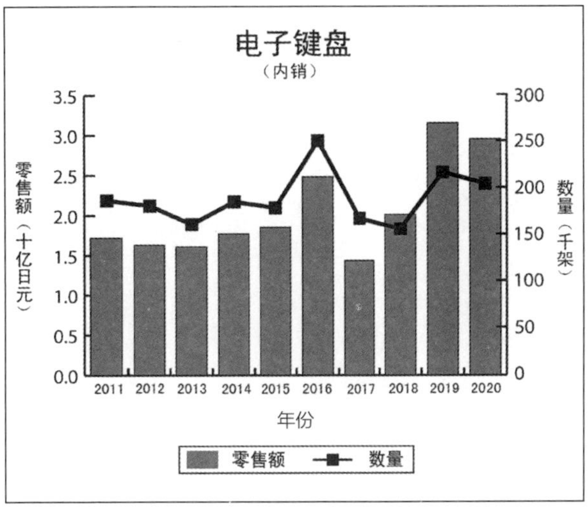
电子键盘
（内销）
零售额（十亿日元）
数量（千架）
年份
零售额
数量

电子管风琴
（出口）
零售额（百万日元）
数量（千架）
年份
零售额
数量

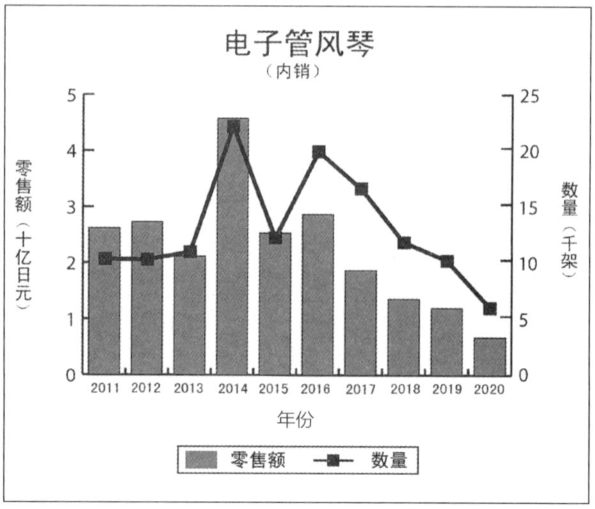
电子管风琴
（内销）
零售额（十亿日元）
数量（千架）
年份
零售额
数量

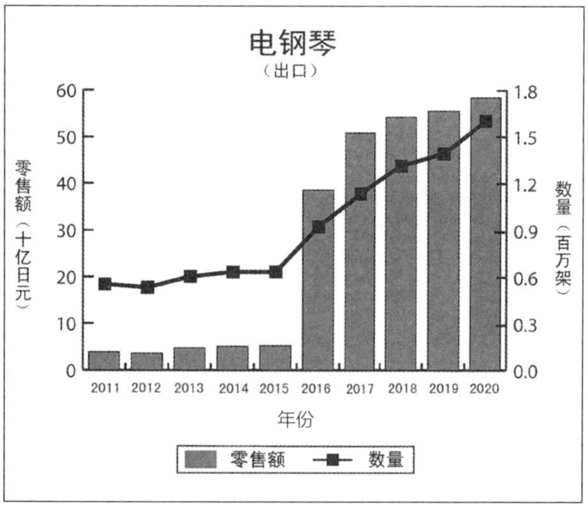
电钢琴
（出口）
零售额（十亿日元）
数量（百万架）
年份
零售额
数量

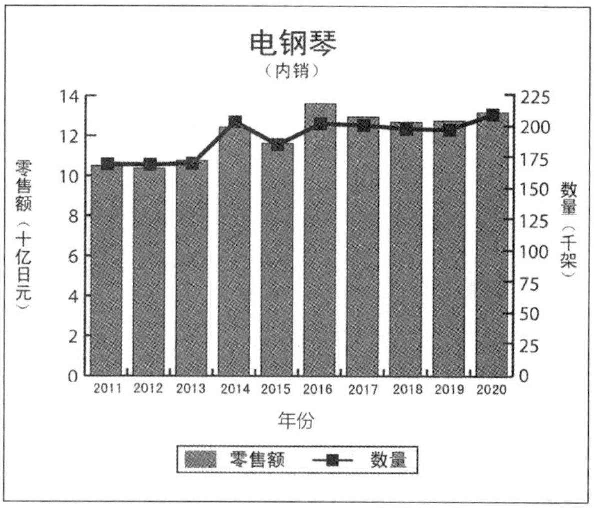
电钢琴
（内销）
零售额（十亿日元）
数量（千架）
年份
零售额
数量

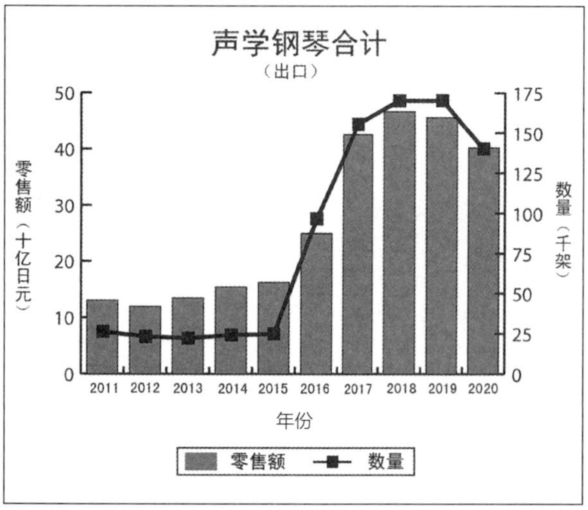
声学钢琴合计
（出口）
零售额（十亿日元）
数量（千架）
年份
零售额
数量

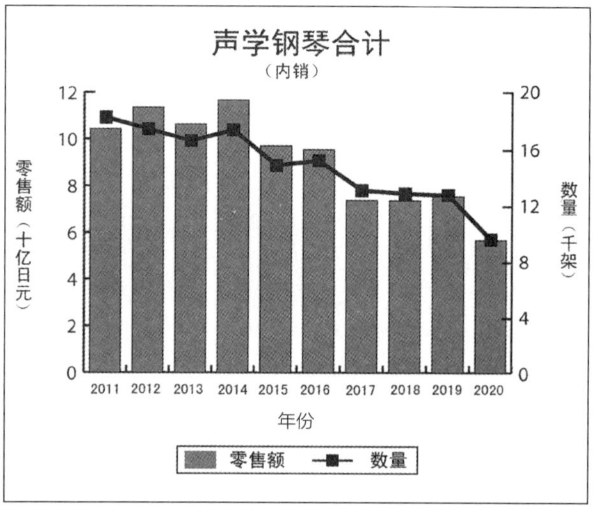
声学钢琴合计
（内销）
零售额（十亿日元）
数量（千架）
年份
零售额
数量

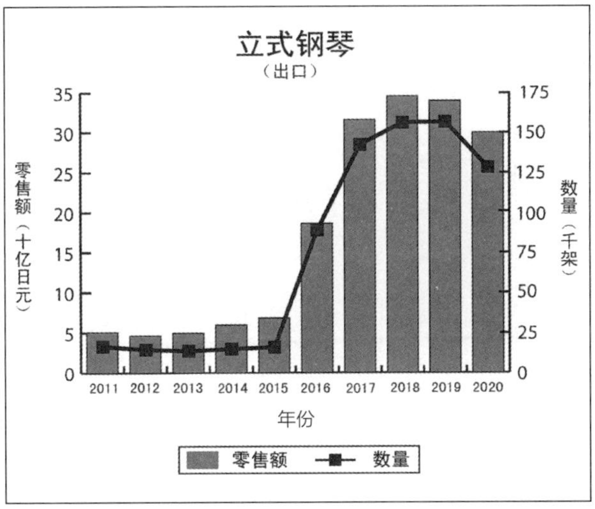
立式钢琴
（出口）
零售额（十亿日元）
数量（千架）
35
30
25
20
15
10
5
0
175
150
125
100
75
50
25
0
2011 2012 2013 2014 2015 2016 2017 2018 2019 2020
年份
零售额 数量

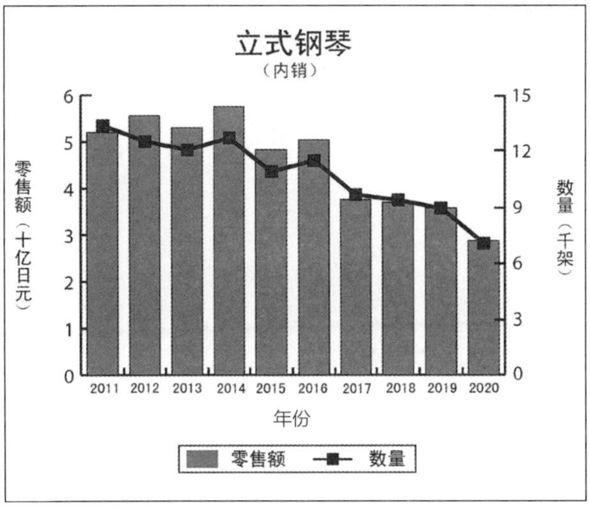
立式钢琴
（内销）
零售额（十亿日元）
数量（千架）
6
5
4
3
2
1
0
15
12
9
6
3
0
2011 2012 2013 2014 2015 2016 2017 2018 2019 2020
年份
零售额 数量

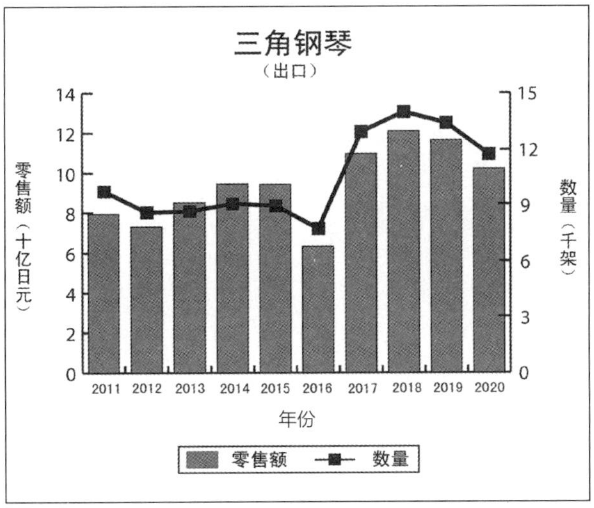
三角钢琴
（出口）
零售额（十亿日元）
数量（千架）
14
12
10
8
6
4
2
0
15
12
9
6
3
0
2011 2012 2013 2014 2015 2016 2017 2018 2019 2020
年份
零售额 数量

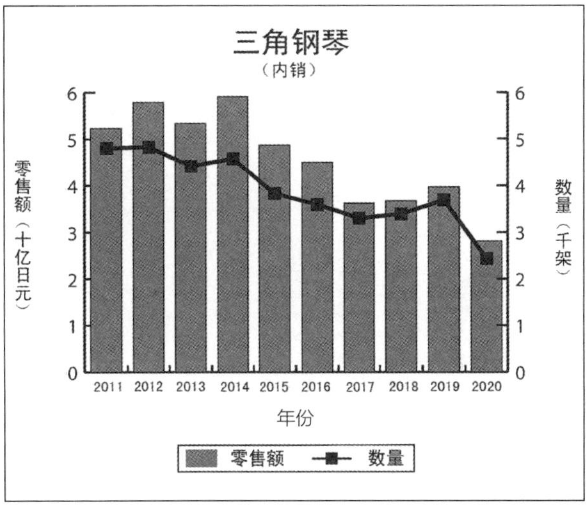
三角钢琴
（内销）
零售额（十亿日元）
数量（千架）
6
5
4
3
2
1
0
6
5
4
3
2
1
0
2011 2012 2013 2014 2015 2016 2017 2018 2019 2020
年份
零售额 数量

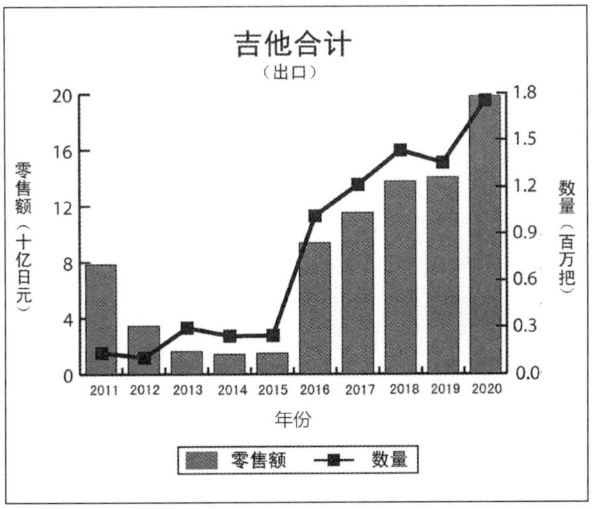
吉他合计
（出口）
零售额（十亿日元）
数量（百万把）
20
16
12
8
4
0
1.8
1.5
1.2
0.9
0.6
0.3
0.0
2011 2012 2013 2014 2015 2016 2017 2018 2019 2020
年份
零售额 数量

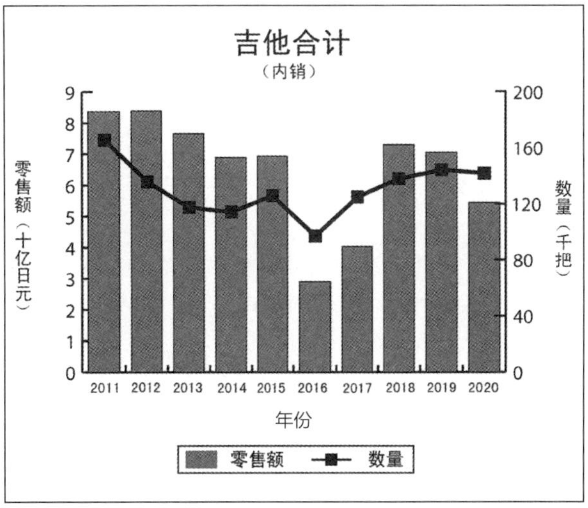
吉他合计
（内销）
零售额（十亿日元）
数量（千把）
9
8
7
6
5
4
3
2
1
0
200
160
120
80
40
0
2011 2012 2013 2014 2015 2016 2017 2018 2019 2020
年份
零售额 数量

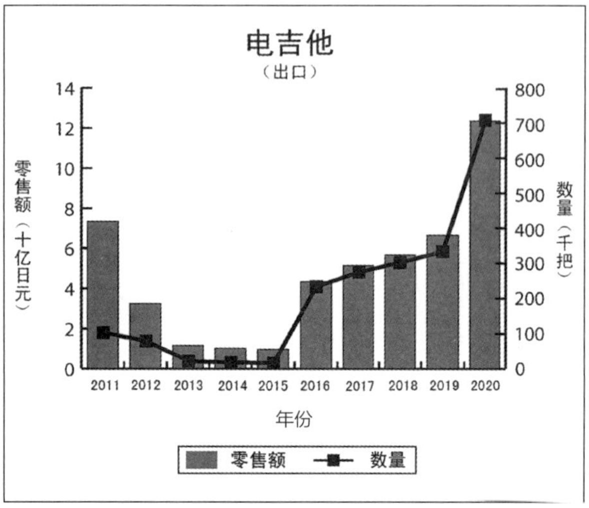

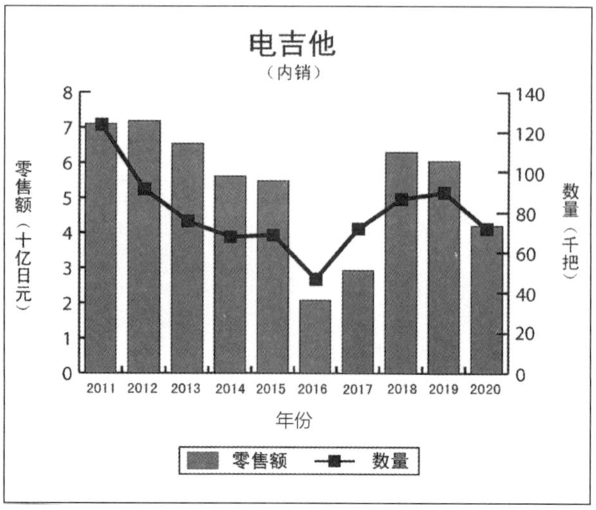

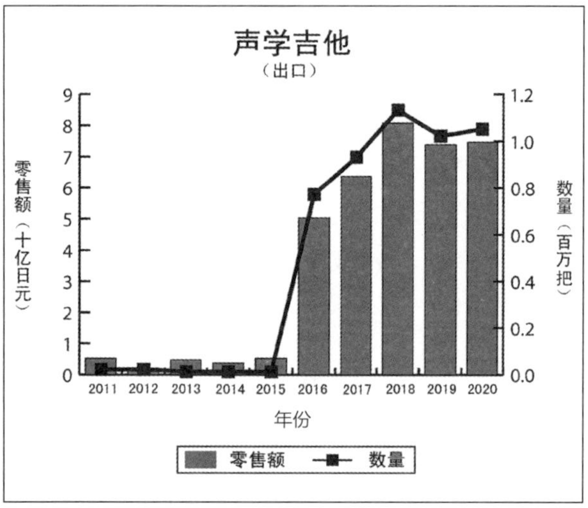

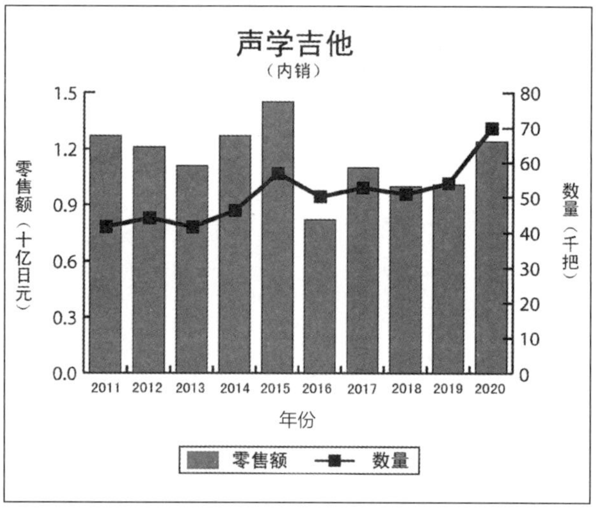

德国

一、销售暴跌局面有所缓和

据2020年增值税统计最新数据，1212家乐器制造商通过产品供应与服务实现营收6.741亿欧元（7.973亿美元）。1401家乐器和音乐产品零售商营收15.147亿欧元（17.9亿美元）。

2021年，拥有20名以上员工的德国乐器制造商共55家，员工人数3840人（同比减少3.9%），实现营收4.537亿欧元（5.366亿美元，同比增加4.2%）。国内销售额总额1.613亿欧元（1.908亿美元），比上年度大幅下降（减少6.8%），但海外销售额增长11.4%至2.924亿欧元（3.458亿美元），弥补了上年度损失。

二、对外贸易再次强劲增长

2021年，德国乐器出口额7.143亿欧元（8.448亿美元），同比增长13%，超过2020年暴跌时以及2019年的水平。尽管新冠疫情仍未结束，但德国乐器进口额7.517亿欧元（8.89亿美元），略高于去年，同比增长8.9%。外贸赤字从5820万欧元（6880万美元）降至3730万欧元（4410万美元）。

三、出口情况概览

德国的乐器出口范围十分广泛，最重要的出口目的地包括美国、法国、中国大陆、英国、瑞士、奥地利、荷兰、波兰、意大利、日本和西班牙。以上国家和地区占德国全部出口的67.2%。

四、进口情况概览

德国所有进口乐器中，75%来自以下五个国家和地区：中国大陆、印度尼西亚、荷兰、美国和日本。需要说明的是，从荷兰进口并未反映出其国内生产情况，荷兰更多的是充当了德国从亚洲进口产品的第三方转口平台。

2021年德国外贸顺差额约1000万欧元（1180万美元）。这一年，从美国进口增长了4.7%，总计6450万欧元（7620万美元），出口额7410万欧元（8740万美元），同比增幅高达27.4%。

2021年，德国从中国大陆进口的乐器数量迅猛攀升，增长11.9%，达到2.388亿欧元（2.814亿美元）。德国对中国大陆的出口达到6410万欧元（7594万美元）。（评注：德国乐器制造商协会（BDMH）会长 温弗莱德）

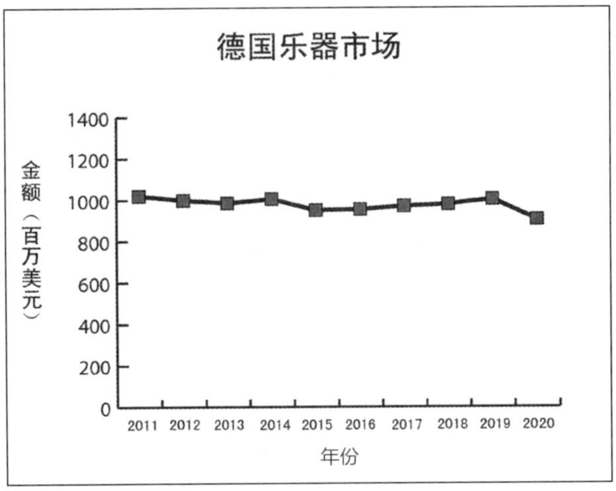

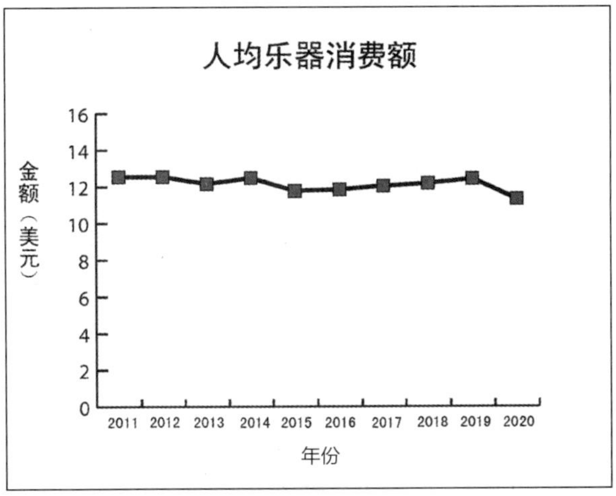

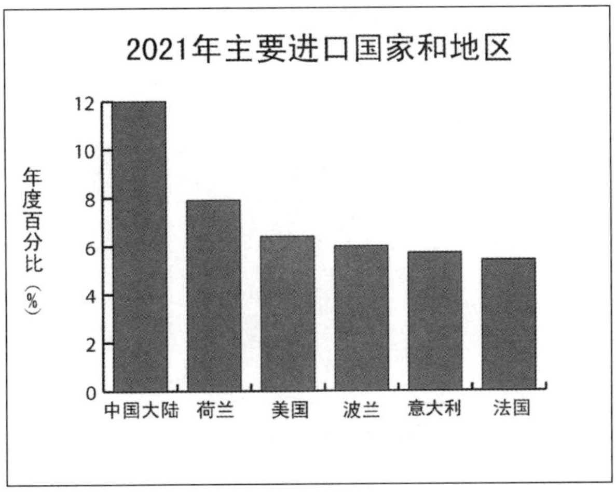

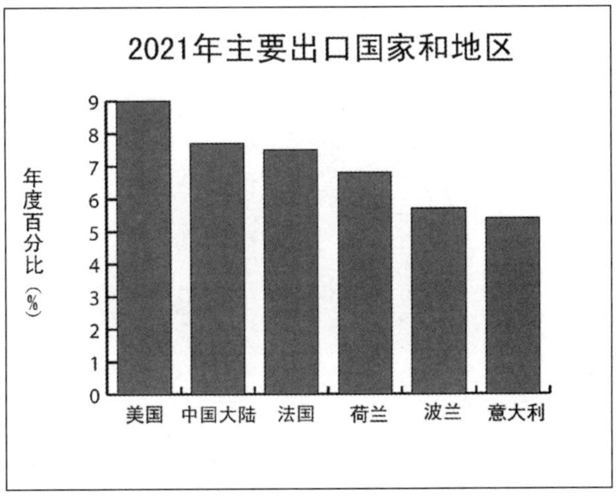

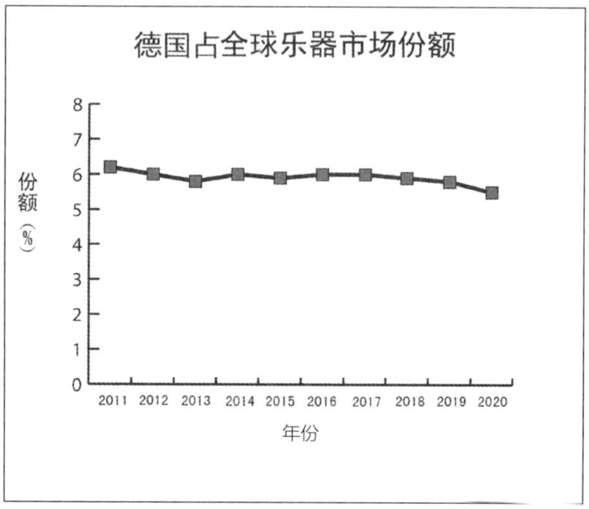
德国占全球乐器市场份额
份额（%）
0
1
2
3
4
5
6
7
8
2011
2012
2013
2014
2015
2016
2017
2018
2019
2020
年份

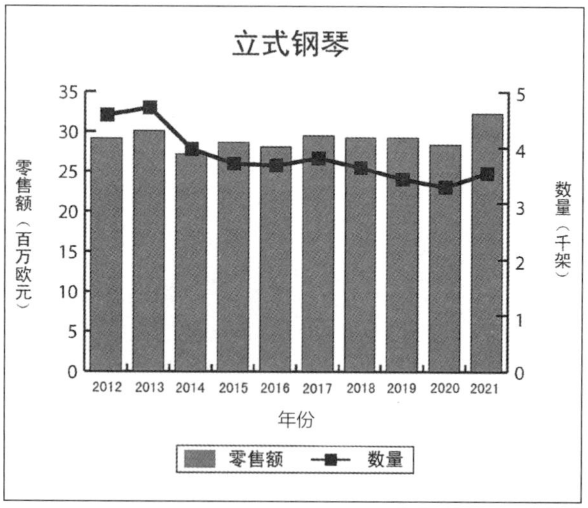
立式钢琴
零售额（百万欧元）
0
5
10
15
20
25
30
35
数量（千架）
0
1
2
3
4
5
2012
2013
2014
2015
2016
2017
2018
2019
2020
2021
年份
零售额
数量

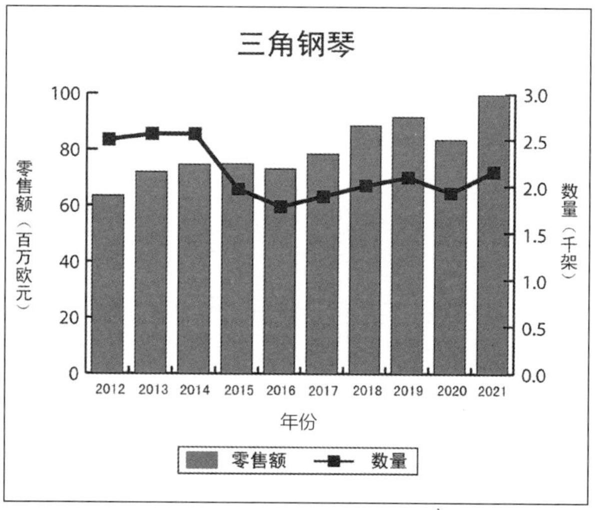
三角钢琴
零售额（百万欧元）
0
20
40
60
80
100
数量（千架）
0.0
0.5
1.0
1.5
2.0
2.5
3.0
2012
2013
2014
2015
2016
2017
2018
2019
2020
2021
年份
零售额
数量

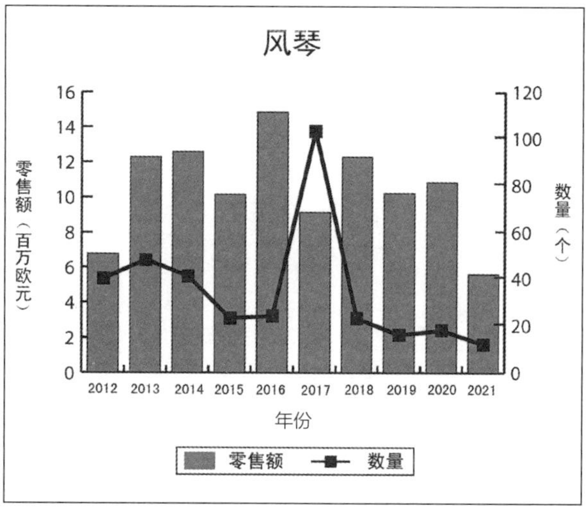
风琴
零售额（百万欧元）
0
2
4
6
8
10
12
14
16
数量（个）
0
20
40
60
80
100
120
2012
2013
2014
2015
2016
2017
2018
2019
2020
2021
年份
零售额
数量

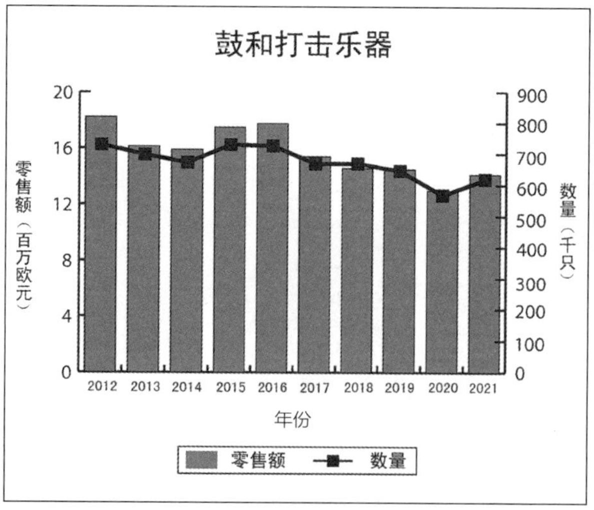
鼓和打击乐器
零售额（百万欧元）
0
4
8
12
16
20
数量（千只）
0
100
200
300
400
500
600
700
800
900
2012
2013
2014
2015
2016
2017
2018
2019
2020
2021
年份
零售额
数量

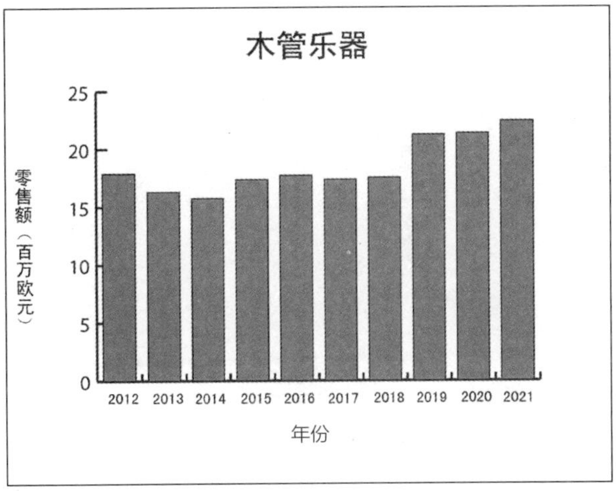
木管乐器
零售额（百万欧元）
0
5
10
15
20
25
2012 2013 2014 2015 2016 2017 2018 2019 2020 2021
年份

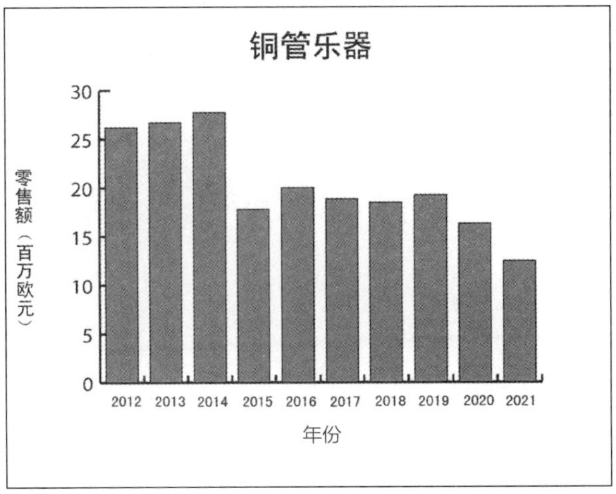
铜管乐器
零售额（百万欧元）
0
5
10
15
20
25
30
2012 2013 2014 2015 2016 2017 2018 2019 2020 2021
年份

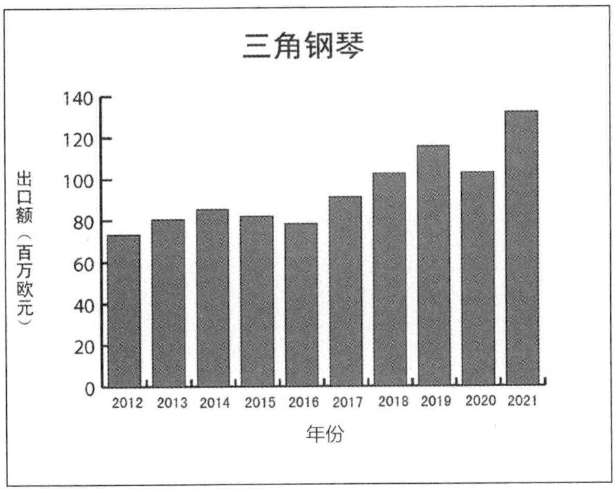
三角钢琴
出口额（百万欧元）
0
20
40
60
80
100
120
140
2012 2013 2014 2015 2016 2017 2018 2019 2020 2021
年份

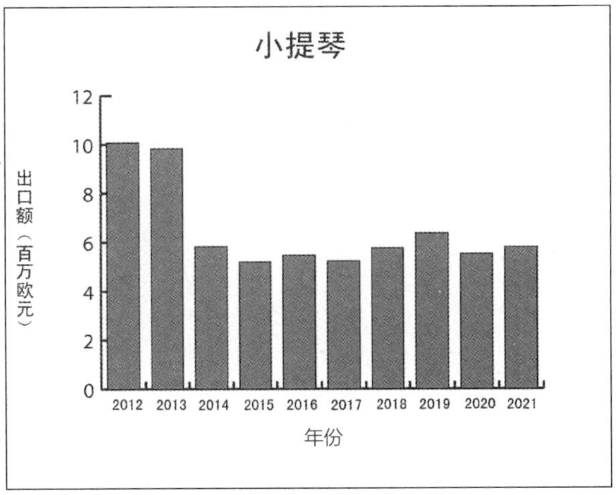
小提琴
出口额（百万欧元）
0
2
4
6
8
10
12
2012 2013 2014 2015 2016 2017 2018 2019 2020 2021
年份

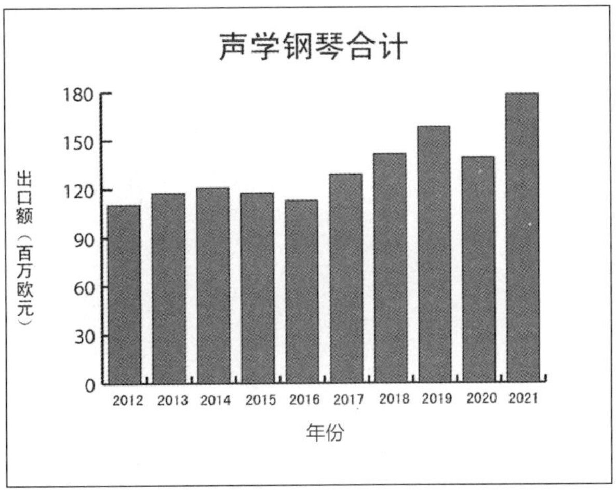
声学钢琴合计
出口额（百万欧元）
0
30
60
90
120
150
180
2012 2013 2014 2015 2016 2017 2018 2019 2020 2021
年份

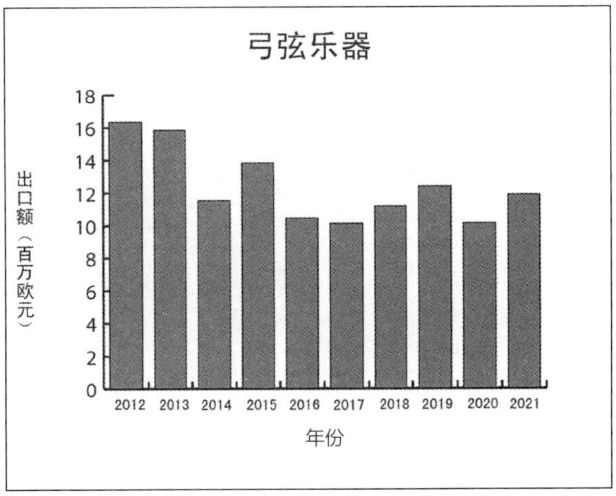
弓弦乐器
出口额（百万欧元）
0
2
4
6
8
10
12
14
16
18
2012 2013 2014 2015 2016 2017 2018 2019 2020 2021
年份

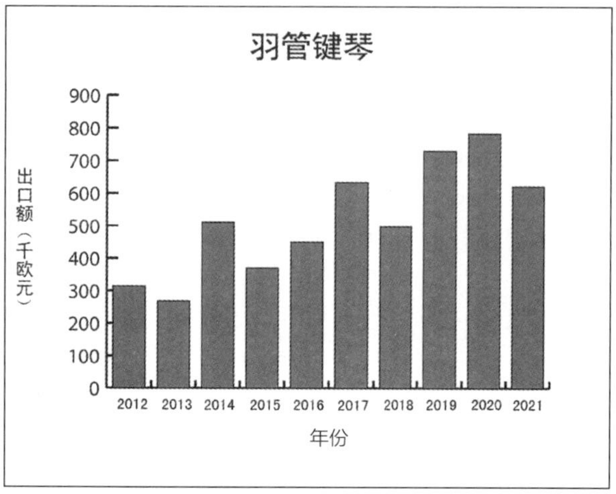
羽管键琴
出口额（千欧元）
900
800
700
600
500
400
300
200
100
0
2012 2013 2014 2015 2016 2017 2018 2019 2020 2021
年份

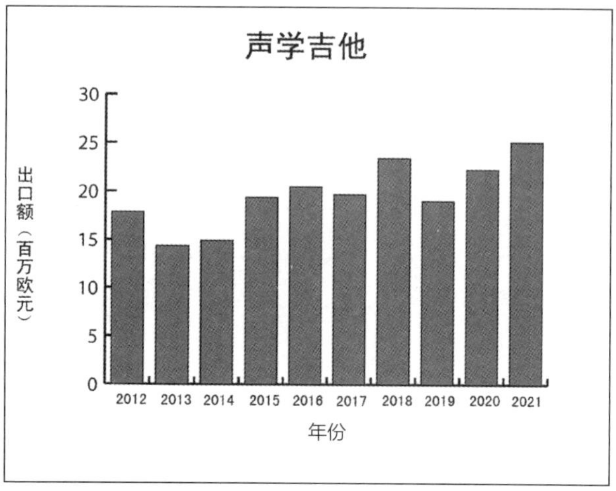
声学吉他
出口额（百万欧元）
30
25
20
15
10
5
0
2012 2013 2014 2015 2016 2017 2018 2019 2020 2021
年份

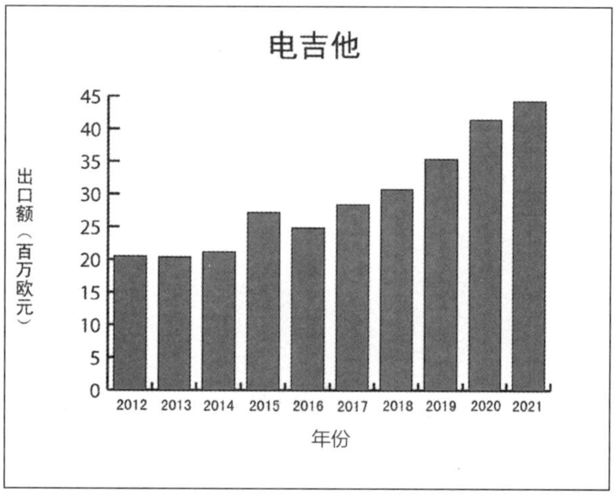
电吉他
出口额（百万欧元）
45
40
35
30
25
20
15
10
5
0
2012 2013 2014 2015 2016 2017 2018 2019 2020 2021
年份

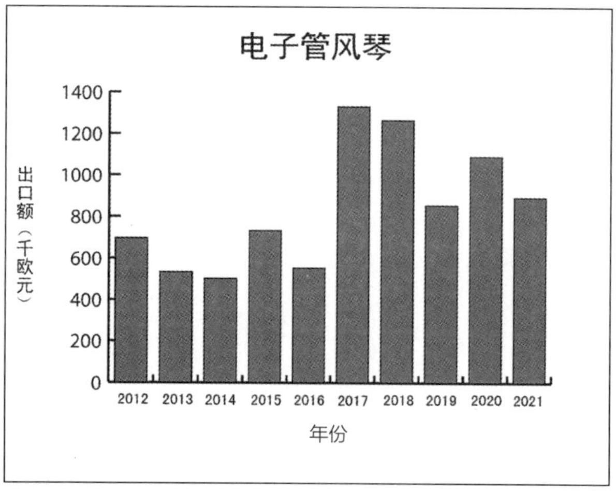
电子管风琴
出口额（千欧元）
1400
1200
1000
800
600
400
200
0
2012 2013 2014 2015 2016 2017 2018 2019 2020 2021
年份

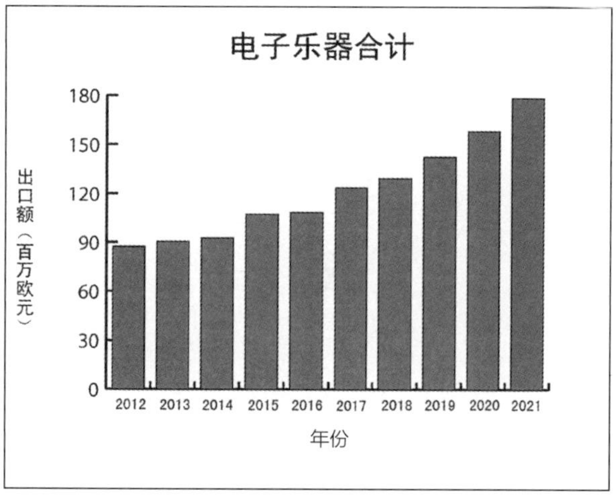
电子乐器合计
出口额（百万欧元）
180
150
120
90
60
30
0
2012 2013 2014 2015 2016 2017 2018 2019 2020 2021
年份

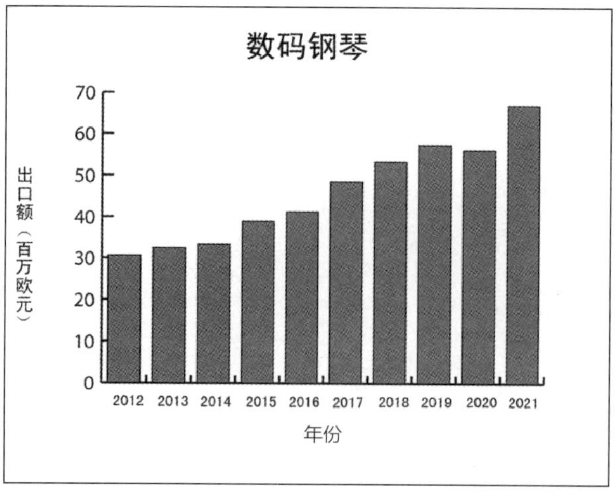
数码钢琴
出口额（百万欧元）
70
60
50
40
30
20
10
0
2012 2013 2014 2015 2016 2017 2018 2019 2020 2021
年份

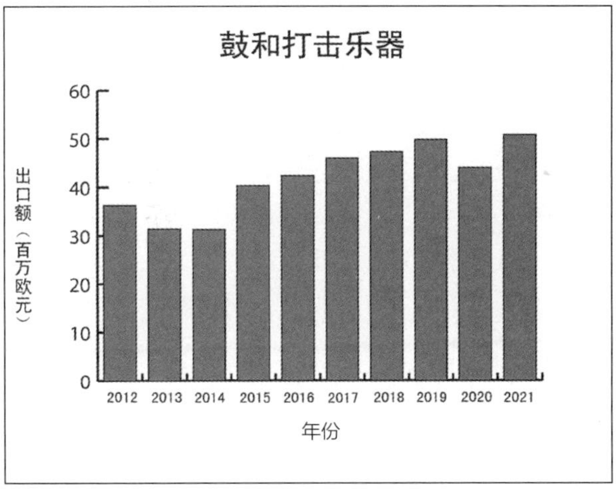
鼓和打击乐器
出口额（百万欧元）
0
10
20
30
40
50
60
2012 2013 2014 2015 2016 2017 2018 2019 2020 2021
年份

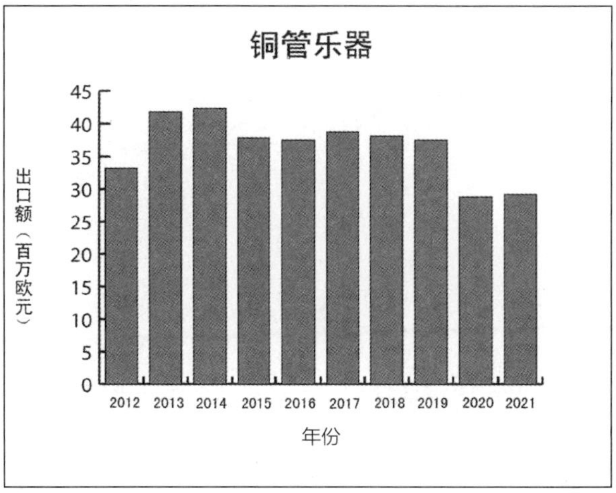
铜管乐器
出口额（百万欧元）
0
5
10
15
20
25
30
35
40
45
2012 2013 2014 2015 2016 2017 2018 2019 2020 2021
年份

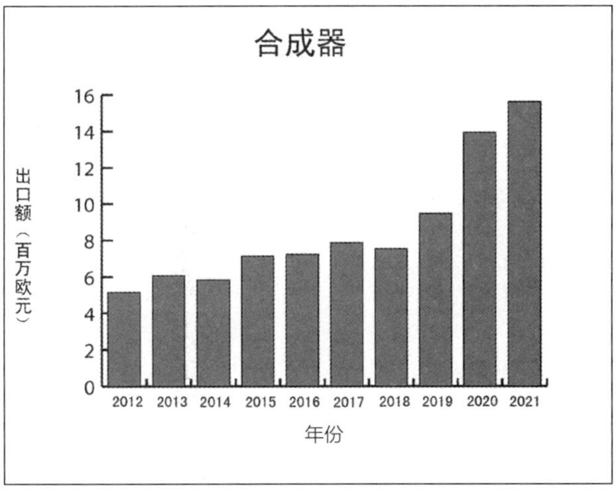
合成器
出口额（百万欧元）
0
2
4
6
8
10
12
14
16
2012 2013 2014 2015 2016 2017 2018 2019 2020 2021
年份

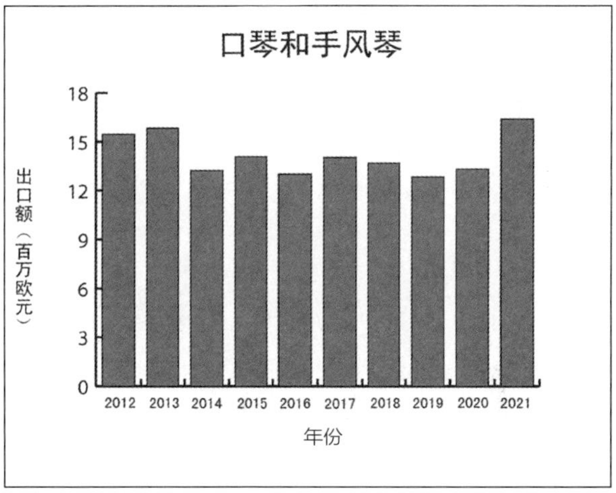
口琴和手风琴
出口额（百万欧元）
0
3
6
9
12
15
18
2012 2013 2014 2015 2016 2017 2018 2019 2020 2021
年份

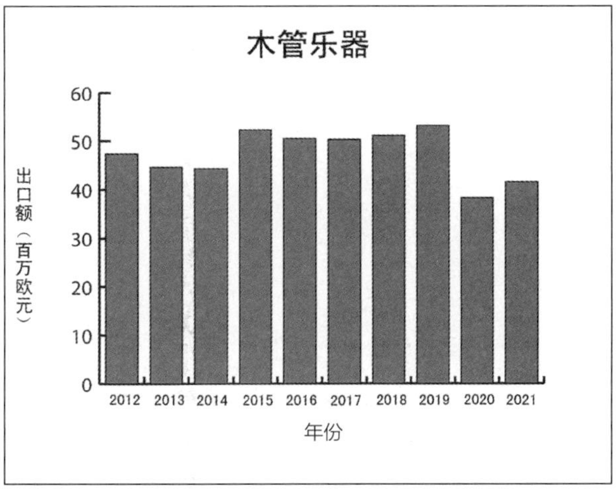
木管乐器
出口额（百万欧元）
0
10
20
30
40
50
60
2012 2013 2014 2015 2016 2017 2018 2019 2020 2021
年份

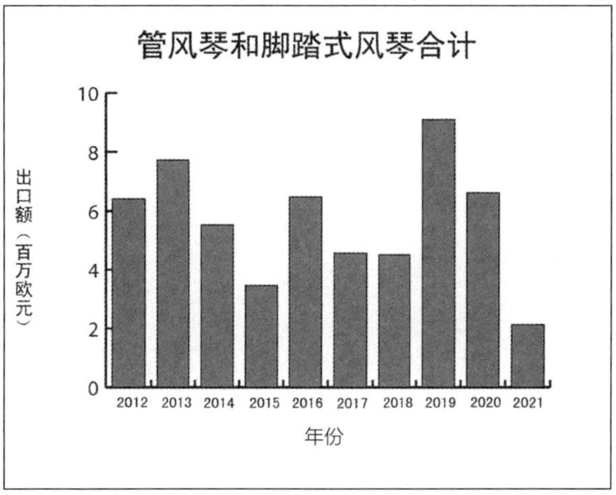
管风琴和脚踏式风琴合计
出口额（百万欧元）
0
2
4
6
8
10
2012 2013 2014 2015 2016 2017 2018 2019 2020 2021
年份

加拿大

加拿大消费者可以通过乐器琴行、音乐学院、百货公司、电子产品零售商、电脑商店、礼品店和电子商务网站选购各种乐器。此类电子商务网站主要位于加拿大和美国，分为独立运营和实体音乐零售商运营两种。在加拿大国内销售的大多数乐器均由美国、中国大陆和欧洲进口，注重创新的加拿大本土乐器制造业基地也在不断壮大。加拿大乐器制造商、经销商、批发商、乐谱出版商、零售商以及音乐教育工作者同为乐器行业供应链上下游相关者，他们均已表达并重申拓展加拿大乐器业务和网络机会的强烈需求。加拿大乐器协会（MIAC）曾每年举办加拿大乐器展和音响技术展，但是自2014年该协会终止之后，加拿大乐器行业再未举行类似活动，行业贸易展会仍处于空白状态。

在相关制造市场，EXPO-SCENE成为加拿大最大的制造行业贸易展览会，其规模也一直稳步扩大。在因疫情中断两年后，该展会于2022年4月重返蒙特利尔。

自加拿大乐器协会终止后，直到新冠疫情暴发之前，加拿大参加美国NAMM国际乐器展和NAMM夏季乐器展的人数稳步增长。纵观过去五年，2016年美国NAMM国际乐器展吸引了2521名加拿大人，到2020年，参加展会的加拿大人达到3100人。参展商方面的情况也颇为类似，2016年有54家加拿大参展商参展，而2020年的展会迎来了68家加拿大参展商。然而，由于受到新冠疫情的影响，在最近的2022年美国NAMM国际乐器展上，只有不到30家加拿大公司参展。

美国NAMM冬季乐器展还特别举办了加拿大招待会，专门面向加拿大乐器和制造领域的专业人士，成为了规模最大的加拿大业内人士年度聚会。

近年来，加拿大乐器供应链的同质化趋势十分普遍。虽然不少精品制造商和经销商在市场上都取得了成功，但许多大中型经销机构及制造商或停止运营，或被大型实体收购，导致运作知名品牌的专业营销琴行乏善可陈。

总的来说，随着越来越多年轻人进入就业市场，加拿大乐器行业的发展日趋多元化；然而，它在很大程度上仍然是一个以男性为主导的行业。此外，加拿大的乐器销售代表绝大多数都已年过50岁，而选择进入并留在该行业的30岁以下的年轻人则相对较少，这种状况甚至十年前就已存在。加拿大开设三家以上门店的乐器琴行数量不断增长。Long & McQuade是加拿大最大的乐器零售连锁琴行，目前在加拿大各地开设了80多家分店。

此外，我们从最近几个月与加拿大乐器零售商的定期访谈和对话中获得一些观察证据，与整个美国乐器行业在疫情期间所反馈的信息不谋而合。也就是说，在零售商看来，用于家庭录音和表演的产品需求都出现了大幅增长，例如USB麦克风和接口，以及吉他、键盘和电子鼓（甚至还有班卓琴和手风琴等小众乐器）。令人高兴的是，根据《加拿大音乐贸易》杂志最近与一些经销商和供应商的对话可以了解到，受疫情限制影响最严重的产品类别的销售情况已经开始反弹，包括PA和其他现场音乐产品以及乐队乐器等等。总体而言，加拿大在取消学校和公共场所的疫情安全限制方面落后于美国四至六个月，因此这些受影响最严重的产品类别的恢复也同样有所延迟。

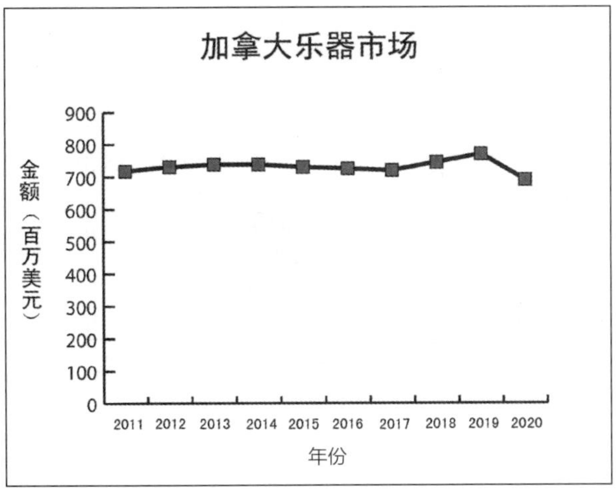
加拿大乐器市场
金额（百万美元）
900
800
700
600
500
400
300
200
100
0
2011 2012 2013 2014 2015 2016 2017 2018 2019 2020
年份

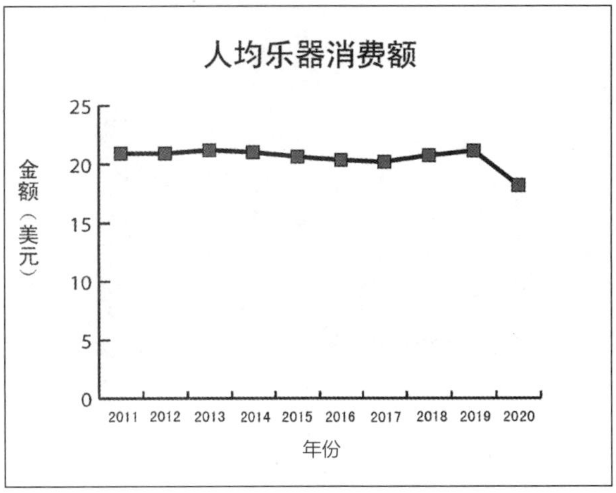
人均乐器消费额
金额（美元）
25
20
15
10
5
0
2011 2012 2013 2014 2015 2016 2017 2018 2019 2020
年份

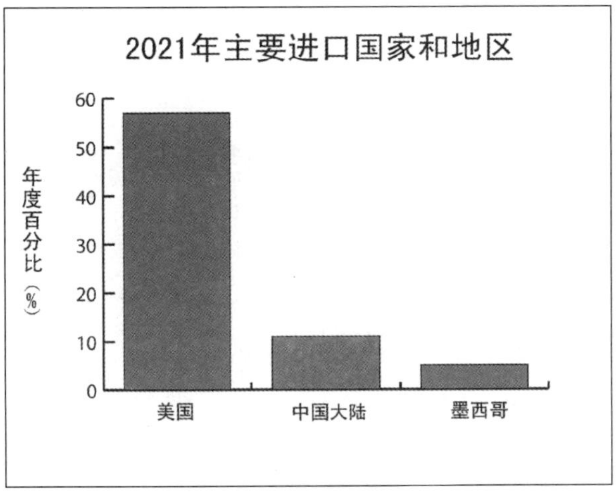
2021年主要进口国家和地区
年度百分比（%）
60
50
40
30
20
10
0
美国
中国大陆
墨西哥

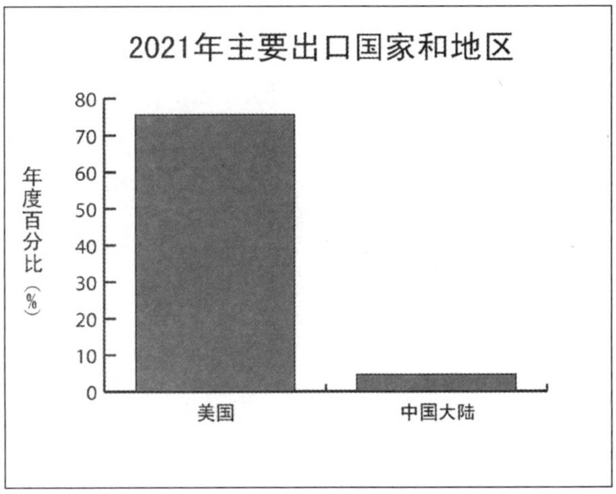
2021年主要出口国家和地区
年度百分比（%）
80
70
60
50
40
30
20
10
0
美国
中国大陆

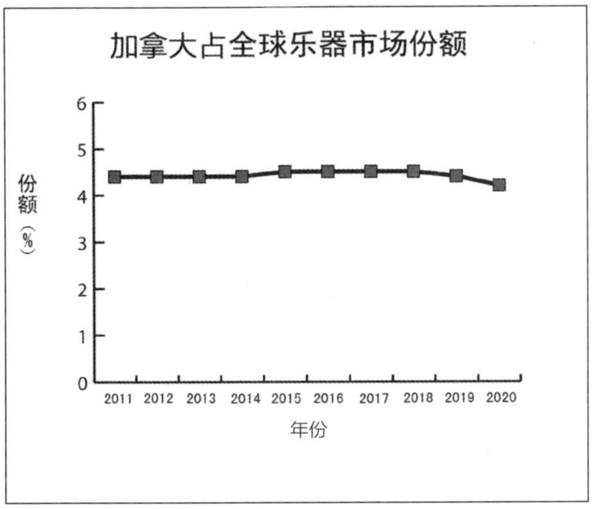
加拿大占全球乐器市场份额
份额（%）
6
5
4
3
2
1
0
2011 2012 2013 2014 2015 2016 2017 2018 2019 2020
年份

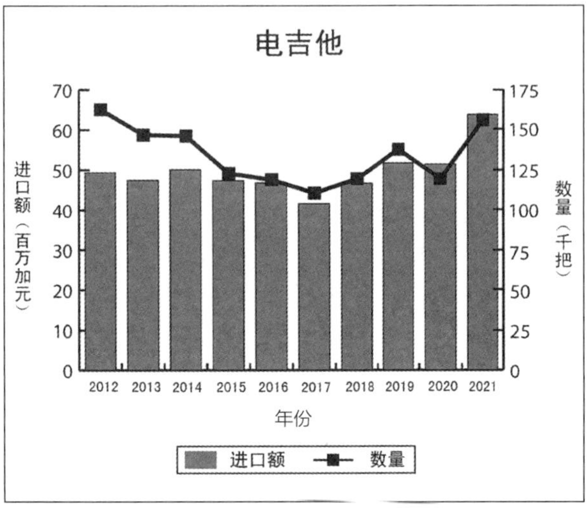
电吉他
进口额（百万加元）
数量（千把）
70
60
50
40
30
20
10
0
175
150
125
100
75
50
25
0
2012 2013 2014 2015 2016 2017 2018 2019 2020 2021
年份
进口额
数量

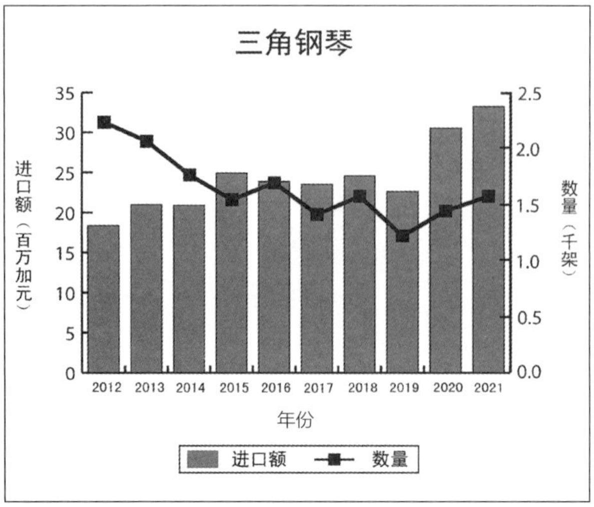
三角钢琴
进口额（百万加元）
数量（千架）
35
30
25
20
15
10
5
0
2.5
2.0
1.5
1.0
0.5
0.0
2012 2013 2014 2015 2016 2017 2018 2019 2020 2021
年份
进口额
数量

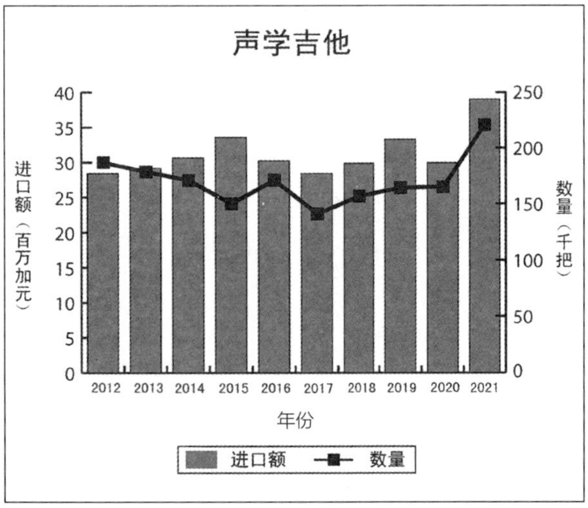
声学吉他
进口额（百万加元）
数量（千把）
40
35
30
25
20
15
10
5
0
250
200
150
100
50
0
2012 2013 2014 2015 2016 2017 2018 2019 2020 2021
年份
进口额
数量

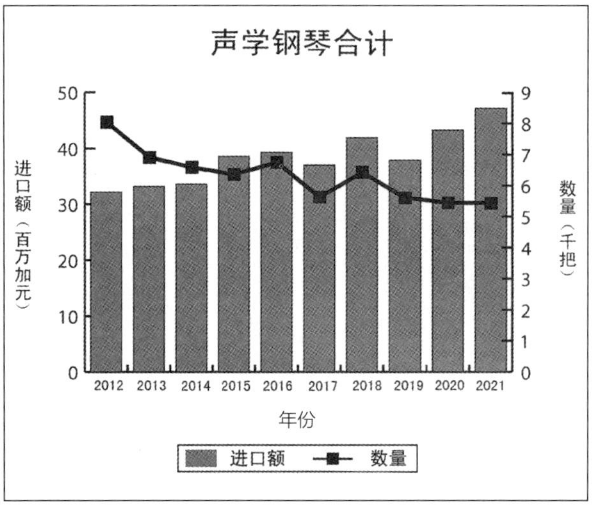
声学钢琴合计
进口额（百万加元）
数量（千把）
50
40
30
20
10
0
9
8
7
6
5
4
3
2
1
0
2012 2013 2014 2015 2016 2017 2018 2019 2020 2021
年份
进口额
数量

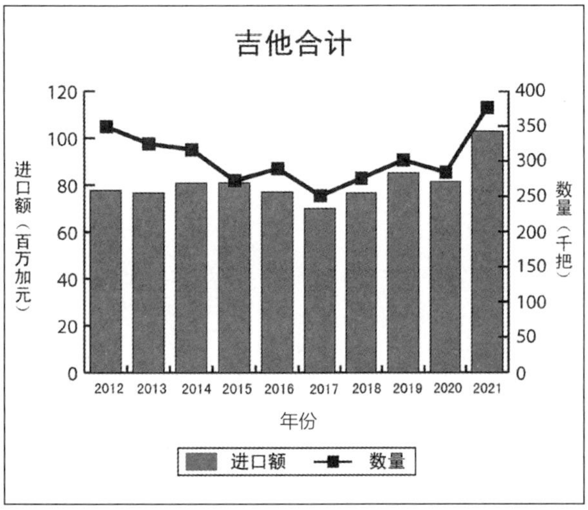
吉他合计
进口额（百万加元）
数量（千把）
120
100
80
60
40
20
0
400
350
300
250
200
150
100
50
0
2012 2013 2014 2015 2016 2017 2018 2019 2020 2021
年份
进口额
数量

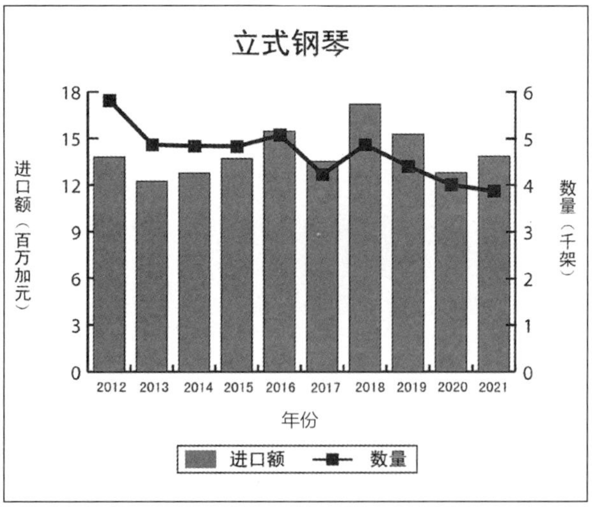
立式钢琴
进口额（百万加元）
数量（千架）
18
15
12
9
6
3
0
6
5
4
3
2
1
0
2012 2013 2014 2015 2016 2017 2018 2019 2020 2021
年份
进口额
数量

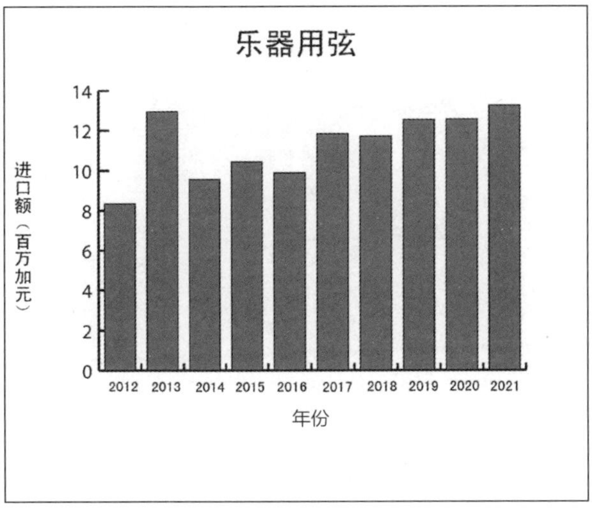
乐器用弦
进口额（百万加元）
14
12
10
8
6
4
2
0
2012 2013 2014 2015 2016 2017 2018 2019 2020 2021
年份

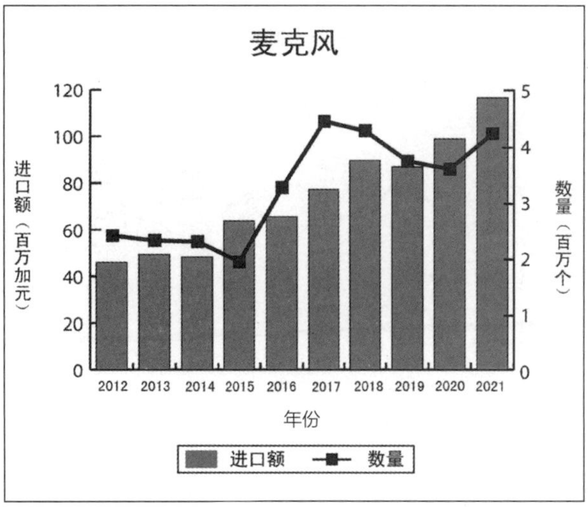
麦克风
进口额（百万加元）
数量（百万个）
年份
进口额
数量

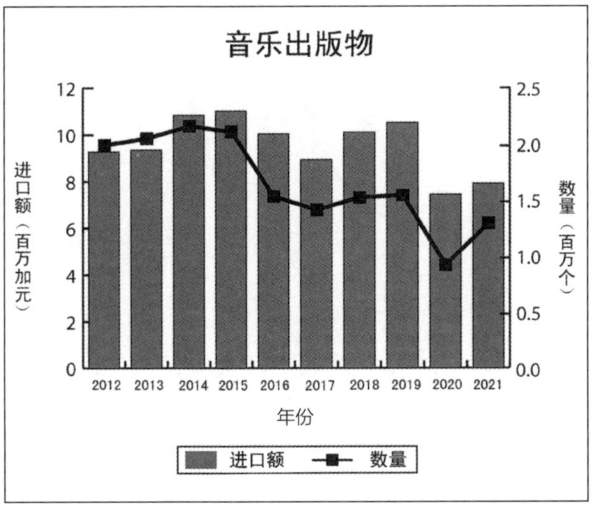
音乐出版物
进口额（百万加元）
数量（百万个）
年份
进口额
数量

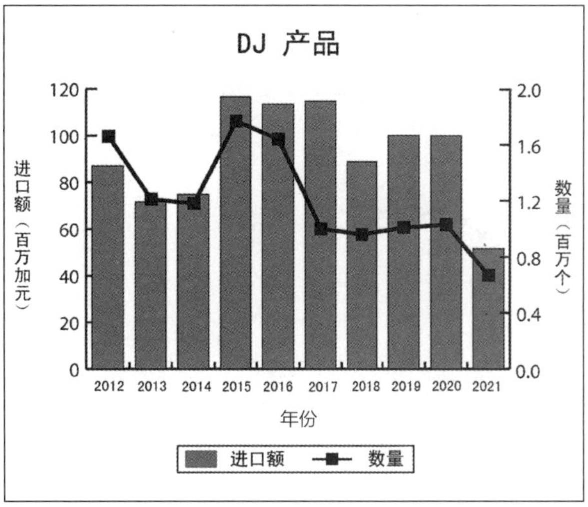
DJ 产品
进口额（百万加元）
数量（百万个）
年份
进口额
数量

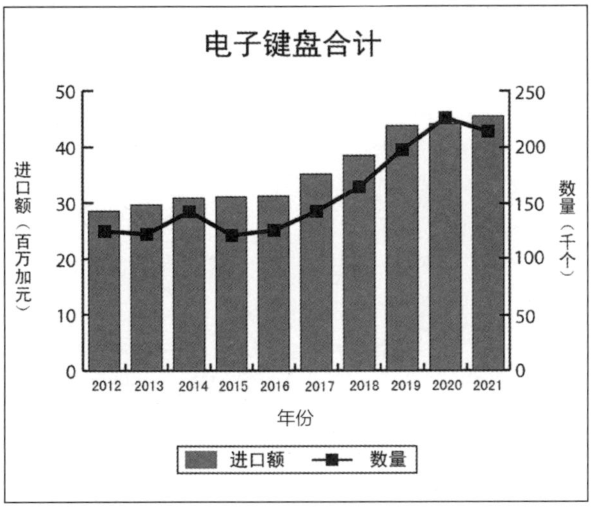
电子键盘合计
进口额（百万加元）
数量（千个）
年份
进口额
数量

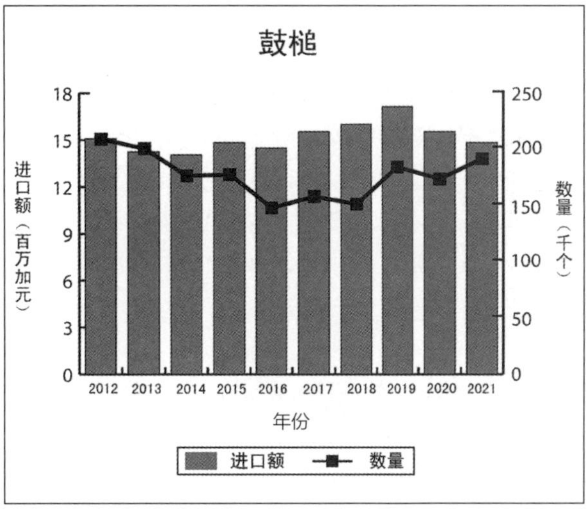
鼓槌
进口额（百万加元）
数量（千个）
年份
进口额
数量

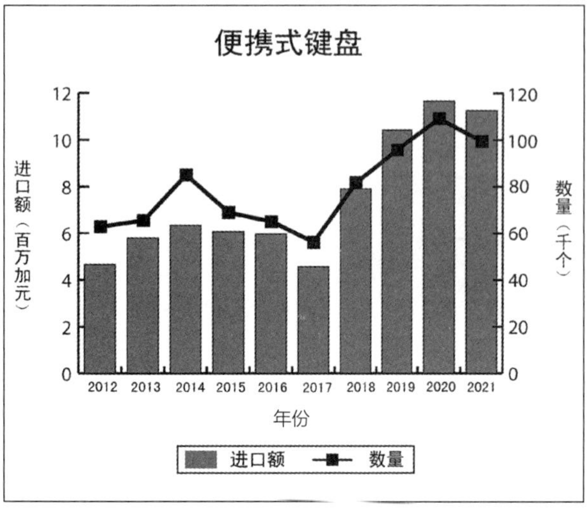

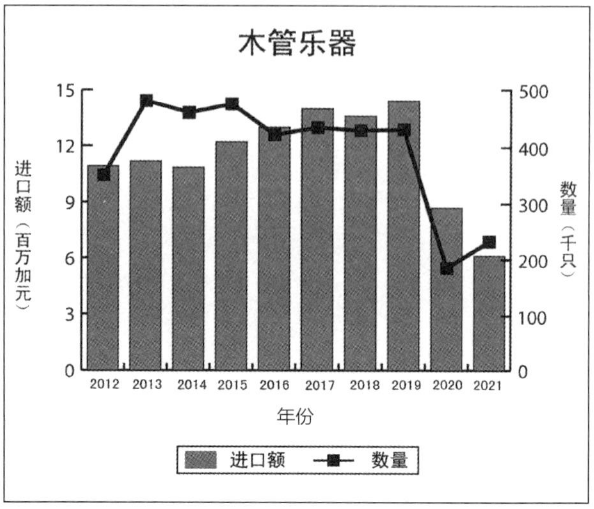

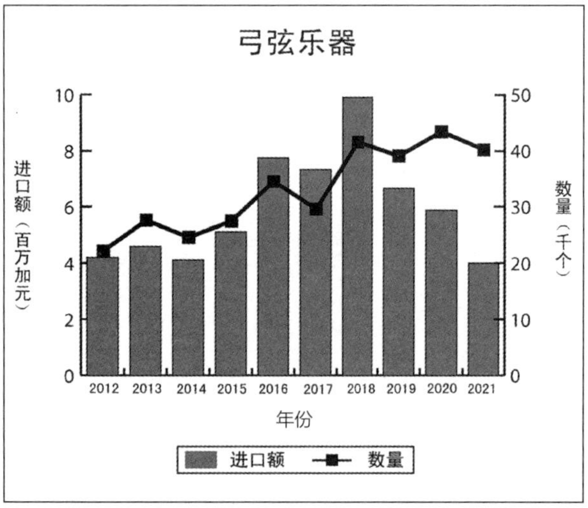

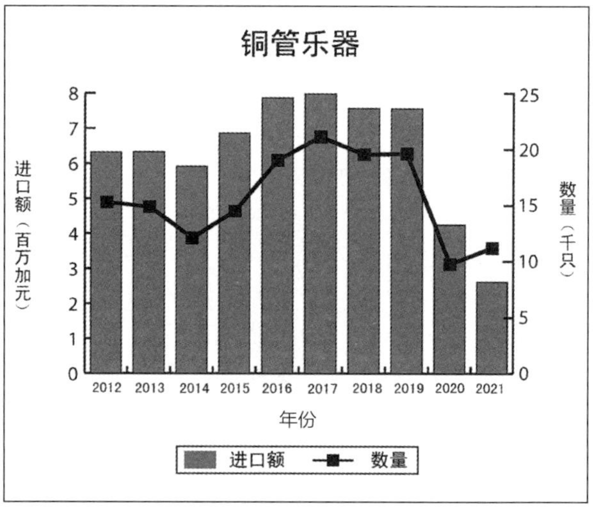

澳大利亚

2021年是新冠疫情席卷全球的第二年。本报告中的音乐产品进口数据就反映了疫情所带来的一些异常影响。供应紧张问题持续笼罩整个行业。2021年一整年里，我们见证了吉他出货量的增加和学校乐队乐器需求的减少，这些情况的出现都与疫情息息相关。

2021年ABS进口统计数据显示，整体音乐产品市场有所提升，与2020年相比，销售金额增长了6.76%，销量增长了8.73%。行业进口额再次攀升至超过3.5亿澳元（2.415亿美元）的历史新高。消费者信心指数在2020年降至98.2的低点之后触底反弹，2021全年保持在100的长期平均水平之上。整个疫情期间（包括2021全年），澳大利亚的消费者信心指数自2014年以来首次保持在经合组织平均水平之上，四月时达到101.5，十二月回调至100.3。年初零售额相对持平，一月份增长0.3%，二月份下降0.8%。在新冠病毒德尔塔变异毒株传播的最初几个月，出现更大幅度下降（最低点为七月的-2.7%），随后在十一月上升至

7.3%。2021年末时，整体零售销售相对强劲，十二月季度业绩高于疫情前水平。

澳大利亚0.01%的现金利率维持不变，不过在编写本报告时，这种情况正在发生变化。在2020年下降1.1%之后，澳大利亚的GDP在这一年增长了4.2%，其中大部分增长发生在第四季度。澳元从二月的1澳元兑79.7美分到十二月的低点1澳元兑70.76美分，但总体仍高于上一年度，并且更为稳定。造成严重混乱局面的2020年结束后，2021年的就业数字发生了重大变化，就业增长率增至3%，工资增长2.3%，失业率降至4%。

2021年，疫情对音乐的影响仍在继续。许多相同的情况卷土重来：大量现场表演和学校音乐教育活动暂停，封锁情况频频发生，旅游、艺术、赛事活动和其他一些行业普遍采取审慎态度和中断措施。在德尔塔变异毒株导致维多利亚州和新南威尔士州封锁后不久，一项音乐行业调查报告称，仅仅一个月的时间内，价值高达8400万澳元（5800万美元）的演出被迫取消，受影响最大的便是上述两个州。澳洲现场演出（Live Performance Australia）的票务和收入报告显示，与上一年度相比，2020年的门票销量下降了68%。这一数据虽然早于2021年下半年某些地区的长期封锁，但已足以说明行业面临着严峻挑战。

去年澳大利亚乐器协会市场报告指出，澳大利亚消费者对吉他、键盘和音乐技术方面的需求激增，而传统乐器和校园乐器的需求则有所下降，这似乎与疫情的影响有关。在历经不寻常的2020年之后，我们从2021年的数据中看到了一些复苏的迹象。在某些情况下，市场的发展已恢复到正常趋势或接近2019年的水平，但是疫情对吉他（需求上升）和铜管乐器（需求下降）的影响仍在继续。

立式钢琴的进口量恢复至疫情前的水平，销售数量增长17%，销售金额增长15%，超过1960多万澳元（1350万美元），但平均单价（单价）有所下降。上年从德国的高端钢琴进口量高于正常水平，销量增加了15%，但均价减少11%。过去十年，澳大利亚数码钢琴销量持续增加，单价则不断下降。2021年该类别产品表现与这一趋势截然相反：销售数量下降了7%，但平均单价几乎没有变化，表明数码钢琴可能已触及价格下限。

某种程度上，铜管乐器的进口数据显示出疫情期间音乐教育活动的现状。进口销量下降了11%，进口销售金额减少4%，但单价增长8%，这表明进口铜管乐器不仅数量较少，而且都是针对学生特别是初学者的低价产品。疫情封锁以及校园乐团合奏项目的中断造成的影响可见一斑。木管乐器与铜管乐器的情况不尽相同，其销量增加14%，进口额增加了6%，但单价减少了6%。与2020年的下降情况相比，以竖笛为主的“其他木管乐器”在2021年得以恢复；管弦乐器的销量微增2%，从中国大陆进口的管弦乐器占主导地位，进口成本有所增加，因此销售金额显著增长14%。

澳大利亚打击乐器进口的长期趋势是以每年约1%的轻微降幅逐渐缩减，但是可以抵消部分下降影响的电子鼓并未包括在该类别之内。与去年同期相比，打击乐器从2020年的颓势中恢复过来。四个细分市场中的三个都有所改善，只有钹乐器在2021年出现下降，这也许是因为该类别在2020年的表现过于强劲。音乐教育和其他打击乐器领域呈现出最为显著的变化，销售数量增加了23%（70000件），进口销售金额增加了44%，促使2021年的零售值增加了约450万澳元（310万美元）。

总体来看，吉他类别的销售数量增加了10%，销售金额增加了16%。拔得头筹的是大幅增长的电吉他（销售数量增加36%，销售金额增加38%）。原声吉他的销售金额亦有所增加，主要是得益于单价增长了7%，其销售数量仅增加了1%。低音吉他在该类别中的增长率位居次席（销售数量增加26%，销售金额增加37%），而音箱的销售金额则继续下降（4%），但其销量略有增加（6%）。

数字电子乐器显示出适度的增长：销量增长4%，销售金额增长6%，零售单价约为860澳元（593美元）。美国数据所呈现的各项数字明显偏高，表明供应紧张问题可能限制了澳大利亚的进口。合成器的情况与美国相差无几，销量和总金额分别增加13%与6%，但由于从中国大陆进口的乐器成本降低，该类别的单价下降了7%。其他电子乐器则保持相对平稳。

考虑到现场音乐的中断情况十分严重，专业音频市场的强劲表现令人出乎意料。扬声器的销售数量几乎保持不变，但总金额和单价都增加了4%。音箱的销售金额增加了5%，其销量变得更高，但单价始终保持稳定。混音器在所有指标上都下降了最多5%，而声音处理器则在总体销量、销售金额和单价上几乎没有变化，仅分别增加了4%、5%和2%，但在长期趋势以及疫情影响和供应紧张的背景下，该细分市场的成绩相当亮眼。

虽然销量略降1.5%，但是高价值乐器产品提升了DJ产品类别的销售金额。麦克风的销量稳定增长2%，单价则小幅攀升6%。专业音频市场虽然总体上略有增加，但现场演出减少和家庭录音增多的背景似乎使其表现或多或少显得有些中规中矩。

传统乐器保持稳定，而乐器配件的销售金额下降了4%，与相关趋势背道而驰，这可能是疫情和供应紧张问题所造成的。

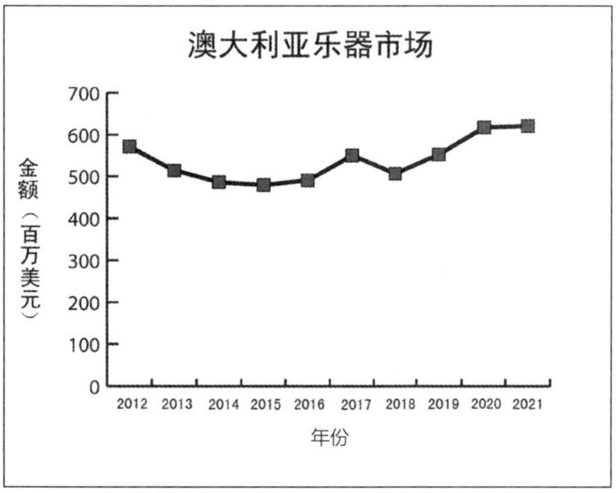

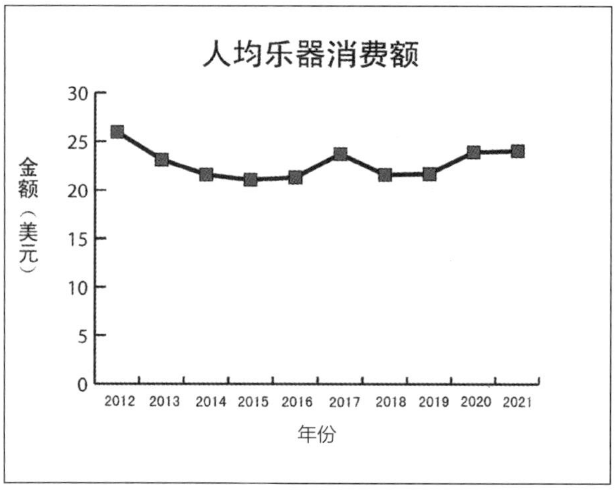

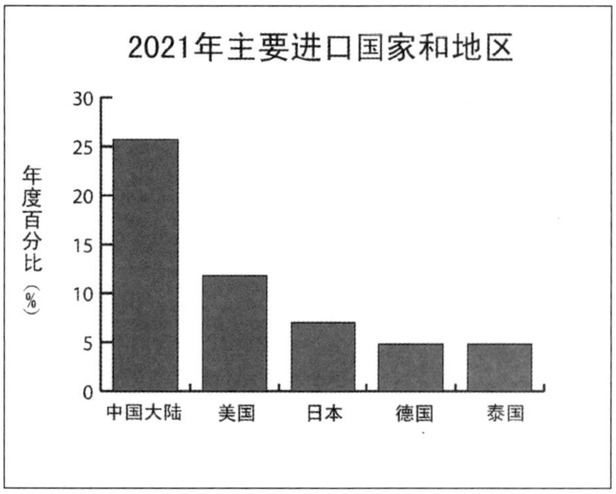

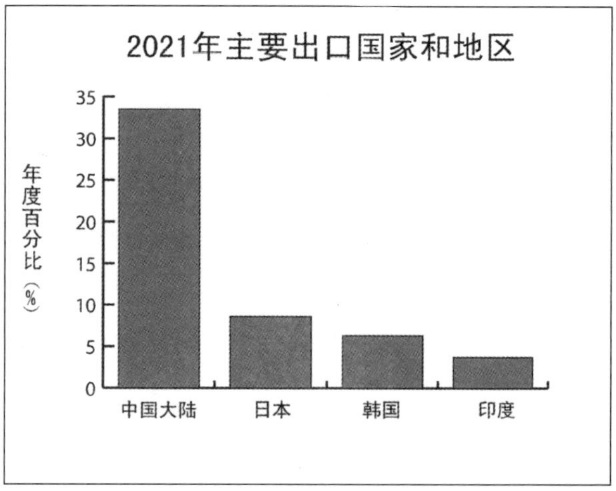

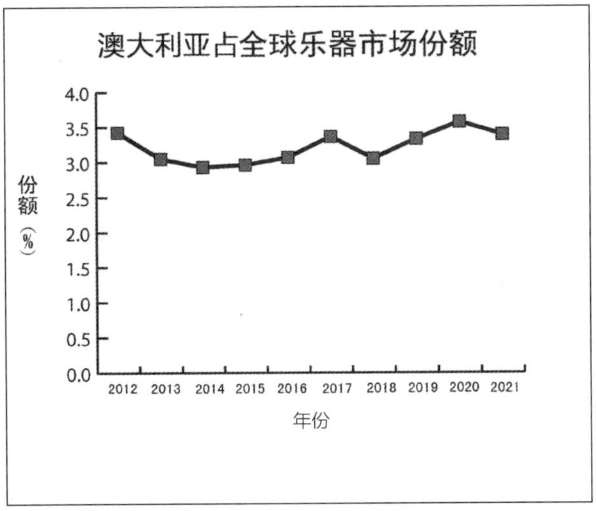
澳大利亚占全球乐器市场份额
份额（%）
4.0
3.5
3.0
2.5
2.0
1.5
1.0
0.5
0.0
2012 2013 2014 2015 2016 2017 2018 2019 2020 2021
年份

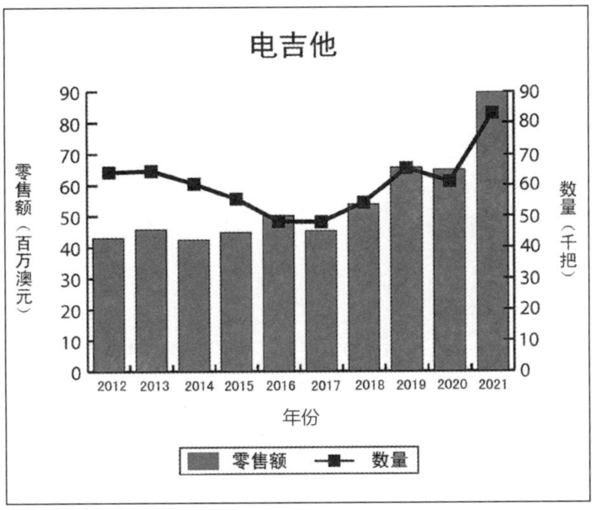
电吉他
零售额（百万澳元）
数量（千把）
90
80
70
60
50
40
30
20
10
0
2012 2013 2014 2015 2016 2017 2018 2019 2020 2021
年份
零售额 数量

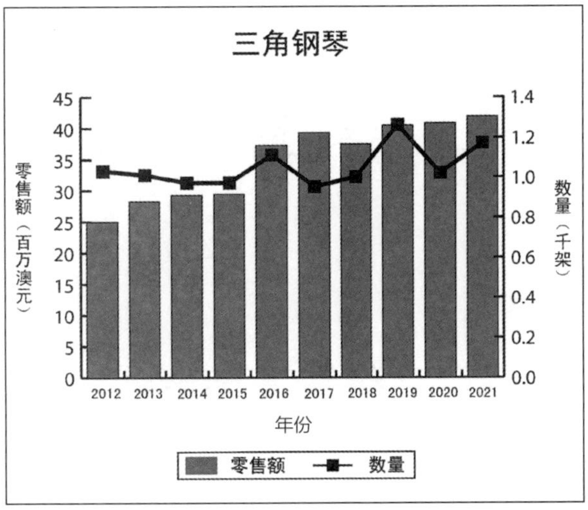
三角钢琴
零售额（百万澳元）
数量（千架）
45
40
35
30
25
20
15
10
5
0
1.4
1.2
1.0
0.8
0.6
0.4
0.2
0.0
2012 2013 2014 2015 2016 2017 2018 2019 2020 2021
年份
零售额 数量

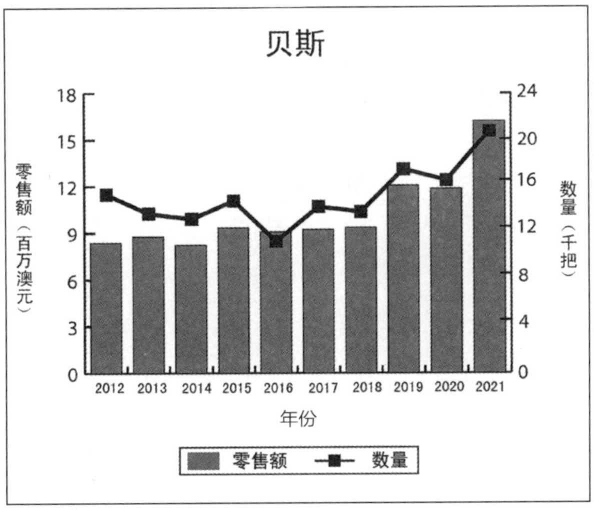
贝斯
零售额（百万澳元）
数量（千把）
18
15
12
9
6
3
0
24
20
16
12
8
4
0
2012 2013 2014 2015 2016 2017 2018 2019 2020 2021
年份
零售额 数量

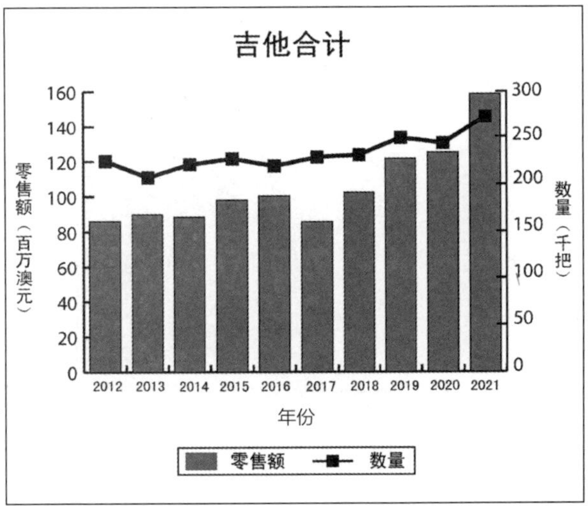
吉他合计
零售额（百万澳元）
数量（千把）
160
140
120
100
80
60
40
20
0
300
250
200
150
100
50
0
2012 2013 2014 2015 2016 2017 2018 2019 2020 2021
年份
零售额 数量

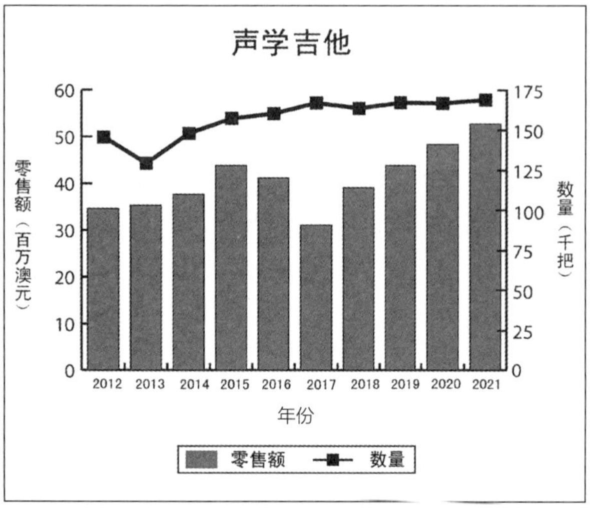
声学吉他
零售额（百万澳元）
数量（千把）
年份
零售额
数量

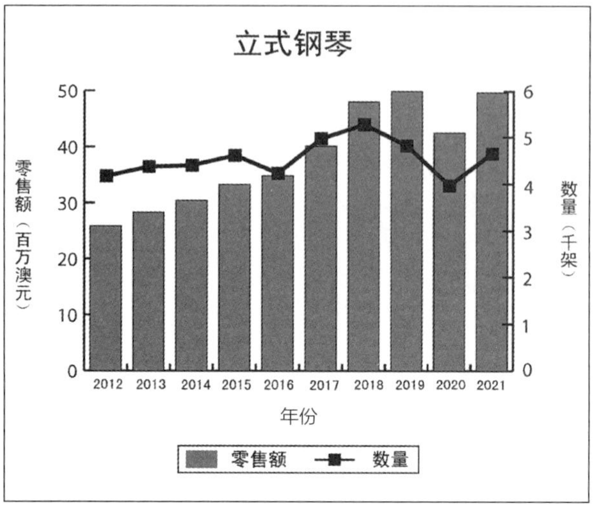
立式钢琴
零售额（百万澳元）
数量（千架）
年份
零售额
数量

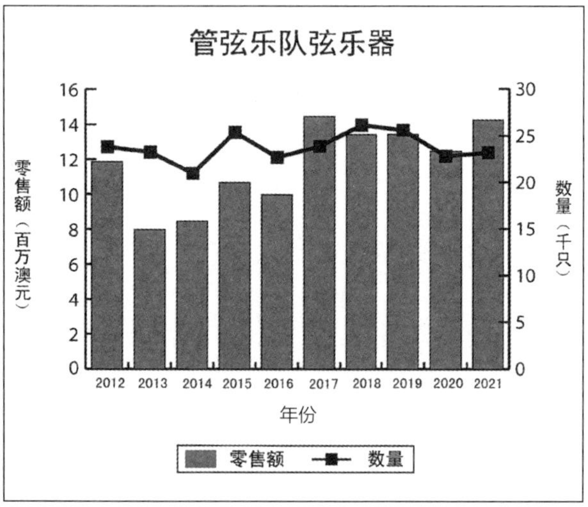
管弦乐队弦乐器
零售额（百万澳元）
数量（千只）
年份
零售额
数量

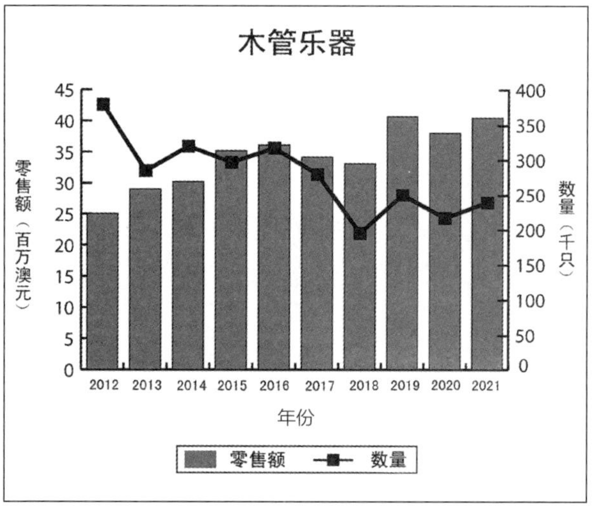
木管乐器
零售额（百万澳元）
数量（千只）
年份
零售额
数量

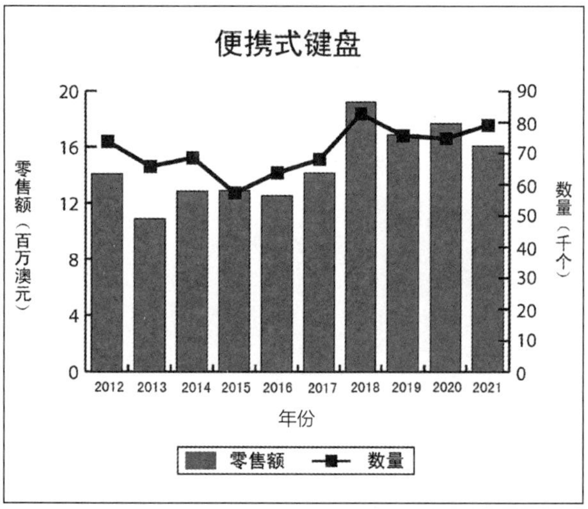
便携式键盘
零售额（百万澳元）
数量（千个）
年份
零售额
数量

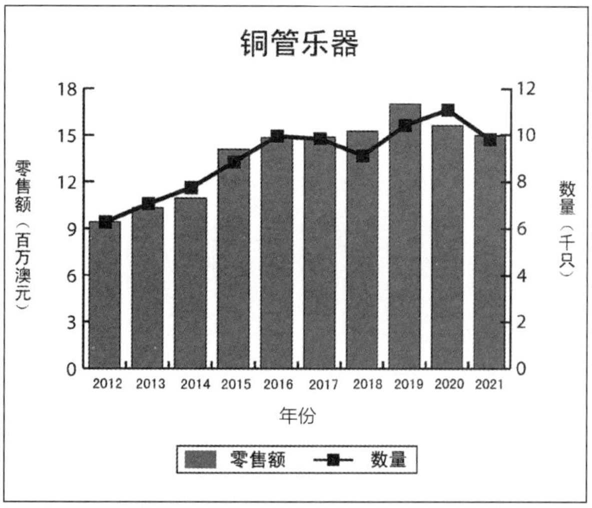
铜管乐器
零售额（百万澳元）
数量（千只）
年份
零售额
数量

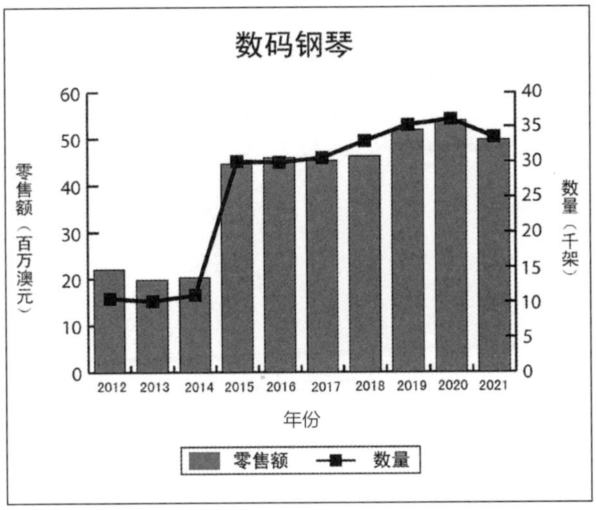

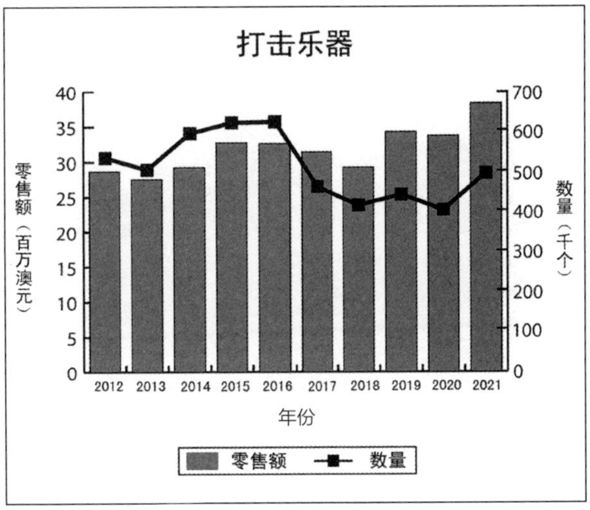

法国

与世界各国一样，法国正从新冠疫情及所有相关封锁和混乱中逐步恢复。疫情对法国乐器行业的波动性影响十分明显。例如，键盘合成器、钢琴和吉他似乎继续受益于这段时期的成功。相反，与家庭录音室相关的产品尽管在疫情封控期间取得了巨大成功，但已开始显现出大幅下降态势。

自2020年3月以来受到严重影响的管乐器情况正在逐步改善。随着疫情的缓解，它们重新夺回市场份额，这对我们来说是个相当不错的好消息。

幸运的是，我们并未看到太多乐器匠人关闭制作工坊，许多制造商也仍在经营中，这在一定程度上得益于法国政府提供的援助。

对于过去两年遭遇重重困难的公司来说，目前最大的挑战是如何获得重新增长的能力。与其他国家一样，法国各大公司或多或少面临着大规模供应不畅和物流运输困难。局势恢复“正常”尚需一段时间。

法国政府最近推出一项鼓舞人心的措施：向年满18岁的青年人无偿发放300欧元“文化通卡”，用于文化活动或购买文化场所（商店联盟）的商品，包括乐器及其配件。该计划最初在法国一些地区进行小范围试点，最终于2021年5月扩大并推广至全国。对于乐器领域而言，“文化通卡”可谓大获成功。我们希望未来推广这一计划。［撰文：雅克·卡尔博诺：法国吉他和弹拨乐器制琴师专业协会（APLG）创始成员、副主席兼乐器制造商项目管理人；法国乐器协会（CSFI）正式会员兼APLG代表；欧洲吉他制造商协会（EGB）创始成员］

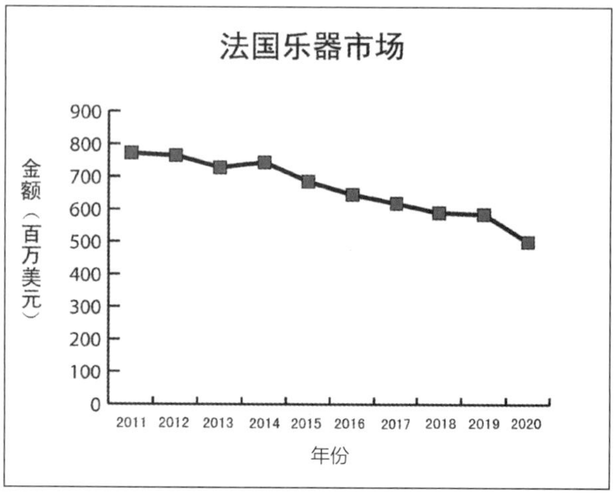
法国乐器市场
金额（百万美元）
900
800
700
600
500
400
300
200
100
0
2011 2012 2013 2014 2015 2016 2017 2018 2019 2020
年份

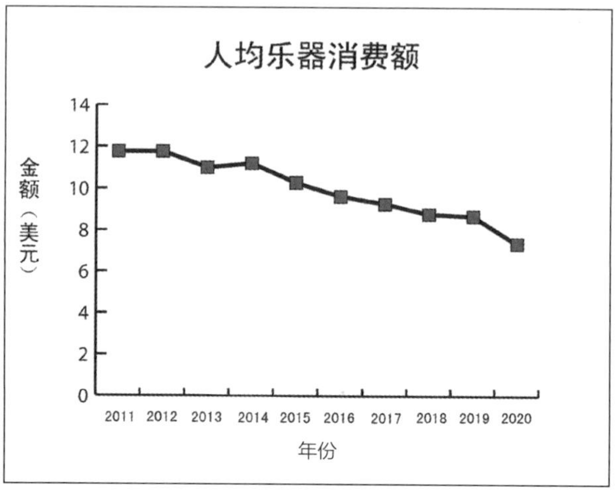
人均乐器消费额
金额（美元）
14
12
10
8
6
4
2
0
2011 2012 2013 2014 2015 2016 2017 2018 2019 2020
年份

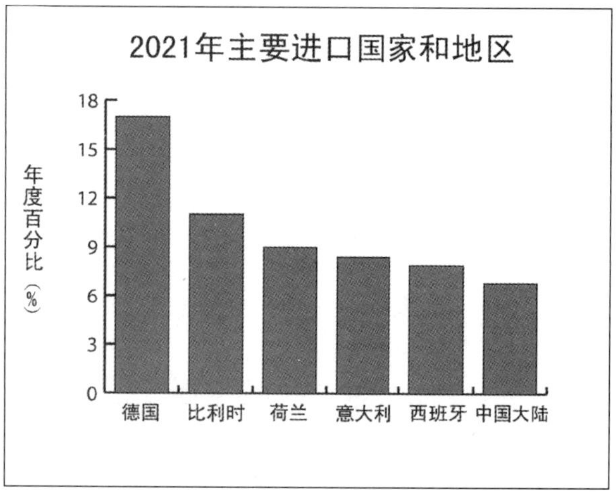
2021年主要进口国家和地区
年度百分比（%）
18
15
12
9
6
3
0
德国 比利时 荷兰 意大利 西班牙 中国大陆

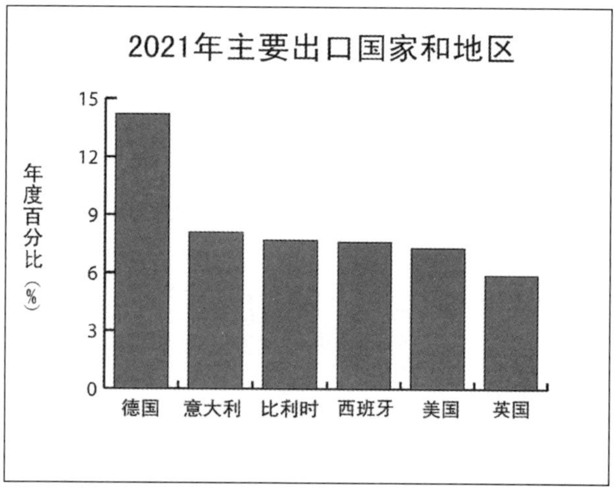
2021年主要出口国家和地区
年度百分比（%）
15
12
9
6
3
0
德国 意大利 比利时 西班牙 美国 英国

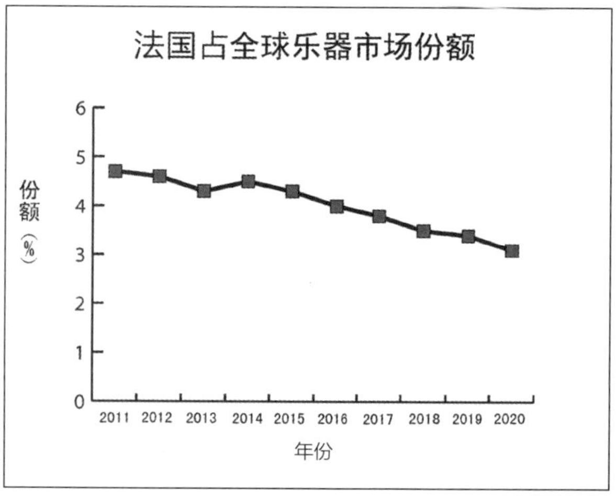
法国占全球乐器市场份额
份额（%）
6
5
4
3
2
1
0
2011 2012 2013 2014 2015 2016 2017 2018 2019 2020
年份

带琴码的弦乐器
（进口）
进口额（百万美元）
60
50
40
30
20
10
0
2012 2013 2014 2015 2016 2017 2018 2019 2020 2021
年份

带琴码的弦乐器
（出口）
出口额（千美元）
30
25
20
15
10
5
0
2012 2013 2014 2015 2016 2017 2018 2019 2020 2021
年份

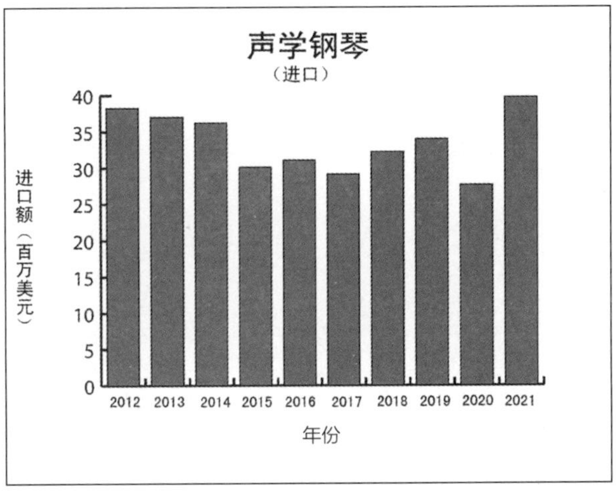
声学钢琴
（进口）
进口额（百万美元）
40
35
30
25
20
15
10
5
0
2012 2013 2014 2015 2016 2017 2018 2019 2020 2021
年份

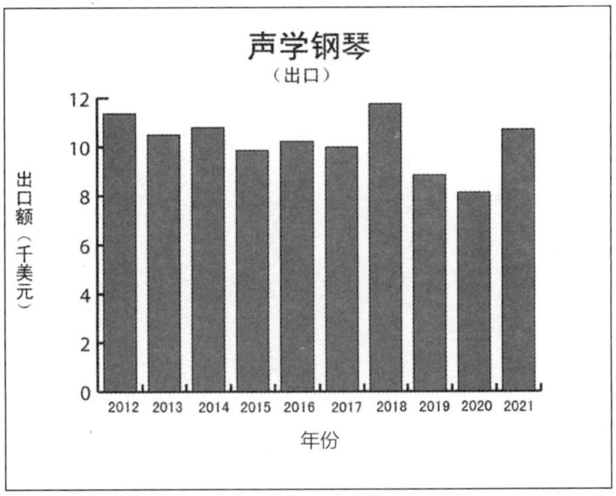
声学钢琴
（出口）
出口额（千美元）
12
10
8
6
4
2
0
2012 2013 2014 2015 2016 2017 2018 2019 2020 2021
年份

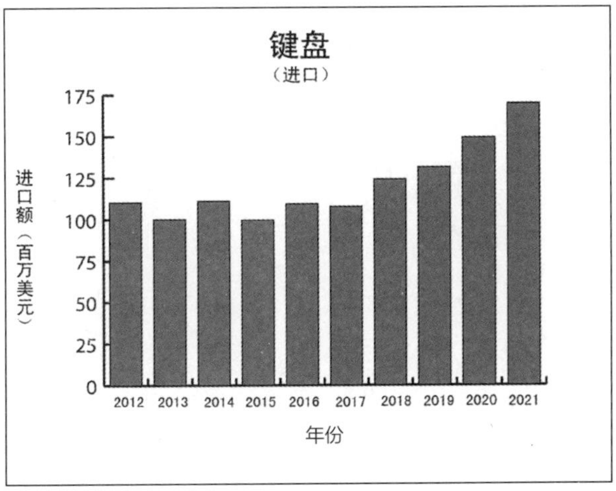
键盘
（进口）
进口额（百万美元）
175
150
125
100
75
50
25
0
2012 2013 2014 2015 2016 2017 2018 2019 2020 2021
年份

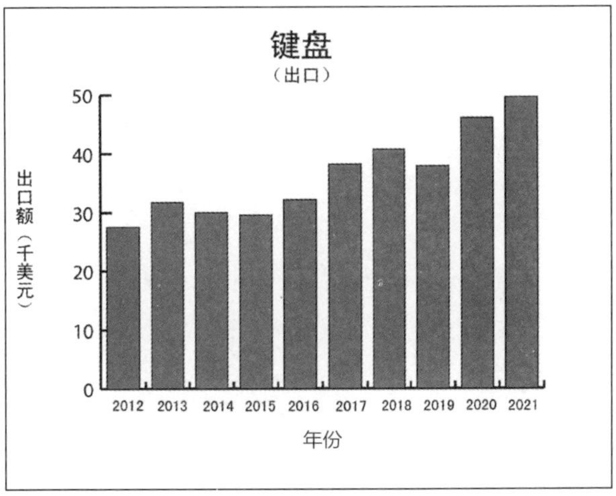
键盘
（出口）
出口额（千美元）
50
40
30
20
10
0
2012 2013 2014 2015 2016 2017 2018 2019 2020 2021
年份

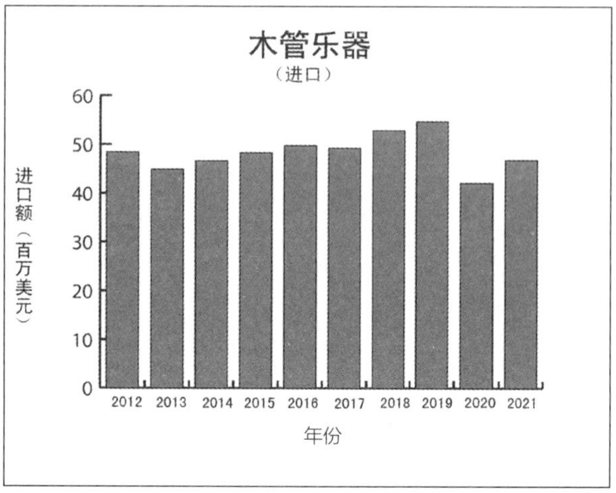
木管乐器
（进口）
进口额（百万美元）
年份
0
10
20
30
40
50
60
2012
2013
2014
2015
2016
2017
2018
2019
2020
2021

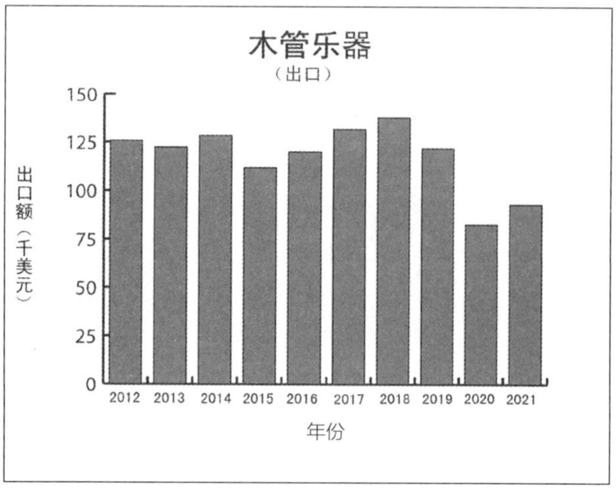
木管乐器
（出口）
出口额（千美元）
年份
0
25
50
75
100
125
150
2012
2013
2014
2015
2016
2017
2018
2019
2020
2021

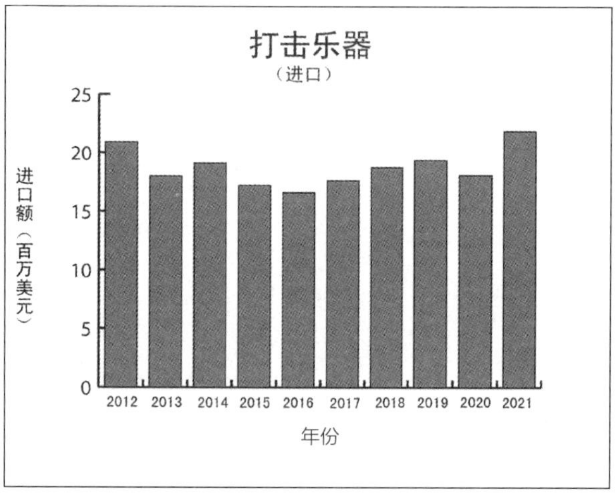
打击乐器
（进口）
进口额（百万美元）
年份
0
5
10
15
20
25
2012
2013
2014
2015
2016
2017
2018
2019
2020
2021

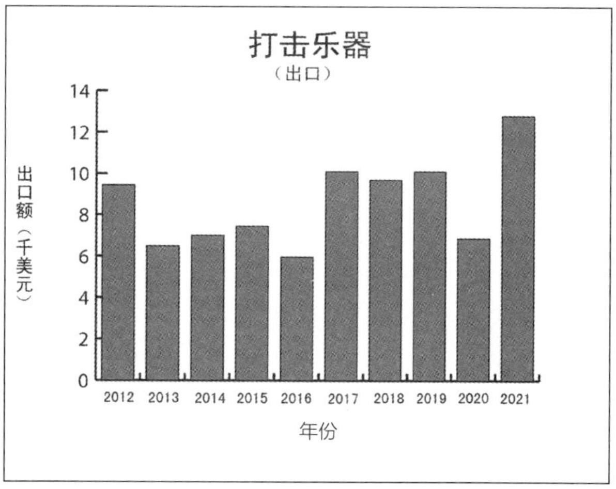
打击乐器
（出口）
出口额（千美元）
年份
0
2
4
6
8
10
12
14
2012
2013
2014
2015
2016
2017
2018
2019
2020
2021

乐器配件
（进口）
进口额（百万美元）
年份
0
25
50
75
100
125
150
175
200
225
2012
2013
2014
2015
2016
2017
2018
2019
2020
2021

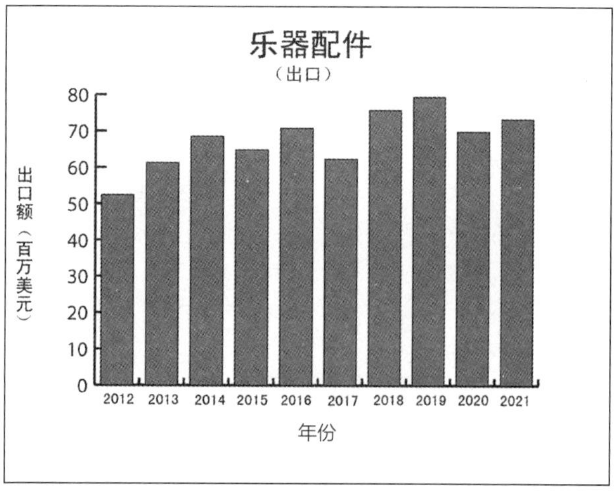
乐器配件
（出口）
出口额（百万美元）
年份
0
10
20
30
40
50
60
70
80
2012
2013
2014
2015
2016
2017
2018
2019
2020
2021

英国

如今的零售体验本质上是一种“回归传统”式的体验。虽然一些乐器琴行仍在执行仅限预约的模式，但这并不是出于对公共健康权益的认可，而是基于消费者在评估乐器（比如钢琴或长笛）体验方面的改善举措。

毫无疑问，英国商业街的客流量与疫情前相比仍然相去甚远。我们甚至可以因此得出合理结论：过去的辉煌可能永远无法再现。封锁期间，许多消费者将购物视为一种目的性较强的直接经济行为，而不是一种体验式的社会参与活动，这一变化已逐渐成为一些人的习惯。好消息是，产品平均客单价仍处于高位，这也坚定了一些人认为购物者外出时的确会花钱的看法。当然，我们面临一个严峻的挑战：如果平均客单价下降，就意味着实体店会遭受剧烈动荡，而较低的客流量也会导致整体营业额处于低迷状态。就在线零售而言，新冠疫情带来的泡沫已基本破裂，疫情封锁期间的销售增速已经减缓，这一趋势席卷了各个领域，包括乐器行业在内。

各大乐器企业面临诸多问题，并且这些问题在今后一年中继续存在。其中，员工留任和工资压力可能是最具挑战性的难题。在MIA网站今年的活动中，“行业职位空缺”部分的篇幅显著增加，各个企业希望招聘职位的介绍内容也值得注意。许多公司上市活动计划有所变动，因此对具备数字营销、视频制作、文案写作和内容创作的求职人员的需求大为增加。所有经济领域都需要这些技能，因此，乐器公司在填补这些空缺职位时也将面临激烈竞争。那些希望留住员工的企业也面临同样的困难：乐器行业从未被视为是一个薪酬特别高的行业，随着许多人的工资缩水，员工们也希望能够抵消更高的生活成本，因此很有可能会出现技能外流情况。

众所周知，反竞争行为在欧盟内部被视为一大“禁忌”。在供应链不同层面运营的企业（如制造商和经销商）之间往往会订立一些“纵向”协议，而VBER特别为这些协议提供了相关条款的“整体”豁免。虽然在英国退出欧盟之后，目前的VBER完全维持不变，但从6月1日起，英国将执行新的VBEO，即纵向协议豁免令。实际上，它将与欧洲引入的新VBER非常紧密地结合在一起。重要的是我们需要认识到，只要英国认为合适，它可以自由地背离任何欧盟法规。VBEO（英国）和VBER都反映了对近期市场发展的认可。从本质上讲，这意味着一些以前的“核心”限制将会有所放松，从而使得我们能够更容易地实施一些协议，以便支持实体零售商的各项活动。

举几个例子：

· 乐器制造商有可能进行“双重定价”，即根据产品是在乐器琴行销售还是在线销售来设定不同的成本价格。

· 如果乐器制造商愿意，他们可将在线销售明确排除在外。

· 乐器制造商可以更自由地为在线销售设定更加严格的要求。例如如果在线销售专业级产品，则必须提供实时聊天或同等功能。

2021年主要进口国家和地区

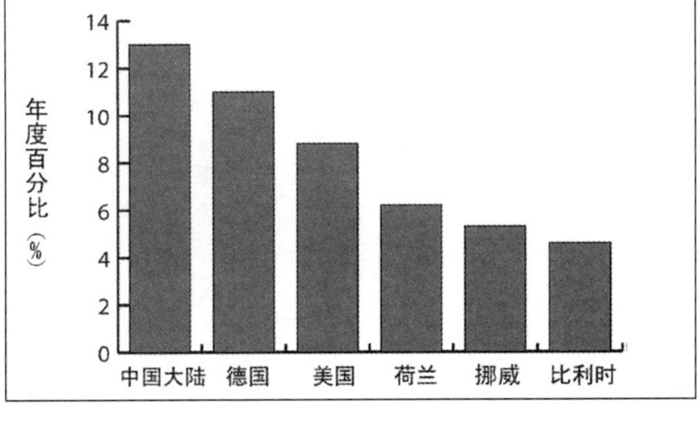

2021年主要出口国家和地区

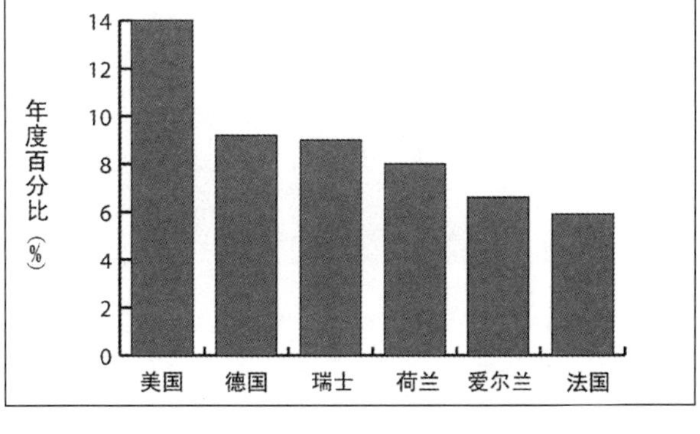

英国乐器市场
金额（百万美元）
800
700
600
500
400
300
200
100
0
2011 2012 2013 2014 2015 2016 2017 2018 2019 2020
年份

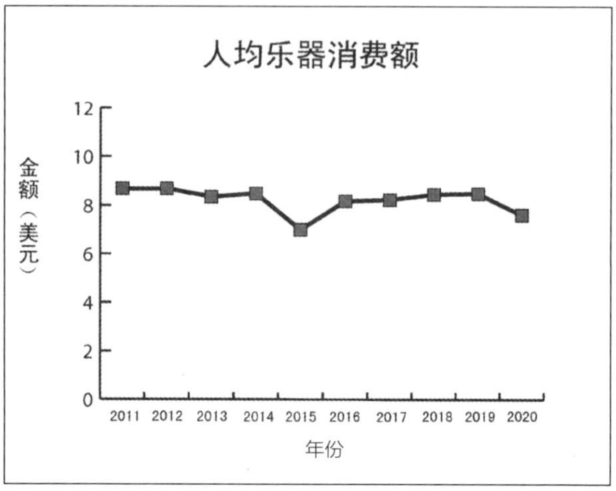
人均乐器消费额
金额（美元）
12
10
8
6
4
2
0
2011 2012 2013 2014 2015 2016 2017 2018 2019 2020
年份

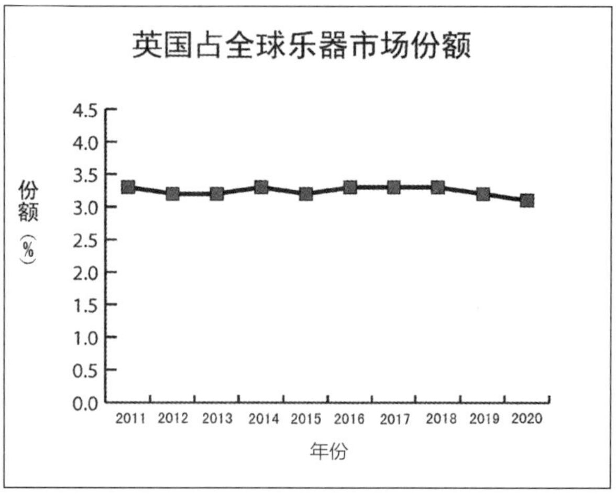
英国占全球乐器市场份额
份额（%）
4.5
4.0
3.5
3.0
2.5
2.0
1.5
1.0
0.5
0.0
2011 2012 2013 2014 2015 2016 2017 2018 2019 2020
年份

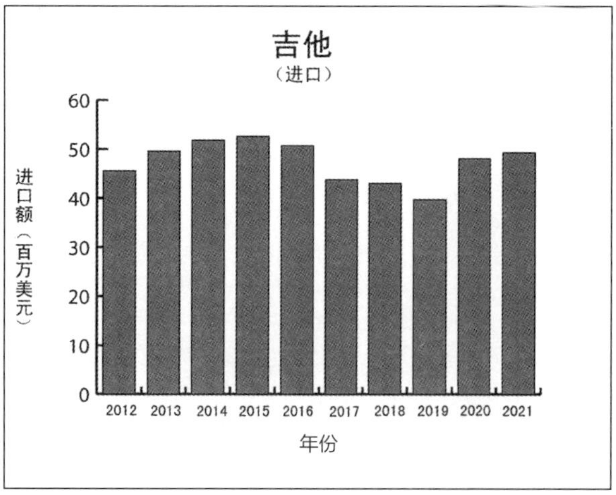
吉他
（进口）
进口额（百万美元）
60
50
40
30
20
10
0
2012 2013 2014 2015 2016 2017 2018 2019 2020 2021
年份

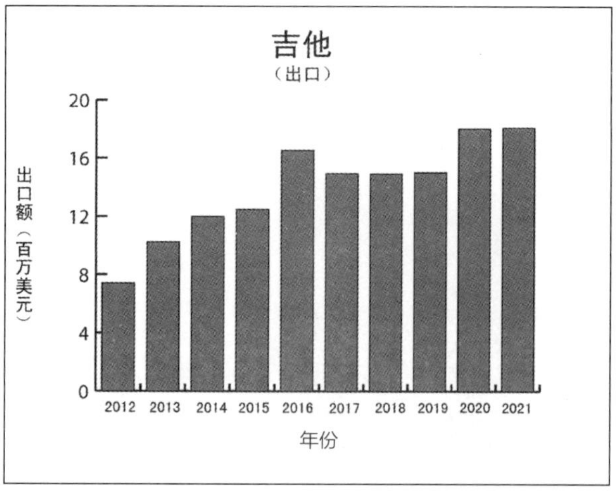
吉他
（出口）
出口额（百万美元）
20
16
12
8
4
0
2012 2013 2014 2015 2016 2017 2018 2019 2020 2021
年份

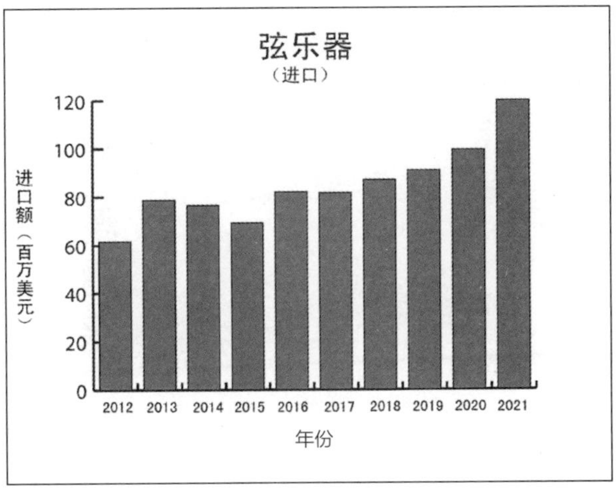
弦乐器
（进口）
进口额（百万美元）
120
100
80
60
40
20
0
2012 2013 2014 2015 2016 2017 2018 2019 2020 2021
年份

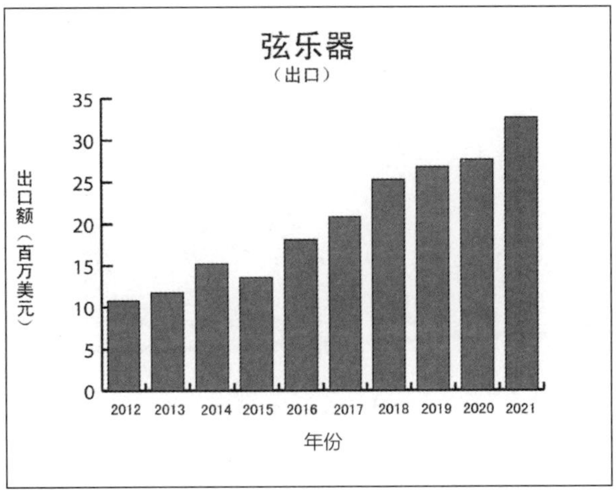
弦乐器
（出口）
出口额（百万美元）
35
30
25
20
15
10
5
0
2012 2013 2014 2015 2016 2017 2018 2019 2020 2021
年份

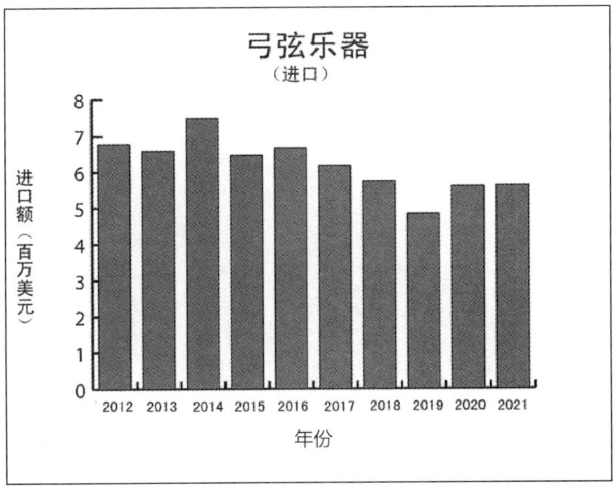
弓弦乐器
（进口）
进口额（百万美元）
8
7
6
5
4
3
2
1
0
2012 2013 2014 2015 2016 2017 2018 2019 2020 2021
年份

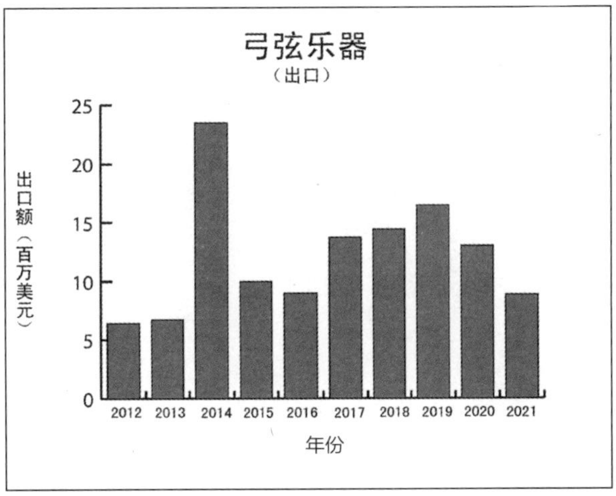
弓弦乐器
（出口）
出口额（百万美元）
25
20
15
10
5
0
2012 2013 2014 2015 2016 2017 2018 2019 2020 2021
年份

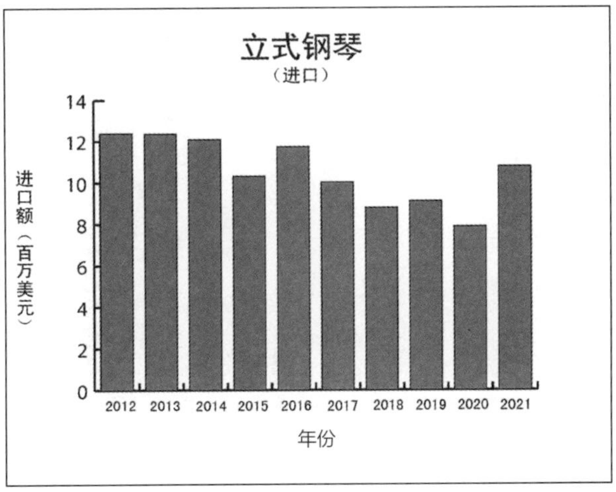
立式钢琴
（进口）
进口额（百万美元）
14
12
10
8
6
4
2
0
2012 2013 2014 2015 2016 2017 2018 2019 2020 2021
年份

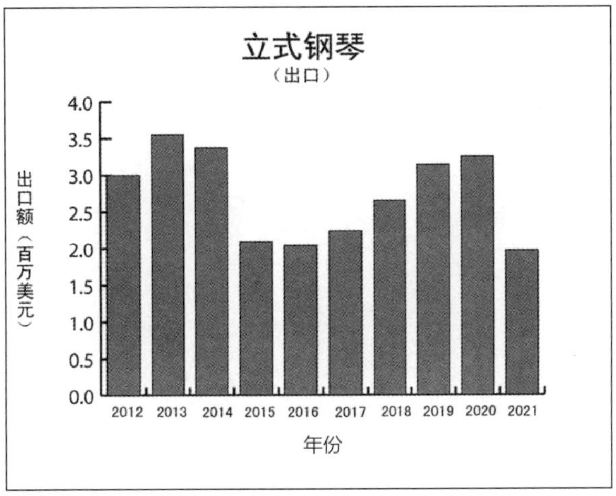
立式钢琴
（出口）
出口额（百万美元）
4.0
3.5
3.0
2.5
2.0
1.5
1.0
0.5
0.0
2012 2013 2014 2015 2016 2017 2018 2019 2020 2021
年份

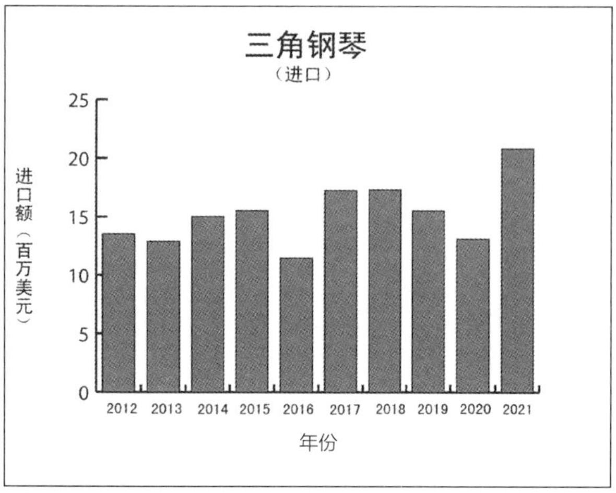
三角钢琴
（进口）
进口额（百万美元）
25
20
15
10
5
0
2012 2013 2014 2015 2016 2017 2018 2019 2020 2021
年份

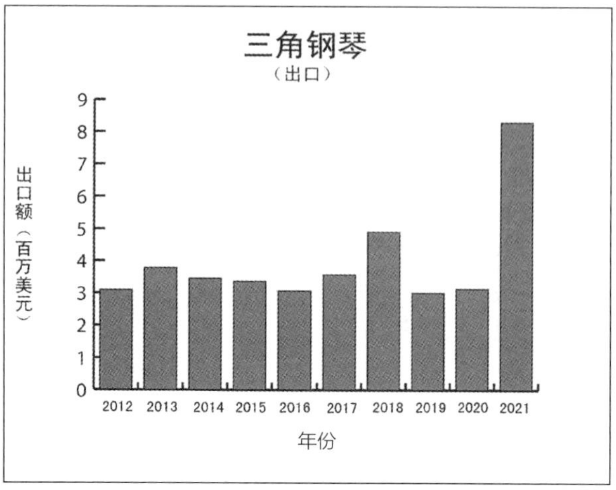
三角钢琴
（出口）
出口额（百万美元）
9
8
7
6
5
4
3
2
1
0
2012 2013 2014 2015 2016 2017 2018 2019 2020 2021
年份

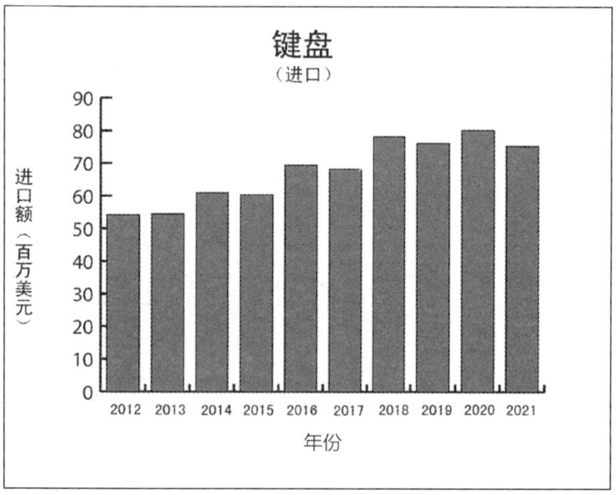
键盘
（进口）
进口额（百万美元）
90
80
70
60
50
40
30
20
10
0
2012 2013 2014 2015 2016 2017 2018 2019 2020 2021
年份

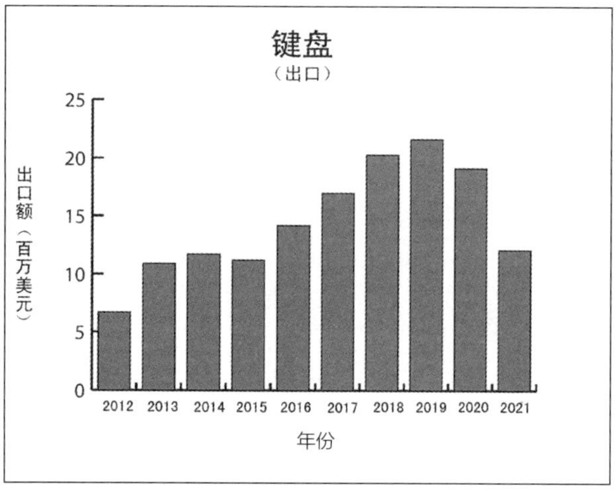
键盘
（出口）
出口额（百万美元）
25
20
15
10
5
0
2012 2013 2014 2015 2016 2017 2018 2019 2020 2021
年份

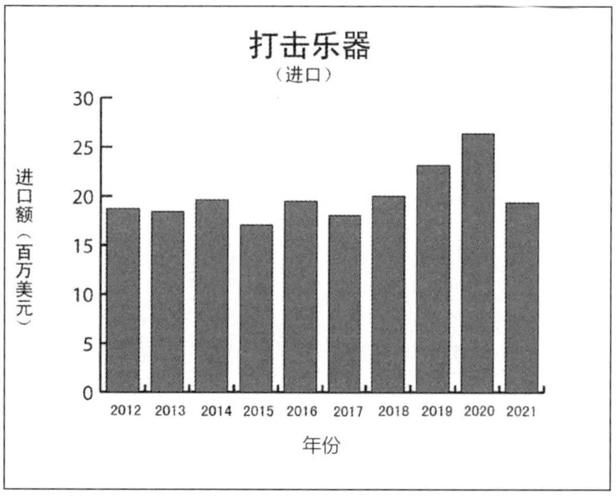
打击乐器
（进口）
进口额（百万美元）
30
25
20
15
10
5
0
2012 2013 2014 2015 2016 2017 2018 2019 2020 2021
年份

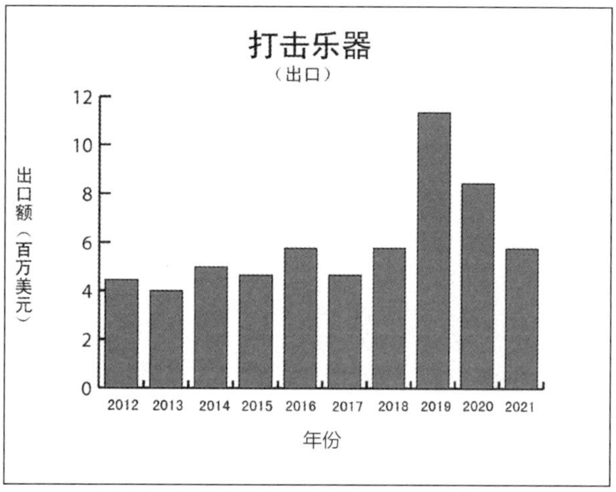
打击乐器
（出口）
出口额（百万美元）
12
10
8
6
4
2
0
2012 2013 2014 2015 2016 2017 2018 2019 2020 2021
年份

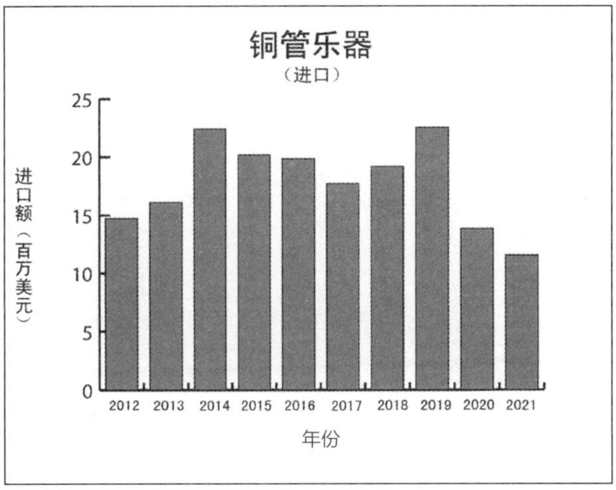
铜管乐器
（进口）
进口额（百万美元）
25
20
15
10
5
0
2012 2013 2014 2015 2016 2017 2018 2019 2020 2021
年份

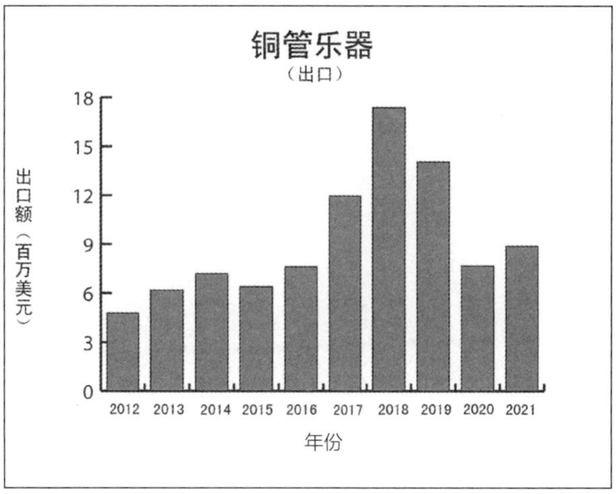
铜管乐器
（出口）
出口额（百万美元）
18
15
12
9
6
3
0
2012 2013 2014 2015 2016 2017 2018 2019 2020 2021
年份

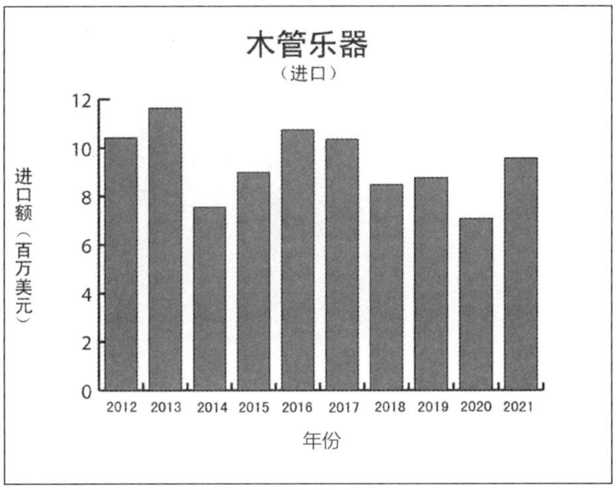
木管乐器
（进口）
进口额（百万美元）
12
10
8
6
4
2
0
2012 2013 2014 2015 2016 2017 2018 2019 2020 2021
年份

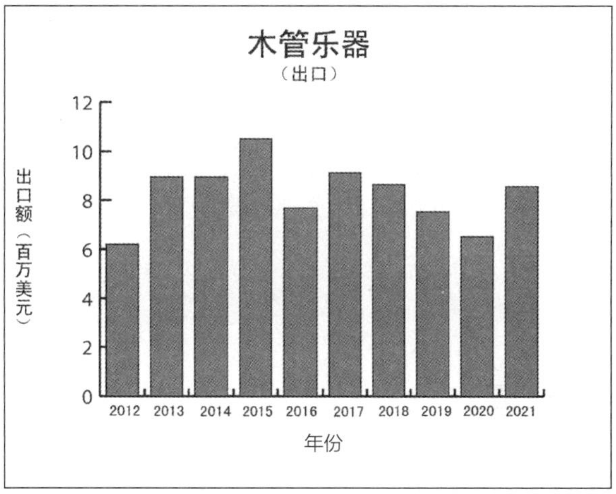
木管乐器
（出口）
出口额（百万美元）
12
10
8
6
4
2
0
2012 2013 2014 2015 2016 2017 2018 2019 2020 2021
年份

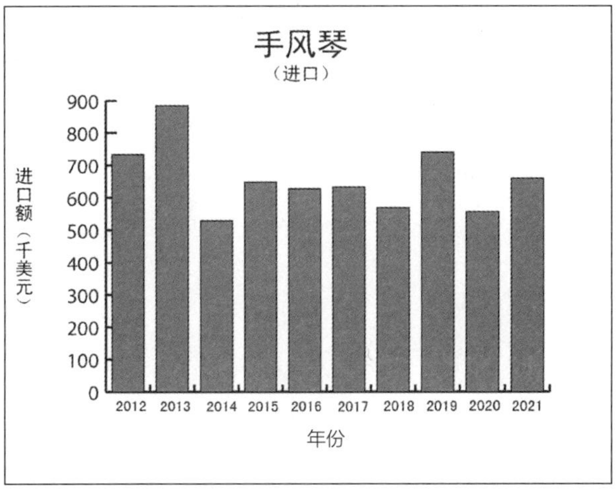
手风琴
（进口）
进口额（千美元）
900
800
700
600
500
400
300
200
100
0
2012 2013 2014 2015 2016 2017 2018 2019 2020 2021
年份

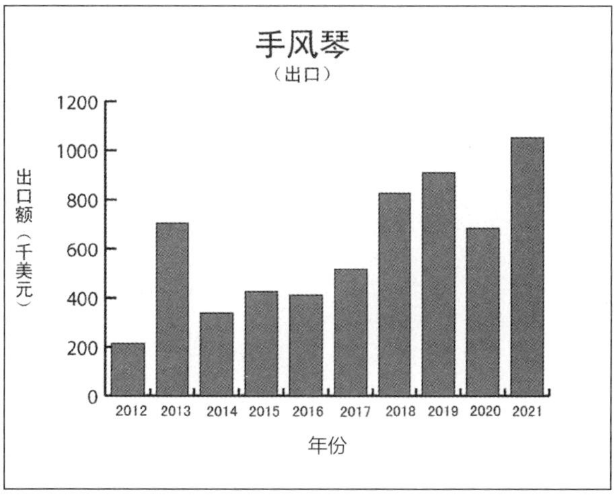
手风琴
（出口）
出口额（千美元）
1200
1000
800
600
400
200
0
2012 2013 2014 2015 2016 2017 2018 2019 2020 2021
年份

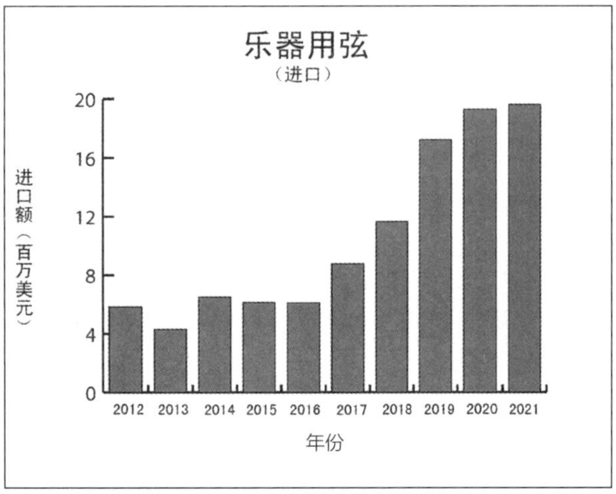
乐器用弦
（进口）
进口额（百万美元）
20
16
12
8
4
0
2012 2013 2014 2015 2016 2017 2018 2019 2020 2021
年份

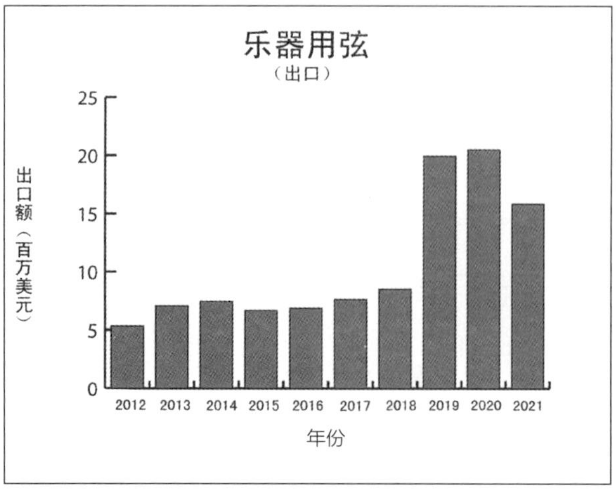
乐器用弦
（出口）
出口额（百万美元）
25
20
15
10
5
0
2012 2013 2014 2015 2016 2017 2018 2019 2020 2021
年份

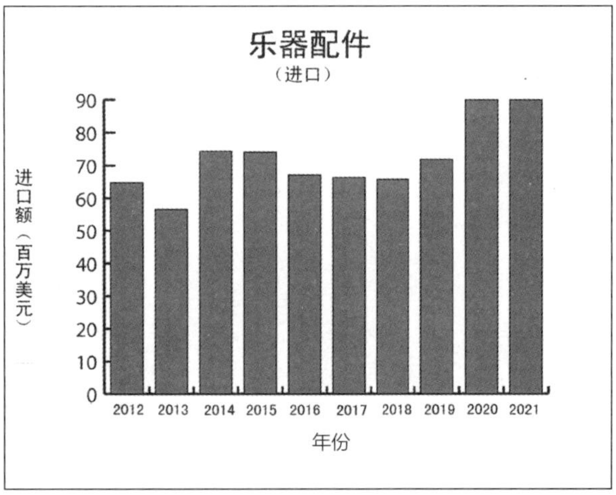
乐器配件
（进口）
进口额（百万美元）
90
80
70
60
50
40
30
20
10
0
2012 2013 2014 2015 2016 2017 2018 2019 2020 2021
年份

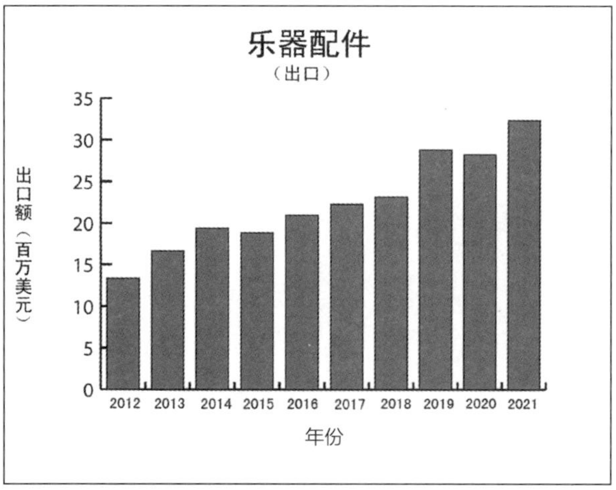
乐器配件
（出口）
出口额（百万美元）
35
30
25
20
15
10
5
0
2012 2013 2014 2015 2016 2017 2018 2019 2020 2021
年份

韩国

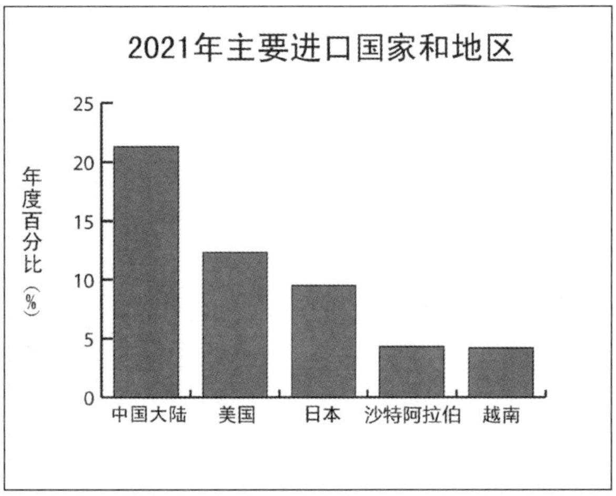
2021年主要进口国家和地区
年度百分比（%）
25
20
15
10
5
0
中国大陆 美国 日本 沙特阿拉伯 越南

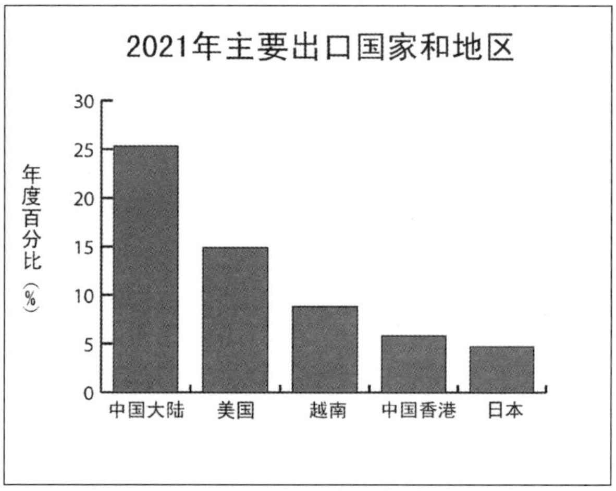
2021年主要出口国家和地区
年度百分比（%）
30
25
20
15
10
5
0
中国大陆 美国 越南 中国香港 日本

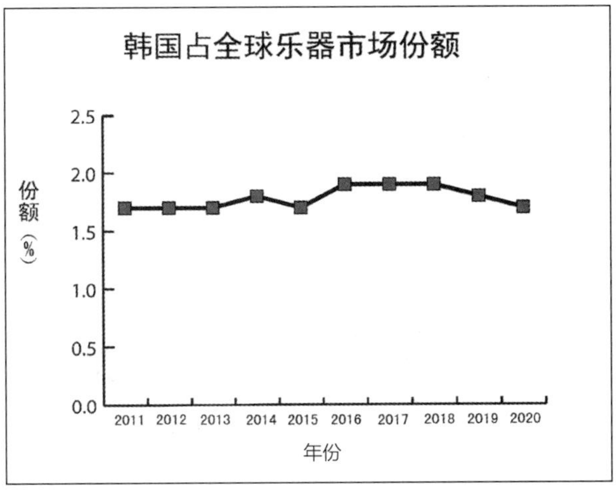
韩国占全球乐器市场份额
份额（%）
2.5
2.0
1.5
1.0
0.5
0.0
2011 2012 2013 2014 2015 2016 2017 2018 2019 2020
年份

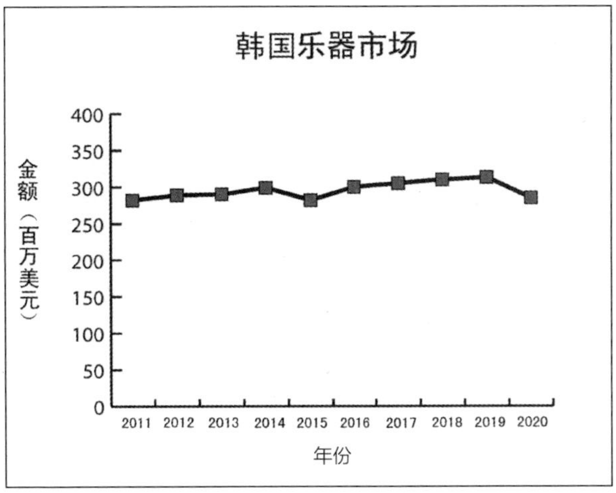
韩国乐器市场
金额（百万美元）
400
350
300
250
200
150
100
50
0
2011 2012 2013 2014 2015 2016 2017 2018 2019 2020
年份

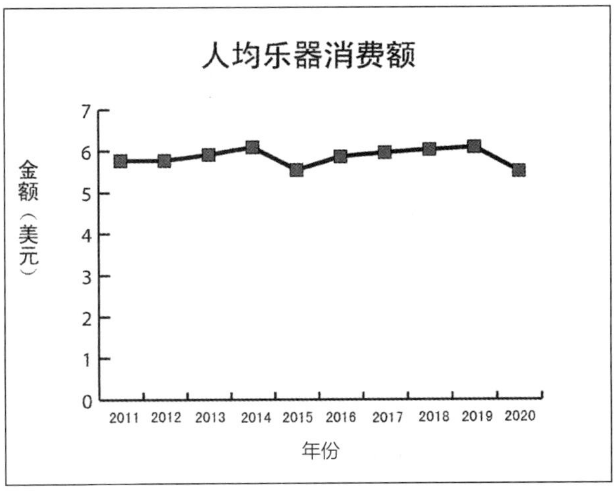
人均乐器消费额
金额（美元）
7
6
5
4
3
2
1
0
2011 2012 2013 2014 2015 2016 2017 2018 2019 2020
年份

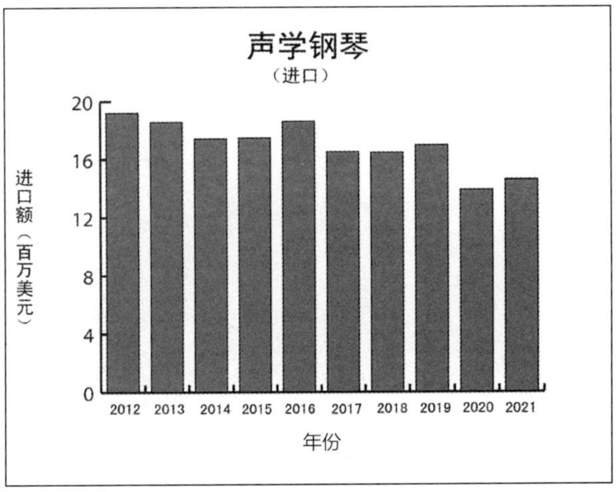
声学钢琴
（进口）
进口额（百万美元）
20
16
12
8
4
0
2012 2013 2014 2015 2016 2017 2018 2019 2020 2021
年份

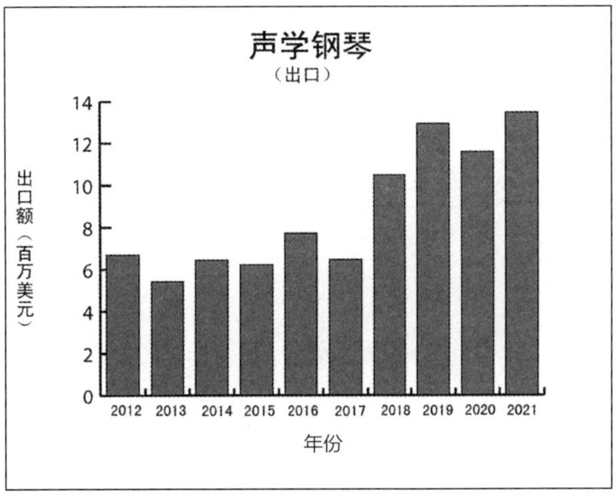
声学钢琴
（出口）
出口额（百万美元）
14
12
10
8
6
4
2
0
2012 2013 2014 2015 2016 2017 2018 2019 2020 2021
年份

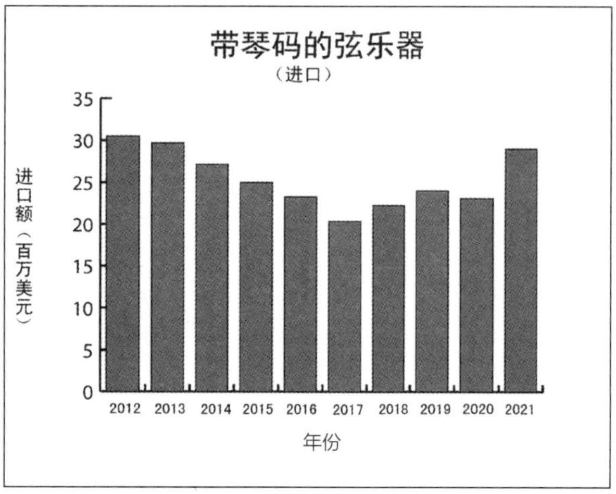
带琴码的弦乐器
（进口）
进口额（百万美元）
35
30
25
20
15
10
5
0
2012 2013 2014 2015 2016 2017 2018 2019 2020 2021
年份

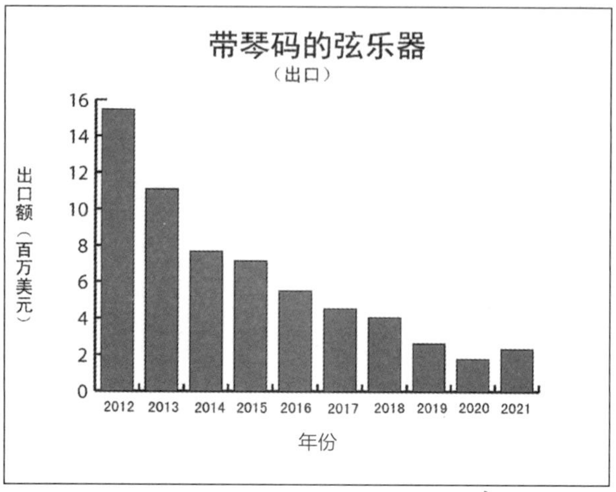
带琴码的弦乐器
（出口）
出口额（百万美元）
16
14
12
10
8
6
4
2
0
2012 2013 2014 2015 2016 2017 2018 2019 2020 2021
年份

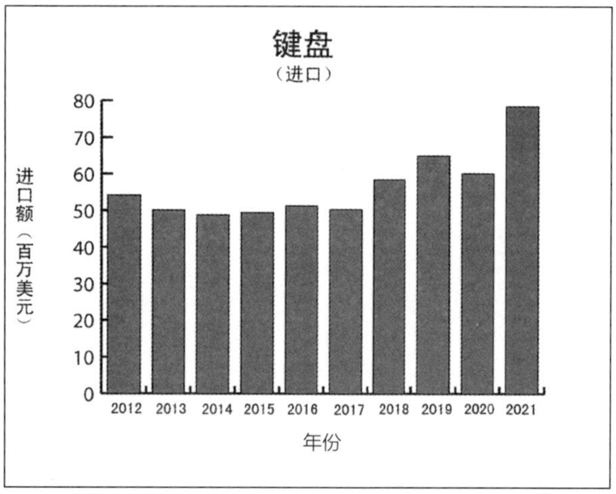
键盘
（进口）
进口额（百万美元）
80
70
60
50
40
30
20
10
0
2012 2013 2014 2015 2016 2017 2018 2019 2020 2021
年份

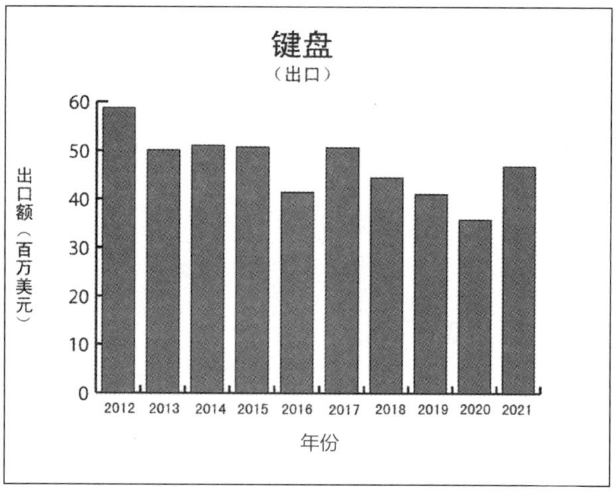
键盘
（出口）
出口额（百万美元）
60
50
40
30
20
10
0
2012 2013 2014 2015 2016 2017 2018 2019 2020 2021
年份

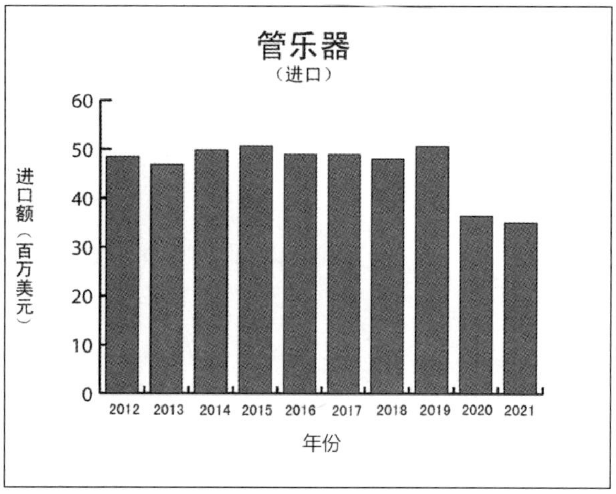
管乐器
（进口）
进口额（百万美元）
60
50
40
30
20
10
0
2012 2013 2014 2015 2016 2017 2018 2019 2020 2021
年份

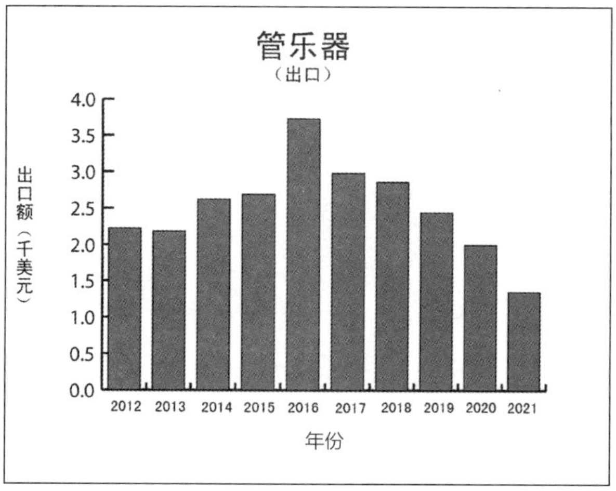
管乐器
（出口）
出口额（千美元）
4.0
3.5
3.0
2.5
2.0
1.5
1.0
0.5
0.0
2012 2013 2014 2015 2016 2017 2018 2019 2020 2021
年份

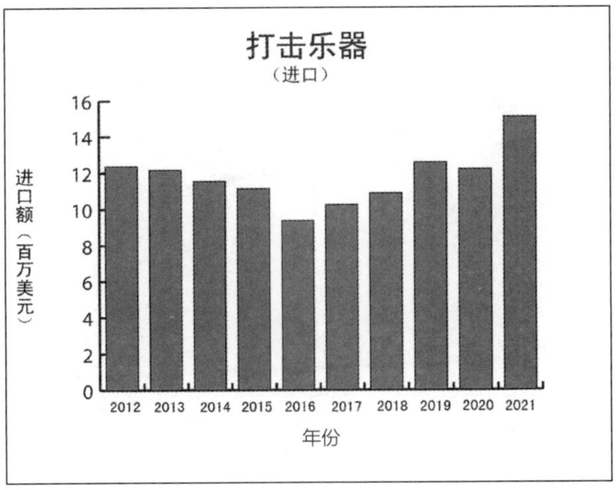

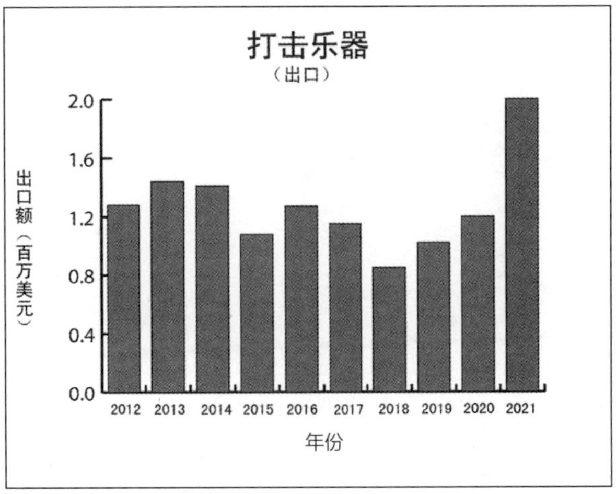

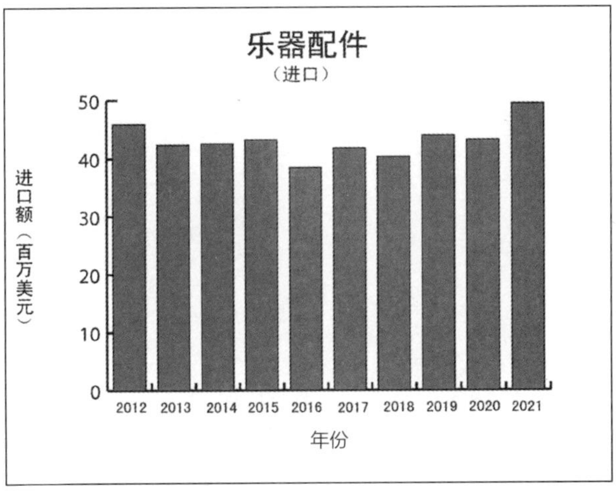

意大利

2020年，意大利乐器制造商和经销商的销售收入比上一年度减少14%。与零售行业各大公司相比，他们的营业收入也下降了15%。

在意大利，乐器零售商数量日趋缩减：从上年932家变为今年的818家（数量减幅达12.2%）。当被问及2020年乐器零售业的总体经济趋势时，70%的运营商认为将会不断恶化。

出货方面，制造商和进口商的营业额呈下降趋势，从2019年的2.02亿欧元（2.101亿美元）降至2020年的1.73亿欧元（1.799亿美元），降幅约为14%。

销售方面，据估计，意大利乐器零售商总收入约3.76亿欧元（3.91亿美元），同比2019年的4.42亿欧元（4.597亿美元）降低15%。按照3.76亿欧元（3.91亿美元）的实销金额估算，在线销售占比约为38%，即1.45亿欧元（1.508亿美元）。

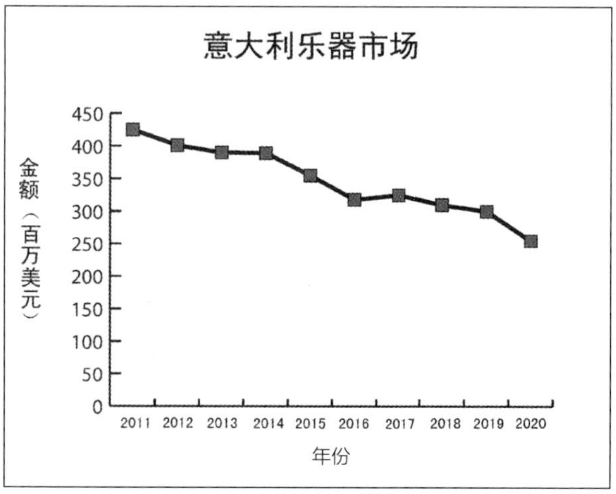
意大利乐器市场
金额（百万美元）
450
400
350
300
250
200
150
100
50
0
2011 2012 2013 2014 2015 2016 2017 2018 2019 2020
年份

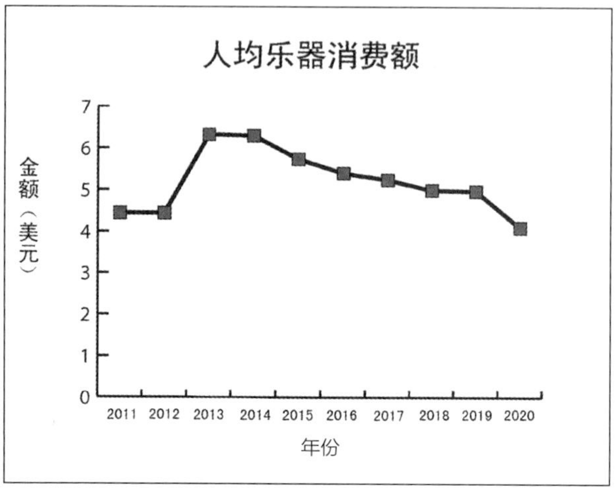
人均乐器消费额
金额（美元）
7
6
5
4
3
2
1
0
2011 2012 2013 2014 2015 2016 2017 2018 2019 2020
年份

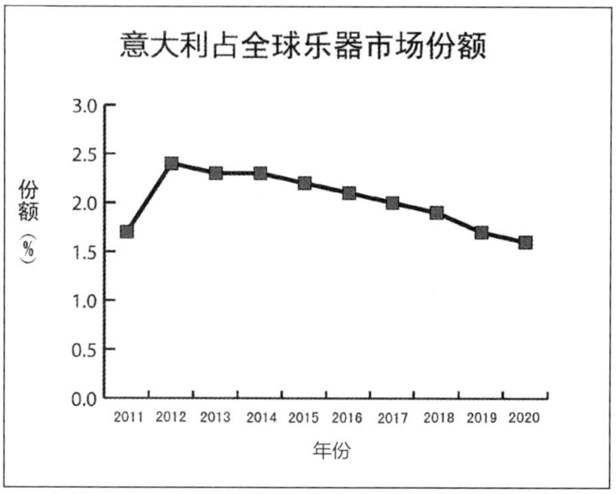
意大利占全球乐器市场份额
份额（%）
3.0
2.5
2.0
1.5
1.0
0.5
0.0
2011 2012 2013 2014 2015 2016 2017 2018 2019 2020
年份

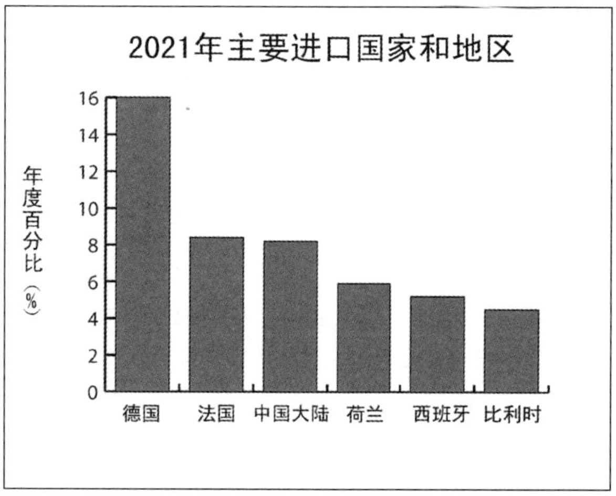
2021年主要进口国家和地区
年度百分比（%）
16
14
12
10
8
6
4
2
0
德国 法国 中国大陆 荷兰 西班牙 比利时

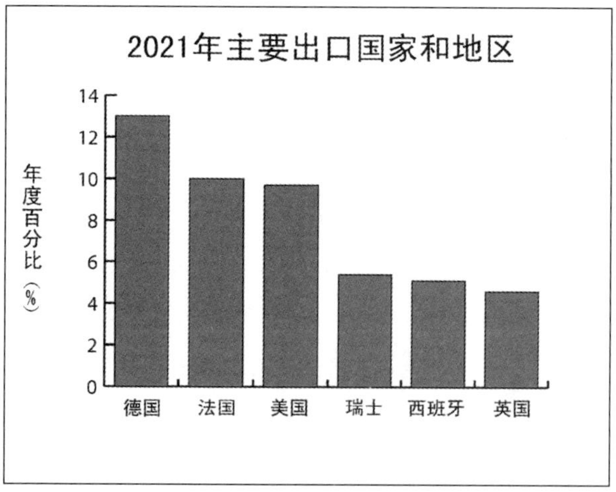
2021年主要出口国家和地区
年度百分比（%）
14
12
10
8
6
4
2
0
德国 法国 美国 瑞士 西班牙 英国

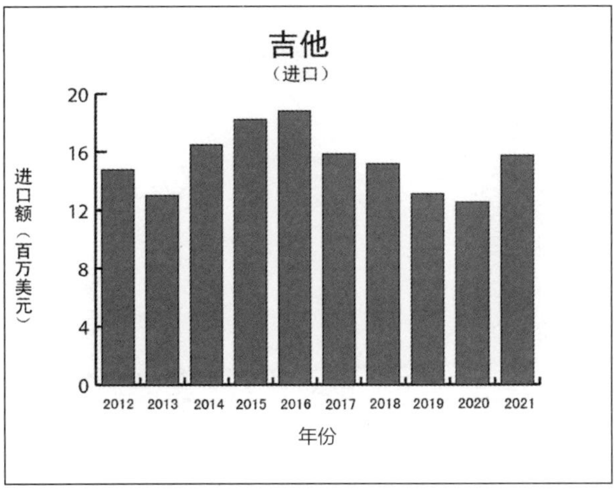
吉他
（进口）
进口额（百万美元）
20
16
12
8
4
0
2012 2013 2014 2015 2016 2017 2018 2019 2020 2021
年份

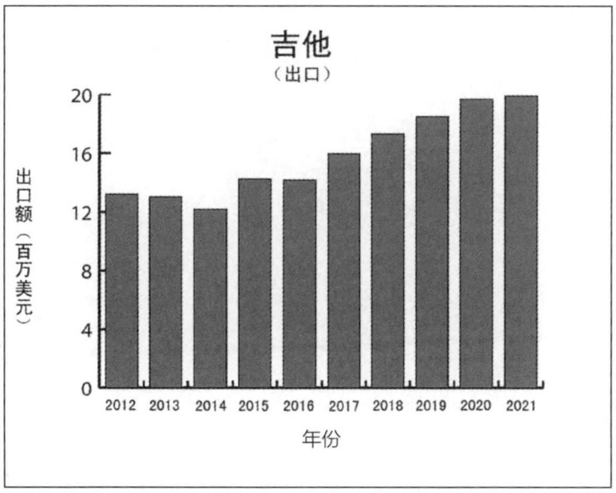
吉他
（出口）
出口额（百万美元）
20
16
12
8
4
0
2012 2013 2014 2015 2016 2017 2018 2019 2020 2021
年份

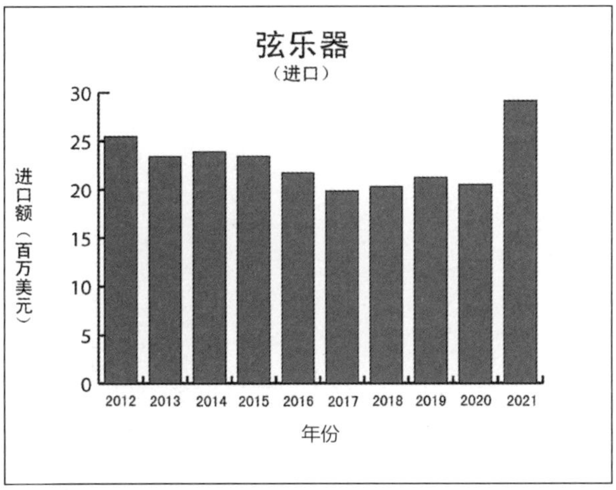
弦乐器
（进口）
进口额（百万美元）
30
25
20
15
10
5
0
2012 2013 2014 2015 2016 2017 2018 2019 2020 2021
年份

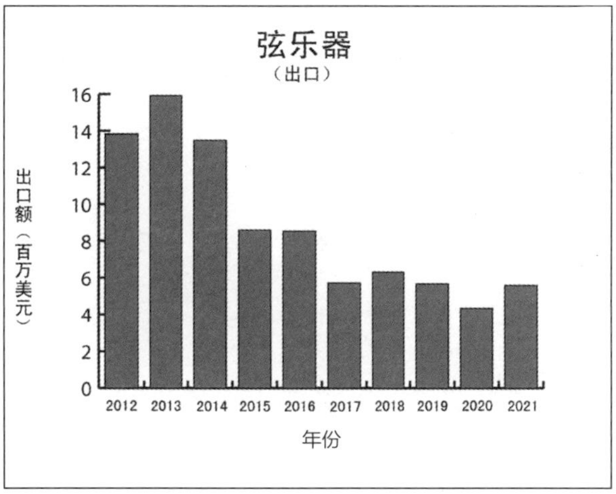
弦乐器
（出口）
出口额（百万美元）
16
14
12
10
8
6
4
2
0
2012 2013 2014 2015 2016 2017 2018 2019 2020 2021
年份

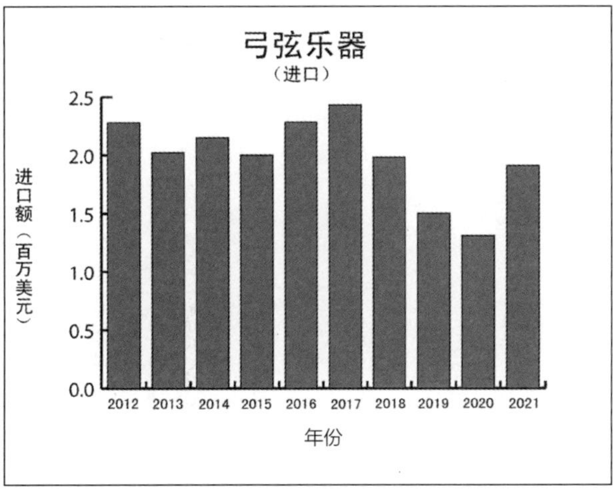
弓弦乐器
（进口）
进口额（百万美元）
2.5
2.0
1.5
1.0
0.5
0.0
2012 2013 2014 2015 2016 2017 2018 2019 2020 2021
年份

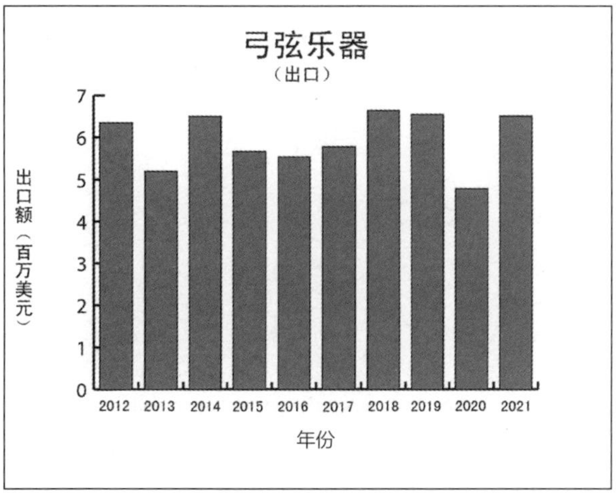
弓弦乐器
（出口）
出口额（百万美元）
7
6
5
4
3
2
1
0
2012 2013 2014 2015 2016 2017 2018 2019 2020 2021
年份

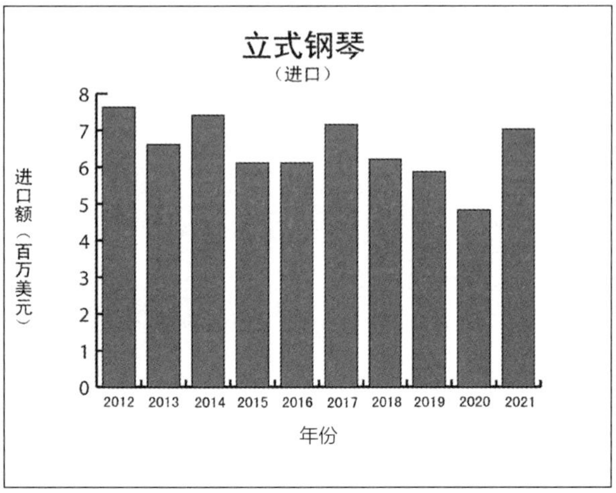
立式钢琴
（进口）
进口额（百万美元）
8
7
6
5
4
3
2
1
0
2012 2013 2014 2015 2016 2017 2018 2019 2020 2021
年份

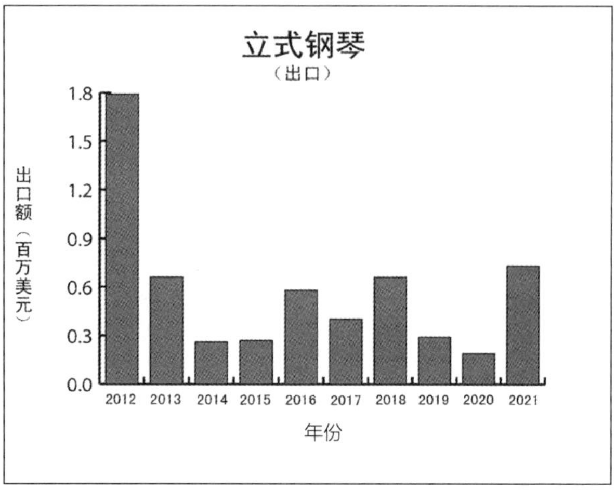
立式钢琴
（出口）
出口额（百万美元）
1.8
1.5
1.2
0.9
0.6
0.3
0.0
2012 2013 2014 2015 2016 2017 2018 2019 2020 2021
年份

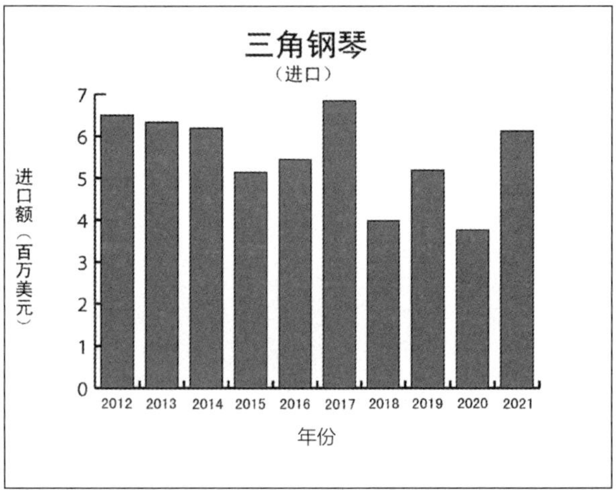
三角钢琴
（进口）
进口额（百万美元）
7
6
5
4
3
2
1
0
2012 2013 2014 2015 2016 2017 2018 2019 2020 2021
年份

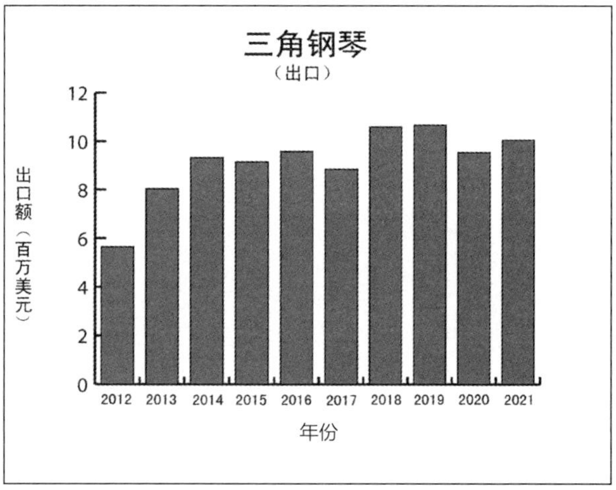
三角钢琴
（出口）
出口额（百万美元）
12
10
8
6
4
2
0
2012 2013 2014 2015 2016 2017 2018 2019 2020 2021
年份

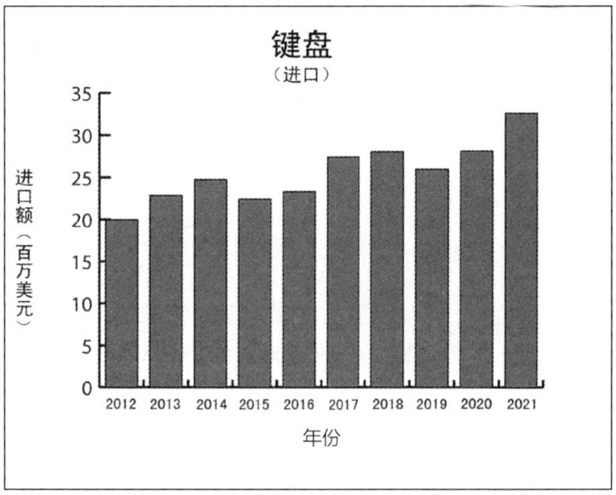
键盘
（进口）
进口额（百万美元）
35
30
25
20
15
10
5
0
2012 2013 2014 2015 2016 2017 2018 2019 2020 2021
年份

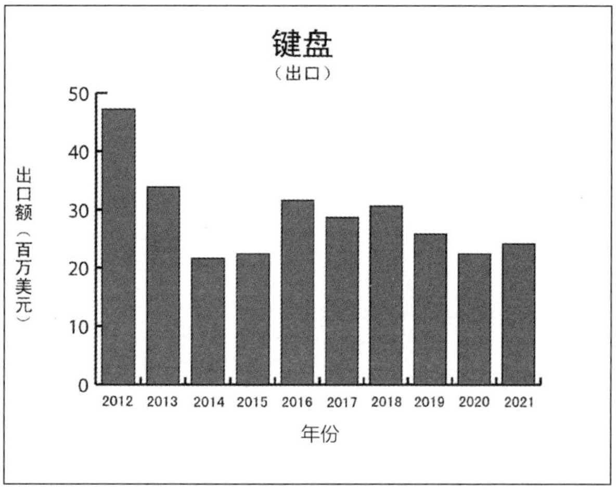
键盘
（出口）
出口额（百万美元）
50
40
30
20
10
0
2012 2013 2014 2015 2016 2017 2018 2019 2020 2021
年份

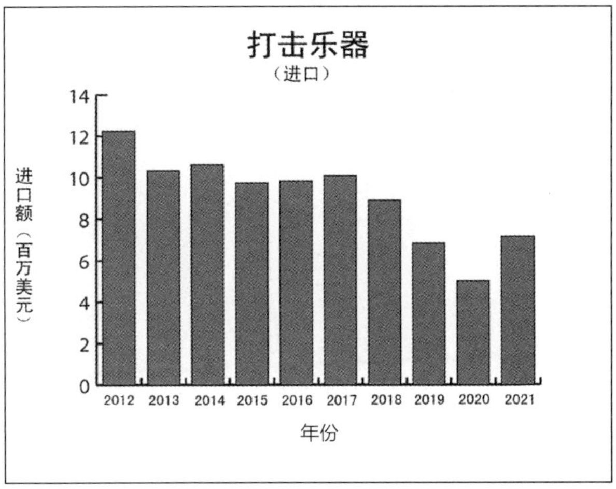
打击乐器
（进口）
进口额（百万美元）
14
12
10
8
6
4
2
0
2012 2013 2014 2015 2016 2017 2018 2019 2020 2021
年份

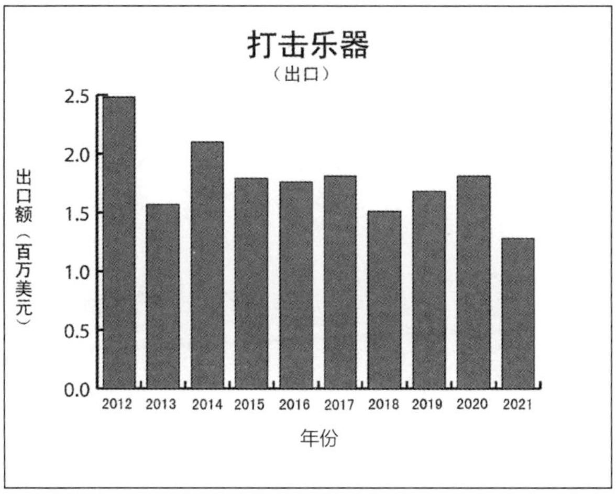
打击乐器
（出口）
出口额（百万美元）
2.5
2.0
1.5
1.0
0.5
0.0
2012 2013 2014 2015 2016 2017 2018 2019 2020 2021
年份

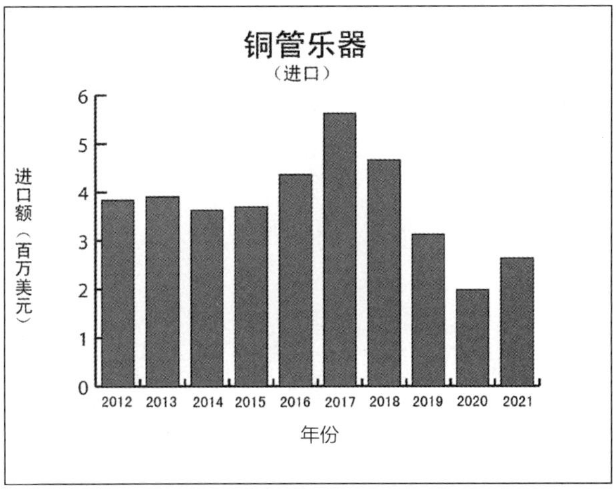
铜管乐器
（进口）
进口额（百万美元）
6
5
4
3
2
1
0
2012 2013 2014 2015 2016 2017 2018 2019 2020 2021
年份

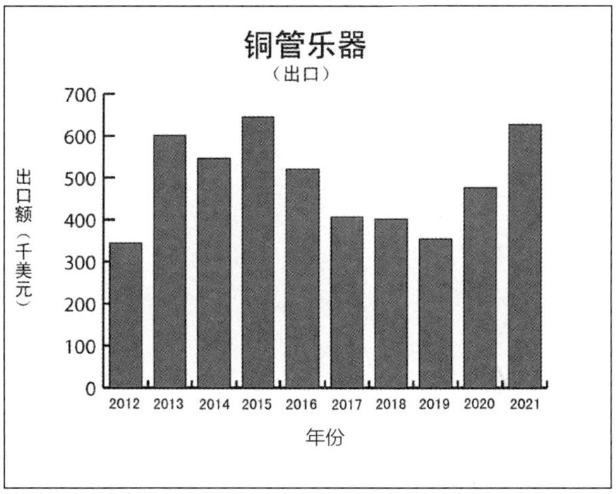
铜管乐器
（出口）
出口额（千美元）
700
600
500
400
300
200
100
0
2012 2013 2014 2015 2016 2017 2018 2019 2020 2021
年份

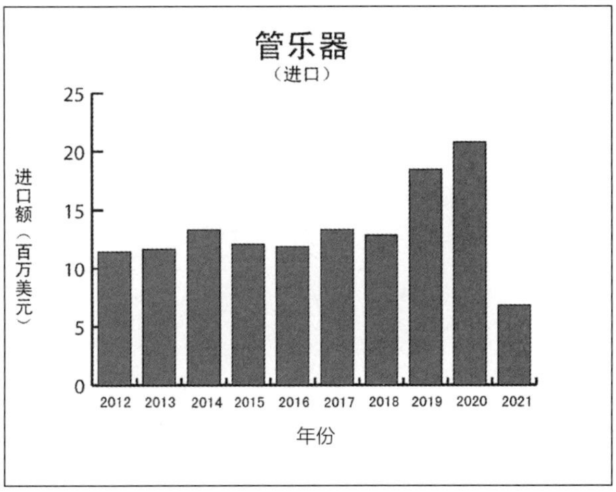
管乐器
（进口）
进口额（百万美元）
25
20
15
10
5
0
2012 2013 2014 2015 2016 2017 2018 2019 2020 2021
年份

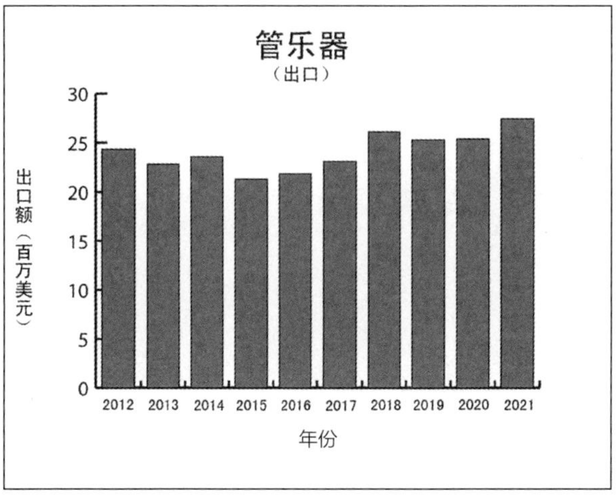
管乐器
（出口）
出口额（百万美元）
30
25
20
15
10
5
0
2012 2013 2014 2015 2016 2017 2018 2019 2020 2021
年份

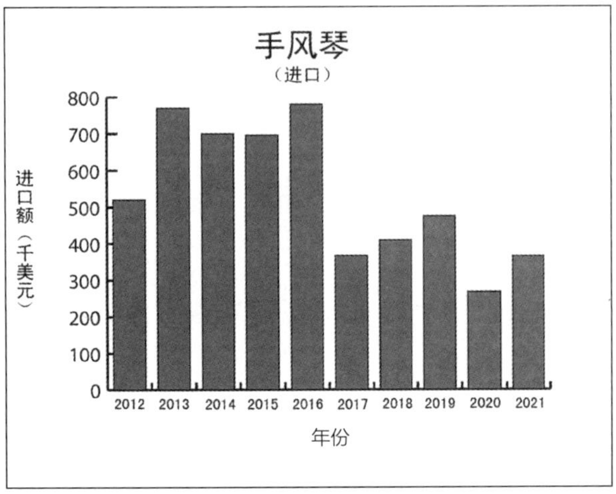

手风琴
（进口）
进口额（千美元）
800
700
600
500
400
300
200
100
0
2012 2013 2014 2015 2016 2017 2018 2019 2020 2021
年份

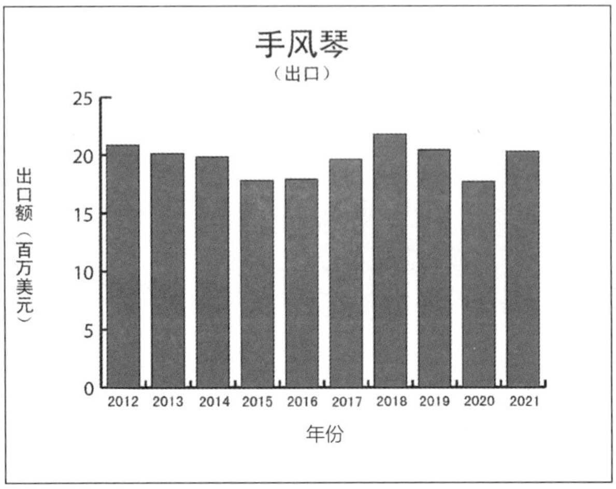

手风琴
（出口）
出口额（百万美元）
25
20
15
10
5
0
2012 2013 2014 2015 2016 2017 2018 2019 2020 2021
年份

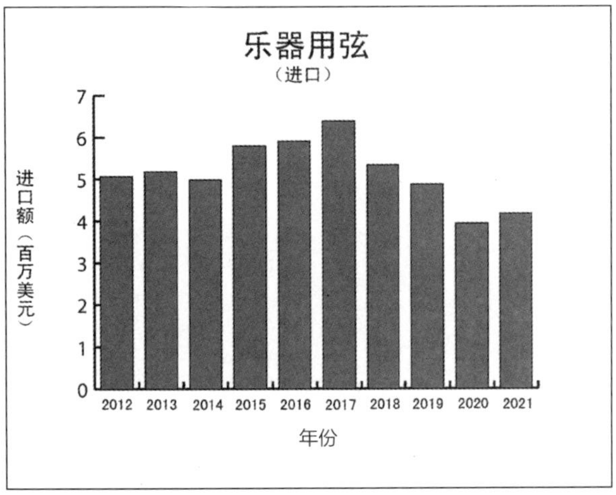

乐器用弦
（进口）
进口额（百万美元）
7
6
5
4
3
2
1
0
2012 2013 2014 2015 2016 2017 2018 2019 2020 2021
年份

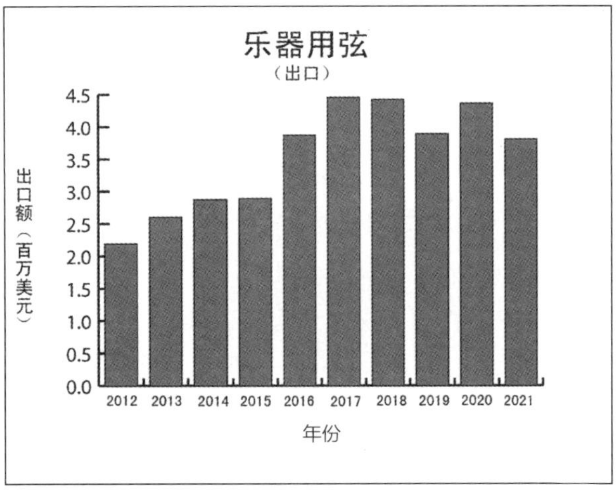

乐器用弦
（出口）
出口额（百万美元）
4.5
4.0
3.5
3.0
2.5
2.0
1.5
1.0
0.5
0.0
2012 2013 2014 2015 2016 2017 2018 2019 2020 2021
年份

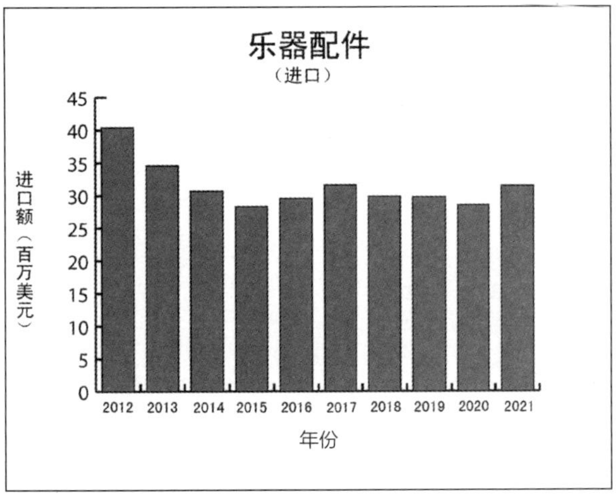

乐器配件
（进口）
进口额（百万美元）
45
40
35
30
25
20
15
10
5
0
2012 2013 2014 2015 2016 2017 2018 2019 2020 2021
年份

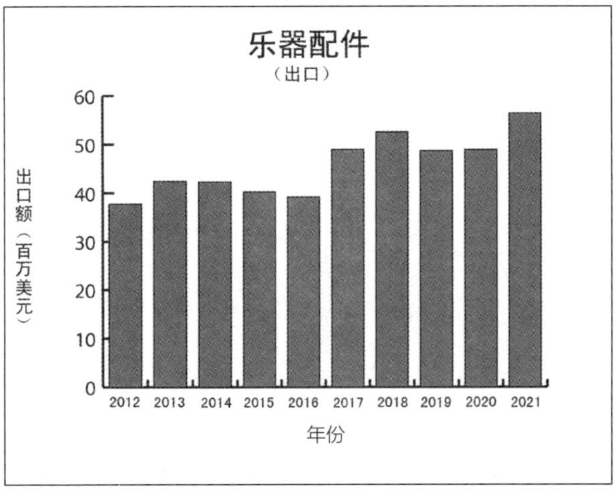

乐器配件
（出口）
出口额（百万美元）
60
50
40
30
20
10
0
2012 2013 2014 2015 2016 2017 2018 2019 2020 2021
年份

印度

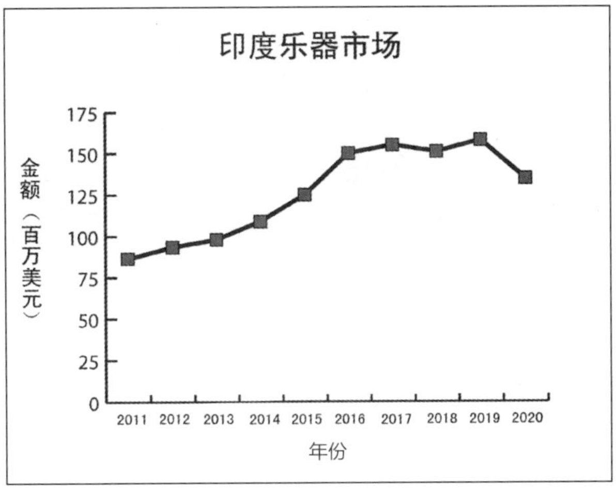
印度乐器市场
金额（百万美元）
175
150
125
100
75
50
25
0
2011 2012 2013 2014 2015 2016 2017 2018 2019 2020
年份

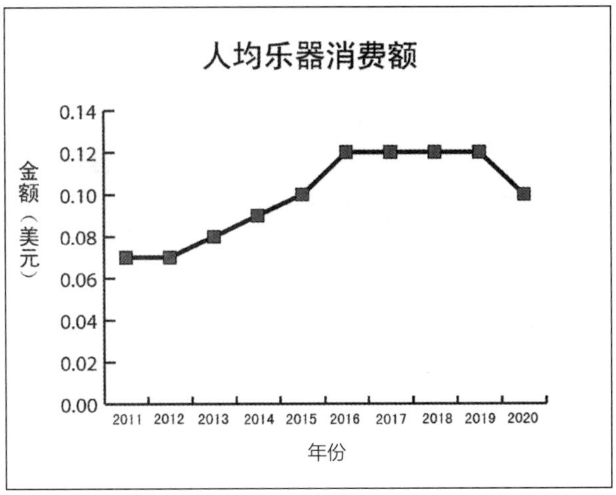
人均乐器消费额
金额（美元）
0.14
0.12
0.10
0.08
0.06
0.04
0.02
0.00
2011 2012 2013 2014 2015 2016 2017 2018 2019 2020
年份

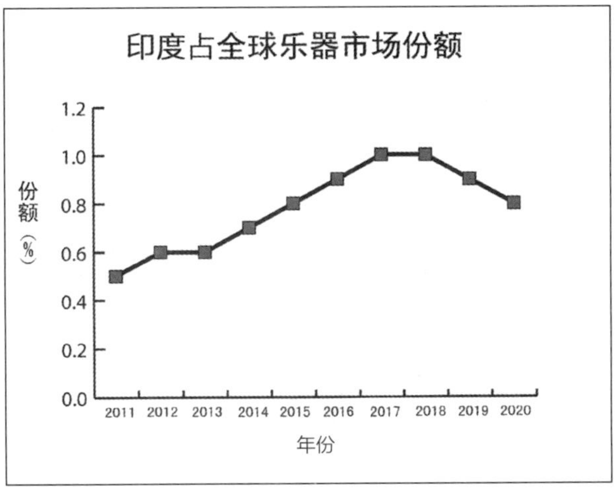
印度占全球乐器市场份额
份额（%）
1.2
1.0
0.8
0.6
0.4
0.2
0.0
2011 2012 2013 2014 2015 2016 2017 2018 2019 2020
年份

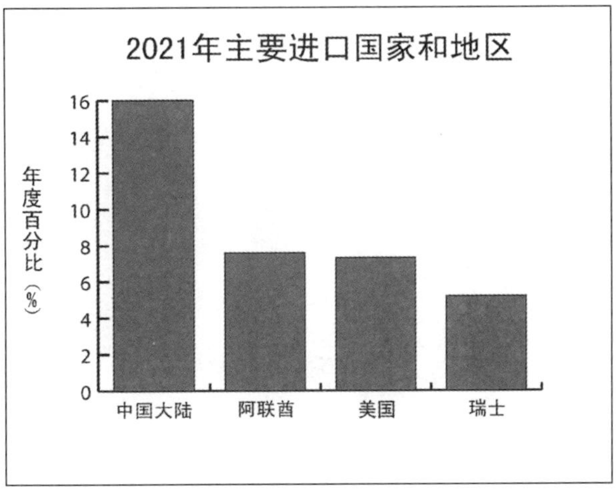
2021年主要进口国家和地区
年度百分比（%）
16
14
12
10
8
6
4
2
0
中国大陆
阿联酋
美国
瑞士

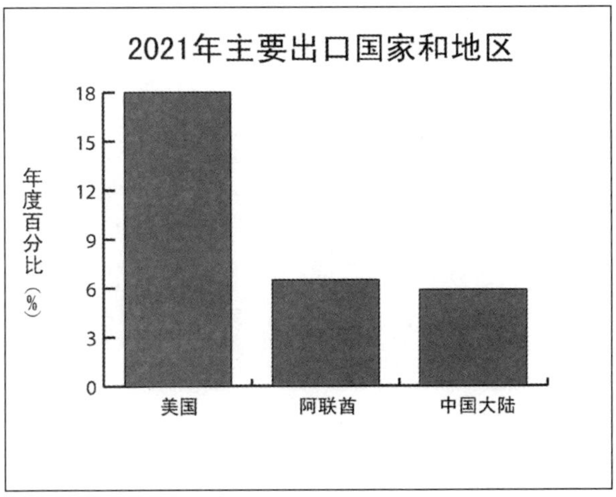
2021年主要出口国家和地区
年度百分比（%）
18
15
12
9
6
3
0
美国
阿联酋
中国大陆

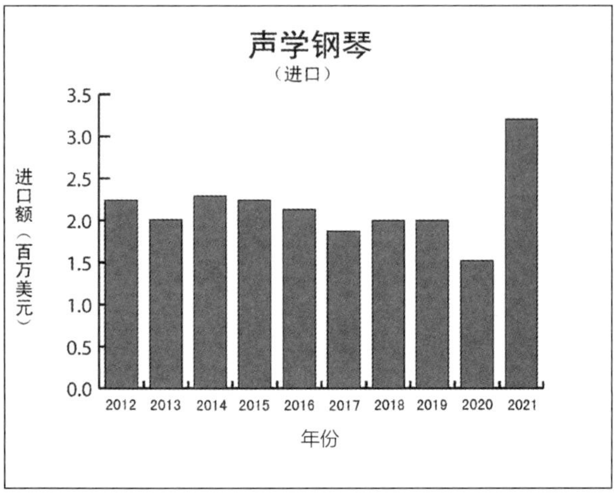
声学钢琴
（进口）
进口额（百万美元）
3.5
3.0
2.5
2.0
1.5
1.0
0.5
0.0
2012 2013 2014 2015 2016 2017 2018 2019 2020 2021
年份

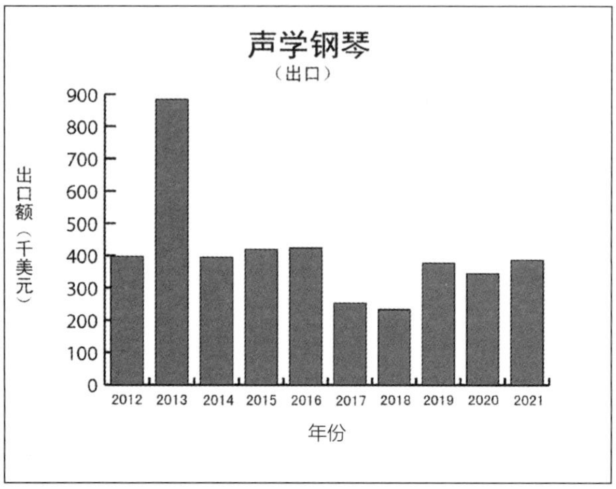
声学钢琴
（出口）
出口额（千美元）
900
800
700
600
500
400
300
200
100
0
2012 2013 2014 2015 2016 2017 2018 2019 2020 2021
年份

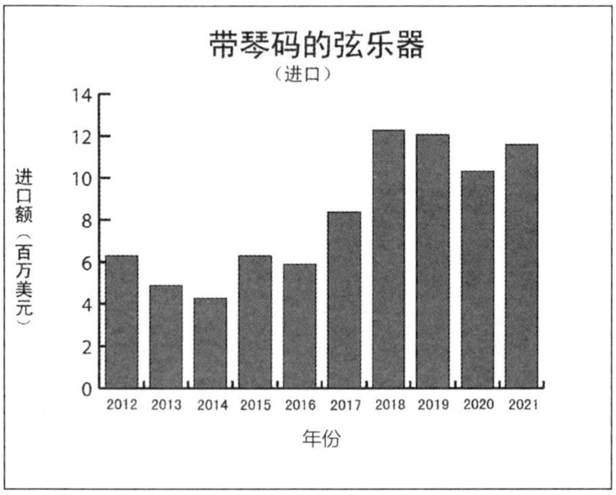
带琴码的弦乐器
（进口）
进口额（百万美元）
14
12
10
8
6
4
2
0
2012 2013 2014 2015 2016 2017 2018 2019 2020 2021
年份

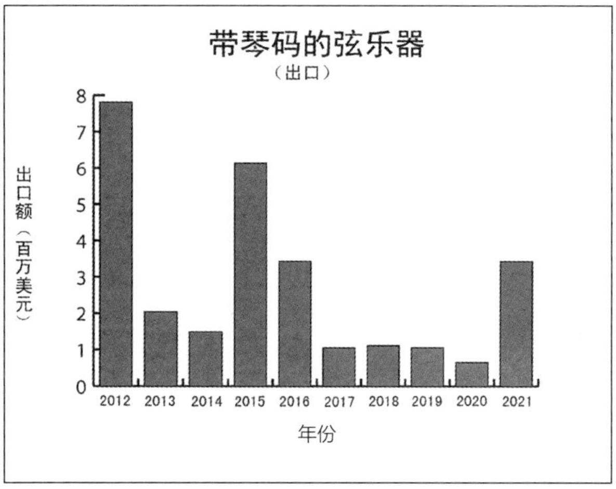
带琴码的弦乐器
（出口）
出口额（百万美元）
8
7
6
5
4
3
2
1
0
2012 2013 2014 2015 2016 2017 2018 2019 2020 2021
年份

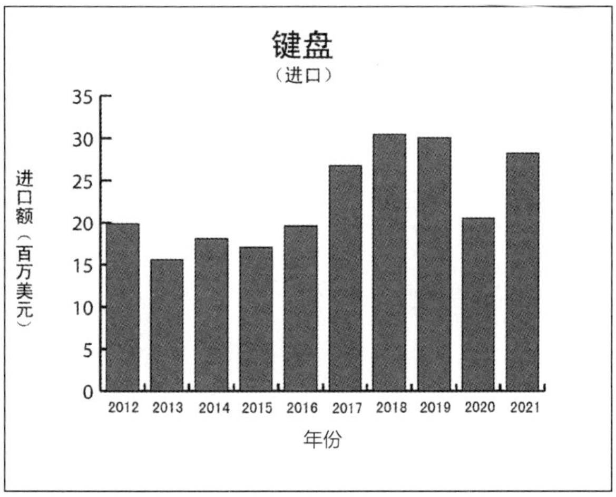
键盘
（进口）
进口额（百万美元）
35
30
25
20
15
10
5
0
2012 2013 2014 2015 2016 2017 2018 2019 2020 2021
年份

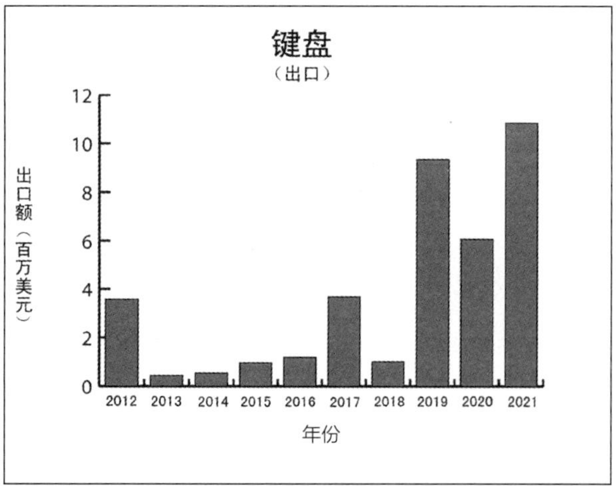
键盘
（出口）
出口额（百万美元）
12
10
8
6
4
2
0
2012 2013 2014 2015 2016 2017 2018 2019 2020 2021
年份

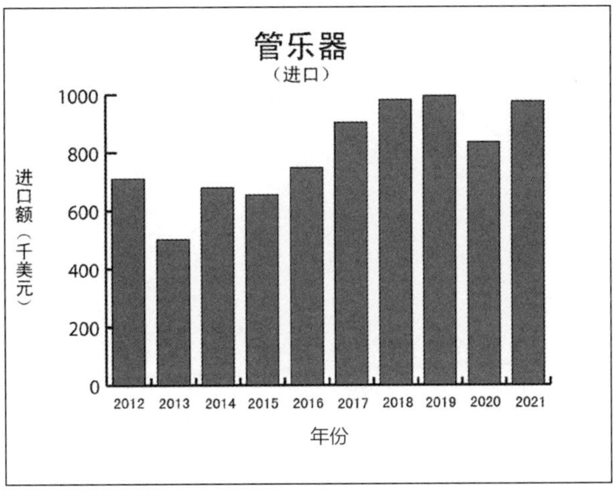
管乐器
（进口）
进口额（千美元）
1000
800
600
400
200
0
2012 2013 2014 2015 2016 2017 2018 2019 2020 2021
年份

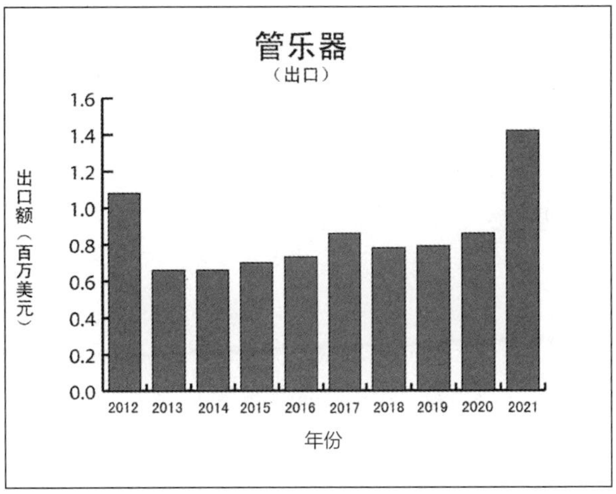
管乐器
（出口）
出口额（百万美元）
1.6
1.4
1.2
1.0
0.8
0.6
0.4
0.2
0.0
2012 2013 2014 2015 2016 2017 2018 2019 2020 2021
年份

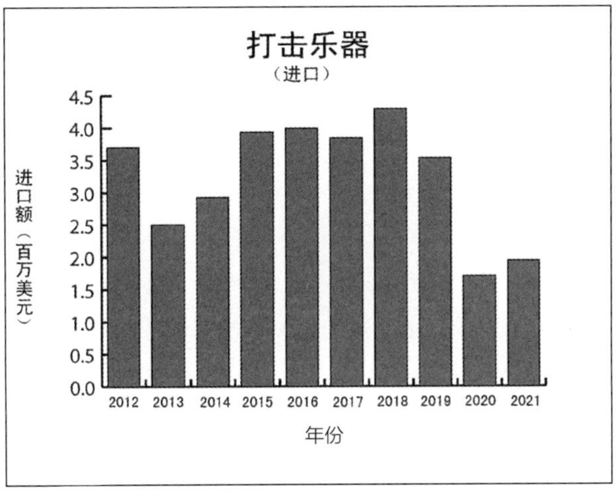
打击乐器
（进口）
进口额（百万美元）
4.5
4.0
3.5
3.0
2.5
2.0
1.5
1.0
0.5
0.0
2012 2013 2014 2015 2016 2017 2018 2019 2020 2021
年份

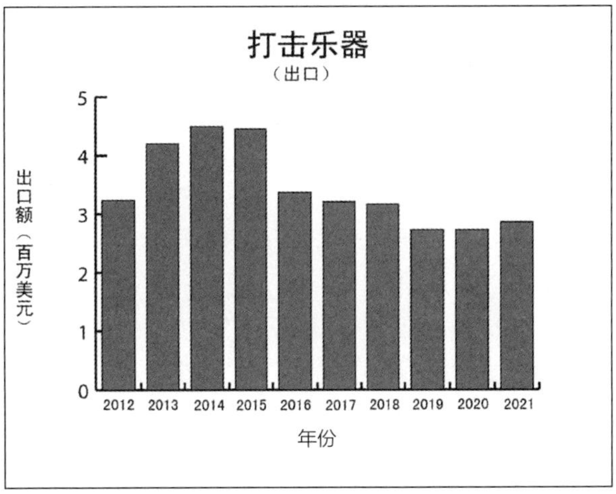
打击乐器
（出口）
出口额（百万美元）
5
4
3
2
1
0
2012 2013 2014 2015 2016 2017 2018 2019 2020 2021
年份

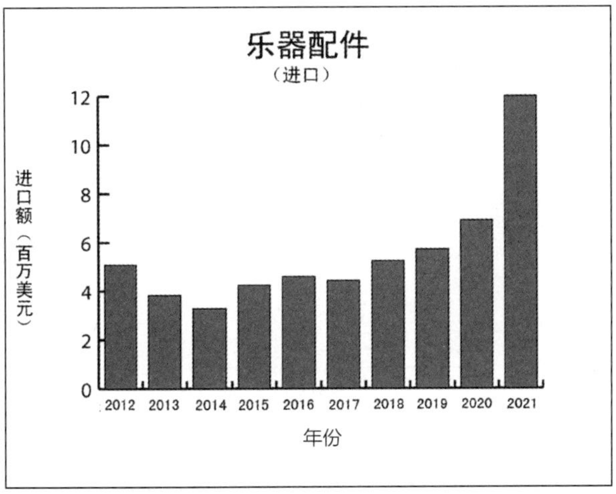
乐器配件
（进口）
进口额（百万美元）
12
10
8
6
4
2
0
2012 2013 2014 2015 2016 2017 2018 2019 2020 2021
年份

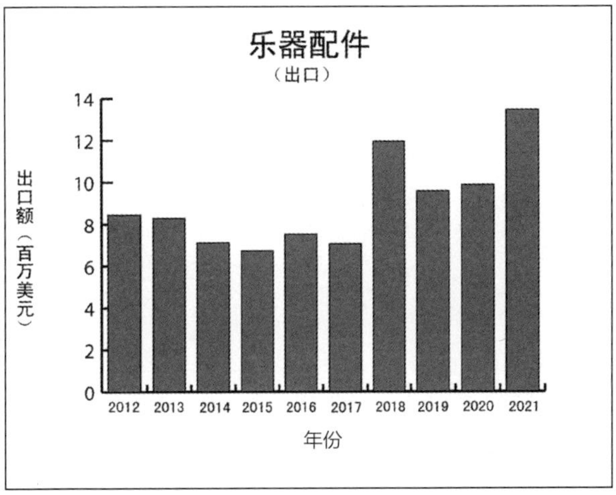
乐器配件
（出口）
出口额（百万美元）
14
12
10
8
6
4
2
0
2012 2013 2014 2015 2016 2017 2018 2019 2020 2021
年份

俄罗斯

2021年，与世界上大多数国家一样，尽管仍存在一些有关新冠肺炎的限制措施，俄罗斯已逐渐从疫情引发的经济危机中恢复。

新冠肺炎肆虐一年之后，乐器的需求似乎缓慢增长，俄罗斯市场也出现了一些新的趋势。作为乐器主要类别，吉他的变化不仅显而易见，而且引人注目。十年来，原声吉他的发展始终处于下降之势；音乐家们对电吉他的兴趣则与日俱增。相比2020年，电吉他的增长率为51%，而原声吉他的增长率仅为10%。

数码钢琴及合成器的需求持续快速增长（增幅分别为31%和8%），这表明面向初学者的低价而小巧的功能性乐器继续走俏。

其他类别则有所下降，这是因为消费者纷纷转向储蓄行为模式，不再购买那些非必要产品。不过，在2020年隔离期间，与“爱好”相关的细分市场之乐器销售份额急剧上升。

考虑到乐器市场的成本构成情况，这一增长尤为值得关注。进口额包括物流成本，物流成本与始于2021年夏天的成本增加和行业通胀息息相关。海外制造商产品价格的快速上涨对音乐制品行业同样造成了冲击，致使2021年一些乐器的成本增加数倍。举例而言，在乐器数量方面，原声吉他与合成器销售分别增长了10%和8%，而小提琴和管乐器则分别下降1%和14%。但如果按金额计算，它们的价格从12%激增至47%。原因主要在于物流成本大增，仅集装箱一项的成本就比去年增加了60%。

2021年，俄罗斯的乐器制造也发生了变化。这一年，俄罗斯原产乐器数量比2020年增长了39%，约占俄罗斯乐器市场总量11%，其中俄罗斯民族乐器和簧乐器所占份额最大。竖琴和打击乐器等一些产品主要面向出口市场。2021年，键盘显示出最具活力的走势。与2020年同期相比产量增长了96%。簧乐器产量增长近1.5倍；弦乐器增加了1.25倍。打击乐器和管乐器的产量增幅最小，分别为5%和9%。键盘与簧乐器的产量之所以显著增加，与政府采购合同下交付产品的分配不均有关。总的来说，卢布贬值和进口乐器的高物流成本促进了俄罗斯本国乐器产量的增长。

与2020年同期相比，俄罗斯原产音频设备在2021年的总产量增加了17%，约占该国音频设备市场总量的2%。

与去年同期相比，麦克风产量增加了2.5倍。这是由于新冠肺炎限制解除之后，出口产品数量增加，劳动生产率亦有所提高。所有其他音频设备产量涨幅达到14%。因此，与2020年相比，俄罗斯2021年的进口总量增加了26%，原产乐器的总产量也比2020年同期增加了39%。

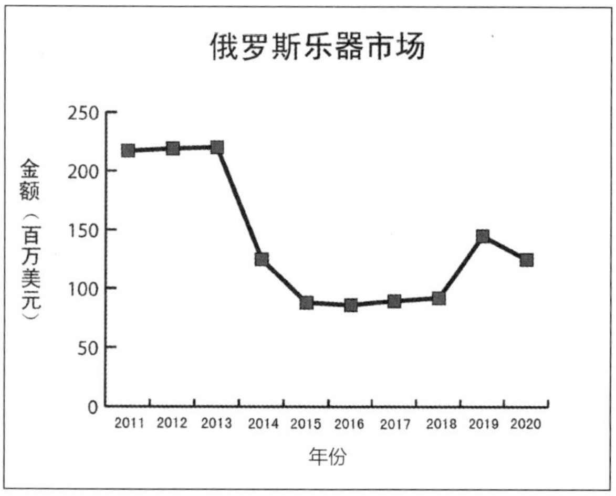

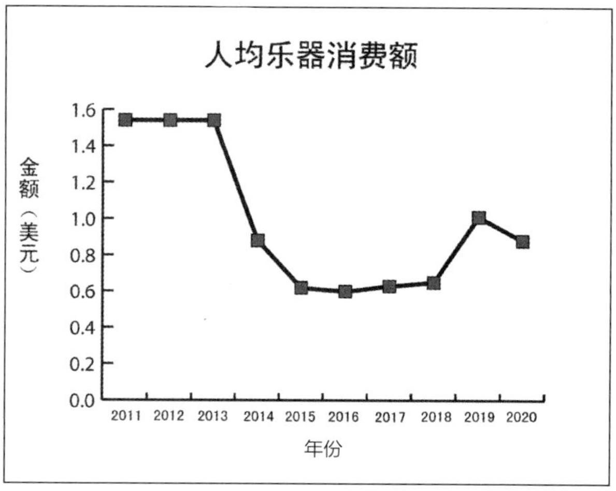

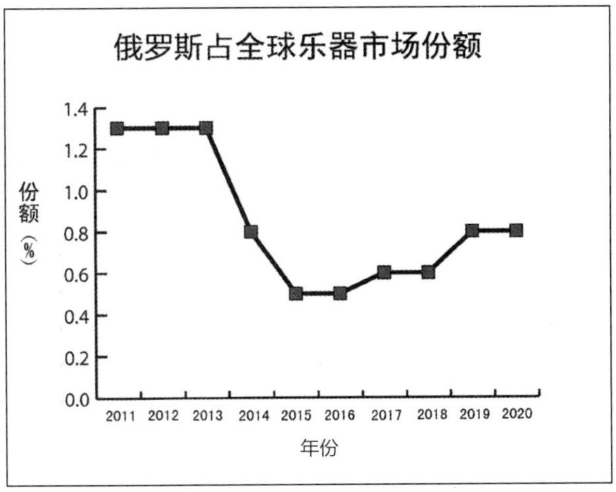
俄罗斯占全球乐器市场份额
份额（%）
1.4
1.2
1.0
0.8
0.6
0.4
0.2
0.0
2011 2012 2013 2014 2015 2016 2017 2018 2019 2020
年份

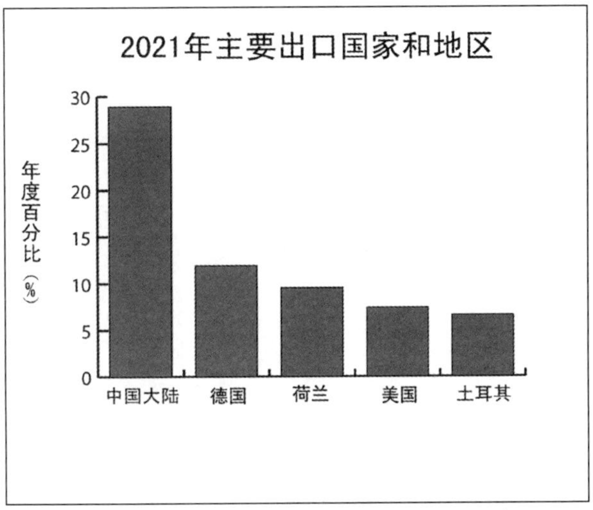
2021年主要出口国家和地区
年度百分比（%）
30
25
20
15
10
5
0
中国大陆 德国 荷兰 美国 土耳其

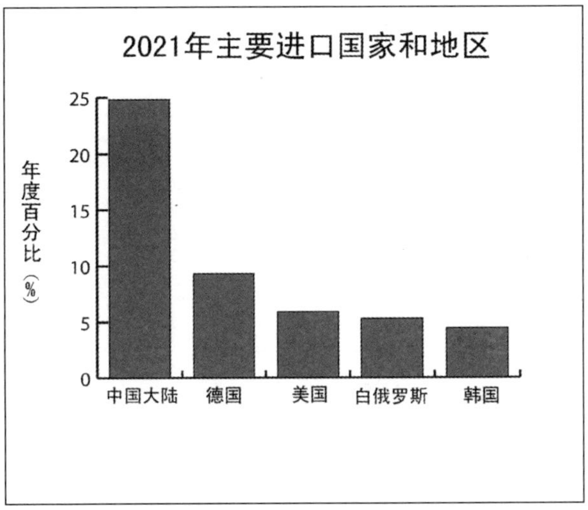
2021年主要进口国家和地区
年度百分比（%）
25
20
15
10
5
0
中国大陆 德国 美国 白俄罗斯 韩国

声学钢琴
进口额（百万美元）
25
20
15
10
5
0
数量（千架）
3.5
3.0
2.5
2.0
1.5
1.0
0.5
0.0
2014 2015 2016 2017 2018 2019 2020 2021
年份
进口额 数量

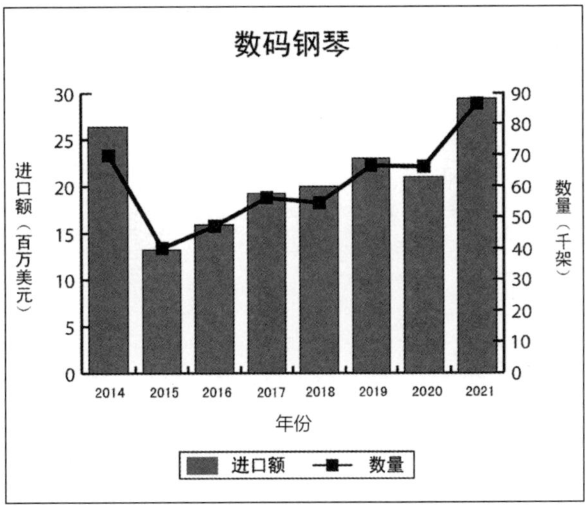
数码钢琴
进口额（百万美元）
30
25
20
15
10
5
0
数量（千架）
90
80
70
60
50
40
30
20
10
0
2014 2015 2016 2017 2018 2019 2020 2021
年份
进口额 数量

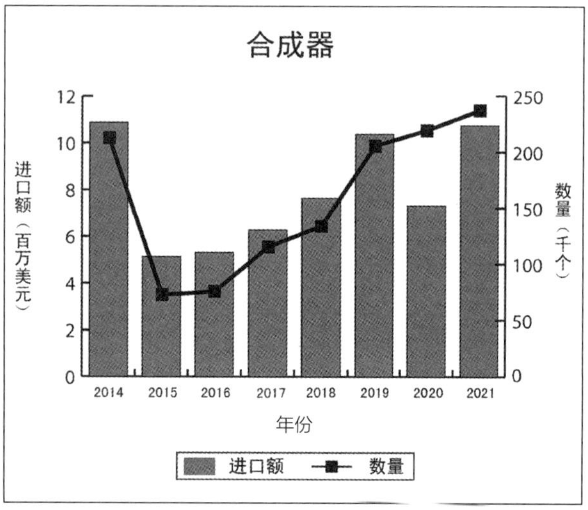
合成器
进口额（百万美元）
数量（千个）
年份
进口额
数量

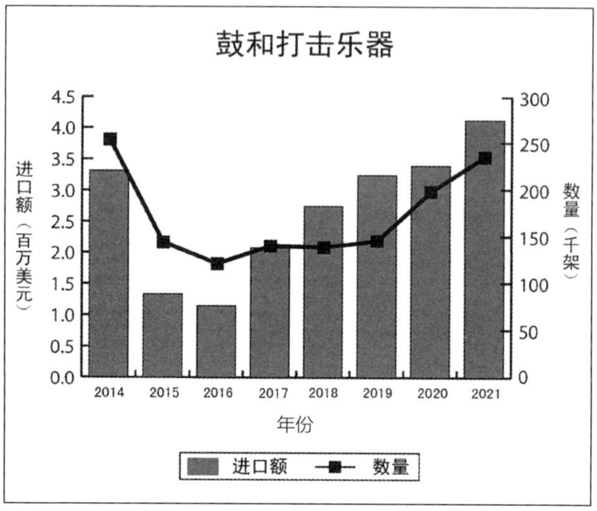
鼓和打击乐器
进口额（百万美元）
数量（千架）
年份
进口额
数量

声学吉他
进口额（百万美元）
数量（千把）
年份
进口额
数量

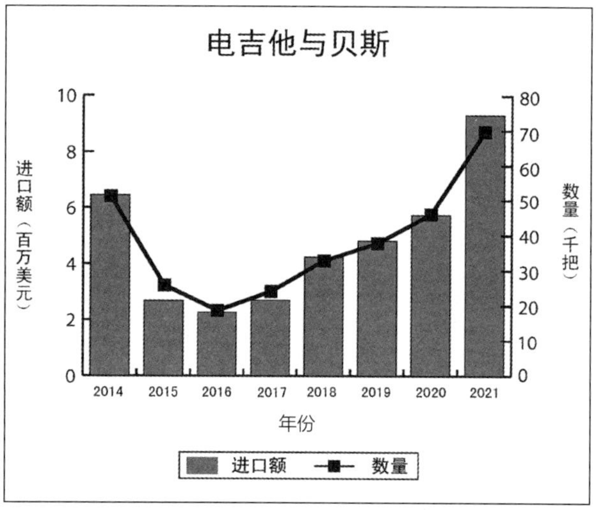
电吉他与贝斯
进口额（百万美元）
数量（千把）
年份
进口额
数量

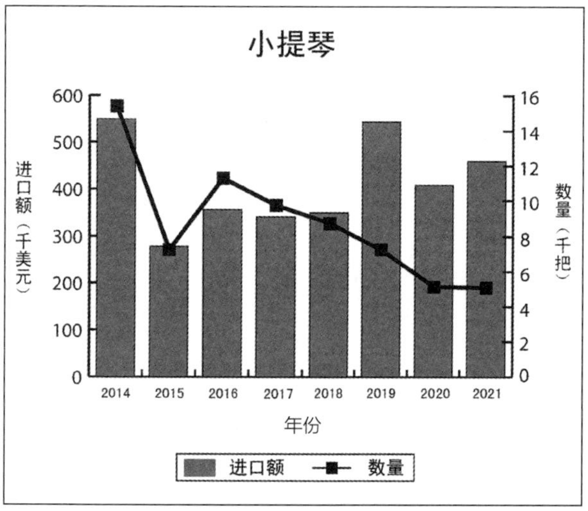
小提琴
进口额（千美元）
数量（千把）
年份
进口额
数量

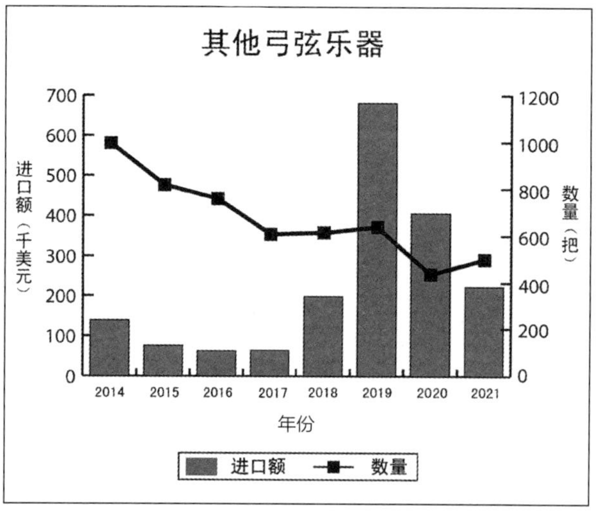
其他弓弦乐器
进口额（千美元）
数量（把）
年份
进口额
数量

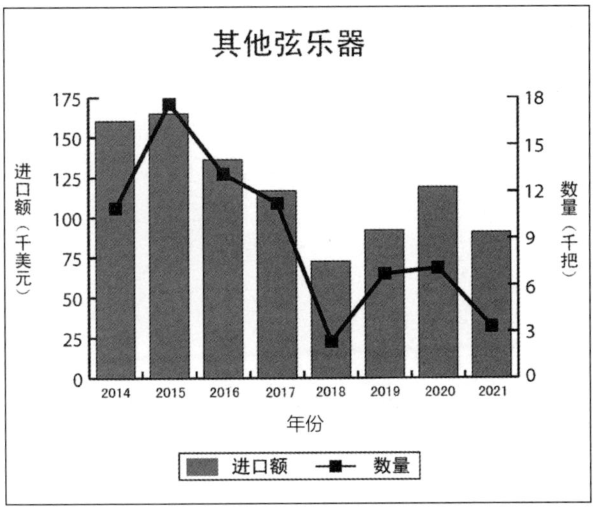

其他弦乐器
进口额（千美元）
数量（千把）
年份
进口额
数量

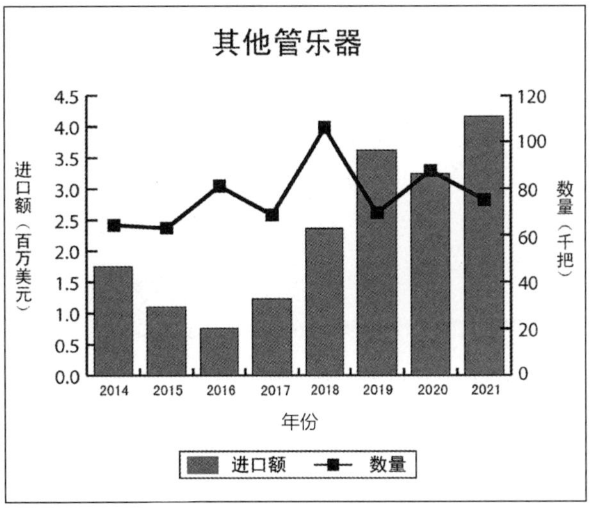

其他管乐器
进口额（百万美元）
数量（千把）
年份
进口额
数量

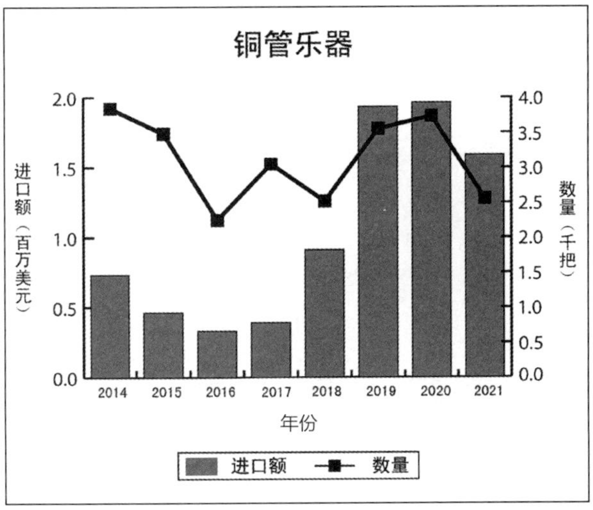

铜管乐器
进口额（百万美元）
数量（千把）
年份
进口额
数量

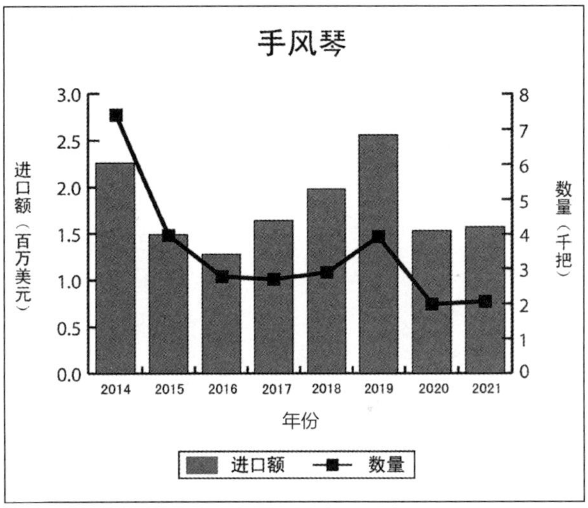

手风琴
进口额（百万美元）
数量（千把）
年份
进口额
数量

巴西

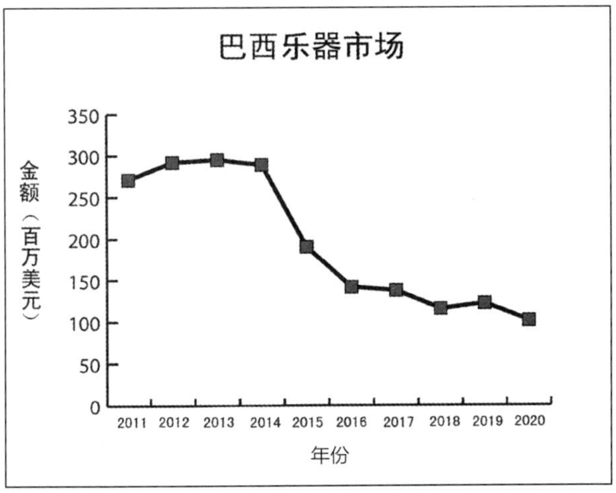

巴西乐器市场
金额（百万美元）
年份

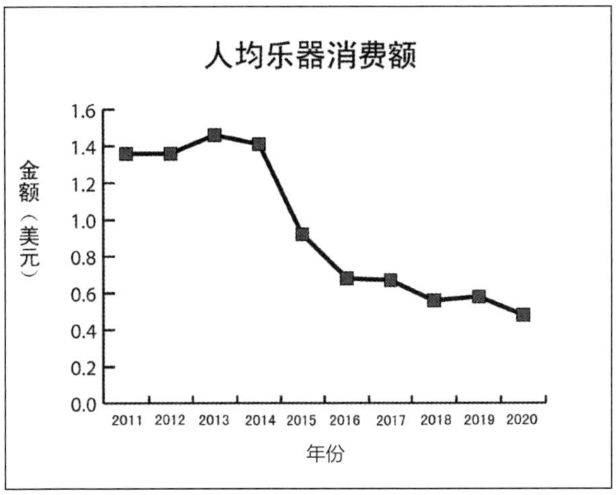

人均乐器消费额
金额（美元）
年份

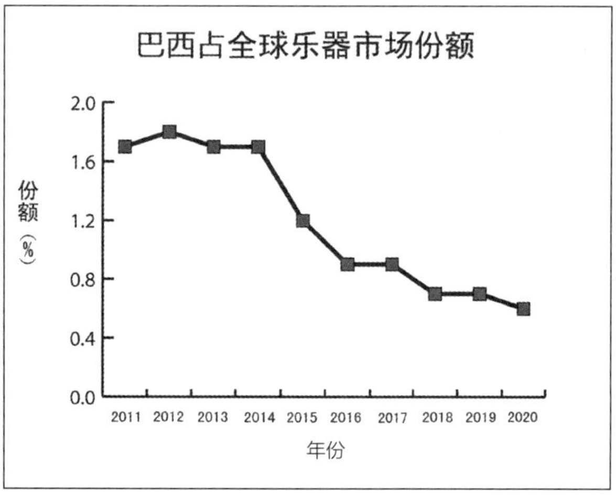
巴西占全球乐器市场份额
份额（%）
2.0
1.6
1.2
0.8
0.4
0.0
2011 2012 2013 2014 2015 2016 2017 2018 2019 2020
年份

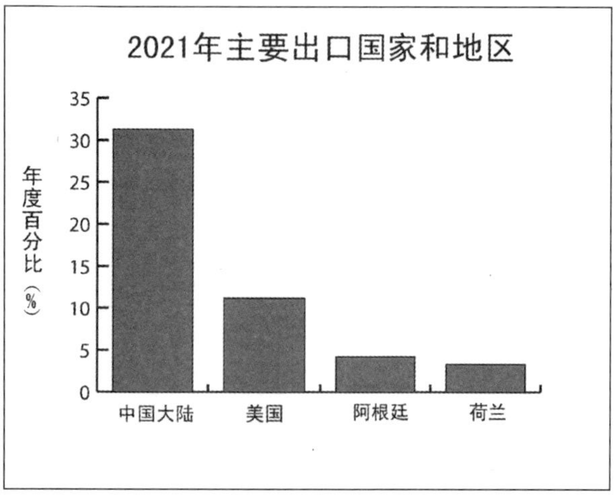
2021年主要出口国家和地区
年度百分比（%）
35
30
25
20
15
10
5
0
中国大陆
美国
阿根廷
荷兰

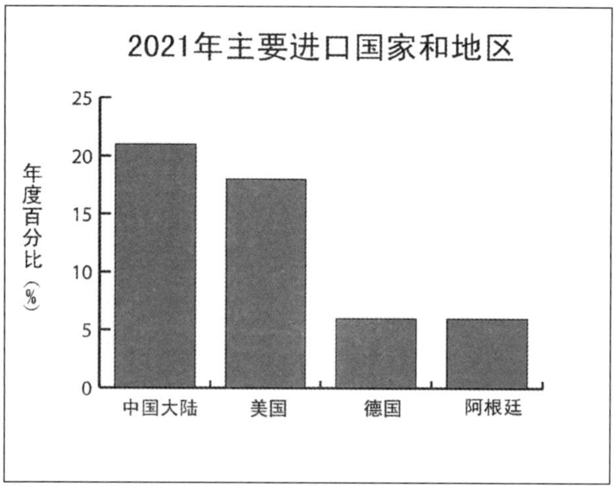
2021年主要进口国家和地区
年度百分比（%）
25
20
15
10
5
0
中国大陆
美国
德国
阿根廷

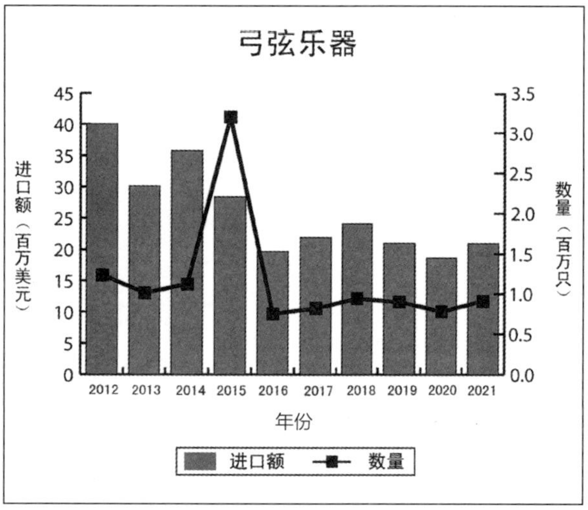
弓弦乐器
进口额（百万美元）
数量（百万只）
45
40
35
30
25
20
15
10
5
0
3.5
3.0
2.5
2.0
1.5
1.0
0.5
0.0
2012 2013 2014 2015 2016 2017 2018 2019 2020 2021
年份
进口额
数量

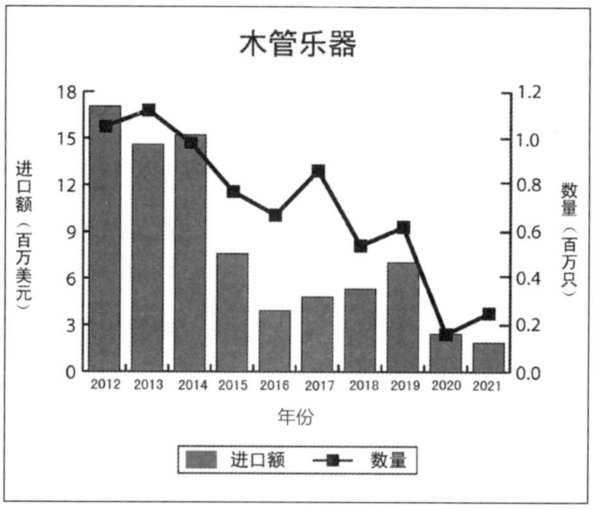
木管乐器
进口额（百万美元）
数量（百万只）
18
15
12
9
6
3
0
1.2
1.0
0.8
0.6
0.4
0.2
0.0
2012 2013 2014 2015 2016 2017 2018 2019 2020 2021
年份
进口额
数量

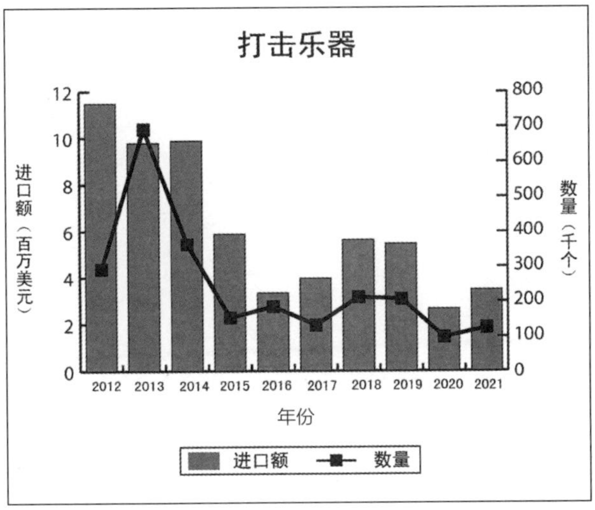
打击乐器
进口额（百万美元）
数量（千个）
年份
2012 2013 2014 2015 2016 2017 2018 2019 2020 2021
进口额
数量

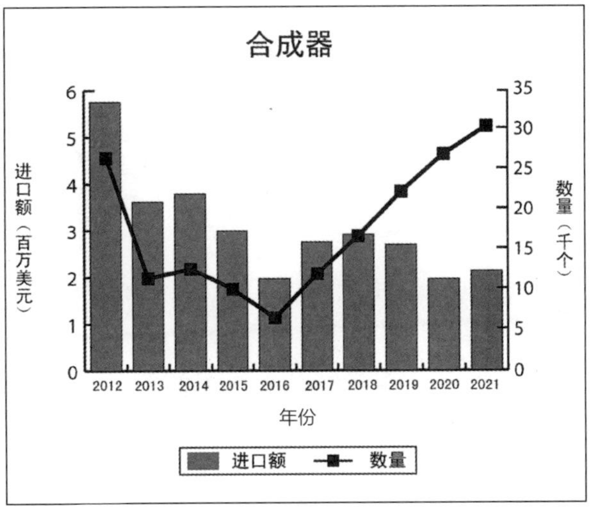
合成器
进口额（百万美元）
数量（千个）
年份
2012 2013 2014 2015 2016 2017 2018 2019 2020 2021
进口额
数量

电吉他与贝斯
进口额（百万美元）
数量（千个）
年份
2012 2013 2014 2015 2016 2017 2018 2019 2020 2021
进口额
数量

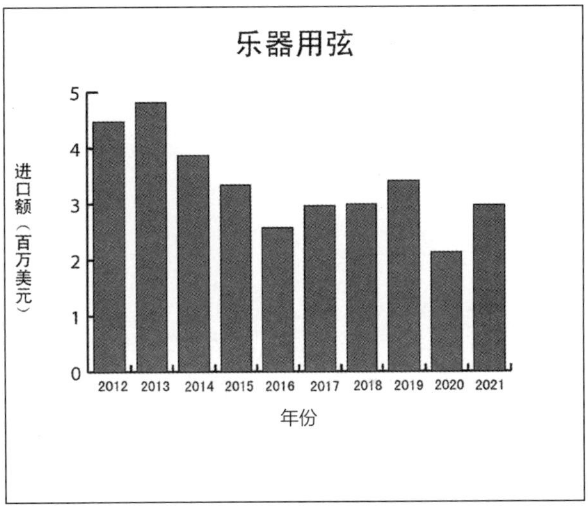
乐器用弦
进口额（百万美元）
年份
2012 2013 2014 2015 2016 2017 2018 2019 2020 2021

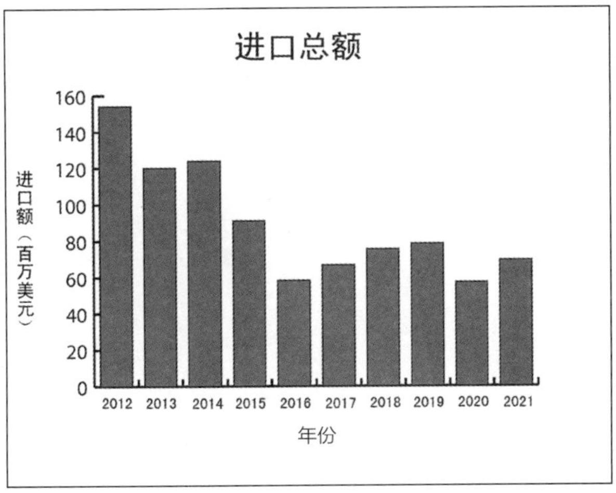
进口总额
进口额（百万美元）
年份
2012 2013 2014 2015 2016 2017 2018 2019 2020 2021

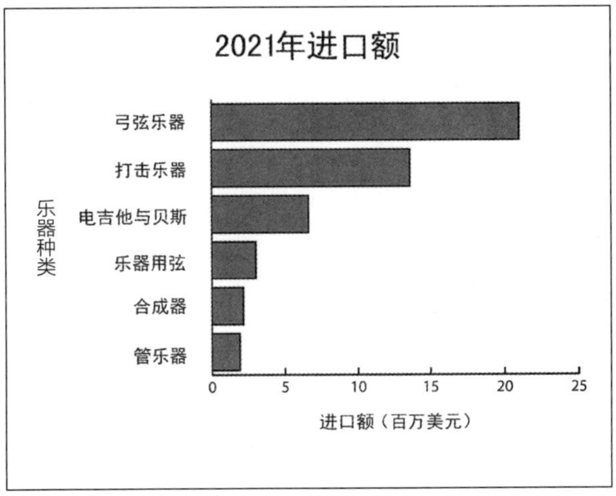
2021年进口额
乐器种类
弓弦乐器
打击乐器
电吉他与贝斯
乐器用弦
合成器
管乐器
进口额（百万美元）

图书在版编目（CIP）数据

中国乐器年鉴. 2022 / 中国乐器协会编. —北京：中国轻工业出版社，2022.11
ISBN 978-7-5184-4117-4

Ⅰ. ①中… Ⅱ. ①中… Ⅲ. ①乐器—制造工业—中国—2022—年鉴 Ⅳ. ①TS953-54

中国版本图书馆CIP数据核字（2022）第160213号

责任编辑：杜宇芳 王晓慧　责任终审：李建华　整体设计：锋尚设计
策划编辑：刘云辉 杜宇芳　责任校对：宋绿叶　责任监印：张 可

出版发行：中国轻工业出版社（北京东长安街6号，邮编：100740）
印　　刷：艺堂印刷（天津）有限公司
经　　销：各地新华书店
版　　次：2022年11月第1版第1次印刷
开　　本：889×1194 1/16 印张：27.5
字　　数：850千字　插页：23
书　　号：ISBN 978-7-5184-4117-4 定价：380.00元
邮购电话：010-65241695
发行电话：010-85119835 传真：85113293
网　　址：http://www.chlip.com.cn
Email：club@chlip.com.cn
如发现图书残缺请与我社邮购联系调换
220609Z1X101HBW